# 力学数值计算中的保辛算法

邱志平　姜　南　著

科学出版社

北　京

## 内 容 简 介

本书以力学数值计算中的保辛算法为中心，按照从简单到复杂、从基础到推广的思路，系统详细介绍了多个力学系统及其保辛算法的主要内容。本书首先介绍了辛几何与辛代数、Poisson 括号与广义 Poisson 括号、常微分方程与随机微分方程的基本概念和基本理论，为后续章节的阐述奠定数学基础；后续内容分别详细介绍了包括哈密顿系统、广义哈密顿系统、Birkhoff 系统等力学系统及其保辛算法，此外还简要介绍了等谱流及其求解方法；最后通过大量数值算例，介绍了保辛算法的最新理论成果及其在结构响应分析中的应用。

本书可供高年级本科生、研究生、高等学校教师及数学力学工作者阅读，也可作为数值算法研究人员的入门书籍或参考书。

**图书在版编目(CIP)数据**

力学数值计算中的保辛算法/邱志平，姜南著. —北京：科学出版社，2023.3

ISBN 978-7-03-074978-9

Ⅰ. ①力… Ⅱ. ①邱… ②姜… Ⅲ. ①力学–数值计算 Ⅳ. ①O3

中国国家版本馆 CIP 数据核字(2023)第 035979 号

责任编辑：赵敬伟 赵 颖／责任校对：杨聪敏

责任印制：吴兆东／封面设计：无极书装

科学出版社 出版

北京东黄城根北街 16 号

邮政编码：100717

http://www.sciencep.com

北京虎彩文化传播有限公司 印刷

科学出版社发行 各地新华书店经销

*

2023 年 3 月第 一 版 开本: 720 × 1000 1/16

2024 年 1 月第二次印刷 印张: 22 3/4

字数：459 000

**定价: 178.00 元**

(如有印装质量问题，我社负责调换)

# 前　言

随着计算机技术的飞速发展，数值计算显示出愈发旺盛的生命力，与理论研究、实验测定共同构成科学研究的三大支柱。数值算法应尽可能地保持系统的本质特征，能够保持系统辛结构的数值算法被称为保辛算法。经典数值算法属于牛顿和拉格朗日力学体系，不可避免地带有耗散性等歪曲系统本质特征的缺陷，用于短期模拟尚可，用于长时间跟踪则会导致动力响应结果严重失真。而保辛算法属于哈密顿系统、广义哈密顿系统和 Birkhoff 系统，有保持系统固有性质的优点，特别在守恒性、稳定性和长时间计算准确性方面具有独特优越性。目前国内在该领域研究较为深入，相关书籍繁多，但主要聚焦其中一种力学系统及其保辛算法，缺乏多种力学系统及其保辛算法的系统介绍，不利于保辛算法研究的开展与推广。

基于此，本书以力学数值计算中的保辛算法为中心，对哈密顿系统、广义哈密顿系统、Birkhoff 系统及其保辛算法的主要内容进行了全面、系统的整理，为推动国内数值算法的研究工作贡献自己的力量。本书不仅梳理了大量中外文献，而且对许多定理的证明进行了补充，并通过若干数值算例验证了保辛算法在响应分析中应用的可行性、有效性，适合作为工程技术人员、研究人员关于保辛算法的入门书籍。

本书共 6 章：第 1 章首先介绍保辛算法的数学基础——辛几何以及辛代数的基本概念和基本理论，随后给出 Poisson 括号与广义 Poisson 括号、常微分方程与随机微分方程的相关概念和定理，为后续各个力学系统及其保辛算法的介绍提供预备知识；第 2~4 章依次详细介绍哈密顿系统、广义哈密顿系统、Birkhoff 系统及其保辛算法的主要内容，其中哈密顿系统内容包括常见的哈密顿系统、随机哈密顿系统和多辛哈密顿系统三种情形，Birkhoff 系统内容也包括常见的 Birkhoff 系统和多辛 Birkhoff 系统两种情形；第 5 章简要介绍等谱流及其求解方法；第 6 章为前述理论方法的推广与应用，发展出多种保辛算法用于求解含扰动、不确定性的哈密顿系统、Birkhoff 系统的动力响应以及结构动力和静力响应等问题中。

本书是在国家自然科学基金重点项目 (12132001) 的资助下完成的，科学出版社对本书的出版给予了支持，在此一并表示感谢。本书编写过程中参考借鉴了 Burrage、Bridges、Calvo、冯康、朱位秋、梅凤翔、李继彬、秦孟兆、苏红玲、孔新雷、温亚会等前人的工作，对上述作者及其他参考文献作者同样表示感谢。课题组各位研究生参与了本书的编写工作，其中张泽晟、刘东亮、夏海军、祝博、仵涵、唐海峻和邱宇同学参与了部分内容的整理，马铭、琚承宜、赵旺、唐依婷、张博文和谢冯启同学参与了校审工作，作者在此表示衷心的感谢！

由于作者水平有限，书中的不妥之处在所难免，请广大读者予以批评指正。

作　者

2023 年 2 月

# 目 录

# 第 1 章　相关数学基础

## 1.1　辛几何与辛代数

辛几何与代数几何和微分几何是三个平行的数学分支，是研究辛流形的几何与拓扑性质的学科。它的起源和物理学中的经典力学关系密切，也与数学中的代数几何、数学物理、几何拓扑等领域有很重要的联系。不同于微分几何中的另一大分支——Riemann 几何，辛几何是一种不能测量长度却可以测量面积的几何，而且辛流形上并没有类似于 Riemann 几何中曲率这样的局部概念，这使得辛几何的研究具有很大的整体性 [1]。

本节介绍辛几何以及与之相关的辛代数的基本概念和基本理论，为后续章节的阐述奠定数学基础。

### 1.1.1　几何方面预备知识

#### 1.1.1.1　*微分流形*

流形是近代数学中最重要的概念之一。在介绍流形是什么之前，先给出同胚的定义。

**定义 1.1**　设 $(x,\tau)$ 和 $(y,\tau)$ 为拓扑空间，如果映射 $f: X\to Y$ 是一一对应的，且 $f$ 和其逆映射 $f^{-1}: Y\to X$ 都是连续的，则称 $f$ 为**同胚映射**；若 $f$ 和 $f^{-1}$ 也是可微的，则称**可微同胚** [2]。**自同胚**就是从一个拓扑空间到它本身的同胚。

直观地讲，同胚是保持给定空间的所有拓扑性质的映射。或者说，同胚就是把物体连续延展和弯曲，使其成为一个新的物体。因此，正方形和圆是同胚的，但球面和环面就不是。

如图 1.1(a) 所示的单摆运动，其运动方程为

$$\ddot{\theta}+\frac{l}{g}\sin\theta=0 \tag{1.1}$$

它的位形空间是图 1.1(b) 所示的圆周，即拓扑空间 $S^1$。同样，如果考虑图 1.2(a) 所示的平面复摆 $0^\circ\leqslant\theta\leqslant 360^\circ, 0^\circ\leqslant\varphi\leqslant 360^\circ$，它的位形空间可用图 1.2(b) 所示的环面来表示，即拓扑空间 $T^2$。

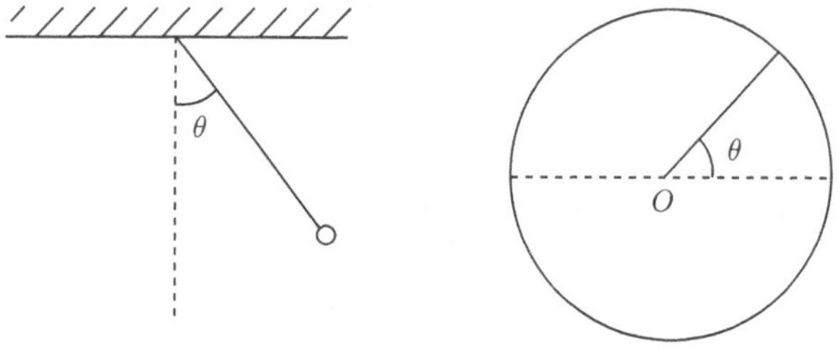


(a) 平面单摆　　(b) 圆周

图 1.1　平面单摆运动及其位形空间

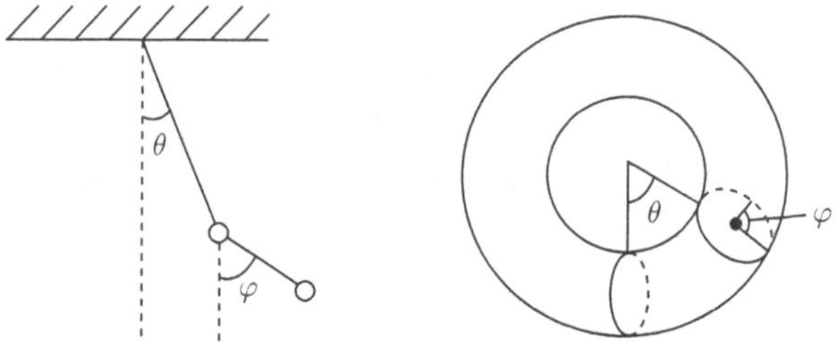


(a) 平面复摆　　(b) 环面

图 1.2　平面复摆运动及其位形空间

$S^1$ 和 $T^2$ 都有局部坐标，也就是说它们局部同胚于 Euclid 空间，这就引出了流形的概念。流形的概念是 Euclid 空间的推广。粗略地说，**流形**在每一点近旁与 Euclid 空间的一开集同胚，而**微分流形**就是一类在其中可以进行微分运算的拓扑空间。简单地讲，拓扑空间加上局部坐标就构成**流形**，也就是物理学家所说的**位形空间**。

下面以参考文献 [3] 中地图册的例子来形象地说明什么是流形。

已知 $R$ 是拓扑空间，若能在 $R$ 上取定原点 $O$，并规定方向和单位长度，那么每一点都对应一个坐标，这样就建立了一个坐标系。然而，在一般的拓扑空间上一般是不能建立整体坐标系的。我们出行的时候，会用平面地图来指示方位。如果将整个地球的各个地区的地图合订成一本地图集，那么在观看各个地区的地图后，就可以在脑海中 “拼接” 出整个地球的景貌。为了能让读者顺利地从一张地图接到下一张，相邻的地图之间会有重叠的部分，以便在脑海里 “黏合” 两张图。类似地，在数学中，也可以用一系列 “地图”(称为坐标图或坐标卡) 组成的 “地图集”(称为图册) 来描述一个流形。而 “地图” 之间重叠的部分在不同的地图里如何变换，则描述了不同 “地图” 之间的关系。

如图 1.3(a) 所示，将点 $P$ 与南极 $S$ 相连，设连线 $PS$ 或其延长线与赤道平面 $xy$ 的交点 $Q$ 的坐标为 $(u,v)$，由于 $(u,v)$ 与点 $P$ 具有一一对应的关系，于

是可定义 $(u,v)$ 作为点 $P$ 的坐标。这样就得到一个局部坐标系 $S_1$，其定义域为 $z>-1/2$，即在除去南极点 $S$ 的球面上点的坐标都可以用 $(u,v)$ 表示。类似地，可以通过北极点 $N$ 按图 1.3(b) 的方法，在除去北极点 $N$ 的球面上建立一个局部坐标系 $S_2$，它的局部坐标为 $(\overline{u},\overline{v})$，定义域为 $z<1/2$。

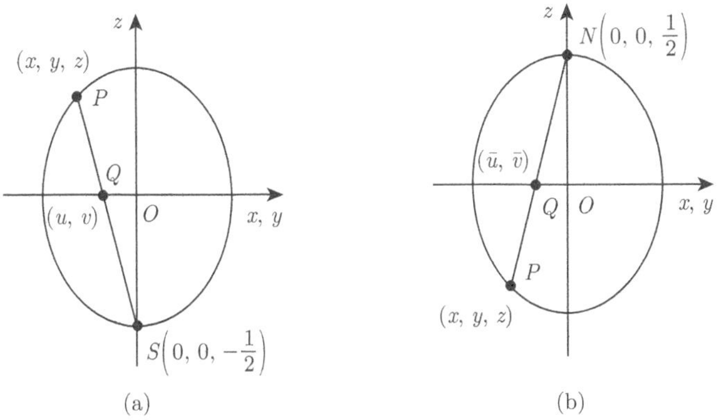


图 1.3 位形空间二维球面 $S^2$

对于二维球面 $S^2$ 上的点 $P\in S_1\cap S_2$，它有两种坐标，不难求出它们之间的变换关系

$$\begin{aligned}\overline{u}&=\frac{u}{u^2+v^2},\quad u=\frac{\overline{u}}{\overline{u}^2+\overline{v}^2}\\ \overline{v}&=\frac{v}{u^2+v^2},\quad v=\frac{\overline{v}}{\overline{u}^2+\overline{v}^2}\end{aligned}\tag{1.2}$$

变换属于 $C^\infty$ 函数类，即变换函数无穷次可微。

下面通过图 1.4 来简单示范流形上函数可微性的定义。设 $M$ 是一个流形，$\mathbb{R}^n$ 是 $n$ 维 Euclid 空间，$f$ 是定义在 $M$ 上的函数

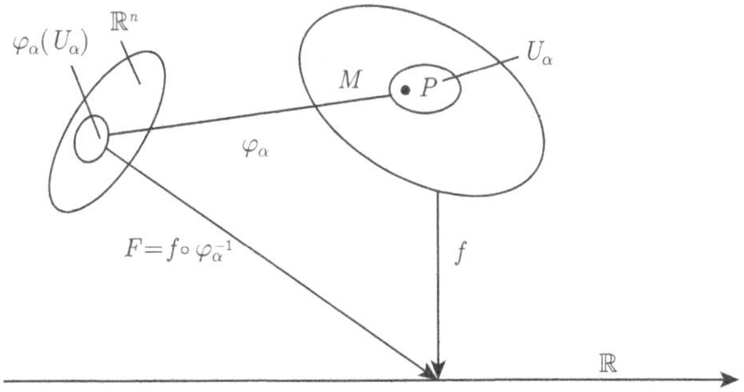


图 1.4 函数的可微性

$$f: M \to \mathbb{R}, \quad M \ni P \mapsto f(P) \in \mathbb{R} \tag{1.3}$$

又设 $(U_\alpha, \varphi_\alpha)$ 为含点 $P$ 的一个坐标卡，则 $F = f \circ \varphi_\alpha^{-1}$ 为定义在 $\mathbb{R}^n$ 开集上的实函数，其中符号 $\circ$ 为复合函数合成符号，例如 $(g \circ f)(x) = g(f(x))$。

称 $\varphi_\alpha$ 为 $U_\alpha$ 的**局部坐标系**，称 $U_\alpha$ 为 $\varphi_\alpha$ 的**坐标邻域**，称 $(U_\alpha, \varphi_\alpha)$ 为**坐标卡**[3]。所有的坐标卡组成 $M$ 上的一个光滑图册。

下面通过坐标卡 $(U_\alpha, \varphi_\alpha)$ 来定义 $C^\infty$ 流形 $M$。

**定义 1.2**　假设 $X$ 是拓扑空间，设 $x$ 和 $y$ 是 $X$ 中的点，称 $x$ 和 $y$ 可以"由邻域分离"，如果存在 $x$ 的邻域 $U$ 和 $y$ 的邻域 $V$ 使得 $U$ 和 $V$ 是不相交的 $(U \cap V = \varnothing)$，且 $X$ 中的任意两个不同的点都可以由这样的邻域分离，那么称 $X$ 是 **Hausdorff 空间**[4]。

**定义 1.3**　设 $M$ 是一个有可数基的 Hausdorff 空间，给定一个图册 $\mathcal{A} = \{(U_\alpha, \varphi_\alpha)\}$ 满足：

(1) $\{U_\alpha\}$ $M$ 的一个开覆盖；

(2) 对 $\forall\alpha$，映射 $\varphi_\alpha: U_\alpha \to \varphi_\alpha(U_\alpha)$ 是一个从 $M$ 的开集 $U_\alpha$ 到局部 Euclid 空间 $\mathbb{R}^n$ 上的同胚映射，如图 1.5 所示；

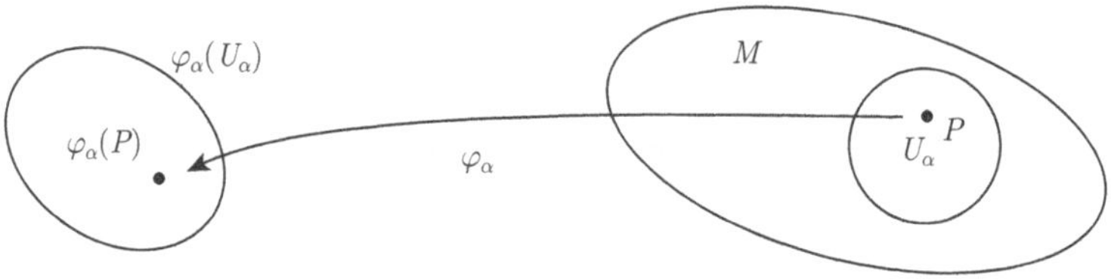


图 1.5　$M$ 的开集同胚映射 $\varphi_\alpha: U_\alpha \to \varphi_\alpha(U_\alpha)$ ($\mathbb{R}^n$ 中的开集)

(3) $\mathcal{A}$ 中的任何两个图册 $(U_\alpha, \varphi_\alpha)$ 和 $(U_\beta, \varphi_\beta)$ 是 $C^\infty$ 兼容的，即表示 $U_\alpha \cap U_\beta = \varnothing$ 或者 $U_\alpha \cap U_\beta \neq \varnothing$，且 $\varphi_\beta \circ \varphi_\alpha^{-1}: \varphi_\alpha(U_\alpha \cap U_\beta) \to \varphi_\beta(U_\alpha \cap U_\beta)$ 是一个微分同胚。

则称 $M$ 为一个 $n$ 维**光滑流形**，称 $\mathcal{A}$ 为 $M$ 的一个**光滑图册**。如果 $\mathcal{A}$ 包含所有与它相容的局部坐标系，则称 $\mathcal{A}$ 为 $M$ 的**最大光滑图册**，此时称 $(M, \mathcal{A})$ 为 $n$ 维**微分流形** (简称为**流形**)，称 $\mathcal{A}$ 为 $M$ 的**微分结构**[3]。

**定义 1.4**　设 $M$ 和 $N$ 分别是 $m$ 维和 $n$ 维微分流形，连续映射 $f: M \to N$ 满足对于 $P \in M$ 和 $f(P) \in N$ 的坐标卡 $(U, \varphi)(V, \psi)$ 有 $f(U) \subset V$，且局部表示 $\hat{f} = \psi \circ f \circ \varphi^{-1}: \varphi(U) \to \psi(V)$ 是 $C^k$ 可微的，则称 $f$ 在 $P$ 处是 $C^k$ **可微**的；如果 $f$ 在每个点 $P \in M$ 处都是 $C^k$ 可微的，则称 $f$ 是 $C^k$ **可微**的，或称 $f$ 是 $C^k$ **映射**[3]，如图 1.6 所示。

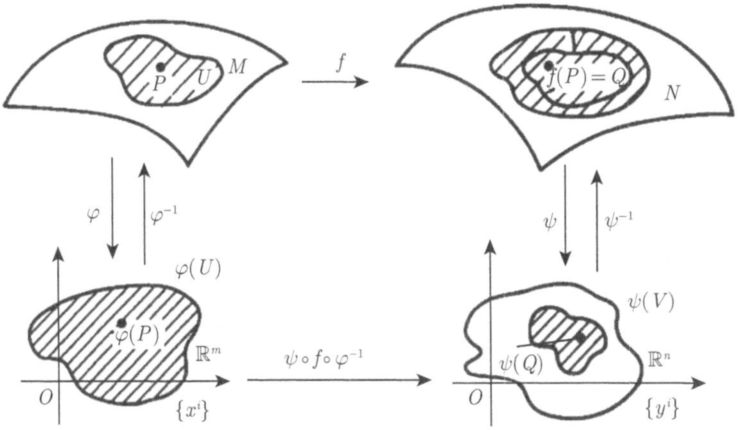

图 1.6 可微映射

**定义 1.5** 设 $M,N$ 是微分流形，$f:M\to N$ 是同胚，如果 $f,f^{-1}$ 都是光滑的，则称 $f$ 是 $M$ 到 $N$ 的**微分同胚** [5]。如果微分流形 $M,N$ 之间存在一微分同胚，则称 $M$ 和 $N$ 是微分同胚的微分流形，记为 $M\simeq N$。

1.1.1.2 切空间和余切空间

令 $M$ 是一个 $n$ 维微分流形，$\mathcal{F}_p$ 是所有在点 $\boldsymbol{p}=(p_1,\cdots,p_n)\in M$ 附近有定义而且在 $\boldsymbol{p}$ 处可微的函数构成的空间。在其上定义运算 [2]：

$$\begin{aligned}(f+g)(\boldsymbol{p})&=f(\boldsymbol{p})+g(\boldsymbol{p})\\(\alpha f)(\boldsymbol{p})&=\alpha f(\boldsymbol{p})\\(fg)(\boldsymbol{p})&=f(\boldsymbol{p})\,g(\boldsymbol{p})\end{aligned}\tag{1.4}$$

**定义 1.6** 微分流形 $M$ 在 $\boldsymbol{p}\in M$ 处的**切向量** $X_{\boldsymbol{p}}$ 是指映射 [2]

$$X_{\boldsymbol{p}}:\mathcal{F}_{\boldsymbol{p}}\to\mathbb{R}\tag{1.5}$$

具有性质：

(1) $X_{\boldsymbol{p}}(f)=X_{\boldsymbol{p}}(g)$，$f,g\in\mathcal{F}_{\boldsymbol{p}}$ 在 $\boldsymbol{p}$ 的某个邻域相等时；

(2) $X_{\boldsymbol{p}}(\alpha f+\beta g)=\alpha X_{\boldsymbol{p}}(f)+\beta X_{\boldsymbol{p}}(g),\forall f,g\in\mathcal{F}_{\boldsymbol{p}},\forall\alpha,\beta\in\mathbb{R}$；

(3) $X_{\boldsymbol{p}}(fg)=f(\boldsymbol{p})\,X_{\boldsymbol{p}}(g)+g(\boldsymbol{p})\,X_{\boldsymbol{p}}(f),\forall f,g\in\mathcal{F}_{\boldsymbol{p}}$，即相当于求导运算的 Leibniz 法则。

下面给出切向量的一般定义。

**定义 1.7** 假设一个映射 $\nu:\mathcal{F}_{\boldsymbol{p}}\to\mathbb{R}$ 有下列性质 [3]：

(1) **线性性**

$$\nu(\alpha f+\beta g)=\alpha\nu(f)+\beta\nu(g),\quad \alpha,\beta\in\mathbb{R} \tag{1.6}$$

(2) **Leibniz 法则**

$$\nu(fg)=f(\boldsymbol{p})\nu(g)+g(\boldsymbol{p})\nu(f) \tag{1.7}$$

则称 $\nu$ 是 $M$ 在点 $\boldsymbol{p}$ 处的一个**切向量**，如图 1.7 所示。

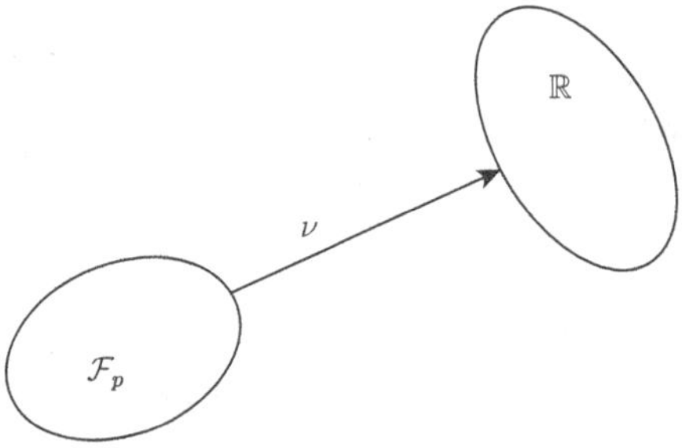


图 1.7　点 $\boldsymbol{p}$ 处的切向量

记 $T_{\boldsymbol{p}}M=\{$ 微分流形 $M$ 在点 $\boldsymbol{p}\in M$ 处的全体切向量 $\}$。假设 $X_{\boldsymbol{p}}$ 和 $Y_{\boldsymbol{p}}$ 是 $M$ 在点 $\boldsymbol{p}$ 处的任意切向量，定义运算：

$$\begin{aligned}(X_{\boldsymbol{p}}+Y_{\boldsymbol{p}})(f)&=X_{\boldsymbol{p}}(f)+Y_{\boldsymbol{p}}(f)\\(kX_{\boldsymbol{p}})(f)&=kX_{\boldsymbol{p}}(f),\quad \forall f\in\mathcal{F}_{\boldsymbol{p}},\quad \forall k\in\mathbb{R}\end{aligned} \tag{1.8}$$

易证 $T_{\boldsymbol{p}}M$ 关于上述运算构成向量空间，称其为微分流形 $M$ 在点 $\boldsymbol{p}$ 处的切空间。

**定义 1.8**　由微分流形上一点 $\boldsymbol{p}$ 处的全体切向量构成的向量空间 $T_{\boldsymbol{p}}M$ 称为 $M$ 在点 $\boldsymbol{p}$ 处的**切空间** [3]。

上述定义都较为抽象，直观地讲，如果所研究的流形是一个三维空间中的曲面，则在 $\boldsymbol{p}$ 点的切向量，就是在 $\boldsymbol{p}$ 点处和该曲面相切的向量，切空间就是在 $\boldsymbol{p}$ 点处和该曲面相切的平面。

为了便于理解后续关于切向量的局部坐标运算，下面不加证明地给出切空间基底的有关结论。

**定理 1.1**　假设 $\boldsymbol{x}=(x_1,\cdots,x_n)$ 是微分流形 $M$ 的一个给定的局部坐标系，$\boldsymbol{x}^0=\left(x_1^0,\cdots,x_n^0\right)$ 是点 $\boldsymbol{p}$ 的局部坐标，则切空间 $T_{\boldsymbol{p}}M$ 是一个 $n$ 维线性空间，它的基底在给定的坐标系下可以表示为 [3]

$$\left.\frac{\partial}{\partial x_1}\right|_{\boldsymbol{x}=\boldsymbol{x}^0},\quad\cdots,\quad\left.\frac{\partial}{\partial x_n}\right|_{\boldsymbol{x}=\boldsymbol{x}^0} \tag{1.9}$$

$T_{\boldsymbol{p}}M$ 中的每个切向量 $\boldsymbol{\nu}$ 都可以表示为该组基底的一个线性组合

$$\boldsymbol{\nu}=\alpha_1\frac{\partial}{\partial x_1}\bigg|_{\boldsymbol{x}=\boldsymbol{x}^0}+\cdots+\alpha_n\frac{\partial}{\partial x_n}\bigg|_{\boldsymbol{x}=\boldsymbol{x}^0},\quad \alpha_1,\cdots,\alpha_n\in\mathbb{R} \tag{1.10}$$

**定义 1.9** 设 $V$ 为域 $F$ 上的向量空间，称由 $V$ 到 $F$ 的所有线性函数组成的集合 $V^*$ 为 $V$ 的**对偶空间**，即 $V$ 的标量线性变换。$V^*$ 本身是 $F$ 的向量空间并且拥有加法及标量乘法运算。在张量的语言中，$V$ 的元素被称为逆变向量，而 $V^*$ 的元素被称为协变向量、合同向量或 1-形式。

**定义 1.10** $T_{\boldsymbol{p}}M$ 的对偶空间称为**余切空间**，记为 $T_{\boldsymbol{p}}^*M$。余切空间的基为 [3]

$$\mathrm{d}x_1,\quad\cdots,\quad\mathrm{d}x_n \tag{1.11}$$

它是切空间基向量

$$\frac{\partial}{\partial x_1},\quad\cdots,\quad\frac{\partial}{\partial x_n} \tag{1.12}$$

的对偶基。

**定义 1.11** 三元组 $(TM,M,\pi)$ 称为微分流形 $M$ 的**切丛**，其中 $TM=\bigcup\limits_{\boldsymbol{p}\in M}T_{\boldsymbol{p}}M$，投影映射 $\pi:TM\to M$ 满足 $\pi(X_{\boldsymbol{p}})=\boldsymbol{p},\forall X_{\boldsymbol{p}}\in TM$。通常将切丛 $(TM,M,\pi)$ 简记为 $TM$。对于每个 $\boldsymbol{p}\in M,\pi^{-1}(\boldsymbol{p})=T_{\boldsymbol{p}}M$ 称为切丛 $TM$ 在点 $\boldsymbol{p}$ 处的**纤维** [2]。

简单来说，切丛是流形所有点处所有切向量的空间。

**定义 1.12** 设 $f:M\to N$ 是从流形 $M$ 到流形 $N$ 的光滑映射，$f_{*\boldsymbol{x}}$ 表示切空间的诱导映射，$f_{*\boldsymbol{x}}:T_{\boldsymbol{x}}M\to T_{f(\boldsymbol{x})}N$。若点 $\boldsymbol{x}$ 在 $M$ 上变化，则 $f_{*\boldsymbol{x}}$ 定义了一个从切丛 $TM$ 到切丛 $TN$ 的**切映射** [3]

$$f_*:TM\to TN,\quad f_*|_{T_\infty M}=f_{*\boldsymbol{x}} \tag{1.13}$$

特别地，若 $N=M=\mathbb{R}^n$，则

$$f_{*\boldsymbol{x}}:T_{\boldsymbol{x}}\mathbb{R}^n\to T_{f(\boldsymbol{x})}\mathbb{R}^n,\quad f_{*\boldsymbol{x}}\xi=\frac{\partial f}{\partial\boldsymbol{x}}\xi \tag{1.14}$$

切映射的几何含义如图 1.8 所示。

**定义 1.13** 设 $M$ 是一个微分流形，如果映射 $X:M\to TM$ 满足 $\pi\circ X$ 是 $M$ 上的恒等映射，则称 $X$ 为 $M$ 的一个**向量场**，也称 $X$ 为切丛 $TM$ 的一个**截面**；如果 $X$ 还是光滑映射，则称它为 $M$ 的一个**光滑向量场** [2]。

微分流形 $M$ 的所有光滑向量场构成的集合记为 $\chi(M)$。

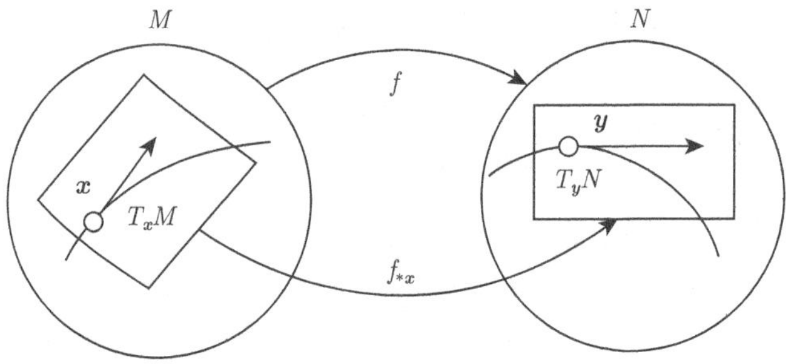


图 1.8　切映射的几何含义

特别地，当 $X \in \chi(\mathbb{R}^n)$ 时，$X$ 的坐标表示为

$$X = \sum_{i=1}^{n} a_i(\boldsymbol{x}) \frac{\partial}{\partial x_i} \tag{1.15}$$

假设 $f \in C^1(\mathbb{R}^n)$，那么有

$$Xf = \sum_{i=1}^{n} a_i(\boldsymbol{x}) \frac{\partial f}{\partial x_i} \tag{1.16}$$

**定义 1.14**　设 $X$ 是微分流形 $M$ 的一个光滑向量场，光滑映射 $c:[0,T] \to M$ 过点 $c(0) = \boldsymbol{x}^0 \in M$，且满足 [2]

$$c_{*t}\left(\frac{\mathrm{d}}{\mathrm{d}t}\right) = X_{c(t)}, \quad \forall t \in [0,T] \tag{1.17}$$

其中 $c_{*t}$ 是映射 $c$ 的切映射，则称 $c(t)$ 为向量场 $X$ 的过点 $\boldsymbol{x}^0$ 的**解曲线**。此时，存在群作用映射 $\varphi: c[0,T] \times [0,T] \to c[0,T]$，满足

$$\begin{aligned} &\varphi\left(\boldsymbol{x}^0, 0\right) = \boldsymbol{x}^0 \\ &\varphi\left(\varphi\left(\boldsymbol{x}, t_1\right), t_2\right) = \varphi\left(\boldsymbol{x}, t_1 + t_2\right), \quad t_1, t_2 \in [0,T] \end{aligned} \tag{1.18}$$

称 $\varphi(\boldsymbol{x}, t)$ 为 $X$ 的**流**，简记为 $\varphi^t$。特别地，当 $X$ 是哈密顿向量场时，称 $X$ 的流为**相流** [3]。

### 1.1.2　代数方面预备知识

#### 1.1.2.1　向量的点乘与叉乘

首先简单介绍解析几何中向量的点乘运算和叉乘运算 [6]。

两个向量的点乘也叫做向量的数量积或内积。点乘运算的结果是一个数。**向量点乘**的运算公式为

$$\boldsymbol{a}\cdot\boldsymbol{b}=|\boldsymbol{a}|\,|\boldsymbol{b}|\cos\langle\boldsymbol{a},\boldsymbol{b}\rangle \tag{1.19}$$

其中 $\langle\boldsymbol{a},\boldsymbol{b}\rangle$ 表示向量 $\boldsymbol{a}$ 和 $\boldsymbol{b}$ 的几何夹角。

两个向量的叉乘也叫做向量的向量积或外积。叉乘运算的结果是一个向量。**向量叉乘** $\boldsymbol{c}=\boldsymbol{a}\times\boldsymbol{b}$ 的运算公式为

$$|\boldsymbol{c}|=|\boldsymbol{a}\times\boldsymbol{b}|=|\boldsymbol{a}|\,|\boldsymbol{b}|\sin\langle\boldsymbol{a},\boldsymbol{b}\rangle \tag{1.20}$$

向量 $\boldsymbol{c}$ 的方向与 $\boldsymbol{a}$ 和 $\boldsymbol{b}$ 所在平面垂直，且方向用“右手法则”判断。显然，向量叉乘不遵循交换律。

将向量用直角坐标表示，若向量 $\boldsymbol{a}=(a_1,a_2,a_3)\,,\boldsymbol{b}=(b_1,b_2,b_3)$，则点乘和叉乘的坐标计算公式分别为

$$\boldsymbol{a}\cdot\boldsymbol{b}=a_1b_1+a_2b_2+a_3b_3 \tag{1.21}$$

$$\boldsymbol{a}\times\boldsymbol{b}=\begin{vmatrix}\boldsymbol{i}&\boldsymbol{j}&\boldsymbol{k}\\a_1&a_2&a_3\\b_1&b_2&b_3\end{vmatrix}=(a_2b_3-b_2a_3,\ a_3b_1-a_1b_3,\ a_1b_2-b_1a_2) \tag{1.22}$$

其中 $\boldsymbol{i},\boldsymbol{j},\boldsymbol{k}$ 为三维空间直角坐标系的单位坐标向量。

另外，还有向量 $\boldsymbol{a}=(a_1,a_2,a_3)\,,\boldsymbol{b}=(b_1,b_2,b_3)\,,\boldsymbol{c}=(c_1,c_2,c_3)$ 的三重积，也称为混合积

$$\boldsymbol{a}\times\boldsymbol{b}\cdot\boldsymbol{c}=\begin{vmatrix}a_1&b_1&c_1\\a_2&b_2&c_2\\a_3&b_3&c_3\end{vmatrix} \tag{1.23}$$

在三维空间中叉乘和三重积都有对应的几何意义。叉乘 $\boldsymbol{a}\times\boldsymbol{b}$ 的长度 $|\boldsymbol{a}\times\boldsymbol{b}|$ 等于以向量 $\boldsymbol{a}$ 和 $\boldsymbol{b}$ 为边的平行四边形的面积，向量 $\boldsymbol{a}$，$\boldsymbol{b}$ 和 $\boldsymbol{c}$ 的三重积 $\boldsymbol{a}\times\boldsymbol{b}\cdot\boldsymbol{c}$ 的几何意义是以 $\boldsymbol{a}$，$\boldsymbol{b}$ 和 $\boldsymbol{c}$ 为边的平行六面体的带有正、负号的体积 (定向体积)。

#### 1.1.2.2 外积

一般的向量外积或者称 $\wedge$ 积，是向量叉乘向更高维空间的推广。所以，和向量叉乘一样，一般的向量外积在 Euclid 几何中就是用来研究面积、体积以及高维几何空间中类似面积和体积等几何量的。和向量叉乘一样，一般的向量外积也具有反对称性，即

$$\boldsymbol{u}\wedge\boldsymbol{v}=-\boldsymbol{v}\wedge\boldsymbol{u} \tag{1.24}$$

对所有向量 $\boldsymbol{u}$ 和 $\boldsymbol{v}$ 都成立。

假设三个三维向量

$$\begin{aligned}\boldsymbol{a}_1 &= a_{11}\boldsymbol{i} + a_{12}\boldsymbol{j} + a_{13}\boldsymbol{k}\\ \boldsymbol{a}_2 &= a_{21}\boldsymbol{i} + a_{22}\boldsymbol{j} + a_{23}\boldsymbol{k}\\ \boldsymbol{a}_3 &= a_{31}\boldsymbol{i} + a_{32}\boldsymbol{j} + a_{33}\boldsymbol{k}\end{aligned} \tag{1.25}$$

并假设 $\boldsymbol{a}_1, \boldsymbol{a}_2, \boldsymbol{a}_3$ 线性无关，在 $\boldsymbol{a}_1, \boldsymbol{a}_2, \boldsymbol{a}_3$ 之间引进运算 $\wedge$ 如下

$$\boldsymbol{a}_1 \wedge \boldsymbol{a}_2 \wedge \boldsymbol{a}_3 = \begin{vmatrix} a_{11} & a_{12} & a_{13}\\ a_{21} & a_{22} & a_{23}\\ a_{31} & a_{32} & a_{33}\end{vmatrix} \tag{1.26}$$

该运算具有下面性质 [2,3]：

(1) **多重线性性**

$$\boldsymbol{a}_1 \wedge (\beta\boldsymbol{b} + \gamma\boldsymbol{c}) \wedge \boldsymbol{a}_3 = \beta\,(\boldsymbol{a}_1 \wedge \boldsymbol{b} \wedge \boldsymbol{a}_3) + \gamma\,(\boldsymbol{a}_1 \wedge \boldsymbol{c} \wedge \boldsymbol{a}_3), \quad \beta, \gamma \in \mathbb{R} \tag{1.27}$$

(2) **反交换性**

$$\begin{aligned}\boldsymbol{a}_1 \wedge \boldsymbol{a}_2 \wedge \boldsymbol{a}_3 &= -\boldsymbol{a}_2 \wedge \boldsymbol{a}_1 \wedge \boldsymbol{a}_3\\ \boldsymbol{a}_1 \wedge \boldsymbol{a}_2 \wedge \boldsymbol{a}_3 &= -\boldsymbol{a}_3 \wedge \boldsymbol{a}_2 \wedge \boldsymbol{a}_1\\ \boldsymbol{a}_1 \wedge \boldsymbol{a}_2 \wedge \boldsymbol{a}_3 &= -\boldsymbol{a}_1 \wedge \boldsymbol{a}_3 \wedge \boldsymbol{a}_2\end{aligned} \tag{1.28}$$

若 $\boldsymbol{a}_1, \boldsymbol{a}_2, \boldsymbol{a}_3$ 中有 2 个向量相同，则

$$\boldsymbol{a}_1 \wedge \boldsymbol{a}_2 \wedge \boldsymbol{a}_3 = 0 \tag{1.29}$$

将 $\wedge$ 运算所满足的多重线性性和反交换性加以抽象，就是一般的向量外积的概念。

**例 1.1**　假设 $\boldsymbol{e}_1, \boldsymbol{e}_2, \boldsymbol{e}_3$ 是 $\mathbb{R}^3$ 中的一组基 (不一定是正交基)，$\mathbb{R}^3$ 中的向量 $\boldsymbol{a}_1, \boldsymbol{a}_2, \boldsymbol{a}_3$ 可以表示为

$$\begin{aligned}\boldsymbol{a}_1 &= a_{11}\boldsymbol{e}_1 + a_{12}\boldsymbol{e}_2 + a_{13}\boldsymbol{e}_3\\ \boldsymbol{a}_2 &= a_{21}\boldsymbol{e}_1 + a_{22}\boldsymbol{e}_2 + a_{23}\boldsymbol{e}_3\\ \boldsymbol{a}_3 &= a_{31}\boldsymbol{e}_1 + a_{32}\boldsymbol{e}_2 + a_{33}\boldsymbol{e}_3\end{aligned} \tag{1.30}$$

则三个向量 $\boldsymbol{a}_1, \boldsymbol{a}_2, \boldsymbol{a}_3$ 的外积为

$$\boldsymbol{a}_1 \wedge \boldsymbol{a}_2 \wedge \boldsymbol{a}_3 = \begin{vmatrix} a_{11} & a_{12} & a_{13}\\ a_{21} & a_{22} & a_{23}\\ a_{31} & a_{32} & a_{33}\end{vmatrix} \boldsymbol{e}_1 \wedge \boldsymbol{e}_2 \wedge \boldsymbol{e}_3 \tag{1.31}$$

两个向量 $\boldsymbol{a}_1,\boldsymbol{a}_2$ 的外积为

$$\boldsymbol{a}_1\wedge\boldsymbol{a}_2=\begin{vmatrix}a_{11}&a_{12}\\a_{21}&a_{22}\end{vmatrix}\boldsymbol{e}_1\wedge\boldsymbol{e}_2+\begin{vmatrix}a_{12}&a_{13}\\a_{22}&a_{23}\end{vmatrix}\boldsymbol{e}_2\wedge\boldsymbol{e}_3+\begin{vmatrix}a_{11}&a_{13}\\a_{21}&a_{23}\end{vmatrix}\boldsymbol{e}_1\wedge\boldsymbol{e}_3 \quad (1.32)$$

在 $\mathbb{R}^3$ 中，坐标平面 $\boldsymbol{e}_1\boldsymbol{e}_2$ 是由坐标向量 $\boldsymbol{e}_1$ 和 $\boldsymbol{e}_2$ 确定的坐标平面，其他两个坐标平面 $\boldsymbol{e}_2\boldsymbol{e}_3$ 和 $\boldsymbol{e}_3\boldsymbol{e}_1$ 类似。假设向量 $\boldsymbol{a}_1$ 和 $\boldsymbol{a}_2$ 张成的平行四边形是 $A$

$$A=\left\{\boldsymbol{x}\in\mathbb{R}^3|\boldsymbol{x}=\alpha\boldsymbol{a}_1+\beta\boldsymbol{a}_2,0\leqslant\alpha,\beta\leqslant1\right\} \quad (1.33)$$

$\boldsymbol{a}_1\wedge\boldsymbol{a}_2$ 的几何意义，如图 1.9 所示，就是由 $\boldsymbol{a}_1$ 和 $\boldsymbol{a}_2$ 在坐标平面上的投影所张成的平行四边形。

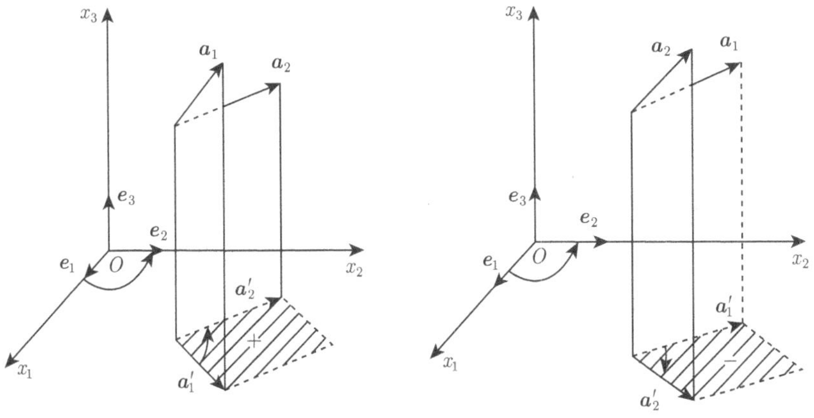


图 1.9 外积算子 ∧ 的几何意义

对于更一般的情况，以 $\boldsymbol{e}_i\,(i=1,2,\cdots,n)$(不一定是正交基) 为基底的 $k$ 个向量 $\boldsymbol{a}_j=\sum\limits_{i=1}^{n}a_{ji}\boldsymbol{e}_i\,(j=1,2,\cdots,k)$ 的外积为

$$\boldsymbol{a}_1\wedge\boldsymbol{a}_2\wedge\cdots\wedge\boldsymbol{a}_k=\sum_{i_1<i_2<\cdots<i_k}\begin{vmatrix}a_{1i_1}&a_{1i_2}&\cdots&a_{1i_k}\\a_{2i_1}&a_{2i_2}&\cdots&a_{2i_k}\\\vdots&\vdots&&\vdots\\a_{ki_1}&a_{ki_2}&\cdots&a_{ki_k}\end{vmatrix}\boldsymbol{e}_{i_1}\wedge\boldsymbol{e}_{i_2}\wedge\cdots\wedge\boldsymbol{e}_{i_k} \quad (1.34)$$

#### 1.1.2.3 外形式

设 $\mathbb{R}$ 是实数域，$V$ 是 $n$ 维实线性空间，$V$ 中的元素用 $\boldsymbol{u}$，$\boldsymbol{v}$ 等表示，$V$ 有一组基 $\{\boldsymbol{e}_1,\cdots,\boldsymbol{e}_n\}$。对 $k=0,1,\cdots,n$ 构造实数域上新的线性空间，即所谓的 **$k$-形式线性空间 $\Lambda^k$** 如下：

当 $k=0,1$ 时，

$$\Lambda^0=\mathbb{R},\quad \Lambda^1=V \tag{1.35}$$

当 $k=2$ 时，作如下定义。

**定义 1.15**　$\Lambda^2$ 由所有形如

$$\sum_i \alpha_i\left(\boldsymbol{u}_i\wedge\boldsymbol{v}_i\right) \tag{1.36}$$

的元素组成，其中 $\alpha_i\in\mathbb{R},\boldsymbol{u}_i,\boldsymbol{v}_i\in V$，并对 $\forall\boldsymbol{u},\boldsymbol{v}\in V$，要求 $\wedge$ 满足下列条件 [3]：

(1) **多重线性性**

$$\begin{aligned}&\left(\alpha_1\boldsymbol{u}_1+\alpha_2\boldsymbol{u}_2\right)\wedge\boldsymbol{v}=\alpha_1\left(\boldsymbol{u}_1\wedge\boldsymbol{v}\right)+\alpha_2\left(\boldsymbol{u}_2\wedge\boldsymbol{v}\right)\\&\boldsymbol{u}\wedge\left(\alpha_1\boldsymbol{v}_1+\alpha_2\boldsymbol{v}_2\right)=\alpha_1\left(\boldsymbol{u}\wedge\boldsymbol{v}_1\right)+\alpha_2\left(\boldsymbol{u}\wedge\boldsymbol{v}_2\right)\end{aligned} \tag{1.37}$$

(2) **反交换性**

$$\boldsymbol{u}\wedge\boldsymbol{v}=-\boldsymbol{v}\wedge\boldsymbol{u} \tag{1.38}$$

(3) $\boldsymbol{u}\wedge\boldsymbol{u}=0$。$\boldsymbol{u}\wedge\boldsymbol{v}$ 就是 $\boldsymbol{u}$ 和 $\boldsymbol{v}$ 的外积。$\Lambda^2$ 的元素称为 **2-形式**。

在给定基 $\{\boldsymbol{e}_1,\cdots,\boldsymbol{e}_n\}$ 时，有

$$\boldsymbol{u}=\sum_{i=1}^n\alpha_i\boldsymbol{e}_i,\quad \boldsymbol{v}=\sum_{i=1}^n\beta_i\boldsymbol{e}_i,\quad \alpha_i,\beta_i\in\mathbb{R},\quad i=1,\cdots,n \tag{1.39}$$

则根据 $\wedge$ 的多重线性性和反交换性得到

$$\boldsymbol{u}\wedge\boldsymbol{v}=\left(\sum_{i=1}^n\alpha_i\boldsymbol{e}_i\right)\wedge\left(\sum_{i=1}^n\beta_i\boldsymbol{e}_i\right)=\sum_{i,j}\alpha_i\beta_j\left(\boldsymbol{e}_i\wedge\boldsymbol{e}_j\right) \tag{1.40}$$

因为 $\boldsymbol{e}_i\wedge\boldsymbol{e}_i=0$，$\boldsymbol{e}_i\wedge\boldsymbol{e}_j=-\boldsymbol{e}_j\wedge\boldsymbol{e}_i$，所以

$$\boldsymbol{u}\wedge\boldsymbol{v}=\sum_{i<j}(\alpha_i\beta_j-\alpha_j\beta_i)\boldsymbol{e}_i\wedge\boldsymbol{e}_j \tag{1.41}$$

由此可见，线性空间 $\Lambda^2$ 的元素是特殊形式 $\boldsymbol{e}_i\wedge\boldsymbol{e}_j\,(1\leqslant i<j\leqslant n)$ 的线性组合。因此 $\{\boldsymbol{e}_i\wedge\boldsymbol{e}_j\}_{1\leqslant i<j\leqslant n}$ 是 $\Lambda^2$ 的一组基。$\Lambda^2$ 的维数为 $\mathrm{C}_n^2=n\left(n-1\right)/2$，其元素的一般形式为

$$\sum_{1\leqslant i<j\leqslant n}\alpha_{ij}\boldsymbol{e}_i\wedge\boldsymbol{e}_j,\quad \alpha_{ij}\in\mathbb{R} \tag{1.42}$$

当 $3\leqslant k\leqslant n$ 时，可以类似于 $\Lambda^2$ 定义 $\Lambda^k$。$\Lambda^k$ 的元素称为 **$k$-形式**。显然，$k$-形式是多重线性形式。$k$-形式也称为**外形式**。

#### 1.1.2.4 微分形式

假设 $M$ 是一个微分流形，$TM$ 是其切丛，设 $M \ni \boldsymbol{x} \mapsto \omega(\boldsymbol{x}) \in \Lambda^k(T_{\boldsymbol{x}}^*M)$，$T_{\boldsymbol{x}}^*M$ 是所有 $M$ 上的光滑 1-形式组成的集合。$M$ 上的微分 $k$-形式，在代数上可以视作 $M$ 的余切空间上的反对称多重线性形式。若 $\boldsymbol{x}$ 有局部坐标 $(x_1, \cdots, x_n)$，以 $\mathrm{d}x_1, \cdots, \mathrm{d}x_n$ 为基的线性空间称为**微分空间**。

**定理 1.2** 在坐标系为 $x_1, \cdots, x_n$ 的空间 $\mathbb{R}^1$ 中的每一个微分 1-形式都可以唯一地写成以光滑函数 $a_i(\boldsymbol{x})$ 为系数的表达式 [2]

$$\omega = a_1(\boldsymbol{x})\,\mathrm{d}x_1 + \cdots + a_n(\boldsymbol{x})\,\mathrm{d}x_n \tag{1.43}$$

**定理 1.3** 在坐标系为 $x_1, \cdots, x_n$ 的空间 $\mathbb{R}^n$ 中的每一个微分 $k$-形式都可以唯一地写成 [2]

$$\omega(\boldsymbol{x}) = \sum_{i_1 < \cdots < i_k} a_{i_1 \cdots i_k}(\boldsymbol{x})\mathrm{d}x_{i_1} \wedge \cdots \wedge \mathrm{d}x_{i_k} \tag{1.44}$$

其中 $a_{i_1 \cdots i_k}(\boldsymbol{x})$ 是 $\mathbb{R}^n$ 上的光滑函数。

由于在定义中运用了外积，上述的微分 $k$-形式也称为**外微分形式**。

**定义 1.16** $M$ 的外代数 $\omega(\mathbb{R}^n)$ 上的外微分算子 d 是映射 [2]

$$\mathrm{d}\colon \quad \Omega^k(\mathbb{R}^n) \to \Omega^{k+1}(\mathbb{R}^n) \tag{1.45}$$

其中 $k = 0, 1, \cdots, n$。

由微分 $k$-形式 (1.44)，有

$$\begin{aligned} \mathrm{d}\omega &= \sum_{i_1 < \cdots < i_k} \mathrm{d}a_{i_1 \cdots i_k} \wedge \mathrm{d}x_{i_1} \wedge \cdots \wedge \mathrm{d}x_{i_k} \\ &= \sum_{i_1 < \cdots < i_k} \sum_{j=1}^{n} \frac{\partial a_{i_1 \cdots i_k}}{\partial x_j} \mathrm{d}x_j \wedge \mathrm{d}x_{i_1} \wedge \cdots \wedge \mathrm{d}x_{i_k} \end{aligned} \tag{1.46}$$

其中 d 称为**外微分算子**。

特别地，对于 $\omega = f \in \mathcal{F}(\mathbb{R}^n)$，显然有

$$\mathrm{d}\omega = \mathrm{d}f = \frac{\partial f}{\partial x_1}\mathrm{d}x_1 + \cdots + \frac{\partial f}{\partial x_n}\mathrm{d}x_n \tag{1.47}$$

假设 $\omega$ 是微分 $k$-形式，$\eta$ 是微分 $l$-形式，外微分算子 d 有下列性质 [3]：

(1) $\mathrm{d}(\omega + \eta) = \mathrm{d}\omega + \mathrm{d}\eta$;

(2) $\mathrm{d}(\omega \wedge \eta) = \mathrm{d}\omega \wedge \eta + (-1)^k \omega \wedge \mathrm{d}\eta$;

(3) $\mathrm{d}(\mathrm{d}\omega) = \mathrm{d}^2\omega = 0$。

1.1.2.5　微分形式的映射

**定义 1.17**　假设 $M$ 和 $N$ 分别是 $m$ 维和 $n$ 维微分流形，$\varphi$ 是从 $M$ 到 $N$ 的光滑映射，则可以把 $N$ 上的微分 $k$-形式 $\omega$ 拉回到 $M$ 上的微分 $k$-形式 $\varphi^*\omega$

$$\varphi^*\omega(\boldsymbol{x})(\xi_1,\cdots,\xi_k)=\omega(\varphi(\boldsymbol{x}))(\varphi_*\xi_1,\cdots,\varphi_*\xi_k) \tag{1.48}$$

其中 $\xi_1,\cdots,\xi_k\in T_{\boldsymbol{x}}M$，称 $\varphi^*\omega$ 为 $\omega$ 的**拉回映射**，如图 1.10 所示 [3]。

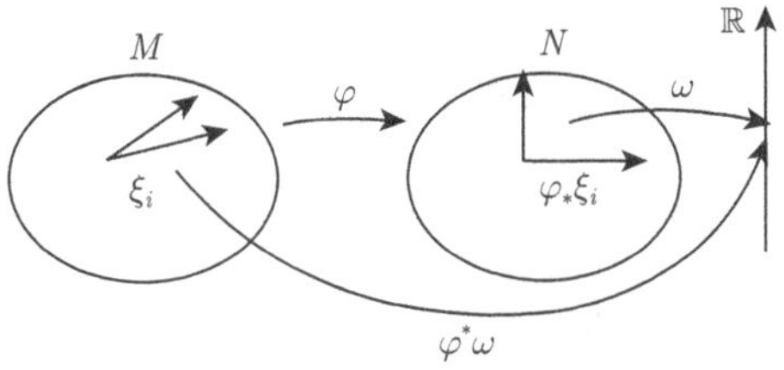


图 1.10　微分形式的拉回映射

事实上，切映射 $\varphi_*:T_{\boldsymbol{x}}M\to T_{\boldsymbol{y}}N$ 会诱导出对偶空间也就是余切空间上的对偶映射

$$\varphi^*:T^*_{\boldsymbol{y}}(N)\to T^*_{\boldsymbol{x}}(M) \tag{1.49}$$

因为对偶映射的方向与切映射的方向相反，所以称为拉回映射。微分流形上的微分形式是切向量场的线性泛函，微分流形之间的映射 $\varphi$ 诱导出微分流形上微分形式的拉回映射 $\varphi^*$，即将微分流形 $N$ 上点 $\boldsymbol{y}=\varphi(\boldsymbol{x})$ 处的微分形式拉回到微分流形 $M$ 上点 $\boldsymbol{x}$ 处的微分形式。例如，对 0-形式，即微分流形 $N$ 上的函数 $f(\boldsymbol{y})$，利用微分流形 $M$ 到 $N$ 的映射 $\varphi$，可将 $N$ 上的函数 $f$ 拉回到 $M$ 上的函数 $g(\boldsymbol{x})=\varphi^*f(\boldsymbol{x})$，如图 1.11 所示 [3]。

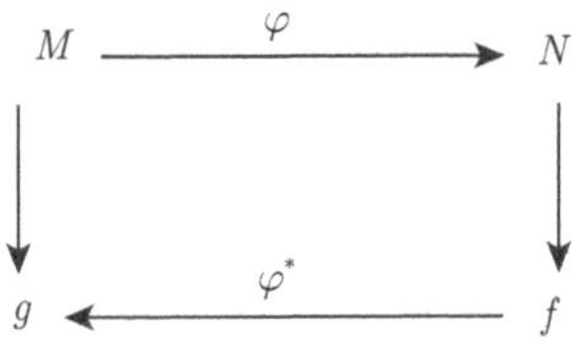


图 1.11　微分 0-形式的拉回映射

在选定流形的局部坐标后，可以给出更具体的拉回映射表达式。假设 $\omega_i(\boldsymbol{y})$ 是微分流形 $N$ 上给定的微分 1-形式

$$\omega_i(\boldsymbol{y})=a_i(\boldsymbol{y})\,\mathrm{d}y_i\in\Lambda^1(N) \tag{1.50}$$

可拉回得到微分流形 $M$ 上的 1-形式

$$\varphi^*(a_i(\boldsymbol{y})\,\mathrm{d}y_i) = a_i(\varphi(\boldsymbol{x}))\sum_{k=1}^{m}\frac{\partial y_i}{\partial x_k}\mathrm{d}x_k \in \Lambda^1(M) \tag{1.51}$$

给定微分流形 $N$ 上的 $k$-形式

$$\omega^k(\boldsymbol{y}) = \frac{1}{k!}a_{i_1\cdots i_k}(\boldsymbol{y})\,\mathrm{d}y_{i_1}\wedge\cdots\wedge\mathrm{d}y_{i_k} \tag{1.52}$$

它可拉回得到微分流形 $M$ 上的 $k$-形式

$$\varphi^*\left(\omega^k(\boldsymbol{y})\right) = \frac{1}{k!}a_{i_1\cdots i_k}(y(\boldsymbol{x}))\sum_{1\leqslant j_1<\cdots<j_k\leqslant m}\frac{\partial(y_{i_1},\cdots,y_{i_k})}{\partial(x_{j_1},\cdots,x_{j_k})}\mathrm{d}x_{j_1}\wedge\cdots\wedge\mathrm{d}x_{j_k} \tag{1.53}$$

拉回映射具有下列性质 [3]：

(1) **线性性**

$$\varphi^*(\alpha\omega_1+\beta\omega_2) = \alpha\varphi^*\omega_1+\beta\varphi^*\omega_2,\quad \omega_1,\omega_2\in\Lambda^k(N),\quad \alpha,\beta\in\mathbb{R} \tag{1.54}$$

(2) **外积交换性**

$$\varphi^*(\omega_1\wedge\omega_2) = \varphi^*\omega_1\wedge\varphi^*\omega_2 \tag{1.55}$$

(3) **连续性**

$$\varphi: M\to N, \psi: N\to L,\quad (\psi\circ\varphi)^* = \varphi^*\circ\psi^* \tag{1.56}$$

**定义 1.18** 假设 $\varphi: M\to N$ 是一个 $C^\tau$ 微分同胚，$X\in\chi(M)$。由 $\varphi$ 定义的 $X$ 的**推前映射**为

$$\varphi_* X = T\varphi\circ X\circ\varphi^{-1}\in\chi(N) \tag{1.57}$$

其中 $T\varphi$ 是由 $\varphi$ 诱导出的切映射。

**定义 1.19** 如果向量场 $X\in\chi(M)$ 和 $Y\in\chi(N)$ 满足 $T\varphi\circ X = Y\circ\varphi$，则称 $X$ 和 $Y$ 是 $\varphi$-**相关**的，记为 $X\overset{\varphi}{\sim}Y$，如图 1.12 所示 [3]。

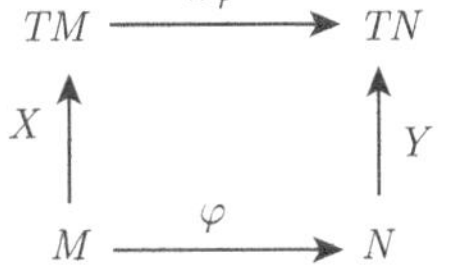


图 1.12 向量场 $X$ 和 $Y$ $\varphi$-相关

微分流形之间的映射 $\varphi$ 会诱导出微分流形上张量场之间的映射。对切向量场，产生推前切映射 $\varphi_*$；对微分形式，导致方向相反的拉回映射 $\varphi^*$。它们的对偶性表现为

$$\left(\varphi^{*}\omega, X\right)_{\boldsymbol{x}} = \left(\omega, \varphi_{*}X\right)_{\boldsymbol{y}=\varphi(\boldsymbol{x})} \tag{1.58}$$

式 (1.58) 两边是在不同微分流形上的函数

$$\left(\varphi^{*}\omega, X\right) \in \mathcal{F}(M), \quad \left(\omega, \varphi_{*}X\right) \in \mathcal{F}(N) \tag{1.59}$$

1.1.2.6 Poincaré 引理及其逆引理

**定义 1.20** 如果 $\mathrm{d}\omega = 0$，则微分形式 $\omega$ 称为**闭形式**。

**定义 1.21** 如果存在 $(k-1)$-形式 $\eta$，使得 $\omega = \mathrm{d}\eta$，则微分 $k$-形式 $\omega$ 称为**恰当形式**。

**定理 1.4(Poincaré 引理)** 如果 $\omega$ 是恰当的，则 $\omega$ 是闭的 [2]。

但定理 1.4 的逆定理不一定为真，即并不是所有闭的微分形式都是恰当的。

**定义 1.22** 一个开集 $\mathcal{A} \subset \mathbb{R}^n$ 称为对 $O$ 为星形区域，如果 $\forall \boldsymbol{x} \in \mathcal{A}$，由 $O$ 到 $\boldsymbol{x}$ 的线段全在 $\mathcal{A}$ 内，即 $\{\alpha\boldsymbol{x} | \alpha \in [0,1]\} \subset \mathcal{A}$。

**定理 1.5(Poincaré 引理的逆引理)** 若 $\mathcal{A} \subset \mathbb{R}^n$ 是对于 $O$ 的星形区域，则 $\mathcal{A}$ 上每个闭微分形式都是恰当微分形式 [2]。

1.1.2.7 Lie 导数和缩并

设 $\varphi: \mathbb{R}^m \to \mathbb{R}^n$ 是一个微分同胚，且 $Y \in \mathcal{X}(\mathbb{R}^n)$ 是 $\mathbb{R}^n$ 上的一个光滑向量场。

**定义 1.23** 向量场 $Y$ 的**拉回** $\varphi^{*}Y$ 是 $\mathbb{R}^m$ 上的光滑向量场，满足 [2]

$$\left(\varphi^{*}Y\right)(\boldsymbol{x}) = \left(\mathrm{D}\varphi^{-1}\right)(\boldsymbol{y})\, Y(\boldsymbol{y}) = \varphi_{*}^{-1}(\boldsymbol{y})\, Y(\boldsymbol{y}), \quad \boldsymbol{y} = \varphi(\boldsymbol{x}) \tag{1.60}$$

其中 $\mathrm{D} = \partial/\partial\boldsymbol{y}$。

**定义 1.24** 设 $X$ 和 $Y$ 是 $\mathbb{R}^n$ 上的两个光滑向量场，$Y$ 对 $X$ 的 **Lie 导数**定义为 [2]

$$\mathrm{L}_X Y = \frac{\mathrm{d}}{\mathrm{d}t}\left(\phi_X^{t^*} Y\right)\bigg|_{t=0} \tag{1.61}$$

其中 $\phi_X^t$ 是 $X$ 的流。

**定理 1.6** 设 $X$ 和 $Y$ 是 $\mathbb{R}^n$ 上的两个光滑向量场，则有 [3]

(1) $\left(\phi_X^{t^*} Y\right) f = \phi_X^{t^*}\left(Y \phi_X^{-t^*} f\right), \forall f \in C^{\infty}(\mathbb{R}^n)$;

(2) $\dfrac{\mathrm{d}}{\mathrm{d}t}\left(\phi_X^{t^*} f\right) = \phi_X^{t^*}(Xf), \forall f \in C^{\infty}(\mathbb{R}^n)$;

(3) $\mathrm{L}_X Y = [X, Y]$，其中 $[\cdot,\cdot]$ 为 Lie 括号。

**定义 1.25** 对 $\forall \omega \in \Lambda^k(\mathbb{R}^n)$，$\omega$ 对向量场 $X \in \mathcal{X}(\mathbb{R}^n)$ 的 **Lie 导数** $\mathrm{L}_{X\omega}$ 定义如下 [2]

$$\mathrm{L}_{X\omega} = \frac{\mathrm{d}}{\mathrm{d}t}\phi_X^{t^*}\omega\bigg|_{t=0} = \lim_{t\to 0}\frac{1}{t}\left(\phi_X^{t^*}\omega - \omega\right) \tag{1.62}$$

**定理 1.7** 对向量场 $X \in \mathcal{X}(\mathbb{R}^n)$ 的 Lie 导数，有性质 [3]：

(1) $\mathrm{L}_X f = Xf = \sum_{i=1}^{n} X_i \frac{\partial f}{\partial x^i}, f \in C^\infty(\mathbb{R}^n)$，即函数 $f$ 对向量场 $X$ 的 Lie 导数是 $f$ 沿方向 $X$ 的方向导数；

(2) $\mathrm{L}_X$ 是一个**斜导数**，即对比 $\forall \omega_1, \omega_2 \in \Lambda^k(\mathbb{R}^n)$，有

$$\begin{aligned} &\mathrm{L}_X(\alpha\omega_1 + \beta\omega_2) = \alpha\mathrm{L}_X\omega_1 + \beta\mathrm{L}_X\omega_2, \quad \alpha, \beta \in \mathbb{R} \\ &\mathrm{L}_X(\omega_1 \wedge \omega_2) = \mathrm{L}_X\omega_1 \wedge \omega_2 + \omega_1 \wedge \mathrm{L}_X\omega_2 \end{aligned} \tag{1.63}$$

(3) $\mathrm{L}_X\mathrm{d} = \mathrm{d}\mathrm{L}_X$。

**定义 1.26** 设 $X \in \mathcal{X}(\mathbb{R}^n)$，且 $\omega \in \Lambda^k(\mathbb{R}^n)$，$\omega$ 和 $X$ 的**缩并** (或称为 $\omega$ 与向量场 $X$ 的内积)$i_X\omega$ 定义如下 [2]

$$i_X\omega(\xi_1, \cdots, \xi_{k-1}) = \omega(X, \xi_1, \cdots, \xi_{k-1}), \quad \xi_i \in T_{\boldsymbol{x}}\mathbb{R}^n, \quad i = 1, \cdots, k-1 \tag{1.64}$$

显然定义了一个从 $k$-形式到 $(k-1)$-形式的映射 $i_X$，即

$$i_X : \Lambda^k(\mathbb{R}^n) \to \Lambda^{k-1}(\mathbb{R}^n) \tag{1.65}$$

特别地，$i_X f = 0, \forall f \in C^\infty(\mathbb{R}^n) = \Lambda^0(\mathbb{R}^n)$。

**例 1.2** 设 $(x, y, z) \in \mathbb{R}^3$，则有

$$i_{\partial_x}(\mathrm{d}x \wedge \mathrm{d}y) = \mathrm{d}y, \quad i_{\partial_x}(\mathrm{d}z \wedge \mathrm{d}x) = -\mathrm{d}z, \quad i_{\partial_x}(\mathrm{d}y \wedge \mathrm{d}z) = 0 \tag{1.66}$$

其中 $\partial_x = \partial/\partial x$。

**定理 1.8** 设 $\omega_1 \in \Lambda^k(\mathbb{R}^n), \omega_2 \in \Lambda^l(\mathbb{R}^n)$，则 [3]

(1) $i_X$ 具有下列性质：

$$\begin{aligned} &i_X(\alpha_1\omega_1 + \alpha_2\omega_2) = \alpha_1 i_X\omega_1 + \alpha_2 i_X\omega_2, \quad \alpha_1, \alpha_2 \in \mathbb{R} \\ &i_X(\omega_1 \wedge \omega_2) = i_X\omega_1 \wedge \omega_2 + (-1)^k\omega_1 \wedge i_X\omega_2 \end{aligned} \tag{1.67}$$

(2) $i_{fX+gY} = fi_X + gi_Y, \forall f, g \in C^\infty(\mathbb{R}^n), X, Y \in \mathcal{X}(\mathbb{R}^n)$；

(3) $i_X\mathrm{d}f = \mathrm{L}_X f, f \in C^\infty(\mathbb{R}^n)$；

(4) $\mathrm{L}_X = i_X\mathrm{d} + \mathrm{d}i_X$；

(5) $\mathrm{L}_{fX} = f\mathrm{L}_X + \mathrm{d}f \wedge i_X$。

**定理 1.9**　设 $\omega \in \Lambda^k(\mathbb{R}^n)$，$X$ 和 $X_i\,(i=0,\cdots,k)$ 是 $\mathbb{R}^n$ 上的向量场，于是有 [3]

(1)
$$(\mathrm{L}_X\omega)(X_1,\cdots,X_k) = \mathrm{L}_X(\omega(X_1,\cdots,X_k)) - \sum_{i=1}^{k}\omega(X_1,\cdots,\mathrm{L}_X X_i,\cdots,X_k);$$

(2)
$$\begin{aligned}&\mathrm{d}\omega(X_0,X_1,\cdots,X_k)\\ =&\sum_{i=0}^{k}(-1)^i\mathrm{L}_{X_i}\left(\omega\left(X_0,\cdots,\hat{X}_i,\cdots,X_k\right)\right)\\ &+\sum_{i<j}(-1)^{i+j}\omega\left(\mathrm{L}_{X_i}X_j,X_0,\cdots,\hat{X}_i,\cdots,\hat{X}_j,\cdots,X_k\right)\end{aligned}$$

其中 $\hat{X}_i$ 和 $\hat{X}_j$ 分别表示不含 $X_i$ 和 $X_j$ 项。

### 1.1.3　辛空间和 Euclid 空间

本小节在 $\mathbb{R}^2$ 中比较辛空间和 Euclid 空间，$\boldsymbol{I}$ 表示 Euclid 空间的单位矩阵，$\boldsymbol{J}$ 表示辛空间的标准单位辛矩阵，表达式为

$$\boldsymbol{J}=\begin{pmatrix}\mathbf{0} & \boldsymbol{I}\\ -\boldsymbol{I} & \mathbf{0}\end{pmatrix} \tag{1.68}$$

辛空间和 Euclid 空间的对应关系如表 1.1 所示 [7,8]。

**表 1.1　辛空间和 Euclid 空间的对应关系**

| | 辛空间 | Euclid 空间 |
|---|---|---|
| 单位矩阵 | 单位辛矩阵 $\boldsymbol{J}$ | 单位矩阵 $\boldsymbol{I}$ |
| 度量 | 面积 | 长度 |
| 运算 | 外积 $\langle\boldsymbol{a},\boldsymbol{b}\rangle=\boldsymbol{a}^{\mathrm{T}}\boldsymbol{J}\boldsymbol{b}$<br>$\langle\boldsymbol{a},\boldsymbol{b}\rangle=-\langle\boldsymbol{b},\boldsymbol{a}\rangle$<br>$\langle\boldsymbol{a},\boldsymbol{a}\rangle=0,\quad\forall\boldsymbol{a}$ | 内积 $(\boldsymbol{a},\boldsymbol{b})=\boldsymbol{a}^{\mathrm{T}}\boldsymbol{b}=\boldsymbol{a}^{\mathrm{T}}\boldsymbol{I}\boldsymbol{b}$<br>$(\boldsymbol{a},\boldsymbol{b})=(\boldsymbol{b},\boldsymbol{a})$<br>$(\boldsymbol{a},\boldsymbol{a})>0,\quad\forall\boldsymbol{a}\neq\mathbf{0}$ |
| 正交 | 辛正交 $\langle\boldsymbol{a},\boldsymbol{b}\rangle=\boldsymbol{a}^{\mathrm{T}}\boldsymbol{J}\boldsymbol{b}=0$<br>共轭辛正交归一基<br>辛正交矩阵 $\boldsymbol{S}^{\mathrm{T}}\boldsymbol{J}\boldsymbol{S}=\boldsymbol{J}$ | 正交 $(\boldsymbol{a},\boldsymbol{b})=\boldsymbol{a}^{\mathrm{T}}\boldsymbol{b}=\boldsymbol{a}^{\mathrm{T}}\boldsymbol{I}\boldsymbol{b}=0$<br>正交归一基<br>正交矩阵 $\boldsymbol{C}^{\mathrm{T}}\boldsymbol{C}=\boldsymbol{C}^{\mathrm{T}}\boldsymbol{I}\boldsymbol{C}=\boldsymbol{I}$ |
| 本征值与本征向量 | 若哈密顿矩阵的本征值为 $\mu$，则 $-\mu$ 也是它的本征值<br>哈密顿矩阵的非辛共轭本征值的本征向量必辛正交<br>哈密顿矩阵的所有本征向量组成一组共轭辛正交归一基 | 实对称矩阵的本征值均为实数<br>实对称矩阵的不同本征值的本征向量必正交<br>实对称矩阵的所有本征向量组成一组正交归一基 |

### 1.1.4 辛流形

流形上的辛结构就是一个非退化的闭微分 2-形式。力学系统的相空间有自然的辛结构。在辛流形上和在 Riemann 流形上一样，在向量场和 1-形式之间有自然的同构。流形上的一个向量场定义一个相流，即一个单参数微分同胚群。流形上的向量场构成一个 Lie 代数。这个代数的乘法运算称为 Poisson 括号，Poisson 括号的相关基础知识详见 1.2 节。

下面将定义辛流形、哈密顿向量场和余切丛上的标准辛结构，然后给出辛矩阵的定义及相关性质。关于辛流形的更详细的内容，见文献 [2]。

#### 1.1.4.1 辛流形的构造

**定义 1.27** 设 $M$ 是一个 $2n$ 维微分流形，$\omega$ 是 $M$ 上的一个闭的非退化的 2-形式，即

(1) $\mathrm{d}\omega=0$(闭性)；

(2) 对任一点 $\boldsymbol{x}\in\boldsymbol{M}$，若有某 $\boldsymbol{\xi}\in T_{\boldsymbol{x}}M$ 使得对一切 $\boldsymbol{\eta}\in T_{\boldsymbol{x}}M$ 均有

$$\omega(\boldsymbol{\xi},\boldsymbol{\eta})=0 \tag{1.69}$$

则 $\boldsymbol{\xi}=\mathbf{0}$(非退化)。称 $(M,\omega)$ 为**辛流形**，其中 $\omega$ 称为 $M$ 的**辛结构** [9]。

**例 1.3** 考虑坐标为 $(p_i,q_i)$ 的向量空间 $\mathbb{R}^{2n}$，并令 $\omega=\sum\limits_{i=1}^{n}\mathrm{d}p_i\wedge\mathrm{d}q_i$，则 $\omega$ 给出一个辛结构。事实上，若有两个切向量

$$\boldsymbol{\xi}^j=\left(\xi_1^j,\cdots,\xi_n^j;\eta_1^j,\cdots,\eta_n^j\right),\quad j=1,2 \tag{1.70}$$

则

$$\omega\left(\boldsymbol{\xi}^1,\boldsymbol{\xi}^2\right)=\sum_{i=1}^{n}\eta_i^1\cdot\xi_i^2-\eta_i^2\cdot\xi_i^1 \tag{1.71}$$

这个例子说明任意辛流形局部都可以化为标准辛结构。

#### 1.1.4.2 余切丛上的标准辛结构

设 $M$ 为 $n$ 维流形，$T^*M$ 为余切丛，若 $(q_1,\cdots,q_n)$ 是 $M$ 的一个局部坐标，$(p_1,\cdots,p_n)$ 是相应的纤维坐标，则 $(\boldsymbol{q},\boldsymbol{p})$ 是 $T^*M$ 的局部坐标，而且使 $T^*M$ 具有微分流形构造，局部地看，$\omega=\sum\limits_{i=1}^{n}\mathrm{d}p_i\wedge\mathrm{d}q_i$ 自然成为 $T^*M$ 上的辛结构 [10]。为了从整体上证明余切丛上有一个辛结构，要给出 $\omega$ 的内蕴的含义。令 $\pi:T^*M\to M$ 表示自然投影映射。取 $\boldsymbol{x}\in M,\boldsymbol{p}\in T^*M$，则在点 $\boldsymbol{p}$ 处取微分流形 $T^*M$ 的切向

量 $\xi,\pi$ 的切映射 $\pi_*: T_{\boldsymbol{p}}(T^*M) \to T_{\pi(\boldsymbol{p})}M$ 映 $\xi$ 为 $M$ 在 $\pi(\boldsymbol{p}) = \boldsymbol{x}$ 处的切向量，记作 $\pi_*(\xi)$。用 $\sigma = \boldsymbol{p}(\pi_*(\xi))$ 定义 $T^*M$ 上的 1-形式，在局部坐标下有 [11,12]

$$\xi = \sum_{i=1}^{n} a_i \frac{\partial}{\partial p_i} + b_i \frac{\partial}{\partial q_i}, \quad \pi_*(\xi) = \sum_{i=1}^{n} b_i \frac{\partial}{\partial q_i} \tag{1.72}$$

所以 $\boldsymbol{p}(\pi_*(\xi)) = \sum_{i=1}^{n} p_i b_i$。由此可见

$$\sigma = \sum_{i=1}^{n} p_i \mathrm{d}q_i, \quad \omega = \mathrm{d}\sigma = \sum_{i=1}^{n} \mathrm{d}p_i \wedge \mathrm{d}q_i \tag{1.73}$$

#### 1.1.4.3　哈密顿向量场

辛空间的辛结构在某些方面类似于 Euclid 结构，辛流形的辛结构也类似于 Riemann 结构。Riemann 结构给出了一点处切空间上的 Euclid 结构而使切空间与余切空间同构。辛结构也一样。假设 $(M,\omega)$ 是一个辛流形，则任给一个切向量 $\boldsymbol{\eta} \in T_{\boldsymbol{x}}M$，将给出 $T_{\boldsymbol{x}}M$ 上的一个线性形式 $T_{\boldsymbol{x}}M \ni \boldsymbol{\xi} \to \omega(\boldsymbol{\xi},\boldsymbol{\eta})$，因此 $\omega(\cdot,\boldsymbol{\eta})$ 决定了余切空间的一个元。这样就得到一个线性映射 $\Omega: T_{\boldsymbol{x}}M \to T_{\boldsymbol{x}}^*M$，$\boldsymbol{\eta} \to \omega(\cdot,\boldsymbol{\eta})$。由 $\omega$ 的非退化性可知它是一个单射，又因 $T_{\boldsymbol{x}}M$ 与 $T_{\boldsymbol{x}}^*M$ 维数相同，所以 $\Omega$ 必为同构，即 [13]

$$\omega(\boldsymbol{\xi},\boldsymbol{\eta}) = (\Omega\boldsymbol{\eta})\boldsymbol{\xi} \tag{1.74}$$

如果用局部坐标表示，设 $(M,\omega) = \left(\mathbb{R}^{2n}, \mathrm{d}\boldsymbol{p} \wedge \mathrm{d}\boldsymbol{q}\right)$。对于 $\boldsymbol{\xi} = (q_1,\cdots,q_n; p_1,\cdots,p_n)$，$\boldsymbol{\eta} = (q_1',\cdots,q_n'; p_1',\cdots,p_n')$，$(\Omega\boldsymbol{\eta})\boldsymbol{\xi} = \omega(\boldsymbol{\xi},\boldsymbol{\eta}) = \sum_{i=1}^{n} p_i q_i' - p_i' q_i$。$\Omega$ 的矩阵表示为 $\begin{pmatrix} \boldsymbol{0} & -\boldsymbol{I} \\ \boldsymbol{I} & \boldsymbol{0} \end{pmatrix}$。

虽然上面都是对一点 $\boldsymbol{x} \in M$ 处的切空间和余切空间而言的，但显然其可以移到整个切丛和余切丛上。设 $\theta$ 是 $M$ 上的微分 1-形式，即 $T^*M$ 的一个 $C^\infty$ 截口。$\Omega^{-1}\theta$ 应该是 $M$ 上的一个向量场，即切丛 $TM$ 的一个截口 [2]。特别重要的是当 $\theta = \mathrm{d}H$ 是一个恰当微分形式，亦即 $\theta$ 是 $M$ 上的一个 $C^\infty$ 函数的全微分情况。记 $\Omega^{-1} = \boldsymbol{J}$。

常称 $\boldsymbol{J}\mathrm{d}H$ 为以 $H$ 为哈密顿函数的哈密顿向量场。回到局部坐标表示，设 $(M,\omega) = \left(\mathbb{R}^{2n}, \mathrm{d}\boldsymbol{p} \wedge \mathrm{d}\boldsymbol{q}\right)$。

将用 $\boldsymbol{J}: T^*M \to TM_*$ 记上述同构。现令 $H$ 为辛流形 $M^{2n}$ 上的一个函数，则 $\mathrm{d}H$ 是 $M$ 上一个 1-微分形式，而在 $M$ 的每一点均有一个矢量与之相连，这

样就得到了 $M$ 上的一个矢量场 $\boldsymbol{J}\mathrm{d}H$。由于

$$\boldsymbol{J}=\begin{pmatrix}\mathbf{0} & \boldsymbol{I}\\ -\boldsymbol{I} & \mathbf{0}\end{pmatrix},\quad \mathrm{d}H=H_{\boldsymbol{q}}\mathrm{d}\boldsymbol{q}+H_{\boldsymbol{p}}\mathrm{d}\boldsymbol{p} \tag{1.75}$$

因此哈密顿向量场成为

$$\boldsymbol{J}\mathrm{d}H=\begin{pmatrix}\mathbf{0} & \boldsymbol{I}\\ -\boldsymbol{I} & \mathbf{0}\end{pmatrix}\begin{pmatrix}H_{\boldsymbol{q}}\\ H_{\boldsymbol{p}}\end{pmatrix}=\begin{pmatrix}H_{\boldsymbol{p}}\\ -H_{\boldsymbol{q}}\end{pmatrix} \tag{1.76}$$

这个向量场在切向量场基上表示为 [13]

$$H_{\boldsymbol{p}}\frac{\partial}{\partial \boldsymbol{q}}-H_{\boldsymbol{q}}\frac{\partial}{\partial \boldsymbol{p}} \tag{1.77}$$

1.1.4.4 Darboux 定理

辛代数结构整体化就是辛几何，首先要证明辛几何的一个基本定理，即 Darboux 定理。该定理说明辛坐标是存在的，辛流形是局部平凡的。

**定理 1.10(Darboux 定理)** 设 $\omega$ 是 $2n$ 维流形上的非退化 2-形式，则 $\mathrm{d}\omega=0$ 的充要条件是对任意的 $m\in M$，存在局部的坐标系 $(\boldsymbol{u},\boldsymbol{\varphi})$ 使得 [2]

$$\boldsymbol{\varphi}(m)=\mathbf{0},\quad \boldsymbol{\varphi}(\boldsymbol{u})=(x_1(\boldsymbol{u}),\cdots,x_n(\boldsymbol{u}),y_1(\boldsymbol{u}),\cdots,y_n(\boldsymbol{u})) \tag{1.78}$$

且

$$\omega|_{\boldsymbol{u}}=\sum_{i=1}^{n}\mathrm{d}x_i\wedge\mathrm{d}y_i \tag{1.79}$$

**证明 充分性** 因为 $\sum\limits_{i=1}^{n}\mathrm{d}x_i\wedge\mathrm{d}y_i$ 为闭形式，故充分性是显然的。

**必要性** 先假设 $M=E$ 为一个线性空间，且 $m=0\in E$。设 $\omega_1$ 是常形式 $\omega(0)$，$\tilde{\omega}=\omega_1-\omega$，$\omega_t=\omega+t\tilde{\omega}\,(0\leqslant t\leqslant 1)$。对于任意的 $t$，$\omega_t(0)=\omega(0)$ 非退化，因此由 $E$ 到 $E^*$ 的线性同构集合的开性即知，存在 0 的一个开球，使得 $\omega_t\,(0\leqslant t\leqslant 1)$ 在其上是非退化的。由 Poincaré 引理，存在 1-形式 $\theta$ 使 $\tilde{\omega}=\mathrm{d}\theta$，不妨设 $\theta(0)=0$。因为 $\omega_t$ 非退化，故存在光滑向量场 $X$，使 $i_X\omega_t=-\theta$。因为 $X_t(0)=0$。由常微分方程解的局部存在性定理可知，存在 0 的一个球，使得依赖于时间的向量场 $X_t$ 产生的相流 $F_t$ 至少在 [0, 1] 上有定义。故由相流和 Lie 导数关系式有

$$\frac{\mathrm{d}}{\mathrm{d}t}(F_t^*\omega_t)=F_t^*(\mathrm{L}_{X_t}\omega_t)+F_t^*\frac{\mathrm{d}}{\mathrm{d}t}\omega_t=F_t^*\mathrm{d}i_{X_t}\omega_t+F_t^*\tilde{\omega}=F_t^*(-\mathrm{d}\theta+\tilde{\omega})=0 \tag{1.80}$$

因此，$F_1^*\omega_1=F_0^*\omega=\omega$，即由 $F_1$ 产生的坐标变换将 $\omega$ 变为常形式 $\omega_1$。

### 1.1.5 辛矩阵

#### 1.1.5.1 辛矩阵的定义

**定义 1.28** **辛向量空间**是带有辛形式 (辛结构) $\omega$ 的向量空间。

**定义 1.29** 假设 $(V,\omega)$ 和 $(W,\rho)$ 是辛向量空间，那么线性映射 $f:V\rightarrow W$ 称为一个**辛映射**当且仅当拉回 $f^*$ 保持辛形式，即 $f^*\rho=\omega$。拉回形式的定义为

$$f^*\rho(u,v)=\rho(f(u),f(v)) \tag{1.81}$$

从而 $f$ 是一个辛映射当且仅当

$$\rho(f(u),f(v))=\omega(u,v) \tag{1.82}$$

对 $V$ 中所有 $u$ 和 $v$ 成立。

**定义 1.30** 如果 $V=W$，则一个辛映射称为 $V$ 上的线性**辛变换**。特别地，在这种情形有

$$\omega(f(u),f(v))=\omega(u,v) \tag{1.83}$$

从而线性变换 $f$ 保持辛形式。辛变换的矩阵形式由**辛矩阵**给出。

**定义 1.31** 一个 $2n$ 阶矩阵 $\boldsymbol{S}$ 是**辛矩阵** (简称为辛阵)，如果 [3]

$$\boldsymbol{S}^{\mathrm{T}}\boldsymbol{J}\boldsymbol{S}=\boldsymbol{J} \tag{1.84}$$

所有辛阵组成的群称为辛群，用 $Sp(2n)$ 来表示。

**定义 1.32** 一个 $2n$ 阶矩阵 $\boldsymbol{B}$ 称为**无穷小辛阵**，如果 [3]

$$\boldsymbol{J}\boldsymbol{B}+\boldsymbol{B}^{\mathrm{T}}\boldsymbol{J}=\boldsymbol{0} \tag{1.85}$$

所有无穷小辛阵配备运算 $[\boldsymbol{A},\boldsymbol{B}]=\boldsymbol{A}\boldsymbol{B}-\boldsymbol{B}\boldsymbol{A}$ 构成一个 Lie 代数，用 $sp(2n)$ 来表示，它是辛群 $Sp(2n)$ 的 Lie 代数。

#### 1.1.5.2 辛矩阵相关命题

下面将给出辛矩阵的一些命题，它们将直接或间接用于哈密顿系统辛算法的构造 [2,3,14]。

**命题 1.1** 一个 $2n$ 阶矩阵不能同时为辛矩阵和无穷小辛阵。

**证明** 首先证明无穷小辛阵不是辛矩阵。设 $\boldsymbol{B}$ 是无穷小辛阵，有

$$\boldsymbol{B}^{\mathrm{T}}\boldsymbol{J}=-\boldsymbol{J}\boldsymbol{B} \tag{1.86}$$

式 (1.86) 两边同时右乘 $\boldsymbol{B}$，得

$$\boldsymbol{B}^{\mathrm{T}}\boldsymbol{J}\boldsymbol{B}=-\boldsymbol{J}\boldsymbol{B}^2 \tag{1.87}$$

若 $\boldsymbol{B}$ 是辛矩阵，则式 (1.87) 左边等于 $\boldsymbol{J}$，即

$$-\boldsymbol{J}\boldsymbol{B}^2=\boldsymbol{J} \tag{1.88}$$

从而得到

$$\boldsymbol{B}^2=-\boldsymbol{I} \tag{1.89}$$

由式 (1.89) 知矩阵 $\boldsymbol{B}$ 不存在。

下面证明辛矩阵不是无穷小辛阵。设 $\boldsymbol{S}$ 是辛矩阵，满足式 (1.84)，则有

$$\boldsymbol{J}\boldsymbol{S}+\boldsymbol{S}^{\mathrm{T}}\boldsymbol{J}=\boldsymbol{J}\boldsymbol{S}+\boldsymbol{J}\boldsymbol{S}^{-1}=\boldsymbol{J}\boldsymbol{S}^{-1}\left(\boldsymbol{S}^2+\boldsymbol{I}\right) \tag{1.90}$$

若 $\boldsymbol{S}$ 是无穷小辛阵，则式 (1.90) 右边等于 $\mathbf{0}$，从而得到

$$\boldsymbol{S}^2=-\boldsymbol{I} \tag{1.91}$$

由式 (1.91) 知矩阵 $\boldsymbol{S}$ 不存在。

因此一个 $2n$ 阶矩阵不能同时为辛矩阵和无穷小辛阵。

**命题 1.2** 若 $\boldsymbol{B}\in sp\,(2n)$，则 $\exp\left(\boldsymbol{B}\right)\in Sp\,(2n)$。

**证明** $\boldsymbol{B}$ 是无穷小辛阵，则有

$$\boldsymbol{B}^{\mathrm{T}}\boldsymbol{J}=-\boldsymbol{J}\boldsymbol{B} \tag{1.92}$$

$\exp\left(\boldsymbol{B}\right)$ 展开表示为

$$\exp\left(\boldsymbol{B}\right)=\boldsymbol{I}+\boldsymbol{B}+\frac{1}{2!}\boldsymbol{B}^2+\cdots=\sum_{i=0}^{\infty}\frac{1}{i!}\boldsymbol{B}^i \tag{1.93}$$

因此，有

$$\begin{aligned}
\exp\left(\boldsymbol{B}\right)^{\mathrm{T}}\boldsymbol{J}\exp\left(\boldsymbol{B}\right)&=\left(\sum_{i=0}^{\infty}\frac{1}{i!}\boldsymbol{B}^i\right)^{\mathrm{T}}\boldsymbol{J}\left(\sum_{j=0}^{\infty}\frac{1}{j!}\boldsymbol{B}^j\right)\\
&=\sum_{i=0}^{\infty}\sum_{j=0}^{\infty}\frac{1}{i!}\frac{1}{j!}\left(\boldsymbol{B}^i\right)^{\mathrm{T}}\boldsymbol{J}\boldsymbol{B}^j\\
&=\sum_{n=0}^{\infty}\sum_{i=0}^{n}\frac{1}{i!}\frac{1}{(n-i)!}\left(\boldsymbol{B}^{\mathrm{T}}\right)^i\boldsymbol{J}\boldsymbol{B}^{n-i}\\
&=\sum_{n=0}^{\infty}\sum_{i=0}^{n}\frac{1}{i!}\frac{1}{(n-i)!}\left(\boldsymbol{B}^{\mathrm{T}}\right)^{i-1}\left(\boldsymbol{B}^{\mathrm{T}}\boldsymbol{J}\right)\boldsymbol{B}^{n-i}
\end{aligned} \tag{1.94}$$

将式 (1.92) 代入式 (1.94) 中，得

$$\begin{aligned}\exp(\boldsymbol{B})^{\mathrm{T}}\boldsymbol{J}\exp(\boldsymbol{B}) &= \sum_{n=0}^{\infty}\sum_{i=0}^{n}\frac{1}{i!}\frac{1}{(n-i)!}\left(\boldsymbol{B}^{\mathrm{T}}\right)^{i-1}\left(\boldsymbol{B}^{\mathrm{T}}\boldsymbol{J}\right)\boldsymbol{B}^{n-i}\\ &= \sum_{n=0}^{\infty}\sum_{i=0}^{n}\frac{1}{i!}\frac{1}{(n-i)!}\left(\boldsymbol{B}^{\mathrm{T}}\right)^{i-1}(-\boldsymbol{J}\boldsymbol{B})\boldsymbol{B}^{n-i}\\ &= \sum_{n=0}^{\infty}\sum_{i=0}^{n}(-1)\frac{1}{i!}\frac{1}{(n-i)!}\left(\boldsymbol{B}^{\mathrm{T}}\right)^{i-1}\boldsymbol{J}\boldsymbol{B}^{n-i+1}\\ &= \sum_{n=0}^{\infty}\sum_{i=0}^{n}(-1)\frac{1}{i!}\frac{1}{(n-i)!}\left(\boldsymbol{B}^{\mathrm{T}}\right)^{i-2}\left(\boldsymbol{B}^{\mathrm{T}}\boldsymbol{J}\right)\boldsymbol{B}^{n-i+1}\end{aligned} \tag{1.95}$$

再将式 (1.92) 代入式 (1.95) 中，整理后再代入，最终得到

$$\begin{aligned}\exp(\boldsymbol{B})^{\mathrm{T}}\boldsymbol{J}\exp(\boldsymbol{B}) &= \sum_{n=0}^{\infty}\sum_{i=0}^{n}(-1)^{i-1}\frac{1}{i!}\frac{1}{(n-i)!}\boldsymbol{B}^{\mathrm{T}}\boldsymbol{J}\boldsymbol{B}^{n-1}\\ &= \sum_{n=0}^{\infty}\sum_{i=0}^{n}(-1)^{i}\frac{1}{i!}\frac{1}{(n-i)!}\boldsymbol{J}\boldsymbol{B}^{n}\\ &= \sum_{n=0}^{\infty}\boldsymbol{J}\boldsymbol{B}^{n}\sum_{i=0}^{n}(-1)^{i}\frac{1}{i!}\frac{1}{(n-i)!}\end{aligned} \tag{1.96}$$

对于 $\sum_{i=0}^{n}(-1)^{i}\frac{1}{i!}\frac{1}{(n-i)!}$，当 $n=0$ 时，有

$$\sum_{i=0}^{n}(-1)^{i}\frac{1}{i!}\frac{1}{(n-i)!}=1 \tag{1.97}$$

当 $n>0$ 时，整理得

$$\begin{aligned}&\sum_{i=0}^{n}(-1)^{i}\frac{1}{i!}\frac{1}{(n-i)!}\\ =&\frac{1}{0!n!}+\frac{(-1)^{1}}{(n-1)!}+\frac{(-1)^{2}}{2!(n-2)!}+\cdots+\frac{(-1)^{n-1}}{(n-1)!1!}+\frac{(-1)^{n}}{n!0!}\\ =&\frac{1}{0!n!}\left[1+(-1)^{1}\frac{n}{1}+(-1)^{2}\frac{n\cdot(n-1)}{2\cdot 1}+\cdots+(-1)^{n}\right]\\ =&\frac{1}{0!n!}(1-1)^{n}\\ =&0\end{aligned} \tag{1.98}$$

因此式 (1.96) 化为

$$
\begin{aligned}
&\exp(\boldsymbol{B})^{\mathrm{T}} \boldsymbol{J} \exp(\boldsymbol{B}) \\
=&\boldsymbol{J}\boldsymbol{B}^{0}+\sum_{n=1}^{\infty} \boldsymbol{J}\boldsymbol{B}^{n} \sum_{i=0}^{n}(-1)^{i} \frac{1}{i!} \frac{1}{(n-i)!} \\
=&\boldsymbol{J}
\end{aligned} \tag{1.99}
$$

因此，$\exp(\boldsymbol{B})$ 是一个辛矩阵，$\exp(\boldsymbol{B}) \in Sp(2n)$。

**命题 1.3** 无穷小辛阵之和是无穷小辛阵。

**证明** 设 $\boldsymbol{A}, \boldsymbol{B}$ 是无穷小辛阵，满足

$$
\boldsymbol{J}\boldsymbol{A}+\boldsymbol{A}^{\mathrm{T}} \boldsymbol{J}=\mathbf{0} \tag{1.100}
$$

$$
\boldsymbol{J}\boldsymbol{B}+\boldsymbol{B}^{\mathrm{T}} \boldsymbol{J}=\mathbf{0} \tag{1.101}
$$

则

$$
\begin{aligned}
&\boldsymbol{J}(\boldsymbol{A}+\boldsymbol{B})+(\boldsymbol{A}+\boldsymbol{B})^{\mathrm{T}} \boldsymbol{J} \\
&=\left(\boldsymbol{J}\boldsymbol{A}+\boldsymbol{A}^{\mathrm{T}} \boldsymbol{J}\right)+\left(\boldsymbol{J}\boldsymbol{B}+\boldsymbol{B}^{\mathrm{T}} \boldsymbol{J}\right) \\
&=\mathbf{0}
\end{aligned} \tag{1.102}
$$

得证。

**命题 1.4** 无穷小辛阵乘以常数是无穷小辛阵。

**证明** 设 $\boldsymbol{A}$ 是无穷小辛阵，满足

$$
\boldsymbol{J}\boldsymbol{A}+\boldsymbol{A}^{\mathrm{T}} \boldsymbol{J}=\mathbf{0} \tag{1.103}
$$

假设 $\alpha$ 是常数，则有

$$
\begin{aligned}
&\boldsymbol{J}(\alpha \boldsymbol{A})+(\alpha \boldsymbol{A})^{\mathrm{T}} \boldsymbol{J} \\
&=\alpha\left(\boldsymbol{J}\boldsymbol{A}+\boldsymbol{A}^{\mathrm{T}} \boldsymbol{J}\right) \\
&=\mathbf{0}
\end{aligned} \tag{1.104}
$$

得证。

**命题 1.5** 若 $\boldsymbol{S} \in Sp(2n)$，则 $|\boldsymbol{S}|=1$。

**证明** 由于 $\boldsymbol{S} \in Sp(2n)$，$\boldsymbol{S}$ 满足

$$
\boldsymbol{S}^{\mathrm{T}} \boldsymbol{J}\boldsymbol{S}=\boldsymbol{J} \tag{1.105}
$$

于是有

$$|\boldsymbol{J}| = \left|\boldsymbol{S}^{\mathrm{T}}\boldsymbol{J}\boldsymbol{S}\right| = \left|\boldsymbol{S}^{\mathrm{T}}\right||\boldsymbol{J}||\boldsymbol{S}| = |\boldsymbol{S}|^2 = 1 \tag{1.106}$$

所以

$$|\boldsymbol{S}| = 1 \tag{1.107}$$

得证。

**命题 1.6**　若 $\boldsymbol{S} \in Sp(2n)$，则 $\boldsymbol{S}^{-1} = -\boldsymbol{J}\boldsymbol{S}^{\mathrm{T}}\boldsymbol{J} = \boldsymbol{J}^{-1}\boldsymbol{S}^{\mathrm{T}}\boldsymbol{J}$。

**证明**　因为 $\boldsymbol{S} \in Sp(2n)$，$\boldsymbol{S}$ 满足

$$\boldsymbol{S}^{\mathrm{T}}\boldsymbol{J}\boldsymbol{S} = \boldsymbol{J} \tag{1.108}$$

式 (1.108) 两边先同时左乘 $\boldsymbol{J}^{-1}$，再同时右乘 $\boldsymbol{S}^{-1}$ 得

$$\boldsymbol{S}^{-1} = \boldsymbol{J}^{-1}\boldsymbol{S}^{\mathrm{T}}\boldsymbol{J} = -\boldsymbol{J}\boldsymbol{S}^{\mathrm{T}}\boldsymbol{J} \tag{1.109}$$

得证。

**命题 1.7**　若 $\boldsymbol{S} \in Sp(2n)$，则 $\boldsymbol{S}\boldsymbol{J}\boldsymbol{S}^{\mathrm{T}} = \boldsymbol{J}$。

**证明**　因为 $\boldsymbol{S} \in Sp(2n)$，$\boldsymbol{S}$ 满足

$$\boldsymbol{S}^{\mathrm{T}}\boldsymbol{J}\boldsymbol{S} = \boldsymbol{J} \tag{1.110}$$

式 (1.110) 两边同时取转置，有

$$\boldsymbol{S}\boldsymbol{J}^{\mathrm{T}}\boldsymbol{S}^{\mathrm{T}} = \boldsymbol{J}^{\mathrm{T}} \tag{1.111}$$

由 $\boldsymbol{J}^{\mathrm{T}} = -\boldsymbol{J}$，可得

$$\boldsymbol{S}\boldsymbol{J}\boldsymbol{S}^{\mathrm{T}} = \boldsymbol{J} \tag{1.112}$$

得证。

**命题 1.8**　设 $\boldsymbol{S} = \begin{pmatrix} \boldsymbol{A} & \boldsymbol{B} \\ \boldsymbol{C} & \boldsymbol{D} \end{pmatrix}$，其中 $\boldsymbol{A}, \boldsymbol{B}, \boldsymbol{C}, \boldsymbol{D}$ 是 $n$ 阶矩阵，则 $\boldsymbol{S}$ 为辛阵的充分必要条件是

$$\begin{aligned} &\boldsymbol{A}\boldsymbol{B}^{\mathrm{T}} - \boldsymbol{B}\boldsymbol{A}^{\mathrm{T}} = \boldsymbol{0}, \quad \boldsymbol{C}\boldsymbol{D}^{\mathrm{T}} - \boldsymbol{D}\boldsymbol{C}^{\mathrm{T}} = \boldsymbol{0}, \quad \boldsymbol{A}\boldsymbol{D}^{\mathrm{T}} - \boldsymbol{B}\boldsymbol{C}^{\mathrm{T}} = \boldsymbol{I} \\ &\boldsymbol{A}^{\mathrm{T}}\boldsymbol{C} - \boldsymbol{C}^{\mathrm{T}}\boldsymbol{A} = \boldsymbol{0}, \quad \boldsymbol{B}^{\mathrm{T}}\boldsymbol{D} - \boldsymbol{D}^{\mathrm{T}}\boldsymbol{B} = \boldsymbol{0}, \quad \boldsymbol{A}^{\mathrm{T}}\boldsymbol{D} - \boldsymbol{C}\boldsymbol{B}^{\mathrm{T}} = \boldsymbol{I} \end{aligned} \tag{1.113}$$

**证明　必要性**　因为 $\boldsymbol{S}$ 为辛阵，有

$$\begin{pmatrix} \boldsymbol{A} & \boldsymbol{B} \\ \boldsymbol{C} & \boldsymbol{D} \end{pmatrix}^{\mathrm{T}} \begin{pmatrix} \boldsymbol{0} & \boldsymbol{I} \\ -\boldsymbol{I} & \boldsymbol{0} \end{pmatrix} \begin{pmatrix} \boldsymbol{A} & \boldsymbol{B} \\ \boldsymbol{C} & \boldsymbol{D} \end{pmatrix} = \begin{pmatrix} \boldsymbol{0} & \boldsymbol{I} \\ -\boldsymbol{I} & \boldsymbol{0} \end{pmatrix} \tag{1.114}$$

即

$$\begin{pmatrix} \boldsymbol{A}^{\mathrm{T}}\boldsymbol{C}-\boldsymbol{C}^{\mathrm{T}}\boldsymbol{A} & \boldsymbol{A}\boldsymbol{D}^{\mathrm{T}}-\boldsymbol{B}\boldsymbol{C}^{\mathrm{T}} \\ \boldsymbol{B}\boldsymbol{C}^{\mathrm{T}}-\boldsymbol{A}\boldsymbol{D}^{\mathrm{T}} & \boldsymbol{B}^{\mathrm{T}}\boldsymbol{D}-\boldsymbol{D}^{\mathrm{T}}\boldsymbol{B} \end{pmatrix} = \begin{pmatrix} \boldsymbol{0} & \boldsymbol{I} \\ -\boldsymbol{I} & \boldsymbol{0} \end{pmatrix} \tag{1.115}$$

从而可得

$$\boldsymbol{A}^{\mathrm{T}}\boldsymbol{C}-\boldsymbol{C}^{\mathrm{T}}\boldsymbol{A}=\boldsymbol{0},\quad \boldsymbol{B}^{\mathrm{T}}\boldsymbol{D}-D^{\mathrm{T}}\boldsymbol{B}=\boldsymbol{0},\quad \boldsymbol{A}\boldsymbol{D}^{\mathrm{T}}-\boldsymbol{B}\boldsymbol{C}^{\mathrm{T}}=\boldsymbol{I} \tag{1.116}$$

由命题 1.7，还有

$$\begin{pmatrix} \boldsymbol{A} & \boldsymbol{B} \\ \boldsymbol{C} & \boldsymbol{D} \end{pmatrix}\begin{pmatrix} \boldsymbol{0} & \boldsymbol{I} \\ -\boldsymbol{I} & \boldsymbol{0} \end{pmatrix}\begin{pmatrix} \boldsymbol{A} & \boldsymbol{B} \\ \boldsymbol{C} & \boldsymbol{D} \end{pmatrix}^{\mathrm{T}} = \begin{pmatrix} \boldsymbol{0} & \boldsymbol{I} \\ -\boldsymbol{I} & \boldsymbol{0} \end{pmatrix} \tag{1.117}$$

即

$$\begin{pmatrix} \boldsymbol{A}\boldsymbol{B}^{\mathrm{T}}-\boldsymbol{B}\boldsymbol{A}^{\mathrm{T}} & \boldsymbol{A}\boldsymbol{D}^{\mathrm{T}}-\boldsymbol{B}\boldsymbol{C}^{\mathrm{T}} \\ \boldsymbol{B}^{\mathrm{T}}\boldsymbol{C}-\boldsymbol{A}^{\mathrm{T}}\boldsymbol{D} & \boldsymbol{C}\boldsymbol{D}^{\mathrm{T}}-\boldsymbol{D}\boldsymbol{C}^{\mathrm{T}} \end{pmatrix} = \begin{pmatrix} \boldsymbol{0} & \boldsymbol{I} \\ -\boldsymbol{I} & \boldsymbol{0} \end{pmatrix} \tag{1.118}$$

从而有

$$\boldsymbol{A}\boldsymbol{B}^{\mathrm{T}}-\boldsymbol{B}\boldsymbol{A}^{\mathrm{T}}=\boldsymbol{0},\quad \boldsymbol{C}\boldsymbol{D}^{\mathrm{T}}-\boldsymbol{D}\boldsymbol{C}^{\mathrm{T}}=\boldsymbol{0},\quad \boldsymbol{A}^{\mathrm{T}}\boldsymbol{D}-\boldsymbol{C}\boldsymbol{B}^{\mathrm{T}}=\boldsymbol{I} \tag{1.119}$$

**充分性** 已知对 $\boldsymbol{S}=\begin{pmatrix} \boldsymbol{A} & \boldsymbol{B} \\ \boldsymbol{C} & \boldsymbol{D} \end{pmatrix}$，满足式 (1.113)，那么有

$$\begin{pmatrix} \boldsymbol{A} & \boldsymbol{B} \\ \boldsymbol{C} & \boldsymbol{D} \end{pmatrix}^{\mathrm{T}}\begin{pmatrix} \boldsymbol{0} & \boldsymbol{I} \\ -\boldsymbol{I} & \boldsymbol{0} \end{pmatrix}\begin{pmatrix} \boldsymbol{A} & \boldsymbol{B} \\ \boldsymbol{C} & \boldsymbol{D} \end{pmatrix} = \begin{pmatrix} \boldsymbol{0} & \boldsymbol{I} \\ -\boldsymbol{I} & \boldsymbol{0} \end{pmatrix} \tag{1.120}$$

成立，因此 $\boldsymbol{S}^{\mathrm{T}}\boldsymbol{J}\boldsymbol{S}=\boldsymbol{J}$。

证毕。

**命题 1.9** 矩阵

$$\begin{pmatrix} \boldsymbol{I} & \boldsymbol{B} \\ \boldsymbol{0} & \boldsymbol{I} \end{pmatrix},\quad \begin{pmatrix} \boldsymbol{I} & \boldsymbol{0} \\ \boldsymbol{D} & \boldsymbol{I} \end{pmatrix} \tag{1.121}$$

是辛矩阵，分别当且仅当 $\boldsymbol{B}^{\mathrm{T}}=\boldsymbol{B},\boldsymbol{D}^{\mathrm{T}}=\boldsymbol{D}$。

**证明** **必要性** 由于是辛矩阵，那么有

$$\begin{gathered} \begin{pmatrix} \boldsymbol{I} & \boldsymbol{B} \\ \boldsymbol{0} & \boldsymbol{I} \end{pmatrix}^{\mathrm{T}}\begin{pmatrix} \boldsymbol{0} & \boldsymbol{I} \\ -\boldsymbol{I} & \boldsymbol{0} \end{pmatrix}\begin{pmatrix} \boldsymbol{I} & \boldsymbol{B} \\ \boldsymbol{0} & \boldsymbol{I} \end{pmatrix} = \begin{pmatrix} \boldsymbol{0} & \boldsymbol{I} \\ -\boldsymbol{I} & \boldsymbol{0} \end{pmatrix} \\ \begin{pmatrix} \boldsymbol{I} & \boldsymbol{0} \\ \boldsymbol{D} & \boldsymbol{I} \end{pmatrix}^{\mathrm{T}}\begin{pmatrix} \boldsymbol{0} & \boldsymbol{I} \\ -\boldsymbol{I} & \boldsymbol{0} \end{pmatrix}\begin{pmatrix} \boldsymbol{I} & \boldsymbol{0} \\ \boldsymbol{D} & \boldsymbol{I} \end{pmatrix} = \begin{pmatrix} \boldsymbol{0} & \boldsymbol{I} \\ -\boldsymbol{I} & \boldsymbol{0} \end{pmatrix} \end{gathered} \tag{1.122}$$

将式 (1.122) 展开可得

$$\begin{pmatrix} \mathbf{0} & \boldsymbol{I} \\ -\boldsymbol{I} & \boldsymbol{B}^{\mathrm{T}}-\boldsymbol{B} \end{pmatrix} = \begin{pmatrix} \mathbf{0} & \boldsymbol{I} \\ -\boldsymbol{I} & \mathbf{0} \end{pmatrix}$$
$$\begin{pmatrix} \boldsymbol{D}-\boldsymbol{D}^{\mathrm{T}} & \boldsymbol{I} \\ -\boldsymbol{I} & \mathbf{0} \end{pmatrix} = \begin{pmatrix} \mathbf{0} & \boldsymbol{I} \\ -\boldsymbol{I} & \mathbf{0} \end{pmatrix} \tag{1.123}$$

即

$$\boldsymbol{B}^{\mathrm{T}}=\boldsymbol{B}, \quad \boldsymbol{D}^{\mathrm{T}}=\boldsymbol{D} \tag{1.124}$$

**充分性**　由 $\boldsymbol{B}^{\mathrm{T}}=\boldsymbol{B}, \boldsymbol{D}^{\mathrm{T}}=\boldsymbol{D}$，易得

$$\begin{pmatrix} \boldsymbol{I} & \boldsymbol{B} \\ \mathbf{0} & \boldsymbol{I} \end{pmatrix}^{\mathrm{T}} \begin{pmatrix} \mathbf{0} & \boldsymbol{I} \\ -\boldsymbol{I} & \mathbf{0} \end{pmatrix} \begin{pmatrix} \boldsymbol{I} & \boldsymbol{B} \\ \mathbf{0} & \boldsymbol{I} \end{pmatrix} = \begin{pmatrix} \mathbf{0} & \boldsymbol{I} \\ -\boldsymbol{I} & \mathbf{0} \end{pmatrix}$$
$$\begin{pmatrix} \boldsymbol{I} & \mathbf{0} \\ \boldsymbol{D} & \boldsymbol{I} \end{pmatrix}^{\mathrm{T}} \begin{pmatrix} \mathbf{0} & \boldsymbol{I} \\ -\boldsymbol{I} & \mathbf{0} \end{pmatrix} \begin{pmatrix} \boldsymbol{I} & \mathbf{0} \\ \boldsymbol{D} & \boldsymbol{I} \end{pmatrix} = \begin{pmatrix} \mathbf{0} & \boldsymbol{I} \\ -\boldsymbol{I} & \mathbf{0} \end{pmatrix} \tag{1.125}$$

因此它们为辛矩阵。

证毕。

**命题 1.10**　矩阵 $\begin{pmatrix} \boldsymbol{A} & \mathbf{0} \\ \mathbf{0} & \boldsymbol{D} \end{pmatrix} \in Sp\,(2n)$，当且仅当 $\boldsymbol{A}=\boldsymbol{D}^{-\mathrm{T}}$。

**证明　必要性**　由于 $\begin{pmatrix} \boldsymbol{A} & \mathbf{0} \\ \mathbf{0} & \boldsymbol{D} \end{pmatrix}$ 是辛矩阵，满足

$$\begin{pmatrix} \boldsymbol{A} & \mathbf{0} \\ \mathbf{0} & \boldsymbol{D} \end{pmatrix}^{\mathrm{T}} \begin{pmatrix} \mathbf{0} & \boldsymbol{I} \\ -\boldsymbol{I} & \mathbf{0} \end{pmatrix} \begin{pmatrix} \boldsymbol{A} & \mathbf{0} \\ \mathbf{0} & \boldsymbol{D} \end{pmatrix} = \begin{pmatrix} \mathbf{0} & \boldsymbol{I} \\ -\boldsymbol{I} & \mathbf{0} \end{pmatrix} \tag{1.126}$$

化简式 (1.126) 可得

$$\begin{pmatrix} \mathbf{0} & \boldsymbol{A}^{\mathrm{T}}\boldsymbol{D} \\ -\boldsymbol{A}\boldsymbol{D}^{\mathrm{T}} & \mathbf{0} \end{pmatrix} = \begin{pmatrix} \mathbf{0} & \boldsymbol{I} \\ -\boldsymbol{I} & \mathbf{0} \end{pmatrix} \tag{1.127}$$

从而可得

$$\boldsymbol{A}=\boldsymbol{D}^{-\mathrm{T}} \tag{1.128}$$

**充分性**　当 $\boldsymbol{A}=\boldsymbol{D}^{-\mathrm{T}}$，易得

$$\begin{pmatrix} \boldsymbol{A} & \mathbf{0} \\ \mathbf{0} & \boldsymbol{D} \end{pmatrix}^{\mathrm{T}} \begin{pmatrix} \mathbf{0} & \boldsymbol{I} \\ -\boldsymbol{I} & \mathbf{0} \end{pmatrix} \begin{pmatrix} \boldsymbol{A} & \mathbf{0} \\ \mathbf{0} & \boldsymbol{D} \end{pmatrix} = \begin{pmatrix} \mathbf{0} & \boldsymbol{I} \\ -\boldsymbol{I} & \mathbf{0} \end{pmatrix} \tag{1.129}$$

因此 $\begin{pmatrix} \boldsymbol{A} & \boldsymbol{0} \\ \boldsymbol{0} & \boldsymbol{D} \end{pmatrix}$ 是辛矩阵。

证毕。

**命题 1.11** 矩阵 $\boldsymbol{S}=\boldsymbol{M}^{-1}\boldsymbol{N}\in Sp(2n)$ 当且仅当

$$\boldsymbol{MJM}^{\mathrm{T}}=\boldsymbol{NJN}^{\mathrm{T}} \tag{1.130}$$

**证明** **必要性** 由于 $\boldsymbol{S}$ 是辛矩阵，满足

$$\boldsymbol{S}^{\mathrm{T}}\boldsymbol{JS}=\boldsymbol{J} \tag{1.131}$$

即

$$\left(\boldsymbol{M}^{-1}\boldsymbol{N}\right)^{\mathrm{T}}\boldsymbol{J}\left(\boldsymbol{M}^{-1}\boldsymbol{N}\right)=\boldsymbol{J} \tag{1.132}$$

整理式 (1.132) 得

$$\boldsymbol{N}^{\mathrm{T}}\boldsymbol{M}^{-\mathrm{T}}\boldsymbol{JM}^{-1}\boldsymbol{N}=\boldsymbol{J} \tag{1.133}$$

在式 (1.133) 两边同时左乘 $\boldsymbol{N}^{-\mathrm{T}}$，右乘 $\boldsymbol{N}^{-1}$，得

$$\boldsymbol{M}^{-\mathrm{T}}\boldsymbol{JM}^{-1}=\boldsymbol{N}^{-\mathrm{T}}\boldsymbol{JN}^{-1} \tag{1.134}$$

对式 (1.134) 两边同时取逆，并利用 $\boldsymbol{J}^{-1}=-\boldsymbol{J}$，可得

$$\boldsymbol{MJM}^{\mathrm{T}}=\boldsymbol{NJN}^{\mathrm{T}} \tag{1.135}$$

以上各个步骤的推导过程均具有可逆性，因此充分性得证。

**命题 1.12** 矩阵 $\begin{pmatrix} \boldsymbol{Q} & \boldsymbol{I}-\boldsymbol{Q} \\ -(\boldsymbol{I}-\boldsymbol{Q}) & \boldsymbol{Q} \end{pmatrix}\in Sp(2n)$ 当且仅当

$$\boldsymbol{Q}^2=\boldsymbol{Q},\quad \boldsymbol{Q}^{\mathrm{T}}=\boldsymbol{Q} \tag{1.136}$$

**证明** **必要性** 由于 $\begin{pmatrix} \boldsymbol{Q} & \boldsymbol{I}-\boldsymbol{Q} \\ -(\boldsymbol{I}-\boldsymbol{Q}) & \boldsymbol{Q} \end{pmatrix}$ 是辛矩阵，那么有

$$\begin{pmatrix} \boldsymbol{Q} & \boldsymbol{I}-\boldsymbol{Q} \\ -(\boldsymbol{I}-\boldsymbol{Q}) & \boldsymbol{Q} \end{pmatrix}^{\mathrm{T}}\begin{pmatrix} \boldsymbol{0} & \boldsymbol{I} \\ -\boldsymbol{I} & \boldsymbol{0} \end{pmatrix}\begin{pmatrix} \boldsymbol{Q} & \boldsymbol{I}-\boldsymbol{Q} \\ -(\boldsymbol{I}-\boldsymbol{Q}) & \boldsymbol{Q} \end{pmatrix}=\begin{pmatrix} \boldsymbol{0} & \boldsymbol{I} \\ -\boldsymbol{I} & \boldsymbol{0} \end{pmatrix} \tag{1.137}$$

化简式 (1.137) 可得

$$\begin{pmatrix} \boldsymbol{Q}-\boldsymbol{Q}^{\mathrm{T}} & \boldsymbol{I}-\boldsymbol{Q}-\boldsymbol{Q}^{\mathrm{T}}+2\boldsymbol{Q}^{\mathrm{T}}\boldsymbol{Q} \\ -\boldsymbol{I}+\boldsymbol{Q}+\boldsymbol{Q}^{\mathrm{T}}-2\boldsymbol{Q}^{\mathrm{T}}\boldsymbol{Q} & \boldsymbol{Q}-\boldsymbol{Q}^{\mathrm{T}} \end{pmatrix}=\begin{pmatrix} \boldsymbol{0} & \boldsymbol{I} \\ -\boldsymbol{I} & \boldsymbol{0} \end{pmatrix} \tag{1.138}$$

从而可得

$$
\begin{aligned}
&-\boldsymbol{Q}-\boldsymbol{Q}^{\mathrm{T}}+2\boldsymbol{Q}^{\mathrm{T}}\boldsymbol{Q}=\mathbf{0}\\
&\boldsymbol{Q}-\boldsymbol{Q}^{\mathrm{T}}=\mathbf{0}
\end{aligned}
\tag{1.139}
$$

即有

$$
\boldsymbol{Q}^2=\boldsymbol{Q},\quad \boldsymbol{Q}^{\mathrm{T}}=\boldsymbol{Q} \tag{1.140}
$$

**充分性**　由 $\boldsymbol{Q}^2=\boldsymbol{Q}$, $\boldsymbol{Q}^{\mathrm{T}}=\boldsymbol{Q}$，那么

$$
\begin{pmatrix} \boldsymbol{Q} & \boldsymbol{I}-\boldsymbol{Q} \\ -(\boldsymbol{I}-\boldsymbol{Q}) & \boldsymbol{Q} \end{pmatrix}^{\mathrm{T}} \begin{pmatrix} \mathbf{0} & \boldsymbol{I} \\ -\boldsymbol{I} & \mathbf{0} \end{pmatrix} \begin{pmatrix} \boldsymbol{Q} & \boldsymbol{I}-\boldsymbol{Q} \\ -(\boldsymbol{I}-\boldsymbol{Q}) & \boldsymbol{Q} \end{pmatrix} = \begin{pmatrix} \mathbf{0} & \boldsymbol{I} \\ -\boldsymbol{I} & \mathbf{0} \end{pmatrix}
\tag{1.141}
$$

所以 $\begin{pmatrix} \boldsymbol{Q} & \boldsymbol{I}-\boldsymbol{Q} \\ -(\boldsymbol{I}-\boldsymbol{Q}) & \boldsymbol{Q} \end{pmatrix}$ 是辛矩阵。

证毕。

**命题 1.13**　若 $\boldsymbol{B}\in sp(2n)$，且 $|\boldsymbol{I}+\boldsymbol{B}|\neq 0$，则 $\boldsymbol{F}=(\boldsymbol{I}+\boldsymbol{B})^{-1}(\boldsymbol{I}-\boldsymbol{B})\in Sp(2n)$，称之为 $\boldsymbol{B}$ 的 **Cayley 变换**。

**证明**　由于 $\boldsymbol{B}$ 是无穷小辛阵，则有

$$
\boldsymbol{B}^{\mathrm{T}}\boldsymbol{J}=-\boldsymbol{J}\boldsymbol{B} \tag{1.142}
$$

对 Cayley 变换 $\boldsymbol{F}=(\boldsymbol{I}+\boldsymbol{B})^{-1}(\boldsymbol{I}-\boldsymbol{B})$ 取转置，得到

$$
\boldsymbol{F}^{\mathrm{T}}\left(\boldsymbol{I}+\boldsymbol{B}^{\mathrm{T}}\right)=\boldsymbol{I}-\boldsymbol{B}^{\mathrm{T}} \tag{1.143}
$$

式 (1.143) 两边右乘 $\boldsymbol{J}$，得到

$$
\boldsymbol{F}^{\mathrm{T}}\left(\boldsymbol{I}+\boldsymbol{B}^{\mathrm{T}}\right)\boldsymbol{J}=\left(\boldsymbol{I}-\boldsymbol{B}^{\mathrm{T}}\right)\boldsymbol{J} \tag{1.144}
$$

利用式 (1.142)，式 (1.144) 左边进一步写为

$$
\boldsymbol{F}^{\mathrm{T}}\left(\boldsymbol{I}+\boldsymbol{B}^{\mathrm{T}}\right)\boldsymbol{J}=\boldsymbol{F}^{\mathrm{T}}\left(\boldsymbol{J}+\boldsymbol{B}^{\mathrm{T}}\boldsymbol{J}\right)=\boldsymbol{F}^{\mathrm{T}}(\boldsymbol{J}-\boldsymbol{J}\boldsymbol{B})=\boldsymbol{F}^{\mathrm{T}}\boldsymbol{J}(\boldsymbol{I}-\boldsymbol{B}) \tag{1.145}
$$

式 (1.144) 右边进一步写为

$$
\left(\boldsymbol{I}-\boldsymbol{B}^{\mathrm{T}}\right)\boldsymbol{J}=\boldsymbol{J}-\boldsymbol{B}^{\mathrm{T}}\boldsymbol{J}=\boldsymbol{J}+\boldsymbol{J}\boldsymbol{B}=\boldsymbol{J}(\boldsymbol{I}+\boldsymbol{B}) \tag{1.146}
$$

从而，式 (1.144) 可以写为

$$
\boldsymbol{F}^{\mathrm{T}}\boldsymbol{J}(\boldsymbol{I}-\boldsymbol{B})=\boldsymbol{J}(\boldsymbol{I}+\boldsymbol{B}) \tag{1.147}
$$

式 (1.147) 两边再右乘 $(\boldsymbol{I}+\boldsymbol{B})^{-1}$，即可得到

$$\boldsymbol{F}^{\mathrm{T}}\boldsymbol{J}(\boldsymbol{I}-\boldsymbol{B})(\boldsymbol{I}+\boldsymbol{B})^{-1}=\boldsymbol{J}(\boldsymbol{I}+\boldsymbol{B})(\boldsymbol{I}+\boldsymbol{B})^{-1}=\boldsymbol{J} \tag{1.148}$$

式 (1.148) 左边进一步写为

$$\boldsymbol{F}^{\mathrm{T}}\boldsymbol{J}(\boldsymbol{I}-\boldsymbol{B})(\boldsymbol{I}+\boldsymbol{B})^{-1}=\boldsymbol{F}^{\mathrm{T}}\boldsymbol{J}(\boldsymbol{I}+\boldsymbol{B})^{-1}(\boldsymbol{I}-\boldsymbol{B})=\boldsymbol{F}^{\mathrm{T}}\boldsymbol{J}\boldsymbol{F} \tag{1.149}$$

由式 (1.148) 和 (1.149) 知，$\boldsymbol{F}$ 是辛矩阵。

**命题 1.14** 若 $\boldsymbol{B}\in sp(2n)$，则

$$\left(\boldsymbol{B}^{2m}\right)^{\mathrm{T}}\boldsymbol{J}=\boldsymbol{J}\left(\boldsymbol{B}^{2m}\right),\quad m\in\mathbb{Z}^{+} \tag{1.150}$$

**证明** 由于 $\boldsymbol{B}$ 是无穷小辛阵，有

$$\boldsymbol{J}\boldsymbol{B}=-\boldsymbol{B}^{\mathrm{T}}\boldsymbol{J} \tag{1.151}$$

那么 $\boldsymbol{J}\left(\boldsymbol{B}^{2m}\right)$ 可以表示为

$$\boldsymbol{J}\left(\boldsymbol{B}^{2m}\right)=\boldsymbol{J}\boldsymbol{B}\left(\boldsymbol{B}^{2m-1}\right)=-\boldsymbol{B}^{\mathrm{T}}\boldsymbol{J}\left(\boldsymbol{B}^{2m-1}\right)=\cdots=(-1)^{2m}\left(\boldsymbol{B}^{2m}\right)^{\mathrm{T}}\boldsymbol{J}=\left(\boldsymbol{B}^{2m}\right)^{\mathrm{T}}\boldsymbol{J} \tag{1.152}$$

得证。

**命题 1.15** 若 $\boldsymbol{B}\in sp(2n)$，则

$$\left(\boldsymbol{B}^{2m+1}\right)^{\mathrm{T}}\boldsymbol{J}=-\boldsymbol{J}\left(\boldsymbol{B}^{2m+1}\right),\quad m\in\mathbb{Z}^{+} \tag{1.153}$$

**证明** 由于 $\boldsymbol{B}$ 是无穷小辛阵，有

$$\boldsymbol{J}\boldsymbol{B}=-\boldsymbol{B}^{\mathrm{T}}\boldsymbol{J} \tag{1.154}$$

那么 $\boldsymbol{J}\left(\boldsymbol{B}^{2m+1}\right)$ 可以表示为

$$\begin{aligned}\boldsymbol{J}\left(\boldsymbol{B}^{2m+1}\right)&=\boldsymbol{J}\boldsymbol{B}\left(\boldsymbol{B}^{2m}\right)=-\boldsymbol{B}^{\mathrm{T}}\boldsymbol{J}\left(\boldsymbol{B}^{2m}\right)=\cdots\\&=(-1)^{2m+1}\left(\boldsymbol{B}^{2m}\right)^{\mathrm{T}}\boldsymbol{J}=-\left(\boldsymbol{B}^{2m}\right)^{\mathrm{T}}\boldsymbol{J}\end{aligned} \tag{1.155}$$

得证。

**命题 1.16** 若 $f(x)$ 是偶次多项式，且 $\boldsymbol{B}\in sp(2n)$，则

$$f\left(\boldsymbol{B}^{\mathrm{T}}\right)\boldsymbol{J}=\boldsymbol{J}f(\boldsymbol{B}) \tag{1.156}$$

**命题 1.17** 若 $g(x)$ 是奇次多项式，且 $\boldsymbol{B}\in sp(2n)$，则 $g(\boldsymbol{B})\in sp(2n)$，即

$$g\left(\boldsymbol{B}^{\mathrm{T}}\right)\boldsymbol{J}+\boldsymbol{J}g(\boldsymbol{B})=\boldsymbol{0} \tag{1.157}$$

# 1.2　Poisson 括号与广义 Poisson 括号

Poisson 括号和广义 Poisson 括号分别是经典哈密顿系统和广义哈密顿系统的数学基础，来源于辛几何以及辛流形。Poisson 括号和广义 Poisson 括号的表示使方程真正进入到辛几何的形态，为提供更深刻的结果奠定数学基础 [15]。

本节介绍 Poisson 括号和广义 Poisson 括号的相关概念和定理，为第 2 章和第 3 章的介绍提供预备数学知识。

## 1.2.1　Poisson 括号

### 1.2.1.1　Poisson 括号的定义

**定义 1.33**　设 $F, G$ 为由 $n$ 个广义坐标 $\boldsymbol{q} = (q_1, q_2, \cdots, q_n)^{\mathrm{T}}$ 和 $n$ 个广义动量 $\boldsymbol{p} = (p_1, p_2, \cdots, p_n)^{\mathrm{T}}$ 构成的 $2n$ 维相空间 $\mathbb{R}^{2n}$ 上的任意两个连续可微函数，$F, G$ 的 **Poisson 括号**为 [16]

$$\{F, G\} = \sum_{i=1}^{n} \left( \frac{\partial F}{\partial q_i} \frac{\partial G}{\partial p_i} - \frac{\partial F}{\partial p_i} \frac{\partial G}{\partial q_i} \right) \tag{1.158}$$

Poisson 括号具有如下 5 条性质 [16]：

(1) **反对称性**

$$\{F, G\} = -\{G, F\} \tag{1.159}$$

(2) **双线性性**

$$\{aF + bG, K\} = a\{F, K\} + b\{G, K\} \tag{1.160}$$

其中，$a, b$ 为常数。

(3) **Jacobi 恒等式**

$$\{F, \{G, K\}\} + \{G, \{K, F\}\} + \{K, \{F, G\}\} = 0 \tag{1.161}$$

(4) **Leibniz 法则 (求导法则)**

$$\{F \cdot G, K\} = F \cdot \{G, K\} + G \cdot \{F, K\} \tag{1.162}$$

(5) **非退化性**。若 $\boldsymbol{z}$ 不是 $F$ 的临界点，即 $\partial F / \partial \boldsymbol{z} \neq 0$，则存在光滑函数 $G$ 使得 $\{F, G\}(\boldsymbol{z}) \neq 0$。也就是说，若 $F$ 使得 $\{F, G\} = 0$ 对一切光滑函数 $G$ 都成立，则 $F$ 是常数函数。

最基本的 Poisson 括号由定义 1.33 易得 [17]

$$\{p_i,p_j\}=0,\quad \{q_i,q_j\}=0,\quad \{p_i,q_j\}=\delta_{ij}=\begin{cases}1, & i=j,\\ 0, & i\neq j,\end{cases}\quad i,j=1,2,\cdots,n \tag{1.163}$$

由定义 1.33，可以得到如下命题：

**命题 1.18**

(1) 如果 $F,G$ 中的一个是常数 $c$，则 Poisson 括号等于 0，即

$$\{F,c\}=\{c,F\}=0 \tag{1.164}$$

(2) 如果 $F$ 仅是 $\boldsymbol{q}$ 或仅是 $\boldsymbol{p}$ 的函数，可以得到

$$\{F(\boldsymbol{q}),G\}=\frac{\partial F}{\partial q_i}\{q_i,G\},\quad \{F(\boldsymbol{p}),G\}=\frac{\partial F}{\partial p_i}\{p_i,G\} \tag{1.165}$$

(3)

$$\{F,G^n\}=nG^{n-1}\{F,G\} \tag{1.166}$$

(4) 如果 $F,G$ 中有一个是广义坐标或广义动量，那么 Poisson 括号简化为偏导数

$$\{q_i,F\}=\frac{\partial F}{\partial p_i},\quad \{p_i,F\}=-\frac{\partial F}{\partial q_i} \tag{1.167}$$

(5)

$$\frac{\partial}{\partial t}\{F,G\}=\left\{\frac{\partial F}{\partial t},G\right\}+\left\{F,\frac{\partial G}{\partial t}\right\},\quad \frac{\mathrm{d}}{\mathrm{d}t}\{F,G\}=\left\{\frac{\mathrm{d}F}{\mathrm{d}t},G\right\}+\left\{F,\frac{\mathrm{d}G}{\mathrm{d}t}\right\} \tag{1.168}$$

**命题 1.19**[2]

(1)

$$\{F,G\}=-\omega(X_F,X_G) \tag{1.169}$$

其中 $X_F=\Omega^{-1}\mathrm{d}F, X_G=\Omega^{-1}\mathrm{d}G$ 分别是哈密顿函数为 $F,G$ 的哈密顿向量场。

(2)

$$\{F,G\}=\mathrm{d}F(X_G)=i_{X_F}\omega(X_G) \tag{1.170}$$

(3)

$$\{F,G\}=i_{X_F}i_{X_G}\omega \tag{1.171}$$

(4)

$$\{F,G\}(\boldsymbol{z})=\left.\frac{\mathrm{d}}{\mathrm{d}t}F\left(F_G^t\boldsymbol{z}\right)\right|_{t=0}=L_{X_G}F(\boldsymbol{z}) \tag{1.172}$$

其中 $\boldsymbol{z}=(p_1,\cdots,p_n,q_1,\cdots,q_n)^{\mathrm{T}}$。

(5)

$$X_{\{F,G\}}=\Omega^{-1}\mathrm{d}\{F,G\}=-\left[\Omega^{-1}\mathrm{d}F,\Omega^{-1}\mathrm{d}G\right]=-\left[X_F,X_G\right] \tag{1.173}$$

其中两个向量场的 Poisson 括号称为 Lie 括号，用方括号表示以示区别。

式 (1.169)~(1.172) 都能作为 Poisson 括号的定义。

对于 $2n$ 维微分流形 $M$，可以利用 Poisson 括号定义辛结构。

**定义 1.34** 如果给定一个映射 $\{\cdot,\cdot\}:C^\infty(M)\times C^\infty(M)\to C^\infty(M)$ 满足括号 (1.158) 的 5 条性质，则称流形 $M$ 被赋予了一个**辛结构** [16]。

定义 1.34 与定义 1.27 是等价的。

**定义 1.35** 设 $\boldsymbol{P},\boldsymbol{Q}$ 和 $\boldsymbol{p},\boldsymbol{q}$ 是流形 $M$ 上的两组局部坐标，则变换 $\boldsymbol{p},\boldsymbol{q}\to\boldsymbol{P},\boldsymbol{Q}$ 称为**正则**的，若存在光滑函数 $S$ 使得 [16]

$$\boldsymbol{P}\mathrm{d}\boldsymbol{Q}-\boldsymbol{p}\mathrm{d}\boldsymbol{q}=\mathrm{d}S(\boldsymbol{p},\boldsymbol{q}) \tag{1.174}$$

其中 $S$ 称为这个正则变换的原函数。

**命题 1.20** 若 $\{F,G\}_{\boldsymbol{P},\boldsymbol{Q}}=\{F,G\}_{\boldsymbol{p},\boldsymbol{q}}$ 对一切 $F,G\in C^\infty(M)$ 成立，则变换 $\boldsymbol{p},\boldsymbol{q}\to\boldsymbol{P},\boldsymbol{Q}$ 是正则的 [16]。

**定理 1.11** 函数 $F$ 是哈密顿函数为 $H$ 的相流的首次积分，当且仅当 $F$ 与 $H$ 的 Poisson 括号为 0，即 $\{F,H\}=0$[2]。

**定理 1.12** $H$ 是哈密顿函数为 $H$ 的相流的首次积分。

**定理 1.13(Noether 定理)** 若 $H$ 是哈密顿函数为 $F$ 的相流，则 $F$ 同样是哈密顿函数为 $H$ 的相流的首次积分 [2]。

**定理 1.14(Poisson 定理)** 哈密顿函数为 $H$ 的两个首次积分的 Poisson 括号仍是首次积分 [2]。

#### 1.2.1.2 Poisson 括号的应用

如果函数 $F$ 和哈密顿函数 $H$ 都不显含时间，那么

$$\begin{aligned}\frac{\mathrm{d}F}{\mathrm{d}t}&=\{F,H\}\\ \frac{\mathrm{d}^2F}{\mathrm{d}t^2}&=\left\{\frac{\mathrm{d}F}{\mathrm{d}t},H\right\}=\{\{F,H\},H\}\\ &\vdots\end{aligned} \tag{1.175}$$

而对函数 $F$ 进行 Taylor 级数展开有

$$F=F_0+\left.\frac{\mathrm{d}F}{\mathrm{d}t}\right|_{F=F_0}t+\frac{1}{2!}\left.\frac{\mathrm{d}^2F}{\mathrm{d}t^2}\right|_{F=F_0}t^2+\cdots \tag{1.176}$$

也就是说，可以利用 Poisson 括号对函数 $F$ 作 Taylor 级数展开

$$F = F_0 + \{F, H\}|_{F=F_0} t + \frac{1}{2!} \{\{F, H\}, H\}|_{F=F_0} t^2 + \cdots \tag{1.177}$$

实际上，由于函数 $F$ 不显含时间，因此

$$\frac{\mathrm{d}F}{\mathrm{d}t} = \{F, H\} = -\mathrm{D}_H F \tag{1.178}$$

即函数 $F$ 对时间的导数等于算子对 $F$ 的作用，其中 $\mathrm{D}_H F \equiv \{H, F\}$。

由于哈密顿函数 $H$ 也不显含时间，那么可以将方程 (1.178) 的解写为

$$F(t) = \exp(-\mathrm{D}_H t) F|_{F=F_0} \tag{1.179}$$

式 (1.179) 的形式非常类似常微分方程 $y' = -ay$ 的解 $y' = \exp(-ax) y_0$。

式 (1.179) 的确切表达式为

$$F(t) = \sum_{n=0}^{\infty} (-1)^n \left.\frac{\mathrm{D}_H^n F}{n!}\right|_{F=F_0} t^n \tag{1.180}$$

即方程 (1.177) 的右边，其中 $\mathrm{D}_H^0 F = F$。

**例 1.4** 重力场中粒子运动的哈密顿量为

$$H = \frac{p_x^2}{2m} + mgx \tag{1.181}$$

应用 Poisson 括号，得到

$$\begin{aligned} \{x, H\} &= \left\{x, \frac{p_x^2}{2m}\right\} = \frac{p_x}{m}\{x, p_x\} = \frac{p_x}{m} \\ \{\{x, H\}, H\} &= \left\{\frac{p_x}{m}, mgx\right\} = g\{p_x, x\} = -g \end{aligned} \tag{1.182}$$

由于 $g$ 是常数，因此其余 Poisson 括号都等于 0，从而

$$\begin{aligned} x(t) &= x_0 + \{x, H\}|_{x=x_0} t + \frac{1}{2!}\{\{x, H\}, H\}|_{x=x_0} t^2 \\ &= x_0 + \left.\frac{p_x}{m}\right|_{x=x_0} t - \frac{1}{2} g t^2 \end{aligned} \tag{1.183}$$

**例 1.5** 一维谐振子的哈密顿量为

$$H = \frac{p^2}{2m} + \frac{1}{2} k q^2 \tag{1.184}$$

应用 Poisson 括号，得到

$$
\begin{aligned}
&\mathrm{D}_H^0 q = q \\
&\mathrm{D}_H^1 q = \{H, q\} = \left\{\frac{p^2}{2m}, q\right\} = -\frac{p}{m} \\
&\mathrm{D}_H^2 q = \left\{H, \mathrm{D}_H^1 q\right\} = -\left\{\frac{kq^2}{2}, \frac{p}{m}\right\} = -\omega^2 q \\
&\mathrm{D}_H^3 q = \left\{H, \mathrm{D}_H^2 q\right\} = -\omega^2 \mathrm{D}_H^1 q \\
&\mathrm{D}_H^4 q = \left\{H, \mathrm{D}_H^3 q\right\} = -\omega^2 \left\{H, \mathrm{D}_H^1 q\right\} = \left(-\omega^2\right)^2 q
\end{aligned}
\tag{1.185}
$$

其中 $\omega^2 = \dfrac{k}{m}$。

由式 (1.185) 可得规律

$$
\mathrm{D}_H^{2n} q = (-1)^n \omega^{2n} q, \quad \mathrm{D}_H^{2n+1} q = (-1)^{n+1} \omega^{2n} \frac{p}{m}, \quad n = 0, 1, \cdots \tag{1.186}
$$

从而得到

$$
\begin{aligned}
q(t) &= \sum_{n=0}^{\infty} (-1)^n \left.\frac{\mathrm{D}_H^n q}{n!}\right|_{q=q_0} t^n \\
&= \sum_{n=0}^{\infty} (-1)^{2n} \left.\frac{\mathrm{D}_H^{2n} q}{(2n)!}\right|_{q=q_0} t^{2n} + \sum_{n=0}^{\infty} (-1)^{2n+1} \left.\frac{\mathrm{D}_H^{2n+1} q}{(2n+1)!}\right|_{q=q_0} t^{2n+1} \\
&= q_0 \sum_{n=0}^{\infty} \frac{(-1)^n (\omega t)^{2n}}{(2n)!} + \frac{p_0}{m\omega} \sum_{n=0}^{\infty} \frac{(-1)^n (\omega t)^{2n+1}}{(2n+1)!} \\
&= q_0 \cos(\omega t) + \frac{p_0}{m\omega} \sin(\omega t)
\end{aligned}
\tag{1.187}
$$

### 1.2.2 广义 Poisson 括号

**定义 1.36** 光滑流形 $M$ 上的**广义 Poisson 括号**是定义在光滑函数空间 $C^\infty(M)$ 上的一个运算，该运算使每两个 $F, G \in C^\infty(M)$ 确定 $C^\infty(M)$ 中的第三个函数 $\{F, G\}$，并满足如下 4 条性质 [16]：

(1) **反对称性**

$$
\{F, G\} = -\{G, F\} \tag{1.188}
$$

(2) **双线性性**

$$
\{aF + bG, K\} = a\{F, K\} + b\{G, K\} \tag{1.189}
$$

其中，$a, b$ 为常数。

(3) **Jacobi 恒等式**

$$\{F,\{G,K\}\}+\{G,\{K,F\}\}+\{K,\{F,G\}\}=0 \tag{1.190}$$

(4) **Leibniz 法则 (求导法则)**

$$\{F\cdot G,K\}=F\cdot\{G,K\}+G\cdot\{F,K\} \tag{1.191}$$

具有广义 Poisson 括号结构的流形 $M$,称为 **Poisson 流形** [18],记为 $(M,\{\cdot,\cdot\})$，在不引起混淆的情况下，简记为 $M$。

Poisson 流形是辛流形的推广和发展。定义 1.36 没有限定 $M$ 的维数，$M$ 可以是任意有限维或无穷维，特别地，可以是奇数维流形。通常由辛流形结构导出的 Poisson 括号为广义 Poisson 括号的一个特例，因为只要对广义 Poisson 括号添加非退化条件就可以得到辛流形上的 Poisson 括号。因此，辛流形是 Poisson 流形的特殊情况 [19]。换言之，若 Poisson 流形的广义 Poisson 括号是非退化的，则 Poisson 流形是辛流形。

**例 1.6** 设 $M$ 是偶数维 Euclid 空间 $\mathbb{R}^{2n}$，取坐标 $(\boldsymbol{p},\boldsymbol{q})=(p_1,\cdots,p_n,q_1,\cdots,q_n)$。如果 $F(\boldsymbol{p},\boldsymbol{q})$ 和 $H(\boldsymbol{p},\boldsymbol{q})$ 是两个光滑函数，定义 Poisson 括号为函数

$$\{F,H\}=\sum_{i=1}^{n}\left\{\frac{\partial F}{\partial q_i}\frac{\partial H}{\partial p_i}-\frac{\partial F}{\partial p_i}\frac{\partial H}{\partial q_i}\right\} \tag{1.192}$$

具有这种括号结构的流形 $\left(\mathbb{R}^{2n},\{\cdot,\cdot\}\right)$ 是一个 Poisson 流形。

更一般地，可以在任意的 Euclid 空间 $M=\mathbb{R}^m$ 上定义 Poisson 括号，使之成为 Poisson 流形。实际上，只需取 $(\boldsymbol{p},\boldsymbol{q},\boldsymbol{x})=(p_1,\cdots,p_n,q_1,\cdots,q_n,x_1,\cdots,x_l)$ 作为坐标，使 $2n+l=m$，并用公式 (1.192) 定义两个函数 $F(\boldsymbol{p},\boldsymbol{q},\boldsymbol{x})$ 和 $H(\boldsymbol{p},\boldsymbol{q},\boldsymbol{x})$ 的 Poisson 括号，就能使 $(\mathbb{R}^m,\{\cdot,\cdot\})$ 成为 Poisson 流形 [16]。特别地，如果函数 $F$ 仅依赖变量 $\boldsymbol{x}$，那么 $\{F,H\}=0$ 对一切函数 $H$ 成立，这样的 Poisson 括号对应的基本括号关系为

$$\{p_i,p_j\}=0,\quad \{q_i,q_j\}=0,\quad \{p_i,q_j\}=\delta_{ij}=\begin{cases}1, & i=j\\ 0, & i\neq j\end{cases} \tag{1.193}$$

和

$$\{p_i,x_k\}=\{q_i,x_k\}=\{z_r,x_k\}=0 \tag{1.194}$$

其中 $i,j=1,2,\cdots,n$，$r,k=1,2,\cdots,l$，$\delta_{ij}$ 是 Kronecker 符号，即 $\delta_{ii}=1$，$\delta_{ij}=0\ (i\neq j)$。

**例 1.7**　研究 $\mathbb{R}^3$ 中刚体绕定点转动运动时，可用刚体相对于固定在质心上的直角坐标系的三个角动量作为变量，则相空间为

$$P_{RB}=\left\{(m_1,m_2,m_3)|\, m_i\text{为角动量}\right\}\simeq\mathbb{R}^3 \tag{1.195}$$

在这个相空间上，刚体运动由 Euler 运动方程描述

$$\begin{aligned}\dot{m}_1&=\frac{I_2-I_3}{I_2I_3}m_2m_3\\ \dot{m}_2&=\frac{I_3-I_1}{I_3I_1}m_3m_1\\ \dot{m}_3&=\frac{I_1-I_2}{I_1I_2}m_1m_2\end{aligned} \tag{1.196}$$

其中 $I_1,I_2,I_3$ 为刚体的主惯性矩。

记 $\boldsymbol{m}=(m_1,m_2,m_3)$，定义括号

$$\{F,G\}_{RB}(\boldsymbol{m})=-\boldsymbol{m}\cdot(\nabla_{\boldsymbol{m}}F\times\nabla_{\boldsymbol{m}}G) \tag{1.197}$$

其中 $\nabla_{\boldsymbol{m}}$ 是梯度算子，即 $\nabla_{\boldsymbol{m}}F=\left(\dfrac{\partial F}{\partial m_1},\dfrac{\partial F}{\partial m_2},\dfrac{\partial F}{\partial m_3}\right)$，$\times$ 是 $\mathbb{R}^3$ 中的向量积。

定义的括号 (1.197) 满足定义 1.36 中的 4 个条件，因此 $(P_{RB},\{\cdot,\cdot\}_{RB})$ 是一个三维 Poisson 流形。

刚体的能量函数为

$$H=\frac{1}{2I_1}m_1^2+\frac{1}{2I_2}m_2^2+\frac{1}{2I_3}m_3^2 \tag{1.198}$$

从而 Euler 方程 (1.196) 可以改写为括号形式 [19]

$$\dot{m}_i=\{m_i,H\}_{RB},\quad i=1,2,3 \tag{1.199}$$

**定义 1.37**　微分同胚 $\boldsymbol{x}\to\hat{\boldsymbol{x}}=g(\boldsymbol{x}):\boldsymbol{M}\to\boldsymbol{M}$ 称为 **Poisson 映射**，如果它保持广义 Poisson 括号不变，即 [2]

$$\{F\circ g,H\circ g\}=\{F,H\}\circ g,\quad \forall F,H\in C^\infty(M) \tag{1.200}$$

**定理 1.15**　对于具有结构 $\boldsymbol{K}(\boldsymbol{x})$ 的 Poisson 流形来说，方程 (1.200) 等价于 [2]

$$g_{\boldsymbol{x}}\boldsymbol{K}(\boldsymbol{x})g_{\boldsymbol{x}}^{\mathrm{T}}=\boldsymbol{K}(\hat{\boldsymbol{x}}) \tag{1.201}$$

其中 $g_{\boldsymbol{x}}$ 是 $g$ 对 $\boldsymbol{x}$ 的 Jacobi 矩阵。

设 Poisson 流形的局部坐标为 $(x_1, x_2, \cdots, x_m)$，则广义 Poisson 结构可以由它在坐标函数上的作用而确定。

**定义 1.38** 广义 Poisson 括号 $\{\cdot,\cdot\}$ 的结构矩阵 $\boldsymbol{K}(\boldsymbol{x})$ 是一个 $m \times m$ 反对称矩阵，其元素由 $K_{ij}(\boldsymbol{x}) = \{x_i, x_j\}$ 定义，称为**结构元素** [20]。

利用广义 Poisson 括号的 Leibniz 性质，对 $C^{\infty}(M)$ 中用局部坐标 $\boldsymbol{x}$ 表示的函数 $F, G$，有 $\{F, G\}$ 的计算公式

$$\{F, G\} = \sum_{i,j=1}^{m} K_{ij}(\boldsymbol{x}) \frac{\partial F}{\partial x_i} \frac{\partial G}{\partial x_j} \tag{1.202}$$

因此，为了计算在某个已知局部坐标集合中的任意一对函数的广义 Poisson 括号，只要知道局部坐标函数自身之间的广义 Poisson 括号即可。从而，为了局部地确定广义 Poisson 括号，只需要指定它在局部坐标系下的一个 $m \times m$ 矩阵 $\boldsymbol{K}(\boldsymbol{x})$，使之满足定义 1.36 中的 4 条性质。

**命题 1.21** 对于定义在开子集 $M \subset \mathbb{R}^3$ 上的 $m \times m$ 函数矩阵 $\boldsymbol{K}(\boldsymbol{x}) = (K_{ij}(\boldsymbol{x}))\ (\boldsymbol{x} = (x_1, x_2, \cdots, x_m))$，它是 $M$ 上的一个广义 Poisson 括号的结构矩阵的充分必要条件为 [16]：

(1) **反对称性**

$$K_{ij}(\boldsymbol{x}) = -K_{ji}(\boldsymbol{x}) \tag{1.203}$$

(2) **Jacobi 恒等式**

$$\sum_{l=1}^{m} \left[ K_{il}(\boldsymbol{x}) \frac{\partial K_{jk}(\boldsymbol{x})}{\partial x_l} + K_{jl}(\boldsymbol{x}) \frac{\partial K_{ki}(\boldsymbol{x})}{\partial x_l} + K_{kl}(\boldsymbol{x}) \frac{\partial K_{ij}(\boldsymbol{x})}{\partial x_l} \right] = 0 \tag{1.204}$$

其中 $i, j, k = 1, 2, \cdots, m$。

保证 Jacobi 恒等式的条件 (1.204) 形成了结构函数必须满足的一组非线性偏微分方程。特别地，任何反对称常数矩阵显然满足式 (1.204)，因此可以确定一个广义 Poisson 括号。

一类最常见的广义 Poisson 括号是具有齐次线性结构矩阵的广义 Poisson 括号，由于其与有限维 Lie 群的 Lie 代数结构有同构关系，因此称为 **Lie-Poisson 括号** [16]

$$\{F, G\} = \sum_{i,j,k=1}^{m} c_{ij}^{k} x_k \frac{\partial F}{\partial x_i} \frac{\partial G}{\partial x_j} \tag{1.205}$$

此时结构元素为 $K_{ij}(\boldsymbol{x}) = \sum\limits_{k=1}^{m} c_{ij}^{k} x_k$，$c_{ij}^{k}$ 是满足如下条件的一组常数

$$c_{ij}^k = -c_{ji}^k \tag{1.206}$$

$$\sum_{l=1}^{m} \left(c_{lj}^n c_{ik}^l + c_{li}^n c_{kj}^l + c_{lk}^n c_{ji}^l\right) = 0, \quad i, j, k, n = 1, 2, \cdots, m \tag{1.207}$$

**命题 1.22** 若变换 $\boldsymbol{x} \to \boldsymbol{y} = \varphi(\boldsymbol{x})$ 是一个微分同胚，则它把 $\boldsymbol{K}(\boldsymbol{x})$ 变为 $\tilde{\boldsymbol{K}}(\boldsymbol{y})$，后者仍是广义 Poisson 括号的结构矩阵，即满足命题 1.21 的条件，并且有关系 [20]

$$\tilde{K}_{\rho\sigma}(\boldsymbol{y}) = \sum_{i,j=1}^{m} \frac{\partial y_\rho}{\partial x_i} \frac{\partial y_\sigma}{\partial x_j} K_{ij}\left(\varphi^{-1}(\boldsymbol{y})\right), \quad \rho, \sigma = 1, 2, \cdots, m \tag{1.208}$$

**证明** 设 $F(\boldsymbol{x}), G(\boldsymbol{x})$ 是 $\boldsymbol{x}$ 坐标下的任意两个光滑函数，$F, G$ 在 $\boldsymbol{x}$ 坐标下的广义 Poisson 括号记为 $H(\boldsymbol{x})$，即

$$H(\boldsymbol{x}) \equiv \{F, G\}(\boldsymbol{x}) = \sum_{i,j=1}^{m} K_{ij}(\boldsymbol{x}) \frac{\partial F}{\partial x_i} \frac{\partial G}{\partial x_j} \tag{1.209}$$

它们在 $\boldsymbol{y}$ 坐标下的表达式分别记为 $\tilde{F}(\boldsymbol{y}), \tilde{G}(\boldsymbol{y}), \tilde{H}(\boldsymbol{y})$，即

$$\tilde{F}(\boldsymbol{y}) = F(\boldsymbol{x}), \quad \tilde{G}(\boldsymbol{y}) = G(\boldsymbol{x}), \quad \tilde{H}(\boldsymbol{y}) = H(\boldsymbol{x}) \tag{1.210}$$

由式 (1.209) 得

$$\begin{aligned}
\tilde{H}(\boldsymbol{y}) &= H(\boldsymbol{x}) \\
&= \sum_{i,j=1}^{m} K_{ij}(\boldsymbol{x}) \frac{\partial F}{\partial x_i} \frac{\partial G}{\partial x_j} \\
&= \sum_{i,j=1}^{m} K_{ij}(\boldsymbol{x}) \sum_{\rho,\sigma=1}^{m} \frac{\partial \tilde{F}}{\partial y_\rho} \frac{\partial \tilde{G}}{\partial y_\sigma} \frac{\partial y_\rho}{\partial x_i} \frac{\partial y_\sigma}{\partial x_j} \\
&= \sum_{\rho,\sigma=1}^{m} \left[\sum_{i,j=1}^{m} K_{ij}(\boldsymbol{x}) \frac{\partial y_\rho}{\partial x_i} \frac{\partial y_\sigma}{\partial x_j}\right] \frac{\partial \tilde{F}}{\partial y_\rho} \frac{\partial \tilde{G}}{\partial y_\sigma} \\
&= \sum_{\rho,\sigma=1}^{m} \tilde{K}_{\rho\sigma}(\boldsymbol{y}) \frac{\partial \tilde{F}}{\partial y_\rho} \frac{\partial \tilde{G}}{\partial y_\sigma}
\end{aligned} \tag{1.211}$$

从而可知 $\tilde{K}_{\rho\sigma}(\boldsymbol{y})$ 满足命题 1.21 的条件，因此由

$$\tilde{H}(\boldsymbol{y}) \equiv \left\{\tilde{F}, \tilde{G}\right\}(\boldsymbol{y}) = \sum_{\rho,\sigma=1}^{m} \tilde{K}_{\rho\sigma}(\boldsymbol{y}) \frac{\partial \tilde{F}}{\partial y_\rho} \frac{\partial \tilde{G}}{\partial y_\sigma} \tag{1.212}$$

定义的括号仍是广义 Poisson 括号。

**定义 1.39** 若上述变换 $\boldsymbol{x}\to\boldsymbol{y}=\varphi(\boldsymbol{x})$ 保持 Poisson 结构不变，即

$$\tilde{K}_{\rho\sigma}(\boldsymbol{y})=K_{\rho\sigma}(\boldsymbol{y}),\quad \rho,\sigma=1,2,\cdots,m \tag{1.213}$$

该变换称为**广义正则变换** [16]。

定义 1.39 包含了辛流形上的正则变换，即保持辛结构不变的坐标变换。

# 1.3 常微分方程

很多物理问题都与时间有关，常微分方程是描述物理量随时间连续变化的数学语言。常微分方程的求解就是确定满足给定方程的可微函数，探究其数值方法并求解是研究的主要目的 [21]。

本节简要给出常微分方程的基本概念及其数值方法的收敛性与稳定性，详细介绍常微分方程的有根树理论及其在 Runge-Kutta 方法中的应用，为后续随机微分方程的相关理论奠定数学基础。

## 1.3.1 常微分方程的基本概念及其数值方法的收敛性与稳定性

本小节主要介绍常微分方程的基本概念，包括方程形式、解的存在唯一性定理、局部截断误差、阶等，随后介绍常微分方程数值方法的收敛性与稳定性。

### 1.3.1.1 常微分方程的基本概念

常微分方程的形式为

$$\begin{cases} y'(t)=f(y(t)) \\ y(t_0)=y_0 \end{cases} \tag{1.214}$$

**定理 1.16(解的存在唯一性定理)** 设 $f$ 在区域 $D=\{(t,y)\,|t\in[t_0,T]\}$ 上连续，关于 $y$ 满足 Lipschitz 条件，即存在实数 $L>0$，使得

$$|f(t,y_1)-f(t,y_2)|\leqslant L|y_1-y_2| \tag{1.215}$$

则对于 $t\in[t_0,T]$，常微分方程 (1.214) 存在唯一的连续可微解 $y(t)$。

常微分方程 (1.214) 的数值求解，就是寻求解 $y(t)$ 在离散节点 $t_1<t_2<\cdots<t_n<t_{n+1}<\cdots$ 上的近似值 $y_1,y_2,\cdots,y_n,y_{n+1},\cdots$。相邻两个节点的间距 $h_n=t_{n+1}-t_n$ 称为**步长**。考虑定步长情形，即 $h_i=h\,(i=0,1,\cdots,n)$，此时节点为 $t_n=t_0+nh\,(n=0,1,\cdots)$[22]。

计算 $y_{n+1}$ 时只用到前一点的值 $y_n$，称为**单步法**；用到 $y_{n+1}$ 前面 $k$ 点的值 $y_n,y_{n-1},\cdots,y_{n-k+1}$，称为 $k$ **步法** [21]。

方程 (1.214) 的单步法可用一般形式表示为 [22]

$$y_{n+1} = y_n + h\varphi\left(t_n, y_n, y_{n+1}, h\right) \tag{1.216}$$

其中多元函数 $\varphi$ 与 $f(t,y)$ 有关，当 $\varphi$ 含有 $y_{n+1}$ 时，方法是隐式的；当 $\varphi$ 不含 $y_{n+1}$ 时，方法是显式的。

显式单步法可以表示为

$$y_{n+1} = y_n + h\varphi\left(t_n, y_n, h\right) \tag{1.217}$$

其中 $\varphi(t,y,h)$ 称为增量函数。

**定义 1.40** 设 $y(t)$ 是方程 (1.214) 的精确解，称 [21]

$$T_{n+1} = y\left(t_{n+1}\right) - y\left(t_n\right) - h\varphi\left(t_n, y\left(t_n\right), h\right) \tag{1.218}$$

为显式单步法 (1.217) 的**局部截断误差**。

**定义 1.41** 设 $y(t)$ 是方程 (1.214) 的精确解，若存在最大整数 $p$ 使显式单步法 (1.217) 的局部截断误差满足 [22]

$$T_{n+1} = y(t+h) - y(t) - h\varphi(t,y,h) = O\left(h^{p+1}\right) \tag{1.219}$$

则称方法 (1.217) 具有 $p$ **阶精度**，$p$ 称为方法的**阶**。

若将式 (1.219) 展开为

$$T_{n+1} = \psi\left(t_n, y\left(t_n\right)\right) h^{p+1} + O\left(h^{p+2}\right) \tag{1.220}$$

则 $\psi\left(t_n, y\left(t_n\right)\right) h^{p+1}$ 称为**局部截断误差主项**。

#### 1.3.1.2 数值方法的收敛性与稳定性

**定义 1.42** 若数值方法对于固定的 $t_n = t_0 + nh$，当 $h \to 0$ 时，有 $y_n \to y\left(t_n\right)$，其中 $y(t)$ 是方程 (1.214) 的精确解，则称该方法是**收敛**的 [21]。

**定理 1.17** 假设单步法 (1.217) 具有 $p$ 阶精度，且增量函数 $\varphi(t,y,h)$ 关于 $y$ 满足 Lipschitz 条件，即存在实数 $L_\varphi > 0$，使得 [22]

$$\left|\varphi(t,y,h) - \varphi(t,\overline{y},h)\right| \leqslant L_\varphi \left|y - \overline{y}\right| \tag{1.221}$$

设初值 $y_0$ 是准确的，即 $y_0 = y\left(x_0\right)$，则其**整体截断误差**

$$y_n - y\left(t_n\right) = O\left(h^p\right) \tag{1.222}$$

**定义 1.43** 如果存在常数 $C > 0, \delta > 0$，满足

$$E\left(\left|y_n - y\left(t_n\right)\right|\right) \leqslant Ch^p, \quad h \in (0, \delta) \tag{1.223}$$

称 $y_n$ 是 $p$ 阶**强收敛**到 $y$ 的 [23]。

为了考察数值方法的稳定性，通常检验将数值方法用于解模型方程的稳定性，模型方程为

$$y' = \lambda y \tag{1.224}$$

其中 $\lambda$ 为复数。

**定义 1.44** 单步法 (1.217) 用于解模型方程 (1.224)，若得到的解 $y_{n+1} = E(h\lambda) y_n$，满足 $|E(h\lambda)| < 1$，则称方法 (1.217) 是**绝对稳定**的。在 $\mu = h\lambda$ 的平面上，使 $|E(h\lambda)| < 1$ 的变量围成的区域，称为**绝对稳定域**，它与实轴的交称为绝对稳定区间 [21]。

### 1.3.2 常微分方程的有根树理论及其在 Runge-Kutta 方法中的应用

本小节重点介绍针对常微分方程 Butcher 提出的有根树理论，以及 Runge-Kutta 方法的应用，根据有根树理论可以简化 Runge-Kutta 方法的表达形式，以便于根据阶条件确定 Runge-Kutta 方法的系数。

#### 1.3.2.1 有根树理论

对常微分方程 (1.214) 有 Taylor 展开式 [24]

$$f(y(t)) = f(y(t_0)) + \sum_{k=1}^{\infty} \frac{(t-t_0)^k}{k!} \left(L^0\right)^k f(y(t_0)) \tag{1.225}$$

其中 $L^0 = \dfrac{\partial}{\partial y}$，即有

$$\begin{aligned}
&y'(t) = f(y(t)) = f \\
&L^0 f = y''(t) = f'(y(t))(y'(t)) = f'f \\
&L^0L^0 f = y^{(3)}(t) = y''(f+f) + f'(f'(f)) = f''(f,f) + f'f'f \\
&L^0L^0L^0 f = y^{(4)}(t) = (f''(f,f))' f + (f'f'f)' f \\
&\qquad\qquad = f^{(3)}(f,f,f) + 3y''(f,f'f) + f'f''(f,f) + f'f'f'f
\end{aligned} \tag{1.226}$$

将方程 (1.214) 的解在区间 $[t_0, t_1]\,(t_1 = t_0 + h)$ 上 Taylor 展开有

$$y_1 = y_0 + \sum_{k=1}^{\infty} \frac{h^k}{k!} y^{(k)}(t_0) = y_0 + hf + \frac{h^2}{2} f'f + \frac{h^3}{6}\left[f'f'f + f''(f,f)\right] + \cdots \tag{1.227}$$

Taylor 展开式中各项表达式的复杂性随着阶数的增大而迅速增大，为此，Butcher 构造了有根树理论来简化上述问题 [25]。

**定义 1.45**　设 $T$ 为**有根树**的集合，$t=[t_1,t_2,\cdots,t_m]$ 表示将子树 $t_1,t_2,\cdots,t_m$ 直接连接到公共根而构成的树，$t_1,t_2,\cdots,t_m$ 称为树 $t$ 的子树，$\phi$ 表示空树，$\tau$ 表示只有一个结点的单位树 [23]。

树 $t$ 的**结点数** $\rho(t)$ 定义为

$$\rho(\tau)=1,\quad \rho([t_1,t_2,\cdots,t_m])=1+\sum_{j=1}^{m}\rho(t_j) \tag{1.228}$$

树 $t$ 的**密度** $\gamma(t)$ 定义为

$$\gamma(\tau)=1,\quad \gamma([t_1,t_2,\cdots,t_m])=\rho([t_1,t_2,\cdots,t_m])\prod_{j=1}^{m}\gamma(t_j) \tag{1.229}$$

树 $t$ 按相应结点进行标号的**方法数** $\alpha(t)$ 表示为 [24]

$$\alpha(t)=\begin{pmatrix}\rho(t)-1\\ \rho(t_1),\cdots,\rho(t_m)\end{pmatrix}\prod_{j=1}^{m}\alpha(t_j)\frac{1}{\mu_1!\mu_2!\cdots} \tag{1.230}$$

其中 $\mu_1,\mu_2,\cdots$ 指 $t_1,t_2,\cdots,t_m$ 中相同树的个数。

有根树的构造方法是从最内层的单树开始，不断将子树连接到一个新的根结点来形成。

通过定义基本微分，将有根树理论和自治常微分方程解的 Taylor 展开式有机联系起来。

**定义 1.46**　对方程 (1.214)，有根树 $t=[t_1,t_2,\cdots,t_m]$ 的**基本微分**定义为 [26]

$$F(t)(y)=f^{(m)}(y)[F(t_1)(y),\cdots,F(t_m)(y)],\quad F(\phi)(y)=y \tag{1.231}$$

**定理 1.18**　方程 (1.214) 的解的一步 Taylor 展开式 (1.227) 可以写为 [26]

$$y_1=\sum_{t\in T}\frac{h^{\rho(t)}\alpha(t)F(t)y_0}{\rho(t)!} \tag{1.232}$$

**定义 1.47**　有根树 $t=[t_1,t_2,\cdots,t_m]$ 的积分表示为 [26]

$$J(t)(h)=\int_0^h\prod_{k=1}^{m}J(t_k)(s)\mathrm{d}s,\quad J(\tau)(h)=h \tag{1.233}$$

由有根树积分的定义可以得到 $J(t)(h)=h^{\rho(t)}/\gamma(t)$，从而展开式 (1.232) 还可以写为

$$y_1=\sum_{t\in T}\frac{\gamma(t)J(t)\alpha(t)F(t)y_0}{\rho(t)!} \tag{1.234}$$

$\rho(t) \leqslant 4$ 的树所对应的结点数 $\alpha(t)$、密度 $\gamma(t)$、微分 $F(t)$、积分 $J(t)$ 如表1.2 所示 [26]。

**表 1.2 $\rho(t) \leqslant 4$ 的树所对应的结点数 $\alpha(t)$、密度 $\gamma(t)$、微分 $F(t)$、积分 $J(t)$**

| $t$ | 图形 | $\rho(t)$ | $\alpha(t)$ | $\gamma(t)$ | $F(t)$ | $J(t)$ |
|---|---|---|---|---|---|---|
| $t$ |  | 1 | 1 | 1 | $f$ | $h$ |
| $[t]$ |  | 2 | 1 | 2 | $f'f$ | $h^2/2$ |
| $[t,t]$ |  | 3 | 1 | 3 | $f''(f,f)$ | $h^3/3$ |
| $[[t]]$ |  | 3 | 1 | 6 | $f'f'f$ | $h^3/6$ |
| $[t,t,t]$ |  | 4 | 1 | 4 | $f^{(3)}(f,f,f)$ | $h^4/4$ |
| $[[t],t]$ |  | 4 | 3 | 8 | $f''(f',f,f)$ | $h^4/8$ |
| $[[t,t]]$ |  | 4 | 1 | 12 | $f'f''(f,f)$ | $h^4/12$ |
| $[[[t]]]$ |   | 4 | 1 | 24 | $f'f'f'f$ | $h^4/24$ |

#### 1.3.2.2 Runge-Kutta 方法

Runge-Kutta 方法是常微分方程初值问题数值解法中的重要方法。Runge-Kutta 方法是从 Euler 折线法中受到启发而得到的，是一种特殊的单步方法。将区间 $(t_n, t_{n+1})$ 上若干条积分曲线在若干点上的切线斜率进行加权平均，产生新的斜率，并按新斜率从 $(t_n, y_n)$ 出发，沿直线到达 $(t_{n+1}, y_{n+1})$，依次循环往复得到方程的数值近似解 [23]。

方程 (1.214) 的单步 $s$ 级 Runge-Kutta 格式为

$$
\begin{aligned}
y_{n+1} &= y_n + h\sum_{i=1}^{s} b_i k_i \\
k_i &= f\left(x_n + c_i h, y_n + h\sum_{j=1}^{s} a_{ij} k_j\right) \\
c_i &= \sum_{j=1}^{s} a_{ij}, \quad i = 1, 2, \cdots, s
\end{aligned} \tag{1.235}
$$

其中 $h = t_{n+1} - t_n\,(n = 0, 1, \cdots)$，$\boldsymbol{b} = (b_i)\,(i = 1, 2, \cdots, s)$ 称为权，$\boldsymbol{A} = (a_{ij})\,(i, j = 1, 2, \cdots, s)$ 为系数矩阵，$\boldsymbol{c} = (c_i)\,(i = 1, 2, \cdots, s)$ 称为节点 [23]。

Butcher 提出一种格式 (1.235) 的简便表示方法，称为 **Butcher 向量法**，即用向量表表示格式中的参数 [27]

$$
\begin{array}{c|c} \boldsymbol{c} & \boldsymbol{A} \\ \hline & \boldsymbol{b}^{\mathrm{T}} \end{array} \qquad \begin{array}{c|cccc} c_1 & a_{11} & \cdots & a_{1s} \\ c_2 & a_{21} & \cdots & a_{2s} \\ \vdots & \vdots & & \vdots \\ c_s & a_{s1} & \cdots & a_{ss} \\ \hline & b_1 & \cdots & b_s \end{array} \tag{1.236}
$$

这样，一个 Runge-Kutta 格式可以完全由向量表 (1.236) 确定。向量表称为 **Butcher 表**，这种表示形式称为 **Butcher 表式**。

于是式 (1.235) 可以简化为

$$
\begin{aligned} y_{n+1} &= y_n + h\sum_{j=1}^{s} b_j f\left(Y_j\right) \\ Y_j &= y_n + h\sum_{j=1}^{s} a_{ij} f\left(Y_j\right), \quad i=1,2,\cdots,s \end{aligned} \tag{1.237}
$$

所以，一个 $s$ 级 Runge-Kutta 方法的性质就完全对应于矩阵 $\boldsymbol{A}$ 和向量 $\boldsymbol{b}$ 的性质，进而，研究与其对应的矩阵 $\boldsymbol{A}$ 和向量 $\boldsymbol{b}$ 的性质，就可以得到 Runge-Kutta 方法的性质。

当矩阵 $\boldsymbol{A}$ 是对角线元素全为 0 的下三角矩阵时，Runge-Kutta 方法称为显式方法，否则为隐式方法。

**定义 1.48**　求解方程 (1.214) 的 Runge-Kutta 方法 (1.237)，针对有根树 $t=[t_1,t_2,\cdots,t_m]$ 有基本权重 [28]

$$
\boldsymbol{\Phi}\left(t\right)=\prod_{j=1}^{m}\left(\boldsymbol{A}\boldsymbol{\Phi}\left(t_j\right)\right), \quad \boldsymbol{\Phi}\left(\tau\right)=\boldsymbol{e}, \quad \boldsymbol{e}=\left(1,\cdots,1\right)^{\mathrm{T}} \tag{1.238}
$$

其中向量的乘积运算视作相应分量乘积。

令

$$
a\left(t\right)=\boldsymbol{b}^{\mathrm{T}}\boldsymbol{\Phi}\left(t\right), \quad a\left(\phi\right)=1 \tag{1.239}
$$

Butcher 证明了 Runge-Kutta 方法 (1.237) 具有如下形式：

**定理 1.19**　在定义 1.48 下，Runge-Kutta 方法 (1.237) 的一步 Taylor 展开可以写为 [28]

$$
y_1=\sum_{t\in T}\frac{h^{\rho(t)}\gamma\left(t\right)a\left(t\right)\alpha\left(t\right)F\left(t\right)y_0}{\rho\left(t\right)!} \tag{1.240}
$$

Runge-Kutta 方法 (1.237) 可以进一步改写为

$$
\begin{aligned}
y_{n+1} &= y_n + \sum_{j=1}^{s} z_j f\left(Y_j\right) \\
Y_j &= y_n + \sum_{j=1}^{s} Z_{ij} f\left(Y_j\right), \quad i = 1, 2, \cdots, s
\end{aligned}
\tag{1.241}
$$

其中

$$
\boldsymbol{Z} = h\boldsymbol{A}, \quad \boldsymbol{z} = h\boldsymbol{b} \tag{1.242}
$$

若将基本权重作如下修改

$$
\overline{\boldsymbol{\Phi}}(t) = \prod_{j=1}^{m}\left(\boldsymbol{Z}\overline{\boldsymbol{\Phi}}\left(t_j\right)\right), \quad \overline{\boldsymbol{\Phi}}(\tau) = \boldsymbol{e}, \quad \overline{a}(t) = \boldsymbol{z}^{\mathrm{T}}\overline{\boldsymbol{\Phi}}(t), \quad \overline{a}(\phi) = 1 \tag{1.243}
$$

则定理 1.19 有如下等价形式:

**定理 1.20** Runge-Kutta 方法 (1.237) 的一步 Taylor 展开可以写为 [24]

$$
y_1 = \sum_{t \in T} \frac{\gamma(t)\,\overline{a}(t)\,\alpha(t)\,F(t)\,y_0}{\rho(t)!} \tag{1.244}
$$

表 1.3 给出了 $\rho(t) \leqslant 4$ 的树所对应的 $\overline{a}(t)$ 值 [28]。

**表 1.3 $\rho(t) \leqslant 4$ 的树所对应的 $\overline{a}(t)$ 值**

| $t$ | $t$ | $[t]$ | $[t,t]$ | $[[t]]$ | $[t,t,t]$ | $[[t],t]$ | $[[t,t]]$ | $[[[t]]]$ |
|---|---|---|---|---|---|---|---|---|
| $\overline{a}(t)$ | $\boldsymbol{z}^{\mathrm{T}}\boldsymbol{e}$ | $\boldsymbol{z}^{\mathrm{T}}\boldsymbol{Z}\boldsymbol{e}$ | $\boldsymbol{z}^{\mathrm{T}}(\boldsymbol{Z}\boldsymbol{e})^2$ | $\boldsymbol{z}^{\mathrm{T}}\boldsymbol{Z}^2\boldsymbol{e}$ | $\boldsymbol{z}^{\mathrm{T}}(\boldsymbol{Z}\boldsymbol{e})^3$ | $\boldsymbol{z}^{\mathrm{T}}\left(\boldsymbol{Z}^2\boldsymbol{e}\right)(\boldsymbol{Z}\boldsymbol{e})$ | $\boldsymbol{z}^{\mathrm{T}}\boldsymbol{Z}(\boldsymbol{Z}\boldsymbol{e})^2$ | $\boldsymbol{z}^{\mathrm{T}}\boldsymbol{Z}^3\boldsymbol{e}$ |

比较式 (1.234) 和 (1.244)，得到如下定理:

**定理 1.21** Runge-Kutta 方法 (1.241) 具有 $p$ 阶精度，当且仅当对任意 $t$，有 [24]

$$
\overline{a}(t) = J(t), \quad \rho(t) \leqslant p \tag{1.245}
$$

实际上，构造具有 $p$ 阶精度的 Runge-Kutta 方法 (1.241) 的充分条件是 $B(p)$ 和 $C(p-1)$，其中 [24]

$$
\begin{aligned}
&B(p): \boldsymbol{b}^{\mathrm{T}}\boldsymbol{c}^{k-1} = \frac{1}{k}, \quad k = 1, 2, \cdots, p \\
&C(p-1): \boldsymbol{A}\boldsymbol{c}^{k-1} = \frac{\boldsymbol{c}^k}{k}, \quad k = 1, 2, \cdots, p-1
\end{aligned}
\tag{1.246}
$$

# 1.4　随机微分方程

随机微分方程是把确定性现象和不确定性现象结合起来的一门学科分支 [29]。一般研究随机微分方程的方法是从定性和定量两个方面进行的：定性是指研究解的存在性、唯一性和稳定性，而定量方面是研究求解的方法及求解过程的统计特性 [30]。

本节首先简要介绍随机微分方程的基本概念，详细介绍随机微分方程 (组) 的彩色树理论及其在 Runge-Kutta 方法中的应用，最后给出力学系统的随机变分计算的相关内容。

## 1.4.1　随机微分方程的基本概念

本小节主要介绍随机微分方程的一些基本概念，包括 Wiener 过程、随机积分、随机微分方程、随机 Taylor 展开式、多重积分、解的存在唯一性定理以及数值方法的收敛性等。

### 1.4.1.1　随机积分与随机微分方程

**定义 1.49**　一个随机过程 $W(t)\,(t\in[0\,,\infty))$ 称为一个 **Wiener 过程**或者 **Brown 运动**，如果满足以下 3 个条件 [31,32]：

(1) $P(W(0)=0)=1$；

(2) $W(t)$ 是独立增量过程，即对任意的 $0<t_0<t_1<\cdots<t_n$，增量 $W(t_1)-W(t_0),\cdots,W(t_n)-W(t_{n-1})$ 相互独立；

(3) 对于任意 $0\leqslant s<t$，有 $W(t)-W(s)\sim N\left(0,\sigma^2(t-s)\right)$，其中 $\sigma>0$ 为常数，即增量 $W(t)-W(s)$ 是均值为 0、方差为 $\sigma^2(t-s)$ 的正态分布。

当 $\sigma=1$ 时，称为**标准 Wiener 过程**或者**标准 Brown 运动**。

考虑随机微分方程

$$\begin{cases} \mathrm{d}y(t)=f(t,y(t))\,\mathrm{d}t+g(t,y(t))*\mathrm{d}W(t) \\ y(t_0)=y_0 \end{cases} \tag{1.247}$$

其中 $f(t,y(t))$ 和 $g(t,y(t))$ 都是连续可测函数，$f(t,y(t))$ 称为漂移系数，$g(t,y(t))$ 称为扩散系统。当 $g(t,y(t))$ 是常量时，方程 (1.247) 称为带加性噪声的随机微分方程；当 $g(t,y(t))$ 是关于 $y(t)$ 的线性表达式时，方程 (1.247) 称为带乘性噪声的随机微分方程 [33]。

方程 (1.247) 的积分形式为

$$y(t)=y(t_0)+\int_{t_0}^{t}f(s,y(s))\,\mathrm{d}s+\int_{t_0}^{t}g(s,y(s))*\mathrm{d}W(s) \tag{1.248}$$

其中第一个积分为通常意义下的 Riemann 积分，第二个积分是随机积分。

随机积分通常有两种意义，下面以积分 $\int_a^b W(t) * \mathrm{d}W(t)$ 为例进行说明[34]。首先将积分区间作分割 $a = t_0 < t_1 < \cdots < t_n = b$，在每个子区间 $[t_{i-1}, t_i]$ 上，以 $W^\lambda(t) = (1-\lambda) W(t_{i-1}) + \lambda W(t_i)$ 近似代替被积函数 $W(t)$，则

$$\int_a^b W(t) * \mathrm{d}W(t) \approx \sum_{i=1}^{n} W^\lambda(t) (W(t_i) - W(t_{i-1})) \tag{1.249}$$

当 $\max\limits_{1\leqslant i\leqslant n}(t_i - t_{i-1}) \to 0\,(n \to \infty)$ 时，式 (1.249) 右边取均方极限，得到

$$\int_a^b W(t) * \mathrm{d}W(t) = \frac{1}{2}\left[(W(b))^2 - (W(a))^2\right] + \left(\lambda - \frac{1}{2}\right)(b-a) \tag{1.250}$$

当 $\lambda = \dfrac{1}{2}$ 时，积分

$$\int_a^b W(t) * \mathrm{d}W(t) = \frac{1}{2}(W(b))^2 - \frac{1}{2}(W(a))^2 \tag{1.251}$$

称为 **Stratonovich 积分**，记为 $\int_a^b W(t) \circ \mathrm{d}W(t)$。

当 $\lambda = 0$ 时，积分

$$\int_a^b W(t) * \mathrm{d}W(t) = \frac{1}{2}\left[(W(b))^2 - (W(a))^2\right] - \frac{1}{2}(b-a) \tag{1.252}$$

称为 **Itô 积分**，记为 $\int_a^b W(t)\,\mathrm{d}W(t)$。

因此，当式 (1.248) 中第二个积分是 Stratonovich 积分时，方程 (1.247) 称为 **Stratonovich 型随机微分方程**，写为[35]

$$\mathrm{d}y(t) = f(t, y(t))\,\mathrm{d}t + g(t, y(t)) \circ \mathrm{d}W(t) \tag{1.253}$$

当式 (1.248) 中第二个积分是 Itô 积分时，方程 (1.247) 称为 **Itô 型随机微分方程**，写为[36]

$$\mathrm{d}y(t) = f(t, y(t))\,\mathrm{d}t + g(t, y(t))\,\mathrm{d}W(t) \tag{1.254}$$

Stratonovich 型随机微分方程与 Itô 型随机微分方程可以相互转换。Stratonovich 型随机微分方程为

$$\mathrm{d}y(t) = \overline{f}(t, y(t))\,\mathrm{d}t + g(t, y(t)) \circ \mathrm{d}W(t) \tag{1.255}$$

Itô 型随机微分方程为方程 (1.254)，转换关系为

$$\overline{f}\left(t,y\left(t\right)\right)=f\left(t,y\left(t\right)\right)\mathrm{d}t-\frac{1}{2}\frac{\partial g\left(t,y\left(t\right)\right)}{\partial y}g\left(t,y\left(t\right)\right) \tag{1.256}$$

#### 1.4.1.2 随机 Taylor 展开式

**定理 1.22(Itô 公式)** 考虑随机微分方程 (1.254)，对任意函数 $F$，下式成立 [37]

$$\mathrm{d}F\left(t,y\right)=\left(\frac{\partial F}{\partial t}+\frac{\partial F}{\partial y}f+\frac{1}{2}\frac{\partial^{2}F}{\partial y^{2}}g^{2}\right)\mathrm{d}t+\frac{\partial F}{\partial y}g\mathrm{d}W\left(t\right) \tag{1.257}$$

在推导数值方法时，通常采用的方法是比较方法的展开式和方程精确解的 Taylor 展开式。对于随机微分方程，考虑其随机 Taylor 展开式，推导利用 Itô 公式 (1.257) 进行。

为了得到 Stratonovich 型随机 Taylor 展开式，对任意函数 $a\left(y\right)$，引入算子

$$L_S^0 a\left(y\right)=\frac{\partial a}{\partial y}f,\quad L_S^1 a\left(y\right)=\frac{\partial a}{\partial y}g \tag{1.258}$$

得到 Stratonovich 型随机 Taylor 展开式 [38]

$$\begin{aligned}
y\left(t\right)={}&y_0+f\left(y_0\right)\int_{t_0}^{t}\mathrm{d}s+g\left(y_0\right)\int_{t_0}^{t}\circ\mathrm{d}W\left(s\right)+f'\left(y_0\right)f\left(y_0\right)\int_{t_0}^{t}\int_{t_0}^{s}\mathrm{d}u\mathrm{d}s\\
&+f'\left(y_0\right)g\left(y_0\right)\int_{t_0}^{t}\int_{t_0}^{s}\circ\mathrm{d}W\left(u\right)\mathrm{d}s+g'\left(y_0\right)f\left(y_0\right)\int_{t_0}^{t}\int_{t_0}^{s}\mathrm{d}u\circ\mathrm{d}W\left(s\right)\\
&+g'\left(y_0\right)g\left(y_0\right)\int_{t_0}^{t}\int_{t_0}^{s}\circ\mathrm{d}W\left(u\right)\circ\mathrm{d}W\left(s\right)\\
&+\int_{t_0}^{t}\int_{t_0}^{s}\int_{t_0}^{m}L_S^0L_S^0f\left(y\left(n\right)\right)\mathrm{d}n\mathrm{d}m\mathrm{d}s\\
&+\int_{t_0}^{t}\int_{t_0}^{s}\int_{t_0}^{m}L_S^1L_S^0f\left(y\left(n\right)\right)\circ\mathrm{d}W\left(n\right)\mathrm{d}m\mathrm{d}s\\
&+\int_{t_0}^{t}\int_{t_0}^{s}\int_{t_0}^{m}L_S^0L_S^1f\left(y\left(n\right)\right)\mathrm{d}n\circ\mathrm{d}W\left(m\right)\mathrm{d}s\\
&+\int_{t_0}^{t}\int_{t_0}^{s}\int_{t_0}^{m}L_S^1L_S^1f\left(y\left(n\right)\right)\circ\mathrm{d}W\left(n\right)\circ\mathrm{d}W\left(m\right)\mathrm{d}s\\
&+\int_{t_0}^{t}\int_{t_0}^{s}\int_{t_0}^{m}L_S^0L_S^0g\left(y\left(n\right)\right)\mathrm{d}n\mathrm{d}m\circ\mathrm{d}W\left(s\right)
\end{aligned}$$

$$
\begin{aligned}
&+\int_{t_0}^{t}\int_{t_0}^{s}\int_{t_0}^{m} L_S^1 L_S^0 g\left(y\left(n\right)\right)\circ \mathrm{d}W\left(n\right)\mathrm{d}m\circ \mathrm{d}W\left(s\right)\\
&+\int_{t_0}^{t}\int_{t_0}^{s}\int_{t_0}^{m} L_S^0 L_S^1 g\left(y\left(n\right)\right)\mathrm{d}n\circ \mathrm{d}W\left(m\right)\circ \mathrm{d}W\left(s\right)\\
&+\int_{t_0}^{t}\int_{t_0}^{s}\int_{t_0}^{m} L_S^1 L_S^1 g\left(y\left(n\right)\right)\circ \mathrm{d}W\left(n\right)\circ \mathrm{d}W\left(m\right)\circ \mathrm{d}W\left(s\right)
\end{aligned}
\tag{1.259}
$$

对于 Itô 型随机 Taylor 展开式，导入算子

$$
L^0 a\left(y\right)=\frac{\partial a}{\partial y}f+\frac{1}{2}\frac{\partial^2 a}{\partial y^2}g^2,\quad L^1 a\left(y\right)=\frac{\partial a}{\partial y}g
\tag{1.260}
$$

得到 Itô 型随机 Taylor 展开式 [38]

$$
\begin{aligned}
y\left(t\right)=&\ y_0+f\left(y_0\right)\int_{t_0}^{t}\mathrm{d}s+g\left(y_0\right)\int_{t_0}^{t}\mathrm{d}W\left(s\right)+f'\left(y_0\right)g\left(y_0\right)\int_{t_0}^{t}\int_{t_0}^{s}\mathrm{d}W\left(u\right)\mathrm{d}s\\
&+\left[f'\left(y_0\right)f\left(y_0\right)+\frac{1}{2}f''\left(y_0\right)\left(g\left(y_0\right),g\left(y_0\right)\right)\right]\int_{t_0}^{t}\int_{t_0}^{s}\mathrm{d}u\mathrm{d}s\\
&+\left[g'\left(y_0\right)f\left(y_0\right)+\frac{1}{2}g''\left(y_0\right)\left(g\left(y_0\right),g\left(y_0\right)\right)\right]\int_{t_0}^{t}\int_{t_0}^{s}\mathrm{d}u\mathrm{d}W\left(s\right)\\
&+g'\left(y_0\right)g\left(y_0\right)\int_{t_0}^{t}\int_{t_0}^{s}\mathrm{d}W\left(u\right)\mathrm{d}W\left(s\right)+\int_{t_0}^{t}\int_{t_0}^{s}\int_{t_0}^{m} L^0L^0 f\left(y\left(n\right)\right)\mathrm{d}n\mathrm{d}m\mathrm{d}s\\
&+\int_{t_0}^{t}\int_{t_0}^{s}\int_{t_0}^{m} L^1L^0 f\left(y\left(n\right)\right)\mathrm{d}W\left(n\right)\mathrm{d}m\mathrm{d}s\\
&+\int_{t_0}^{t}\int_{t_0}^{s}\int_{t_0}^{m} L^0L^1 f\left(y\left(n\right)\right)\mathrm{d}n\mathrm{d}W\left(m\right)\mathrm{d}s\\
&+\int_{t_0}^{t}\int_{t_0}^{s}\int_{t_0}^{m} L^1L^1 f\left(y\left(n\right)\right)\mathrm{d}W\left(n\right)\mathrm{d}W\left(m\right)\mathrm{d}s\\
&+\int_{t_0}^{t}\int_{t_0}^{s}\int_{t_0}^{m} L^0L^0 g\left(y\left(n\right)\right)\mathrm{d}n\mathrm{d}m\mathrm{d}W\left(s\right)\\
&+\int_{t_0}^{t}\int_{t_0}^{s}\int_{t_0}^{m} L^1L^0 g\left(y\left(n\right)\right)\mathrm{d}W\left(n\right)\mathrm{d}m\mathrm{d}W\left(s\right)\\
&+\int_{t_0}^{t}\int_{t_0}^{s}\int_{t_0}^{m} L^0L^1 g\left(y\left(n\right)\right)\mathrm{d}n\mathrm{d}W\left(m\right)\mathrm{d}W\left(s\right)\\
&+\int_{t_0}^{t}\int_{t_0}^{s}\int_{t_0}^{m} L^1L^1 g\left(y\left(n\right)\right)\mathrm{d}W\left(n\right)\mathrm{d}W\left(m\right)\mathrm{d}W\left(s\right)
\end{aligned}
\tag{1.261}
$$

#### 1.4.1.3　多重积分

**定义 1.50　Stratonovich 多重积分**定义为 [39]

$$J_{j_1 j_2 \cdots j_l, t} = \int_0^t \int_0^{s_1} \cdots \int_0^{s_l} \circ \mathrm{d}W_{s_1}^{j_1} \circ \cdots \circ \mathrm{d}W_{s_l}^{j_l} \tag{1.262}$$

其中 $j_i = 0, 1, \cdots, d$ 表示不同的 $d$ 个 Wiener 过程，且 $\circ \mathrm{d}W_{s_i}^0 = \mathrm{d}s_i$，通常将积分 $J_{j_1 j_2 \cdots j_l, t}$ 简记为 $J_{j_1 j_2 \cdots j_l}$。

**定义 1.51　Itô 多重积分**定义为 [39]

$$I_{j_1 j_2 \cdots j_l, t} = \int_0^t \int_0^{s_1} \cdots \int_0^{s_l} \mathrm{d}W_{s_1}^{j_1} \cdots \mathrm{d}W_{s_l}^{j_l} \tag{1.263}$$

其中 $j_i = 0, 1, \cdots, d$ 表示不同的 $d$ 个 Wiener 过程，且 $\mathrm{d}W_{s_i}^0 = \mathrm{d}s_i$，通常将积分 $I_{j_1 j_2 \cdots j_l, t}$ 简记为 $I_{j_1 j_2 \cdots j_l}$。

Stratonovich 多重积分与 Itô 多重积分自身之间以及相互间有很多关系，如

$$\begin{aligned}
&J_{11} = \frac{1}{2} J_1^2, \quad J_{111} = \frac{1}{6} J_1^3 \\
&I_{11} = \frac{1}{2} I_1^2 - \frac{1}{2} I_0, \quad I_{111} = \frac{1}{6} \left(I_1^2 - 3I_0\right) I_1 \\
&J_0 J_1 = J_{10} + J_{01}, \quad J_0 J_{11} = J_{110} + J_{101} + J_{011} \\
&I_0 I_1 = I_{10} + I_{01}, \quad I_0 I_{11} = I_{110} + I_{101} + I_{011} \\
&I_{11} = J_{11} - \frac{1}{2} I_0, \quad I_{111} = J_{111} - \frac{1}{2} J_{01} - \frac{1}{2} J_{10}
\end{aligned} \tag{1.264}$$

#### 1.4.1.4　随机微分方程解的存在唯一性

**定义 1.52**　设随机过程 $\{y(t), t \in [t_0, T]\}$ 满足方程 (1.248)，则称 $\{y(t), t \in [t_0, T]\}$ 是随机微分方程 (1.247) 满足初值 $y(t_0) = y_0$ 的解。

**定理 1.23(解的存在唯一性定理)**　设 $f: \mathbb{R}^d \times [t_0, T] \to \mathbb{R}^d, g: \mathbb{R}^d \times [t_0, T] \to \mathbb{R}^{d \times m}$ 满足条件：

(1) $f(t, y), g(t, y)$ 是可测的；

(2) (Lipschitz 条件) 存在常数 $L > 0$，使得对于 $t \in [t_0, T]$，有

$$|f(t, x) - f(t, y)| \leqslant L|x - y|, \quad |g(t, x) - g(t, y)| \leqslant L|x - y| \tag{1.265}$$

(3) (线性增长条件) 对于 (2) 中的 $L$，有

$$|f(t, y)|^2 \leqslant L^2\left(1 + |y|^2\right), \quad |g(t, y)|^2 \leqslant L^2\left(1 + |y|^2\right) \tag{1.266}$$

(4) (初始条件) 随机变量 $y(t_0)$ 关于 $F_{t_0}$ 是可测的，且 $E\left(|y(t_0)|^2\right) < \infty$。则随机微分方程 (1.247) 存在唯一解 $\{y(t), t \in [t_0, T]\}$[40]。

#### 1.4.1.5 数值方法的收敛性

**定义 1.53** 设 $\overline{y}_n$ 是 $y(t_n)$ 的数值近似,步长为 $h$,如果存在常数 $C > 0, \delta > 0$，满足

$$E\left(|\overline{y}_n - y(t_n)|\right) \leqslant Ch^p, \quad h \in (0, \delta) \tag{1.267}$$

则称数值解 $\overline{y}$ 强收敛于 $y$，强收敛阶为 $p$[41]。

**定义 1.54** 设 $\overline{y}_n$ 是 $y(t_n)$ 的数值近似，步长为 $h$，如果对于任意多项式 $G$，存在常数 $C > 0, \delta > 0$，满足

$$|E(G(\overline{y}_n)) - E(G(y(t_n)))| \leqslant Ch^p, \quad h \in (0, \delta) \tag{1.268}$$

则称数值解 $\overline{y}$ 弱收敛于 $y$，弱收敛阶为 $p$[41]。

### 1.4.2 随机微分方程的双色树理论及其在 Runge-Kutta 方法中的应用

对于确定性常微分方程来说，Butcher 创建了解的高阶导数的几何表示——有根树理论,从而将解的 Taylor 级数改造成为 B-级数。相应地，对于 Stratonovich 型随机微分方程，Burrage 建立了随机双色有根树来表示解的高阶导数 [41]。本小节重点介绍随机微分方程的双色树理论，简化随机 Runge-Kutta 方法的表达形式，并根据随机 Runge-Kutta 方法的阶条件给出一些显式、对角隐式和半隐式随机 Runge-Kutta 格式。

#### 1.4.2.1 随机微分方程的双色树理论

一个随机双色有根树 (简称为随机双色树，或简称树) 由黑点 • 和白点 ∘ 两种结点构成，不同结点之间以枝连接。

**定义 1.55** 令 $T$ 为全体**双色树**的集合，$T$ 中结点分为确定性结点 $\tau = \bullet$ 和随机性结点 $\sigma = \circ$，如果 $t_1, t_2, \cdots, t_m$ 为双色树，那么 $[t_1, t_2, \cdots, t_m]$ 和 $\{t_1, t_2, \cdots, t_m\}$ 分别表示以 • 或 ∘ 为根结点、以 $t_1, t_2, \cdots, t_m$ 为子树的**双色树** [42]，$\varnothing$ 表示空树。树 $t$ 的**结点数** $\rho(t)$、**密度** $\gamma(t)$ 以及按相应结点进行标号的**方法数** $\alpha(t)$ 的定义与确定性常微分方程问题相同。

**定义 1.56** 双色树 $t \in T$ 的**阶** $\mathrm{ord}(t)$ 定义为

$$\mathrm{ord}(t) = n_d(t) + \frac{n_s(t)}{2} \tag{1.269}$$

其中 $n_d$ 和 $n_s$ 分别表示树的确定性结点数和随机性结点数。

对于 Stratonovich 型随机微分方程

$$\begin{cases} \mathrm{d}y(t) = f(y(t))\,\mathrm{d}t + g(y(t)) \circ \mathrm{d}W(t) \\ y(t_0) = y_0 \end{cases} \tag{1.270}$$

**定义 1.57**　双色树 $t \in T$ 的**基本微分**定义为 [42]

$$F(\tau)(y) = f(y), \quad F(\sigma)(y) = g(y) \tag{1.271}$$

$$\begin{aligned} F(t)(y) &= f^{(m)}(y)\left[F(t_1)(y), \cdots, F(t_m)(y)\right], \quad t = [t_1, \cdots, t_m] \\ F(t)(y) &= g^{(m)}(y)\left[F(t_1)(y), \cdots, F(t_m)(y)\right], \quad t = \{t_1, \cdots, t_m\} \end{aligned} \tag{1.272}$$

**定义 1.58**　双色树 $t \in T$ 的**基本积分**为 [26]

$$J_0(F) = \int_0^t F(y(s))\,\mathrm{d}s, \quad J_1(F) = \int_0^t F(y(s)) \circ \mathrm{d}W(s) \tag{1.273}$$

**定义 1.59**　双色树 $t \in T$ 的**基本权重**为 [26]

$$\theta(\tau) = J_0(1), \quad \theta(\sigma) = J_1(1) \tag{1.274}$$

$$\begin{aligned} \theta(t) &= J_0\left(\prod_{j=1}^{m} \theta(t_j)\right), \quad t = [t_1, \cdots, t_m] \\ \theta(t) &= J_1\left(\prod_{j=1}^{m} \theta(t_j)\right), \quad t = \{t_1, \cdots, t_m\} \end{aligned} \tag{1.275}$$

Stratonovich 型随机微分方程 (1.270) 积分形式为

$$y(t) = y(t_0) + \int_{t_0}^t f(y(s))\,\mathrm{d}s + \int_{t_0}^t g(y(s)) \circ \mathrm{d}W(s) \tag{1.276}$$

式 (1.276) 在 $t = t_0$ 处的随机 Taylor 展开式为 [41]

$$\begin{aligned} y(t) =& y_0 + f(y_0) J_0 + g(y_0) J_1 + f'(y_0)(f(y_0)) J_{00} + f'(y_0)(g(y_0)) J_{10} \\ &+ g'(y_0)(f(y_0)) J_{01} + g'(y_0)(g(y_0)) J_{11} + f''(y_0)(f(y_0), f(y_0)) J_{000} \\ &+ f'(y_0)(f'(y_0)(f(y_0))) J_{000} + f''(y_0)(f(y_0), g(y_0)) J_{100} \\ &+ f'(y_0)(f'(y_0)(g(y_0))) J_{100} + f''(y_0)(g(y_0), f(y_0)) J_{010} \end{aligned}$$

$$
\begin{aligned}
&+f'(y_0)(g'(y_0)(f(y_0)))J_{010}+f''(y_0)(g(y_0),g(y_0))J_{110}\\
&+f'(y_0)(g'(y_0)(g(y_0)))J_{110}+g''(y_0)(f(y_0),f(y_0))J_{001}\\
&+g'(y_0)(f'(y_0)(f(y_0)))J_{001}+g''(y_0)(f(y_0),g(y_0))J_{101}\\
&+g'(y_0)(f'(y_0)(g(y_0)))J_{101}+g''(y_0)(g(y_0),f(y_0))J_{011}\\
&+g'(y_0)(g'(y_0)(f(y_0)))J_{011}+g''(y_0)(g(y_0),g(y_0))J_{111}\\
&+g'(y_0)(g'(y_0)(g(y_0)))J_{111}+R
\end{aligned}
\tag{1.277}
$$

其中 $R$ 表示余项，$J_{j_1j_2\cdots j_k}$ 为 Stratonovich 多重积分，满足

$$
\begin{aligned}
J_{j_i}&=\int_{t_0}^{t}\mathrm{d}s,\quad j_i=0\\
J_{j_i}&=\int_{t_0}^{t}\circ\mathrm{d}W(s),\quad j_i=1
\end{aligned}
\tag{1.278}
$$

**定理 1.24** Stratonovich 型随机微分方程 (1.270) 的精确解的一步 Taylor 展开式为 [41]

$$
y_1=\sum_{t\in T}\alpha(t)\theta(t)F(t)(y_0)
\tag{1.279}
$$

$\rho(t)\leqslant 3$ 的树所对应的阶 $\mathrm{ord}(t)$、基本微分 $F(t)$、基本权重 $\theta(t)$ 如表 1.4 所示 [43]。

**表 1.4 $\rho(t)\leqslant 3$ 的树所对应的阶 ord$(t)$、基本微分 $F(t)$、基本权重 $\theta(t)$**

| $t$ | 图形 | ord $(t)$ | $F(t)$ | $\theta(t)$ | $t$ | 图形 | ord $(t)$ | $F(t)$ | $\theta(t)$ |
|---|---|---|---|---|---|---|---|---|---|
| $\tau$ | • | 1 | $f$ | $J_0$ | $[\{\tau\}]$ |  | 2.5 | $f'g'f$ | $J_{010}$ |
| $\sigma$ | ∘ | 0.5 | $g$ | $J_1$ | $[\{\sigma\}]$ |  | 2 | $f'g'g$ | $J_{110}$ |
| $[\tau]$ |  | 2 | $f'f$ | $J_{00}$ | $[\sigma,\sigma]$ |  | 2 | $f''(g,g)$ | $J_{110}$ |
| $[\sigma]$ |  | 1.5 | $f'g$ | $J_{10}$ | $\{[\tau]\}$ |  | 2.5 | $g'f'f$ | $J_{001}$ |
| $\{\tau\}$ |  | 1.5 | $g'f$ | $J_{01}$ | $\{[\sigma]\}$ |  | 2 | $g'f'g$ | $J_{101}$ |
| $\{\sigma\}$ |  | 1 | $g'g$ | $J_{11}$ | $\{\tau,\tau\}$ |  | 2.5 | $g''(f,f)$ | $J_{001}$ |
| $[\tau,\tau]$ |  | 3 | $f''(f,f)$ | $J_{000}$ | $\{\tau,\sigma\}$ |  | 2 | $g''(f,g)$ | $J_{101}$ |
| $[[\tau]]$ |  | 3 | $f'f'f$ | $J_{000}$ | $\{\sigma,\tau\}$ |  | 2 | $g''(g,f)$ | $J_{011}$ |
| $[[\sigma]]$ |  | 2.5 | $f'f'g$ | $J_{100}$ | $\{\sigma,\sigma\}$ |  | 1.5 | $g''(g,g)$ | $J_{111}$ |
| $[\tau,\sigma]$ |  | 2.5 | $f''(f,g)$ | $J_{100}$ | $\{\{\tau\}\}$ |  | 2 | $g'g'f$ | $J_{011}$ |
| $[\sigma,\tau]$ |  | 2.5 | $f''(g,f)$ | $J_{010}$ | $\{\{\sigma\}\}$ |  | 1.5 | $g'g'g$ | $J_{111}$ |

#### 1.4.2.2 随机 Runge-Kutta 方法

求解 Stratonovich 型随机微分方程 (1.270) 的一个 $s$ 级随机 Runge-Kutta 方法的格式为 [42]

$$
\begin{aligned}
y_{n+1} &= y_n + h\sum_{j=1}^{s}\alpha_j f\left(Y_j\right) + \sum_{j=1}^{s} z_j g\left(Y_j\right) \\
Y_j &= y_n + h\sum_{j=1}^{s} a_{ij} f\left(Y_j\right) + \sum_{j=1}^{s} Z_{ij} g\left(Y_j\right), \quad i = 1, 2, \cdots, s
\end{aligned}
\tag{1.280}
$$

其中

$$
\begin{aligned}
Z_{ij} &= \sum_{l=1}^{d} b_{ij}^{(l)}\theta_l, \quad i, j = 1, 2, \cdots, s \\
z_j &= \sum_{l=1}^{d} \beta_j^{(l)}\theta_l, \quad j = 1, 2, \cdots, s
\end{aligned}
\tag{1.281}
$$

记

$$
\begin{aligned}
&\boldsymbol{A} = \left(a_{ij}\right), \quad \boldsymbol{B}^{(l)} = \left(b_{ij}^{(l)}\right), \quad i, j = 1, 2, \cdots, s, \quad l = 1, 2, \cdots, d \\
&\boldsymbol{\alpha} = \left(\alpha_1, \cdots, \alpha_s\right)^{\mathrm{T}}, \quad \boldsymbol{\beta}^{(l)} = \left(\beta_1^{(l)}, \cdots, \beta_s^{(l)}\right)^{\mathrm{T}}
\end{aligned}
\tag{1.282}
$$

将随机 Runge-Kutta 方法 (1.280) 用如下 Butcher 表表示

$$
\begin{array}{c|cccc}
 & \boldsymbol{A} & \boldsymbol{B}^{(1)} & \cdots & \boldsymbol{B}^{(d)} \\
\hline
 & \boldsymbol{\alpha}^{\mathrm{T}} & \left(\boldsymbol{\beta}^{(1)}\right)^{\mathrm{T}} & \cdots & \left(\boldsymbol{\beta}^{(d)}\right)^{\mathrm{T}}
\end{array}
\tag{1.283}
$$

为了获得随机 Runge-Kutta 方法 (1.280) 的阶条件并导出具体数值格式，需要比较精确解与数值解的 Taylor 展开式。采用随机双色树的表达，随机 Runge-Kutta 方法 (1.280) 数值解的一步 Taylor 展开式为 [23]

$$
y_1 = \sum_{t\in T} \frac{h^{\rho_1(t)}\Phi\left(t\right)F\left(t\right)\left(y_0\right)}{\rho\left(t\right)!}
\tag{1.284}
$$

其中 $\rho_1\left(t\right)$ 表示树中确定性结点的个数，且

$$
\begin{aligned}
\Phi\left(t\right) &= \rho\left(t\right)\boldsymbol{\alpha}^{\mathrm{T}}\prod_{l=1}^{m}\boldsymbol{k}\left(t_l\right), \quad t = \left[t_1, \cdots, t_m\right] \\
\Phi\left(t\right) &= \rho\left(t\right)\boldsymbol{z}^{\mathrm{T}}\prod_{l=1}^{m}\boldsymbol{k}\left(t_l\right), \quad t = \left\{t_1, \cdots, t_m\right\}
\end{aligned}
\tag{1.285}
$$

$$\boldsymbol{k}(\phi)=\boldsymbol{e},\quad \boldsymbol{e}=(1,\cdots,1)^{\mathrm{T}} \tag{1.286}$$

$$\begin{aligned}\boldsymbol{k}(t)&=\rho(t)\boldsymbol{A}\prod_{l=1}^{m}\boldsymbol{k}(t_l),\quad t=[t_1,\cdots,t_m]\\ \boldsymbol{k}(t)&=\rho(t)\boldsymbol{Z}\prod_{l=1}^{m}\boldsymbol{k}(t_l),\quad t=\{t_1,\cdots,t_m\}\end{aligned} \tag{1.287}$$

所以，随机 Runge-Kutta 方法 (1.280) 在 $t=t_n$ 处的局部截断误差为 [23]

$$L_n=\sum_{t\in T}\left[\alpha(t)\theta(t)-\frac{h^{\rho_1(t)}\Phi(t)}{\rho(t)!}\right]F(u)(y(t_n))=\sum_{t\in T}e(t)F(t)(y(t_n)) \tag{1.288}$$

其中

$$e(t)=\alpha(t)\theta(t)-\frac{h^{\rho_1(t)}\Phi(t)}{\rho(t)!} \tag{1.289}$$

称为**局部截断误差系数**。

$\rho(t)\leqslant 3$ 的树所对应的局部截断误差系数 $e(t)$ 如表 1.5 所示，其中 [41]

$$\boldsymbol{c}=\boldsymbol{A}\boldsymbol{e},\quad \boldsymbol{\lambda}=\boldsymbol{Z}\boldsymbol{e} \tag{1.290}$$

**表 1.5 $\rho(t)\leqslant 3$ 的树所对应的局部截断误差系数 $e(t)$**

| $t$ | $e(t)$ | $t$ | $e(t)$ | $t$ | $e(t)$ |
|---|---|---|---|---|---|
| $\tau$ | $J_0-h\boldsymbol{\alpha}^{\mathrm{T}}\boldsymbol{e}$ | $[[\sigma]]$ | $J_{100}-h^2\boldsymbol{\alpha}^{\mathrm{T}}\boldsymbol{A}\boldsymbol{\lambda}$ | $\{\tau,\tau\}$ | $J_{001}-\frac{1}{2}h^2\boldsymbol{z}^{\mathrm{T}}\boldsymbol{c}^2$ |
| $\sigma$ | $J_1-\boldsymbol{z}^{\mathrm{T}}\boldsymbol{e}$ | $[\tau,\sigma]$ | $J_{100}-\frac{1}{2}h^2\boldsymbol{\alpha}^{\mathrm{T}}\boldsymbol{c}\boldsymbol{\lambda}$ | $\{\tau,\sigma\}$ | $J_{101}-\frac{1}{2}h\boldsymbol{z}^{\mathrm{T}}\boldsymbol{c}\boldsymbol{\lambda}$ |
| $[\tau]$ | $J_{00}-h^2\boldsymbol{\alpha}^{\mathrm{T}}\boldsymbol{c}$ | $[\sigma,\tau]$ | $J_{010}-\frac{1}{2}h^2\boldsymbol{\alpha}^{\mathrm{T}}\boldsymbol{c}\boldsymbol{\lambda}$ | $\{\sigma,\tau\}$ | $J_{011}-\frac{1}{2}h\boldsymbol{z}^{\mathrm{T}}\boldsymbol{c}\boldsymbol{\lambda}$ |
| $[\sigma]$ | $J_{10}-h\boldsymbol{\alpha}^{\mathrm{T}}\boldsymbol{\lambda}$ | $[\{\tau\}]$ | $J_{010}-h^2\boldsymbol{\alpha}^{\mathrm{T}}\boldsymbol{Z}\boldsymbol{c}$ | $\{\sigma,\sigma\}$ | $J_{111}-\frac{1}{2}\boldsymbol{z}^{\mathrm{T}}\boldsymbol{\lambda}^2$ |
| $\{\tau\}$ | $J_{01}-h\boldsymbol{z}^{\mathrm{T}}\boldsymbol{c}$ | $[\{\sigma\}]$ | $J_{110}-h\boldsymbol{\alpha}^{\mathrm{T}}\boldsymbol{Z}\boldsymbol{\lambda}$ | $\{\{\tau\}\}$ | $J_{011}-h\boldsymbol{z}^{\mathrm{T}}\boldsymbol{Z}\boldsymbol{c}$ |
| $\{\sigma\}$ | $J_{11}-\boldsymbol{z}^{\mathrm{T}}\boldsymbol{\lambda}$ | $[\sigma,\sigma]$ | $J_{110}-\frac{1}{2}h\boldsymbol{\alpha}^{\mathrm{T}}\boldsymbol{\lambda}^2$ | $\{\{\sigma\}\}$ | $J_{111}-\boldsymbol{z}^{\mathrm{T}}\boldsymbol{Z}\boldsymbol{\lambda}$ |
| $[\tau,\tau]$ | $J_{000}-\frac{1}{2}h^3\boldsymbol{\alpha}^{\mathrm{T}}\boldsymbol{c}^2$ | $\{[\tau]\}$ | $J_{001}-h^2\boldsymbol{z}^{\mathrm{T}}\boldsymbol{A}\boldsymbol{c}$ | | |
| $[[\tau]]$ | $J_{000}-h^3\boldsymbol{\alpha}^{\mathrm{T}}\boldsymbol{A}\boldsymbol{c}$ | $\{[\sigma]\}$ | $J_{101}-h\boldsymbol{z}^{\mathrm{T}}\boldsymbol{A}\boldsymbol{\lambda}$ | | |

#### 1.4.2.3 随机 Runge-Kutta 方法的阶条件与稳定性

首先给出 Stratonovich 型随机微分方程 (1.270) 的 Runge-Kutta 方法 (1.280) 的局部阶的定义。

**定义 1.60** 若存在 $C>0$(独立于 $h$) 和 $\delta>0$，使得

$$\left[E\left(\|L_n\|^2\right)\right]^{\frac{1}{2}} \leqslant Ch^{p+\frac{1}{2}}, \quad h\in(0,\delta) \tag{1.291}$$

则称数值方法 (1.280) 是**强局部 $p$ 阶方法** [26]。

**定义 1.61** 若存在 $C>0$(独立于 $h$) 和 $\delta>0$，使得

$$E\left(L_n\right) \leqslant Ch^{p+1}, \quad h\in(0,\delta) \tag{1.292}$$

则称数值方法 (1.280) 是**均值局部 $p$ 阶方法** [26]。

**定理 1.25** 设 $\varepsilon_n$ 表示随机 Runge-Kutta 方法在 $t=t_n$ 处的整体截断误差，如果 [24]

$$\left[E\left(\|L_n\|^2\right)\right]^{\frac{1}{2}} = O\left(h^{p+\frac{1}{2}}\right), \quad \forall n=0,1,\cdots,N \tag{1.293}$$

且

$$E\left(L_n\right) = O\left(h^{p+1}\right), \quad \forall n=0,1,\cdots,N \tag{1.294}$$

那么

$$\left[E\left(\|\varepsilon_n\|^2\right)\right]^{\frac{1}{2}} = O\left(h^p\right) \tag{1.295}$$

由定理 1.25 知，对随机 Runge-Kutta 方法 (1.280)，如果具有强局部阶 $p$，且均值局部阶也为 $p$，则它的强整体阶也为 $p$，也称具有强阶 $p$。

对线性检验随机微分方程

$$\mathrm{d}y\left(t\right) = ay\mathrm{d}t + by\circ\mathrm{d}W\left(t\right) \tag{1.296}$$

应用随机 Runge-Kutta 方法，得到迭代格式

$$y_{n+1} = R\left(h,a,b,J\right)y_n \tag{1.297}$$

其中 $J=W\left(t_{n+1}\right)-W\left(t_n\right)\sim N\left(0,h\right)$。

**定义 1.62** 称 $R_1\left(h,a,b\right)=E\left[R^2\left(h,a,b,J\right)\right]$ 为数值方法的**均方稳定函数**，如果给定步长 $h$，$\left|R_1\left(h,a,b\right)\right|<1$，则称此方法是**均方稳定**的 [44]。

若令 $p=ah, q=b\sqrt{h}$，则记 $R_1\left(h,a,b\right)$ 为 $R\left(p,q\right)$，称 $S=\left\{\left(p,q\right)\middle|\left|R\left(p,q\right)\right|<1\right\}$ 为该数值方法的**均分稳定区域** [45]。

#### 1.4.2.4 显式随机 Runge-Kutta 方法

与确定性方法相同，随机 Runge-Kutta 方法也有相应的显式和隐式形式。为讨论方便起见，仅讨论 $d=1$ 的情形。当 $\boldsymbol{A}$ 和 $\boldsymbol{B}$ 都是对角线元素全为 0 的下三

角矩阵时，Runge-Kutta 方法称为显式方法；当 $\boldsymbol{A}$ 的对角线元素不全为 0，而 $\boldsymbol{B}$ 的对角线元素全为 0 时，Runge-Kutta 方法称为半隐式方法；其他情况称为隐式方法。

1) 强 1 阶的随机 Runge-Kutta 方法

首先推导强 1 阶的随机 Runge-Kutta 方法的阶条件。考虑扩散项只有一个随机变量的情形，即在随机 Runge-Kutta 方法中仅使用随机积分 $J_1$。此时

$$\boldsymbol{Z} = J_1\boldsymbol{B}, \quad \boldsymbol{z} = J_1\boldsymbol{\beta} \tag{1.298}$$

随机 Runge-Kutta 方法的格式为 [43]

$$\begin{aligned} y_{n+1} &= y_n + h\sum_{j=1}^{s}\alpha_j f(Y_j) + J_1\sum_{j=1}^{s}\beta_j g(Y_j) \\ Y_j &= y_n + h\sum_{j=1}^{s}a_{ij} f(Y_j) + J_1\sum_{j=1}^{s}b_{ij} g(Y_j), \quad i = 1, 2, \cdots, s \end{aligned} \tag{1.299}$$

为了得到强 1 阶的方法，由均方条件 (1.293)，需要保证系数满足关于树 $\tau, \sigma, \{\sigma\}$ 的如下条件 [26]

$$\begin{aligned} &E\left[\left(J_0 - h\boldsymbol{\alpha}^{\mathrm{T}}\boldsymbol{e}\right)^2\right] = O\left(h^3\right) \\ &E\left[\left(J_1 - J_1\boldsymbol{\beta}^{\mathrm{T}}\boldsymbol{e}\right)^2\right] = O\left(h^3\right) \\ &E\left[\left(J_{11} - J_1^2\boldsymbol{\beta}^{\mathrm{T}}\boldsymbol{B}\boldsymbol{e}\right)^2\right] = O\left(h^3\right) \end{aligned} \tag{1.300}$$

化简得等价方程

$$\boldsymbol{\alpha}^{\mathrm{T}}\boldsymbol{e} = 1, \quad \boldsymbol{\beta}^{\mathrm{T}}\boldsymbol{e} = 1, \quad \boldsymbol{\beta}^{\mathrm{T}}\boldsymbol{B}\boldsymbol{e} = \frac{1}{2} \tag{1.301}$$

由均值条件 (1.292)，需要保证系数满足关于树 $[\sigma], \{\tau\}, \{\sigma, \sigma\}, \{\{\sigma\}\}$ 的如下条件 [26]

$$\begin{aligned} &E\left(J_{10} - J_1 h\boldsymbol{\alpha}^{\mathrm{T}}\boldsymbol{B}\boldsymbol{e}\right) = O\left(h^2\right) \\ &E\left(J_{01} - J_1 h\boldsymbol{\beta}^{\mathrm{T}}\boldsymbol{A}\boldsymbol{e}\right) = O\left(h^2\right) \\ &E\left[J_{111} - \frac{1}{2}J_1^3\boldsymbol{\beta}^{\mathrm{T}}\left(\boldsymbol{B}\boldsymbol{e}\right)^2\right] = O\left(h^2\right) \\ &E\left[J_{111} - J_1^3\boldsymbol{\beta}^{\mathrm{T}}\boldsymbol{B}\left(\boldsymbol{B}\boldsymbol{e}\right)\right] = O\left(h^2\right) \end{aligned} \tag{1.302}$$

由于 $E(J_1)=E\left(J_1^3\right)=E(J_{10})=E(J_{01})=E(J_{111})=0$，以上阶条件显然成立。现在考虑树 $[\sigma],\{\tau\},\{\sigma,\sigma\},\{\{\sigma\}\}$ 的均方误差，有 [23]

$$
\begin{aligned}
&E\left[\left(J_{10}-J_1h\boldsymbol{\alpha}^{\mathrm{T}}\boldsymbol{Be}\right)^2\right]=\left[\frac{1}{3}-\boldsymbol{\alpha}^{\mathrm{T}}\boldsymbol{Be}+\left(\boldsymbol{\alpha}^{\mathrm{T}}\boldsymbol{Be}\right)^2\right]h^3\\
&E\left[\left(J_{01}-J_1h\boldsymbol{\beta}^{\mathrm{T}}\boldsymbol{Ae}\right)^2\right]=\left[\frac{1}{3}-\boldsymbol{\beta}^{\mathrm{T}}\boldsymbol{Ae}+\left(\boldsymbol{\beta}^{\mathrm{T}}\boldsymbol{Ae}\right)^2\right]h^3\\
&E\left[\left(J_{111}-\frac{1}{2}J_1^3\boldsymbol{\beta}^{\mathrm{T}}(\boldsymbol{Be})^2\right)^2\right]=\left[\frac{1}{9}-\frac{2}{3}\boldsymbol{\beta}^{\mathrm{T}}(\boldsymbol{Be})^2+\left(\boldsymbol{\beta}^{\mathrm{T}}(\boldsymbol{Be})^2\right)^2\right]\frac{15}{4}h^3\\
&E\left[\left(J_{111}-J_1^3\boldsymbol{\beta}^{\mathrm{T}}\boldsymbol{B}(\boldsymbol{Be})\right)^2\right]=\left[\frac{1}{36}-\frac{1}{3}\boldsymbol{\beta}^{\mathrm{T}}\boldsymbol{B}(\boldsymbol{Be})+\left(\boldsymbol{\beta}^{\mathrm{T}}\boldsymbol{B}(\boldsymbol{Be})\right)^2\right]15h^3
\end{aligned}
\tag{1.303}
$$

式 (1.303) 取最小值时，有

$$
\boldsymbol{\alpha}^{\mathrm{T}}\boldsymbol{Be}=\frac{1}{2},\quad \boldsymbol{\beta}^{\mathrm{T}}\boldsymbol{Ae}=\frac{1}{2},\quad \boldsymbol{\beta}^{\mathrm{T}}(\boldsymbol{Be})^2=\frac{1}{3},\quad \boldsymbol{\beta}^{\mathrm{T}}\boldsymbol{B}(\boldsymbol{Be})=\frac{1}{6}
\tag{1.304}
$$

对应的最小值 $\dfrac{h^3}{12},\dfrac{h^3}{12},0,0$ 称为**最小主误差常数**。

上述计算过程用到 [39]

$$
E\left(J_1^{2k+1}\right)=0,\quad E\left(J_1^{2k}\right)=\frac{2k!}{k!2^k}h^k,\quad E(J_{10}J_1)=\frac{1}{2}h^2,\quad E\left(J_{10}^2\right)=\frac{1}{3}h^3
\tag{1.305}
$$

下面根据阶条件导出几个具体的数值方法。

对于 2 级显式 Runge-Kutta 方法 (1.299)，式 (1.301) 和 (1.304) 不能同时成立，但是将式 (1.304) 中的第 4 个方程改为 $\boldsymbol{\beta}^{\mathrm{T}}\boldsymbol{B}(\boldsymbol{Be})=0$，可得 [28]

$$
\alpha_1=\frac{1}{4},\quad \alpha_2=\frac{3}{4},\quad \beta_1=\frac{1}{4},\quad \beta_2=\frac{3}{4},\quad b_2=\frac{2}{3},\quad c_2=\frac{2}{3}
\tag{1.306}
$$

因此，强 1 阶 2 级显式 Runge-Kutta 方法有 Butcher 表

$$
\begin{array}{|cc|cc}
0 & 0 & 0 & 0\\
\frac{2}{3} & 0 & \frac{2}{3} & 0\\
\hline
\frac{1}{4} & \frac{3}{4} & \frac{1}{4} & \frac{3}{4}
\end{array}
\tag{1.307}
$$

对于 3 级显式 Runge-Kutta 方法 (1.299)，式 (1.301) 和 (1.304) 可以同时成立，可以得到 [28]

$$\begin{aligned}
&\beta_2=\frac{2-3b_3}{6b_2\left(b_2-b_3\right)}, \quad \beta_3=\frac{-2+3b_3}{6b_3\left(b_3-b_2\right)}, \quad \beta_1=1-\beta_2-\beta_3 \\
&\alpha_2=\frac{1-2\alpha_3 b_3}{2b_2}, \quad \alpha_1=1-\alpha_2-\alpha_3, \quad b_{32}=\frac{1}{6b_2\beta_3} \\
&\frac{c_3}{b_2}-\frac{c_2}{b_3}=\frac{3}{2}\left(c_3\frac{b_2}{b_3}-c_2\frac{b_3}{b_2}+b_3-b_2\right)
\end{aligned} \tag{1.308}$$

因此，具有最小主误差常数的强 1 阶 3 级显式 Runge-Kutta 方法有 Butcher 表

$$\begin{array}{c|ccc|ccc}
 & 0 & 0 & 0 & 0 & 0 & 0 \\
 & c_2 & 0 & 0 & b_2 & 0 & 0 \\
 & c_3-a_{32} & a_{32} & 0 & b_3-a_{32} & a_{32} & 0 \\
\hline
 & \alpha_1 & \alpha_2 & \alpha_3 & \beta_1 & \beta_2 & \beta_3
\end{array} \tag{1.309}$$

**定理 1.26** 显式随机 Runge-Kutta 方法 (1.299) 不能达到强 1.5 阶 [43]。

2) 强 1.5 阶的随机 Runge-Kutta 方法

仅仅使用随机积分 $J_1$ 最多只能构造强 1 阶的随机 Runge-Kutta 方法。如果要得到强 1.5 阶的方法，需要再引入随机积分 $J_{10}$。此时，随机 Runge-Kutta 方法的格式为 [28]

$$\begin{aligned}
&y_{n+1}=y_n+h\sum_{j=1}^{s}\alpha_j f\left(Y_j\right)+\sum_{j=1}^{s}\left(J_1\beta_j^{(1)}+\frac{J_{10}}{h}\beta_j^{(2)}\right)g\left(Y_j\right) \\
&Y_j=y_n+h\sum_{j=1}^{s}a_{ij}f\left(Y_j\right)+\sum_{j=1}^{s}\left(J_1 b_{ij}^{(1)}+\frac{J_{10}}{h}b_{ij}^{(2)}\right)g\left(Y_j\right), \quad i=1,2,\cdots,s
\end{aligned} \tag{1.310}$$

记

$$\boldsymbol{b}=\boldsymbol{B}^{(1)}\boldsymbol{e}, \quad \boldsymbol{d}=\boldsymbol{B}^{(2)}\boldsymbol{e}, \quad \boldsymbol{\lambda}=\boldsymbol{b}J_1+\boldsymbol{d}\frac{J_{10}}{h} \tag{1.311}$$

由树 $\tau,\sigma,[\sigma],\{\tau\},\{\sigma\},\{\sigma,\sigma\},\{\{\sigma\}\}$ 的均方条件，得到强 1.5 阶的阶条件为 [42]

$$\begin{aligned}
&\boldsymbol{\alpha}^{\mathrm{T}}\left(\boldsymbol{e},\boldsymbol{d},\boldsymbol{b}\right)=(1,1,0) \\
&\left(\boldsymbol{\beta}^{(1)}\right)^{\mathrm{T}}\left(\boldsymbol{e},\boldsymbol{d},\boldsymbol{b},\boldsymbol{c}\right)=\left(1,-\left(\boldsymbol{\beta}^{(2)}\right)^{\mathrm{T}}\boldsymbol{b},\frac{1}{2},1\right) \\
&\left(\boldsymbol{\beta}^{(2)}\right)^{\mathrm{T}}\left(\boldsymbol{e},\boldsymbol{d},\boldsymbol{b}\right)=(0,0,-1) \\
&\left(\boldsymbol{\beta}^{(1)}\right)^{\mathrm{T}}\left(\boldsymbol{b}^2,\boldsymbol{B}^{(1)}\boldsymbol{b},\boldsymbol{d}^2,\boldsymbol{B}^{(2)}\boldsymbol{d}\right)
\end{aligned}$$

$$= \left(\frac{1}{3}, \frac{1}{6}, -2\left(\boldsymbol{\beta}^{(2)}\right)^{\mathrm{T}} \boldsymbol{b}\boldsymbol{d}, -\left(\boldsymbol{\beta}^{(2)}\right)^{\mathrm{T}}\left(\boldsymbol{B}^{(2)}\boldsymbol{b}+\boldsymbol{B}^{(1)}\boldsymbol{d}\right)\right)$$

$$\left(\boldsymbol{\beta}^{(2)}\right)^{\mathrm{T}}\left(\boldsymbol{b}^{2}, \boldsymbol{B}^{(1)}\boldsymbol{b}, \boldsymbol{d}^{2}, \boldsymbol{B}^{(2)}\boldsymbol{d}\right)$$

$$= \left(-2\left(\boldsymbol{\beta}^{(1)}\right)^{\mathrm{T}} \boldsymbol{b}\boldsymbol{d}, -\left(\boldsymbol{\beta}^{(1)}\right)^{\mathrm{T}}\left(\boldsymbol{B}^{(2)}\boldsymbol{b}+\boldsymbol{B}^{(1)}\boldsymbol{d}\right), 0, 0\right) \tag{1.312}$$

阶条件 (1.312) 是一个非常复杂的非线性方程组，在 3 级情况下不能成立。在 4 级情况下，Burrage 将经典 Runge-Kutta 方法作为确定性分量，求得一组解，建立了一个 4 级显式 Runge-Kutta 方法 [42]

$$\boldsymbol{A} = \begin{pmatrix} 0 & 0 & 0 & 0 \\ \frac{1}{2} & 0 & 0 & 0 \\ 0 & \frac{1}{2} & 0 & 0 \\ 0 & 0 & 1 & 0 \end{pmatrix}, \quad \boldsymbol{\alpha} = \left(\frac{1}{6}, \frac{1}{3}, \frac{1}{3}, \frac{1}{6}\right)^{\mathrm{T}} \tag{1.313}$$

$$\boldsymbol{B}^{(1)} = \begin{pmatrix} 0 & 0 & 0 & 0 \\ -0.7242916356 & 0 & 0 & 0 \\ 0.4237353406 & -0.199443705 & 0 & 0 \\ -1.578475506 & 0.840100343 & 1.738375163 & 0 \end{pmatrix}$$

$$\boldsymbol{B}^{(2)} = \begin{pmatrix} 0 & 0 & 0 & 0 \\ 2.70200041 & 0 & 0 & 0 \\ 1.757261649 & 0 & 0 & 0 \\ -2.918524118 & 0 & 0 & 0 \end{pmatrix}$$

$$\boldsymbol{\beta}^{(1)} = (-0.7800788474, 0.0736376824, 1.486520013, 0.2199211524)^{\mathrm{T}}$$

$$\boldsymbol{\beta}^{(2)} = (1.693950844, 1.636107882, -3.024009558, -0.3060491602)^{\mathrm{T}}$$

#### 1.4.2.5　对角隐式和半隐式随机 Runge-Kutta 方法

引入半隐式或隐式 Runge-Kutta 方法一方面是为了减小主误差常数，增加数值方法的精度，另一方面也是为了增强稳定性 [28]。由于构造一般的隐式 Runge-Kutta 方法的计算过于复杂，仅考虑对角隐式和半隐式 Runge-Kutta 方法，同时也仅讨论 $d = 1$ 的情形。

1) 对角隐式 Runge-Kutta 方法

对于 2 级对角隐式 Runge-Kutta 方法，系数矩阵 $\boldsymbol{A}$ 和 $\boldsymbol{B}$ 具有形式

$$\boldsymbol{A} = \begin{pmatrix} a_{11} & 0 \\ a_{21} & a_{11} \end{pmatrix}, \quad \boldsymbol{B} = \begin{pmatrix} b_{11} & 0 \\ b_{21} & b_{11} \end{pmatrix} \tag{1.314}$$

为获得强 1 阶对角隐式 Runge-Kutta 方法，必须满足阶条件 (1.301) 和 (1.304)。与显式方法不同的是，式 (1.301) 和 (1.304) 可以同时成立，所以可以达到最小主误差常数，得到 [28]

$$b_1=\frac{3\pm\sqrt{3}}{6},\quad b_2=\mp\frac{\sqrt{3}}{3},\quad \boldsymbol{\alpha}=\boldsymbol{\beta}=\left(\frac{1}{2},\frac{1}{2}\right)^{\mathrm{T}},\quad a_{21}=1-2a_{11} \tag{1.315}$$

取

$$a_{11}=1,\quad b_1=\frac{3+\sqrt{3}}{6},\quad b_2=-\frac{\sqrt{3}}{3} \tag{1.316}$$

具有最小主误差常数的强 1 阶 2 级对角隐式 Runge-Kutta 方法有 Butcher 表

$$\begin{array}{c|cc|cc} & 1 & 0 & \dfrac{3+\sqrt{3}}{6} & 0 \\ & -1 & 1 & -\dfrac{\sqrt{3}}{3} & \dfrac{3+\sqrt{3}}{6} \\ \hline & \dfrac{1}{2} & \dfrac{3}{2} & \dfrac{1}{2} & \dfrac{1}{2} \end{array} \tag{1.317}$$

2) 半隐式 Runge-Kutta 方法

对于 3 级半隐式 Runge-Kutta 方法，先根据具有阶精度的确定性 Runge-Kutta 方法 (1.237) 的充分条件 $B(p)$ 和 $C(p-1)$，构造 3 阶精度的确定性 Runge-Kutta 方法 [28]，其 Butcher 表为

$$\begin{array}{c|ccc} & 0 & 0 & 0 \\ & -1 & 1 & 0 \\ & \dfrac{1}{6} & \dfrac{1}{6} & \dfrac{1}{3} \\ \hline & 0 & \dfrac{1}{4} & \dfrac{3}{4} \end{array} \tag{1.318}$$

将其作为 3 级半隐式 Runge-Kutta 方法的确定性部分，则半隐式 Runge-Kutta 方法的 Butcher 表可记为

$$\begin{array}{c|ccc|ccc} & 0 & 0 & 0 & 0 & 0 & 0 \\ & -1 & 1 & 0 & b_{23} & 0 & 0 \\ & \dfrac{1}{6} & \dfrac{1}{6} & \dfrac{1}{3} & b_{31} & b_{32} & 0 \\ \hline & 0 & \dfrac{1}{4} & \dfrac{3}{4} & \beta_1 & \beta_2 & \beta_3 \end{array} \tag{1.319}$$

为使 Runge-Kutta 方法具有强 1 阶全局收敛性质，必须满足阶条件，等价方程为

$$
\begin{aligned}
&\boldsymbol{\alpha}^{\mathrm{T}}\boldsymbol{e}=1,\quad \boldsymbol{\beta}^{\mathrm{T}}\boldsymbol{e}=1,\quad \boldsymbol{\beta}^{\mathrm{T}}\boldsymbol{B}\boldsymbol{e}=\frac{1}{2}\\
&\boldsymbol{\alpha}^{\mathrm{T}}\boldsymbol{B}\boldsymbol{e}=\frac{1}{2},\quad \boldsymbol{\beta}^{\mathrm{T}}\boldsymbol{A}\boldsymbol{e}=\frac{1}{2},\quad \boldsymbol{\beta}^{\mathrm{T}}(\boldsymbol{B}\boldsymbol{e})^{2}=\frac{1}{3},\quad \boldsymbol{\beta}^{\mathrm{T}}\boldsymbol{B}(\boldsymbol{B}\boldsymbol{e})=\frac{1}{6}
\end{aligned}
\tag{1.320}
$$

利用已知条件 $\boldsymbol{\alpha}=\left(0,\frac{1}{4},\frac{3}{4}\right)^{\mathrm{T}}$ 和 $\boldsymbol{c}=\left(0,0,\frac{2}{3}\right)^{\mathrm{T}}$，解得方程 (1.320) 的唯一解 [28]

$$
\boldsymbol{\beta}=\left(0,\frac{1}{4},\frac{3}{4}\right)^{\mathrm{T}},\quad b_{23}=1,\quad b_{31}=\frac{1}{9},\quad b_{32}=\frac{2}{9}
\tag{1.321}
$$

强 1 阶 3 级半隐式 Runge-Kutta 方法的 Butcher 表为

$$
\begin{array}{c|ccc|ccc}
 & 0 & 0 & 0 & 0 & 0 & 0\\
 & -1 & 1 & 0 & 1 & 0 & 0\\
 & \frac{1}{6} & \frac{1}{6} & \frac{1}{3} & \frac{1}{9} & \frac{2}{9} & 0\\
\hline
 & 0 & \frac{1}{4} & \frac{3}{4} & 0 & \frac{1}{4} & \frac{3}{4}
\end{array}
\tag{1.322}
$$

### 1.4.3 随机微分方程组的四色树理论及其在分块 Runge-Kutta 方法中的应用

本小节将随机微分方程的双色树理论推广至随机微分方程组，介绍随机微分方程组的四色树理论及其在带加性噪声的随机分块 Runge-Kutta 方法中的应用，并给出随机分块 Runge-Kutta 方法的阶条件。

#### 1.4.3.1 随机微分方程组的四色树理论

**定义 1.63**　令 $TP$ 为全体**四色树**的集合，$TP$ 中结点分为确定性结点和随机性结点，其中单个确定性结点为 $\tau=\bullet$ 和 $\varepsilon=\blacksquare$，单个随机性结点为 $\sigma=\circ$ 和 $\eta=\square$，这四个结点称为四色树的**根**，如果 $t_1,t_2,\cdots,t_m$ 为四色树，那么

$$
[u_1,u_2,\cdots,u_m]_y,\quad [u_1,u_2,\cdots,u_m]_z,\quad \{u_1,u_2,\cdots,u_m\}_y,\quad \{u_1,u_2,\cdots,u_m\}_z
\tag{1.323}
$$

表示将子树 $t_1,t_2,\cdots,t_m$ 直接连接到结点 $\bullet,\blacksquare$ 或 $\circ,\square$ 上而构成的**四色树** [43]。

对于 Stratonovich 型随机微分方程组

$$
\begin{cases}
\mathrm{d}y(t)=f^{D}(y(t),z(t))\,\mathrm{d}t+f^{S}(y(t),z(t))\circ\mathrm{d}W(t)\\
\mathrm{d}z(t)=g^{D}(y(t),z(t))\,\mathrm{d}t+g^{S}(y(t),z(t))\circ\mathrm{d}W(t)\\
y(t_0)=y_0,\quad z(t_0)=z_0
\end{cases}
\tag{1.324}
$$

**定义 1.64** 四色树 $t \in TP$ 的**基本微分**定义为 [46]

$$\begin{aligned} &F(\tau)(y,z) = f^D(y,z), \quad F(\varepsilon)(y,z) = g^D(y,z) \\ &F(\sigma)(y,z) = f^S(y,z), \quad F(\eta)(y,z) = f^S(y,z) \end{aligned} \tag{1.325}$$

对于 $u = [u_1, \cdots, u_r, u_{r+1}, \cdots, u_m]_y \in TP_y$，其中 $u_1, \cdots, u_r \in TP_y$，$u_{r+1}, \cdots, u_m \in TP_z$，有

$$F(t)(y,z) = \frac{\partial^m f^D}{\partial y^r \partial z^{m-r}} \left[ F(t_1)(y,z), \cdots, F(t_m)(y,z) \right] \tag{1.326}$$

对于 $u = \{u_1, \cdots, u_r, u_{r+1}, \cdots, u_m\}_y \in TP_y$，其中 $u_1, \cdots, u_r \in TP_y$，$u_{r+1}, \cdots, u_m \in TP_z$，有

$$F(t)(y,z) = \frac{\partial^m f^S}{\partial y^r \partial z^{m-r}} \left[ F(t_1)(y,z), \cdots, F(t_m)(y,z) \right] \tag{1.327}$$

对于 $u = [u_1, \cdots, u_r, u_{r+1}, \cdots, u_m]_z \in TP_z$，其中 $u_1, \cdots, u_r \in TP_y$，$u_{r+1}, \cdots, u_m \in TP_z$，有

$$F(t)(y,z) = \frac{\partial^m g^D}{\partial y^r \partial z^{m-r}} \left[ F(t_1)(y,z), \cdots, F(t_m)(y,z) \right] \tag{1.328}$$

对于 $u = \{u_1, \cdots, u_r, u_{r+1}, \cdots, u_m\}_z \in TP_z$，其中 $u_1, \cdots, u_r \in TP_y$，$u_{r+1}, \cdots, u_m \in TP_z$，有

$$F(t)(y,z) = \frac{\partial^m g^S}{\partial y^r \partial z^{m-r}} \left[ F(t_1)(y,z), \cdots, F(t_m)(y,z) \right] \tag{1.329}$$

Stratonovich 型随机微分方程组 (1.324) 的积分形式为

$$\begin{aligned} y(t) &= y(t_0) + \int_{t_0}^{t} f^D(y(s), z(s)) \mathrm{d}s + \int_{t_0}^{t} f^S(y(s), z(s)) \circ \mathrm{d}W(s) \\ z(t) &= z(t_0) + \int_{t_0}^{t} g^D(y(s), z(s)) \mathrm{d}s + \int_{t_0}^{t} g^S(y(s), z(s)) \circ \mathrm{d}W(s) \end{aligned} \tag{1.330}$$

根据 Itô 公式，函数 $f^D(y(t), z(t))$ 可以展开为

$$f^D(y(t), z(t)) = f^D(y(t_0), z(t_0)) + \int_{t_0}^{s} L^0 f^D \mathrm{d}m + \int_{t_0}^{s} L^1 f^D \circ \mathrm{d}W(m) \tag{1.331}$$

导出算子如下

$$
\begin{aligned}
L^0 f^D &= f_y^{D'} f^D + f_z^{D'} g^D \\
L^1 f^D &= f_y^{D'} f^S + f_z^{D'} g^S \\
L^0 L^0 f^D &= L^0 \left(f_y^{D'} f^D + f_z^{D'} g^D\right) \\
&= f_{yy}^{D''}\left(f^D, f^D\right) + f_{yz}^{D''}\left(f^D, g^D\right) + f_y^{D'} f_y^{D'} f^D + f_y^{D'} f_z^{D'} g^D \\
&\quad + f_{zy}^{D''}\left(g^D, f^D\right) + f_{zz}^{D''}\left(g^D, g^D\right) + f_z^{D'} g_y^{D'} f^D + f_z^{D'} g_z^{D'} g^D \\
L^1 L^D f^D &= L^1 \left(f_y^{D'} f^D + f_z^{D'} g^D\right) \\
&= f_{yy}^{D''}\left(f^D, f^S\right) + f_{yz}^{D''}\left(f^D, g^S\right) + f_y^{D'} f_y^{D'} f^S + f_y^{D'} f_z^{D'} g^S \\
&\quad + f_{zy}^{D''}\left(g^D, f^S\right) + f_{zz}^{D''}\left(g^D, g^S\right) + f_z^{D'} g_y^{D'} f^S + f_z^{D'} g_z^{D'} g^S \\
L^0 L^1 f^D &= L^0 \left(f_y^{D'} f^S + f_z^{D'} g^S\right) \\
&= f_{yy}^{D''}\left(f^S, f^D\right) + f_{yz}^{D''}\left(f^S, g^D\right) + f_y^{D'} f_y^{S'} f^D + f_y^{D'} f_z^{S'} g^D \\
&\quad + f_{zy}^{D''}\left(g^S, f^D\right) + f_{zz}^{D''}\left(g^S, g^D\right) + f_z^{D'} g_y^{S'} f^D + f_z^{D'} g_z^{S'} g^D \\
L^1 L^1 f^D &= L^1 \left(f_y^{D'} f^S + f_z^{D'} g^S\right) \\
&= f_{yy}^{D''}\left(f^S, f^S\right) + f_{yz}^{D''}\left(f^S, g^S\right) + f_y^{D'} f_y^{S'} f^S + f_y^{D'} f_z^{S'} g^S \\
&\quad + f_{zy}^{D''}\left(g^S, f^S\right) + f_{zz}^{D''}\left(g^S, g^S\right) + f_z^{D'} g_y^{S'} f^S + f_z^{D'} g_z^{S'} g^S
\end{aligned}
\tag{1.332}
$$

因此 $y(t)$ 的随机 Taylor 展开式为 [43]

$$
\begin{aligned}
y(t) &= y(t_0) + \int_{t_0}^{t} \left[f^D(y_0, z_0) + \int_{t_0}^{s} L^0 f^D \, \mathrm{d}m + \int_{t_0}^{s} L^1 f^D \circ \mathrm{d}W(m)\right] \mathrm{d}s \\
&\quad + \int_{t_0}^{t} \left[f^S(y_0, z_0) + \int_{t_0}^{s} L^0 f^S \, \mathrm{d}m + \int_{t_0}^{s} L^1 f^S \circ \mathrm{d}W(m)\right] \circ \mathrm{d}W(s) \\
&= y_0 + f^D(y_0, z_0) J_0 + f^S(y_0, z_0) J_1 + \left(f_y^{D'} f^D + f_z^{D'} g^D\right) J_{00} \\
&\quad + \left(f_y^{D'} f^S + f_z^{D'} g^S\right) J_{10} + \left(f_y^{S'} f^D + f_z^{S'} g^D\right) J_{01} + \left(f_y^{S'} f^S + f_z^{S'} g^S\right) J_{11} \\
&\quad + \left[f_{yy}^{D''}\left(f^D, f^D\right) + f_{yz}^{D''}\left(f^D, g^D\right) + f_y^{D'} f_y^{D'} f^D + f_y^{D'} f_z^{D'} g^D \right. \\
&\quad \left. + f_{zy}^{D''}\left(g^D, f^D\right) + f_{zz}^{D''}\left(g^D, g^D\right) + f_z^{D'} g_y^{D'} f^D + f_z^{D'} g_z^{D'} g^D\right] J_{000}
\end{aligned}
$$

$$
\begin{aligned}
&+\left[f_{yy}^{D''}\left(f^D,f^S\right)+f_{yz}^{D''}\left(f^D,g^S\right)+f_y^{D'}f_y^{D'}f^S+f_y^{D'}f_z^{D'}g^S\right.\\
&\left.+f_{zy}^{D''}\left(g^D,f^S\right)+f_{zz}^{D''}\left(g^D,g^S\right)+f_z^{D'}g_y^{D'}f^S+f_z^{D'}g_z^{D'}g^S\right]J_{100}\\
&+\left[f_{yy}^{D''}\left(f^S,f^D\right)+f_{yz}^{D''}\left(f^S,g^D\right)+f_y^{D'}f_y^{S'}f^D+f_y^{D'}f_z^{S'}g^D\right.\\
&\left.+f_{zy}^{D''}\left(g^S,f^D\right)+f_{zz}^{D''}\left(g^S,g^D\right)+f_z^{D'}g_y^{S'}f^D+f_z^{D'}g_z^{S'}g^D\right]J_{010}\\
&+\left[f_{yy}^{D''}\left(f^S,f^S\right)+f_{yz}^{D''}\left(f^S,g^S\right)+f_y^{D'}f_y^{S'}f^S+f_y^{D'}f_z^{S'}g^S\right.\\
&\left.+f_{zy}^{D''}\left(g^S,f^S\right)+f_{zz}^{D''}\left(g^S,g^S\right)+f_z^{D'}g_y^{S'}f^S+f_z^{D'}g_z^{S'}g^S\right]J_{110}\\
&+\left[f_{yy}^{S''}\left(f^D,f^D\right)+f_{yz}^{S''}\left(f^D,g^D\right)+f_y^{S'}f_y^{D'}f^D+f_y^{S'}f_z^{D'}g^D\right.\\
&\left.+f_{zy}^{S''}\left(g^D,f^D\right)+f_{zz}^{S''}\left(g^D,g^D\right)+f_z^{S'}g_y^{D'}f^D+f_z^{S'}g_z^{D'}g^D\right]J_{001}\\
&+\left[f_{yy}^{S''}\left(f^D,f^S\right)+f_{yz}^{S''}\left(f^D,g^S\right)+f_y^{S'}f_y^{D'}f^S+f_y^{S'}f_z^{D'}g^S\right.\\
&\left.+f_{zy}^{S''}\left(g^D,f^S\right)+f_{zz}^{S''}\left(g^D,g^S\right)+f_z^{S'}g_y^{D'}f^S+f_z^{S'}g_z^{D'}g^S\right]J_{101}\\
&+\left[f_{yy}^{S''}\left(f^S,f^D\right)+f_{yz}^{S''}\left(f^S,g^D\right)+f_y^{S'}f_y^{S'}f^D+f_y^{S'}f_z^{S'}g^D\right.\\
&\left.+f_{zy}^{S''}\left(g^S,f^D\right)+f_{zz}^{S''}\left(g^S,g^D\right)+f_z^{S'}g_y^{S'}f^D+f_z^{S'}g_z^{S'}g^D\right]J_{011}\\
&+\left[f_{yy}^{S''}\left(f^S,f^S\right)+f_{yz}^{S''}\left(f^S,g^S\right)+f_y^{S'}f_y^{S'}f^S+f_y^{S'}f_z^{S'}g^S\right.\\
&\left.+f_{zy}^{S''}\left(g^S,f^S\right)+f_{zz}^{S''}\left(g^S,g^S\right)+f_z^{S'}g_y^{S'}f^S+f_z^{S'}g_z^{S'}g^S\right]J_{111}+R
\end{aligned}
\tag{1.333}
$$

同理可以得到 $z(t)$ 的随机 Taylor 展开式。

根据创建的四色树理论，可以将有根树理论和随机微分方程组解的 Taylor 展开式结合起来。

**定理 1.27** Stratonovich 型随机微分方程组 (1.324) 的精确解的一步 Taylor 展开式为 [43]

$$
\begin{aligned}
y_1&=\sum_{t\in TP_y}\alpha(t)\,\theta(t)\,F(t)\,(y_0,z_0)\\
z_1&=\sum_{t\in TP_z}\alpha(t)\,\theta(t)\,F(t)\,(y_0,z_0)
\end{aligned}
\tag{1.334}
$$

部分 $\rho(t)\leqslant 3$ 时确定性结点 • 作为树的根时对应的阶 $\mathrm{ord}(t)$、基本微分 $F(t)$、基本权重 $\theta(t)$ 如表 1.6 所示。

**表 1.6　部分 $\rho(t)\leqslant 3$ 时确定性结点 • 作为树的根时对应的阶 $\mathrm{ord}(t)$、基本微分 $F(t)$、基本权重 $\theta(t)$**

| $t$ | 图形 | ord($t$) | $F(t)$ | $\theta(t)$ | $t$ | 图形 | ord($t$) | $F(t)$ | $\theta(t)$ |
|---|---|---|---|---|---|---|---|---|---|
| $\tau$ |  | 1 | $f^D$ | $J_0$ | $\left[[\sigma]_y\right]_y$ |  | 2.5 | $f_y^{D'} f_y^{D'} f^S$ | $J_{100}$ |
| $\sigma$ |  | 0.5 | $f^S$ | $J_1$ | $[\tau,\eta]_y$ |  | 2.5 | $f_{yz}^{D''}\left(f^D,g^S\right)$ | $J_{100}$ |
| $[\tau]_y$ |  | 2 | $f_y^{D'} f^D$ | $J_{00}$ | $\left[[\eta]_y\right]_y$ |  | 2.5 | $f_y^{D'} f_z^{D'} g^S$ | $J_{100}$ |
| $[\varepsilon]_y$ |  | 2 | $f_z^{D'} g^D$ | $J_{00}$ | $[\varepsilon,\sigma]_y$ |  | 2.5 | $f_{zy}^{D''}\left(g^D,f^S\right)$ | $J_{100}$ |
| $[\sigma]_y$ |  | 1.5 | $f_y^{D'} f^S$ | $J_{10}$ | $\left[[\sigma]_z\right]_y$ |  | 2.5 | $f_z^{D'} g_y^{D'} f^S$ | $J_{100}$ |
| $[\eta]_y$ |  | 1.5 | $f_z^{D'} g^S$ | $J_{10}$ | $[\varepsilon,\eta]_y$ |  | 2.5 | $f_{zz}^{D''}\left(g^D,g^S\right)$ | $J_{100}$ |
| $[\tau,\tau]_y$ |  | 3 | $f_{yy}^{D''}\left(f^D,f^D\right)$ | $J_{000}$ | $\left[[\eta]_z\right]_y$ |  | 2.5 | $f_z^{D'} g_z^{D'} g^S$ | $J_{100}$ |
| $\left[[\tau]_y\right]_y$ |  | 3 | $f_y^{D'} f_y^{D'} f^D$ | $J_{000}$ | $[\sigma,\tau]_y$ |  | 2.5 | $f_{yy}^{D''}\left(f^S,f^D\right)$ | $J_{010}$ |
| $[\tau,\varepsilon]_y$ |  | 3 | $f_{yz}^{D''}\left(f^D,g^D\right)$ | $J_{000}$ | $[\sigma,\varepsilon]_y$ |  | 2.5 | $f_{yz}^{D''}\left(f^S,g^D\right)$ | $J_{010}$ |
| $\left[[\varepsilon]_y\right]_y$ |  | 3 | $f_y^{D'} f_z^{D'} g^D$ | $J_{000}$ | $[\eta,\tau]_y$ |  | 2.5 | $f_{zy}^{D''}\left(g^S,f^D\right)$ | $J_{010}$ |
| $[\varepsilon,\tau]_y$ |  | 3 | $f_{zy}^{D''}\left(g^D,f^D\right)$ | $J_{000}$ | $[\eta,\varepsilon]_y$ |  | 2.5 | $f_{zz}^{D''}\left(g^S,g^D\right)$ | $J_{010}$ |
| $\left[[\tau]_z\right]_y$ |  | 3 | $f_z^{D'} g_y^{D'} f^D$ | $J_{000}$ | $[\sigma,\sigma]_y$ |  | 2 | $f_{yy}^{D''}\left(f^S,f^S\right)$ | $J_{110}$ |
| $[\varepsilon,\varepsilon]_y$ |  | 3 | $f_{zz}^{D''}\left(g^D,g^D\right)$ | $J_{000}$ | $[\sigma,\eta]_y$ |  | 2 | $f_{yz}^{D''}\left(f^S,g^S\right)$ | $J_{110}$ |
| $\left[[\varepsilon]_z\right]_y$ |  | 3 | $f_z^{D'} g_z^{D'} g^D$ | $J_{000}$ | $[\eta,\sigma]_y$ |  | 2 | $f_{zy}^{D''}\left(g^S,f^S\right)$ | $J_{110}$ |
| $[\tau,\sigma]_y$ |  | 2.5 | $f_{yy}^{D''}\left(f^D,f^S\right)$ | $J_{100}$ | $[\eta,\eta]_y$ | 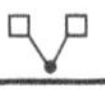 | 2 | $f_{zz}^{D''}\left(g^S,g^S\right)$ | $J_{110}$ |

#### 1.4.3.2　带加性噪声的随机分块 Runge-Kutta 方法

已知 $a_{ij},b_{ij},\alpha_j,\beta_j$ 和 $\hat{a}_{ij},\hat{b}_{ij},\hat{\alpha}_j,\hat{\beta}_j$ 分别是两种 Runge-Kutta 方法的系数，则求解方程组 (1.324) 的随机分块 Runge-Kutta 方法格式为 [43]

$$y_{n+1}=y_n+h\sum_{j=1}^{s}\alpha_j f^D\left(Y_j,Z_j\right)+J_1\sum_{j=1}^{s}\beta_j f^S\left(Y_j,Z_j\right)$$

$$Y_j=y_n+h\sum_{j=1}^{s}a_{ij} f^D\left(Y_j,Z_j\right)+J_1\sum_{j=1}^{s}b_{ij} f^S\left(Y_j,Z_j\right),\quad i=1,2,\cdots,s$$

$$z_{n+1}=z_n+h\sum_{j=1}^{s}\hat{\alpha}_j g^D\left(Y_j,Z_j\right)+J_1\sum_{j=1}^{s}\hat{\beta}_j g^S\left(Y_j,Z_j\right)$$

$$Z_j = z_n + h\sum_{j=1}^{s} \hat{a}_{ij} g^D\left(Y_j, Z_j\right) + J_1 \sum_{j=1}^{s} \hat{b}_{ij} g^S\left(Y_j, Z_j\right), \quad i=1,2,\cdots,s \tag{1.335}$$

记

$$\begin{aligned}
&\boldsymbol{A}=\left(a_{ij}\right), \quad \boldsymbol{B}=\left(b_{ij}\right), \quad \hat{\boldsymbol{A}}=\left(\hat{a}_{ij}\right), \quad \hat{\boldsymbol{B}}=\left(\hat{b}_{ij}\right), \quad i,j=1,2,\cdots,s \\
&\boldsymbol{\alpha}=\left(\alpha_1,\cdots,\alpha_s\right)^{\mathrm{T}}, \quad \boldsymbol{\beta}=\left(\beta_1,\cdots,\beta_s\right)^{\mathrm{T}}, \\
&\hat{\boldsymbol{\alpha}}=\left(\hat{\alpha}_1,\cdots,\hat{\alpha}_s\right)^{\mathrm{T}}, \quad \hat{\boldsymbol{\beta}}=\left(\hat{\beta}_1,\cdots,\hat{\beta}_s\right)^{\mathrm{T}}
\end{aligned} \tag{1.336}$$

方法 (1.335) 用 Butcher 表表示为

$$\begin{array}{c|cc} & \boldsymbol{A} & \boldsymbol{B} \\ \hline & \boldsymbol{\alpha}^{\mathrm{T}} & \boldsymbol{\beta}^{\mathrm{T}} \end{array} \qquad \begin{array}{c|cc} & \hat{\boldsymbol{A}} & \hat{\boldsymbol{B}} \\ \hline & \hat{\boldsymbol{\alpha}}^{\mathrm{T}} & \hat{\boldsymbol{\beta}}^{\mathrm{T}} \end{array} \tag{1.337}$$

下面研究带加性噪声的随机分块 Runge-Kutta 方法，即在方程组 (1.324) 中，随机项 $f^S$ 和 $g^S$ 都是常数，分别取为 $\varsigma$ 和 $\delta$。此时，随机分块 Runge-Kutta 方法 (1.335) 的格式为

$$\begin{aligned}
y_{n+1} &= y_n + h\sum_{j=1}^{s} \alpha_j f^D\left(Y_j, Z_j\right) + J_1 \sum_{j=1}^{s} \beta_j \varsigma \\
Y_j &= y_n + h\sum_{j=1}^{s} a_{ij} f^D\left(Y_j, Z_j\right) + J_1 \sum_{j=1}^{s} b_{ij} \varsigma, \quad i=1,2,\cdots,s \\
z_{n+1} &= z_n + h\sum_{j=1}^{s} \hat{\alpha}_j g^D\left(Y_j, Z_j\right) + J_1 \sum_{j=1}^{s} \hat{\beta}_j \delta \\
Z_j &= z_n + h\sum_{j=1}^{s} \hat{a}_{ij} g^D\left(Y_j, Z_j\right) + J_1 \sum_{j=1}^{s} \hat{b}_{ij} \delta, \quad i=1,2,\cdots,s
\end{aligned} \tag{1.338}$$

记

$$\boldsymbol{X} = J_1 \boldsymbol{B}, \quad \boldsymbol{x} = J_1 \boldsymbol{\beta}^{\mathrm{T}}, \quad \hat{\boldsymbol{X}} = J_1 \boldsymbol{B}, \quad \hat{\boldsymbol{x}} = J_1 \hat{\boldsymbol{\beta}}^{\mathrm{T}} \tag{1.339}$$

随机分块 Runge-Kutta 方法 (1.338) 数值解的一步 Taylor 展开式为 [43]

$$\begin{aligned}
y_1 &= \sum_{t\in TP_y} \frac{h^{\rho_1(t)} \Phi\left(t\right) F\left(t\right)\left(y_0, z_0\right)}{\rho\left(t\right)!} \\
z_1 &= \sum_{t\in TP_z} \frac{h^{\rho_1(t)} \hat{\Phi}\left(t\right) F\left(t\right)\left(y_0, z_0\right)}{\rho\left(t\right)!}
\end{aligned} \tag{1.340}$$

其中

$$
\begin{aligned}
&\Phi(t)=\rho(t)\,\boldsymbol{\alpha}^{\mathrm{T}}\prod_{l=1}^{m}\boldsymbol{k}(t_l), \quad t=[t_1,\cdots,t_m]\in TP_y\\
&\Phi(t)=\rho(t)\,\boldsymbol{x}^{\mathrm{T}}\prod_{l=1}^{m}\boldsymbol{k}(t_l), \quad t=\{t_1,\cdots,t_m\}\in TP_y\\
&\hat{\Phi}(t)=\rho(t)\,\hat{\boldsymbol{\alpha}}^{\mathrm{T}}\prod_{l=1}^{m}\hat{\boldsymbol{k}}(t_l), \quad t=[t_1,\cdots,t_m]\in TP_z\\
&\hat{\Phi}(t)=\rho(t)\,\hat{\boldsymbol{x}}^{\mathrm{T}}\prod_{l=1}^{m}\hat{\boldsymbol{k}}(t_l), \quad t=\{t_1,\cdots,t_m\}\in TP_z
\end{aligned}
\tag{1.341}
$$

$$
\boldsymbol{k}(\varnothing)=\boldsymbol{e}, \quad \hat{\boldsymbol{k}}(\varnothing)=\boldsymbol{e} \tag{1.342}
$$

$$
\begin{aligned}
&\boldsymbol{k}(t)=\rho(t)\,\boldsymbol{A}\prod_{l=1}^{m}\boldsymbol{k}(t_l), \quad t=[t_1,\cdots,t_m]\in TP_y\\
&\boldsymbol{k}(t)=\rho(t)\,\boldsymbol{X}\prod_{l=1}^{m}\boldsymbol{k}(t_l), \quad t=\{t_1,\cdots,t_m\}\in TP_y\\
&\hat{\boldsymbol{k}}(t)=\rho(t)\,\hat{\boldsymbol{A}}\prod_{l=1}^{m}\hat{\boldsymbol{k}}(t_l), \quad t=[t_1,\cdots,t_m]\in TP_z\\
&\hat{\boldsymbol{k}}(t)=\rho(t)\,\hat{\boldsymbol{X}}\prod_{l=1}^{m}\hat{\boldsymbol{k}}(t_l), \quad t=\{t_1,\cdots,t_m\}\in TP_z
\end{aligned}
\tag{1.343}
$$

带加性噪声的随机分块 Runge-Kutta 方法 (1.338) 在 $t=t_n$ 处的局部截断误差为

$$
\begin{aligned}
L_n&=\sum_{t\in TP_y}e(t)F(t)\left(y(t_n),z(t_n)\right)\\
\hat{L}_n&=\sum_{t\in TP_z}\hat{e}(t)F(t)\left(y(t_n),z(t_n)\right)
\end{aligned}
\tag{1.344}
$$

其中

$$
\begin{aligned}
e(t)&=\alpha(t)\,\theta(t)-\frac{h^{\rho_1(t)}\Phi(t)}{\rho(t)!}\\
\hat{e}(t)&=\alpha(t)\,\theta(t)-\frac{h^{\rho_1(t)}\hat{\Phi}(t)}{\rho(t)!}
\end{aligned}
\tag{1.345}
$$

称为**局部截断误差系数**。

$TP_y$ 中 $\rho(t)\leqslant 3$ 的树所对应的局部截断误差系数 $e(t)$ 如表 1.7 所示，其中

$$\boldsymbol{c}=\boldsymbol{A}\boldsymbol{e},\quad \boldsymbol{\lambda}=\boldsymbol{X}\boldsymbol{e},\quad \hat{\boldsymbol{c}}=\hat{\boldsymbol{A}}\boldsymbol{e},\quad \hat{\boldsymbol{\lambda}}=\hat{\boldsymbol{X}}\boldsymbol{e} \tag{1.346}$$

对于 $TP_z$ 中树对应的局部截断误差系数可以类似得到。

**表 1.7 $TP_y$ 中 $\rho(t)\leqslant 3$ 的树所对应的局部截断误差系数 $e(t)$**

| $F$ | $e(t)$ | $F$ | $e(t)$ | $F$ | $e(t)$ |
|---|---|---|---|---|---|
| $f^D$ | $J_0-h\boldsymbol{\alpha}^{\mathrm{T}}\boldsymbol{e}$ | $f_{zy}^{D''}\left(g^D,f^D\right)$ | $J_{000}-\frac{1}{2}h^3\boldsymbol{\alpha}^{\mathrm{T}}\hat{\boldsymbol{c}}\boldsymbol{c}$ | $f_{zz}^{D''}\left(g^D,\delta\right)$ | $J_{100}-\frac{1}{2}h^2\boldsymbol{\alpha}^{\mathrm{T}}\hat{\boldsymbol{c}}\hat{\boldsymbol{\lambda}}$ |
| $\varsigma$ | $J_1-\boldsymbol{x}^{\mathrm{T}}\boldsymbol{e}$ | $f_z^{D'}g_y^{D'}f^D$ | $J_{000}-h^3\boldsymbol{\alpha}^{\mathrm{T}}\hat{\boldsymbol{A}}\boldsymbol{c}$ | $f_z^{D'}g_z^{D'}\delta$ | $J_{100}-h^2\boldsymbol{\alpha}^{\mathrm{T}}\hat{\boldsymbol{A}}\hat{\boldsymbol{\lambda}}$ |
| $f_y^{D'}f^D$ | $J_{00}-h^2\boldsymbol{\alpha}^{\mathrm{T}}\boldsymbol{c}$ | $f_{zz}^{D''}\left(g^D,g^D\right)$ | $J_{000}-\frac{1}{2}h^3\boldsymbol{\alpha}^{\mathrm{T}}\hat{\boldsymbol{c}}^2$ | $f_{yy}^{D''}\left(\varsigma,f^D\right)$ | $J_{010}-\frac{1}{2}h^2\boldsymbol{\alpha}^{\mathrm{T}}\boldsymbol{\lambda}\boldsymbol{c}$ |
| $f_z^{D'}g^D$ | $J_{00}-h^2\boldsymbol{\alpha}^{\mathrm{T}}\hat{\boldsymbol{c}}$ | $f_z^{D'}g_z^{D'}g^D$ | $J_{000}-h^3\boldsymbol{\alpha}^{\mathrm{T}}\hat{\boldsymbol{A}}\hat{\boldsymbol{c}}$ | $f_{yz}^{D''}\left(\varsigma,g^D\right)$ | $J_{010}-\frac{1}{2}h^2\boldsymbol{\alpha}^{\mathrm{T}}\boldsymbol{\lambda}\hat{\boldsymbol{c}}$ |
| $f_y^{D'}\varsigma$ | $J_{10}-h\boldsymbol{\alpha}^{\mathrm{T}}\boldsymbol{\lambda}$ | $f_{yy}^{D''}\left(f^D,\varsigma\right)$ | $J_{100}-\frac{1}{2}h^2\boldsymbol{\alpha}^{\mathrm{T}}\boldsymbol{c}\boldsymbol{\lambda}$ | $f_{zy}^{D''}\left(\delta,f^D\right)$ | $J_{010}-\frac{1}{2}h^2\boldsymbol{\alpha}^{\mathrm{T}}\hat{\boldsymbol{\lambda}}\boldsymbol{c}$ |
| $f_z^{D'}\delta$ | $J_{10}-h\boldsymbol{\alpha}^{\mathrm{T}}\hat{\boldsymbol{\lambda}}$ | $f_y^{D'}f_y^{D'}\varsigma$ | $J_{100}-h^2\boldsymbol{\alpha}^{\mathrm{T}}\boldsymbol{A}\boldsymbol{\lambda}$ | $f_{zz}^{D''}\left(\delta,g^D\right)$ | $J_{010}-\frac{1}{2}h^2\boldsymbol{\alpha}^{\mathrm{T}}\hat{\boldsymbol{\lambda}}\hat{\boldsymbol{c}}$ |
| $f_{yy}^{D''}\left(f^D,f^D\right)$ | $J_{000}-\frac{1}{2}h^3\boldsymbol{\alpha}^{\mathrm{T}}\boldsymbol{c}^2$ | $f_{yz}^{D''}\left(f^D,\delta\right)$ | $J_{100}-\frac{1}{2}h^2\boldsymbol{\alpha}^{\mathrm{T}}\boldsymbol{c}\hat{\boldsymbol{\lambda}}$ | $f_{yy}^{D''}(\varsigma,\varsigma)$ | $J_{110}-\frac{1}{2}h\boldsymbol{\alpha}^{\mathrm{T}}\boldsymbol{\lambda}^2$ |
| $f_y^{D'}f_y^{D'}f^D$ | $J_{000}-h^3\boldsymbol{\alpha}^{\mathrm{T}}\boldsymbol{A}\boldsymbol{c}$ | $f_y^{D'}f_z^{D'}\delta$ | $J_{100}-h^2\boldsymbol{\alpha}^{\mathrm{T}}\boldsymbol{A}\hat{\boldsymbol{\lambda}}$ | $f_{yz}^{D''}(\varsigma,\delta)$ | $J_{110}-\frac{1}{2}h\boldsymbol{\alpha}^{\mathrm{T}}\boldsymbol{\lambda}\hat{\boldsymbol{\lambda}}$ |
| $f_{yz}^{D''}\left(f^D,g^D\right)$ | $J_{000}-\frac{1}{2}h^3\boldsymbol{\alpha}^{\mathrm{T}}\boldsymbol{c}\hat{\boldsymbol{c}}$ | $f_{zy}^{D''}\left(g^D,\varsigma\right)$ | $J_{100}-\frac{1}{2}h^2\boldsymbol{\alpha}^{\mathrm{T}}\hat{\boldsymbol{c}}\boldsymbol{\lambda}$ | $f_{zy}^{D''}(\delta,\varsigma)$ | $J_{110}-\frac{1}{2}h\boldsymbol{\alpha}^{\mathrm{T}}\hat{\boldsymbol{\lambda}}\boldsymbol{\lambda}$ |
| $f_y^{D'}f_z^{D'}g^D$ | $J_{000}-h^3\boldsymbol{\alpha}^{\mathrm{T}}\boldsymbol{A}\hat{\boldsymbol{c}}$ | $f_z^{D'}g_y^{D'}\varsigma$ | $J_{100}-h^2\boldsymbol{\alpha}^{\mathrm{T}}\hat{\boldsymbol{A}}\boldsymbol{\lambda}$ | $f_{zz}^{D''}(\delta,\delta)$ | $J_{110}-\frac{1}{2}h\boldsymbol{\alpha}^{\mathrm{T}}\hat{\boldsymbol{\lambda}}^2$ |

#### 1.4.3.3 随机分块 Runge-Kutta 方法的阶条件

**定义 1.65** 若存在 $C>0,\hat{C}>0$(均独立于 $h$) 和 $\delta>0$，使得 [43]

$$\begin{aligned}\left[E\left(\|L_n\|^2\right)\right]^{\frac{1}{2}}&\leqslant Ch^{p+\frac{1}{2}},\quad h\in(0,\delta)\\ \left[E\left(\left\|\hat{L}_n\right\|^2\right)\right]^{\frac{1}{2}}&\leqslant \hat{C}h^{p+\frac{1}{2}},\quad h\in(0,\delta)\end{aligned} \tag{1.347}$$

则称数值方法 (1.338) 是**强局部 $p$ 阶方法**。

与随机 Runge-Kutta 方法思想一样，对于随机分块 Runge-Kutta 方法 (1.338)，要得到强 1 阶条件就要考虑 1 阶的树和 1.5 阶的树的局部截断误差。

对 1 阶树，有

$$
\begin{aligned}
&E\left[\left(J_0-h\boldsymbol{\alpha}^{\mathrm{T}}\boldsymbol{e}\right)^2\right]=O\left(h^3\right)\\
&E\left[\left(J_1-\boldsymbol{x}^{\mathrm{T}}\boldsymbol{e}\right)^2\right]=O\left(h^3\right)\\
&E\left[\left(J_0-h\hat{\boldsymbol{\alpha}}^{\mathrm{T}}\boldsymbol{e}\right)^2\right]=O\left(h^3\right)\\
&E\left[\left(J_1-\hat{\boldsymbol{x}}^{\mathrm{T}}\boldsymbol{e}\right)^2\right]=O\left(h^3\right)
\end{aligned}
\tag{1.348}
$$

化简得

$$
\boldsymbol{\alpha}^{\mathrm{T}}\boldsymbol{e}=1,\quad \hat{\boldsymbol{\alpha}}^{\mathrm{T}}\boldsymbol{e}=1,\quad \boldsymbol{\beta}^{\mathrm{T}}\boldsymbol{e}=1,\quad \hat{\boldsymbol{\beta}}^{\mathrm{T}}\boldsymbol{e}=1 \tag{1.349}
$$

对 1.5 阶树，有

$$
\begin{aligned}
&E\left[\left(J_{10}-h\boldsymbol{\alpha}^{\mathrm{T}}\boldsymbol{\lambda}\right)^2\right]=\left[\frac{1}{3}-\boldsymbol{\alpha}^{\mathrm{T}}\boldsymbol{B}\boldsymbol{e}+\left(\boldsymbol{\alpha}^{\mathrm{T}}\boldsymbol{B}\boldsymbol{e}\right)^2\right]h^3\\
&E\left[\left(J_{10}-h\boldsymbol{\alpha}^{\mathrm{T}}\hat{\boldsymbol{\lambda}}\right)^2\right]=\left[\frac{1}{3}-\boldsymbol{\alpha}^{\mathrm{T}}\hat{\boldsymbol{B}}e+\left(\boldsymbol{\alpha}^{\mathrm{T}}\hat{\boldsymbol{B}}\boldsymbol{e}\right)^2\right]h^3\\
&E\left[\left(J_{10}-h\hat{\boldsymbol{\alpha}}^{\mathrm{T}}\boldsymbol{\lambda}\right)^2\right]=\left[\frac{1}{3}-\hat{\boldsymbol{\alpha}}^{\mathrm{T}}\boldsymbol{B}\boldsymbol{e}+\left(\hat{\boldsymbol{\alpha}}^{\mathrm{T}}\boldsymbol{B}\boldsymbol{e}\right)^2\right]h^3\\
&E\left[\left(J_{10}-h\hat{\boldsymbol{\alpha}}^{\mathrm{T}}\hat{\boldsymbol{\lambda}}\right)^2\right]=\left[\frac{1}{3}-\hat{\boldsymbol{\alpha}}^{\mathrm{T}}\hat{\boldsymbol{B}}\boldsymbol{e}+\left(\hat{\boldsymbol{\alpha}}^{\mathrm{T}}\hat{\boldsymbol{B}}\boldsymbol{e}\right)^2\right]h^3
\end{aligned}
\tag{1.350}
$$

将条件最小化得到

$$
\boldsymbol{\alpha}^{\mathrm{T}}\boldsymbol{B}\boldsymbol{e}=\frac{1}{2},\quad \boldsymbol{\alpha}^{\mathrm{T}}\hat{\boldsymbol{B}}\boldsymbol{e}=\frac{1}{2},\quad \hat{\boldsymbol{\alpha}}^{\mathrm{T}}\boldsymbol{B}\boldsymbol{e}=\frac{1}{2},\quad \hat{\boldsymbol{\alpha}}^{\mathrm{T}}\hat{\boldsymbol{B}}\boldsymbol{e}=\frac{1}{2} \tag{1.351}
$$

对于 1.5 阶方法的阶条件则需再考虑 2 阶的树的局部截断误差，将条件最小化得到

$$
\begin{aligned}
&\boldsymbol{\alpha}^{\mathrm{T}}\boldsymbol{A}\boldsymbol{e}=\frac{1}{2},\quad \boldsymbol{\alpha}^{\mathrm{T}}\hat{\boldsymbol{A}}\boldsymbol{e}=\frac{1}{2},\quad \hat{\boldsymbol{\alpha}}^{\mathrm{T}}\boldsymbol{A}\boldsymbol{e}=\frac{1}{2},\quad \hat{\boldsymbol{\alpha}}^{\mathrm{T}}\hat{\boldsymbol{A}}\boldsymbol{e}=\frac{1}{2}\\
&\boldsymbol{\alpha}^{\mathrm{T}}\left(\boldsymbol{B}\boldsymbol{e}\right)^2=\frac{7}{18},\quad \boldsymbol{\alpha}^{\mathrm{T}}\left(\boldsymbol{B}\boldsymbol{e}\right)\left(\hat{\boldsymbol{B}}\boldsymbol{e}\right)=\frac{7}{18}\\
&\boldsymbol{\alpha}^{\mathrm{T}}\left(\hat{\boldsymbol{B}}\boldsymbol{e}\right)\left(\boldsymbol{B}\boldsymbol{e}\right)=\frac{7}{18},\quad \boldsymbol{\alpha}^{\mathrm{T}}\left(\hat{\boldsymbol{B}}\boldsymbol{e}\right)^2=\frac{7}{18}\\
&\hat{\boldsymbol{\alpha}}^{\mathrm{T}}\left(\boldsymbol{B}\boldsymbol{e}\right)^2=\frac{7}{18},\quad \hat{\boldsymbol{\alpha}}^{\mathrm{T}}\left(\boldsymbol{B}\boldsymbol{e}\right)\left(\hat{\boldsymbol{B}}\boldsymbol{e}\right)=\frac{7}{18}\\
&\hat{\boldsymbol{\alpha}}^{\mathrm{T}}\left(\hat{\boldsymbol{B}}\boldsymbol{e}\right)\left(\boldsymbol{B}\boldsymbol{e}\right)=\frac{7}{18},\quad \hat{\boldsymbol{\alpha}}^{\mathrm{T}}\left(\hat{\boldsymbol{B}}\boldsymbol{e}\right)^2=\frac{7}{18}
\end{aligned}
\tag{1.352}
$$

从而可以得到一种强 1 阶 1 级 Runge-Kutta 方法，Butcher 表为

$$\begin{array}{c|c} 1 & \frac{1}{2} \\ \hline & 1 \end{array} \qquad \begin{array}{c|c} 1 & \frac{1}{2} \\ \hline & 1 \end{array} \tag{1.353}$$

强 1.5 阶 2 级显式 Runge-Kutta 方法的 Butcher 表为

$$\begin{array}{c|ccc} 0 & 0 & 0 & 0 \\ \frac{14}{9} & 0 & \frac{7}{9} & 0 \\ \hline \frac{5}{14} & \frac{9}{14} & \frac{5}{14} & \frac{9}{14} \end{array} \qquad \begin{array}{c|ccc} 0 & 0 & 0 & 0 \\ \frac{14}{9} & 0 & \frac{7}{9} & 0 \\ \hline \frac{5}{14} & \frac{9}{14} & \frac{5}{14} & \frac{9}{14} \end{array} \tag{1.354}$$

### 1.4.4 力学系统的随机变分计算

本小节考虑力学系统随机运动，首先建立其等时和非等时变分，之后给出描述力学系统带多维参数随机运动的几类重要 Gauss 场的变分表示 [47]。

#### 1.4.4.1 力学系统运动的随机变分

设力学系统的运动状态由 $n$ 个广义坐标 $q_1, q_2, \cdots, q_n$、$n$ 个广义速度 $\dot{q}_1, \dot{q}_2, \cdots, \dot{q}_n$ 确定。引入系统的 $2n$ 维状态矢量

$$\begin{aligned} &\boldsymbol{X} = (x_i), \quad i = 1, 2, \cdots, 2n \\ &x_1 = q_1, \quad \cdots, \quad x_n = q_n, \quad x_{n+1} = \dot{q}_1, \quad \cdots, \quad x_{2n} = \dot{q}_n \end{aligned} \tag{1.355}$$

假设系统受外部随机干扰，则状态矢量 $\boldsymbol{X}$ 是定义在概率空间 $(\Omega, \mathcal{F}, P)$ 上的矢量随机过程 $\boldsymbol{X} = \boldsymbol{X}(t, \omega), t \in T, \omega \in \Omega$，通常记为 $\boldsymbol{X}(t)$，并假定 $\boldsymbol{X} = \boldsymbol{X}(t) \in L_2$ 且均方可微 [48]。

系统的实际运动轨道是很多邻近的可能运动轨道中的一条，既满足附加约束方程又满足系统的动力学方程组。

**定义 1.66** 称实际运动轨道中从 $t = t_0$ 到 $t = t_1$ 的一段为系统的**正轨**，记为 $\gamma$。在正轨 $\gamma$ 的无限临近处引入任意变动的轨道 $\gamma^*$，使得 $\boldsymbol{X}^* = \boldsymbol{X}^*(t) \in L_2, t \in [t_0, t_1]$，称 $\gamma^*$ 为系统的**变轨**。

定义运动的**等时变分**为

$$\delta \boldsymbol{X} = \boldsymbol{X}^*(t) - \boldsymbol{X}(t), \quad t \in [t_0, t_1] \tag{1.356}$$

等时变分要附加以下限制：

(1) $\boldsymbol{X}^*(t)$ 在 $\boldsymbol{X}(t)$ 的一级距离领域内，即

$$\sum_{i=1}^{2n}\left\{\left|x_i^*-x_i(t)\right|^2+\left|\dot{x}_i^*-\dot{x}_i(t)\right|^2\right\}<\varepsilon,\quad 0<\varepsilon\ll 1 \tag{1.357}$$

(2) $\delta x_i\in C^2\,(i=1,2,\cdots,2n)$。

引入时间变更函数 $\left|(\delta t)^2+\left(\dot{\delta t}\right)^2\right|<\varepsilon,\dot{\delta t}=\mathrm{d}(\delta t)/\mathrm{d}t$ 且 $\delta t\in C^2$。由时间变更 $\delta t$ 产生的运动的**非等时变分**定义为

$$\Delta\boldsymbol{X}=\boldsymbol{X}^*(t+\delta t)-\boldsymbol{X}(t)\quad t,t+\delta t\in[t_0,t_1] \tag{1.358}$$

$\boldsymbol{X}(t)$ 的等时和非等时变分又具有无穷小方程形式，即

$$\delta\boldsymbol{X}=\boldsymbol{Z}_1\left\{\underset{\tau\leqslant t}{\boldsymbol{X}(\tau)};\boldsymbol{A},t\right\},\quad \Delta\boldsymbol{X}=\boldsymbol{Z}_2\left\{\underset{\tau\leqslant t}{\boldsymbol{X}(\tau)};\boldsymbol{A},t,\delta t\right\} \tag{1.359}$$

其中 $\boldsymbol{Z}_1,\boldsymbol{Z}_2$ 都是 $2n$ 维矢量泛函；$\boldsymbol{A}$ 是随机矢量，表征在系统的正轨 $\gamma$ 和变轨 $\gamma^*$ 间外部随机因素的介入情况。若 $\boldsymbol{Z}_1,\boldsymbol{Z}_2$ 仅依赖于 $\boldsymbol{X}(\tau)\,(\tau\leqslant t)$，则称 $\boldsymbol{X}(t)$ 是**可确定过程**，否则称 $\boldsymbol{X}(t)$ 是**不可确定过程**。

假定 $\dot{\boldsymbol{X}}(t)=\mathrm{d}\boldsymbol{X}(t)/\mathrm{d}t\in L_2$ 且均方可微，则按 Hölder 定义，无论系统所受约束完整与否，总有交换关系 $\delta\dot{\boldsymbol{X}}(t)=\mathrm{d}(\delta\boldsymbol{X})/\mathrm{d}t$。因此，与一般运动变分理论一样，等时和非等时仍有关系式 $\Delta\boldsymbol{X}=\delta\boldsymbol{X}+\dot{\boldsymbol{X}}\delta t$。

#### 1.4.4.2　流形上的广义 Gauss 场

力学系统的带多维参数的随机运动要用随机场来描述，并且这些场通常是特殊的，如白噪声场、Gauss 场等。设 $\left\{Y(\boldsymbol{u}),\boldsymbol{u}\in\mathbb{R}^d\right\}$ 是带 $d\,(d\geqslant 2)$ 维参数的 Gauss 场，可以表示为线性的广义白噪声泛函形式。为此，引入 Gel′fand 三元组 [49]

$$E\subset L^2\left(\mathbb{R}^d\right)\subset E^*,\quad d\geqslant 2 \tag{1.360}$$

其中 $E$ 是基本核空间，可取为 Schwartz 或 Sobolev 空间，$E^*$ 是 $E$ 的对偶空间。

**定义 1.67**　令 $\left(L^2\right)=L^2\left(E^*,\mu\right)$ 表示白噪声 $W(\boldsymbol{u})\left(\boldsymbol{u}\in\mathbb{R}^d\right)$ 的泛函空间，$\mu$ 是白噪声测度，则 $\left(L^2\right)$ 上的带特征泛函

$$\boldsymbol{Z}(\xi)=\int_{E^*}\exp\left(\mathrm{i}\langle x,\xi\rangle\right)\mathrm{d}\mu(x)=\exp\left(-\|\xi\|^2/2\right),\quad x\in E^*,\quad \xi\in E \tag{1.361}$$

称为**广义 Gauss 场**或白噪声场，其中 $\langle x,\xi\rangle$ 为联系 $E^*,E$ 的正则双线性表示，$\|\cdot\|$ 为 $L^2\left(\mathbb{R}^d\right)$ 的模。

广义白噪声泛函空间 $(S)^*$ 与检测泛函空间 $(S)$ 仍由 Gel′fand 三元组定义

$$(S) \subset L^2(E^*, \mu) \equiv L^2 \subset (S)^* \tag{1.362}$$

泛函空间 $(S)^*$ 上的 $\mathcal{L}$ 变换定义为

$$\mathcal{L} : \varphi \to (\mathcal{L}\varphi)(\xi) \equiv U(\xi) = \int_{E^*} \varphi(x + \xi)\,\mathrm{d}\mu(x), \quad \varphi \in (S)^* \tag{1.363}$$

式 (1.363) 给出了 $\varphi \in (S)^*$ 的 $U$ 泛函表示 $U(\xi)$。$\mathcal{L}$ 可逆。

选取核空间 $E$ 为 Schwartz 空间 $S = S(\mathbb{R}^d)$，则 $U$ 泛函 $U(\xi)$ 在 $\xi \in S$ 处 Fréchet 可微，泛函导数记为 $U'_\xi(\xi, u)$。泛函变分 $\delta U(\xi)$ 可表示为

$$\begin{aligned} &\delta U(\xi) = \left\langle U'_\xi(\xi, \bullet), \delta\xi(\bullet)\right\rangle = \int_{\mathbb{R}^d} U'_\xi(\xi, \boldsymbol{u})\,\delta\xi(\boldsymbol{u})\,\mathrm{d}v(\boldsymbol{u}) \\ &\boldsymbol{u} \in \mathbb{R}^d, \quad \xi = \xi(\boldsymbol{u}) \in S, \quad \delta\xi \in S \end{aligned} \tag{1.364}$$

其中泛函导数 $U'_\xi(\xi, \boldsymbol{u})$ 称为积分表示 (1.364) 的**核**，可以是广义函数，$\mathrm{d}v(\boldsymbol{u})$ 为 $\mathbb{R}^d$ 上 Lebesgue 测度，在适当度量下可导为线元、表面元或体积元。

广义 Gauss 场的参数 $\boldsymbol{u}$ 通常被限制在较低维 $C^\infty$ 流形 $C$ 上，$C$ 上的 Gel′fand 三元组为

$$E(C) \subset L^2(C, \mathrm{d}\sigma(s)) \subset E^*, \quad s \in C \tag{1.365}$$

$\mathrm{d}\sigma(s)$ 是 $C$ 的表面元。将此时白噪声及其测度分别记为 $W_C(\boldsymbol{u})$ 和 $\mu_C$，则广义白噪声泛函空间 $(S(C))^*$ 定义在测度空间 $(E^*(C), \mu_C)$ 上，有映射关系 $(S)^* \to (S(C))^*$。该映射将 $U$ 泛函的变量 $\xi$ 限制在 $S(C)$ 中 $U(\xi) \to U(\xi_C), \xi_C = \xi_C(\boldsymbol{u}) = \xi(\boldsymbol{u})|_C \in S(C)$。

#### 1.4.4.3 流形上广义 Gauss 场的变分计算

研究流形 $C$ 上的广义 Gauss 场 $\{Y(C), C \in \boldsymbol{C}\}$。假定

(1) $\boldsymbol{C} = \{C$: 同胚于单位球面 $S^{d-1}$ 的凸 $C^\infty$ 流形，$d \geqslant 2\}$；

(2) $Y(C) \in (S)^*$，核空间 $E$ 取为 Schwartz 空间 $S(\mathbb{R}^d)$。

当流形 $C$ 在旋转群作用下发生无穷小变形，即 $C \to C + \delta C \in \boldsymbol{C}$ 时，$Y(C)$ 对 $C$ 的变化依赖性由其变分 $\delta Y(C) = Y(C + \delta C) - Y(C)$ 来表征，而 $Y(C)$ 的 $U$ 的泛函也相应发生变化 $\delta U(C, \xi) = U(C + \delta C, \xi) - U(C, \xi)$，即

$$\delta Y(C) \leftrightarrow \delta U(C, \xi), \quad \xi \in S(\mathbb{R}^d) \tag{1.366}$$

$\delta U(C, \xi)$ 可由式 (1.364) 改变积分域后给出。

下面给出几类重要的 Gauss 场的变分表示。首先讨论场

$$Y(C)=\int_{[C]}F(C,\boldsymbol{u})W(\boldsymbol{u})\,\mathrm{d}v(\boldsymbol{u}),\quad \boldsymbol{u}\in\mathbb{R}^d \tag{1.367}$$

其中 $[C]$ 为 $C$ 的闭域。

**命题 1.23**　若式 (1.367) 中核函数 $F(C,\boldsymbol{u})\in(S)$ 在 $s\in C$ 处 Fréchet 可微，且其泛函导数 $F_n'(C,\boldsymbol{u})(s)$ 在 $\boldsymbol{u}\in\mathbb{R}^d$ 处平方可积，则式 (1.367) 给出场变分表示为 [47]

$$\begin{aligned}\delta Y(C)=&\int_C\int_{[C]}F_n'(C,\boldsymbol{u})(s)W(\boldsymbol{u})\,\delta n(s)\,\mathrm{d}\sigma(s)\,\mathrm{d}v(\boldsymbol{u})\\&+\int_C F(C,\boldsymbol{u}(s))W(\boldsymbol{u}(s))\,\delta n(s)\,\mathrm{d}\sigma(s)\end{aligned} \tag{1.368}$$

其中 $n$ 表示流形 $C$ 的外法线方向，$\delta n$ 为 $C$ 和 $C+\delta C$ 间法向距离。

**证明**　易知 $Y(C)\in(S)^*$，由 $\mathcal{L}$ 变换得到其 $U$ 泛函为

$$U(C,\xi)=(\mathcal{L}Y)(C)=\int_{[C]}F(C,\boldsymbol{u})\xi(\boldsymbol{u})\,\mathrm{d}v(\boldsymbol{u}),\quad \xi\in S\left(\mathbb{R}^d\right) \tag{1.369}$$

其变分由式 (1.364) 改变积分域给出

$$\begin{aligned}\delta U(C,\xi)=&\int_{[C]}\delta F(C,\boldsymbol{u})\xi(\boldsymbol{u})\,\mathrm{d}v(\boldsymbol{u})\\&+\int_{[C]}F(C,\boldsymbol{u}(s))\xi(\boldsymbol{u}(s))\,\delta n(s)\,\mathrm{d}\sigma(s)\\=&\int_C\int_{[C]}F_n'(C,\boldsymbol{u})(s)\xi(\boldsymbol{u})\,\delta n(s)\,\mathrm{d}\sigma(s)\,\mathrm{d}v(\boldsymbol{u})\\&+\int_C F(C,\boldsymbol{u}(s))\xi(\boldsymbol{u}(s))\,\delta n(s)\,\mathrm{d}\sigma(s)\end{aligned} \tag{1.370}$$

应用 $\mathcal{L}$ 逆变换命题即可得证。

其次研究可加场

$$Y(C)=\int_{[C]}F(\boldsymbol{u})W(\boldsymbol{u})\,\mathrm{d}v(\boldsymbol{u}),\quad \boldsymbol{u}\in\mathbb{R}^d \tag{1.371}$$

其中核 $F(\boldsymbol{u})$ 独立于 $C$。

为计算式 (1.371) 的变分，这里利用命题 1.23 的结果。由于核 $F(\boldsymbol{u})$ 独立于 $C$，式 (1.370) 右边第一项不存在，为此有如下推论。

**推论 1.1** 若式 (1.371) 中核函数 $F(\boldsymbol{u})\in(S)$ 在 $\boldsymbol{u}\in\mathbb{R}^d$ 处平方可积且独立于 $C$，则按式 (1.371) 给出场变分表示 [47]

$$\delta Y(C)=\int_C F(s)W(s)\delta n(s)\,\mathrm{d}\sigma(s) \tag{1.372}$$

并且 $U(C,\xi)$ 和 $Y(C)$ 的泛函导数分别为

$$U_n'(C,\xi)(s)=F(s)\xi(s),\quad Y_n'(C)(s)=F(s)W(s) \tag{1.373}$$

仍独立于 $C$。

最后研究场

$$Y(C)=\int_C F(\boldsymbol{u}(s))W(\boldsymbol{u}(s))\,\mathrm{d}\sigma(s) \tag{1.374}$$

其中核函数 $F(\boldsymbol{u}(s))$ 独立于 $C$。

**命题 1.24** 若式 (1.374) 核函数 $F(\boldsymbol{u}(s))\in(S)$ 和白噪声 $W(\boldsymbol{u}(s))$ 在 $s\in C$ 处均 Fréchet 可微，且各自法向导数 $\partial F(\boldsymbol{u}(s))/\partial n$ 和 $\partial W(\boldsymbol{u}(s))/\partial n$ 在 $\boldsymbol{u}=\boldsymbol{u}(s)$ 处平方可积，$F(\boldsymbol{u}(s))$ 独立于 $C$，则式 (1.374) 给出场变分表示为 [47]

$$\begin{aligned}\delta Y(C)=\int_C\Big[&\frac{\partial}{\partial n}F(\boldsymbol{u}(s))W(\boldsymbol{u}(s))+F(\boldsymbol{u}(s))\frac{\partial}{\partial n}W(\boldsymbol{u}(s))\\&-KF(\boldsymbol{u}(s))W(\boldsymbol{u}(s))\Big]\delta n(s)\,\mathrm{d}\sigma(s)\end{aligned} \tag{1.375}$$

其中 $K$ 是 $C$ 的曲率。

**证明** 易知 $Y(C)\in(S)^*$，由 $\mathcal{L}$ 变换得到其 $U$ 泛函为

$$U(C,\xi)=(\mathcal{L}Y)(C)=\int_C F(\boldsymbol{u}(s))\xi(\boldsymbol{u}(s))\,\mathrm{d}\sigma(s),\quad \xi\in S\left(\mathbb{R}^d\right) \tag{1.376}$$

相应的泛函变分为

$$\begin{aligned}\delta U(C,\xi)&=\int_C\Big[\frac{\partial}{\partial n}F(\boldsymbol{u}(s))\xi(\boldsymbol{u}(s))\delta n(s)\,\mathrm{d}\sigma(s)+F(\boldsymbol{u}(s))\frac{\partial}{\partial n}\xi(\boldsymbol{u}(s))\\&\qquad\cdot\delta n(s)\,\mathrm{d}\sigma(s)+F(\boldsymbol{u}(s))\xi(\boldsymbol{u}(s))\delta(\mathrm{d}\sigma(s))\Big]\\&=\int_C\Big[\frac{\partial}{\partial n}F(\boldsymbol{u}(s))\xi(\boldsymbol{u}(s))+F(\boldsymbol{u}(s))\frac{\partial}{\partial n}\xi(\boldsymbol{u}(s))\end{aligned}$$

$$-KF(\boldsymbol{u}(s))\,\xi(\boldsymbol{u}(s))\Big]\delta n(s)\,\mathrm{d}\sigma(s) \tag{1.377}$$

对式 (1.377) 做 $\mathcal{L}$ 逆变换命题即可得证。

以上讨论的随机场所基于的流形都是封闭的，对开情形则要在各变分表示右边加上端点变分。

# 第 2 章　哈密顿系统及其保辛算法

## 2.1　哈密顿系统

哈密顿系统具有许多内在的特性，比如它的相流保持相空间的面积和体积不变、保持能量和动量不变等，其中相流保持相空间的辛结构不变是哈密顿系统的重要特征之一。辛结构不变本身就隐含了相空间的面积和体积的不变性。因此在数值求解哈密顿方程时，自然希望所用的差分格式能够保持这一特性，即为辛格式，也就是从上一步到下一步的迭代映射是辛映射 [3]。

本节从哈密顿方程的引入出发，介绍哈密顿方程的辛结构与守恒律，重点给出一些简单的辛格式，最后介绍非齐次哈密顿方程辛算法和划归方法。

### 2.1.1　哈密顿方程

#### 2.1.1.1　保守系统哈密顿方程的引入

在力学方面，牛顿提出了运动的基本定律，并在数学上创造了微积分学，对于 $n$ 个自由度的运动，有

$$\begin{aligned}
&\text{位置向量} \quad \boldsymbol{q}=(q_1,q_2,\cdots,q_n)^{\mathrm{T}}\\
&\text{速度向量} \quad \dot{\boldsymbol{q}}=\frac{\mathrm{d}}{\mathrm{d}t}\boldsymbol{q}=(\dot{q}_1,\dot{q}_2,\cdots,\dot{q}_n)^{\mathrm{T}}\\
&\text{加速度向量} \quad \ddot{\boldsymbol{q}}=\frac{\mathrm{d}^2}{\mathrm{d}t^2}\boldsymbol{q}=(\ddot{q}_1,\ddot{q}_2,\cdots,\ddot{q}_n)^{\mathrm{T}}
\end{aligned} \tag{2.1}$$

在守恒的力学体系中力场表示为

$$\boldsymbol{F}=-\frac{\partial}{\partial \boldsymbol{q}}V \tag{2.2}$$

于是有

$$\boldsymbol{M}\frac{\mathrm{d}^2\boldsymbol{q}}{\mathrm{d}t^2}=-\frac{\partial}{\partial \boldsymbol{q}}V \tag{2.3}$$

这就是运动方程的标准形式，它是在 $n$ 维位形空间 $\mathbb{R}^n$ 中的二阶微分方程组，通常称为**经典力学的标准形式** [50]。

到了 18 世纪，拉格朗日引进了作用量

$$L(\boldsymbol{q},\dot{\boldsymbol{q}})=T-V \tag{2.4}$$

表示为动能与势能的差的作用量，这就是拉格朗日函数

$$L(\boldsymbol{q},\dot{\boldsymbol{q}})=T(\dot{\boldsymbol{q}})-V(\boldsymbol{q})=\frac{1}{2}\dot{\boldsymbol{q}}^{\mathrm{T}}\boldsymbol{M}\dot{\boldsymbol{q}}-V(\boldsymbol{q}) \tag{2.5}$$

欧拉和拉格朗日等人还证明了在给定初始位置 $\boldsymbol{q}(t_0)=\boldsymbol{q}^0$ 和终止位置 $\boldsymbol{q}(t_1)=\boldsymbol{q}^1$ 的一切假想轨道中，能使泛函 $\int_{t_0}^{t_1}L(\boldsymbol{q},\dot{\boldsymbol{q}})\,\mathrm{d}t$ 达到极值的轨道就是运动的真实轨道，即真实轨道的 $\boldsymbol{q}$ 满足变分方程

$$\delta\int_{t_0}^{t_1}L(\boldsymbol{q},\dot{\boldsymbol{q}})\,\mathrm{d}t=0 \tag{2.6}$$

其中 $\delta$ 是变分微分算子。

在等时变分情况下，有

$$\delta\dot{\boldsymbol{q}}=\frac{\mathrm{d}}{\mathrm{d}t}(\delta\boldsymbol{q}),\quad \delta\int_{t_0}^{t_1}L(\boldsymbol{q},\dot{\boldsymbol{q}})\,\mathrm{d}t=\int_{t_0}^{t_1}\delta\left[L(\boldsymbol{q},\dot{\boldsymbol{q}})\right]\mathrm{d}t=0 \tag{2.7}$$

由链式法则，在等时变分的情况下有

$$\delta L=\frac{\partial L}{\partial\dot{\boldsymbol{q}}}\delta\dot{\boldsymbol{q}}+\frac{\partial L}{\partial\boldsymbol{q}}\delta\boldsymbol{q} \tag{2.8}$$

由于

$$\frac{\mathrm{d}}{\mathrm{d}t}\left(\frac{\partial L}{\partial\dot{\boldsymbol{q}}}\cdot\delta\boldsymbol{q}\right)=\frac{\partial L}{\partial\dot{\boldsymbol{q}}}\frac{\mathrm{d}}{\mathrm{d}t}(\delta\boldsymbol{q})+\frac{\mathrm{d}}{\mathrm{d}t}\left(\frac{\partial L}{\partial\dot{\boldsymbol{q}}}\right)\delta\boldsymbol{q}=\frac{\partial L}{\partial\dot{\boldsymbol{q}}}\delta\dot{\boldsymbol{q}}+\frac{\mathrm{d}}{\mathrm{d}t}\left(\frac{\partial L}{\partial\dot{\boldsymbol{q}}}\right)\delta\boldsymbol{q} \tag{2.9}$$

移项即有

$$\frac{\partial L}{\partial\dot{\boldsymbol{q}}}\delta\dot{\boldsymbol{q}}=\frac{\mathrm{d}}{\mathrm{d}t}\left(\frac{\partial L}{\partial\dot{\boldsymbol{q}}}\cdot\delta\boldsymbol{q}\right)-\frac{\mathrm{d}}{\mathrm{d}t}\left(\frac{\partial L}{\partial\dot{\boldsymbol{q}}}\right)\delta\boldsymbol{q} \tag{2.10}$$

将式 (2.10) 代入式 (2.8)，有

$$\delta L=\frac{\mathrm{d}}{\mathrm{d}t}\left(\frac{\partial L}{\partial\dot{\boldsymbol{q}}}\cdot\delta\boldsymbol{q}\right)-\frac{\mathrm{d}}{\mathrm{d}t}\left(\frac{\partial L}{\partial\dot{\boldsymbol{q}}}\right)\delta\boldsymbol{q}+\frac{\partial L}{\partial\boldsymbol{q}}\delta\boldsymbol{q} \tag{2.11}$$

将式 (2.11) 代入式 (2.7) 中的第 2 式，有

$$\int_{t_0}^{t_1} \delta\left[L\left(\boldsymbol{q},\dot{\boldsymbol{q}}\right)\right]\mathrm{d}t = \int_{t_0}^{t_1}\left[\frac{\mathrm{d}}{\mathrm{d}t}\left(\frac{\partial L}{\partial \dot{\boldsymbol{q}}}\cdot\delta\boldsymbol{q}\right) - \frac{\mathrm{d}}{\mathrm{d}t}\left(\frac{\partial L}{\partial \dot{\boldsymbol{q}}}\right)\delta\boldsymbol{q} + \frac{\partial L}{\partial \boldsymbol{q}}\delta\boldsymbol{q}\right]\mathrm{d}t = 0 \tag{2.12}$$

计算得

$$\frac{\partial L}{\partial \dot{\boldsymbol{q}}}\cdot\delta\boldsymbol{q}\bigg|_{t_0}^{t_1} + \int_{t_0}^{t_1}\left[-\frac{\mathrm{d}}{\mathrm{d}t}\left(\frac{\partial L}{\partial \dot{\boldsymbol{q}}}\right)\delta\boldsymbol{q} + \frac{\partial L}{\partial \boldsymbol{q}}\delta\boldsymbol{q}\right]\mathrm{d}t = 0 \tag{2.13}$$

由于在 $t_0, t_1$ 处 $\delta\boldsymbol{q} = 0$，所以式 (2.13) 变为

$$\int_{t_0}^{t_1}\left[-\frac{\mathrm{d}}{\mathrm{d}t}\left(\frac{\partial L}{\partial \dot{\boldsymbol{q}}}\right)\delta\boldsymbol{q} + \frac{\partial L}{\partial \boldsymbol{q}}\delta\boldsymbol{q}\right]\mathrm{d}t = 0 \tag{2.14}$$

即

$$\int_{t_0}^{t_1}\left[-\frac{\mathrm{d}}{\mathrm{d}t}\left(\frac{\partial L}{\partial \dot{\boldsymbol{q}}}\right) + \frac{\partial L}{\partial \boldsymbol{q}}\right]\delta\boldsymbol{q}\mathrm{d}t = 0 \tag{2.15}$$

由于 $\boldsymbol{q}$ 是独立变量，所以有

$$-\frac{\mathrm{d}}{\mathrm{d}t}\left(\frac{\partial L}{\partial \dot{\boldsymbol{q}}}\right) + \frac{\partial L}{\partial \boldsymbol{q}} = 0 \tag{2.16}$$

即

$$\frac{\mathrm{d}}{\mathrm{d}t}\left(\frac{\partial L}{\partial \dot{\boldsymbol{q}}}\right) - \frac{\partial L}{\partial \boldsymbol{q}} = 0 \tag{2.17}$$

从而得到**变分原理的极值方程，**即**拉格朗日方程** [50]。

到了 19 世纪，哈密顿又提出了另一种形式。他引进广义动量

$$\boldsymbol{p} = \frac{\partial L}{\partial \dot{\boldsymbol{q}}} \tag{2.18}$$

同时对拉格朗日函数 $L$ 作 Legendre 变换，得到哈密顿函数 [51]

$$H\left(\boldsymbol{p},\boldsymbol{q}\right) = \boldsymbol{p}^{\mathrm{T}}\dot{\boldsymbol{q}} - L\left(\boldsymbol{q},\dot{\boldsymbol{q}}\right) \tag{2.19}$$

将式 (2.19) 两边分别对 $\boldsymbol{p}$ 和 $\boldsymbol{q}$ 独立求导，得到

$$\begin{aligned}\frac{\partial H}{\partial \boldsymbol{p}} &= \dot{\boldsymbol{q}} + \boldsymbol{p}^{\mathrm{T}}\frac{\partial \dot{\boldsymbol{q}}}{\partial \boldsymbol{p}} - \left(\frac{\partial L}{\partial \dot{\boldsymbol{q}}}\right)^{\mathrm{T}}\frac{\partial \dot{\boldsymbol{q}}}{\partial \boldsymbol{p}}\\ \frac{\partial H}{\partial \boldsymbol{q}} &= \boldsymbol{p}^{\mathrm{T}}\frac{\partial \dot{\boldsymbol{q}}}{\partial \boldsymbol{q}} - \frac{\partial L}{\partial \boldsymbol{q}} - \left(\frac{\partial L}{\partial \dot{\boldsymbol{q}}}\right)^{\mathrm{T}}\frac{\partial \dot{\boldsymbol{q}}}{\partial \boldsymbol{q}}\end{aligned} \tag{2.20}$$

将式 (2.18) 代入式 (2.20) 中得到

$$\frac{\partial H}{\partial \boldsymbol{p}} = \dot{\boldsymbol{q}}, \quad \frac{\partial H}{\partial \boldsymbol{q}} = -\frac{\partial L}{\partial \boldsymbol{q}} \tag{2.21}$$

另外，根据式 (2.18) 和拉格朗日方程 (2.17) 得到

$$\frac{\partial L}{\partial \boldsymbol{q}} = \frac{\mathrm{d}}{\mathrm{d}t}\left(\frac{\partial L}{\partial \dot{\boldsymbol{q}}}\right) = \dot{\boldsymbol{p}} \tag{2.22}$$

从而得到**哈密顿正则方程**

$$\dot{\boldsymbol{p}} = -\frac{\partial H}{\partial \boldsymbol{q}}, \quad \dot{\boldsymbol{q}} = \frac{\partial H}{\partial \boldsymbol{p}} \tag{2.23}$$

#### 2.1.1.2　非保守系统的哈密顿方程

在力学系统中，若系统是定常的且势力场不随时间发生变化，则系统的总机械能的变化完全由非有势力做功所致。如果非有势力的功率大于零，则系统的机械能增加。如果非有势力的功率恒小于零，则系统的总机械能势必减小，将这样的非有势主动力称为耗散力，受耗散力作用的系统称为耗散系统，或称非保守系统 [52]。

对于非保守系统，其拉格朗日方程为

$$\frac{\mathrm{d}}{\mathrm{d}t}\left(\frac{\partial L}{\partial \dot{\boldsymbol{q}}}\right) - \frac{\partial L}{\partial \boldsymbol{q}} = \boldsymbol{Q} \tag{2.24}$$

其中 $\boldsymbol{Q}$ 为广义耗散力。

同样引入广义动量 (2.18) 和哈密顿函数 (2.19)，可以推导得到非保守系统的哈密顿正则方程

$$\dot{\boldsymbol{p}} = -\frac{\partial H}{\partial \boldsymbol{q}} + \boldsymbol{Q}, \quad \dot{\boldsymbol{q}} = \frac{\partial H}{\partial \boldsymbol{p}} \tag{2.25}$$

由于非保守系统的哈密顿方程是哈密顿方程中的特殊情况，后续内容如无特别说明，哈密顿方程均为保守系统的哈密顿正则方程，即式 (2.23)。

#### 2.1.1.3　哈密顿方程的定义

**定义 2.1**　设 $H$ 是 $2n$ 个变量 $p_1, p_2, \cdots, p_n, q_1, q_2, \cdots, q_n$ 的可微函数，则**哈密顿方程**是 [2]

$$\dot{\boldsymbol{p}} = -H_{\boldsymbol{q}}, \quad \dot{\boldsymbol{q}} = H_{\boldsymbol{p}} \tag{2.26}$$

其中 $\boldsymbol{p} = (p_1, p_2, \cdots, p_n)^{\mathrm{T}}, \boldsymbol{q} = (q_1, q_2, \cdots, q_n)^{\mathrm{T}}$。

利用 Poisson 括号的表示，方程 (2.26) 可以等价地表示为

$$\dot{p}_i = \{p_i, H\}, \quad \dot{q}_i = \{q_i, H\}, \quad i = 1, 2, \cdots, n \tag{2.27}$$

为了表述方便，记

$$\boldsymbol{z} = (p_1, p_2, \cdots, p_n, q_1, q_2, \cdots, q_n)^{\mathrm{T}} = (z_1, z_2, \cdots, z_n, z_{n+1}, z_{n+2}, \cdots, z_{2n})^{\mathrm{T}}$$

$$H_{\boldsymbol{z}} = \left(\frac{\partial H}{\partial z_1}, \frac{\partial H}{\partial z_2}, \cdots, \frac{\partial H}{\partial z_{2n}}\right)^{\mathrm{T}}, \quad \boldsymbol{J} = \begin{pmatrix} \boldsymbol{0} & \boldsymbol{I}_n \\ -\boldsymbol{I}_n & \boldsymbol{0} \end{pmatrix} \tag{2.28}$$

其中 $\boldsymbol{I}_n$ 是 $n$ 阶单位矩阵，$\boldsymbol{J}$ 是标准反对称矩阵，其逆矩阵 $\boldsymbol{J}^{-1} = \boldsymbol{J}^{\mathrm{T}} = -\boldsymbol{J}$。利用这些记号，方程 (2.26) 可以表示为

$$\frac{\mathrm{d}\boldsymbol{z}}{\mathrm{d}t} = \boldsymbol{J}^{-1} H_{\boldsymbol{z}} \tag{2.29}$$

其中函数 $H$ 称为该系统的**哈密顿函数**。

用 $g_H^t$ 表示方程 (2.26) 的相流，即向量场 $\boldsymbol{J}^{-1} H_{\boldsymbol{z}}$ 的相流，后文简记为 $g^t$。

**定理 2.1 (哈密顿力学的基本定理)** 任何一个哈密顿系统的解是一个单参数辛群，用 $Sp(2n)$ 来表示 [53]。

### 2.1.2 辛结构与守恒律

由定理 2.1 可知，哈密顿力学是建立在辛几何基础上的。为简单起见，仅考虑经典的相空间 $\mathbb{R}^{2n} = \mathbb{R}_p^n \times \mathbb{R}_q^n$，其中 $\mathbb{R}_p^n$ 称为动量空间、$\mathbb{R}_q^n$ 称为构形空间。因为局部地看，每一个 $2n$ 维流形都同胚于 $\mathbb{R}^{2n}$ 的质点的邻域。

#### 2.1.2.1 辛结构与正则变换

哈密顿系统相空间配备着一个标准辛结构，是指一个闭的微分 2-形式 [2]

$$\omega_{\boldsymbol{J}} = \sum_{i=1}^{n} \mathrm{d}z_i \wedge \mathrm{d}z_{n+i} = \sum_{i=1}^{n} \mathrm{d}p_i \wedge \mathrm{d}q_i \tag{2.30}$$

其中符号 “∧” 代表外积，即对于 $\mathbb{R}^{2n}$ 中每一点 $\boldsymbol{z}$，它是 $\boldsymbol{z}$ 点的切空间 $T_{\boldsymbol{z}}\mathbb{R}^{2n}$ 上的反对称双线性形式

$$\omega_{\boldsymbol{J}}(\boldsymbol{\xi}, \boldsymbol{\eta}) = \boldsymbol{\xi}^{\mathrm{T}} \boldsymbol{J} \boldsymbol{\eta}, \quad \forall \boldsymbol{\xi}, \boldsymbol{\eta} \in T_{\boldsymbol{z}}\mathbb{R}^{2\boldsymbol{n}} \tag{2.31}$$

令 $\boldsymbol{w} : \mathbb{R}^{2n} \to \mathbb{R}^{2n}$ 是一个从点 $\boldsymbol{z} \in \mathbb{R}^{2n}$ 到 $\boldsymbol{w}(\boldsymbol{z}) \in \mathbb{R}^{2n}$ 的可微映射，相应的

Jacobi 矩阵为

$$\frac{\partial \boldsymbol{w}}{\partial \boldsymbol{z}} = \begin{pmatrix} \dfrac{\partial w_1}{\partial z_1} & \cdots & \dfrac{\partial w_1}{\partial z_{2n}} \\ \vdots & & \vdots \\ \dfrac{\partial w_{2n}}{\partial z_1} & \cdots & \dfrac{\partial w_{2n}}{\partial z_{2n}} \end{pmatrix} \tag{2.32}$$

对于每一个点 $\boldsymbol{z} \in \mathbb{R}^{2n}$，映射 $\boldsymbol{w}$ 诱导出一个从点 $\boldsymbol{z}$ 的切空间到点 $\boldsymbol{w}(\boldsymbol{z})$ 的切空间线性映射 $\boldsymbol{w}_*(\boldsymbol{z})$，即

$$\boldsymbol{\xi} = (\xi_1, \cdots, \xi_{2n})^{\mathrm{T}} \to \boldsymbol{w}_*\boldsymbol{\xi} = \frac{\partial \boldsymbol{w}}{\partial \boldsymbol{z}}\boldsymbol{\xi}, \quad \boldsymbol{\xi} \in T_{\boldsymbol{z}}\mathbb{R}^{2n} \tag{2.33}$$

对于每一个 $\mathbb{R}^{2n}$ 上 2-形式 $\omega$，它同样诱导出在 $\mathbb{R}^{2n}$ 上一个 $\boldsymbol{w}_*\omega$ 的 2-形式 [2,3]

$$\boldsymbol{w}^*\omega(\boldsymbol{\xi}, \boldsymbol{\eta})_{\boldsymbol{z}} = \omega\left(\frac{\partial \boldsymbol{w}}{\partial \boldsymbol{z}}\boldsymbol{\xi}, \frac{\partial \boldsymbol{w}}{\partial \boldsymbol{z}}\boldsymbol{\eta}\right)_{\boldsymbol{w}(\boldsymbol{z})}, \quad \boldsymbol{\xi}, \boldsymbol{\eta} \in T_{\boldsymbol{z}}\mathbb{R}^{2n} \tag{2.34}$$

若 $\omega(\boldsymbol{\xi}, \boldsymbol{\eta})_{\boldsymbol{z}} = \boldsymbol{\xi}^{\mathrm{T}}\boldsymbol{A}(\boldsymbol{z})\boldsymbol{\eta}, \boldsymbol{A}(\boldsymbol{z})^{\mathrm{T}} = -\boldsymbol{A}(\boldsymbol{z})$，则有

$$\boldsymbol{w}^*\omega(\boldsymbol{\xi}, \boldsymbol{\eta})_{\boldsymbol{z}} = \boldsymbol{\xi}^{\mathrm{T}}\boldsymbol{B}(\boldsymbol{z})\boldsymbol{\eta} \tag{2.35}$$

其中

$$\boldsymbol{B}(\boldsymbol{z}) = \left(\frac{\partial \boldsymbol{w}}{\partial \boldsymbol{z}}\right)^{\mathrm{T}} \boldsymbol{A}(\boldsymbol{w}(\boldsymbol{z}))\frac{\partial \boldsymbol{w}}{\partial \boldsymbol{z}} \tag{2.36}$$

**定义 2.2**　假设 $\boldsymbol{w}$ 是 $\mathbb{R}^{2n}$ 上一个微分同胚,若 $\boldsymbol{w}$ 保持标准辛结构,即 $\boldsymbol{w}^*\omega_{\boldsymbol{J}} = \omega_{\boldsymbol{J}}$，则 [2,3]

$$\left(\frac{\partial \boldsymbol{w}}{\partial \boldsymbol{z}}\right)^{\mathrm{T}} \boldsymbol{J}\frac{\partial \boldsymbol{w}}{\partial \boldsymbol{z}} = \boldsymbol{J} \tag{2.37}$$

即对于每一个点 $\boldsymbol{z}$ 的 Jacobi 矩阵是辛矩阵，称 $\boldsymbol{w}$ 是一个**正则变换**或**标准辛变换**。

正则变换的几何意义见图 2.1。

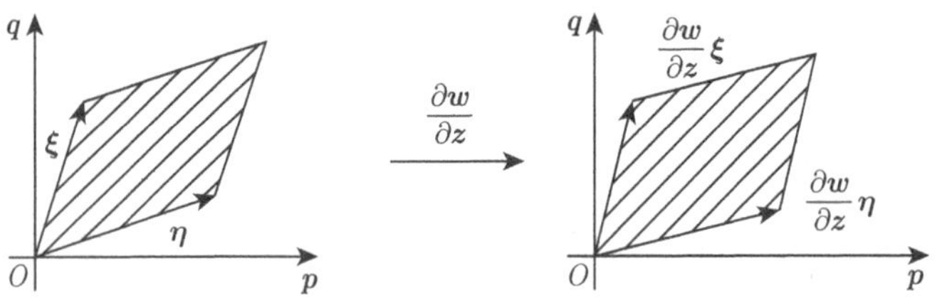


图 2.1　正则变换的几何意义

#### 2.1.2.2 相空间面积守恒律与首次积分

按照常微分方程理论，方程 (2.26) 至少在 $(\boldsymbol{z},t)$ 局部有一个 $\mathbb{R}^{2n}$ 中单参数群 $g^t$，满足

$$g^0=\mathrm{id},\quad g^{t_1+t_2}=g^{t_1}\cdot g^{t_2} \tag{2.38}$$

假设 $\boldsymbol{z}(t)$ 在 $t=0$ 处的初始值为 $\boldsymbol{z}_0$，则方程 (2.26) 的解可写成

$$\boldsymbol{z}(t)=g^t\boldsymbol{z}_0 \tag{2.39}$$

由哈密顿方程基本性质可知，对一切 $t,g^t$ 是一个正则变换，即

$$\left(g^t\right)^*\omega_{\boldsymbol{J}}=\omega_{\boldsymbol{J}} \tag{2.40}$$

这就引出下列**相空间面积守恒律** [2,3]

$$\begin{aligned}
&\int_{g^t\sigma^2}\omega_{\boldsymbol{J}}=\int_{\sigma^2}\omega_{\boldsymbol{J}}, && \text{每一个 2-链 } \sigma^2\subset\mathbb{R}^{2n}\\
&\int_{g^t\sigma^4}\omega_{\boldsymbol{J}}\wedge\omega_{\boldsymbol{J}}=\int_{\sigma^4}\omega_{\boldsymbol{J}}\wedge\omega_{\boldsymbol{J}}, && \text{每一个 4-链 } \sigma^4\subset\mathbb{R}^{2n}\\
&\vdots\\
&\int_{g^t\sigma^{2n}}\omega_{\boldsymbol{J}}\wedge\cdots\wedge\omega_{\boldsymbol{J}}=\int_{\sigma^{2n}}\omega_{\boldsymbol{J}}\wedge\cdots\wedge\omega_{\boldsymbol{J}}, && \text{每一个 } 2n\text{-链 } \sigma^{2n}\subset\mathbb{R}^{2n}
\end{aligned} \tag{2.41}$$

最后一个等式就是 Liouville 相体积守恒律。

**证明** 由式 (2.40) 可以直接得到式 (2.41) 中的第 1 式。

由式 (2.40)，利用拉回映射的外积交换性，有

$$\left(g^t\right)^*(\omega_{\boldsymbol{J}}\wedge\cdots\wedge\omega_{\boldsymbol{J}})=\left(g^t\right)^*\omega_{\boldsymbol{J}}\wedge\cdots\wedge\left(g^t\right)^*\omega_{\boldsymbol{J}} \tag{2.42}$$

将式 (2.40) 代入，则有

$$\left(g^t\right)^*(\omega_{\boldsymbol{J}}\wedge\cdots\wedge\omega_{\boldsymbol{J}})=\omega_{\boldsymbol{J}}\wedge\cdots\wedge\omega_{\boldsymbol{J}} \tag{2.43}$$

从而可得式 (2.41) 中的最后一式。得证。

另一些类型的守恒量是能量和所有首次积分。一个光滑函数 $\varphi(\boldsymbol{z})$ 称为**首次积分**，当且仅当对一切 $(\boldsymbol{z},t)$ 成立 $\varphi\left(g^t\boldsymbol{z}\right)=\varphi(\boldsymbol{z})$，等价于 $\{\varphi,H\}=0$，$H$ 是对应哈密顿系统的首次积分。标准辛结构 (2.30) 能够推广到更一般的辛结构——一个非奇异、闭的微分 2-形式

$$\omega_{\boldsymbol{K}}=\sum_{i<j}K_{ij}(\boldsymbol{z})\,\mathrm{d}z_i\wedge\mathrm{d}z_j \tag{2.44}$$

即

$$\omega_{\boldsymbol{K}}(\boldsymbol{\xi},\boldsymbol{\eta})_{\boldsymbol{z}}=\frac{1}{2}\boldsymbol{\xi}^{\mathrm{T}}\boldsymbol{K}(\boldsymbol{z})\boldsymbol{\eta},\quad [\boldsymbol{K}(\boldsymbol{z})]^{\mathrm{T}}=-\boldsymbol{K}(\boldsymbol{z}),\quad \det\boldsymbol{K}(\boldsymbol{z})\neq 0 \tag{2.45}$$

其中 $\boldsymbol{K}(\boldsymbol{z})=(K_{ij}(\boldsymbol{z}))$。

**定义 2.3 ($\boldsymbol{K}(\boldsymbol{z})$-辛变换)**　一个微分同胚 $\boldsymbol{w}:\mathbb{R}^{2n}\to\mathbb{R}^{2n}$ 称为 **$\boldsymbol{K}(\boldsymbol{z})$-正则的或 $\boldsymbol{K}(\boldsymbol{z})$-辛的**，如果 $\boldsymbol{w}^{*}\omega_{\boldsymbol{K}}=\omega_{\boldsymbol{K}}$，即

$$\left(\frac{\partial\boldsymbol{w}}{\partial\boldsymbol{z}}\right)^{\mathrm{T}}\boldsymbol{K}[\boldsymbol{w}(\boldsymbol{z})]\frac{\partial\boldsymbol{w}}{\partial\boldsymbol{z}}=\boldsymbol{K}(\boldsymbol{z}) \tag{2.46}$$

由 Darboux 定理可知，所有辛结构之间是等价的，即每一个非奇异闭的 2-形式 $\omega_{\boldsymbol{K}}$ 通过一个合适的坐标变换 $\boldsymbol{z}\to\boldsymbol{w}(\boldsymbol{z})$，能把辛结构 (2.44) 变为标准辛结构 (2.30)，即

$$\sum_{i<j}K_{ij}(\boldsymbol{z})\,\mathrm{d}z_i\wedge\mathrm{d}z_j=\sum_{i<j}\mathrm{d}\omega_i\wedge\mathrm{d}\omega_j \tag{2.47}$$

2.1.2.3　守恒律证明

哈密顿系统辛结构

$$\omega=\sum_{i=1}^{n}\mathrm{d}z_i\wedge\mathrm{d}z_{n+i} \tag{2.48}$$

满足守恒律

$$\frac{\mathrm{d}\omega}{\mathrm{d}t}=0 \tag{2.49}$$

**证明**　式 (2.48) 还可以写为

$$\begin{aligned}\omega&=\sum_{i=1}^{n}\mathrm{d}z_i\wedge\mathrm{d}z_{n+i}=\frac{1}{2}\left[\sum_{i=1}^{n}\mathrm{d}z_i\wedge\mathrm{d}z_{n+i}+\sum_{i=1}^{n}\mathrm{d}z_{n+i}\wedge(-\mathrm{d}z_i)\right]\\&=\frac{1}{2}(\mathrm{d}z_1,\cdots,\mathrm{d}z_n,\mathrm{d}z_{n+1},\cdots,\mathrm{d}z_{2n})^{\mathrm{T}}\wedge(\mathrm{d}z_{n+1},\cdots,\mathrm{d}z_{2n},-\mathrm{d}z_1,\cdots,-\mathrm{d}z_n)^{\mathrm{T}}\\&=\frac{1}{2}\mathrm{d}\boldsymbol{z}\wedge\boldsymbol{J}\mathrm{d}\boldsymbol{z}\end{aligned} \tag{2.50}$$

式 (2.50) 的微分形式为

$$\frac{\mathrm{d}\omega}{\mathrm{d}t}=\frac{\mathrm{d}}{\mathrm{d}t}\left(\frac{1}{2}\mathrm{d}\boldsymbol{z}\wedge\boldsymbol{J}\mathrm{d}\boldsymbol{z}\right) \tag{2.51}$$

令

$$\boldsymbol{z}_t = \frac{\mathrm{d}\boldsymbol{z}}{\mathrm{d}t} \tag{2.52}$$

则式 (2.51) 可以进一步写为

$$\frac{\mathrm{d}\omega}{\mathrm{d}t} = \frac{\mathrm{d}}{\mathrm{d}t}\left(\frac{1}{2}\mathrm{d}\boldsymbol{z} \wedge \boldsymbol{J}\mathrm{d}\boldsymbol{z}\right) = \frac{1}{2}\left(\mathrm{d}\boldsymbol{z}_t \wedge \boldsymbol{J}\mathrm{d}\boldsymbol{z} + \mathrm{d}\boldsymbol{z} \wedge \boldsymbol{J}\mathrm{d}\boldsymbol{z}_t\right) \tag{2.53}$$

对于式 (2.53) 中的第 1 项，利用外积 $\wedge$ 的性质，有

$$\mathrm{d}\boldsymbol{z}_t \wedge \boldsymbol{J}\mathrm{d}\boldsymbol{z} = -\boldsymbol{J}\mathrm{d}\boldsymbol{z} \wedge \mathrm{d}\boldsymbol{z}_t \tag{2.54}$$

由于 $\boldsymbol{J}$ 是反对称矩阵，式 (2.54) 可以进一步写为

$$\mathrm{d}\boldsymbol{z}_t \wedge \boldsymbol{J}\mathrm{d}\boldsymbol{z} = -\boldsymbol{J}\mathrm{d}\boldsymbol{z} \wedge \mathrm{d}\boldsymbol{z}_t = \mathrm{d}\boldsymbol{z} \wedge \boldsymbol{J}\mathrm{d}\boldsymbol{z}_t \tag{2.55}$$

因此，式 (2.53) 可以写为

$$\frac{\mathrm{d}\omega}{\mathrm{d}t} = \mathrm{d}\boldsymbol{z} \wedge \boldsymbol{J}\mathrm{d}\boldsymbol{z}_t \tag{2.56}$$

方程 (2.29) 的微分形式为

$$\boldsymbol{J}d\boldsymbol{z}_t = H_{\boldsymbol{zz}}\mathrm{d}\boldsymbol{z} \tag{2.57}$$

其中 $H_{\boldsymbol{zz}}$ 是函数 $H$ 在点 $\boldsymbol{z}$ 的 Hessian 矩阵，是对称矩阵。

从而，式 (2.56) 可以进一步写为

$$\frac{\mathrm{d}\omega}{\mathrm{d}t} = \mathrm{d}\boldsymbol{z} \wedge H_{\boldsymbol{zz}}\mathrm{d}\boldsymbol{z} \tag{2.58}$$

由外积 $\wedge$ 的性质和矩阵 $H_{\boldsymbol{zz}}$ 的对称性，有

$$\frac{\mathrm{d}\omega}{\mathrm{d}t} = \mathrm{d}\boldsymbol{z} \wedge H_{\boldsymbol{zz}}\mathrm{d}\boldsymbol{z} = -H_{\boldsymbol{zz}}\mathrm{d}\boldsymbol{z} \wedge \mathrm{d}\boldsymbol{z} = -\mathrm{d}\boldsymbol{z} \wedge H_{\boldsymbol{zz}}\mathrm{d}\boldsymbol{z} \tag{2.59}$$

即得守恒律 (2.49)。得证。

### 2.1.3 辛格式

#### 2.1.3.1 线性哈密顿系统的辛格式

首先考虑哈密顿系统中的特殊情形，线性哈密顿系统，并给出适用的辛格式。

**定义 2.4** 如果哈密顿函数 $H(\boldsymbol{z})$ 是 $\boldsymbol{z}$ 的二次型

$$H(\boldsymbol{z}) = \frac{1}{2}\boldsymbol{z}^{\mathrm{T}}\boldsymbol{C}\boldsymbol{z}, \quad \boldsymbol{C}^{\mathrm{T}} = \boldsymbol{C} \tag{2.60}$$

则哈密顿系统 (2.26) 是**线性**的。

于是方程 (2.26)、(2.29) 变成

$$\frac{\mathrm{d}\boldsymbol{z}}{\mathrm{d}t}=\boldsymbol{B}\boldsymbol{z},\quad \boldsymbol{B}=\boldsymbol{J}^{-1}\boldsymbol{C},\quad \boldsymbol{C}^{\mathrm{T}}=\boldsymbol{C} \tag{2.61}$$

其中 $\boldsymbol{B}$ 是无穷小辛阵。

方程 (2.61) 的解为

$$\boldsymbol{z}(t)=g^{t}\boldsymbol{z}(0),\quad g^{t}=\exp(t\boldsymbol{B}) \tag{2.62}$$

由于

$$\boldsymbol{J}\boldsymbol{B}+\boldsymbol{B}^{\mathrm{T}}\boldsymbol{J}=\boldsymbol{J}\boldsymbol{J}^{-1}\boldsymbol{C}+\left(\boldsymbol{J}^{-1}\boldsymbol{C}\right)^{\mathrm{T}}\boldsymbol{J}=\boldsymbol{C}+\boldsymbol{C}^{\mathrm{T}}\left(-\boldsymbol{J}^{-1}\right)\boldsymbol{J}=\boldsymbol{C}-\boldsymbol{C}^{\mathrm{T}}=\boldsymbol{0} \tag{2.63}$$

故矩阵 $\boldsymbol{B}$ 为无穷小辛阵，从而矩阵 $t\boldsymbol{B}$ 也为无穷小辛阵，而 $g^{t}$ 是无穷小辛阵 $t\boldsymbol{B}$ 的指数变换，因此 $g^{t}$ 是辛阵。

线性哈密顿方程 (2.61) 的第一个辛格式是 **Euler 中点格式** [54]

$$\frac{\boldsymbol{z}^{k+1}-\boldsymbol{z}^{k}}{\tau}=\boldsymbol{B}\frac{\boldsymbol{z}^{k+1}+\boldsymbol{z}^{k}}{2} \tag{2.64}$$

其中 $\tau$ 为时间步长，变换 $\boldsymbol{z}^{k}\mapsto\boldsymbol{z}^{k+1}$ 由下列关系式给出

$$\boldsymbol{z}^{k+1}=\boldsymbol{F}_{\tau}\boldsymbol{z}^{k},\quad \boldsymbol{F}_{\tau}=\phi\left(-\frac{\tau}{2}\boldsymbol{B}\right),\quad \phi(\lambda)=\frac{1-\lambda}{1+\lambda} \tag{2.65}$$

由于 $\boldsymbol{F}_{\tau}$ 是无穷小辛阵 $-\frac{\tau}{2}\boldsymbol{B}$ 的 Cayley 变换，故其为辛阵，因此该格式为辛格式。

第二个辛差分格式为**可分哈密顿系统交叉显式辛格式**。

**定义 2.5** 若 $H(\boldsymbol{p},\boldsymbol{q})=U(\boldsymbol{p})+V(\boldsymbol{q})$，则称哈密顿系统为**可分**的，其线性形式为

$$\begin{aligned}H(\boldsymbol{p},\boldsymbol{q})&=\frac{1}{2}\left(\boldsymbol{p}^{\mathrm{T}},\boldsymbol{q}^{\mathrm{T}}\right)\boldsymbol{S}\begin{pmatrix}\boldsymbol{p}\\ \boldsymbol{q}\end{pmatrix}=\frac{1}{2}\boldsymbol{p}^{\mathrm{T}}\boldsymbol{U}\boldsymbol{p}+\frac{1}{2}\boldsymbol{q}^{\mathrm{T}}\boldsymbol{V}\boldsymbol{q}\\ &=U(\boldsymbol{p})+V(\boldsymbol{q})\end{aligned} \tag{2.66}$$

其中

$$\boldsymbol{S}=\begin{pmatrix}\boldsymbol{U}&\boldsymbol{0}\\ \boldsymbol{0}&\boldsymbol{V}\end{pmatrix} \tag{2.67}$$

$\boldsymbol{U}^{\mathrm{T}}=\boldsymbol{U}$ 正定，且 $\boldsymbol{V}^{\mathrm{T}}=\boldsymbol{V}$。这时正则方程 (2.26) 变为

$$\frac{\mathrm{d}\boldsymbol{p}}{\mathrm{d}t}=-V_{\boldsymbol{q}},\quad \frac{\mathrm{d}\boldsymbol{q}}{\mathrm{d}t}=U_{\boldsymbol{p}} \tag{2.68}$$

交叉显式辛格式为

$$\begin{aligned}&\frac{1}{\tau}\left(\boldsymbol{p}^{k+1}-\boldsymbol{p}^{k}\right)=-V_{\boldsymbol{q}}^{k+\frac{1}{2}}\\&\frac{1}{\tau}\left(\boldsymbol{q}^{k+\frac{1}{2}+1}-\boldsymbol{q}^{k+\frac{1}{2}}\right)=U_{\boldsymbol{p}}^{k+1}\end{aligned} \tag{2.69}$$

其中 $\boldsymbol{p}$ 在整时刻 $t=k\tau$ 上计算，而 $\boldsymbol{q}$ 在半时刻 $t=\left(k+\dfrac{1}{2}\right)\tau$ 上计算。变换

$$\boldsymbol{z}^{k}=\begin{pmatrix}\boldsymbol{p}^{k}\\ \boldsymbol{q}^{k+\frac{1}{2}}\end{pmatrix}\mapsto\begin{pmatrix}\boldsymbol{p}^{k+1}\\ \boldsymbol{q}^{k+\frac{1}{2}+1}\end{pmatrix}=\boldsymbol{z}^{k+1} \tag{2.70}$$

由下式给出

$$\boldsymbol{z}^{k+1}=\boldsymbol{F}_{\tau}\boldsymbol{z}^{k} \tag{2.71}$$

其中

$$\boldsymbol{F}_{\tau}=\begin{pmatrix}\boldsymbol{I}&0\\-\tau\boldsymbol{U}&\boldsymbol{I}\end{pmatrix}^{-1}\begin{pmatrix}\boldsymbol{I}&-\tau\boldsymbol{V}\\0&\boldsymbol{I}\end{pmatrix} \tag{2.72}$$

由于

$$\begin{aligned}\boldsymbol{F}_{\tau}^{\mathrm{T}}\boldsymbol{J}\boldsymbol{F}_{\tau}=&\begin{pmatrix}\boldsymbol{I}&-\tau\boldsymbol{V}\\0&\boldsymbol{I}\end{pmatrix}^{\mathrm{T}}\left[\begin{pmatrix}\boldsymbol{I}&0\\-\tau\boldsymbol{U}&\boldsymbol{I}\end{pmatrix}^{-1}\right]^{\mathrm{T}}\begin{pmatrix}0&\boldsymbol{I}_n\\-\boldsymbol{I}_n&0\end{pmatrix}\\&\times\begin{pmatrix}\boldsymbol{I}&0\\-\tau\boldsymbol{U}&\boldsymbol{I}\end{pmatrix}^{-1}\begin{pmatrix}\boldsymbol{I}&-\tau\boldsymbol{V}\\0&\boldsymbol{I}\end{pmatrix}\\&=\begin{pmatrix}\boldsymbol{I}&0\\-\tau\boldsymbol{V}^{\mathrm{T}}&\boldsymbol{I}\end{pmatrix}\begin{pmatrix}\boldsymbol{I}&\tau\boldsymbol{U}^{\mathrm{T}}\\0&\boldsymbol{I}\end{pmatrix}\begin{pmatrix}0&\boldsymbol{I}\\-\boldsymbol{I}&0\end{pmatrix}\begin{pmatrix}\boldsymbol{I}&0\\\tau\boldsymbol{U}&\boldsymbol{I}\end{pmatrix}\begin{pmatrix}\boldsymbol{I}&-\tau\boldsymbol{V}\\0&\boldsymbol{I}\end{pmatrix}\\&=\begin{pmatrix}\boldsymbol{I}&\tau\boldsymbol{U}^{\mathrm{T}}\\-\tau\boldsymbol{V}^{\mathrm{T}}&\boldsymbol{I}-\tau^2\boldsymbol{V}^{\mathrm{T}}\boldsymbol{U}^{\mathrm{T}}\end{pmatrix}\begin{pmatrix}\tau\boldsymbol{U}&\boldsymbol{I}\\-\boldsymbol{I}&0\end{pmatrix}\begin{pmatrix}\boldsymbol{I}&-\tau\boldsymbol{V}\\0&\boldsymbol{I}\end{pmatrix}\\&=\begin{pmatrix}\boldsymbol{I}&\tau\boldsymbol{U}^{\mathrm{T}}\\-\tau\boldsymbol{V}^{\mathrm{T}}&\boldsymbol{I}-\tau^2\boldsymbol{V}^{\mathrm{T}}\boldsymbol{U}^{\mathrm{T}}\end{pmatrix}\begin{pmatrix}\tau\boldsymbol{U}&\boldsymbol{I}-\tau^2\boldsymbol{U}V\\-\boldsymbol{I}&\tau\boldsymbol{V}\end{pmatrix}\end{aligned}$$

$$
= \begin{pmatrix} \mathbf{0} & \boldsymbol{I} \\ -\boldsymbol{I} & \mathbf{0} \end{pmatrix} = \boldsymbol{J} \tag{2.73}
$$

因此 $\boldsymbol{F}_\tau$ 为辛矩阵，故该格式为辛格式。

2.1.3.2 基于 Padé 逼近的辛格式

如果轨道 $\boldsymbol{z}(t) = \boldsymbol{g}^t \boldsymbol{z}_0$ 是满足初始条件 $\boldsymbol{z}(0) = \boldsymbol{z}_0$ 的线性哈密顿方程 (2.61) 的解，相流 $g^t$ 的 Jacobi 矩阵就是它本身 $\exp(t\boldsymbol{B})$。那么，逼近 $\exp(t\boldsymbol{B})$ 的最简单的办法就是利用 Padé 逼近。首先考虑对 $\exp(x)$ 的有理逼近

$$
\exp(x) \sim \frac{n_{lm}(x)}{d_{lm}(x)} = g_{lm}(x) \tag{2.74}
$$

其中

$$
n_{lm}(x) = \sum_{k=0}^{m} \frac{(l+m-k)!m!}{(l+m)!k!(m-k)!} x^k, \quad d_{lm}(x) = \sum_{k=0}^{m} \frac{(l+m-k)!l!}{(l+m)!k!(l-k)!} (-x)^k \tag{2.75}
$$

对每一对非负整数 $(l, m)$，$\dfrac{n_{lm}(x)}{d_{lm}(x)}$ 关于原点的 Taylor 级数展开为

$$
\exp(x) - \frac{n_{lm}(x)}{d_{lm}(x)} = o\left(|x|^{m+l+1}\right), \quad |x| \to 0 \tag{2.76}
$$

称 $g_{lm}$ 为 $\exp(x)$ 的 $l+m$ 阶 **Padé 逼近**。当 $l = m$ 时，称 $g_{ll}$ 为 **Padé 对角逼近**。

**定理 2.2** 设 $\boldsymbol{B}$ 为无穷小辛阵，对于充分小的 $|t|$，$g_{lm}(t\boldsymbol{B})$ 是辛阵，当且仅当 $l = m$，即 $g_{ll}(x)$ 是 $\exp(x)$ 的 Padé 对角逼近 [53]。

从 $\exp(-x)$ 的有理逼近，容易导出 $\exp(t\boldsymbol{B})$ 的矩阵逼近。由定理 2.2，$l = m$ 时所构造的差分格式都是辛格式。将 $l = i, m = j$ 的元素记为 $(i, j)$。

$(1,1)$ 逼近 (即 $l = 1, m = 1$) 对应 Euler 中点格式

$$
\boldsymbol{z}^{k+1} = \boldsymbol{z}^k + \frac{\tau \boldsymbol{B}}{2}\left(\boldsymbol{z}^k + \boldsymbol{z}^{k+1}\right), \quad \boldsymbol{F}_\tau^{(1,1)} = \phi^{(1,1)}(\tau \boldsymbol{B}), \quad \phi^{(1,1)}(\lambda) = \frac{1 + \dfrac{\lambda}{2}}{1 - \dfrac{\lambda}{2}} \tag{2.77}
$$

此格式具有 2 阶精度。

(2, 2) 逼近对应差分格式

$$z^{k+1} = z^k + \frac{\tau B}{2}\left(z^k + z^{k+1}\right) + \frac{\tau^2 B^2}{12}\left(z^k - z^{k+1}\right)$$

$$F_\tau^{(2,2)} = \phi^{(2,2)}(\tau B), \quad \phi^{(2,2)}(\lambda) = \frac{1 + \dfrac{\lambda}{2} + \dfrac{\lambda^2}{12}}{1 - \dfrac{\lambda}{2} + \dfrac{\lambda^2}{12}} \tag{2.78}$$

此格式具有 4 阶精度。

(3, 3) 逼近对应差分格式

$$z^{k+1} = z^k + \frac{\tau B}{2}\left(z^k + z^{k+1}\right) + \frac{\tau^2 B^2}{10}\left(z^k - z^{k+1}\right) + \frac{\tau^3 B^3}{120}\left(z^k + z^{k+1}\right)$$

$$F_\tau^{(3,3)} = \phi^{(3,3)}(\tau B), \quad \phi^{(3,3)}(\lambda) = \frac{1 + \dfrac{\lambda}{2} + \dfrac{\lambda^2}{10} + \dfrac{\lambda^3}{120}}{1 - \dfrac{\lambda}{2} + \dfrac{\lambda^2}{10} - \dfrac{\lambda^3}{120}} \tag{2.79}$$

此格式具有 6 阶精度。

(4, 4) 逼近对应差分格式

$$\begin{aligned} z^{k+1} = z^k &+ \frac{\tau B}{2}\left(z^k + z^{k+1}\right) + \frac{3\tau^2 B^2}{28}\left(z^k - z^{k+1}\right) \\ &+ \frac{\tau^3 B^3}{84}\left(z^k + z^{k+1}\right) + \frac{\tau^4 B^4}{1680}\left(z^k - z^{k+1}\right) \end{aligned}$$

$$F_\tau^{(4,4)} = \phi^{(4,4)}(\tau B), \quad \phi^{(4,4)}(\lambda) = \frac{1 + \dfrac{\lambda}{2} + \dfrac{3\lambda^2}{28} + \dfrac{\lambda^3}{84} + \dfrac{\lambda^4}{1680}}{1 - \dfrac{\lambda}{2} + \dfrac{3\lambda^2}{28} - \dfrac{\lambda^3}{84} + \dfrac{\lambda^4}{1680}} \tag{2.80}$$

此格式具有 8 阶精度。

**定理 2.3** 线性哈密顿系统 (2.61) 的差分格式

$$z^{k+1} = g_{ll}(\tau B)\, z^k, \quad l = 1, 2, \cdots \tag{2.81}$$

是 $2l$ 阶精度的辛格式。

2.1.3.3 广义 Cayley 变换及其应用

**定义 2.6** 一矩阵 $B$ 称为**非奇异**，若 [2]

$$\det(I + B) \neq 0 \tag{2.82}$$

设 $\boldsymbol{B}$ 为非奇异矩阵，引进矩阵 $\boldsymbol{S}$，使得

$$\boldsymbol{I}+\boldsymbol{S}=2(\boldsymbol{I}+\boldsymbol{B})^{-1} \tag{2.83}$$

它的逆为

$$\boldsymbol{I}+\boldsymbol{B}=2(\boldsymbol{I}+\boldsymbol{S})^{-1} \tag{2.84}$$

因此 $\boldsymbol{S}$ 是非奇异矩阵，有 Cayley 变换

$$\boldsymbol{S}=(\boldsymbol{I}-\boldsymbol{B})(\boldsymbol{I}+\boldsymbol{B})^{-1}=(\boldsymbol{I}+\boldsymbol{B})^{-1}(\boldsymbol{I}-\boldsymbol{B}) \tag{2.85}$$

$$\boldsymbol{B}=(\boldsymbol{I}-\boldsymbol{S})(\boldsymbol{I}+\boldsymbol{S})^{-1}=(\boldsymbol{I}+\boldsymbol{S})^{-1}(\boldsymbol{I}-\boldsymbol{S}) \tag{2.86}$$

设 $\boldsymbol{A}$ 为任一矩阵，方程

$$\boldsymbol{S}^{\mathrm{T}}\boldsymbol{A}\boldsymbol{S}=\boldsymbol{A} \tag{2.87}$$

可作为二次型 $\boldsymbol{z}^{\mathrm{T}}\boldsymbol{A}\boldsymbol{y}$ 在 $\boldsymbol{S}$ 作用下不变的条件。

**引理 2.1**　如果非奇异矩阵 $\boldsymbol{B}$ 和 $\boldsymbol{S}$ 由关系式 (2.85) 和 (2.86) 相联系，且 $\boldsymbol{A}$ 为任意矩阵，则

$$\boldsymbol{S}^{\mathrm{T}}\boldsymbol{A}\boldsymbol{S}=\boldsymbol{A} \tag{2.88}$$

当且仅当

$$\boldsymbol{B}^{\mathrm{T}}\boldsymbol{A}+\boldsymbol{A}\boldsymbol{B}=\boldsymbol{0} \tag{2.89}$$

设 $\phi(\lambda)=(1-\lambda)/(1+\lambda)$，于是 $\boldsymbol{B}$ 的 Cayley 变换 $\phi(\boldsymbol{B})=(\boldsymbol{I}+\boldsymbol{B})^{-1}/(\boldsymbol{I}-\boldsymbol{B})$。若在引理 2.1 中相继取 $\boldsymbol{A}=\boldsymbol{J}$ 和 $\boldsymbol{A}=\boldsymbol{A}^{\mathrm{T}}$，得到如下定理。

**定理 2.4**　非奇异无穷小辛阵的 Cayley 变换是一个**非奇异辛 (无穷小辛) 阵**。若令 $\boldsymbol{B}=\boldsymbol{J}^{-1}\boldsymbol{C},\boldsymbol{C}^{\mathrm{T}}=\boldsymbol{C},\boldsymbol{B}\in sp(2n),\det(\boldsymbol{I}+\tau\boldsymbol{B})\neq 0,\boldsymbol{A}^{\mathrm{T}}=\boldsymbol{A}$，于是 [2]

$$[\phi(\tau\boldsymbol{B})]^{\mathrm{T}}\boldsymbol{A}[\phi(\tau\boldsymbol{B})]=\boldsymbol{A} \tag{2.90}$$

当且仅当

$$\boldsymbol{B}^{\mathrm{T}}\boldsymbol{A}+\boldsymbol{A}\boldsymbol{B}=\boldsymbol{0} \tag{2.91}$$

换句话说，二次型 $F(\boldsymbol{z})=\dfrac{1}{2}\boldsymbol{z}^{\mathrm{T}}\boldsymbol{A}z$ 在辛变换 $\phi(\tau\boldsymbol{B})$ 下是不变的，当且仅当 $F(\boldsymbol{z})$ 是哈密顿系统 (2.61) 的不变积分。

**定理 2.5**　设 $\psi(\lambda)$ 是变量 $\lambda$ 的复变函数，满足 [2]：

(1) $\psi(\lambda)$ 在 $\lambda=0$ 的邻域 $D$ 上是实系数的解析函数；

(2) $\psi(\lambda)\psi(-\lambda)=1$ 在 $D$ 上；

(3) $\psi_{\lambda}(0)\neq 0$。

设 $\boldsymbol{A},\boldsymbol{B}$ 是 $2n$ 阶矩阵，则

$$[\psi(\tau\boldsymbol{B})]^{\mathrm{T}}\boldsymbol{A}[\psi(\tau\boldsymbol{B})]=\boldsymbol{A} \tag{2.92}$$

对一切充分小的 $|\tau|$ 都成立，当且仅当

$$\boldsymbol{B}^{\mathrm{T}}\boldsymbol{A}+\boldsymbol{A}\boldsymbol{B}=\boldsymbol{0} \tag{2.93}$$

称这样的 $\psi(\lambda)$ 为**广义的 Cayley 变换**。

**定理 2.6** 取充分小的 $|\tau|$ 使得在定理 2.5 中函数中 $\psi(\lambda)$ 在极点没有特征值，于是，$\psi(\tau\boldsymbol{B})\in Sp(2n)$ 当且仅当 $\boldsymbol{B}\in Sp(2n)$。设 $\boldsymbol{B}=\boldsymbol{J}^{-1}\boldsymbol{C},\boldsymbol{C}^{\mathrm{T}}=\boldsymbol{C},\boldsymbol{A}^{\mathrm{T}}=\boldsymbol{A}$，即 [2]

$$\left[\psi\left(\tau\boldsymbol{J}^{-1}\boldsymbol{C}\right)\right]^{\mathrm{T}}\boldsymbol{A}\psi\left(\tau\boldsymbol{J}^{-1}\boldsymbol{C}\right)=\boldsymbol{A} \tag{2.94}$$

当且仅当

$$\boldsymbol{AJC}=\boldsymbol{CJA} \tag{2.95}$$

换句话说，二次型 $F(\boldsymbol{z})=\dfrac{1}{2}\boldsymbol{z}^{\mathrm{T}}\boldsymbol{A}\boldsymbol{z}$ 在辛变换 $\psi(\tau\boldsymbol{B})$ 下是不变的，当且仅当 $F(\boldsymbol{z})$ 是哈密顿系统 (2.61) 的不变积分。

**定理 2.7** 令 $P(\lambda)$ 为多项式，$P(0)=1,P'(0)\neq 0$，且

$$\exp(\lambda)-\frac{P(\lambda)}{P(-\lambda)}=O\left(|\lambda|^{2k+1}\right) \tag{2.96}$$

于是

$$P(-\tau\boldsymbol{B})\boldsymbol{z}^{m+1}=P(\tau\boldsymbol{B})\boldsymbol{z}^{m} \tag{2.97}$$

即

$$\boldsymbol{z}^{m+1}=\frac{P(\tau\boldsymbol{B})}{P(-\tau\boldsymbol{B})}\boldsymbol{z}^{m} \tag{2.98}$$

是线性哈密顿系统 $2k$ 阶精度的辛格式，且差分格式与原哈密顿系统 (2.61) 具有同样二次不变量。

逼近 $\exp(x)$ 的有理分式 $\dfrac{P(x)}{P(-x)}$ 有很多形式，例如：

(1) $\exp(x)\sim\dfrac{n_{ll}(x)}{n_{ll}(-x)}=\dfrac{d_{ll}(-x)}{d_{ll}(x)}$；

(2) $\exp(x)=\dfrac{1+\tanh\dfrac{x}{2}}{1-\tanh\dfrac{x}{2}}$；

(3) $\exp(x) = \dfrac{e^{x/2}}{e^{-x/2}}$;

(4) $\exp(x) = \dfrac{\frac{1}{2}(1+e^{x})}{\frac{1}{2}(1+e^{-x})}$。

将上面 4 个有理式的分母与分子在原点 Taylor 展开，其首项得到相同的函数 $\psi(x) = \left(1+\dfrac{x}{2}\right)\Big/\left(1-\dfrac{x}{2}\right)$，即是 Euler 中点格式。利用这种办法得到的都是辛格式；但它们的精度可能不一样。(1)、(2) 的精度最高，有 $2k$ 阶，但对 (4) 来说，若取 $k=3$，它只能得到 4 阶精度辛格式。

#### 2.1.3.4　非线性哈密顿系统的辛差分格式

对于非线性哈密顿系统，下面给出几个常用的辛格式 [3]。

用中心差分格式离散方程 (2.29)，得到 Euler 中点格式 [54]

$$\frac{1}{\tau}\left(\boldsymbol{z}^{k+1}-\boldsymbol{z}^{k}\right) = \boldsymbol{J}^{-1}H_{\boldsymbol{z}}\left(\frac{\boldsymbol{z}^{k+1}+\boldsymbol{z}^{k}}{2}\right) \tag{2.99}$$

其步进映射 $\boldsymbol{F}_\tau : \boldsymbol{z}^k \mapsto \boldsymbol{z}^{k+1}$ 是非线性的，易求得其偏导数

$$\frac{\partial \boldsymbol{z}^{k+1}}{\partial \boldsymbol{z}^{k}} = \boldsymbol{I} + \tau\boldsymbol{J}^{-1}H_{\boldsymbol{zz}}\left(\frac{\boldsymbol{z}^{k+1}+\boldsymbol{z}^{k}}{2}\right)\left(\frac{1}{2}\frac{\partial \boldsymbol{z}^{k+1}}{\partial \boldsymbol{z}^{k}} + \frac{1}{2}\boldsymbol{I}\right) \tag{2.100}$$

这里 $H_{\boldsymbol{zz}}\left(\dfrac{\boldsymbol{z}^{k+1}+\boldsymbol{z}^{k}}{2}\right)$ 是函数 $H(\boldsymbol{z})$ 在点 $\boldsymbol{z} = \dfrac{\boldsymbol{z}^{k+1}+\boldsymbol{z}^{k}}{2}$ 的 Hessian 矩阵；$\dfrac{\partial \boldsymbol{z}^{k+1}}{\partial \boldsymbol{z}^{k}}$ 是 $\boldsymbol{F}_\tau$ 的 Jacobi 矩阵。$\boldsymbol{F}_\tau$ 的表达式为

$$\boldsymbol{F}_\tau = \left[\boldsymbol{I} - \frac{\tau}{2}\boldsymbol{J}^{-1}H_{\boldsymbol{zz}}\left(\frac{\boldsymbol{z}^{k+1}+\boldsymbol{z}^{k}}{2}\right)\right]^{-1}\left[\boldsymbol{I} + \frac{\tau}{2}\boldsymbol{J}^{-1}H_{\boldsymbol{zz}}\left(\frac{\boldsymbol{z}^{k+1}+\boldsymbol{z}^{k}}{2}\right)\right] \tag{2.101}$$

当 $\tau$ 充分小时，无穷小辛阵 $-\dfrac{\tau}{2}\boldsymbol{J}^{-1}H_{\boldsymbol{zz}}\left(\dfrac{\boldsymbol{z}^{k+1}+\boldsymbol{z}^{k}}{2}\right)$ 是非奇异的，则 $\boldsymbol{F}_\tau$ 是 Cayley 变换，故 $\boldsymbol{F}_\tau$ 是辛的。

需要注意的是，与线性方程不同，非线性方程的首次积分 $\varphi(\boldsymbol{z})$，包括 $H(\boldsymbol{z})$ 本身，在以上格式中不一定是精确守恒的，只满足近似守恒

$$\varphi\left(\boldsymbol{z}^{k+1}\right) = \varphi\left(\boldsymbol{z}^{k}\right) + o\left(\tau^{3}\right) \tag{2.102}$$

下面考虑梯形格式

$$\frac{1}{\tau}\left(\boldsymbol{z}^{k+1}-\boldsymbol{z}^{k}\right)=\boldsymbol{J}^{-1}\frac{1}{2}\left(H_{\boldsymbol{z}}\left(\boldsymbol{z}^{k+1}\right)+H_{\boldsymbol{z}}\left(\boldsymbol{z}^{k}\right)\right) \tag{2.103}$$

该格式是非辛的，因为其步进映射

$$\boldsymbol{F}_{\tau}=\left[\boldsymbol{I}-\frac{\tau}{2}\boldsymbol{J}^{-1}H_{\boldsymbol{zz}}\left(\boldsymbol{z}^{k+1}\right)\right]^{-1}\left[\boldsymbol{I}+\frac{\tau}{2}\boldsymbol{J}^{-1}H_{\boldsymbol{zz}}\left(\boldsymbol{z}^{k}\right)\right] \tag{2.104}$$

一般是非辛的。但是该格式可以通过一个变换修正成一个辛格式 [55]。引入非线性变换

$$\boldsymbol{\xi}^{k}=\rho\left(\boldsymbol{z}^{k}\right)=\boldsymbol{z}^{k}+\frac{\tau}{2}\boldsymbol{J}^{-1}H_{\boldsymbol{z}}\left(\boldsymbol{z}^{k}\right),\quad \boldsymbol{\xi}^{k+1}=\rho\left(\boldsymbol{z}^{k+1}\right)=\boldsymbol{z}^{k+1}+\frac{\tau}{2}\boldsymbol{J}^{-1}H_{\boldsymbol{z}}\left(\boldsymbol{z}^{k+1}\right) \tag{2.105}$$

式 (2.105) 中两等式相加，得

$$\boldsymbol{\xi}^{k}+\boldsymbol{\xi}^{k+1}=\boldsymbol{z}^{k}+\boldsymbol{z}^{k+1}+\frac{\tau}{2}\boldsymbol{J}^{-1}\left[H_{\boldsymbol{z}}\left(\boldsymbol{z}^{k}\right)+H_{\boldsymbol{z}}\left(\boldsymbol{z}^{k+1}\right)\right] \tag{2.106}$$

将梯形格式 (2.103) 代入式 (2.106)，得

$$\boldsymbol{\xi}^{k}+\boldsymbol{\xi}^{k+1}=\boldsymbol{z}^{k}+\boldsymbol{z}^{k+1}+\boldsymbol{z}^{k+1}-\boldsymbol{z}^{k}=2\boldsymbol{z}^{k+1} \tag{2.107}$$

将 $\boldsymbol{z}^{k+1}=\dfrac{\boldsymbol{\xi}^{k}+\boldsymbol{\xi}^{k+1}}{2}$ 代入式 (2.105) 中的第 2 式，得

$$\boldsymbol{\xi}^{k+1}=\frac{\boldsymbol{\xi}^{k}+\boldsymbol{\xi}^{k+1}}{2}+\frac{\tau}{2}\boldsymbol{J}^{-1}H_{\boldsymbol{z}}\left(\frac{\boldsymbol{\xi}^{k}+\boldsymbol{\xi}^{k+1}}{2}\right) \tag{2.108}$$

即 Euler 中点格式

$$\boldsymbol{\xi}^{k+1}=\boldsymbol{\xi}^{k}+\tau\boldsymbol{J}^{-1}H_{\boldsymbol{z}}\left(\frac{\boldsymbol{\xi}^{k}+\boldsymbol{\xi}^{k+1}}{2}\right) \tag{2.109}$$

**定理 2.8** 梯形格式 (2.103) 保持辛结构 [56]

$$\boldsymbol{J}+\frac{\tau^{2}}{4}H_{\boldsymbol{zz}}(\boldsymbol{z})\boldsymbol{J}H_{\boldsymbol{zz}}(\boldsymbol{z}) \tag{2.110}$$

即

$$\left(\frac{\partial\boldsymbol{z}^{k+1}}{\partial\boldsymbol{z}^{k}}\right)^{\mathrm{T}}\left[\boldsymbol{J}+\frac{\tau^{2}}{4}H_{\boldsymbol{zz}}\left(\boldsymbol{z}^{k+1}\right)\boldsymbol{J}H_{\boldsymbol{zz}}\left(\boldsymbol{z}^{k+1}\right)\right]\frac{\partial\boldsymbol{z}^{k+1}}{\partial\boldsymbol{z}^{k}}=\boldsymbol{J}+\frac{\tau^{2}}{4}H_{\boldsymbol{zz}}\left(\boldsymbol{z}^{k}\right)\boldsymbol{J}H_{\boldsymbol{zz}}\left(\boldsymbol{z}^{k}\right) \tag{2.111}$$

对于可分哈密顿系统，即 $H(\boldsymbol{p},\boldsymbol{q})=U(\boldsymbol{p})+V(\boldsymbol{q})$，可构造显式辛差分格式 [57]。可分哈密顿方程和显式辛格式分别为

$$\begin{aligned}
&\frac{\mathrm{d}\boldsymbol{p}}{\mathrm{d}t}=-V_{\boldsymbol{q}}(\boldsymbol{q}),\quad \frac{\mathrm{d}\boldsymbol{q}}{\mathrm{d}t}=U_{\boldsymbol{p}}(\boldsymbol{p})\\
&\frac{1}{\tau}\left(\boldsymbol{p}^{k+1}-\boldsymbol{p}^{k}\right)=-V_{\boldsymbol{q}}\left(\boldsymbol{q}^{k+\frac{1}{2}}\right)\\
&\frac{1}{\tau}\left(\boldsymbol{q}^{k+1+\frac{1}{2}}-\boldsymbol{q}^{k+\frac{1}{2}}\right)=-U_{\boldsymbol{p}}\left(\boldsymbol{p}^{k+1}\right)
\end{aligned}\tag{2.112}$$

步进映射 $\boldsymbol{F}_{\tau}:\begin{pmatrix}\boldsymbol{p}^{k}\\ \boldsymbol{q}^{k+\frac{1}{2}}\end{pmatrix}\mapsto\begin{pmatrix}\boldsymbol{p}^{k+1}\\ \boldsymbol{q}^{k+1+\frac{1}{2}}\end{pmatrix}$ 形如

$$\boldsymbol{F}_{\tau}=\begin{pmatrix}\boldsymbol{I} & 0\\ -\tau U_{\boldsymbol{pp}} & \boldsymbol{I}\end{pmatrix}^{-1}\begin{pmatrix}\boldsymbol{I} & -\tau V_{\boldsymbol{qq}}\\ 0 & \boldsymbol{I}\end{pmatrix}\tag{2.113}$$

可知其是辛的。

#### 2.1.3.5 辛 Runge-Kutta 方法及其相关方法

本小节介绍了辛 Runge-Kutta 方法的充分条件，并给出了一些辛格式。

考虑不显式依赖于时间 $t$ 的哈密顿系统 (2.26)，首先将方程 (2.29) 改写为

$$\frac{\mathrm{d}\boldsymbol{z}}{\mathrm{d}t}=\boldsymbol{J}^{-1}H_{\boldsymbol{z}}=\boldsymbol{f}(\boldsymbol{z})\tag{2.114}$$

方程 (2.114) 的单步 $s$ 级 Runge-Kutta 方法具有格式

$$\begin{aligned}
&\boldsymbol{z}^{k+1}=\boldsymbol{z}^{k}+\tau\sum_{i=1}^{s}b_i\boldsymbol{f}(\boldsymbol{Y}_i)\\
&\boldsymbol{Y}_i=\boldsymbol{z}^{k}+\tau\sum_{j=1}^{s}a_{ij}\boldsymbol{f}(\boldsymbol{Y}_j),\quad i=1,\cdots,s
\end{aligned}\tag{2.115}$$

其中 $\tau=t_{k+1}-t_k\,(k=0,1,\cdots)$，$\boldsymbol{b}=(b_i)\,(i=1,2,\cdots,s)$ 称为权系数，$\boldsymbol{A}=(a_{ij})\,(i,j=1,2,\cdots,s)$ 为系数矩阵。一个 Runge-Kutta 格式的性质完全由这些参数所决定。

在格式 (2.115) 中，当 $j\geqslant i\,(i=1,\cdots,s)$ 时，$a_{ij}=0$，则所有的 $\boldsymbol{Y}_i$ 可以通过 $\boldsymbol{Y}_1,\cdots,\boldsymbol{Y}_{i-1}$ 显式表示，称这样的格式为**显式 Runge-Kutta 格式**。当

$j > i\,(i=1,\cdots,s-1)$ 时，$a_{ij}=0$，并且在对角线上有某些 $a_{ii}\neq 0\,(i=1,\cdots,s)$，此时每一个 $\boldsymbol{Y}_i$ 都可以通过解一个 $2n$ 维的方程

$$\boldsymbol{Y}_i=\boldsymbol{z}^k+\tau\sum_{j=1}^{i-1}a_{ij}\boldsymbol{f}\left(\boldsymbol{Y}_j\right)+a_{ii}\boldsymbol{f}\left(\boldsymbol{Y}_i\right),\quad i=1,\cdots,s \tag{2.116}$$

得到，称这种格式为**对角隐式 Runge-Kutta 格式**。

**定义 2.7** 如果格式 (2.115) 的步进映射是辛的，即 Jacobi 矩阵 $\dfrac{\partial\boldsymbol{z}^{k+1}}{\partial\boldsymbol{z}^k}$ 是辛阵，则称此格式是**辛 Runge-Kutta 格式**。

记对角矩阵 $\mathrm{diag}\,(b_1,b_2,\cdots,b_s)$ 为 $\boldsymbol{B}$，下面给出判别一个 Runge-Kutta 格式为辛格式的**充分条件**。

**定理 2.9** 如果 $\boldsymbol{M}=\boldsymbol{B}\boldsymbol{A}+\boldsymbol{A}^{\mathrm{T}}\boldsymbol{B}-\boldsymbol{b}\boldsymbol{b}^{\mathrm{T}}=\boldsymbol{0}$，则格式 (2.115) 是辛的 [58]。

**证明** 由格式 (2.115) 可得

$$\frac{\partial\boldsymbol{z}^{k+1}}{\partial\boldsymbol{z}^k}=\boldsymbol{I}+\tau\sum_{i=1}^{s}b_i\mathrm{D}\boldsymbol{f}\left(\boldsymbol{Y}_i\right)\frac{\partial\boldsymbol{Y}_i}{\partial\boldsymbol{z}^k} \tag{2.117}$$

$$\frac{\partial\boldsymbol{Y}_i}{\partial\boldsymbol{z}^k}=\boldsymbol{I}+\tau\sum_{j=1}^{s}a_{ij}\mathrm{D}\boldsymbol{f}\left(\boldsymbol{Y}_j\right)\frac{\partial\boldsymbol{Y}_j}{\partial\boldsymbol{z}^k},\quad i=1,\cdots,s \tag{2.118}$$

其中 $\mathrm{D}\boldsymbol{f}$ 是函数 $\boldsymbol{f}$ 的导数。

记 $\mathrm{D}_i=\mathrm{D}f\left(\boldsymbol{Y}_i\right)$，$\dfrac{\partial\boldsymbol{Y}_i}{\partial\boldsymbol{z}^k}=\boldsymbol{X}_i\,(i=1,\cdots,s)$，取 $\boldsymbol{f}=\boldsymbol{J}^{-1}H_{\boldsymbol{z}}$，则有

$$\mathrm{D}_i=\mathrm{D}f\left(\boldsymbol{Y}_i\right)=\mathrm{D}\left(\boldsymbol{J}^{-1}H_{\boldsymbol{Y}_i}\right)=\boldsymbol{J}^{-1}\mathrm{D}\left(H_{\boldsymbol{Y}_i}\right) \tag{2.119}$$

其中

$$H_{\boldsymbol{Y}_i}=\left(\frac{\partial H}{\partial Y_{i1}},\cdots,\frac{\partial H}{\partial Y_{i2n}}\right)^{\mathrm{T}}$$

$$\mathrm{D}\left(H_{\boldsymbol{Y}_i}\right)=\begin{pmatrix}\dfrac{\partial^2H}{\partial Y_{i1}^2} & \dfrac{\partial^2H}{\partial Y_{i1}\partial Y_{i2}} & \cdots & \dfrac{\partial^2H}{\partial Y_{i1}\partial Y_{i2n}}\\ \dfrac{\partial^2H}{\partial Y_{i2}\partial Y_{i1}} & \dfrac{\partial^2H}{\partial Y_{i2}^2} & \cdots & \dfrac{\partial^2H}{\partial Y_{i2}\partial Y_{i2n}}\\ \vdots & \vdots & & \vdots\\ \dfrac{\partial^2H}{\partial Y_{i2n}\partial Y_{i1}} & \dfrac{\partial^2H}{\partial Y_{i2n}\partial Y_{i2}} & \cdots & \dfrac{\partial^2H}{\partial Y_{i2n}^2}\end{pmatrix}=\left[\mathrm{D}\left(H_{\boldsymbol{Y}_i}\right)\right]^{\mathrm{T}} \tag{2.120}$$

那么有

$$\begin{aligned}\boldsymbol{J}\mathrm{D}_i+\mathrm{D}_i^{\mathrm{T}}\boldsymbol{J}&=\boldsymbol{J}\boldsymbol{J}^{-1}\mathrm{D}\left(H_{\boldsymbol{Y}_i}\right)+\left[\boldsymbol{J}^{-1}\mathrm{D}\left(H_{\boldsymbol{Y}_i}\right)\right]^{\mathrm{T}}\boldsymbol{J}\\&=\mathrm{D}\left(H_{\boldsymbol{Y}_i}\right)+\left[\mathrm{D}\left(H_{\boldsymbol{Y}_i}\right)\right]^{\mathrm{T}}\left(\boldsymbol{J}^{-1}\right)^{\mathrm{T}}\boldsymbol{J}\\&=\mathrm{D}\left(H_{\boldsymbol{Y}_i}\right)-\left[\mathrm{D}\left(H_{\boldsymbol{Y}_i}\right)\right]^{\mathrm{T}}\boldsymbol{J}^{-1}\boldsymbol{J}\\&=\mathrm{D}\left(H_{\boldsymbol{Y}_i}\right)-\left[\mathrm{D}\left(H_{\boldsymbol{Y}_i}\right)\right]^{\mathrm{T}}=\mathbf{0}\end{aligned}\tag{2.121}$$

且

$$\begin{aligned}&\left(\frac{\partial\boldsymbol{z}^{k+1}}{\partial\boldsymbol{z}^k}\right)^{\mathrm{T}}\boldsymbol{J}\frac{\partial\boldsymbol{z}^{k+1}}{\partial\boldsymbol{z}^k}\\&=\left(\boldsymbol{I}+\tau\sum_{i=1}^{s}b_i\mathrm{D}_i\boldsymbol{X}_i\right)^{\mathrm{T}}\boldsymbol{J}\left(\boldsymbol{I}+\tau\sum_{i=1}^{s}b_i\mathrm{D}_i\boldsymbol{X}_i\right)\\&=\boldsymbol{J}+\tau\left(\sum_{i=1}^{s}b_i\mathrm{D}_i\boldsymbol{X}_i\right)^{\mathrm{T}}\boldsymbol{J}+\tau\boldsymbol{J}\left(\sum_{i=1}^{s}b_i\mathrm{D}_i\boldsymbol{X}_i\right)\\&\quad+\tau^2\left(\sum_{i=1}^{s}b_i\mathrm{D}_i\boldsymbol{X}_i\right)^{\mathrm{T}}\boldsymbol{J}\left(\sum_{i=1}^{s}b_i\mathrm{D}_i\boldsymbol{X}_i\right)\\&=\boldsymbol{J}+\tau\sum_{i=1}^{s}b_i\left[\left(\mathrm{D}_i\boldsymbol{X}_i\right)^{\mathrm{T}}\boldsymbol{J}+\boldsymbol{J}\mathrm{D}_i\boldsymbol{X}_i\right]+\tau^2\left(\sum_{i=1}^{s}b_i\mathrm{D}_i\boldsymbol{X}_i\right)^{\mathrm{T}}\boldsymbol{J}\left(\sum_{i=1}^{s}b_i\mathrm{D}_i\boldsymbol{X}_i\right)\end{aligned}\tag{2.122}$$

将式 (2.118) 两边同时前乘 $\left(\mathrm{D}_i\boldsymbol{X}_i\right)^{\mathrm{T}}\boldsymbol{J}$，得

$$\left(\mathrm{D}_i\boldsymbol{X}_i\right)^{\mathrm{T}}\boldsymbol{J}\boldsymbol{X}_i=\left(\mathrm{D}_i\boldsymbol{X}_i\right)^{\mathrm{T}}\boldsymbol{J}+\tau\sum_{j=1}^{s}a_{ij}\left(\mathrm{D}_i\boldsymbol{X}_i\right)^{\mathrm{T}}\boldsymbol{J}\mathrm{D}_j\boldsymbol{X}_j\tag{2.123}$$

将式 (2.118) 两边转置后同时后乘 $\boldsymbol{J}\mathrm{D}_i\boldsymbol{X}_i$，得

$$\left(\boldsymbol{X}_i\right)^{\mathrm{T}}\boldsymbol{J}\mathrm{D}_i\boldsymbol{X}_i=\boldsymbol{J}\mathrm{D}_i\boldsymbol{X}_i+h\sum_{j=1}^{s}a_{ij}\left(\mathrm{D}_j\boldsymbol{X}_j\right)^{\mathrm{T}}\boldsymbol{J}\mathrm{D}_i\boldsymbol{X}_i\tag{2.124}$$

从而，式 (2.122) 可转化为

$$\left(\frac{\partial\boldsymbol{z}^{k+1}}{\partial\boldsymbol{z}^k}\right)^{\mathrm{T}}\boldsymbol{J}\frac{\partial\boldsymbol{z}^{k+1}}{\partial\boldsymbol{z}^k}$$

$$
\begin{aligned}
&= \boldsymbol{J} + \tau^2 \left(\sum_{i=1}^{s} b_i \mathrm{D}_i \boldsymbol{X}_i\right)^{\mathrm{T}} \boldsymbol{J} \left(\sum_{i=1}^{s} b_i \mathrm{D}_i \boldsymbol{X}_i\right) + \tau \sum_{i=1}^{s} b_i \left[(\mathrm{D}_i \boldsymbol{X}_i)^{\mathrm{T}} \boldsymbol{J} + \boldsymbol{J} \mathrm{D}_i \boldsymbol{X}_i\right] \\
&= \boldsymbol{J} + \tau^2 \left(\sum_{i=1}^{s} b_i \mathrm{D}_i \boldsymbol{X}_i\right)^{\mathrm{T}} \boldsymbol{J} \left(\sum_{i=1}^{s} b_i \mathrm{D}_i \boldsymbol{X}_i\right) + \tau \sum_{i=1}^{s} b_i \Bigg[ (\mathrm{D}_i \boldsymbol{X}_i)^{\mathrm{T}} \boldsymbol{J} \boldsymbol{X}_i \\
&\quad - \tau \sum_{j=1}^{s} a_{ij} (\mathrm{D}_i \boldsymbol{X}_i)^{\mathrm{T}} \boldsymbol{J} \mathrm{D}_j \boldsymbol{X}_j + (\boldsymbol{X}_i)^{\mathrm{T}} \boldsymbol{J} \mathrm{D}_i \boldsymbol{X}_i - \tau \sum_{j=1}^{s} a_{ij} (\mathrm{D}_j \boldsymbol{X}_j)^{\mathrm{T}} \boldsymbol{J} \mathrm{D}_i \boldsymbol{X}_i \Bigg] \\
&= \boldsymbol{J} + \tau^2 \left(\sum_{i=1}^{s} b_i \mathrm{D}_i \boldsymbol{X}_i\right)^{\mathrm{T}} \boldsymbol{J} \left(\sum_{i=1}^{s} b_i \mathrm{D}_i \boldsymbol{X}_i\right) \\
&\quad + \tau \sum_{i=1}^{s} b_i \left[(\mathrm{D}_i \boldsymbol{X}_i)^{\mathrm{T}} \boldsymbol{J} \boldsymbol{X}_i + (\boldsymbol{X}_i)^{\mathrm{T}} \boldsymbol{J} \mathrm{D}_i \boldsymbol{X}_i\right] \\
&\quad - \tau \sum_{i=1}^{s} b_i \left[\tau \sum_{j=1}^{s} a_{ij} (\mathrm{D}_i \boldsymbol{X}_i)^{\mathrm{T}} \boldsymbol{J} \mathrm{D}_j \boldsymbol{X}_j + \tau \sum_{j=1}^{s} a_{ij} (\mathrm{D}_j \boldsymbol{X}_j)^{\mathrm{T}} \boldsymbol{J} \mathrm{D}_i \boldsymbol{X}_i\right]
\end{aligned} \tag{2.125}
$$

注意到

$$
\begin{aligned}
&(\mathrm{D}_i \boldsymbol{X}_i)^{\mathrm{T}} \boldsymbol{J} \boldsymbol{X}_i + (\boldsymbol{X}_i)^{\mathrm{T}} \boldsymbol{J} \mathrm{D}_i \boldsymbol{X}_i = (\boldsymbol{X}_i)^{\mathrm{T}} (\mathrm{D}_i)^{\mathrm{T}} \boldsymbol{J} \boldsymbol{X}_i + (\boldsymbol{X}_i)^{\mathrm{T}} \boldsymbol{J} \mathrm{D}_i \boldsymbol{X}_i \\
&= (\boldsymbol{X}_i)^{\mathrm{T}} \left[\boldsymbol{J}^{-1} \mathrm{D} (H_{\boldsymbol{Y}_i})\right]^{\mathrm{T}} \boldsymbol{J} \boldsymbol{X}_i + (\boldsymbol{X}_i)^{\mathrm{T}} \boldsymbol{J} \boldsymbol{J}^{-1} \mathrm{D} (H_{\boldsymbol{Y}_i}) \boldsymbol{X}_i \\
&= -(\boldsymbol{X}_i)^{\mathrm{T}} [\mathrm{D} (H_{\boldsymbol{Y}_i})]^{\mathrm{T}} \boldsymbol{J}^{-1} \boldsymbol{J} \boldsymbol{X}_i + (\boldsymbol{X}_i)^{\mathrm{T}} \boldsymbol{J} \boldsymbol{J}^{-1} \mathrm{D} (H_{\boldsymbol{Y}_i}) \mathrm{X}_i \\
&= -(\boldsymbol{X}_i)^{\mathrm{T}} [\mathrm{D} (H_{\boldsymbol{Y}_i})]^{\mathrm{T}} \boldsymbol{X}_i + (\boldsymbol{X}_i)^{\mathrm{T}} \mathrm{D} (H_{\boldsymbol{Y}_i}) \boldsymbol{X}_i \\
&= \boldsymbol{0}
\end{aligned} \tag{2.126}
$$

因此，式 (2.125) 可以进一步写为

$$
\begin{aligned}
&\left(\frac{\partial \boldsymbol{z}^{k+1}}{\partial \boldsymbol{z}^k}\right)^{\mathrm{T}} \boldsymbol{J} \frac{\partial \boldsymbol{z}^{k+1}}{\partial \boldsymbol{z}^k} \\
&= \boldsymbol{J} + \tau^2 \left(\sum_{i=1}^{s} b_i \mathrm{D}_i \boldsymbol{X}_i\right)^{\mathrm{T}} \boldsymbol{J} \left(\sum_{i=1}^{s} b_i \mathrm{D}_i \boldsymbol{X}_i\right) \\
&\quad - \tau \sum_{i=1}^{s} b_i \left[h \sum_{j=1}^{s} a_{ij} (\mathrm{D}_i \boldsymbol{X}_i)^{\mathrm{T}} \boldsymbol{J} \mathrm{D}_j \boldsymbol{X}_j + \tau \sum_{j=1}^{s} a_{ij} (\mathrm{D}_j \boldsymbol{X}_j)^{\mathrm{T}} \boldsymbol{J} \mathrm{D}_i \boldsymbol{X}_i\right] \\
&= \boldsymbol{J} + \tau^2 \sum_{i=1}^{s} \sum_{j=1}^{s} b_i b_j (\mathrm{D}_i \boldsymbol{X}_i)^{\mathrm{T}} \boldsymbol{J} \mathrm{D}_j \boldsymbol{X}_j - \tau^2 \sum_{i=1}^{s} \sum_{j=1}^{s} b_i a_{ij} (\mathrm{D}_i \boldsymbol{X}_i)^{\mathrm{T}} \boldsymbol{J} \mathrm{D}_j \boldsymbol{X}_j
\end{aligned}
$$

$$
\begin{aligned}
&-\tau^2\sum_{j=1}^{s}\sum_{i=1}^{s}b_j a_{ji}\left(\mathrm{D}_i\boldsymbol{X}_i\right)^{\mathrm{T}}\boldsymbol{J}\mathrm{D}_j\boldsymbol{X}_j \\
=&\,\boldsymbol{J}+\tau^2\sum_{i=1}^{s}\sum_{j=1}^{s}\left(b_i b_j-b_i a_{ij}-b_j a_{ji}\right)\left(\mathrm{D}_i\boldsymbol{X}_i\right)^{\mathrm{T}}\boldsymbol{J}\mathrm{D}_j\boldsymbol{X}_j
\end{aligned}
\tag{2.127}
$$

由式 (2.127) 可知，如果 $\boldsymbol{M}=\boldsymbol{0}$，则

$$
\left(\frac{\partial \boldsymbol{z}^{k+1}}{\partial \boldsymbol{z}^{k}}\right)^{\mathrm{T}}\boldsymbol{J}\frac{\partial \boldsymbol{z}^{k+1}}{\partial \boldsymbol{z}^{k}}=\boldsymbol{J}
\tag{2.128}
$$

即推进映射 Jacobi 矩阵 $\dfrac{\partial \boldsymbol{z}^{k+1}}{\partial \boldsymbol{z}^{k}}$ 是辛阵。

从而证得，$\boldsymbol{M}=\boldsymbol{0}$ 时，格式 (2.115) 是辛的。

特别地，对于非约化的 Runge-Kutta 格式，$\boldsymbol{M}=\boldsymbol{0}$ 是辛 Runge-Kutta 格式的**充分必要条件**。

下面，给出一些辛 Runge-Kutta 格式。

首先给出 $s=1,2$ 时，Gauss-Legendre 格式对应的 Butcher 表。

$s=1$：

$$
\begin{array}{c|c}
\dfrac{1}{2} & \dfrac{1}{2} \\
\hline
 & 1
\end{array}
\tag{2.129}
$$

$s=2$：

$$
\begin{array}{c|c|c}
\dfrac{3-\sqrt{3}}{6} & \dfrac{1}{4} & \dfrac{3-2\sqrt{3}}{12} \\
\dfrac{3+\sqrt{3}}{6} & \dfrac{3+2\sqrt{3}}{12} & \dfrac{1}{4} \\
\hline
 & \dfrac{1}{2} & \dfrac{1}{2}
\end{array}
\tag{2.130}
$$

可以看出，$s=1$ 时的格式就是熟知的 Euler 中点格式。不难验证，表式 (2.129) 和 (2.130) 均满足条件 $\boldsymbol{M}=\boldsymbol{0}$，因此它们都是辛格式。

**定理 2.10**　Gauss-Legendre 格式是具有 $2s$ 阶精度的辛格式。

下面给出一些对角隐式辛 Runge-Kutta 格式，这些辛格式具有计算方便、稳定性能好等优点。

**定理 2.11**　如果任意 $s$ 阶对角隐式 Runge-Kutta 格式满足条件 $\boldsymbol{M}=\boldsymbol{0}$，则

可以将它们表示成以下表式

$$\begin{array}{c|cccccc} c_1 & \frac{b_1}{2} & & & & \\ c_2 & b_1 & \frac{b_2}{2} & & & \\ c_3 & b_1 & b_2 & \frac{b_3}{2} & & \\ \vdots & \vdots & \vdots & \vdots & & \\ c_s & b_1 & b_2 & b_3 & \cdots & \frac{b_s}{2} \\ \hline & b_1 & b_2 & b_3 & \cdots & b_s \end{array} \tag{2.131}$$

其中 $c_i = \sum_{j=1}^{i} b_{j-1} + \frac{b_i}{2}$，$i = 1, \cdots, s$，$b_0 = 0$。

任意阶的显式 Runge-Kutta 格式不能满足条件 $\boldsymbol{M} = \mathbf{0}$。

下面给出 $s = 1, 2, 3$ 时，对角隐式辛 Runge-Kutta 格式对应的 Butcher 表。

$s = 1$:

$$\begin{array}{c|c} \frac{1}{2} & \frac{1}{2} \\ \hline & 1 \end{array} \tag{2.132}$$

$s = 2$:

$$\begin{array}{c|cc} \frac{1}{4} & \frac{1}{4} & 0 \\ \frac{3}{4} & \frac{1}{2} & \frac{1}{4} \\ \hline & \frac{1}{2} & \frac{1}{2} \end{array} \tag{2.133}$$

$s = 3$:

$$\begin{array}{c|ccc} \frac{1}{2}a & \frac{1}{2}a & & \\ \frac{3}{2}a & a & \frac{1}{2}a & \\ \frac{1}{2}+a & a & a & \frac{1}{2}-a \\ \hline & a & a & 1-2a \end{array} \tag{2.134}$$

其中 $a = 1.351207$，它是多项式 $6x^3 - 12x^2 + 6x - 1$ 的实根 [59]。格式 (2.132)、(2.133) 和 (2.134) 的精度分别是 2 阶、2 阶和 3 阶。

表式 (2.134) 的对角元素变为对称情况 ($a_{11}=a_{33}$) 时，即

$$
\begin{array}{c|ccc}
\frac{1}{2}a & \frac{1}{2}a & & \\
\frac{1}{2} & a & \frac{1}{2}-a & \\
1-\frac{1}{2}a & a & 1-2a & \frac{1}{2}a \\
\hline
 & a & 1-2a & a
\end{array}
\tag{2.135}
$$

该格式达到 4 阶精度。

### 2.1.4　显含时间可分线性非齐次哈密顿系统的辛格式和划归方法

物理问题中经常遇到显含时间的可分线性哈密顿系统，其正则方程是非齐次的，本小节考虑这类哈密顿系统，给出一些适用的辛格式，并介绍了含时 Schrödinger 方程的非零初边值问题转化为可分哈密顿系统的划归方法。

#### 2.1.4.1　显含时间可分线性非齐次哈密顿系统的辛格式

显含时间的可分线性哈密顿系统表示为 [60]

$$
\begin{aligned}
&H(\boldsymbol{q},\boldsymbol{p},t)=V(\boldsymbol{q},t)+U(\boldsymbol{p},t)\\
&V(\boldsymbol{q},t)=\frac{1}{2}\boldsymbol{q}^{\mathrm{T}}\boldsymbol{S}(t)\,\boldsymbol{q}+\boldsymbol{Y}_1(t)^{\mathrm{T}}\boldsymbol{q},\quad U(\boldsymbol{p},t)=\frac{1}{2}\boldsymbol{p}^{\mathrm{T}}\boldsymbol{S}(t)\,\boldsymbol{p}+\boldsymbol{Y}_2(t)^{\mathrm{T}}\boldsymbol{p}
\end{aligned}
\tag{2.136}
$$

正则方程是非齐次的

$$
\frac{\mathrm{d}\boldsymbol{q}}{\mathrm{d}t}=\frac{\partial U}{\partial \boldsymbol{p}}=\boldsymbol{S}(t)\,\boldsymbol{p}+\boldsymbol{Y}_2(t)\,,\quad \frac{\mathrm{d}\boldsymbol{p}}{\mathrm{d}t}=-\frac{\partial V}{\partial \boldsymbol{q}}=-\boldsymbol{S}(t)\,\boldsymbol{q}-\boldsymbol{Y}_1(t)
\tag{2.137}
$$

对非齐次哈密顿正则方程 (2.137)，其辛格式可以应用引进辅助正则坐标和辅助正则动量的方法，由不显含时间可分哈密顿系统的辛格式而得到，也可将一般显含时间可分哈密顿系统正则方程的辛格式经特殊化而得到。

下面给出一些适用于非齐次哈密顿正则方程 (2.137) 的辛格式 [60]。

(1) Euler 中点格式——2 阶隐式辛格式：

$$
\begin{aligned}
\boldsymbol{q}^{n+1}&=\boldsymbol{q}^{n}+\tau\frac{\partial}{\partial \boldsymbol{p}}U\left(\frac{\boldsymbol{p}^{n+1}+\boldsymbol{p}^{n}}{2},t_n+\frac{\tau}{2}\right)\\
&=\boldsymbol{q}^{n}+\tau\left[\boldsymbol{S}\left(t_n+\frac{\tau}{2}\right)\frac{\boldsymbol{p}^{n+1}+\boldsymbol{p}^{n}}{2}+\boldsymbol{Y}_2\left(t_n+\frac{\tau}{2}\right)\right]
\end{aligned}
$$

$$\begin{aligned}\boldsymbol{p}^{n+1}&=\boldsymbol{p}^n-\tau\frac{\partial}{\partial\boldsymbol{q}}V\left(\frac{\boldsymbol{q}^{n+1}+\boldsymbol{q}^n}{2},t_n+\frac{\tau}{2}\right)\\&=\boldsymbol{p}^n-\tau\left[\boldsymbol{S}\left(t_n+\frac{\tau}{2}\right)\frac{\boldsymbol{q}^{n+1}+\boldsymbol{q}^n}{2}+\boldsymbol{Y}_1\left(t_n+\frac{\tau}{2}\right)\right]\end{aligned}\tag{2.138}$$

(2) 1 阶显式辛格式:

$$\begin{aligned}\boldsymbol{q}^{n+1}&=\boldsymbol{q}^n+\tau\frac{\partial}{\partial\boldsymbol{p}}U\left(\boldsymbol{p}^n,t_n\right)=\boldsymbol{q}^n+\tau\left[\boldsymbol{S}\left(t_n\right)\boldsymbol{p}^n+\boldsymbol{Y}_2\left(t_n\right)\right]\\\boldsymbol{p}^{n+1}&=\boldsymbol{p}^n-\tau\frac{\partial}{\partial\boldsymbol{q}}V\left(\boldsymbol{q}^{n+1},t_{n+1}\right)=\boldsymbol{p}^n-\tau\left[\boldsymbol{S}\left(t_{n+1}\right)\boldsymbol{q}^{n+1}+\boldsymbol{Y}_1\left(t_{n+1}\right)\right]\end{aligned}\tag{2.139}$$

(3) 2 阶显式辛格式:

$$\begin{aligned}&\boldsymbol{x}=\boldsymbol{q}^n,\quad \boldsymbol{y}=\boldsymbol{p}^n-\frac{\tau}{2}\frac{\partial}{\partial\boldsymbol{q}}V\left(\boldsymbol{x},t_n\right)=\boldsymbol{p}^n-\frac{\tau}{2}\left[\boldsymbol{S}\left(t_n\right)\boldsymbol{x}+\boldsymbol{Y}_1\left(t_n\right)\right]\\&\boldsymbol{q}^{n+1}=\boldsymbol{x}+\tau\frac{\partial}{\partial\boldsymbol{p}}U\left(\boldsymbol{y},t_n+\frac{\tau}{2}\right)=\boldsymbol{x}+\tau\left[\boldsymbol{S}\left(t_n+\frac{\tau}{2}\right)\boldsymbol{y}+\boldsymbol{Y}_2\left(t_n+\frac{\tau}{2}\right)\right]\\&\boldsymbol{p}^{n+1}=\boldsymbol{y}-\frac{\tau}{2}\frac{\partial}{\partial\boldsymbol{q}}V\left(\boldsymbol{q}^{n+1},t_{n+1}\right)=\boldsymbol{y}-\frac{\tau}{2}\left[\boldsymbol{S}\left(t_{n+1}\right)\boldsymbol{q}^{n+1}+\boldsymbol{Y}_1\left(t_{n+1}\right)\right]\end{aligned}\tag{2.140}$$

和

$$\begin{aligned}&\boldsymbol{y}=\boldsymbol{p}^n,\quad \boldsymbol{x}=\boldsymbol{q}^n+\frac{\tau}{2}\left[\boldsymbol{S}\left(t_n\right)\boldsymbol{y}+\boldsymbol{Y}_2\left(t_n\right)\right]\\&\boldsymbol{p}^{n+1}=\boldsymbol{y}-\tau\left[\boldsymbol{S}\left(t_n+\frac{\tau}{2}\right)\boldsymbol{x}+\boldsymbol{Y}_1\left(t_n+\frac{\tau}{2}\right)\right]\\&\boldsymbol{q}^{n+1}=\boldsymbol{x}+\frac{\tau}{2}\left[\boldsymbol{S}\left(t_{n+1}\right)\boldsymbol{p}^{n+1}+\boldsymbol{Y}_2\left(t_{n+1}\right)\right]\end{aligned}\tag{2.141}$$

(4) 4 阶显式辛格式:

$$\begin{aligned}&\boldsymbol{x}_1=\boldsymbol{q}^n+c_1\tau\frac{\partial}{\partial\boldsymbol{p}}U\left(\boldsymbol{p}^n,t_n\right)=\boldsymbol{q}^n+c_1\tau\left[\boldsymbol{S}\left(t_n\right)\boldsymbol{p}^n+\boldsymbol{Y}_2\left(t_n\right)\right],\quad \xi_1=t_n+c_1\tau\\&\boldsymbol{y}_1=\boldsymbol{p}^n-d_1\tau\frac{\partial}{\partial\boldsymbol{q}}V\left(\boldsymbol{x}_1,\xi_1\right)=\boldsymbol{p}^n-d_1\tau\left[\boldsymbol{S}\left(\xi_1\right)\boldsymbol{x}_1+\boldsymbol{Y}_1\left(\xi_1\right)\right],\quad \eta_1=t_n+d_1\tau\\&\boldsymbol{x}_2=\boldsymbol{x}_1+c_2\tau\frac{\partial}{\partial\boldsymbol{p}}U\left(\boldsymbol{y}_1,\eta_1\right)=\boldsymbol{x}_1+c_2\tau\left[\boldsymbol{S}\left(\eta_1\right)\boldsymbol{y}_1+\boldsymbol{Y}_2\left(\eta_1\right)\right],\quad \xi_2=\xi_1+c_2\tau\\&\boldsymbol{y}_2=\boldsymbol{y}_1-d_2\tau\frac{\partial}{\partial\boldsymbol{q}}V\left(\boldsymbol{x}_2,\xi_2\right)=\boldsymbol{y}_1-d_2\tau\left[\boldsymbol{S}\left(\xi_2\right)\boldsymbol{x}_2+\boldsymbol{Y}_1\left(\xi_2\right)\right],\quad \eta_2=\eta_1+d_2\tau\\&\boldsymbol{x}_3=\boldsymbol{x}_2+c_3\tau\frac{\partial}{\partial\boldsymbol{p}}U\left(\boldsymbol{y}_2,\eta_2\right)=\boldsymbol{q}^n+c_3\tau\left[\boldsymbol{S}\left(\eta_2\right)\boldsymbol{y}_2+\boldsymbol{Y}_2\left(\eta_2\right)\right],\quad \xi_3=\xi_2+c_3\tau\end{aligned}$$

$$
\begin{aligned}
&\boldsymbol{y}_3=\boldsymbol{y}_2-d_3\tau\frac{\partial}{\partial \boldsymbol{q}}V\left(\boldsymbol{x}_3,\xi_3\right)=\boldsymbol{y}_2-d_3\tau\left[\boldsymbol{S}\left(\xi_3\right)\boldsymbol{x}_3+\boldsymbol{Y}_1\left(\xi_3\right)\right],\quad \eta_3=\eta_2+d_3\tau\\
&\boldsymbol{q}^{n+1}=\boldsymbol{x}_3+c_4\tau\frac{\partial}{\partial \boldsymbol{p}}U\left(\boldsymbol{y}_3,\eta_3\right)=\boldsymbol{x}_3+c_4\tau\left[\boldsymbol{S}\left(\eta_3\right)\boldsymbol{y}_3+\boldsymbol{Y}_2\left(\eta_3\right)\right],\\
&Q_1^{n+1}=\xi_3+c_4\tau=t_{n+1}\\
&\boldsymbol{p}^{n+1}=\boldsymbol{y}_3-d_4\tau\frac{\partial}{\partial \boldsymbol{q}}V\left(\boldsymbol{q}^{n+1},t_{n+1}\right)=\boldsymbol{y}_3-d_4\tau\left[\boldsymbol{S}\left(t_{n+1}\right)\boldsymbol{q}^{n+1}+\boldsymbol{Y}_1\left(t_{n+1}\right)\right],\\
&P_2^{n+1}=\eta_3+d_4\tau=t_{n+1}
\end{aligned}
\tag{2.142}
$$

其中系数

$$
c_1=0,\quad c_2=c_4=\alpha,\quad c_3=\beta,\quad d_1=d_4=\frac{\alpha}{2},\quad d_2=d_3=\frac{\alpha+\beta}{2} \tag{2.143}
$$

或

$$
c_1=c_4=\frac{\alpha}{2},\quad c_2=c_3=\frac{\alpha+\beta}{2},\quad d_1=d_3=\alpha,\quad d_2=\beta,\quad d_4=0 \tag{2.144}
$$

这里 $\alpha=\dfrac{1}{2-\sqrt[3]{2}}$，$\beta=1-2\alpha$。

2.1.4.2 含时 Schrödinger 方程的空间辛离散——空间变量离散法

考虑一维含时 Schrödinger 方程的初边值问题

$$
\mathrm{i}\frac{\partial}{\partial t}\psi\left(x,t\right)=\left[-\frac{1}{2}\frac{\partial^2}{\partial x^2}+V_0\left(x\right)+V\left(x,t\right)\right]\psi\left(x,t\right),\quad t>0,\quad a<x<b \tag{2.145}
$$

$$
\psi\left(a,t\right)=l\left(t\right),\quad \psi\left(b,t\right)=r\left(t\right),\quad t>0 \tag{2.146}
$$

$$
\psi\left(x,0\right)=\phi\left(t\right),\quad a<x<b \tag{2.147}
$$

其中波函数是复值 $\psi\left(x,t\right)=q\left(x,t\right)+\mathrm{i}p\left(x,t\right)$，哈密顿算子 $H\left(x,t\right)=-\dfrac{1}{2}\dfrac{\partial^2}{\partial x^2}+V_0\left(x\right)+V\left(x,t\right)$ 是实 Hermite 算子,初态 $\phi\left(x\right)=c\left(x\right)+\mathrm{i}d\left(x\right)$ 归一化 $\displaystyle\int_a^b\left|\phi\left(x\right)\right|^2\mathrm{d}x=1$。

取充分大的正整数 $N$，记步长

$$
h=\frac{b-a}{N},\quad x_j=a+jh,\quad V_j\left(t\right)=V\left(x_j,t\right)
$$

$$
\psi_j\left(t\right)=\psi\left(x_j,t\right)=q\left(x_j,t\right)+\mathrm{i}p\left(x_j,t\right)=q_j\left(x,t\right)+\mathrm{i}p_j\left(x,t\right)
$$

$$\phi_j = \phi(x_j) = c(x_j) + \mathrm{i}d(x_j) = c_j + \mathrm{i}d_j, \quad j = 0, 1, \cdots, N$$
$$l(t) = l_r(t) + \mathrm{i}l_i(t), \quad r(t) = r_r(t) + \mathrm{i}r_i(t) \tag{2.148}$$

用 2 阶中心差商

$$\frac{\partial^2 \psi(x_j, t)}{\partial x^2} = \frac{\psi_{j-1}(t) - 2\psi_j(t) + \psi_{j+1}(t)}{h^2} + O\left(h^2\right) \tag{2.149}$$

代替空间变量 2 阶偏导数，含时 Schrödinger 方程 (2.145) 和边界条件 (2.146) 离散成 $N-1$ 个方程的方程组 [60]

$$\begin{aligned}
&\mathrm{i}\frac{\mathrm{d}\psi_1(t)}{\mathrm{d}t} = -\frac{1}{2h^2}\left\{l(t) - 2\left[1 + h^2V_1(t)\right]\psi_1(t) + \psi_2(t)\right\} \\
&\mathrm{i}\frac{\mathrm{d}\psi_j(t)}{\mathrm{d}t} = -\frac{1}{2h^2}\left\{\psi_{j-1}(t) - 2\left[1 + h^2V_j(t)\right]\psi_j(t) + \psi_{j+1}(t)\right\}, \quad j = 2, \cdots, N-2 \\
&\mathrm{i}\frac{\mathrm{d}\psi_{N-1}(t)}{\mathrm{d}t} = -\frac{1}{2h^2}\left\{\psi_{N-2}(t) - 2\left[1 + h^2V_{N-1}(t)\right]\psi_{N-1}(t) + r(t)\right\}
\end{aligned} \tag{2.150}$$

记

$$\boldsymbol{\psi}(t) = (\psi_1(t), \cdots, \psi_j(t), \cdots, \psi_{N-1}(t))^{\mathrm{T}}, \quad \boldsymbol{\phi} = (\phi_1, \cdots, \phi_j, \cdots, \phi_{N-1})^{\mathrm{T}}$$
$$\boldsymbol{Y}(t) = -\frac{1}{2h^2}(l(t), 0, \cdots, 0, r(t))^{\mathrm{T}} \tag{2.151}$$

$\boldsymbol{\psi}(t)$、$\boldsymbol{\phi}$ 和 $\boldsymbol{Y}(t)$ 是 $N-1$ 维复向量，方程组 (2.150) 可写成矩阵形式

$$\mathrm{i}\frac{\mathrm{d}\boldsymbol{\psi}(t)}{\mathrm{d}t} = \boldsymbol{S}(t)\boldsymbol{\psi}(t) + \boldsymbol{Y}(t) \tag{2.152}$$

其中 $\boldsymbol{S}(t)$ 是 $N-1$ 阶实对称三对角矩阵

$$-\frac{1}{2h^2}\begin{pmatrix}
-2\left[1+h^2V_1(t)\right] & 1 & & & \\
1 & -2\left[1+h^2V_2(t)\right] & 1 & \mathbf{0} & \\
 & & \ddots & & \\
 & \mathbf{0} & 1 & -2\left[1+h^2V_{N-2}(t)\right] & 1 \\
 & & & 1 & -2\left[1+h^2V_{N-1}(t)\right]
\end{pmatrix} \tag{2.153}$$

再记

$$\boldsymbol{q}(t) = (q_1(t), \cdots, q_j(t), \cdots, q_{N-1}(t))^{\mathrm{T}},$$

$$
\begin{aligned}
&\boldsymbol{p}(t)=\left(p_1(t),\cdots,p_j(t),\cdots,p_{N-1}(t)\right)^{\mathrm{T}}\\
&\boldsymbol{c}=\left(c_1,\cdots,c_j,\cdots,c_{N-1}\right)^{\mathrm{T}},\quad \boldsymbol{d}=\left(d_1,\cdots,d_j,\cdots,d_{N-1}\right)^{\mathrm{T}}\\
&\boldsymbol{Y}_r(t)=-\frac{1}{2h^2}\left(l_r(t),0,\cdots,0,r_r(t)\right)^{\mathrm{T}}\\
&\boldsymbol{Y}_i(t)=-\frac{1}{2h^2}\left(l_i(t),0,\cdots,0,r_i(t)\right)^{\mathrm{T}}
\end{aligned}
\tag{2.154}
$$

$\boldsymbol{q}(t)$、$\boldsymbol{p}(t)$、$\boldsymbol{c}$、$\boldsymbol{d}$ 和 $\boldsymbol{Y}_r(t)$、$\boldsymbol{Y}_i(t)$ 是 $N-1$ 维实向量。

将方程组 (2.152) 的实部和虚部分开，得到

$$
\frac{\mathrm{d}\boldsymbol{q}(t)}{\mathrm{d}t}=\boldsymbol{S}(t)\boldsymbol{p}(t)+\boldsymbol{Y}_i(t),\quad \frac{\mathrm{d}\boldsymbol{p}(t)}{\mathrm{d}t}=-\boldsymbol{S}(t)\boldsymbol{q}(t)-\boldsymbol{Y}_r(t)
\tag{2.155}
$$

$$
\boldsymbol{q}(0)=\boldsymbol{c},\quad \boldsymbol{p}(0)=\boldsymbol{d}
\tag{2.156}
$$

这是一个哈密顿函数 [60]

$$
\begin{aligned}
&H(\boldsymbol{q},\boldsymbol{p},t)=V(\boldsymbol{q},t)+U(\boldsymbol{p},t)\\
&V(\boldsymbol{q},t)=\frac{1}{2}\boldsymbol{q}^{\mathrm{T}}\boldsymbol{S}(t)\boldsymbol{q}+\boldsymbol{Y}_1(t)^{\mathrm{T}}\boldsymbol{q},\quad U(\boldsymbol{p},t)=\frac{1}{2}\boldsymbol{p}^{\mathrm{T}}\boldsymbol{S}(t)\boldsymbol{p}+\boldsymbol{Y}_2(t)^{\mathrm{T}}\boldsymbol{p}
\end{aligned}
\tag{2.157}
$$

的显含时间的 $N-1$ 维可分哈密顿系统。这样，含时 Schrödinger 方程的初边值问题 (2.145)~(2.147) 离散成非齐次正则方程的初值问题 (2.155)~(2.156)。正则方程 (2.155) 也可写成

$$
\frac{\mathrm{d}\boldsymbol{q}(t)}{\mathrm{d}t}=\frac{\partial U(\boldsymbol{p},t)}{\partial\boldsymbol{p}},\quad \frac{\mathrm{d}\boldsymbol{p}(t)}{\mathrm{d}t}=-\frac{\partial V(\boldsymbol{q},t)}{\partial\boldsymbol{q}}
\tag{2.158}
$$

正则方程 (2.155) 就是前述含时 Schrödinger 方程非零初边值问题离散成的非齐次正则方程 (2.137)，故数值求解可以采用辛格式 (2.138)~(2.142)。

## 2.2 随机哈密顿系统

随机结构动力学旨在研究工程结构在各种随机载荷作用下的振动、稳定性及可靠性。线性系统与单自由度非线性系统的随机结构动力学理论已经较为成熟，但处理多自由度非线性的随机结构动力学系统还有很大困难。对于多自由度强非线性随机结构动力学系统，哈密顿系统与拉格朗日力学系统相比有许多优点，因为哈密顿系统中可积性与共振性等概念对了解各自由度之间在相空间中的全局关系很有帮助。因此，本节介绍随机哈密顿系统的相关理论知识及相应表示方法。

### 2.2.1 随机哈密顿系统的表示与分类

首先，考虑一个 $n$ 自由度受控非线性随机动力学系统，其运动方程可以表示为 [61]

$$\begin{aligned}\dot{Q}_i &= \frac{\partial H}{\partial P_i}\\ \dot{P}_i &= -\frac{\partial H}{\partial Q_i} - c_{ij}\left(\boldsymbol{Q},\boldsymbol{P}\right)\frac{\partial H}{\partial P_j} + f_{ik}\left(\boldsymbol{Q},\boldsymbol{P}\right)\xi_k\left(t\right) + u_i\left(\boldsymbol{Q},\boldsymbol{P}\right)\\ & i,j=1,2,\cdots,n,\quad k=1,2,\cdots,m \end{aligned} \tag{2.159}$$

其中 $Q_i, P_i$ 分别为广义位移与广义动量，$\boldsymbol{Q}=(Q_1,Q_2,\cdots,Q_n)^{\mathrm{T}}, \boldsymbol{P}=(P_1,P_2,\cdots,P_n)^{\mathrm{T}}$；$H=H(\boldsymbol{Q},\boldsymbol{P})$ 为具有连续偏导数的哈密顿函数，又称哈密顿量；$c_{ij}(\boldsymbol{Q},\boldsymbol{P})$ 表示拟线性阻尼系数；$f_{ik}(\boldsymbol{Q},\boldsymbol{P})$ 表示随机激励幅值；$\xi_k(t)$ 为随机过程，特殊情形下可包括周期或谐和函数；$u_i(\boldsymbol{Q},\boldsymbol{P})$ 为反馈控制力。一般式 (2.159) 是非线性的，称为**受控的、随机激励的、耗散的哈密顿系统**。

式 (2.159) 的核心是相应的哈密顿系统，这里考虑的是理想、完整、自治哈密顿系统，以哈密顿量 $H(\boldsymbol{q},\boldsymbol{p})$ 表征。对结构系统，哈密顿量表示系统的总能量，它在系统运动过程中守恒。若一个动力学量 $H_i=H_i(\boldsymbol{q},\boldsymbol{p})$ 满足 $[H_i,H]=0$，称为**首次积分** (运动积分，或守恒量)；若两个首次积分 $H_i,H_j$ 满足 $[H_i,H_j]=0$，则称为**对合**，其中

$$[H_i,H_j]=\frac{\partial H_i}{\partial p_k}\frac{\partial H_j}{\partial q_k}-\frac{\partial H_i}{\partial q_k}\frac{\partial H_j}{\partial p_k},\quad i,j=1,2,\cdots,r,\quad k=1,2,\cdots,n \tag{2.160}$$

为 $H_i,H_j$ 的 Poisson 括号。

哈密顿系统可按独立、对合的首次积分 $H_1(\boldsymbol{q},\boldsymbol{p})=H(\boldsymbol{q},\boldsymbol{p}),H_2(\boldsymbol{q},\boldsymbol{p}),\cdots,H_r(\boldsymbol{q},\boldsymbol{p})$ 的个数进行分类 [62]。当 $r=1$ 时，称该哈密顿系统为**不可积**的；当 $r=n$ 时，称该哈密顿系统为 **(完全) 可积**的；当 $1<r<n$ 时，称该哈密顿系统为**部分可积**的。

当哈密顿系统可积时，可引入作用–角变量 $I_i,\theta_i$。此时，哈密顿量形式为 $H=H(\boldsymbol{I})$，而哈密顿方程为

$$\dot{\theta}_i=\frac{\partial H(\boldsymbol{I})}{\partial I_i}=\omega_i(\boldsymbol{I}),\quad \dot{\boldsymbol{I}}_i=0,\quad i=1,2,\cdots,n \tag{2.161}$$

其解为

$$I_i=\text{const.},\quad \theta_i=\omega_i(\boldsymbol{I})+\delta_i,\quad i=1,2,\cdots,n \tag{2.162}$$

其中 $\omega_i(\boldsymbol{I})$ 为该可积哈密顿系统固有频率，若这些频率满足如下共振关系

$$k_i^u\omega_i(\boldsymbol{I})=0,\quad i=1,2,\cdots,n,\quad u=1,2,\cdots,\alpha \tag{2.163}$$

式中 $k_i^u$ 为整数，则称该哈密顿系统为**共振**的，$\alpha=0$ 时称为**非共振**的 [63]。

在系统 (2.159) 中，引入在哈密顿系统中所没有的部分可积的概念。原则上，可将部分可积系统化为一个可积子系统与一个不可积子系统之和。对其中的可积子系统，可引入上述作用–角变量及共振概念。因此，部分可积哈密顿系统也有共振与非共振之分。

按与式 (2.159) 相应的哈密顿系统的可积性与共振性，可将系统 (2.159) 分成五类：**不可积、可积非共振、可积共振、部分可积非共振、部分可积共振**。不同类的哈密顿系统，其运动性态是不同的。

### 2.2.2　精确平稳解

当式 (2.159) 中 $u_i=0$ 且 $\xi_k(t)$ 皆为高斯白噪声时，响应 $\boldsymbol{Q},\boldsymbol{P}$ 为扩散马尔可夫过程，可用福克-普朗克-柯尔莫哥洛夫 (FPK) 方程法求其精确解。与式 (2.159) 等价的 Itô 方程为

$$\begin{aligned}\mathrm{d}Q_i&=\frac{\partial H}{\partial P_i}\mathrm{d}t\\ \mathrm{d}P_i&=-\left[\frac{\partial H}{\partial Q_i}+m_{ij}(\boldsymbol{Q},\boldsymbol{P})\frac{\partial H}{\partial P_j}\right]\mathrm{d}t+\sigma_{ik}(\boldsymbol{Q},\boldsymbol{P})\,\mathrm{d}B_k(t)\end{aligned}\tag{2.164}$$

其中 $B_k(t)$ 为独立单位维纳过程，$\boldsymbol{\sigma}\boldsymbol{\sigma}^{\mathrm{T}}=2\boldsymbol{f}\boldsymbol{D}\boldsymbol{f}^{\mathrm{T}}$，$2\boldsymbol{D}$ 为 $\xi_k(t)$ 的强度矩阵，$m_{ij}$ 为修正后拟线性阻尼系数 [64]。

与方程 (2.164) 相应的 FPK 方程为

$$\frac{\partial p}{\partial t}+[H,p]=\frac{\partial}{\partial p_i}\left(m_{ij}\frac{\partial H}{\partial p_j}p\right)+\frac{1}{2}\frac{\partial}{\partial p_i\partial p_j}(b_{ij}p)\tag{2.165}$$

其中 $p$ 为 $\boldsymbol{Q},\boldsymbol{P}$ 的转移概率密度，$\boldsymbol{b}=\boldsymbol{\sigma}\boldsymbol{\sigma}^{\mathrm{T}}$。鉴于求方程 (2.165) 的瞬态解极为困难，一般求方程 (2.165) 的平稳解，即 $\partial p/\partial t=0$ 时的平稳 FPK 方程 (2.165) 的解，亦即当系统达到统计平衡时的解。

式 (2.165) 的平稳解的泛函形式取决于与式 (2.164) 相应的哈密顿系统的可积性与共振性。当相应哈密顿系统不可积时，其解的形式为 [64,65]

$$p(\boldsymbol{q},\boldsymbol{p})=C\exp[-\lambda(H)]\big|_{H=H(\boldsymbol{q},\boldsymbol{p})}\tag{2.166}$$

式中 $C$ 为归一化系数。

当相应哈密顿系统可积非共振时，式 (2.165) 的平稳解为 [64,65]

$$p(\boldsymbol{q},\boldsymbol{p})=C\exp[-\lambda(\boldsymbol{H})]\big|_{\boldsymbol{H}=\boldsymbol{H}(\boldsymbol{q},\boldsymbol{p})}\tag{2.167}$$

或

$$p(\boldsymbol{q},\boldsymbol{p})=C\exp[-\lambda(\boldsymbol{I})]\big|_{\boldsymbol{I}=\boldsymbol{I}(\boldsymbol{q},\boldsymbol{p})}\tag{2.168}$$

式中 $\boldsymbol{H}=(H_1,H_2,\cdots,H_n)^{\mathrm{T}}$ 为相应哈密顿系统的 $n$ 个独立、对合的首次积分组成的矢量。

当相应哈密顿系统可积共振时，式 (2.165) 的平稳解为 [64,65]

$$p(\boldsymbol{q},\boldsymbol{p})=C\exp\left[-\lambda\left(\boldsymbol{I},\boldsymbol{\psi}\right)\right]\Big|_{\boldsymbol{I}=\boldsymbol{I}(\boldsymbol{q},\boldsymbol{p}),\boldsymbol{\psi}=\boldsymbol{\psi}(\boldsymbol{q},\boldsymbol{p})} \tag{2.169}$$

式中 $\boldsymbol{\psi}=(\psi_1,\psi_2,\cdots,\psi_\alpha)^{\mathrm{T}}$，$\psi_u=k_i^u\theta_i$ 为成共振关系的各自由度的角变量组合。

类似地，当相应哈密顿系统部分可积非共振与共振 ($\beta$ 个共振关系) 时，式 (2.165) 的平稳解分别为 [64,65]

$$p(\boldsymbol{q},\boldsymbol{p})=C\exp\left[-\lambda\left(\boldsymbol{H}'\right)\right]\Big|_{\boldsymbol{H}'=\boldsymbol{H}'(\boldsymbol{q},\boldsymbol{p})} \tag{2.170}$$

与

$$p(\boldsymbol{q},\boldsymbol{p})=C\exp\left[-\lambda\left(\boldsymbol{I}',H_r,\boldsymbol{\psi}'\right)\right]\Big|_{\boldsymbol{I}'=\boldsymbol{I}'(\boldsymbol{q},\boldsymbol{p}),H_r=H_r(\boldsymbol{q},\boldsymbol{p}),\boldsymbol{\psi}'=\boldsymbol{\psi}'(\boldsymbol{q},\boldsymbol{p})} \tag{2.171}$$

式中 $\boldsymbol{H}'=(H_1,H_2,\cdots,H_r)^{\mathrm{T}},\boldsymbol{I}'=(I_1,I_2,\cdots,I_{r-1})^{\mathrm{T}},\boldsymbol{\psi}=(\psi_1,\psi_2,\cdots,\psi_\beta)^{\mathrm{T}}$，$\beta\leqslant r-2$。$H_r$ 为不可积部分的哈密顿量。式 (2.166)~(2.171) 中，势函数 $\lambda$ 的具体形式由式 (2.165) 确定。

解式 (2.166) 具有能量等分的性质，即各自由度之间的能量比是固定的，随机激励与阻尼只能控制系统总能量的概率分布，因此称为**能量等分解**。而式 (2.167)~(2.171) 为**能量非等分解**，随机激励与阻尼不仅可控制系统总能量的概率分布，还可调配各自由度之间的能量比。构造上述各种情形的精确平稳解的方法可推广于更一般的系统或更一般的激励。用类似的方法可构造同时受高斯白噪声与谐和激励的耗散的完全可积哈密顿系统的共振与非共振情形的精确平稳解。此时，精确平稳概率密度是时间的周期函数。

### 2.2.3 等效非线性系统法

当无法得到系统 (2.164) 的精确平稳解时，可应用**等效非线性系统法**。基本思想是，对一给定无精确平稳解的系统，寻求一个具有精确平稳解同时其性态与给定系统性态在某种统计意义上很相近的等效系统，以该等效系统的精确平稳解作为给定系统的近似平稳解 [66,67]。

设给定系统的 Itô 方程为

$$\begin{aligned}
\mathrm{d}Q_i&=\frac{\partial H}{\partial P_i}\mathrm{d}t\\
\mathrm{d}P_i&=-\left[\frac{\partial H}{\partial Q_i}+M_{ij}\left(\boldsymbol{Q},\boldsymbol{P}\right)\frac{\partial H}{\partial P_j}\right]\mathrm{d}t+\sigma_{ik}\left(\boldsymbol{Q},\boldsymbol{P}\right)\mathrm{d}B_k\left(t\right)
\end{aligned} \tag{2.172}$$

与具有精确平稳解的系统 (2.164) 的哈密顿结构与随机激励相同，仅拟线性阻尼系数不同。

等效非线性系统法的任务就是由给定 $M_{ij}$ 求 $m_{ij}$，使式 (2.164) 具有精确平稳解，同时使式 (2.164) 与式 (2.172) 的差在某种统计意义上为最小。为此，提出了三种等效准则：一是原系统与等效系统的阻尼力之差的均方值最小；二是两系统的阻尼力所消耗的能量之差的均方值最小；三是两系统首次积分的平均时间变化率相等 [61]。三种准则具体可见文献 [68]，利用不同的准则得到的等效非线性系统是不同的，但差别不大。

在实际执行等效非线性系统法时，可不必求 $m_{ij}$，而直接求等效非线性系统法的精确平稳解。由于该解取决于相应哈密顿系统的可积性与共振性，因此，在应用该法之前，需先确定与给定系统 (2.172) 相应的哈密顿系统属于五类中的哪一类。这一分类很重要，因为已证明系统的精确与近似平稳解的泛函形式取决于相应哈密顿系统的可积性与共振性 [69]。

### 2.2.4 拟哈密顿系统随机平均法

随机平均法是非线性随机动力学中一种十分有效的近似方法，随机平均方程较原运动方程大大简化。非线性随机动力学中许多关于响应、随机稳定性、随机分岔、首次穿越及疲劳可靠性的结果都是应用随机平均法得到的。原有的标准随机平均法只适用于拟线性随机系统，能量包线随机平均法只适用于单自由度强非线性随机系统。而下面介绍的拟哈密顿系统随机平均法则可应用于单、多自由度拟线性及强非线性随机系统。

设系统 (2.159) 在一个周期量级的时间内，随机激励输入系统的能量与阻尼消耗能量之差与系统本身总能量相比为小量，式 (2.159) 就称为**拟哈密顿系统**。数学上，常设 $c_{ij}, u_i$ 及 $\sigma_{ik}, \sigma_{jk}$ 同为 $\varepsilon$ 阶小量，$\varepsilon$ 为一小参数，从而在高斯白噪声激励情形拟哈密顿系统运动方程为 [70]

$$
\begin{aligned}
\mathrm{d}Q_i &= \frac{\partial H}{\partial P_i}\mathrm{d}t \\
\mathrm{d}P_i &= -\left[\frac{\partial H}{\partial Q_i} + \varepsilon \bar{m}_{ij}(\boldsymbol{Q}, \boldsymbol{P})\frac{\partial H}{\partial P_j}\right]\mathrm{d}t + \varepsilon^{1/2}\bar{\sigma}_{ik}(\boldsymbol{Q}, \boldsymbol{P})\,\mathrm{d}B_k(t)
\end{aligned} \tag{2.173}
$$

在拟哈密顿系统中，广义位移与动量为**快变过程**，而原哈密顿系统中的首次积分为**慢变过程**。按随机平均原理，慢变过程近似为扩散过程，可用平均 Itô 方程或 FPK 方程描述，平均方程的维数与形式取决于相应哈密顿系统的可积性与共振性。设与式 (2.173) 相应的哈密顿系统不可积，只有哈密顿量是一个慢变过程，因此是一维的

$$
\mathrm{d}H = m(H)\,\mathrm{d}t + \sigma(H)\,\mathrm{d}B(t) \tag{2.174}
$$

漂移系数 $m$ 与扩散系数 $\sigma$ 可按一定公式从原系统的系数求出 [71]，其平稳解为

$$p(H)=C\exp\left\{-\int\left[\left(\frac{\mathrm{d}\sigma^2(x)}{\mathrm{d}x}-2m(x)\right)\Big/\sigma^2(x)\right]\mathrm{d}x\right\} \tag{2.175}$$

原系统的平稳概率密度近似为 [71]

$$p(\boldsymbol{q},\boldsymbol{p})=\left.\frac{p(H)}{T(H)}\right|_{H=H(\boldsymbol{q},\boldsymbol{p})} \tag{2.176}$$

当相应哈密顿系统为可积非共振时，原哈密顿系统的 $n$ 个首次积分变成拟哈密顿系统中 $n$ 个慢变过程，此时，平均 Itô 方程是 $n$ 维的

$$\mathrm{d}H_r=m_r(\boldsymbol{H})\,\mathrm{d}t+\sigma_{rk}(\boldsymbol{H})\,\mathrm{d}B_k(t) \tag{2.177}$$

$m_r,\sigma_{rk}$ 可按一定公式由原方程系数得到 [72]。与式 (2.177) 相应的 FPK 方程，只含概率势流而无概率环流，如有精确平稳解，则属平稳势类，从而更易求得平稳解。式 (2.177) 的平稳解为

$$p(\boldsymbol{H})=C\exp\left[-\int_0^{\boldsymbol{H}}\left(\frac{\partial\lambda}{\partial H_r}\right)\mathrm{d}H_r\right] \tag{2.178}$$

式中指数内为线积分，$\partial\lambda/\partial H_r$ 可从与式 (2.177) 相应的 FPK 方程求得，并需满足协调条件 $\partial^2\lambda/\partial H_r\partial H_s=\partial^2\lambda/\partial H_s\partial H_r$。根据 $\boldsymbol{H}$ 与 $\boldsymbol{q},\boldsymbol{p}$ 关系还可由式 (2.178) 得原系统近似平稳概率密度 $p(\boldsymbol{q},\boldsymbol{p})$。

当相应哈密顿系统为可积而共振时，除了 $n$ 个作用量 $I_r$ 外，$\alpha$ 个呈共振关系的角变量的组合 $\psi_u=k_i^u\theta_i$ 在拟哈密顿系统中也是慢变过程。因此，平均 Itô 方程为

$$\begin{aligned}
&\mathrm{d}I_r=m_r(\boldsymbol{I},\boldsymbol{\psi})\,\mathrm{d}t+\sigma_{rk}(\boldsymbol{I},\boldsymbol{\psi})\,\mathrm{d}B_k(t)\\
&\mathrm{d}\psi_u=m_u(\boldsymbol{I},\boldsymbol{\psi})\,\mathrm{d}t+\sigma_{uk}(\boldsymbol{I},\boldsymbol{\psi})\,\mathrm{d}B_k(t)\\
&r=1,2,\cdots,n,\quad u=1,2,\cdots,\alpha,\quad k=1,2,\cdots,m
\end{aligned} \tag{2.179}$$

类似于可积非共振情况，式 (2.179) 的平稳解形为

$$p(\boldsymbol{I},\boldsymbol{\psi})=C\exp\left[-\left(\int_0^{\boldsymbol{I}}\frac{\partial\lambda}{\partial I_r}\mathrm{d}I_r+\int_0^{\boldsymbol{\psi}}\frac{\partial\lambda}{\partial\psi_u}\mathrm{d}\psi_u\right)\right] \tag{2.180}$$

$\partial\lambda/\partial I_r,\partial\lambda/\partial\psi_u$ 可从与式 (2.179) 相应的平稳 FPK 方程求得，也要满足相容条件。还可由式 (2.180) 经变换得到原系统的近似平稳概率密度 $p(\boldsymbol{q},\boldsymbol{p})$。

在部分可积非共振与部分可积共振情形，可分别按可积非共振与可积共振情形类似的方法得到平均方程与相应平稳解。

由上述过程可知，在白噪声激励情形，拟哈密顿随机平均方程的维数等于相应哈密顿系统独立、对合首次积分个数与共振关系个数之和。由拟哈密顿系统随机平均法给出的平稳解的形式与 2.2.2 节中给出的精确平稳解一致。特别是当原系统有精确平稳解时，随机平均法给出相同精确平稳解。

当拟可积哈密顿系统受宽带随机激励时，也可得到类似于白噪声激励情形的平均 Itô 方程，方程维数也一样，只是其系数的表达式不一样。若在随机激励中除白噪声与 (或) 宽带过程外，还含有谐和激励，那么，除了上述内共振外，还可能发生外共振或组合共振。此时，平均 Itô 方程的维数就等于独立、对合首次积分数与内、外共振关系数之和。当随机激励含有窄带随机激励, 例如有界噪声时，也有类似结论。

上述各种情形随机平均法之解都已用数字模拟解证实，具有良好精度。鉴于随机平均方程比原方程简单、维数低、慢变过程为扩散过程，且与等效非线性系统法一样，能反映原系统的非线性特性，因此，适宜用平均 Itô 方程代替原方程研究随机稳定性、分岔、首次穿越及最优控制。

这样，就建立起了一整套拟哈密顿系统的随机平均法，值得注意的是，这套随机平均法与精确平稳解理论上完全一致。当拟哈密顿系统具有精确平稳解时，平均方程的解与精确平稳解完全一样。单自由度强非线性系统的能量包线随机平均法可由拟完全不可积哈密顿系统随机平均法退化得到；多自由度拟线性系统的标准随机平均法可由拟完全可积哈密顿系统随机平均法简化得到。因此这套随机平均法是能量包线随机平均法与标准随机平均法对多自由度强非线性随机系统的自然推广。

### 2.2.5　随机稳定性与分岔

#### 2.2.5.1　随机稳定性

利用拟哈密顿系统的随机平均法，可研究多自由度非线性随机系统的随机稳定性及分岔。

对拟哈密顿系统 (2.173)，可通过求其平均 Itô 方程的最大 Lyapunov 指数确定平凡解概率为 1 渐近稳定性。对拟不可积哈密顿系统，以 $H^{1/2}$ 作范数定义稳定性与 Lyapunov 指数 $\lambda$，线性化平均 Itô 方程 (2.174)，可得 [73]

$$\lambda = \frac{1}{2}\left[m'(H) - \frac{1}{2}\left(\sigma'(H)\right)^2\right]\bigg|_{H=0} \tag{2.181}$$

式中 “·′” 表示导数。由 $\lambda < 0$ 得到概率为 1 渐近稳定的充要条件。此外，由平均

过程 $H(t)$ 在 $H=0$ 与 $H$ 为有限值或无穷大处的边界的类别也可判定平凡解的概率为 1 渐近稳定性。一般由 Lyapunov 指数 $\lambda<0$ 得到的是局部稳定条件，而由两端边界类别得到的则是全局或大范围稳定条件。

对非共振拟可积哈密顿系统，取平均 Itô 方程 (2.177) 的线性化方程，设 $\bar{H}=\sum_{r=1}^{n}H_r$，作变换

$$\rho=\ln\bar{H}^{1/2}=\frac{1}{2}\ln\bar{H},\quad \alpha_r=H_r/\bar{H} \tag{2.182}$$

用 Itô 微分公式由式 (2.177) 得到关于 $\rho,\alpha_r$ 的 Itô 方程，以 $\bar{H}^{1/2}$ 作范数定义稳定性与 Lyapunov 指数，可推导得到最大 Lyapunov 指数表达式 [74]

$$\lambda_1=\int Q(\boldsymbol{\alpha}')p(\boldsymbol{\alpha}')\,\mathrm{d}\boldsymbol{\alpha}' \tag{2.183}$$

式中，$\boldsymbol{\alpha}'=(\alpha_1,\alpha_2,\cdots,\alpha_{n-1})^{\mathrm{T}}$，$Q(\boldsymbol{\alpha}')$ 为 $\rho$ 的漂移系数，$p(\boldsymbol{\alpha}')$ 为 $\boldsymbol{\alpha}'$ 的平稳概率密度，通过求解与 $\boldsymbol{\alpha}'$ 的 Itô 方程相应的平稳 FPK 方程得到。

对共振拟可积哈密顿系统，取平均 Itô 方程 (2.179)，线性化关于 $I_r$ 的方程。设 $\bar{I}=\sum_{r=1}^{n}I_r$，作变换

$$\rho=\ln\bar{I}^{1/2}=\frac{1}{2}\ln\bar{I},\quad \alpha_r=I_r/\bar{I} \tag{2.184}$$

用 Itô 微分公式由式 (2.179) 得到关于 $\rho,\alpha_r$ 的 Itô 方程。以 $\bar{I}^{1/2}$ 作范数定义稳定性与 Lyapunov 指数，可导出最大 Lyapunov 指数表达式 [74]

$$\lambda_1=\int Q(\boldsymbol{\alpha}',\boldsymbol{\psi})p(\boldsymbol{\alpha}',\boldsymbol{\psi})\,\mathrm{d}\boldsymbol{\alpha}'\mathrm{d}\boldsymbol{\psi} \tag{2.185}$$

对非共振与共振拟部分可积哈密顿系统，也可分别导出类似于式 (2.183) 与式 (2.185) 的最大 Lyapunov 指数表达式，从而得到概率为 1 渐近稳定的充要条件。

#### 2.2.5.2 随机分岔

随机分岔理论研究动态系统族的定性性态随参数变化而发生的变化。随机分岔分为两类动态分岔，即 D-分岔与唯象分岔，后者又称 P-分岔。D-分岔研究动态系统的不变概率测度的稳定性随参数变化而发生的变化，用 (最大)Lyapunov 指数符号变化来判别。P-分岔研究平稳概率密度的峰的个数、位置及形态随参数变化而发生的变化，可通过对平稳概率密度作极值分析来判别。

对拟哈密顿系统，在平凡解处不变概率测度的 D-分岔参数值，可令其平均 Itô 方程的最大 Lyaupnvo 指数式 (2.181)、(2.183)、(2.185) 等于零得到，而 P-分岔参数值可从对上述精确平稳概率密度，用等效非线性系统法或用拟哈密顿随机平均法得到的近似平稳概率密度作极值分析得到。对拟不可积哈密顿系统，由式 (2.176) 对 $q_i, p_i$ 求导并令导数为零，可知，概率密度的峰值一般在使如 $\mathrm{d}p/\mathrm{d}H = 0$ 的 $H$ 值上。据此，由 $p(H)$ 在 $H = 0$ 处的渐近表达式可得发生 P-分岔的参数值 [75]。

### 2.2.6 首次穿越损坏

一个受随机参数或随机外激励作用的动力学系统，其响应在相空间上发生随机扩散。随机结构动力学系统的损坏与该系统的特性、激励的大小、安全域的构造及系统的初始条件有关，是一个复杂的随机现象，主要损坏模式为首次穿越损坏与疲劳损坏。当系统响应第一次离开某个安全域时，就称系统发生了首次穿越 [76]。首次穿越问题是最简单的损坏模式，但相应的可靠性问题仍十分困难。随机平均法可使系统降维，使该问题的难度大大降低。

对拟哈密顿系统，平均后的慢变过程为扩散过程，因此，可用扩散过程模型确定首次穿越损坏的概率与统计量。对拟不可积哈密顿系统，平均哈密顿量为一维扩散过程，条件可靠性函数 $R(t\,|H_0)$ 满足一维后向 Kolmogorov 方程

$$\frac{\partial R}{\partial t} = m(H_0)\frac{\partial R}{\partial H_0} + \frac{1}{2}\sigma^2(H_0)\frac{\partial^2 R}{\partial H_0^2} \tag{2.186}$$

在适当初、边值条件下求解式 (2.186) 可得条件可靠性函数，然后用

$$p(T\,|H_0) = -\left.\frac{\partial R(t\,|H_0)}{\partial t}\right|_{t=T} \tag{2.187}$$

$$T^n(H_0) = n\int_0^{\infty} T^{n-1}R(T\,|H_0)\,\mathrm{d}T \tag{2.188}$$

得到寿命的条件概率密度与条件矩 [77]。

对其他情形的拟哈密顿系统，在平均方程基础上，容易写出条件可靠性函数满足的后向 Kolmogorov 方程及相应初、边值条件。原则上可通过数值求解得首次穿越损坏的概率或统计量。如前所述，不仅平均方程维数比原方程低，而且平均方程中不含概率环流项。因此，求解平均后的后向 Kolmogorov 方程要容易得多。此外，在宽带、宽带加谐和或窄带激励情况下，原系统响应不是扩散过程，不能直接应用上述扩散过程理论方法。而经应用拟哈密顿系统随机平均法后慢变过程变成扩散过程，可应用上述扩散过程理论方法，这大大有助于多自由度非线性随机系统首次穿越损坏问题的解决。

# 2.3 多辛哈密顿系统

2.1 节介绍了针对常微分方程在时间方向具有辛结构的哈密顿系统及其辛格式。然而对于偏微分方程，它们同时具有时间和空间两个方向，因此对于在时间和空间同时拥有辛结构的哈密顿系统，就需要相应的多辛格式。

本节首先介绍多辛哈密顿系统及其守恒律，给出一些多辛哈密顿系统的典型离散方法，最后通过若干实例说明多辛哈密顿系统在数理方程、弹性力学等方面的应用。

## 2.3.1 多辛哈密顿系统及其守恒律

### 2.3.1.1 多辛哈密顿方程

相较于哈密顿系统，多辛哈密顿系统在时间和每一个空间方向都存在一个辛形式，它满足局部的多辛守恒律。**多辛哈密顿系统**可以看作是有限维哈密顿系统最直接的推广。具有 $N$ 个空间变量的哈密顿偏微分方程，都可以写成如下形式的多辛哈密顿方程 [78]

$$\boldsymbol{M}(\boldsymbol{x},t)\,\partial_t \boldsymbol{z}+\sum_{i=1}^{N}\boldsymbol{K}_i(\boldsymbol{x},t)\,\partial_{x_i}\boldsymbol{z}=\nabla_{\boldsymbol{z}}S(\boldsymbol{z},\boldsymbol{x},t),\quad N\geqslant 1 \tag{2.189}$$

其中 $\boldsymbol{z}\in\mathbb{R}^n\,(n\geqslant 3)$，$\boldsymbol{M}(\boldsymbol{x},t)$ 和 $\boldsymbol{K}_i(\boldsymbol{x},t)$ 均为 $n\times n$ 阶反对称矩阵，$S$ 是 $\mathbb{R}^n$ 到 $\mathbb{R}$ 上的光滑函数，$\nabla_{\boldsymbol{z}}S$ 是函数 $S$ 的梯度。

下面仅考虑 $N=1$ 的常系数情形，即 $\boldsymbol{M}$ 和 $\boldsymbol{K}$ 均为常数反对称矩阵，相应多辛哈密顿方程为 [79]

$$\boldsymbol{M}\partial_t\boldsymbol{z}+\boldsymbol{K}\partial_x\boldsymbol{z}=\nabla_{\boldsymbol{z}}S(\boldsymbol{z},x,t) \tag{2.190}$$

### 2.3.1.2 多辛哈密顿系统的守恒律

多辛哈密顿系统 (2.190) 具有多个辛结构，它满足多个局部守恒律。这些守恒律如下 [80]。

(1) **多辛守恒律**

$$\partial_t\omega+\partial_x\kappa=0 \tag{2.191}$$

其中 $\omega,\kappa$ 为预辛形式，分别对应于时间 $t$ 和空间 $x$ 方向的辛结构，即

$$\omega=\mathrm{d}\boldsymbol{z}\wedge\boldsymbol{M}\mathrm{d}\boldsymbol{z},\quad \kappa=\mathrm{d}\boldsymbol{z}\wedge\boldsymbol{K}\mathrm{d}\boldsymbol{z} \tag{2.192}$$

**推导过程** 式 (2.190) 对应的变分方程为

$$\boldsymbol{M}\mathrm{d}(\partial_t\boldsymbol{z})+\boldsymbol{K}\mathrm{d}(\partial_x\boldsymbol{z})=S_{\boldsymbol{zz}}(\boldsymbol{z},x,t)\,\mathrm{d}\boldsymbol{z} \tag{2.193}$$

其中 $S_{\boldsymbol{zz}}(\boldsymbol{z},x,t)$ 表示函数 $S(\boldsymbol{z},x,t)$ 的 Hessian 矩阵 (函数二阶偏导数组成的方阵)，$\mathrm{d}\boldsymbol{z}$ 为向量 $\boldsymbol{z}$ 的微分形式。

将式 (2.193) 与 $\mathrm{d}\boldsymbol{z}$ 作外积，可以得到

$$\mathrm{d}\boldsymbol{z}\wedge\boldsymbol{M}\mathrm{d}(\partial_t\boldsymbol{z})+\mathrm{d}\boldsymbol{z}\wedge\boldsymbol{K}\mathrm{d}(\partial_x\boldsymbol{z})=\mathrm{d}\boldsymbol{z}\wedge S_{\boldsymbol{zz}}(\boldsymbol{z},x,t)\,\mathrm{d}\boldsymbol{z} \tag{2.194}$$

由于 Hessian 矩阵 $S_{\boldsymbol{zz}}(\boldsymbol{z},x,t)$ 为对称矩阵，则有

$$\mathrm{d}\boldsymbol{z}\wedge S_{\boldsymbol{zz}}(\boldsymbol{z},x,t)\,\mathrm{d}\boldsymbol{z}=-S_{\boldsymbol{zz}}(\boldsymbol{z},x,t)\,\mathrm{d}\boldsymbol{z}\wedge\mathrm{d}\boldsymbol{z}=-\mathrm{d}\boldsymbol{z}\wedge S_{\boldsymbol{zz}}(\boldsymbol{z},x,t)\,\mathrm{d}\boldsymbol{z} \tag{2.195}$$

即

$$\mathrm{d}\boldsymbol{z}\wedge S_{\boldsymbol{zz}}(\boldsymbol{z},x,t)\,\mathrm{d}\boldsymbol{z}=0 \tag{2.196}$$

注意到 $\boldsymbol{M}$ 和 $\boldsymbol{K}$ 的反对称性，并利用外积的性质，可以证明

$$\mathrm{d}\boldsymbol{z}\wedge\boldsymbol{M}\mathrm{d}(\partial_t\boldsymbol{z})=\mathrm{d}(\partial_t\boldsymbol{z})\wedge\boldsymbol{M}\mathrm{d}\boldsymbol{z},\quad \mathrm{d}\boldsymbol{z}\wedge\boldsymbol{K}\mathrm{d}(\partial_x\boldsymbol{z})=\mathrm{d}(\partial_x\boldsymbol{z})\wedge\boldsymbol{K}\mathrm{d}\boldsymbol{z} \tag{2.197}$$

同时

$$\begin{aligned}&\partial_t(\mathrm{d}\boldsymbol{z}\wedge\boldsymbol{M}\mathrm{d}\boldsymbol{z})=\mathrm{d}\boldsymbol{z}\wedge\boldsymbol{M}\mathrm{d}(\partial_t\boldsymbol{z})+\mathrm{d}(\partial_t\boldsymbol{z})\wedge\boldsymbol{M}\mathrm{d}\boldsymbol{z}=2\mathrm{d}\boldsymbol{z}\wedge\boldsymbol{M}\mathrm{d}(\partial_t\boldsymbol{z})\\&\partial_x(\mathrm{d}\boldsymbol{z}\wedge\boldsymbol{K}\mathrm{d}\boldsymbol{z})=\mathrm{d}\boldsymbol{z}\wedge\boldsymbol{K}\mathrm{d}(\partial_x\boldsymbol{z})+\mathrm{d}(\partial_x\boldsymbol{z})\wedge\boldsymbol{K}\mathrm{d}\boldsymbol{z}=2\mathrm{d}\boldsymbol{z}\wedge\boldsymbol{K}\mathrm{d}(\partial_x\boldsymbol{z})\end{aligned} \tag{2.198}$$

将式 (2.198) 中两式相加，并考虑式 (2.194) 和式 (2.196)，有

$$\partial_t\omega+\partial_x\kappa=2\mathrm{d}\boldsymbol{z}\wedge\boldsymbol{M}\mathrm{d}(\partial_t\boldsymbol{z})+2\mathrm{d}\boldsymbol{z}\wedge\boldsymbol{K}\mathrm{d}(\partial_x\boldsymbol{z})=2\mathrm{d}\boldsymbol{z}\wedge S_{\boldsymbol{zz}}(\boldsymbol{z},x,t)\,\mathrm{d}\boldsymbol{z}=0 \tag{2.199}$$

得证。

多辛守恒律说明了在所研究的时空区域上的每一个点，时间方向辛结构的消耗量将恰好被空间方向的补充量所弥补，在任意一点 $(x,t)$ 处严格保持多辛结构守恒。特别地，如果 $S(\boldsymbol{z},x,t)$ 不显含 $x,t$，还有以下两种守恒律。

(2) **局部能量守恒律**

$$\partial_t E(\boldsymbol{z})+\partial_x F(\boldsymbol{z})=0 \tag{2.200}$$

其中 $E(\boldsymbol{z})$ 为能量密度，$F(\boldsymbol{z})$ 为能量流，表达式为

$$E(\boldsymbol{z})=S(\boldsymbol{z})-\frac{1}{2}\boldsymbol{z}^{\mathrm{T}}\boldsymbol{K}\partial_x\boldsymbol{z},\quad F(\boldsymbol{z})=\frac{1}{2}\boldsymbol{z}^{\mathrm{T}}\boldsymbol{K}\partial_t\boldsymbol{z} \tag{2.201}$$

**推导过程**　利用对时间的变分进行推导，将式 (2.190) 两边同时对 $\partial_t\boldsymbol{z}$ 作内积，即同时左乘 $\partial_t\boldsymbol{z}$，有

$$(\partial_t\boldsymbol{z})^{\mathrm{T}}\boldsymbol{M}\partial_t\boldsymbol{z}+(\partial_t\boldsymbol{z})^{\mathrm{T}}\boldsymbol{K}\partial_x\boldsymbol{z}=(\partial_t\boldsymbol{z})^{\mathrm{T}}\nabla_{\boldsymbol{z}}S(\boldsymbol{z}) \tag{2.202}$$

由于矩阵 $\boldsymbol{M}$ 是反对称矩阵，因此

$$(\partial_t \boldsymbol{z})^{\mathrm{T}} \boldsymbol{M} \partial_t \boldsymbol{z} = 0 \tag{2.203}$$

将式 (2.203) 代入式 (2.202)，得

$$(\partial_t \boldsymbol{z})^{\mathrm{T}} \boldsymbol{K} \partial_x \boldsymbol{z} = (\partial_t \boldsymbol{z})^{\mathrm{T}} \nabla_{\boldsymbol{z}} S(\boldsymbol{z}) \tag{2.204}$$

由于矩阵 $\boldsymbol{K}$ 是反对称矩阵，有

$$(\partial_t \boldsymbol{z})^{\mathrm{T}} \boldsymbol{K} \partial_x \boldsymbol{z} = \frac{1}{2} (\partial_t \boldsymbol{z})^{\mathrm{T}} \boldsymbol{K} \partial_x \boldsymbol{z} - \frac{1}{2} (\partial_x \boldsymbol{z})^{\mathrm{T}} \boldsymbol{K} \partial_t \boldsymbol{z} \tag{2.205}$$

式 (2.205) 进一步写为

$$\begin{aligned}
(\partial_t \boldsymbol{z})^{\mathrm{T}} \boldsymbol{K} \partial_x \boldsymbol{z} &= \frac{1}{2} (\partial_t \boldsymbol{z})^{\mathrm{T}} \boldsymbol{K} \partial_x \boldsymbol{z} - \frac{1}{2} (\partial_x \boldsymbol{z})^{\mathrm{T}} \boldsymbol{K} \partial_t \boldsymbol{z} \\
&= \frac{1}{2} (\partial_t \boldsymbol{z})^{\mathrm{T}} \boldsymbol{K} \partial_x \boldsymbol{z} + \frac{1}{2} \boldsymbol{z}^{\mathrm{T}} \boldsymbol{K} \partial_t \partial_x \boldsymbol{z} - \frac{1}{2} (\partial_x \boldsymbol{z})^{\mathrm{T}} \boldsymbol{K} \partial_t \boldsymbol{z} - \frac{1}{2} \boldsymbol{z}^{\mathrm{T}} \boldsymbol{K} \partial_x \partial_t \boldsymbol{z} \\
&= \frac{1}{2} \partial_t \left( \boldsymbol{z}^{\mathrm{T}} \boldsymbol{K} \partial_x \boldsymbol{z} \right) - \frac{1}{2} \partial_x \left( \boldsymbol{z}^{\mathrm{T}} \boldsymbol{K} \partial_t \boldsymbol{z} \right)
\end{aligned} \tag{2.206}$$

同时，有

$$(\partial_t \boldsymbol{z})^{\mathrm{T}} \nabla_{\boldsymbol{z}} S(\boldsymbol{z}) = \partial_t S(\boldsymbol{z}) \tag{2.207}$$

将式 (2.206) 和式 (2.207) 代入式 (2.204)，得

$$\frac{1}{2} \partial_t \left( \boldsymbol{z}^{\mathrm{T}} \boldsymbol{K} \partial_x \boldsymbol{z} \right) - \frac{1}{2} \partial_x \left( \boldsymbol{z}^{\mathrm{T}} \boldsymbol{K} \partial_t \boldsymbol{z} \right) = \partial_t S(\boldsymbol{z}) \tag{2.208}$$

整理式 (2.208) 得

$$\partial_t \left[ S(\boldsymbol{z}) - \frac{1}{2} \boldsymbol{z}^{\mathrm{T}} \boldsymbol{K} \partial_x \boldsymbol{z} \right] + \partial_x \left( \frac{1}{2} \boldsymbol{z}^{\mathrm{T}} \boldsymbol{K} \partial_t \boldsymbol{z} \right) = 0 \tag{2.209}$$

得证。

(3) **局部动量守恒律**

$$\partial_t H(\boldsymbol{z}) + \partial_x G(\boldsymbol{z}) = 0 \tag{2.210}$$

其中 $G(\boldsymbol{z})$ 为动量密度，$H(\boldsymbol{z})$ 为动量流，表达式为

$$H(\boldsymbol{z}) = \frac{1}{2} \boldsymbol{z}^{\mathrm{T}} \boldsymbol{M} \partial_x \boldsymbol{z}, \quad G(\boldsymbol{z}) = S(\boldsymbol{z}) - \frac{1}{2} \boldsymbol{z}^{\mathrm{T}} \boldsymbol{M} \partial_t \boldsymbol{z} \tag{2.211}$$

**推导过程**　与局部能量守恒律类似,利用对空间的变分进行推导,将式 (2.190) 两边同时左乘 $\partial_x \boldsymbol{z}$，有

$$(\partial_x \boldsymbol{z})^{\mathrm{T}} \boldsymbol{M} \partial_t \boldsymbol{z} + (\partial_x \boldsymbol{z})^{\mathrm{T}} \boldsymbol{K} \partial_x \boldsymbol{z} = (\partial_x \boldsymbol{z})^{\mathrm{T}} \nabla_{\boldsymbol{z}} S(\boldsymbol{z}) \tag{2.212}$$

由于矩阵 $\boldsymbol{K}$ 是反对称矩阵，因此

$$(\partial_x \boldsymbol{z})^{\mathrm{T}} \boldsymbol{K} \partial_x \boldsymbol{z} = 0 \tag{2.213}$$

将式 (2.213) 代入式 (2.212)，得

$$(\partial_x \boldsymbol{z})^{\mathrm{T}} \boldsymbol{M} \partial_t \boldsymbol{z} = (\partial_x \boldsymbol{z})^{\mathrm{T}} \nabla_{\boldsymbol{z}} S(\boldsymbol{z}) \tag{2.214}$$

由于矩阵 $\boldsymbol{M}$ 是反对称矩阵，有

$$(\partial_x \boldsymbol{z})^{\mathrm{T}} \boldsymbol{M} \partial_t \boldsymbol{z} = \frac{1}{2} (\partial_x \boldsymbol{z})^{\mathrm{T}} \boldsymbol{M} \partial_t \boldsymbol{z} - \frac{1}{2} (\partial_t \boldsymbol{z})^{\mathrm{T}} \boldsymbol{M} \partial_x \boldsymbol{z} \tag{2.215}$$

式 (2.215) 进一步写为

$$\begin{aligned}
(\partial_x \boldsymbol{z})^{\mathrm{T}} \boldsymbol{M} \partial_t \boldsymbol{z} &= \frac{1}{2} (\partial_x \boldsymbol{z})^{\mathrm{T}} \boldsymbol{M} \partial_t \boldsymbol{z} - \frac{1}{2} (\partial_t \boldsymbol{z})^{\mathrm{T}} \boldsymbol{M} \partial_x \boldsymbol{z} \\
&= \frac{1}{2} (\partial_x \boldsymbol{z})^{\mathrm{T}} \boldsymbol{M} \partial_t \boldsymbol{z} + \frac{1}{2} \boldsymbol{z}^{\mathrm{T}} \boldsymbol{M} \partial_x \partial_t \boldsymbol{z} - \frac{1}{2} (\partial_t \boldsymbol{z})^{\mathrm{T}} \boldsymbol{M} \partial_x \boldsymbol{z} - \frac{1}{2} \boldsymbol{z}^{\mathrm{T}} \boldsymbol{M} \partial_t \partial_x \boldsymbol{z} \\
&= \frac{1}{2} \partial_x \left( \boldsymbol{z}^{\mathrm{T}} \boldsymbol{M} \partial_t \boldsymbol{z} \right) - \frac{1}{2} \partial_t \left( \boldsymbol{z}^{\mathrm{T}} \boldsymbol{M} \partial_x \boldsymbol{z} \right)
\end{aligned} \tag{2.216}$$

同时，有

$$(\partial_x \boldsymbol{z})^{\mathrm{T}} \nabla_{\boldsymbol{z}} S(\boldsymbol{z}) = \partial_x S(\boldsymbol{z}) \tag{2.217}$$

将式 (2.216) 和式 (2.217) 代入式 (2.214)，得

$$\frac{1}{2} \partial_x \left( \boldsymbol{z}^{\mathrm{T}} \boldsymbol{M} \partial_t \boldsymbol{z} \right) - \frac{1}{2} \partial_t \left( \boldsymbol{z}^{\mathrm{T}} \boldsymbol{M} \partial_x \boldsymbol{z} \right) = \partial_x S(\boldsymbol{z}) \tag{2.218}$$

整理式 (2.218) 得

$$\partial_x \left[ S(\boldsymbol{z}) - \frac{1}{2} \boldsymbol{z}^{\mathrm{T}} \boldsymbol{M} \partial_t \boldsymbol{z} \right] + \partial_t \left( \frac{1}{2} \boldsymbol{z}^{\mathrm{T}} \boldsymbol{M} \partial_x \boldsymbol{z} \right) = 0 \tag{2.219}$$

得证。

上述多辛守恒律 (2.191)、局部能量守恒律 (2.200) 和局部动量守恒律 (2.210) 可以推广到二维空间内：

(1) **多辛守恒律**

$$\partial_t\omega+\partial_x\kappa_1+\partial_y\kappa_2=0 \tag{2.220}$$

其中

$$\omega=\mathrm{d}\boldsymbol{z}\wedge\boldsymbol{M}\mathrm{d}\boldsymbol{z},\quad \kappa_1=\mathrm{d}\boldsymbol{z}\wedge\boldsymbol{K}_1\mathrm{d}\boldsymbol{z},\quad \kappa_2=\mathrm{d}\boldsymbol{z}\wedge\boldsymbol{K}_2\mathrm{d}\boldsymbol{z} \tag{2.221}$$

(2) **局部能量守恒律**

$$\partial_tE(\boldsymbol{z})+\partial_xF_1(\boldsymbol{z})+\partial_yF_2(\boldsymbol{z})=0 \tag{2.222}$$

其中

$$\begin{aligned}E(\boldsymbol{z})&=S(\boldsymbol{z})-\frac{1}{2}\boldsymbol{z}^{\mathrm{T}}(\boldsymbol{K}_1\partial_x\boldsymbol{z}+\boldsymbol{K}_2\partial_y\boldsymbol{z})\\ F_1(\boldsymbol{z})&=\frac{1}{2}\boldsymbol{z}^{\mathrm{T}}\boldsymbol{K}_1\partial_t\boldsymbol{z},\quad F_2(\boldsymbol{z})=\frac{1}{2}\boldsymbol{z}^{\mathrm{T}}\boldsymbol{K}_2\partial_t\boldsymbol{z}\end{aligned} \tag{2.223}$$

(3) **局部动量守恒律**

$$\partial_tH_1(\boldsymbol{z})+\partial_tH_2(\boldsymbol{z})+\partial_xG(\boldsymbol{z})+\partial_yG(\boldsymbol{z})=0 \tag{2.224}$$

其中

$$H_1(\boldsymbol{z})=\frac{1}{2}\boldsymbol{z}^{\mathrm{T}}\boldsymbol{M}\partial_x\boldsymbol{z},\quad H_2(\boldsymbol{z})=\frac{1}{2}\boldsymbol{z}^{\mathrm{T}}\boldsymbol{M}\partial_y\boldsymbol{z},\quad G(\boldsymbol{z})=S(\boldsymbol{z})-\frac{1}{2}\boldsymbol{z}^{\mathrm{T}}\boldsymbol{M}\partial_t\boldsymbol{z} \tag{2.225}$$

### 2.3.2 多辛哈密顿系统的典型离散方法

由于多辛方程组在时间和空间方向都具有辛结构，因此对其构造数值方法的基本思想是保持离散的辛结构守恒律，即离散格式满足离散的多辛守恒律 [81]。多辛哈密顿方程 (2.190) 的离散格式可统一表示为

$$\boldsymbol{M}\partial_t^{i,j}\boldsymbol{z}^{i,j}+\boldsymbol{K}\partial_x^{i,j}\boldsymbol{z}^{i,j}=\nabla_{\boldsymbol{z}}S\left(\boldsymbol{z}^{i,j}\right) \tag{2.226}$$

其中 $\boldsymbol{z}^{i,j}$ 表示节点 $\boldsymbol{z}(x_i,t_j)\,(i=0,1,\cdots,N,j=0,1,\cdots,M)$ 的数值近似值，$N$ 和 $M$ 分别为网格点数和时间步数，$\partial_t^{i,j}$ 和 $\partial_x^{i,j}$ 分别表示 $\partial_t$ 和 $\partial_x$ 在点 $(x_i,t_j)$ 处的离散。

离散格式 (2.226) 应满足多辛守恒律的离散形式

$$\partial_t^{i,j}\omega^{i,j}+\partial_x^{i,j}\kappa^{i,j}=0 \tag{2.227}$$

其中

$$\omega^{i,j}=\mathrm{d}\boldsymbol{z}^{i,j}\wedge\boldsymbol{M}\mathrm{d}\boldsymbol{z}^{i,j},\quad \kappa^{i,j}=\mathrm{d}\boldsymbol{z}^{i,j}\wedge\boldsymbol{K}\mathrm{d}\boldsymbol{z}^{i,j} \tag{2.228}$$

**定义 2.8**　如果数值格式 (2.226) 满足离散的多辛守恒律 (2.227)，那么称为多辛格式。

构造多辛格式的典型方法为，对时间、空间方向分别使用辛格式离散。目前具有代表性的多辛格式是多辛 Preissmann 格式、多辛 Euler-box 格式和多辛 Fourier 拟谱格式。

为了叙述方便，定义有限差分算子

$$\mathrm{D}_t \boldsymbol{z}^{i,j} = \frac{\boldsymbol{z}^{i,j+1} - \boldsymbol{z}^{i,j}}{\Delta t}, \quad \mathrm{D}_x \boldsymbol{z}^{i,j} = \frac{\boldsymbol{z}^{i+1,j} - \boldsymbol{z}^{i,j}}{\Delta x} \tag{2.229}$$

和平均算子

$$\mathrm{A}_t \boldsymbol{z}^{i,j} = \frac{\boldsymbol{z}^{i,j+1} + \boldsymbol{z}^{i,j}}{2}, \quad \mathrm{A}_x \boldsymbol{z}^{i,j} = \frac{\boldsymbol{z}^{i+1,j} + \boldsymbol{z}^{i,j}}{2} \tag{2.230}$$

其中 $\Delta t = t_{j+1} - t_j$ 为时间步长，$\Delta x = x_{i+1} - x_i$ 为空间步长。

### 2.3.2.1　多辛 Preissmann 格式

多辛 Preissmann 格式是一种时间和空间方向全隐式的中点离散格式。由于多辛 Preissmann 格式具有无条件稳定的特点，所以它是多辛算法中稳定性很好的格式之一。

1) 全离散多辛 Preissmann 格式

全离散多辛 Preissmann 格式为 [82]

$$\boldsymbol{M}\mathrm{D}_t\mathrm{A}_x \boldsymbol{z}^{i,j} + \boldsymbol{K}\mathrm{D}_x\mathrm{A}_t \boldsymbol{z}^{i,j} = \nabla_{\boldsymbol{z}} S\left(\mathrm{A}_t\mathrm{A}_x \boldsymbol{z}^{i,j}\right) \tag{2.231}$$

其中

$$\begin{aligned}
\mathrm{D}_t\mathrm{A}_x \boldsymbol{z}^{i,j} &= \mathrm{D}_t \frac{\boldsymbol{z}^{i+1,j} + \boldsymbol{z}^{i,j}}{2} = \frac{\boldsymbol{z}^{i+1,j+1} + \boldsymbol{z}^{i,j+1} - \boldsymbol{z}^{i+1,j} - \boldsymbol{z}^{i,j}}{2\Delta t} \\
\mathrm{D}_x\mathrm{A}_t \boldsymbol{z}^{i,j} &= \mathrm{D}_x \frac{\boldsymbol{z}^{i,j+1} + \boldsymbol{z}^{i,j}}{2} = \frac{\boldsymbol{z}^{i+1,j+1} + \boldsymbol{z}^{i+1,j} - \boldsymbol{z}^{i,j+1} - \boldsymbol{z}^{i,j}}{2\Delta x} \\
\mathrm{A}_t\mathrm{A}_x \boldsymbol{z}^{i,j} &= \mathrm{A}_t \frac{\boldsymbol{z}^{i+1,j} + \boldsymbol{z}^{i,j}}{2} = \frac{\boldsymbol{z}^{i+1,j+1} + \boldsymbol{z}^{i,j+1} + \boldsymbol{z}^{i+1,j} + \boldsymbol{z}^{i,j}}{4}
\end{aligned} \tag{2.232}$$

**定理 2.12**　全离散多辛 Preissmann 格式 (2.231) 满足离散多辛守恒律 [82]

$$\mathrm{D}_t\mathrm{A}_x \omega^{i,j} + \mathrm{D}_x\mathrm{A}_t \kappa^{i,j} = 0 \tag{2.233}$$

对于线性多辛哈密顿系统，函数 $S(\boldsymbol{z})$ 是二次型，设为

$$S(\boldsymbol{z}) = \frac{1}{2}\boldsymbol{z}^{\mathrm{T}}\boldsymbol{A}\boldsymbol{z} \tag{2.234}$$

其中 $\boldsymbol{A}$ 是对称矩阵。此时，全离散多辛 Preissmann 格式 (2.231) 还满足离散局部能量守恒律 [82]

$$\mathrm{D}_t\mathrm{A}_x E^{i,j} + \mathrm{D}_x\mathrm{A}_t F^{i,j} = 0 \tag{2.235}$$

和离散局部动量守恒律

$$\mathrm{D}_t\mathrm{A}_x H^{i,j} + \mathrm{D}_x\mathrm{A}_t G^{i,j} = 0 \tag{2.236}$$

其中

$$E^{i,j} = \frac{1}{2}\left(\boldsymbol{z}^{i,j}\right)^{\mathrm{T}}\boldsymbol{A}\boldsymbol{z}^{i,j} - \frac{1}{2}\left(\boldsymbol{z}^{i,j}\right)^{\mathrm{T}}\boldsymbol{K}\mathrm{D}_x\boldsymbol{z}^{i,j}, \quad F^{i,j} = \frac{1}{2}\left(\boldsymbol{z}^{i,j}\right)^{\mathrm{T}}\boldsymbol{K}\mathrm{D}_t\boldsymbol{z}^{i,j} \tag{2.237}$$

$$H^{i,j} = \frac{1}{2}\left(\boldsymbol{z}^{i,j}\right)^{\mathrm{T}}\boldsymbol{M}\mathrm{D}_x\boldsymbol{z}^{i,j}, \quad G^{i,j} = \frac{1}{2}\left(\boldsymbol{z}^{i,j}\right)^{\mathrm{T}}\boldsymbol{A}\boldsymbol{z}^{i,j} - \frac{1}{2}\left(\boldsymbol{z}^{i,j}\right)^{\mathrm{T}}\boldsymbol{M}\mathrm{D}_t\boldsymbol{z}^{i,j} \tag{2.238}$$

2) 半离散多辛 Preissmann 格式

对于非线性多辛哈密顿系统，一般而言无法精确满足离散局部能量守恒律和动量守恒律，可以采用半离散多辛 Preissmann 格式。

**定理 2.13** 半离散空间差分多辛 Preissmann 格式 [83]

$$\boldsymbol{M}\partial_t\mathrm{A}_x\boldsymbol{z}^i + \boldsymbol{K}\mathrm{D}_x\boldsymbol{z}^i = \nabla_{\boldsymbol{z}}S\left(\mathrm{A}_x\boldsymbol{z}^i\right) \tag{2.239}$$

满足半离散多辛守恒律 [84]

$$\partial_t\mathrm{A}_x\omega^i + \mathrm{D}_x\kappa^i = 0 \tag{2.240}$$

其中

$$\omega^i = \mathrm{d}\boldsymbol{z}^i \wedge \boldsymbol{M}\mathrm{d}\boldsymbol{z}^i, \quad \kappa^i = \mathrm{d}\boldsymbol{z}^i \wedge \boldsymbol{K}\mathrm{d}\boldsymbol{z}^i \tag{2.241}$$

和半离散局部能量守恒律

$$\partial_t\mathrm{A}_x E^i + \mathrm{D}_x F^i = 0 \tag{2.242}$$

其中

$$E^i = S\left(\boldsymbol{z}^i\right) - \frac{1}{2}\left(\boldsymbol{z}^i\right)^{\mathrm{T}}\boldsymbol{K}\mathrm{D}_x\boldsymbol{z}^i, \quad F^i = \frac{1}{2}\left(\boldsymbol{z}^i\right)^{\mathrm{T}}\boldsymbol{K}\partial_t\boldsymbol{z}^i \tag{2.243}$$

半离散时间差分多辛 Preissmann 格式 [83]

$$\boldsymbol{M}\mathrm{D}_t\boldsymbol{z}^j + \boldsymbol{K}\partial_x\mathrm{A}_t\boldsymbol{z}^j = \nabla_{\boldsymbol{z}}S\left(\mathrm{A}_t\boldsymbol{z}^j\right) \tag{2.244}$$

满足半离散多辛守恒律

$$\mathrm{D}_t\omega^j + \partial_x\mathrm{A}_t\kappa^j = 0 \tag{2.245}$$

其中

$$\omega^j = \mathrm{d}\boldsymbol{z}^j \wedge \boldsymbol{M}\mathrm{d}\boldsymbol{z}^j, \quad \kappa^j = \mathrm{d}\boldsymbol{z}^j \wedge \boldsymbol{K}\mathrm{d}\boldsymbol{z}^j \tag{2.246}$$

和半离散局部动量守恒律

$$\mathrm{D}_t H^j + \partial_x \mathrm{A}_t G^j = 0 \tag{2.247}$$

其中

$$H^j = \frac{1}{2}\left(\boldsymbol{z}^j\right)^{\mathrm{T}} \boldsymbol{M}\partial_x \boldsymbol{z}^j, \quad G^j = S\left(\boldsymbol{z}^j\right) - \frac{1}{2}\left(\boldsymbol{z}^j\right)^{\mathrm{T}} \boldsymbol{M}\mathrm{D}_t \boldsymbol{z}^j \tag{2.248}$$

2.3.2.2 多辛 Euler-box 格式

多辛形式中关于独立变量 $x$ 和 $t$ 都存在着辛结构，因此可以应用一种简单的方法，即分别对 $x$ 变量和 $t$ 变量应用辛 Euler 离散，就可以得到多辛单步一阶显式 Euler-box 格式。

对于多辛形式中的反对称矩阵 $\boldsymbol{M}$ 和 $\boldsymbol{K}$，进行分解

$$\boldsymbol{M} = \boldsymbol{M}_+ + \boldsymbol{M}_-, \quad \boldsymbol{K} = \boldsymbol{K}_+ + \boldsymbol{K}_- \tag{2.249}$$

其中 $\boldsymbol{M}_+^{\mathrm{T}} = -\boldsymbol{M}_-, \boldsymbol{K}_+^{\mathrm{T}} = -\boldsymbol{K}_-$。因此多辛哈密顿方程 (2.190) 可以表示为

$$\boldsymbol{M}_+\partial_t \boldsymbol{z} + \boldsymbol{M}_-\partial_t \boldsymbol{z} + \boldsymbol{K}_+\partial_x \boldsymbol{z} + \boldsymbol{K}_-\partial_x \boldsymbol{z} = \nabla_{\boldsymbol{z}} S\left(\boldsymbol{z}\right) \tag{2.250}$$

由于 $\boldsymbol{M}$ 和 $\boldsymbol{K}$ 是反对称矩阵，显然有

$$\mathrm{d}\boldsymbol{z} \wedge \boldsymbol{M}_+\mathrm{d}\boldsymbol{z} = \mathrm{d}\boldsymbol{z} \wedge \boldsymbol{M}_-\mathrm{d}\boldsymbol{z}, \quad \mathrm{d}\boldsymbol{z} \wedge \boldsymbol{K}_+\mathrm{d}\boldsymbol{z} = \mathrm{d}\boldsymbol{z} \wedge \boldsymbol{K}_-\mathrm{d}\boldsymbol{z} \tag{2.251}$$

从而，多辛守恒律 (2.192) 可以简化为

$$\partial_t \omega + \partial_x \kappa = 0 \tag{2.252}$$

其中

$$\omega = \mathrm{d}\boldsymbol{z} \wedge \boldsymbol{M}_+\mathrm{d}\boldsymbol{z}, \quad \kappa = \mathrm{d}\boldsymbol{z} \wedge \boldsymbol{K}_+\mathrm{d}\boldsymbol{z} \tag{2.253}$$

1) 全离散多辛 Euler-box 格式

对于多辛哈密顿方程 (2.250)，在时间和空间方向分别应用单步一阶显式 Euler 格式，得到全离散多辛 Euler-box 有限差分格式 [85]

$$\boldsymbol{M}_+\mathrm{D}_t \boldsymbol{z}^{i,j} + \boldsymbol{M}_-\mathrm{D}_t \boldsymbol{z}^{i,j-1} + \boldsymbol{K}_+\mathrm{D}_x \boldsymbol{z}^{i,j} + \boldsymbol{K}_-\mathrm{D}_x \boldsymbol{z}^{i-1,j} = \nabla_{\boldsymbol{z}} S\left(\boldsymbol{z}^{i,j}\right) \tag{2.254}$$

**定理 2.14** 全离散多辛 Euler-box 格式 (2.254) 满足离散多辛守恒律 [85]

$$\mathrm{D}_t \omega^{i,j} + \mathrm{D}_x \kappa^{i,j} = 0 \tag{2.255}$$

其中

$$\omega^{i,j} = \mathrm{d}\boldsymbol{z}^{i,j-1} \wedge \boldsymbol{M}_{+}\mathrm{d}\boldsymbol{z}^{i,j}, \quad \kappa^{i,j} = \mathrm{d}\boldsymbol{z}^{i-1,j} \wedge \boldsymbol{K}_{+}\mathrm{d}\boldsymbol{z}^{i,j} \tag{2.256}$$

2) 半离散多辛 Euler-box 格式

对于多辛哈密顿方程 (2.250)，若只在时间或空间某一方向应用单步一阶显式 Euler 格式，得到半离散多辛 Euler-box 有限差分格式。

**定理 2.15** 半离散空间差分多辛 Euler-box 格式 [86]

$$\boldsymbol{M}\partial_t \boldsymbol{z}^i + \boldsymbol{K}_{+}\mathrm{D}_x \boldsymbol{z}^i + \boldsymbol{K}_{-}\mathrm{D}_x \boldsymbol{z}^{i-1} = \nabla_{\boldsymbol{z}} S\left(\boldsymbol{z}^i\right) \tag{2.257}$$

满足半离散多辛守恒律

$$\partial_t \omega^i + \mathrm{D}_x \kappa^{i-1/2} = 0 \tag{2.258}$$

其中

$$\omega^i = \frac{1}{2}\mathrm{d}\boldsymbol{z}^i \wedge \boldsymbol{M}\mathrm{d}\boldsymbol{z}^i, \quad \kappa^{i-1/2} = \mathrm{d}\boldsymbol{z}^{i-1} \wedge \boldsymbol{K}_{+}\mathrm{d}\boldsymbol{z}^i \tag{2.259}$$

和半离散局部能量守恒律

$$\partial_t E^i + \mathrm{D}_x F^{i-1/2} = 0 \tag{2.260}$$

其中

$$E^i = S\left(\boldsymbol{z}^i\right) - \left(\boldsymbol{z}^i\right)^{\mathrm{T}} \boldsymbol{K}_{+}\mathrm{D}_x \boldsymbol{z}^i, \quad F^{i-1/2} = \left(\boldsymbol{z}^{i-1}\right)^{\mathrm{T}} \boldsymbol{K}_{+}\partial_t \boldsymbol{z}^i \tag{2.261}$$

半离散时间差分多辛 Euler-box 格式

$$\boldsymbol{M}_{+}\mathrm{D}_t \boldsymbol{z}^j + \boldsymbol{M}_{-}\mathrm{D}_t \boldsymbol{z}^{j-1} + \boldsymbol{K}\partial_x \boldsymbol{z}^j = \nabla_{\boldsymbol{z}} S\left(\boldsymbol{z}^j\right) \tag{2.262}$$

满足半离散多辛守恒律

$$\mathrm{D}_t \omega^{j-1/2} + \partial_x \kappa^j = 0 \tag{2.263}$$

其中

$$\omega^{j-1/2} = \mathrm{d}\boldsymbol{z}^{j-1} \wedge \boldsymbol{M}_{+}\mathrm{d}\boldsymbol{z}^j, \quad \kappa^j = \frac{1}{2}\mathrm{d}\boldsymbol{z}^j \wedge \boldsymbol{K}\mathrm{d}\boldsymbol{z}^j \tag{2.264}$$

和半离散局部动量守恒律

$$\mathrm{D}_t H^{j-1/2} + \partial_x G^j = 0 \tag{2.265}$$

其中

$$H^{j-1/2} = \left(\boldsymbol{z}^{j-1}\right)^{\mathrm{T}} \boldsymbol{M}_{+}\partial_x \boldsymbol{z}^j, \quad G^j = S\left(\boldsymbol{z}^j\right) - \left(\boldsymbol{z}^j\right)^{\mathrm{T}} \boldsymbol{M}_{+}\mathrm{D}_t \boldsymbol{z}^j \tag{2.266}$$

### 2.3.2.3　多辛 Fourier 拟谱格式

谱方法是求解微分方程的一种高精度算法，对于满足周期边界条件的多辛哈密顿系统，可以采用基于 Fourier 变换的多辛 Fourier 离散，即多辛 Fourier 拟谱方法。

1) 半离散多辛 Fourier 拟谱格式

Fourier 拟谱方法分为两个基本步骤：第一步，通过解在配置点上三角多项式插值构造解的离散形式；第二步，利用解在配置点上的值求出导数值，即构造微分矩阵 [87]。

为简单起见，设所讨论的区间为 $\Lambda=[0,L]$。对任意整数 $N>0$，令 $h=L/N$ 为空间步长，$x_i=h_i\,(j=0,1,\cdots,N-1)$ 为配置点，$S_N=\{g_i(x),-N/2\leqslant i\leqslant N/2-1\}$ 为插值空间，其中 $g_i(x)$ 为

$$g_i(x)=\frac{1}{N}\sum_{l=-N/2}^{N/2}\frac{1}{c_l}\mathrm{e}^{\mathrm{i}l\mu(x-x_i)} \tag{2.267}$$

式中

$$c_l=1\,(|l|\neq N/2),\quad c_{-N/2}=c_{N/2}=2,\quad \mu=\frac{2\pi}{L} \tag{2.268}$$

插值算子 $I_N$ 定义为：对任意 $u(x)\in C^0(\Lambda)$，满足

$$I_Nu(x_i)=u(x_i),\quad i=0,1,\cdots,N-1 \tag{2.269}$$

利用

$$\tilde{u}_l=\frac{1}{Nc_l}\sum_{i=0}^{N-1}u(x_i)\mathrm{e}^{-\mathrm{i}l\mu x_i} \tag{2.270}$$

和正交性

$$\frac{1}{N}\sum_{m=0}^{N-1}\mathrm{e}^{\mathrm{i}\mu p x_m}=\begin{cases}1, & p=nN,\quad n\in\mathbb{Z}^+\\ 0, & p\neq nN\end{cases} \tag{2.271}$$

可以得到

$$u_i=u(x_i)=\sum_{l=-N/2}^{N/2}\tilde{u}_l\mathrm{e}^{\mathrm{i}l\mu x_i} \tag{2.272}$$

对 $u,v\in C^0(\Lambda)$，定义离散内积 $(\cdot)_N$ 和离散模 $\|\cdot\|_N$

$$(u,v)_N=h\sum_{i=0}^{N-1}u(x_i)\overline{v(x_i)},\quad \|u\|_N=(u,u)_N^{1/2} \tag{2.273}$$

$u(x)$ 在配置点上的导数值 $\dfrac{\mathrm{d}}{\mathrm{d}x}I_N u(x_i)$ 可由函数值 $u_i$ 和微分矩阵 $D_N$ 求得

$$\frac{\mathrm{d}}{\mathrm{d}x}I_N u(x)\big|_{x=x_i} = (D_N u)_i \tag{2.274}$$

其中 $D_N$ 表示一阶 Fourier 微分矩阵，其元素为

$$d_{i,s} = \begin{cases} (-1)^{i+s}\dfrac{\pi}{L}\cot\dfrac{(x_i - x_s)\pi}{L}, & s \neq i \\ 0, & s = i \end{cases} \tag{2.275}$$

显然，$D_N$ 为反对称矩阵。

由一阶 Fourier 微分矩阵 $D_N$，可构造出半离散多辛哈密顿系统 [87]

$$\boldsymbol{M}\frac{\mathrm{d}}{\mathrm{d}t}\boldsymbol{z}^i + \boldsymbol{K}\sum_{k=0}^{N-1} d_{i,k}\boldsymbol{z}^k = \nabla_{\boldsymbol{z}} S\left(\boldsymbol{z}^i\right), \quad i = 0, 1, \cdots, N-1 \tag{2.276}$$

**定理 2.16** 半离散多辛 Fourier 拟谱格式 (2.276) 具有 $N$ 个半离散多辛守恒律 [88]

$$\frac{\mathrm{d}}{\mathrm{d}t}\omega^i + \sum_{k=0}^{N-1} d_{i,k}\kappa^{ik} = 0, \quad i = 0, 1, \cdots, N-1 \tag{2.277}$$

和整体辛守恒律

$$\frac{\mathrm{d}}{\mathrm{d}t}\sum_{i=0}^{N-1}\omega^i = 0 \tag{2.278}$$

其中

$$\omega^i = \mathrm{d}\boldsymbol{z}^i \wedge \boldsymbol{M}\mathrm{d}\boldsymbol{z}^i, \quad \kappa^{ik} = \mathrm{d}\boldsymbol{z}^i \wedge \boldsymbol{K}\mathrm{d}\boldsymbol{z}^k + \mathrm{d}\boldsymbol{z}^k \wedge \boldsymbol{K}\mathrm{d}\boldsymbol{z}^i \tag{2.279}$$

2) 全离散多辛 Fourier 拟谱格式

在半离散系统的基础上，应用辛格式进行时间方向的离散，如隐式中点格式。于是求解多辛哈密顿方程的全离散多辛 Fourier 拟谱格式可表示为 [87]

$$\boldsymbol{M}\mathrm{D}_t\boldsymbol{z}^{i,j} + \boldsymbol{K}\sum_{k=0}^{N-1} d_{i,k}\mathrm{A}_t\boldsymbol{z}^{k,j} = \nabla_{\boldsymbol{z}} S\left(\mathrm{A}_t\boldsymbol{z}^{i,j}\right), \quad i = 0, 1, \cdots, N-1 \tag{2.280}$$

**定理 2.17** 全离散多辛 Fourier 拟谱格式 (2.280) 具有 $N$ 个全离散多辛守恒律 [88]

$$\mathrm{D}_t\omega^{i,j} + \sum_{k=0}^{N-1} d_{i,k}\mathrm{A}_t\kappa^{ik,j} = 0, \quad i = 0, 1, \cdots, N-1 \tag{2.281}$$

和整体辛守恒律

$$\sum_{j=0}^{N-1}\omega^{i,j+1}=\sum_{j=0}^{N-1}\omega^{i,j} \tag{2.282}$$

其中

$$\omega^{i,j}=\mathrm{d}\boldsymbol{z}^{i,j}\wedge\boldsymbol{M}\mathrm{d}\boldsymbol{z}^{i,j},\quad \kappa^{ik,j}=\mathrm{d}\boldsymbol{z}^{i,j}\wedge\boldsymbol{K}\mathrm{d}\boldsymbol{z}^{k,j}+\mathrm{d}\boldsymbol{z}^{k,j}\wedge\boldsymbol{K}\mathrm{d}\boldsymbol{z}^{i,j} \tag{2.283}$$

对于线性多辛哈密顿系统，多辛 Fourier 拟谱格式能保证局部能量和动量守恒 [89]。

### 2.3.3 多辛哈密顿系统的应用

#### 2.3.3.1 理想不可压缩流体定常流动连续性方程

对于流体运动，在一些情况下，流体的黏性和压缩性影响很小，采用简化的理想不可压缩流体模型能很好地近似实际流动，具有很好的应用价值。

1) 二维定常流动连续性方程

理想不可压缩流体二维定常流动的连续性方程为

$$\phi_{xx}+\phi_{yy}=0 \tag{2.284}$$

其中 $\phi$ 是势函数。

定义正则动量 $u=\phi_x, v=\phi_y$，$u,v$ 即为流体分别在 $x,y$ 方向上的速度，则二维连续性方程 (2.284) 可以写为一阶形式

$$\begin{cases} u_x+v_y=0 \\ -\phi_x=-u \\ -\phi_y=-v \end{cases} \tag{2.285}$$

引入状态变量 $\boldsymbol{p}=(\phi,u,v)^{\mathrm{T}}$，则可将方程组 (2.285) 写为多辛形式

$$\boldsymbol{M}\partial_x\boldsymbol{p}+\boldsymbol{K}\partial_y\boldsymbol{p}=\nabla_{\boldsymbol{p}}S(\boldsymbol{p}) \tag{2.286}$$

其中

$$\boldsymbol{M}=\begin{pmatrix} 0 & 1 & 0 \\ -1 & 0 & 0 \\ 0 & 0 & 0 \end{pmatrix},\quad \boldsymbol{K}=\begin{pmatrix} 0 & 0 & 1 \\ 0 & 0 & 0 \\ -1 & 0 & 0 \end{pmatrix},\quad S(\boldsymbol{p})=-\frac{1}{2}\left(u^2+v^2\right) \tag{2.287}$$

二维定常流动连续性方程 (2.284) 的多辛方程 (2.286) 具有如下守恒律：

(1) **多辛守恒律**

$$(\mathrm{d}u\wedge\mathrm{d}\phi)_x+(\mathrm{d}v\wedge\mathrm{d}\phi)_y=0 \tag{2.288}$$

(2) **局部能量守恒律**

$$\partial_x E(\boldsymbol{p})+\partial_y F(\boldsymbol{p})=0 \tag{2.289}$$

其中

$$\begin{aligned}
&E(\boldsymbol{p})=S(\boldsymbol{p})-\frac{1}{2}\boldsymbol{p}^{\mathrm{T}}\boldsymbol{K}\partial_y\boldsymbol{p}=-\frac{1}{2}\left(u^2+v^2\right)-\frac{1}{2}(-v\phi_y+\phi v_y)=-\frac{1}{2}\left(u^2+\phi v_y\right)\\
&F(\boldsymbol{p})=\frac{1}{2}\boldsymbol{p}^{\mathrm{T}}\boldsymbol{K}\partial_x\boldsymbol{p}=\frac{1}{2}(-v\phi_x+\phi v_x)=\frac{1}{2}(-vu+\phi v_x)
\end{aligned}\tag{2.290}$$

即

$$-uu_x-\frac{1}{2}uv_y-\frac{1}{2}v_yu-\frac{1}{2}vu_y+\frac{1}{2}vv_x=0 \tag{2.291}$$

(3) **局部动量守恒律**

$$\partial_x H(\boldsymbol{p})+\partial_y G(\boldsymbol{p})=0 \tag{2.292}$$

其中

$$\begin{aligned}
H(\boldsymbol{p})&=\frac{1}{2}\boldsymbol{p}^{\mathrm{T}}\boldsymbol{M}\partial_y\boldsymbol{p}=\frac{1}{2}(-u\phi_y+\phi u_y)=\frac{1}{2}(-uv+\phi u_y)\\
G(\boldsymbol{p})&=S(\boldsymbol{p})-\frac{1}{2}\boldsymbol{p}^{\mathrm{T}}\boldsymbol{M}\partial_x\boldsymbol{p}=-\frac{1}{2}\left(u^2+v^2\right)-\frac{1}{2}(-u\phi_x+\phi u_x)\\
&=-\frac{1}{2}\left(v^2+\phi u_x\right)
\end{aligned}\tag{2.293}$$

即

$$-\frac{1}{2}u_xv-\frac{1}{2}uv_x+\frac{1}{2}uu_y-vv_y-\frac{1}{2}vu_x=0 \tag{2.294}$$

2) 三维定常流动连续性方程

考虑三维情况，连续性方程为

$$\phi_{xx}+\phi_{yy}+\phi_{zz}=0 \tag{2.295}$$

其中 $\phi$ 是势函数。

定义正则动量 $u=\phi_x, v=\phi_y, w=\phi_z$，$u,v,w$ 即为流体分别在 $x,y,z$ 方向上的速度，则三维连续性方程 (2.295) 可以写为一阶形式

$$\begin{cases} u_x+v_y+w_z=0 \\ -\phi_x=-u \\ -\phi_y=-v \\ -\phi_z=-w \end{cases} \tag{2.296}$$

引入状态变量 $\boldsymbol{p}=(\phi,u,v,w)^{\mathrm{T}}$，则可将方程组 (2.296) 写为多辛形式

$$\boldsymbol{M}\partial_x\boldsymbol{p}+\boldsymbol{K}\partial_y\boldsymbol{p}+\boldsymbol{L}\partial_z\boldsymbol{p}=\nabla_{\boldsymbol{p}}S(\boldsymbol{p}) \tag{2.297}$$

其中

$$\boldsymbol{M}=\begin{pmatrix} 0 & 1 & 0 & 0 \\ -1 & 0 & 0 & 0 \\ 0 & 0 & 0 & 0 \\ 0 & 0 & 0 & 0 \end{pmatrix},\quad \boldsymbol{K}=\begin{pmatrix} 0 & 0 & 1 & 0 \\ 0 & 0 & 0 & 0 \\ -1 & 0 & 0 & 0 \\ 0 & 0 & 0 & 0 \end{pmatrix},\quad \boldsymbol{L}=\begin{pmatrix} 0 & 0 & 0 & 1 \\ 0 & 0 & 0 & 0 \\ 0 & 0 & 0 & 0 \\ -1 & 0 & 0 & 0 \end{pmatrix}$$

$$S(\boldsymbol{p})=-\frac{1}{2}\left(u^2+v^2+w^2\right) \tag{2.298}$$

三维定常流动连续性方程 (2.295) 的多辛方程 (2.297) 具有如下守恒律：

**(1) 多辛守恒律**

$$(\mathrm{d}u\wedge\mathrm{d}\phi)_x+(\mathrm{d}v\wedge\mathrm{d}\phi)_y+(\mathrm{d}w\wedge\mathrm{d}\phi)_z=0 \tag{2.299}$$

**(2) 局部能量守恒律**

$$\partial_x E(\boldsymbol{p})+\partial_y F_1(\boldsymbol{p})+\partial_z F_2(\boldsymbol{p})=0 \tag{2.300}$$

其中

$$\begin{aligned} E(\boldsymbol{p}) &= S(\boldsymbol{p})-\frac{1}{2}\boldsymbol{p}^{\mathrm{T}}(\boldsymbol{K}\partial_y\boldsymbol{p}+\boldsymbol{L}\partial_z\boldsymbol{p}) \\ &= -\frac{1}{2}\left(u^2+v^2+w^2\right)-\frac{1}{2}(-v\phi_y+\phi v_y-w\phi_z+\phi w_z) \\ &= -\frac{1}{2}\left(u^2+\phi v_y+\phi w_z\right) \end{aligned}$$

$$F_1(\boldsymbol{p})=\frac{1}{2}\boldsymbol{p}^{\mathrm{T}}\boldsymbol{K}\partial_x\boldsymbol{p}=\frac{1}{2}(-v\phi_x+\phi v_x)=\frac{1}{2}(-vu+\phi v_x)$$

$$F_2(\boldsymbol{p}) = \frac{1}{2}\boldsymbol{p}^{\mathrm{T}}\boldsymbol{L}\partial_x\boldsymbol{p} = \frac{1}{2}(-w\phi_x + \phi w_x) = \frac{1}{2}(-wu + \phi w_x) \tag{2.301}$$

即

$$-uu_x - uv_y - uw_z - \frac{1}{2}vu_y + \frac{1}{2}vv_x - \frac{1}{2}wu_z + \frac{1}{2}ww_x = 0 \tag{2.302}$$

(3) **局部动量守恒律**

$$\partial_x H_1(\boldsymbol{p}) + \partial_x H_2(\boldsymbol{p}) + \partial_y G(\boldsymbol{p}) + \partial_z G(\boldsymbol{p}) = 0 \tag{2.303}$$

其中

$$\begin{aligned}
H_1(\boldsymbol{p}) &= \frac{1}{2}\boldsymbol{p}^{\mathrm{T}}\boldsymbol{M}\partial_y\boldsymbol{p} = \frac{1}{2}(-u\phi_y + \phi u_y) = \frac{1}{2}(-uv + \phi u_y) \\
H_2(\boldsymbol{p}) &= \frac{1}{2}\boldsymbol{p}^{\mathrm{T}}\boldsymbol{M}\partial_z\boldsymbol{p} = \frac{1}{2}(-u\phi_z + \phi u_z) = \frac{1}{2}(-uw + \phi u_z) \\
G(\boldsymbol{p}) &= S(\boldsymbol{p}) - \frac{1}{2}\boldsymbol{p}^{\mathrm{T}}\boldsymbol{M}\partial_x\boldsymbol{p} = -\frac{1}{2}\left(u^2 + v^2 + w^2\right) - \frac{1}{2}(-u\phi_x + \phi u_x) \\
&= -\frac{1}{2}\left(v^2 + w^2 + \phi u_x\right)
\end{aligned} \tag{2.304}$$

即

$$-u_x v - u_x w - \frac{1}{2}uv_x - \frac{1}{2}uw_x + \frac{1}{2}uu_y + \frac{1}{2}uu_z - vv_y - ww_y - vv_z - ww_z = 0 \tag{2.305}$$

#### 2.3.3.2 波动方程

波动方程是一种熟知的双曲型偏微分方程，能够对自然界中存在的水波、电磁波、声波等各种波动现象进行描述，在诸多领域都扮演着十分重要的角色。因而，波动方程的相关研究一直是人们关注的热点。

1) 一维非线性波动方程

考虑一维非线性波动方程的一般形式

$$u_{tt} - \alpha u_{xx} + V'(u) = 0 \tag{2.306}$$

其中 $\alpha$ 是常数，$V(u)$ 是一个光滑函数。

定义正则动量 $v = u_t, w = u_x$，引入状态变量 $\boldsymbol{z} = (u, v, w)^{\mathrm{T}}$，则波动方程 (2.306) 可以写为一阶形式

$$\begin{cases}
v_t - \alpha w_x = -V'(u) \\
-u_t = -v \\
\alpha u_x = \alpha w
\end{cases} \tag{2.307}$$

方程组 (2.307) 对应多辛方程

$$\boldsymbol{M}\partial_t\boldsymbol{z}+\boldsymbol{K}\partial_x\boldsymbol{z}=\nabla_{\boldsymbol{z}}S(\boldsymbol{z}) \tag{2.308}$$

其中

$$\boldsymbol{M}=\begin{pmatrix}0&1&0\\-1&0&0\\0&0&0\end{pmatrix},\quad \boldsymbol{K}=\begin{pmatrix}0&0&-\alpha\\0&0&0\\\alpha&0&0\end{pmatrix}$$

$$S(\boldsymbol{z})=\frac{1}{2}\left(\alpha w^2-v^2\right)-V(u) \tag{2.309}$$

波动方程 (2.306) 的多辛方程 (2.308) 具有如下守恒律:

(1) **多辛守恒律**

$$(\mathrm{d}v\wedge\mathrm{d}u)_t+(\alpha\mathrm{d}u\wedge\mathrm{d}w)_x=0 \tag{2.310}$$

(2) **局部能量守恒律**

$$\partial_t E(\boldsymbol{z})+\partial_x F(\boldsymbol{z})=0 \tag{2.311}$$

其中

$$\begin{aligned}E(\boldsymbol{z})&=S(\boldsymbol{z})-\frac{1}{2}\boldsymbol{z}^{\mathrm{T}}\boldsymbol{K}\partial_x\boldsymbol{z}=\frac{1}{2}\left(\alpha w^2-v^2\right)-V(u)-\frac{1}{2}\alpha(wu_x-uw_x)\\&=\frac{1}{2}\left(\alpha w^2-v^2\right)-V(u)-\frac{1}{2}\alpha\left(w^2-uw_x\right)=\frac{1}{2}\alpha uw_x-\frac{1}{2}v^2-V(u)\\F(\boldsymbol{z})&=\frac{1}{2}\boldsymbol{z}^{\mathrm{T}}\boldsymbol{K}\partial_t\boldsymbol{z}=\frac{1}{2}\alpha(wu_t-uw_t)=\frac{1}{2}\alpha(wv-uw_t)\end{aligned} \tag{2.312}$$

即

$$\alpha vw_x-vv_t+\frac{1}{2}\alpha wv_x-\frac{1}{2}\alpha ww_t-\partial_t V(u)=0 \tag{2.313}$$

(3) **局部动量守恒律**

$$\partial_t H(\boldsymbol{z})+\partial_x G(\boldsymbol{z})=0 \tag{2.314}$$

其中

$$H(\boldsymbol{z})=\frac{1}{2}\boldsymbol{z}^{\mathrm{T}}\boldsymbol{M}\partial_x\boldsymbol{z}=\frac{1}{2}(uv_x-u_xv)=\frac{1}{2}(uv_x-vw)$$

$$G(\boldsymbol{z})=S(\boldsymbol{z})-\frac{1}{2}\boldsymbol{z}^{\mathrm{T}}\boldsymbol{M}\partial_t\boldsymbol{z}=\frac{1}{2}\left(\alpha w^2-v^2\right)-V(u)-\frac{1}{2}(uv_t-vu_t)$$

$$= \frac{1}{2}\left(\alpha w^2 - v^2\right) - V(u) - \frac{1}{2}\left(uv_t - v^2\right) = \frac{1}{2}\alpha w^2 - \frac{1}{2}uv_t - V(u) \quad (2.315)$$

即

$$\frac{1}{2}vv_x - wv_t - \frac{1}{2}vw_t + \alpha ww_x - \partial_x V(u) = 0 \quad (2.316)$$

2) 二维线性波动方程

一般的二维线性波动方程具有形式

$$u_{tt} - \alpha\left(u_{xx} + u_{yy}\right) = f(t, x, y) \quad (2.317)$$

其中 $\alpha$ 是常数，$f(t, x, y)$ 是一个光滑函数。

取正则动量 $v = u_t, w = u_x, \phi = u_y$，定义状态变量 $\boldsymbol{z} = (u, v, w, \phi)^{\mathrm{T}}$，则可以将波动方程 (2.317) 化为一阶形式

$$\begin{cases} v_t - \alpha\left(w_x + \phi_y\right) = f(t, x, y) \\ -u_t = -v \\ \alpha u_x = \alpha w \\ \alpha u_y = \alpha\phi \end{cases} \quad (2.318)$$

从而得到多辛方程

$$\boldsymbol{M}\partial_t \boldsymbol{z} + \boldsymbol{K}_1\partial_x \boldsymbol{z} + \boldsymbol{K}_2\partial_y \boldsymbol{z} = \nabla_{\boldsymbol{z}} S(\boldsymbol{z}) \quad (2.319)$$

其中

$$\boldsymbol{M} = \begin{pmatrix} 0 & 1 & 0 & 0 \\ -1 & 0 & 0 & 0 \\ 0 & 0 & 0 & 0 \\ 0 & 0 & 0 & 0 \end{pmatrix}, \quad \boldsymbol{K}_1 = \begin{pmatrix} 0 & 0 & -\alpha & 0 \\ 0 & 0 & 0 & 0 \\ \alpha & 0 & 0 & 0 \\ 0 & 0 & 0 & 0 \end{pmatrix}$$

$$\boldsymbol{K}_2 = \begin{pmatrix} 0 & 0 & 0 & -\alpha \\ 0 & 0 & 0 & 0 \\ 0 & 0 & 0 & 0 \\ \alpha & 0 & 0 & 0 \end{pmatrix}$$

$$S(\boldsymbol{z}) = \frac{1}{2}\left(\alpha w^2 + \alpha\phi^2 - v^2\right) + f(t, x, y)\,u \quad (2.320)$$

波动方程 (2.317) 的多辛方程 (2.319) 具有如下守恒律:

(1) 多辛守恒律

$$(\mathrm{d}v \wedge \mathrm{d}u)_t + (\alpha \mathrm{d}u \wedge \mathrm{d}w)_x + (\alpha \mathrm{d}u \wedge \mathrm{d}\phi)_y = 0 \tag{2.321}$$

(2) 局部能量守恒律

$$\partial_t E(\boldsymbol{z}) + \partial_x F_1(\boldsymbol{z}) + \partial_y F_2(\boldsymbol{z}) = 0 \tag{2.322}$$

其中

$$\begin{aligned}
E(\boldsymbol{z}) &= S(\boldsymbol{z}) - \frac{1}{2}\boldsymbol{z}^{\mathrm{T}}(\boldsymbol{K}_1\partial_x \boldsymbol{z} + \boldsymbol{K}_2\partial_y \boldsymbol{z}) \\
&= \frac{1}{2}\left(\alpha w^2 + \alpha\phi^2 - v^2\right) + f(t,x,y)u - \frac{1}{2}\alpha(wu_x - uw_x + \phi u_y - u\phi_y) \\
&= -\frac{1}{2}v^2 + f(t,x,y)u + \frac{1}{2}\alpha u w_x + \frac{1}{2}\alpha u\phi_y \\
F_1(\boldsymbol{z}) &= \frac{1}{2}\boldsymbol{z}^{\mathrm{T}}\boldsymbol{K}_1\partial_t \boldsymbol{z} = \frac{1}{2}\alpha(wu_t - uw_t) = \frac{1}{2}\alpha(wv - uw_t) \\
F_2(\boldsymbol{z}) &= \frac{1}{2}\boldsymbol{z}^{\mathrm{T}}\boldsymbol{K}_2\partial_t \boldsymbol{z} = \frac{1}{2}\alpha(\phi u_t - u\phi_t) = \frac{1}{2}\alpha(\phi v - u\phi_t)
\end{aligned} \tag{2.323}$$

即

$$-vv_t + f_t u + f u_t + \alpha v w_x + \alpha v\phi_y + \frac{1}{2}\alpha w v_x - \frac{1}{2}\alpha w w_t + \frac{1}{2}\alpha\phi v_y - \frac{1}{2}\alpha\phi\phi_t = 0 \tag{2.324}$$

(3) 局部动量守恒律

$$\partial_t H_1(\boldsymbol{z}) + \partial_t H_2(\boldsymbol{z}) + \partial_x G(\boldsymbol{z}) + \partial_y G(\boldsymbol{z}) = 0 \tag{2.325}$$

其中

$$\begin{aligned}
H_1(\boldsymbol{z}) &= \frac{1}{2}\boldsymbol{z}^{\mathrm{T}}\boldsymbol{M}\partial_x \boldsymbol{z} = \frac{1}{2}(uv_x - vu_x) = \frac{1}{2}(uv_x - vw) \\
H_2(\boldsymbol{z}) &= \frac{1}{2}\boldsymbol{z}^{\mathrm{T}}\boldsymbol{M}\partial_y \boldsymbol{z} = \frac{1}{2}(uv_y - vu_y) = \frac{1}{2}(uv_y - v\phi) \\
G(\boldsymbol{z}) &= S(\boldsymbol{z}) - \frac{1}{2}\boldsymbol{z}^{\mathrm{T}}\boldsymbol{M}\partial_t \boldsymbol{z} = \frac{1}{2}\left(\alpha w^2 + \alpha\phi^2 - v^2\right) + f(t,x,y)u - \frac{1}{2}(uv_t - vu_t) \\
&= \frac{\alpha}{2}\left(w^2 + \phi^2\right) + f(t,x,y)u - \frac{1}{2}uv_t
\end{aligned} \tag{2.326}$$

即

$$\frac{1}{2}vv_x - wv_t - \frac{1}{2}vw_t + \frac{1}{2}vv_y - \phi v_t - \frac{1}{2}v\phi_t + \alpha w w_x + \alpha\phi\phi_x + \alpha w w_y + \alpha\phi\phi_y$$

$$+ f_x u + f w + f_y u + f \phi = 0 \tag{2.327}$$

二维波动方程的多辛方程可综合 $x, y$ 两个方向得到总的局部动量守恒律，更加说明多辛方法的相关守恒律能够有效地反映系统的本质特征。

3) 三维线性波动方程

考虑三维线性波动方程

$$u_{tt} - \alpha\left(u_{xx} + u_{yy} + u_{zz}\right) = f\left(t, x, y, z\right) \tag{2.328}$$

其中 $\alpha$ 是常数，$f\left(t, x, y, z\right)$ 是一个光滑函数。

取正则动量 $v = u_t, w = u_x, \phi = u_y, \varphi = u_z$，定义状态变量 $\boldsymbol{p} = \left(u, v, w, \phi, \varphi\right)^{\mathrm{T}}$，则可以将波动方程 (2.328) 化为一阶形式

$$\begin{cases} v_t - \alpha\left(w_x + \phi_y + \varphi_z\right) = f\left(t, x, y, z\right) \\ -u_t = -v \\ \alpha u_x = \alpha w \\ \alpha u_y = \alpha \phi \\ \alpha u_z = \alpha \varphi \end{cases} \tag{2.329}$$

从而得到多辛方程

$$\boldsymbol{M}\partial_t \boldsymbol{p} + \boldsymbol{K}_1 \partial_x \boldsymbol{p} + \boldsymbol{K}_2 \partial_y \boldsymbol{p} + \boldsymbol{K}_3 \partial_z \boldsymbol{p} = \nabla_{\boldsymbol{p}} S\left(\boldsymbol{p}\right) \tag{2.330}$$

其中

$$\boldsymbol{M} = \begin{pmatrix} 0 & 1 & 0 & 0 & 0 \\ -1 & 0 & 0 & 0 & 0 \\ 0 & 0 & 0 & 0 & 0 \\ 0 & 0 & 0 & 0 & 0 \\ 0 & 0 & 0 & 0 & 0 \end{pmatrix}, \quad \boldsymbol{K}_1 = \begin{pmatrix} 0 & 0 & -\alpha & 0 & 0 \\ 0 & 0 & 0 & 0 & 0 \\ \alpha & 0 & 0 & 0 & 0 \\ 0 & 0 & 0 & 0 & 0 \\ 0 & 0 & 0 & 0 & 0 \end{pmatrix}$$

$$\boldsymbol{K}_2 = \begin{pmatrix} 0 & 0 & 0 & -\alpha & 0 \\ 0 & 0 & 0 & 0 & 0 \\ 0 & 0 & 0 & 0 & 0 \\ \alpha & 0 & 0 & 0 & 0 \\ 0 & 0 & 0 & 0 & 0 \end{pmatrix}, \quad \boldsymbol{K}_3 = \begin{pmatrix} 0 & 0 & 0 & 0 & -\alpha \\ 0 & 0 & 0 & 0 & 0 \\ 0 & 0 & 0 & 0 & 0 \\ 0 & 0 & 0 & 0 & 0 \\ \alpha & 0 & 0 & 0 & 0 \end{pmatrix}$$

$$S\left(\boldsymbol{p}\right) = \frac{1}{2}\left(\alpha w^2 + \alpha \phi^2 + \alpha \varphi^2 - v^2\right) + f\left(t, x, y, z\right) u \tag{2.331}$$

波动方程 (2.328) 的多辛方程 (2.330) 具有如下守恒律：

(1) **多辛守恒律**

$$(\mathrm{d}v \wedge \mathrm{d}u)_t + (\alpha \mathrm{d}u \wedge \mathrm{d}w)_x + (\alpha \mathrm{d}u \wedge \mathrm{d}\phi)_y + (\alpha \mathrm{d}u \wedge \mathrm{d}\varphi)_z = 0 \tag{2.332}$$

(2) **局部能量守恒律**

$$\partial_t E(\boldsymbol{p}) + \partial_x F_1(\boldsymbol{p}) + \partial_y F_2(\boldsymbol{p}) + \partial_z F_3(\boldsymbol{p}) = 0 \tag{2.333}$$

其中

$$\begin{aligned}
E(\boldsymbol{p}) &= S(\boldsymbol{p}) - \frac{1}{2}\boldsymbol{p}^{\mathrm{T}}(\boldsymbol{K}_1\partial_x\boldsymbol{p} + \boldsymbol{K}_2\partial_y\boldsymbol{p} + \boldsymbol{K}_3\partial_z\boldsymbol{p}) \\
&= \frac{1}{2}\left(\alpha w^2 + \alpha\phi^2 + \alpha\varphi^2 - v^2\right) + f(t,x,y,z)u \\
&\quad - \frac{1}{2}\alpha(wu_x - uw_x + \phi u_y - u\phi_y + \varphi u_z - u\varphi_z) \\
&= -\frac{1}{2}v^2 + f(t,x,y,z)u + \frac{1}{2}\alpha uw_x + \frac{1}{2}\alpha u\phi_y + \frac{1}{2}\alpha u\varphi_z \\
F_1(\boldsymbol{p}) &= \frac{1}{2}\boldsymbol{p}^{\mathrm{T}}\boldsymbol{K}_1\partial_t\boldsymbol{p} = \frac{1}{2}\alpha(wu_t - uw_t) = \frac{1}{2}\alpha(wv - uw_t) \\
F_2(\boldsymbol{p}) &= \frac{1}{2}\boldsymbol{p}^{\mathrm{T}}\boldsymbol{K}_2\partial_t\boldsymbol{p} = \frac{1}{2}\alpha(\phi u_t - u\phi_t) = \frac{1}{2}\alpha(\phi v - u\phi_t) \\
F_3(\boldsymbol{p}) &= \frac{1}{2}\boldsymbol{p}^{\mathrm{T}}\boldsymbol{K}_3\partial_t\boldsymbol{p} = \frac{1}{2}\alpha(\varphi u_t - u\varphi_t) = \frac{1}{2}\alpha(\varphi v - u\varphi_t)
\end{aligned} \tag{2.334}$$

即

$$\begin{aligned}
&-vv_t + f_t u + f u_t + \alpha v w_x + \alpha v\phi_y + \alpha v\varphi_z + \frac{1}{2}\alpha w v_x - \frac{1}{2}\alpha w w_t \\
&+ \frac{1}{2}\alpha\phi v_y - \frac{1}{2}\alpha\phi\phi_t + \frac{1}{2}\alpha\varphi v_z - \frac{1}{2}\alpha\varphi\varphi_t = 0
\end{aligned} \tag{2.335}$$

(3) **局部动量守恒律**

$$\partial_t H_1(\boldsymbol{p}) + \partial_t H_2(\boldsymbol{p}) + \partial_t H_3(\boldsymbol{p}) + \partial_x G(\boldsymbol{p}) + \partial_y G(\boldsymbol{p}) + \partial_z G(\boldsymbol{p}) = 0 \tag{2.336}$$

其中

$$\begin{aligned}
H_1(\boldsymbol{p}) &= \frac{1}{2}\boldsymbol{p}^{\mathrm{T}}\boldsymbol{M}\partial_x\boldsymbol{p} = \frac{1}{2}(uv_x - vu_x) = \frac{1}{2}(uv_x - vw) \\
H_2(\boldsymbol{p}) &= \frac{1}{2}\boldsymbol{p}^{\mathrm{T}}\boldsymbol{M}\partial_y\boldsymbol{p} = \frac{1}{2}(uv_y - vu_y) = \frac{1}{2}(uv_y - v\phi)
\end{aligned}$$

$$
\begin{aligned}
H_3(\boldsymbol{p}) &= \frac{1}{2}\boldsymbol{p}^{\mathrm{T}}\boldsymbol{M}\partial_z\boldsymbol{p} = \frac{1}{2}(uv_z - vu_z) = \frac{1}{2}(uv_z - v\varphi) \\
G(\boldsymbol{p}) &= S(\boldsymbol{p}) - \frac{1}{2}\boldsymbol{p}^{\mathrm{T}}\boldsymbol{M}\partial_t\boldsymbol{p} \\
&= \frac{1}{2}\left(\alpha w^2 + \alpha\phi^2 + \alpha\varphi^2 - v^2\right) + f(t,x,y,z)u - \frac{1}{2}(uv_t - vu_t) \\
&= \frac{\alpha}{2}\left(w^2 + \phi^2 + \varphi^2\right) + f(t,x,y,z)u - \frac{1}{2}uv_t
\end{aligned} \tag{2.337}
$$

即

$$
\begin{aligned}
&\frac{1}{2}vv_x - wv_t - \frac{1}{2}vw_t + \frac{1}{2}vv_y - \phi v_t - \frac{1}{2}v\phi_t + \frac{1}{2}vv_z - \varphi v_t - \frac{1}{2}v\varphi_t + \alpha ww_x + \alpha\phi\phi_x \\
&+ \alpha ww_y + \alpha\phi\phi_y + \alpha ww_z + \alpha\varphi\varphi_z + f_x u + fw + f_y u + f\phi + f_z u + f\varphi = 0
\end{aligned} \tag{2.338}
$$

#### 2.3.3.3 位势方程

位势方程是椭圆型方程的典型代表，具有基本形式

$$
\Delta u = \sum_{i=1}^{n}\frac{\partial^2 u}{\partial x_i^2} = f(x_1, x_2, \cdots, x_n) \tag{2.339}
$$

其中 $\Delta$ 是 Laplace 算子，$f(x_1, x_2, \cdots, x_n)$ 是光滑函数。当 $f(x_1, x_2, \cdots, x_n) \equiv 0$ 时，方程称为调和方程；当 $f(x_1, x_2, \cdots, x_n)$ 不恒为零时，方程一般称为 Possion 方程。

1) 二维位势方程

考虑较为简单的二维情形

$$
u_{xx} + u_{yy} = f(x, y) \tag{2.340}
$$

定义正则动量 $v = u_x, w = u_y$，引入状态变量 $\boldsymbol{p} = (u, v, w)^{\mathrm{T}}$，则位势方程 (2.340) 可以写为一阶形式

$$
\begin{cases}
v_x + w_y = f(x, y) \\
-u_x = -v \\
-u_y = -w
\end{cases} \tag{2.341}
$$

方程组 (2.341) 对应多辛方程

$$
\boldsymbol{M}\partial_x\boldsymbol{p} + \boldsymbol{K}\partial_y\boldsymbol{p} = \nabla_{\boldsymbol{p}}S(\boldsymbol{p}) \tag{2.342}
$$

其中

$$
\boldsymbol{M}=\begin{pmatrix} 0 & 1 & 0 \\ -1 & 0 & 0 \\ 0 & 0 & 0 \end{pmatrix},\quad \boldsymbol{K}=\begin{pmatrix} 0 & 0 & 1 \\ 0 & 0 & 0 \\ -1 & 0 & 0 \end{pmatrix}
$$

$$
S(\boldsymbol{p})=uf(x,y)-\frac{1}{2}\left(v^2+w^2\right) \tag{2.343}
$$

位势方程 (2.340) 的多辛方程 (2.342) 具有如下守恒律:

(1) **多辛守恒律**

$$
(\mathrm{d}v\wedge\mathrm{d}u)_x+(\mathrm{d}w\wedge\mathrm{d}u)_y=0 \tag{2.344}
$$

(2) **局部能量守恒律**

$$
\partial_x E(\boldsymbol{p})+\partial_y F(\boldsymbol{p})=0 \tag{2.345}
$$

其中

$$
\begin{aligned}
E(\boldsymbol{p})&=S(\boldsymbol{p})-\frac{1}{2}\boldsymbol{p}^{\mathrm{T}}\boldsymbol{K}\partial_y\boldsymbol{p}=uf(x,y)-\frac{1}{2}\left(v^2+w^2+uw_y-wu_y\right)\\
&=uf(x,y)-\frac{1}{2}v^2-\frac{1}{2}uw_y\\
F(\boldsymbol{p})&=\frac{1}{2}\boldsymbol{p}^{\mathrm{T}}\boldsymbol{K}\partial_x\boldsymbol{p}=\frac{1}{2}(uw_x-wu_x)=\frac{1}{2}(uw_x-wv)
\end{aligned} \tag{2.346}
$$

即

$$
vf+uf_x-vv_x-vw_y+\frac{1}{2}ww_x-\frac{1}{2}wv_y=0 \tag{2.347}
$$

(3) **局部动量守恒律**

$$
\partial_x H(\boldsymbol{p})+\partial_y G(\boldsymbol{p})=0 \tag{2.348}
$$

其中

$$
\begin{aligned}
H(\boldsymbol{p})&=\frac{1}{2}\boldsymbol{p}^{\mathrm{T}}\boldsymbol{M}\partial_y\boldsymbol{p}=\frac{1}{2}(uv_y-vu_y)=\frac{1}{2}(uv_y-vw)\\
G(\boldsymbol{p})&=S(\boldsymbol{p})-\frac{1}{2}\boldsymbol{p}^{\mathrm{T}}\boldsymbol{M}\partial_x\boldsymbol{p}=uf(x,y)-\frac{1}{2}\left(v^2+w^2+uv_x-vu_x\right)\\
&=uf(x,y)-\frac{1}{2}w^2-\frac{1}{2}uv_x
\end{aligned} \tag{2.349}
$$

即

$$
\frac{1}{2}vv_y-wv_x-\frac{1}{2}vw_x+wf+uf_y-ww_y=0 \tag{2.350}
$$

2) 三维位势方程

考虑三维情形

$$u_{xx}+u_{yy}+u_{zz}=f(x,y,z) \tag{2.351}$$

取正则动量 $v=u_x, w=u_y, \phi=u_z$，定义状态变量 $\boldsymbol{p}=(u,v,w,\phi)^{\mathrm{T}}$，则可以将位势方程 (2.351) 化为一阶形式

$$\begin{cases} v_x+w_y+\phi_z=f(x,y,z) \\ -u_x=-v \\ -u_y=-w \\ -u_z=-\phi \end{cases} \tag{2.352}$$

从而得到多辛方程

$$\boldsymbol{M}\partial_x\boldsymbol{p}+\boldsymbol{K}_1\partial_y\boldsymbol{p}+\boldsymbol{K}_2\partial_z\boldsymbol{p}=\nabla_{\boldsymbol{p}}S(\boldsymbol{p}) \tag{2.353}$$

其中

$$\boldsymbol{M}=\begin{pmatrix} 0 & 1 & 0 & 0 \\ -1 & 0 & 0 & 0 \\ 0 & 0 & 0 & 0 \\ 0 & 0 & 0 & 0 \end{pmatrix},\quad \boldsymbol{K}_1=\begin{pmatrix} 0 & 0 & 1 & 0 \\ 0 & 0 & 0 & 0 \\ -1 & 0 & 0 & 0 \\ 0 & 0 & 0 & 0 \end{pmatrix}$$

$$\boldsymbol{K}_2=\begin{pmatrix} 0 & 0 & 0 & 1 \\ 0 & 0 & 0 & 0 \\ 0 & 0 & 0 & 0 \\ -1 & 0 & 0 & 0 \end{pmatrix}$$

$$S(\boldsymbol{p})=uf(x,y,z)-\frac{1}{2}\left(v^2+w^2+\phi^2\right) \tag{2.354}$$

位势方程 (2.351) 的多辛方程 (2.353) 具有如下守恒律：

(1) **多辛守恒律**

$$(\mathrm{d}v\wedge\mathrm{d}u)_x+(\mathrm{d}w\wedge\mathrm{d}u)_y+(\mathrm{d}\phi\wedge\mathrm{d}u)_z=0 \tag{2.355}$$

(2) **局部能量守恒律**

$$\partial_xE(\boldsymbol{p})+\partial_yF_1(\boldsymbol{p})+\partial_zF_2(\boldsymbol{p})=0 \tag{2.356}$$

其中

$$\begin{aligned}E(\boldsymbol{p})&=S(\boldsymbol{p})-\frac{1}{2}\boldsymbol{p}^{\mathrm{T}}(\boldsymbol{K}_1\partial_y\boldsymbol{p}+\boldsymbol{K}_2\partial_z\boldsymbol{p})\\&=uf(x,y,z)-\frac{1}{2}\left(v^2+w^2+\phi^2+uw_y-wu_y+u\phi_z-\phi u_z\right)\\&=uf(x,y,z)-\frac{1}{2}v^2-\frac{1}{2}uw_y-\frac{1}{2}u\phi_z\\F_1(\boldsymbol{p})&=\frac{1}{2}\boldsymbol{p}^{\mathrm{T}}\boldsymbol{K}_1\partial_x\boldsymbol{p}=\frac{1}{2}(uw_x-wu_x)=\frac{1}{2}(uw_x-wv)\\F_2(\boldsymbol{p})&=\frac{1}{2}\boldsymbol{p}^{\mathrm{T}}\boldsymbol{K}_2\partial_x\boldsymbol{p}=\frac{1}{2}(u\phi_x-\phi u_x)=\frac{1}{2}(u\phi_x-\phi v)\end{aligned}\tag{2.357}$$

即

$$vf+uf_x-vv_x-vw_y-v\phi_z+\frac{1}{2}ww_x-\frac{1}{2}wv_y+\frac{1}{2}\phi\phi_x-\frac{1}{2}\phi v_z=0\tag{2.358}$$

(3) **局部动量守恒律**

$$\partial_xH_1(\boldsymbol{p})+\partial_xH_2(\boldsymbol{p})+\partial_yG(\boldsymbol{p})+\partial_zG(\boldsymbol{p})=0\tag{2.359}$$

其中

$$\begin{aligned}H_1(\boldsymbol{p})&=\frac{1}{2}\boldsymbol{p}^{\mathrm{T}}\boldsymbol{M}\partial_y\boldsymbol{p}=\frac{1}{2}(uv_y-vu_y)=\frac{1}{2}(uv_y-vw)\\H_2(\boldsymbol{p})&=\frac{1}{2}\boldsymbol{p}^{\mathrm{T}}\boldsymbol{M}\partial_z\boldsymbol{p}=\frac{1}{2}(uv_z-vu_z)=\frac{1}{2}(uv_z-v\phi)\\G(\boldsymbol{p})&=S(\boldsymbol{p})-\frac{1}{2}\boldsymbol{p}^{\mathrm{T}}\boldsymbol{M}\partial_x\boldsymbol{p}=uf(x,y,z)-\frac{1}{2}\left(v^2+w^2+\phi^2+uv_x-vu_x\right)\\&=uf(x,y,z)-\frac{1}{2}w^2-\frac{1}{2}\phi^2-\frac{1}{2}uv_x\end{aligned}\tag{2.360}$$

即

$$\begin{aligned}&\frac{1}{2}vv_y-\frac{1}{2}vw_x+\frac{1}{2}vv_z-\frac{1}{2}v\phi_x-wv_x-\phi v_x+wf+uf_y-ww_y-\phi\phi_y\\&+\phi f+uf_z-ww_z-\phi\phi_z=0\end{aligned}\tag{2.361}$$

3) $n$ 维位势方程

对于一般的 $n$ 维情形

$$\sum_{i=1}^{n}\frac{\partial^2u}{\partial x_i^2}=f(x_1,x_2,\cdots,x_n)\tag{2.362}$$

取正则动量 $p_2=u_{x_1}, p_3=u_{x_2}, \cdots, p_{n+1}=u_{x_n}$，定义状态变量 $\boldsymbol{p}=(u, p_2, p_3, \cdots, p_{n+1})^{\mathrm{T}}$，则可以将位势方程 (2.362) 化为一阶形式

$$
\left\{\begin{array}{l}
(p_2)_{x_1}+(p_3)_{x_2}+\cdots+(p_{n+1})_{x_n}=f(x_1, x_2, \cdots, x_n) \\
-u_{x_1}=-p_2 \\
-u_{x_2}=-p_3 \\
\vdots \\
-u_{x_n}=-p_{n+1}
\end{array}\right. \tag{2.363}
$$

从而得到多辛方程

$$
\boldsymbol{M} \partial_{x_1} \boldsymbol{p}+\boldsymbol{K}_1 \partial_{x_2} \boldsymbol{p}+\boldsymbol{K}_2 \partial_{x_3} \boldsymbol{p}+\cdots+\boldsymbol{K}_{n-1} \partial_{x_n} \boldsymbol{p}=\nabla_{\boldsymbol{p}} S(\boldsymbol{p}) \tag{2.364}
$$

其中

$$
\boldsymbol{M}=\left(\begin{array}{ccccc}
0 & 1 & 0 & \cdots & 0 \\
-1 & 0 & 0 & \cdots & 0 \\
0 & 0 & 0 & \cdots & 0 \\
\vdots & \vdots & \vdots & & \vdots \\
0 & 0 & 0 & \cdots & 0
\end{array}\right), \quad \boldsymbol{K}_1=\left(\begin{array}{ccccc}
0 & 0 & 1 & \cdots & 0 \\
0 & 0 & 0 & \cdots & 0 \\
-1 & 0 & 0 & \cdots & 0 \\
\vdots & \vdots & \vdots & & \vdots \\
0 & 0 & 0 & \cdots & 0
\end{array}\right), \cdots,
$$

$$
\boldsymbol{K}_{n-1}=\left(\begin{array}{ccccc}
0 & 0 & 0 & \cdots & 1 \\
0 & 0 & 0 & \cdots & 0 \\
0 & 0 & 0 & \cdots & 0 \\
\vdots & \vdots & \vdots & & \vdots \\
-1 & 0 & 0 & \cdots & 0
\end{array}\right) \tag{2.365}
$$

$$
S(\boldsymbol{p})=u f(x_1, x_2, \cdots, x_n)-\frac{1}{2}\left(p_2^2+p_3^2+p_{n+1}^2\right) \tag{2.366}
$$

位势方程 (2.362) 的多辛方程 (2.364) 具有如下守恒律：

(1) **多辛守恒律**

$$
(\mathrm{d} p_2 \wedge \mathrm{d} u)_{x_1}+(\mathrm{d} p_3 \wedge \mathrm{d} u)_{x_2}+\cdots+(\mathrm{d} p_{n+1} \wedge \mathrm{d} u)_{x_n}=0 \tag{2.367}
$$

(2) **局部能量守恒律**

$$
\partial_{x_1} E(\boldsymbol{p})+\partial_{x_2} F_1(\boldsymbol{p})+\partial_{x_3} F_2(\boldsymbol{p})+\cdots+\partial_{x_n} F_{n-1}(\boldsymbol{p})=0 \tag{2.368}
$$

其中

$$
E(\boldsymbol{p})=S(\boldsymbol{p})-\frac{1}{2} \boldsymbol{p}^{\mathrm{T}}\left(\boldsymbol{K}_1 \partial_{x_2} \boldsymbol{p}+\boldsymbol{K}_2 \partial_{x_3} \boldsymbol{p}+\cdots+\boldsymbol{K}_{n-1} \partial_{x_n} \boldsymbol{p}\right)
$$

$$
\begin{aligned}
&= uf(x,y,z) - \frac{1}{2}\left[p_2^2 + u(p_3)_{x_2} + u(p_4)_{x_3} + \cdots + u(p_{n+1})_{x_n}\right] \\
F_1(\boldsymbol{p}) &= \frac{1}{2}\boldsymbol{p}^{\mathrm{T}}\boldsymbol{K}_1\partial_{x_1}\boldsymbol{p} = \frac{1}{2}\left[u(p_3)_{x_1} - p_2p_3\right] \\
F_2(\boldsymbol{p}) &= \frac{1}{2}\boldsymbol{p}^{\mathrm{T}}\boldsymbol{K}_2\partial_{x_1}\boldsymbol{p} = \frac{1}{2}\left[u(p_4)_{x_1} - p_2p_4\right] \\
&\vdots \\
F_{n-1}(\boldsymbol{p}) &= \frac{1}{2}\boldsymbol{p}^{\mathrm{T}}\boldsymbol{K}_3\partial_{x_1}\boldsymbol{p} = \frac{1}{2}\left[u(p_{n+1})_{x_1} - p_2p_{n+1}\right]
\end{aligned} \tag{2.369}
$$

即

$$
\begin{aligned}
&p_2f + uf_{x_1} - p_2(p_2)_{x_1} - p_2(p_3)_{x_2} - \cdots - p_2(p_{n+1})_{x_n} + \frac{1}{2}p_3(p_3)_{x_1} + \frac{1}{2}p_4(p_4)_{x_1} \\
&+ \cdots + \frac{1}{2}p_{n+1}(p_{n+1})_{x_1} - \frac{1}{2}p_3(p_2)_{x_2} - \frac{1}{2}p_4(p_2)_{x_3} - \cdots - \frac{1}{2}p_{n+1}(p_2)_{x_n} = 0
\end{aligned} \tag{2.370}
$$

(3) **局部动量守恒律**

$$
\partial_{x_1}H_1(\boldsymbol{p}) + \partial_{x_1}H_2(\boldsymbol{p}) + \cdots + \partial_{x_1}H_{n-1}(\boldsymbol{p}) + \partial_{x_2}G(\boldsymbol{p}) + \partial_{x_3}G(\boldsymbol{p}) + \cdots \partial_{x_n}G(\boldsymbol{p}) = 0 \tag{2.371}
$$

其中

$$
\begin{aligned}
H_1(\boldsymbol{p}) &= \frac{1}{2}\boldsymbol{p}^{\mathrm{T}}\boldsymbol{M}\partial_{x_2}\boldsymbol{p} = \frac{1}{2}\left[u(p_2)_{x_2} - p_2p_3\right] \\
H_2(\boldsymbol{p}) &= \frac{1}{2}\boldsymbol{p}^{\mathrm{T}}\boldsymbol{M}\partial_{x_3}\boldsymbol{p} = \frac{1}{2}\left[u(p_2)_{x_3} - p_2p_4\right] \\
&\vdots \\
H_{n-1}(\boldsymbol{p}) &= \frac{1}{2}\boldsymbol{p}^{\mathrm{T}}\boldsymbol{M}\partial_{x_n}\boldsymbol{p} = \frac{1}{2}\left[u(p_2)_{x_n} - p_2p_{n+1}\right] \\
G(\boldsymbol{p}) &= S(\boldsymbol{p}) - \frac{1}{2}\boldsymbol{p}^{\mathrm{T}}\boldsymbol{M}\partial_{x_1}\boldsymbol{p} = uf(x_1,x_2,\cdots,x_n) \\
&\quad - \frac{1}{2}\left[p_3^2 + \cdots + p_{n+1}^2 + u(p_2)_{x_1}\right]
\end{aligned} \tag{2.372}
$$

即

$$
\frac{1}{2}p_2(p_2)_{x_2} + \frac{1}{2}p_2(p_2)_{x_3} + \cdots + \frac{1}{2}p_2(p_2)_{x_n} - \frac{1}{2}p_2(p_3)_{x_1} - \frac{1}{2}p_2(p_4)_{x_1} - \cdots
$$

$$
\begin{aligned}
&-\frac{1}{2}p_2\left(p_{n+1}\right)_{x_1}-p_3\left(p_2\right)_{x_1}-p_4\left(p_2\right)_{x_1}-\cdots-p_{n+1}\left(p_2\right)_{x_1}+p_3f+p_4f+\cdots+p_{n+1}f\\
&+uf_{x_2}+uf_{x_3}+\cdots+uf_{x_n}-p_3\left(p_3\right)_{x_2}-p_4\left(p_4\right)_{x_2}-\cdots-p_{n+1}\left(p_{n+1}\right)_{x_2}-p_3\left(p_3\right)_{x_3}\\
&-p_4\left(p_4\right)_{x_3}-\cdots-p_{n+1}\left(p_{n+1}\right)_{x_3}-\cdots-p_3\left(p_3\right)_{x_n}-p_4\left(p_4\right)_{x_n}\\
&-\cdots-p_{n+1}\left(p_{n+1}\right)_{x_n}=0
\end{aligned}
\tag{2.373}
$$

4) 位势方程组

当以方程组形式出现时，即

$$
\left\{
\begin{aligned}
u_{xx}+u_{yy}+u_{zz}=f\left(x,y,z\right)\\
v_{xx}+v_{yy}+v_{zz}=g\left(x,y,z\right)\\
w_{xx}+w_{yy}+w_{zz}=h\left(x,y,z\right)
\end{aligned}
\right.
\tag{2.374}
$$

取正则动量 $j=u_x,k=u_y,l=u_z,m=v_x,n=v_y,p=v_z,q=w_x,r=w_y,s=w_z$，定义状态变量 $\boldsymbol{p}=(u,v,w,j,k,l,m,n,p,q,r,s)^{\mathrm{T}}$，则可以将位势方程组 (2.374) 化为一阶形式

$$
\left\{
\begin{aligned}
&j_x+k_y+l_z=f\left(x,y,z\right)\\
&m_x+n_y+p_z=g\left(x,y,z\right)\\
&q_x+r_y+s_z=h\left(x,y,z\right)\\
&-u_x=-j\\
&-u_y=-k\\
&-u_z=-l\\
&-v_x=-m\\
&-v_y=-n\\
&-v_z=-p\\
&-w_x=-q\\
&-w_y=-r\\
&-w_z=-s
\end{aligned}
\right.
\tag{2.375}
$$

从而得到多辛方程

$$
\boldsymbol{M}\partial_x\boldsymbol{p}+\boldsymbol{K}_1\partial_y\boldsymbol{p}+\boldsymbol{K}_2\partial_z\boldsymbol{p}=\nabla_{\boldsymbol{p}}S\left(\boldsymbol{p}\right)
\tag{2.376}
$$

其中

$$
\boldsymbol{M}=\begin{pmatrix}
0 & & & 1 & & & & & & & & \\
& 0 & & & & & 1 & & & & & \\
& & 0 & & & & & & & 1 & & \\
-1 & & & 0 & & & & & & & & \\
& & & & 0 & & & & & & & \\
& & & & & 0 & & & & & & \\
& -1 & & & & & 0 & & & & & \\
& & & & & & & 0 & & & & \\
& & & & & & & & 0 & & & \\
& & -1 & & & & & & & 0 & & \\
& & & & & & & & & & 0 & \\
& & & & & & & & & & & 0
\end{pmatrix}
$$

$$
\boldsymbol{K}_1=\begin{pmatrix}
0 & & & & 1 & & & & & & & \\
& 0 & & & & & & 1 & & & & \\
& & 0 & & & & & & & & 1 & \\
& & & 0 & & & & & & & & \\
-1 & & & & 0 & & & & & & & \\
& & & & & 0 & & & & & & \\
& & & & & & 0 & & & & & \\
& -1 & & & & & & 0 & & & & \\
& & & & & & & & 0 & & & \\
& & & & & & & & & 0 & & \\
& & -1 & & & & & & & & 0 & \\
& & & & & & & & & & & 0
\end{pmatrix}
$$

$$
\boldsymbol{K}_2=\begin{pmatrix}
0 & & & & & 1 & & & & & & \\
& 0 & & & & & & & 1 & & & \\
& & 0 & & & & & & & & & 1 \\
& & & 0 & & & & & & & & \\
& & & & 0 & & & & & & & \\
-1 & & & & & 0 & & & & & & \\
& & & & & & 0 & & & & & \\
& & & & & & & 0 & & & & \\
& -1 & & & & & & & 0 & & & \\
& & & & & & & & & 0 & & \\
& & & & & & & & & & 0 & \\
& & -1 & & & & & & & & & 0
\end{pmatrix} \tag{2.377}
$$

$$S(\boldsymbol{p}) = uf(x,y,z) + vg(x,y,z) + wh(x,y,z) \\ -\frac{1}{2}\left(j^2+k^2+l^2+m^2+n^2+p^2+q^2+r^2+s\right) \tag{2.378}$$

#### 2.3.3.4 热传导方程

热传导方程能够描述温度在介质中的传播现象，是一种典型的抛物型方程。

1) 一维热传导方程

考虑一维情形

$$\frac{\partial u}{\partial t} - \alpha\frac{\partial^2 u}{\partial x^2} = 0 \tag{2.379}$$

其中 $\alpha$ 是常数。

定义正则动量 $v=u_x, w=u_t, m=v_x, n=w_x$，引入状态变量 $\boldsymbol{p}=(v,u,w,m,n)^{\mathrm{T}}$，则热传导方程 (2.379) 可以写为一阶形式

$$\begin{cases} \alpha w_x = \alpha n \\ \alpha m_t - \alpha n_x = 0 \\ -\alpha v_x = -w \\ -\alpha u_t = -\alpha^2 m \\ \alpha u_x = \alpha v \end{cases} \tag{2.380}$$

方程组 (2.380) 对应多辛方程

$$\boldsymbol{M}\partial_t\boldsymbol{p} + \boldsymbol{K}\partial_x\boldsymbol{p} = \nabla_{\boldsymbol{p}}S(\boldsymbol{p}) \tag{2.381}$$

其中

$$\boldsymbol{M} = \begin{pmatrix} 0 & 0 & 0 & 0 & 0 \\ 0 & 0 & 0 & \alpha & 0 \\ 0 & 0 & 0 & 0 & 0 \\ 0 & -\alpha & 0 & 0 & 0 \\ 0 & 0 & 0 & 0 & 0 \end{pmatrix}, \quad \boldsymbol{K} = \begin{pmatrix} 0 & 0 & \alpha & 0 & 0 \\ 0 & 0 & 0 & 0 & -\alpha \\ -\alpha & 0 & 0 & 0 & 0 \\ 0 & 0 & 0 & 0 & 0 \\ 0 & \alpha & 0 & 0 & 0 \end{pmatrix}$$

$$S(\boldsymbol{p}) = \alpha vn - \frac{1}{2}w^2 - \frac{1}{2}\alpha^2 m^2 \tag{2.382}$$

热传导方程 (2.379) 的多辛方程 (2.381) 具有如下守恒律：

(1) **多辛守恒律**

$$\alpha(\mathrm{d}m\wedge\mathrm{d}u)_t + \alpha(\mathrm{d}w\wedge\mathrm{d}v + \mathrm{d}u\wedge\mathrm{d}n)_x = 0 \tag{2.383}$$

(2) **局部能量守恒律**

$$\partial_t E(\boldsymbol{p}) + \partial_x F(\boldsymbol{p}) = 0 \tag{2.384}$$

其中

$$\begin{aligned}
E(\boldsymbol{p}) &= S(\boldsymbol{p}) - \frac{1}{2}\boldsymbol{p}^{\mathrm{T}}\boldsymbol{K}\partial_x\boldsymbol{p} = \alpha vn - \frac{1}{2}w^2 \\
&\quad - \frac{1}{2}\alpha^2 m^2 - \frac{\alpha}{2}(vw_x - wv_x + nu_x - un_x) \\
&= -\alpha vn - \frac{1}{2}w^2 - \frac{1}{2}\alpha^2 m^2 + \frac{\alpha}{2}wm + \frac{\alpha}{2}un_x \\
F(\boldsymbol{p}) &= \frac{1}{2}\boldsymbol{p}^{\mathrm{T}}\boldsymbol{K}\partial_t\boldsymbol{p} = \frac{\alpha}{2}(vw_t - wv_t + nu_t - un_t) \\
&= \frac{\alpha}{2}(vw_t - wv_t + nw - un_t)
\end{aligned} \tag{2.385}$$

(3) **局部动量守恒律**

$$\partial_t H(\boldsymbol{p}) + \partial_x G(\boldsymbol{p}) = 0 \tag{2.386}$$

其中

$$\begin{aligned}
H(\boldsymbol{p}) &= \frac{1}{2}\boldsymbol{p}^{\mathrm{T}}\boldsymbol{M}\partial_x\boldsymbol{p} = \frac{\alpha}{2}(um_x - mu_x) = \frac{\alpha}{2}(um_x - mv) \\
G(\boldsymbol{p}) &= S(\boldsymbol{p}) - \frac{1}{2}\boldsymbol{p}^{\mathrm{T}}\boldsymbol{M}\partial_t\boldsymbol{p} = \alpha vn - \frac{1}{2}\left(w^2 + \alpha^2 m^2 + um_t - mu_t\right) \\
&= \alpha vn - \frac{1}{2}w^2 - \frac{1}{2}\alpha^2 m^2 - \frac{\alpha}{2}um_t + \frac{\alpha}{2}mw
\end{aligned} \tag{2.387}$$

2) 二维热传导方程

考虑二维情形

$$\frac{\partial u}{\partial t} - \alpha\left(\frac{\partial^2 u}{\partial x^2} + \frac{\partial^2 u}{\partial y^2}\right) = f(t, x, y) \tag{2.388}$$

其中 $\alpha$ 是常数，$f(t,x,y)$ 是光滑函数。

取正则动量 $v = u_x, w = u_y, m = v_x, n = w_y, r = v_t, s = w_t$，定义状态变量

$\boldsymbol{p}=(v,w,u,m,n,r,s)^{\mathrm{T}}$，则可以将热传导方程 (2.388) 化为一阶形式

$$\begin{cases} -\alpha^2 m_x - \alpha^2 n_x = -\alpha r + \alpha f_x \\ -\alpha^2 m_y - \alpha^2 n_y = -\alpha s + \alpha f_y \\ -\alpha m_t - \alpha n_t + \alpha r_x + \alpha s_y = 0 \\ \alpha u_t + \alpha^2 v_x + \alpha^2 w_y = 2\alpha^2 m + 2\alpha^2 n + \alpha f \\ \alpha u_t + \alpha^2 v_x + \alpha^2 w_y = 2\alpha^2 m + 2\alpha^2 n + \alpha f \\ -\alpha u_x = -\alpha v \\ -\alpha u_y = -\alpha w \end{cases} \tag{2.389}$$

从而得到多辛方程

$$\boldsymbol{M}\partial_t \boldsymbol{p} + \boldsymbol{K}_1 \partial_x \boldsymbol{p} + \boldsymbol{K}_2 \partial_y \boldsymbol{p} = \nabla_{\boldsymbol{p}} S(\boldsymbol{p}) \tag{2.390}$$

其中

$$\boldsymbol{M} = \begin{pmatrix} 0 & 0 & 0 & 0 & 0 & 0 & 0 \\ 0 & 0 & 0 & 0 & 0 & 0 & 0 \\ 0 & 0 & 0 & -\alpha & -\alpha & 0 & 0 \\ 0 & 0 & \alpha & 0 & 0 & 0 & 0 \\ 0 & 0 & \alpha & 0 & 0 & 0 & 0 \\ 0 & 0 & 0 & 0 & 0 & 0 & 0 \\ 0 & 0 & 0 & 0 & 0 & 0 & 0 \end{pmatrix}, \quad \boldsymbol{K}_1 = \begin{pmatrix} 0 & 0 & 0 & -\alpha & -\alpha & 0 & 0 \\ 0 & 0 & 0 & 0 & 0 & 0 & 0 \\ 0 & 0 & 0 & 0 & 0 & \alpha & 0 \\ \alpha & 0 & 0 & 0 & 0 & 0 & 0 \\ \alpha & 0 & 0 & 0 & 0 & 0 & 0 \\ 0 & 0 & -\alpha & 0 & 0 & 0 & 0 \\ 0 & 0 & 0 & 0 & 0 & 0 & 0 \end{pmatrix}$$

$$\boldsymbol{K}_2 = \begin{pmatrix} 0 & 0 & 0 & 0 & 0 & 0 & 0 \\ 0 & 0 & 0 & -\alpha^2 & -\alpha^2 & 0 & 0 \\ 0 & 0 & 0 & 0 & 0 & 0 & \alpha \\ 0 & \alpha^2 & 0 & 0 & 0 & 0 & 0 \\ 0 & \alpha^2 & 0 & 0 & 0 & 0 & 0 \\ 0 & 0 & 0 & 0 & 0 & 0 & 0 \\ 0 & 0 & -\alpha & 0 & 0 & 0 & 0 \end{pmatrix}$$

$$S(\boldsymbol{p}) = \alpha v(-r+f_x) + \alpha w(-s+f_y) + \alpha^2 (m+n)^2 + \alpha f(m+n) \tag{2.391}$$

3) 三维热传导方程

考虑三维情形

$$\frac{\partial u}{\partial t}-\alpha\left(\frac{\partial^2 u}{\partial x^2}+\frac{\partial^2 u}{\partial y^2}+\frac{\partial^2 u}{\partial z^2}\right)=f\left(t,x,y,z\right) \tag{2.392}$$

其中 $\alpha$ 是常数，$f\left(t,x,y,z\right)$ 是光滑函数。

取正则动量 $v=u_x, w=u_y, \phi=u_z, m=v_x, n=w_y, \varphi=\phi_z, r=v_t, s=w_t, \psi=\phi_t$，定义状态变量 $\boldsymbol{p}=(v,w,\phi,u,m,n,\varphi,r,s,\psi)^{\mathrm{T}}$，则可以将热传导方程 (2.392) 化为一阶形式

$$\begin{cases}-\alpha^2 m_x-\alpha^2 n_x-\alpha^2\varphi_x=-\alpha r+\alpha f_x\\ -\alpha^2 m_y-\alpha^2 n_y-\alpha^2\varphi_y=-\alpha s+\alpha f_y\\ -\alpha^2 m_z-\alpha^2 n_z-\alpha^2\varphi_z=-\alpha\psi+\alpha f_z\\ -\alpha m_t-\alpha n_t-\alpha\varphi_t+\alpha r_x+\alpha w_y+\alpha\psi_z=0\\ \alpha u_t+\alpha^2 v_x+\alpha^2 w_y+\alpha^2\phi_z=2\alpha^2 m+2\alpha^2 n+2\alpha^2\varphi+\alpha f\\ \alpha u_t+\alpha^2 v_x+\alpha^2 w_y+\alpha^2\phi_z=2\alpha^2 m+2\alpha^2 n+2\alpha^2\varphi+\alpha f\\ \alpha u_t+\alpha^2 v_x+\alpha^2 w_y+\alpha^2\phi_z=2\alpha^2 m+2\alpha^2 n+2\alpha^2\varphi+\alpha f\\ -\alpha u_x=-\alpha v\\ -\alpha u_y=-\alpha w\\ -\alpha u_z=-\alpha\phi\end{cases} \tag{2.393}$$

从而得到多辛方程

$$\boldsymbol{M}\partial_t\boldsymbol{p}+\boldsymbol{K}_1\partial_x\boldsymbol{p}+\boldsymbol{K}_2\partial_y\boldsymbol{p}+\boldsymbol{K}_3\partial_z\boldsymbol{p}=\nabla_{\boldsymbol{p}}S\left(\boldsymbol{p}\right) \tag{2.394}$$

其中

$$\boldsymbol{M}=\begin{pmatrix}0&&&&&&&&&\\&0&&&&&&&&\\&&0&&&&&&&\\&&&0&-1&-1&-1&&&\\&&&1&0&&&&&\\&&&1&&0&&&&\\&&&1&&&0&&&\\&&&&&&&0&&\\&&&&&&&&0&\\&&&&&&&&&0\end{pmatrix}$$

$$
\boldsymbol{K}_1 = \begin{pmatrix}
0 & & & & -\alpha & -\alpha & -\alpha & & & \\
 & 0 & & & & & & & & \\
 & & 0 & & & & & & & \\
 & & & 0 & & & & 1 & & \\
\alpha & & & & 0 & & & & & \\
\alpha & & & & & 0 & & & & \\
\alpha & & & & & & 0 & & & \\
 & & & -1 & & & & 0 & & \\
 & & & & & & & & 0 & \\
 & & & & & & & & & 0
\end{pmatrix}
$$

$$
\boldsymbol{K}_2 = \begin{pmatrix}
0 & & & & & & & & & \\
 & 0 & & & -\alpha & -\alpha & -\alpha & & & \\
 & & 0 & & & & & & & \\
 & & & 0 & & & & & 1 & \\
 & \alpha & & & 0 & & & & & \\
 & \alpha & & & & 0 & & & & \\
 & \alpha & & & & & 0 & & & \\
 & & & & & & & 0 & & \\
 & & & -1 & & & & & 0 & \\
 & & & & & & & & & 0
\end{pmatrix}
$$

$$
\boldsymbol{K}_3 = \begin{pmatrix}
0 & & & & & & & & & \\
 & 0 & & & & & & & & \\
 & & 0 & & -\alpha & -\alpha & -\alpha & & & \\
 & & & 0 & & & & & & 1 \\
 & & \alpha & & 0 & & & & & \\
 & & \alpha & & & 0 & & & & \\
 & & \alpha & & & & 0 & & & \\
 & & & & & & & 0 & & \\
 & & & & & & & & 0 & \\
 & & & -1 & & & & & & 0
\end{pmatrix} \tag{2.395}
$$

$$
S(\boldsymbol{p}) = v(-r + f_x) + w(-s + f_y) + \phi(-\psi + f_z) + \alpha(m + n + \varphi)^2 + f(m + n + \varphi) \tag{2.396}
$$

4) $n$ 维热传导方程

对于一般的 $n$ 维情形

$$\frac{\partial u}{\partial t}-\alpha\sum_{i=1}^{n}\frac{\partial^2 u}{\partial x_i^2}=f\left(t,x_1,x_2,\cdots,x_n\right) \tag{2.397}$$

其中 $\alpha$ 是常数，$f\left(t,x,y,z\right)$ 是光滑函数。

定义状态变量 $\boldsymbol{p}=\left(u_{x_1},u_{x_2},\cdots,u_{x_n},u,u_{x_1x_1},u_{x_2x_2},\cdots,u_{x_nx_n},u_{x_1t},u_{x_2t},\cdots,u_{x_nt}\right)^{\mathrm{T}}$，则可以将热传导方程 (2.397) 写为多辛方程

$$\boldsymbol{M}\partial_t\boldsymbol{p}+\boldsymbol{K}_1\partial_{x_1}\boldsymbol{p}+\boldsymbol{K}_2\partial_{x_2}\boldsymbol{p}+\cdots+\boldsymbol{K}_n\partial_{x_n}\boldsymbol{p}=\nabla_{\boldsymbol{p}}S\left(\boldsymbol{p}\right) \tag{2.398}$$

其中

$$\boldsymbol{M}=\left(\begin{array}{cccc|ccc|ccc}
0 & 0 & \cdots & 0 & 0 & \cdots & 0 & 0 & \cdots & 0\\
0 & 0 & \cdots & 0 & \vdots & & \vdots & \vdots & & \vdots\\
\vdots & \vdots & & \vdots & 0 & \cdots & 0 & 0 & \cdots & 0\\
0 & 0 & \cdots & 0 & -\alpha & \cdots & -\alpha & 0 & \cdots & 0\\
\hline
0 & \cdots & 0 & \alpha & 0 & \cdots & 0 & 0 & \cdots & 0\\
\vdots & & \vdots & \vdots & \vdots & & \vdots & \vdots & & \vdots\\
0 & \cdots & 0 & \alpha & 0 & \cdots & 0 & 0 & \cdots & 0\\
\hline
0 & \cdots & 0 & 0 & 0 & \cdots & 0 & 0 & \cdots & 0\\
\vdots & & \vdots & \vdots & \vdots & & \vdots & \vdots & & \vdots\\
0 & \cdots & 0 & 0 & 0 & \cdots & 0 & 0 & \cdots & 0
\end{array}\right) \tag{2.399}$$

$$\boldsymbol{K}_1=\left(\begin{array}{cccc|ccc|cccc}
0 & \cdots & \cdots & 0 & -\alpha^2 & \cdots & -\alpha^2 & 0 & 0 & \cdots & 0\\
\vdots & & & \vdots & 0 & \cdots & 0 & 0 & 0 & \cdots & 0\\
\vdots & & & \vdots & \vdots & & \vdots & \vdots & \vdots & & \vdots\\
0 & \cdots & \cdots & 0 & 0 & \cdots & 0 & \alpha & 0 & \cdots & 0\\
\hline
\alpha^2 & 0 & \cdots & 0 & 0 & \cdots & 0 & 0 & 0 & \cdots & 0\\
\vdots & \vdots & & \vdots & \vdots & & \vdots & \vdots & \vdots & & \vdots\\
\alpha^2 & 0 & \cdots & 0 & 0 & \cdots & 0 & 0 & 0 & \cdots & 0\\
\hline
0 & 0 & \cdots & -\alpha & 0 & \cdots & 0 & 0 & \cdots & \cdots & 0\\
0 & 0 & \cdots & 0 & 0 & \cdots & 0 & \vdots & & & \vdots\\
\vdots & \vdots & & \vdots & \vdots & & \vdots & \vdots & & & \vdots\\
0 & 0 & \cdots & 0 & 0 & \cdots & 0 & 0 & \cdots & \cdots & 0
\end{array}\right)$$

$$
\boldsymbol{K}_2=\left(\begin{array}{cccc|ccc|cccc}
0 & \cdots & \cdots & 0 & 0 & \cdots & 0 & 0 & 0 & \cdots & 0\\
\vdots & & & \vdots & -\alpha^2 & \cdots & -\alpha^2 & 0 & 0 & \cdots & 0\\
\vdots & & & \vdots & \vdots & & \vdots & \vdots & \vdots & & \vdots\\
0 & \cdots & \cdots & 0 & 0 & \cdots & 0 & 0 & \alpha & \cdots & 0\\
\hline
0 & \alpha^2 & \cdots & 0 & 0 & \cdots & 0 & 0 & 0 & \cdots & 0\\
\vdots & \vdots & & \vdots & \vdots & & \vdots & \vdots & \vdots & & \vdots\\
0 & \alpha^2 & \cdots & 0 & 0 & \cdots & 0 & 0 & 0 & \cdots & 0\\
\hline
0 & 0 & \cdots & 0 & 0 & \cdots & 0 & 0 & \cdots & \cdots & 0\\
0 & 0 & \cdots & -\alpha & 0 & \cdots & 0 & \vdots & & & \vdots\\
\vdots & \vdots & & \vdots & \vdots & & \vdots & \vdots & & & \vdots\\
0 & 0 & \cdots & 0 & 0 & \cdots & 0 & 0 & \cdots & \cdots & 0
\end{array}\right),\cdots,
$$

$$
\boldsymbol{K}_n=\left(\begin{array}{cccc|ccc|cccc}
0 & \cdots & \cdots & 0 & 0 & \cdots & 0 & 0 & 0 & \cdots & 0\\
\vdots & & & \vdots & 0 & \cdots & 0 & 0 & 0 & \cdots & 0\\
\vdots & & & \vdots & \vdots & & \vdots & \vdots & \vdots & & \vdots\\
0 & \cdots & \cdots & 0 & -\alpha^2 & \cdots & -\alpha^2 & 0 & 0 & \cdots & \alpha\\
\hline
0 & 0 & \cdots & \alpha^2 & 0 & \cdots & 0 & 0 & 0 & \cdots & 0\\
\vdots & \vdots & & \vdots & \vdots & & \vdots & \vdots & \vdots & & \vdots\\
0 & 0 & \cdots & \alpha^2 & 0 & \cdots & 0 & 0 & 0 & \cdots & 0\\
\hline
0 & 0 & \cdots & 0 & 0 & \cdots & 0 & 0 & \cdots & \cdots & 0\\
0 & 0 & \cdots & & 0 & \cdots & 0 & \vdots & & & \vdots\\
\vdots & \vdots & & \vdots & \vdots & & \vdots & \vdots & & & \vdots\\
0 & 0 & \cdots & -\alpha & 0 & \cdots & 0 & 0 & \cdots & \cdots & 0
\end{array}\right) \tag{2.400}
$$

$$
\begin{aligned}
S(\boldsymbol{p})=&\ \alpha p_1\left(-p_{2n+2}+f_{x_1}\right)+\alpha p_2\left(-p_{2n+3}+f_{x_2}\right)+\cdots+\alpha p_n\left(-p_{3n+1}+f_{x_n}\right)\\
&+\alpha^2\left(p_{n+2}+p_{n+2}+\cdots+p_{2n+1}\right)^2+\alpha f\left(p_{n+2}+p_{n+2}+\cdots+p_{2n+1}\right)
\end{aligned} \tag{2.401}
$$

5) 热传导方程组

考虑热传导方程组

$$
\left\{\begin{array}{l}
\dfrac{\partial u}{\partial t}-\alpha\left(\dfrac{\partial^2 u}{\partial x^2}+\dfrac{\partial^2 u}{\partial y^2}\right)=f(t,x,y)\\[2ex]
\dfrac{\partial v}{\partial t}-\beta\left(\dfrac{\partial^2 v}{\partial x^2}+\dfrac{\partial^2 v}{\partial y^2}\right)=g(t,x,y)
\end{array}\right. \tag{2.402}
$$

定义状态变量 $\boldsymbol{p}=\left(u_x,u_y,v_x,v_y,u,u_{xx},u_{yy},v_{xx},v_{yy},u_{xt},u_{yt},v_{xt},v_{yt}\right)^{\mathrm{T}}$，则可以将热传导方程组 (2.402) 写为多辛方程

$$\boldsymbol{M}\partial_t\boldsymbol{p}+\boldsymbol{K}_1\partial_x\boldsymbol{p}+\boldsymbol{K}_2\partial_y\boldsymbol{p}=\nabla_{\boldsymbol{p}}S\left(\boldsymbol{p}\right) \tag{2.403}$$

其中

$$\boldsymbol{M}=\left(\begin{array}{cccccc|cccccccc}
0 & & & & & & & & & & & & & \\
 & 0 & & & & & & & & & & & & \\
 & & 0 & & & & & & & & & & & \\
 & & & 0 & & & & & & & & & & \\
 & & & & 0 & & -\alpha & -\alpha & 0 & 0 & & & & \\
 & & & & & 0 & 0 & 0 & -\beta & -\beta & & & & \\
\hline
 & & & & \alpha & 0 & 0 & & & & & & & \\
 & & & & \alpha & 0 & & 0 & & & & & & \\
 & & & & 0 & \beta & & & 0 & & & & & \\
 & & & & 0 & \beta & & & & 0 & & & & \\
 & & & & & & & & & & 0 & & & \\
 & & & & & & & & & & & 0 & & \\
 & & & & & & & & & & & & 0 & \\
 & & & & & & & & & & & & & 0
\end{array}\right) \tag{2.404}$$

$$\boldsymbol{K}_1=\left(\begin{array}{cccccc|cccccccc}
0 & & & & & & -\alpha^2 & -\alpha^2 & 0 & 0 & & & & \\
 & 0 & & & & & 0 & 0 & 0 & 0 & & & & \\
 & & 0 & & & & 0 & 0 & -\beta^2 & -\beta^2 & & & & \\
 & & & 0 & & & & & & & 0 & 0 & 0 & 0 \\
 & & & & 0 & & & & & & \alpha & 0 & 0 & 0 \\
 & & & & & 0 & & & & & 0 & 0 & \beta & 0 \\
\hline
\alpha^2 & 0 & 0 & & & & 0 & & & & & & & \\
\alpha^2 & 0 & 0 & & & & & 0 & & & & & & \\
0 & 0 & \beta^2 & & & & & & 0 & & & & & \\
0 & 0 & \beta^2 & & & & & & & 0 & & & & \\
 & & & 0 & -\alpha & 0 & & & & & 0 & & & \\
 & & & 0 & 0 & 0 & & & & & & 0 & & \\
 & & & 0 & 0 & -\beta & & & & & & & 0 & \\
 & & & 0 & 0 & 0 & & & & & & & & 0
\end{array}\right)$$

$$
\boldsymbol{K}_2 = \left(\begin{array}{cccccc|cccccccc}
0 & & & & & & 0 & 0 & & & & & & \\
 & 0 & & & & & -\alpha^2 & -\alpha^2 & & & & & & \\
 & & 0 & & & & & & 0 & 0 & & & & \\
 & & & 0 & & & & & -\beta^2 & -\beta^2 & & & & \\
 & & & & 0 & & & & & & 0 & \alpha & 0 & 0 \\
 & & & & & 0 & & & & & 0 & 0 & 0 & \beta \\
\hline
0 & \alpha^2 & & & & & 0 & & & & & & & \\
0 & \alpha^2 & & & & & & 0 & & & & & & \\
 & & 0 & \beta^2 & & & & & 0 & & & & & \\
 & & 0 & \beta^2 & & & & & & 0 & & & & \\
 & & & & 0 & 0 & & & & & 0 & & & \\
 & & & & -\alpha & 0 & & & & & & 0 & & \\
 & & & & 0 & 0 & & & & & & & 0 & \\
 & & & & 0 & -\beta & & & & & & & & 0
\end{array}\right) \tag{2.405}
$$

$$
\begin{aligned}
S(\boldsymbol{p}) = {} & \alpha p_1(-p_{11}+f_x) + \alpha p_2(-p_{12}+f_y) + \beta p_3(-p_{13}+g_x) + \beta p_4(-p_{14}+g_y) \\
& + \alpha^2 (p_7+p_8)^2 + \alpha f(p_7+p_8) + \beta^2 (p_9+p_{10})^2 + \beta g(p_9+p_{10})
\end{aligned} \tag{2.406}
$$

#### 2.3.3.5 KdV 方程

KdV 方程是研究水波运动的一维数学模型，在数学上和实际中都是一个非常重要的方程。KdV 方程的数值算法一直是研究热点，特别是构造 KdV 方程的保辛算法 [90]。KdV 方程的一般形式为 [90]

$$
u_t + uu_x + \delta u_{xxx} = 0 \tag{2.407}
$$

其中 $\delta = 0$ 为参数。

定义正则动量 $v = u_x, w_x = u_t, p_x = u$，方程 (2.407) 可以写为一阶形式

$$
\begin{cases}
p_t + \delta v_x = -\dfrac{1}{2}u^2 \\
-\delta u_x = -\delta v \\
-u_t + w_x = 0 \\
-p_x = -u
\end{cases} \tag{2.408}
$$

引入状态变量 $\boldsymbol{z} = (u, v, p, w)^{\mathrm{T}}$，方程 (2.408) 可以写为多辛形式

$$
\boldsymbol{M}\partial_t \boldsymbol{z} + \boldsymbol{K}\partial_x \boldsymbol{z} = \nabla_{\boldsymbol{z}} S(\boldsymbol{z}) \tag{2.409}
$$

其中

$$
\boldsymbol{M}=\begin{pmatrix}0&0&1&0\\0&0&0&0\\-1&0&0&0\\0&0&0&0\end{pmatrix},\quad \boldsymbol{K}=\begin{pmatrix}0&\delta&0&0\\-\delta&0&0&0\\0&0&0&1\\1&0&1&0\end{pmatrix}
$$

$$
S(\boldsymbol{z})=-\frac{1}{6}u^3-\frac{1}{2}\delta v^2-uw \tag{2.410}
$$

#### 2.3.3.6 广义 Boussinesq 方程

广义 Boussinesq 方程作为一类重要的非线性保守型偏微分方程，用以描述重力作用下的浅水长波运动规律和一维非线性晶格中的长波运动规律，形式为 [91]

$$
u_{tt}-\alpha u_{xx}-(f(u))_{xx}-\beta u_{xxxx}=0 \tag{2.411}
$$

其中 $\alpha,\beta$ 为常数，$f(u)$ 为函数。

定义正则动量 $v=u_x, p_x=u_t, w_x=p$，方程 (2.411) 可以写为一阶方程组

$$
\begin{cases}w_t-\beta v_x=\alpha u+f(u)\\ \beta u_x=\beta v\\ -u_t+p_x=0\\ -w_x=-p\end{cases} \tag{2.412}
$$

引入状态变量 $\boldsymbol{z}=(u,v,w,p)^{\mathrm{T}}$，于是方程 (2.412) 可以写为多辛形式

$$
\boldsymbol{M}\partial_t\boldsymbol{z}+\boldsymbol{K}\partial_x\boldsymbol{z}=\nabla_{\boldsymbol{z}}S(\boldsymbol{z}) \tag{2.413}
$$

其中

$$
\boldsymbol{M}=\begin{pmatrix}0&0&1&0\\0&0&0&0\\-1&0&0&0\\0&0&0&0\end{pmatrix},\quad \boldsymbol{K}=\begin{pmatrix}0&-\beta&0&0\\\beta&0&0&0\\0&0&0&1\\0&0&-1&0\end{pmatrix}
$$

$$
S(\boldsymbol{z})=\frac{1}{2}\alpha u^2+\frac{1}{2}\beta v^2-\frac{1}{2}p^2+\int f(u)\,\mathrm{d}u \tag{2.414}
$$

#### 2.3.3.7 对称正则长波方程

对称正则长波方程用于描述弱非线性作用下空间变换的等离子声波的传播，形式为 [92]

$$
u_{tt}-u_{xx}-u_{xxtt}+\frac{1}{n}(u^n)_{xt}=0,\quad a\leqslant x\leqslant b,\quad t\geqslant 0,\quad n\in\mathbb{N}^+ \tag{2.415}
$$

其中 $n$ 越大，非线性效应也就越强。

引入正则动量 $u_t=-2w_x=q, u_x=2v_t=p, \varphi_x=-\phi_t=u$，令 $\boldsymbol{z}=(\varphi, \phi, u, p, q, v, w)^{\mathrm{T}}$，方程 (2.415) 可以写为一阶方程组

$$\begin{cases}\dfrac{1}{2}u_t+w_x=0\\ -v_t+\dfrac{1}{2}u_x=0\\ \dfrac{1}{2}\left(-\varphi_t+p_t-\phi_x+q_x\right)=\dfrac{1}{n}u^n-v-w\\ -\dfrac{1}{2}u_t=-\dfrac{1}{2}q\\ -\dfrac{1}{2}u_x=-\dfrac{1}{2}p\\ \phi_t=-u\\ -\varphi_x=-u\end{cases} \tag{2.416}$$

方程组 (2.416) 写为多辛形式

$$\boldsymbol{M}\partial_t\boldsymbol{z}+\boldsymbol{K}\partial_x\boldsymbol{z}=\nabla_{\boldsymbol{z}}S\left(\boldsymbol{z}\right) \tag{2.417}$$

其中

$$\boldsymbol{M}=\begin{pmatrix}0&0&\frac{1}{2}&0&0&0&0\\ 0&0&0&0&0&-1&0\\ -\frac{1}{2}&0&0&\frac{1}{2}&0&0&0\\ 0&0&-\frac{1}{2}&0&0&0&0\\ 0&0&0&0&0&0&0\\ 0&1&0&0&0&0&0\\ 0&0&0&0&0&0&0\end{pmatrix}, \boldsymbol{K}=\begin{pmatrix}0&0&0&0&0&0&1\\ 0&0&\frac{1}{2}&0&0&0&0\\ 0&-\frac{1}{2}&0&0&\frac{1}{2}&0&0\\ 0&0&0&0&0&0&0\\ 0&0&-\frac{1}{2}&0&0&0&0\\ 0&0&0&0&0&0&0\\ -1&0&0&0&0&0&0\end{pmatrix}$$

$$S\left(\boldsymbol{z}\right)=\frac{1}{n\left(n+1\right)}u^{n+1}-\frac{1}{2}pq-uv-uw \tag{2.418}$$

#### 2.3.3.8 Klein-Gordon-Schrödinger 方程组

Klein-Gordon-Schrödinger (KGS) 方程组是 Schrödinger 方程的狭义相对论形式，是量子场论中守恒复介子场和实中子场相互作用的数学模型，在量子物理学中的作用不容忽视 [79]。由于 KGS 方程组并不是完全可积的，因此对其进行数值研究十分必要。

考虑 KGS 方程组 [79]

$$\begin{cases} \mathrm{i}\psi_t + \dfrac{1}{2}\psi_{xx} + \psi\varphi = 0 \\ \varphi_{tt} - \varphi_{xx} + \varphi - |\psi|^2 = 0 \end{cases} \tag{2.419}$$

由于存在模数项和虚数项，令 $\psi = p + \mathrm{i}q$，引入正则动量 $p_x = u, q_x = g, \varphi_t = v, \varphi_x = w$，方程组 (2.419) 写为一阶方程组

$$\begin{cases} -2q_t + u_x = -2\varphi p \\ 2p_t + g_x = -2\varphi q \\ -p_x = -u \\ -q_x = -g \\ -v_t + w_x = \varphi - p^2 - q^2 \\ \varphi_t = v \\ -\varphi_x = -w \end{cases} \tag{2.420}$$

令状态变量 $\boldsymbol{z} = (p, q, u, g, \varphi, v, w)^{\mathrm{T}}$，则方程组 (2.420) 可以写为多辛形式

$$\boldsymbol{M}\partial_t \boldsymbol{z} + \boldsymbol{K}\partial_x \boldsymbol{z} = \nabla_{\boldsymbol{z}} S(\boldsymbol{z}) \tag{2.421}$$

其中

$$\boldsymbol{M} = \begin{pmatrix} 0 & -2 & 0 & 0 & 0 & 0 & 0 \\ 2 & 0 & 0 & 0 & 0 & 0 & 0 \\ 0 & 0 & 0 & 0 & 0 & 0 & 0 \\ 0 & 0 & 0 & 0 & 0 & 0 & 0 \\ 0 & 0 & 0 & 0 & 0 & -1 & 0 \\ 0 & 0 & 0 & 0 & 1 & 0 & 0 \\ 0 & 0 & 0 & 0 & 0 & 0 & 0 \end{pmatrix}, \quad \boldsymbol{K} = \begin{pmatrix} 0 & 0 & 1 & 0 & 0 & 0 & 0 \\ 0 & 0 & 0 & 1 & 0 & 0 & 0 \\ -1 & 0 & 0 & 0 & 0 & 0 & 0 \\ 0 & -1 & 0 & 0 & 0 & 0 & 0 \\ 0 & 0 & 0 & 0 & 0 & 0 & 1 \\ 0 & 0 & 0 & 0 & 0 & 0 & 0 \\ 0 & 0 & 0 & 0 & -1 & 0 & 0 \end{pmatrix}$$

$$S(\boldsymbol{z}) = -\varphi\left(p^2 + q^2\right) + \frac{1}{2}\left(\varphi^2 + v^2 - w^2 - u^2 - g^2\right) \tag{2.422}$$

#### 2.3.3.9 弹性力学基本方程

考虑弹性力学的基本方程，分别考虑二维和三维情形，将其中的平衡方程和几何方程转化为哈密顿系统的多辛形式，并给出多辛方程的守恒律。

1) 二维弹性力学基本方程

二维弹性力学基本方程为 [93]

平衡方程

$$\begin{aligned}&\frac{\partial\sigma_x}{\partial x}+\frac{\partial\tau_{xy}}{\partial y}+F_x=0\\&\frac{\partial\tau_{xy}}{\partial x}+\frac{\partial\sigma_y}{\partial y}+F_y=0\end{aligned} \tag{2.423}$$

几何方程

$$\varepsilon_x=\frac{\partial u}{\partial x},\quad \varepsilon_y=\frac{\partial v}{\partial y},\quad \gamma_{xy}=\frac{\partial v}{\partial x}+\frac{\partial u}{\partial y} \tag{2.424}$$

平衡方程中有 3 个未知数、2 个方程，几何方程中有 2 个未知数、3 个方程，共有 5 个未知数、5 个方程，可以求解。

将方程 (2.423)、(2.424) 写为方程组形式

$$\begin{cases}\dfrac{\partial u}{\partial x}=\varepsilon_x\\-\dfrac{\partial\sigma_x}{\partial x}-\dfrac{\partial\tau_{xy}}{\partial y}=F_x\\\dfrac{\partial v}{\partial x}+\dfrac{\partial u}{\partial y}=\gamma_{xy}\\-\dfrac{\partial\tau_{xy}}{\partial x}-\dfrac{\partial\sigma_y}{\partial y}=F_y\\\dfrac{\partial v}{\partial y}=\varepsilon_y\end{cases} \tag{2.425}$$

令状态变量 $\boldsymbol{p}=(\sigma_x,u,\tau_{xy},v,\sigma_y)^{\mathrm{T}}$，于是方程组 (2.425) 可以写为多辛形式

$$\boldsymbol{M}\partial_x\boldsymbol{p}+\boldsymbol{K}\partial_y\boldsymbol{p}=\nabla_{\boldsymbol{p}}S(\boldsymbol{p}) \tag{2.426}$$

其中

$$\boldsymbol{M}=\begin{pmatrix}0&1&0&0&0\\-1&0&0&0&0\\0&0&0&1&0\\0&0&-1&0&0\\0&0&0&0&0\end{pmatrix},\quad \boldsymbol{K}=\begin{pmatrix}0&0&0&0&0\\0&0&-1&0&0\\0&1&0&0&0\\0&0&0&0&-1\\0&0&0&1&0\end{pmatrix}$$

$$S(\boldsymbol{p})=\varepsilon_x\sigma_x+F_xu+\gamma_{xy}\tau_{xy}+F_yv+\varepsilon_y\sigma_y \tag{2.427}$$

注意到 $S(\boldsymbol{p})$ 其实就是应变能。

方程 (2.423)、(2.424) 的多辛方程 (2.426) 具有如下守恒律：

(1) **多辛守恒律**

$$\partial_x\left(\mathrm{d}u\wedge\mathrm{d}\sigma_x+\mathrm{d}v\wedge\mathrm{d}\tau_{xy}\right)+\partial_y\left(\mathrm{d}u\wedge\mathrm{d}\tau_{xy}+\mathrm{d}v\wedge\sigma_y\right)=0 \tag{2.428}$$

(2) **局部能量守恒律**

$$\partial_x E(\boldsymbol{p})+\partial_y F(\boldsymbol{p})=0 \tag{2.429}$$

其中

$$\begin{aligned}
E(\boldsymbol{p})&=S(\boldsymbol{p})-\frac{1}{2}\boldsymbol{p}^{\mathrm{T}}\boldsymbol{K}\partial_y\boldsymbol{p}\\
&=\varepsilon_x\sigma_x+F_xu+\gamma_{xy}\tau_{xy}+F_yv+\varepsilon_y\sigma_y\\
&\quad-\frac{1}{2}\left(\frac{\partial u}{\partial y}\tau_{xy}-\frac{\partial\tau_{xy}}{\partial y}u+\frac{\partial v}{\partial y}\sigma_y-\frac{\partial\sigma_y}{\partial y}v\right)\\
F(\boldsymbol{p})&=\frac{1}{2}\boldsymbol{p}^{\mathrm{T}}\boldsymbol{K}\partial_x\boldsymbol{p}=\frac{1}{2}\left(\frac{\partial u}{\partial x}\tau_{xy}-\frac{\partial\tau_{xy}}{\partial x}u+\frac{\partial v}{\partial x}\sigma_y-\frac{\partial\sigma_y}{\partial x}v\right)
\end{aligned} \tag{2.430}$$

即

$$\partial_x\left(\varepsilon_x\sigma_x+F_xu+\gamma_{xy}\tau_{xy}+F_yv+\varepsilon_y\sigma_y\right)=0 \tag{2.431}$$

局部能量守恒律形式即为应变能在 $x$ 方向上的能量守恒。

(3) **局部动量守恒律**

$$\partial_x H(\boldsymbol{p})+\partial_y G(\boldsymbol{p})=0 \tag{2.432}$$

其中

$$\begin{aligned}
H(\boldsymbol{p})&=\frac{1}{2}\boldsymbol{p}^{\mathrm{T}}\boldsymbol{M}\partial_y\boldsymbol{p}=\frac{1}{2}\left(\frac{\partial u}{\partial y}\sigma_x-\frac{\partial\sigma_x}{\partial y}u+\frac{\partial v}{\partial y}\tau_{xy}-\frac{\partial\tau_{xy}}{\partial y}v\right)\\
G(\boldsymbol{p})&=S(\boldsymbol{p})-\frac{1}{2}\boldsymbol{p}^{\mathrm{T}}\boldsymbol{M}\partial_x\boldsymbol{p}\\
&=\varepsilon_x\sigma_x+F_xu+\gamma_{xy}\tau_{xy}+F_yv+\varepsilon_y\sigma_y\\
&\quad-\frac{1}{2}\left(\frac{\partial u}{\partial x}\sigma_x-\frac{\partial\sigma_x}{\partial x}u+\frac{\partial v}{\partial x}\tau_{xy}-\frac{\partial\tau_{xy}}{\partial x}v\right)
\end{aligned} \tag{2.433}$$

即

$$\partial_y\left(\varepsilon_x\sigma_x+F_xu+\gamma_{xy}\tau_{xy}+F_yv+\varepsilon_y\sigma_y\right)=0 \tag{2.434}$$

局部动量守恒律形式即为应变能在 $y$ 方向上的能量守恒。

局部能量守恒律和局部动量守恒律分别为应变能在 $x$ 方向和 $y$ 方向上的能量守恒，综合来看即为应变能能量守恒。

2) 三维弹性力学基本方程

三维弹性力学基本方程为 [93]

平衡方程

$$
\begin{aligned}
&\frac{\partial \sigma_x}{\partial x}+\frac{\partial \tau_{xy}}{\partial y}+\frac{\partial \tau_{zx}}{\partial z}+F_x=0\\
&\frac{\partial \tau_{xy}}{\partial x}+\frac{\partial \sigma_y}{\partial y}+\frac{\partial \tau_{yz}}{\partial z}+F_y=0\\
&\frac{\partial \tau_{zx}}{\partial x}+\frac{\partial \tau_{yz}}{\partial y}+\frac{\partial \sigma_z}{\partial z}+F_z=0
\end{aligned}
\tag{2.435}
$$

几何方程

$$
\begin{aligned}
&\varepsilon_x=\frac{\partial u}{\partial x},\quad \varepsilon_y=\frac{\partial v}{\partial y},\quad \varepsilon_z=\frac{\partial w}{\partial z}\\
&\gamma_{yz}=\frac{\partial w}{\partial y}+\frac{\partial v}{\partial z},\quad \gamma_{zx}=\frac{\partial u}{\partial z}+\frac{\partial w}{\partial x},\quad \gamma_{xy}=\frac{\partial v}{\partial x}+\frac{\partial u}{\partial y}
\end{aligned}
\tag{2.436}
$$

平衡方程中有 6 个未知数、3 个方程，几何方程中 3 个未知数、6 个方程，共有 9 个未知数、9 个方程，可以求解。

将方程 (2.435)、(2.436) 写为方程组形式

$$
\left\{
\begin{aligned}
&\frac{\partial u}{\partial x}=\varepsilon_x\\
&-\frac{\partial \sigma_x}{\partial x}-\frac{\partial \tau_{xy}}{\partial y}-\frac{\partial \tau_{zx}}{\partial z}=F_x\\
&\frac{\partial w}{\partial y}+\frac{\partial v}{\partial z}=\gamma_{yz}\\
&\frac{\partial v}{\partial y}=\varepsilon_y\\
&-\frac{\partial \tau_{xy}}{\partial x}-\frac{\partial \sigma_y}{\partial y}-\frac{\partial \tau_{yz}}{\partial z}=F_y\\
&\frac{\partial w}{\partial x}+\frac{\partial u}{\partial z}=\gamma_{zx}\\
&\frac{\partial w}{\partial z}=\varepsilon_z\\
&-\frac{\partial \tau_{zx}}{\partial x}-\frac{\partial \tau_{yz}}{\partial y}-\frac{\partial \sigma_z}{\partial z}=F_z\\
&\frac{\partial v}{\partial x}+\frac{\partial u}{\partial y}=\gamma_{xy}
\end{aligned}
\right.
\tag{2.437}
$$

令状态变量 $\boldsymbol{p}=(\sigma_x,u,\tau_{yz},\sigma_y,v,\tau_{zx},\sigma_z,w,\tau_{xy})^{\mathrm{T}}$，于是方程组 (2.437) 可以写为多辛形式

$$\boldsymbol{M}\partial_x\boldsymbol{p}+\boldsymbol{K}\partial_y\boldsymbol{p}+\boldsymbol{L}\partial_z\boldsymbol{p}=\nabla_{\boldsymbol{p}}S(\boldsymbol{p}) \tag{2.438}$$

其中

$$\boldsymbol{M}=\begin{pmatrix} 0 & 1 & 0 & 0 & 0 & 0 & 0 & 0 & 0 \\ -1 & 0 & 0 & 0 & 0 & 0 & 0 & 0 & 0 \\ 0 & 0 & 0 & 0 & 0 & 0 & 0 & 0 & 0 \\ 0 & 0 & 0 & 0 & 0 & 0 & 0 & 0 & 0 \\ 0 & 0 & 0 & 0 & 0 & 0 & 0 & 0 & -1 \\ 0 & 0 & 0 & 0 & 0 & 0 & 0 & 1 & 0 \\ 0 & 0 & 0 & 0 & 0 & 0 & 0 & 0 & 0 \\ 0 & 0 & 0 & 0 & 0 & -1 & 0 & 0 & 0 \\ 0 & 0 & 0 & 0 & 1 & 0 & 0 & 0 & 0 \end{pmatrix}$$

$$\boldsymbol{K}=\begin{pmatrix} 0 & 0 & 0 & 0 & 0 & 0 & 0 & 0 & 0 \\ 0 & 0 & 0 & 0 & 0 & 0 & 0 & 0 & -1 \\ 0 & 0 & 0 & 0 & 0 & 0 & 0 & 1 & 0 \\ 0 & 0 & 0 & 0 & 1 & 0 & 0 & 0 & 0 \\ 0 & 0 & 0 & -1 & 0 & 0 & 0 & 0 & 0 \\ 0 & 0 & 0 & 0 & 0 & 0 & 0 & 0 & 0 \\ 0 & 0 & 0 & 0 & 0 & 0 & 0 & 0 & 0 \\ 0 & 0 & -1 & 0 & 0 & 0 & 0 & 0 & 0 \\ 0 & 1 & 0 & 0 & 0 & 0 & 0 & 0 & 0 \end{pmatrix}$$

$$\boldsymbol{L}=\begin{pmatrix} 0 & 0 & 0 & 0 & 0 & 0 & 0 & 0 & 0 \\ 0 & 0 & 0 & 0 & 0 & -1 & 0 & 0 & 0 \\ 0 & 0 & 0 & 0 & 1 & 0 & 0 & 0 & 0 \\ 0 & 0 & 0 & 0 & 0 & 0 & 0 & 0 & 0 \\ 0 & 0 & -1 & 0 & 0 & 0 & 0 & 0 & 0 \\ 0 & 1 & 0 & 0 & 0 & 0 & 0 & 0 & 0 \\ 0 & 0 & 0 & 0 & 0 & 0 & 0 & 1 & 0 \\ 0 & 0 & 0 & 0 & 0 & 0 & -1 & 0 & 0 \\ 0 & 0 & 0 & 0 & 0 & 0 & 0 & 0 & 0 \end{pmatrix}$$

$$S(\boldsymbol{p})=\varepsilon_x\sigma_x+F_xu+\gamma_{yz}\tau_{yz}+\varepsilon_y\sigma_y+F_yv+\gamma_{zx}\tau_{zx}+\varepsilon_z\sigma_z+F_zw+\gamma_{xy}\tau_{xy} \tag{2.439}$$

注意到 $S(\boldsymbol{p})$ 其实就是应变能。

方程 (2.435)、(2.436) 的多辛方程 (2.438) 具有如下守恒律：

(1) **多辛守恒律**

$$
\begin{aligned}
&\partial_x(\mathrm{d}u \wedge \mathrm{d}\sigma_x + \mathrm{d}v \wedge \mathrm{d}\tau_{xy} + \mathrm{d}w \wedge \mathrm{d}\tau_{zx}) + \partial_y(\mathrm{d}u \wedge \mathrm{d}\tau_{xy} + \mathrm{d}v \wedge \sigma_y + \mathrm{d}w \wedge \mathrm{d}\tau_{yz}) \\
&+ \partial_z(\mathrm{d}u \wedge \mathrm{d}\tau_{zx} + \mathrm{d}v \wedge \tau_{yz} + \mathrm{d}w \wedge \mathrm{d}\sigma_z) = 0
\end{aligned} \tag{2.440}
$$

(2) **局部能量守恒律**

$$
\partial_x E(\boldsymbol{p}) + \partial_y F_1(\boldsymbol{p}) + \partial_z F_2(\boldsymbol{p}) = 0 \tag{2.441}
$$

其中

$$
\begin{aligned}
E(\boldsymbol{p}) &= S(\boldsymbol{p}) - \frac{1}{2}\boldsymbol{p}^{\mathrm{T}}(\boldsymbol{K}\partial_y\boldsymbol{p} + \boldsymbol{L}\partial_z\boldsymbol{p}) \\
&= \varepsilon_x\sigma_x + F_x u + \gamma_{yz}\tau_{yz} + \varepsilon_y\sigma_y + F_y v + \gamma_{zx}\tau_{zx} + \varepsilon_z\sigma_z + F_z w + \gamma_{xy}\tau_{xy} \\
&\quad - \frac{1}{2}\left(\frac{\partial u}{\partial y}\tau_{xy} - \frac{\partial \tau_{xy}}{\partial y}u + \frac{\partial v}{\partial y}\sigma_y - \frac{\partial \sigma_y}{\partial y}v + \frac{\partial w}{\partial y}\tau_{yz} - \frac{\partial \tau_{yz}}{\partial y}w\right. \\
&\quad \left. + \frac{\partial u}{\partial z}\tau_{zx} - \frac{\partial \tau_{zx}}{\partial z}u + \frac{\partial v}{\partial z}\tau_{yz} - \frac{\partial \tau_{yz}}{\partial z}v + \frac{\partial w}{\partial z}\sigma_z - \frac{\partial \sigma_z}{\partial z}w\right) \\
F_1(\boldsymbol{p}) &= \frac{1}{2}\boldsymbol{p}^{\mathrm{T}}\boldsymbol{K}\partial_x\boldsymbol{p} = \frac{1}{2}\left(\frac{\partial u}{\partial x}\tau_{xy} - \frac{\partial \tau_{xy}}{\partial x}u + \frac{\partial v}{\partial x}\sigma_y - \frac{\partial \sigma_y}{\partial x}v + \frac{\partial w}{\partial x}\tau_{yz} - \frac{\partial \tau_{yz}}{\partial x}w\right) \\
F_2(\boldsymbol{p}) &= \frac{1}{2}\boldsymbol{p}^{\mathrm{T}}\boldsymbol{L}\partial_x\boldsymbol{p} = \frac{1}{2}\left(\frac{\partial u}{\partial x}\tau_{zx} - \frac{\partial \tau_{zx}}{\partial x}u + \frac{\partial v}{\partial x}\tau_{yz} - \frac{\partial \tau_{yz}}{\partial x}v + \frac{\partial w}{\partial x}\sigma_z - \frac{\partial \sigma_z}{\partial x}w\right)
\end{aligned} \tag{2.442}
$$

即

$$
\partial_x(\varepsilon_x\sigma_x + F_x u + \gamma_{yz}\tau_{yz} + \varepsilon_y\sigma_y + F_y v + \gamma_{zx}\tau_{zx} + \varepsilon_z\sigma_z + F_z w + \gamma_{xy}\tau_{xy}) = 0 \tag{2.443}
$$

局部能量守恒律形式即为应变能在 $x$ 方向上的能量守恒。

(3) **局部动量守恒律**

$$
\partial_x H_1(\boldsymbol{p}) + \partial_x H_2(\boldsymbol{p}) + \partial_y G(\boldsymbol{p}) + \partial_z G(\boldsymbol{p}) = 0 \tag{2.444}
$$

其中

$$
H_1(\boldsymbol{p}) = \frac{1}{2}\boldsymbol{p}^{\mathrm{T}}\boldsymbol{M}\partial_y\boldsymbol{p} = \frac{1}{2}\left(\frac{\partial u}{\partial y}\sigma_x - \frac{\partial \sigma_x}{\partial y}u + \frac{\partial v}{\partial y}\tau_{xy} - \frac{\partial \tau_{xy}}{\partial y}v + \frac{\partial w}{\partial y}\tau_{zx} - \frac{\partial \tau_{zx}}{\partial y}w\right)
$$

$$H_2(\boldsymbol{p}) = \frac{1}{2}\boldsymbol{p}^{\mathrm{T}}\boldsymbol{M}\partial_z\boldsymbol{p} = \frac{1}{2}\left(\frac{\partial u}{\partial z}\sigma_x - \frac{\partial \sigma_x}{\partial z}u + \frac{\partial v}{\partial z}\tau_{xy} - \frac{\partial \tau_{xy}}{\partial z}v + \frac{\partial w}{\partial z}\tau_{zx} - \frac{\partial \tau_{zx}}{\partial z}w\right)$$

$$\begin{aligned} G(\boldsymbol{p}) &= S(\boldsymbol{p}) - \frac{1}{2}\boldsymbol{p}^{\mathrm{T}}\boldsymbol{M}\partial_x\boldsymbol{p} \\ &= \varepsilon_x\sigma_x + F_x u + \gamma_{yz}\tau_{yz} + \varepsilon_y\sigma_y + F_y v + \gamma_{zx}\tau_{zx} + \varepsilon_z\sigma_z + F_z w + \gamma_{xy}\tau_{xy} \\ &\quad - \frac{1}{2}\left(\frac{\partial u}{\partial x}\sigma_x - \frac{\partial \sigma_x}{\partial x}u + \frac{\partial v}{\partial x}\tau_{xy} - \frac{\partial \tau_{xy}}{\partial x}v + \frac{\partial w}{\partial x}\tau_{zx} - \frac{\partial \tau_{zx}}{\partial x}w\right) \end{aligned} \tag{2.445}$$

即

$$\begin{aligned} &\partial_y(\varepsilon_x\sigma_x + F_x u + \gamma_{yz}\tau_{yz} + \varepsilon_y\sigma_y + F_y v + \gamma_{zx}\tau_{zx} + \varepsilon_z\sigma_z + F_z w + \gamma_{xy}\tau_{xy}) \\ &+ \partial_z(\varepsilon_x\sigma_x + F_x u + \gamma_{yz}\tau_{yz} + \varepsilon_y\sigma_y + F_y v + \gamma_{zx}\tau_{zx} + \varepsilon_z\sigma_z + F_z w + \gamma_{xy}\tau_{xy}) = 0 \end{aligned} \tag{2.446}$$

局部动量守恒律形式即为应变能在 $y$ 方向和 $z$ 方向上的能量守恒。

局部能量守恒律和局部动量守恒律分别为应变能在 $x$ 方向和 $y$ 方向、$z$ 方向上的能量守恒，综合来看即为应变能能量守恒。

#### 2.3.3.10 Euler-Bernoulli 梁自由振动微分方程

考虑等截面 Euler-Bernoulli 梁横向自由振动微分方程的周期初值问题 [94]

$$\begin{cases} \dfrac{\partial^2 u}{\partial t^2} + a^2\dfrac{\partial^4 u}{\partial x^4} = 0 \\ u(x,0) = \sin x \\ u_t(x,0) = 0 \\ u(x+2\pi, t) = u(x,t) \end{cases} \tag{2.447}$$

其中 $a^2 = \dfrac{EI}{\rho A}$，$E$ 和 $\rho$ 分别是材料的弹性模量和密度，$I$ 是截面对中性轴的惯性矩，$A$ 是梁的横截面积，$EI$ 是弯曲刚度。

引入正则动量 $p = u_x, u_t = q_x, v_x = q$，将式 (2.447) 中的第 1 个方程写为一阶形式

$$\begin{cases} v_t + a^2 p_x = 0 \\ -a^2 u_x = -a^2 p \\ -u_t + q_x = 0 \\ -v_x = -q \end{cases} \tag{2.448}$$

令状态变量 $\boldsymbol{z}=(u,p,v,q)^{\mathrm{T}}$，于是方程组 (2.448) 可以写为多辛形式

$$\boldsymbol{M}\partial_t\boldsymbol{z}+\boldsymbol{K}\partial_x\boldsymbol{z}=\nabla_{\boldsymbol{z}}S(\boldsymbol{z}) \tag{2.449}$$

其中

$$\boldsymbol{M}=\begin{pmatrix}0&0&1&0\\0&0&0&0\\-1&0&0&0\\0&0&0&0\end{pmatrix},\quad \boldsymbol{K}=\begin{pmatrix}0&a^2&0&0\\-a^2&0&0&0\\0&0&0&1\\0&0&-1&0\end{pmatrix}$$

$$S(\boldsymbol{z})=-\frac{1}{2}\left(a^2p^2+q^2\right) \tag{2.450}$$

Euler-Bernoulli 梁自由振动方程的多辛哈密顿方程 (2.449) 具有如下守恒律:

(1) **多辛守恒律**

$$(\mathrm{d}v\wedge\mathrm{d}u)_t+\left(a^2\mathrm{d}p\wedge\mathrm{d}u+\mathrm{d}q\wedge\mathrm{d}v\right)_x=0 \tag{2.451}$$

(2) **局部能量守恒律**

$$\partial_tE(\boldsymbol{z})+\partial_xF(\boldsymbol{z})=0 \tag{2.452}$$

其中

$$\begin{aligned}E(\boldsymbol{z})&=S(\boldsymbol{z})-\frac{1}{2}\boldsymbol{z}^{\mathrm{T}}\boldsymbol{K}\partial_x\boldsymbol{z}\\&=-\frac{1}{2}\left(a^2p^2+q^2\right)-\frac{1}{2}\left(a^2up_x-a^2pu_x+vq_x-qv_x\right)\\&=-\frac{1}{2}\left(a^2p^2+q^2+a^2up_x-a^2p^2+vq_x-q^2\right)\\&=-\frac{1}{2}\left(a^2up_x+vq_x\right)\\F(\boldsymbol{z})&=\frac{1}{2}\boldsymbol{z}^{\mathrm{T}}\boldsymbol{K}\partial_t\boldsymbol{z}=\frac{1}{2}\left(a^2up_t-a^2pu_t+vq_t-qv_t\right)\end{aligned} \tag{2.453}$$

即

$$-a^2u_tp_x-v_tq_x+\frac{1}{2}a^2pp_t-\frac{1}{2}a^2pu_{tx}+\frac{1}{2}qq_t-\frac{1}{2}qv_{tx}=0 \tag{2.454}$$

(3) **局部动量守恒律**

$$\partial_tH(\boldsymbol{z})+\partial_xG(\boldsymbol{z})=0 \tag{2.455}$$

其中

$$
\begin{aligned}
H(\boldsymbol{z}) &= \frac{1}{2}\boldsymbol{z}^{\mathrm{T}}\boldsymbol{M}\partial_x\boldsymbol{z} = \frac{1}{2}(uv_x - vu_x) = \frac{1}{2}(uq - vp) \\
G(\boldsymbol{z}) &= S(\boldsymbol{z}) - \frac{1}{2}\boldsymbol{z}^{\mathrm{T}}\boldsymbol{M}\partial_t\boldsymbol{z} = -\frac{1}{2}\left(a^2p^2 + q^2\right) - \frac{1}{2}(uv_t - vu_t) \\
&= -\frac{1}{2}\left(a^2p^2 + q^2 + uv_t - vu_t\right)
\end{aligned} \tag{2.456}
$$

即

$$u_tq - v_tp - a^2pp_x - qq_x = 0 \tag{2.457}$$

利用 2.3.2.1 节给出的全离散多辛 Preissmann 格式 (2.231) 对周期初值问题 (2.447) 进行数值模拟。数值模拟中，取 $a^2 = 1$，在空间区间 $[0, 2\pi]$ 上取步长 $\Delta x = \frac{\pi}{80}$，时间区间 $[0, 4\pi]$ 上取步长 $\Delta t = \frac{\pi}{600}$。

周期初值问题 (2.447) 的精确解为

$$u(x, t) = \sin x \cos t \tag{2.458}$$

定义 $E^{i,j} = u(x_i, t_j) - u^{i,j}$ 描述精确解与数值解之间的误差，其中，$u(x_i, t_j)$ 表示精确解，$u^{i,j}$ 表示利用多辛格式求得的数值解。

图 2.2～ 图 2.4 分别给出 Euler-Bernoulli 梁自由振动方程的精确解、多辛格式求得的数值解以及两者之间的误差。结果表明，多辛格式求得的数值解与精确解非常接近，验证了多辛格式的正确性。

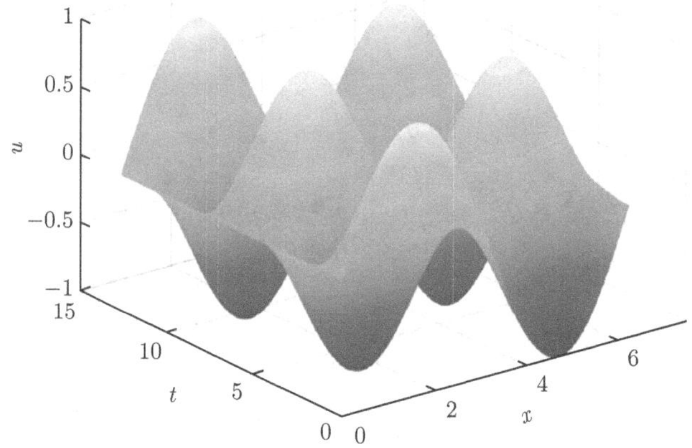


图 2.2　Euler-Bernoulli 梁自由振动方程的精确解 (扫描封底二维码可见彩图)

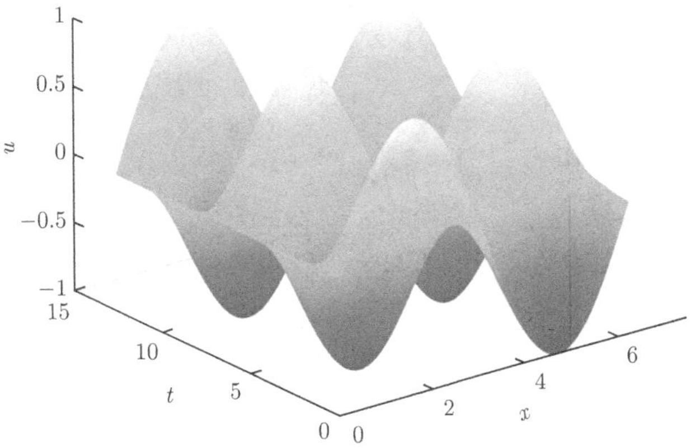


图 2.3 Euler-Bernoulli 梁自由振动方程的多辛格式求得的数值解(扫描封底二维码可见彩图)

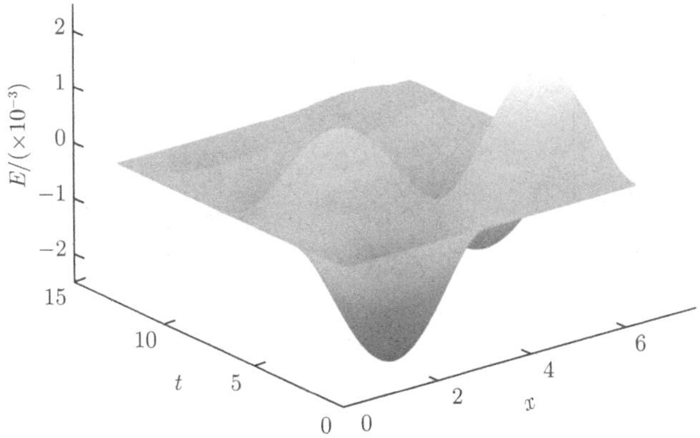


图 2.4 Euler-Bernoulli 梁自由振动方程的精确解和数值解之间的误差(扫描封底二维码可见彩图)

#### 2.3.3.11 Timoshenko 梁受迫振动微分方程

考虑等截面 Timoshenko 梁受迫振动微分方程 [95]

$$
\begin{cases} \dfrac{\partial}{\partial x}\left[kGA\left(\dfrac{\partial w}{\partial x}-\theta\right)\right]+q=\rho A\dfrac{\partial^2 w}{\partial t^2} \\ \dfrac{\partial}{\partial x}\left[EI\left(\dfrac{\partial \theta}{\partial x}\right)\right]+kGA\left(\dfrac{\partial w}{\partial x}-\theta\right)+m=\rho I\dfrac{\partial^2 \theta}{\partial t^2} \end{cases} \tag{2.459}
$$

其中 $w$ 和 $\theta$ 分别是挠度和转角，$q$ 和 $m$ 分别是与 $w$ 和 $\theta$ 相对应的分布线载荷和分布力矩，$E$、$G$ 和 $\rho$ 分别是材料的弹性模量、剪切模量和密度，$I$ 是截面对中性轴的惯性矩，$A$ 是梁的横截面积，$k$ 是剪切系数，$EI$ 是弯曲刚度，$kGA$ 是剪切刚度。

引入正则动量 $u=\sqrt{\rho A}w_t,\phi=\sqrt{kGA}\left(w_x-\theta\right),v=\sqrt{\rho I}\theta_t,\varphi=\sqrt{EI}\theta_x$，将方程 (2.459) 写为一阶形式

$$\begin{cases}\sqrt{\rho A}u_t-\sqrt{kGA}\phi_x=q\\-\sqrt{\rho A}w_t=-u\\\sqrt{kGA}w_x=\phi+\sqrt{kGA}\theta\\\sqrt{\rho I}v_t-\sqrt{EI}\varphi_x=\sqrt{kGA}\phi+m\\\sqrt{EI}\theta_x=\varphi\\-\sqrt{\rho I}\theta_t=-v\end{cases}\tag{2.460}$$

令状态变量 $\boldsymbol{z}=(w,u,\phi,\theta,\varphi,v)^{\mathrm{T}}$，于是方程组 (2.460) 可以写为多辛形式

$$\boldsymbol{M}\partial_t\boldsymbol{z}+\boldsymbol{K}\partial_x\boldsymbol{z}=\nabla_{\boldsymbol{z}}S\left(\boldsymbol{z}\right)\tag{2.461}$$

其中

$$\boldsymbol{M}=\begin{pmatrix}0&\sqrt{\rho A}&0&0&0&0\\-\sqrt{\rho A}&0&0&0&0&0\\0&0&0&0&0&0\\0&0&0&0&0&\sqrt{\rho I}\\0&0&0&0&0&0\\0&0&0&-\sqrt{\rho I}&0&0\end{pmatrix}$$

$$\boldsymbol{K}=\begin{pmatrix}0&0&-\sqrt{kGA}&0&0&0\\0&0&0&0&0&0\\\sqrt{kGA}&0&0&0&0&0\\0&0&0&0&-\sqrt{EI}&0\\0&0&0&\sqrt{EI}&0&0\\0&0&0&0&0&0\end{pmatrix}$$

$$S\left(\boldsymbol{z}\right)=\frac{1}{2}\left(\varphi^2+\phi^2-u^2-v^2\right)+qw+m\theta+\sqrt{kGA}\theta\phi\tag{2.462}$$

Timoshenko 梁受迫振动方程的多辛哈密顿方程 (2.461) 具有如下守恒律:

(1) **多辛守恒律**

$$\left(\rho A \mathrm{d}u \wedge \mathrm{d}w + \rho I \mathrm{d}v \wedge \mathrm{d}\theta\right)_t + \left(kGA \mathrm{d}w \wedge \mathrm{d}\phi + EI \mathrm{d}\theta \wedge \mathrm{d}\varphi\right)_x = 0 \tag{2.463}$$

(2) **局部能量守恒律**

$$\partial_t E\left(\boldsymbol{z}\right) + \partial_x F\left(\boldsymbol{z}\right) = 0 \tag{2.464}$$

其中

$$\begin{aligned}
E\left(\boldsymbol{z}\right) &= S\left(\boldsymbol{z}\right) - \frac{1}{2}\boldsymbol{z}^{\mathrm{T}}\boldsymbol{K}\partial_x \boldsymbol{z} \\
&= \frac{1}{2}\left(\varphi^2 + \phi^2 - u^2 - v^2\right) + qw + m\theta + \sqrt{kGA}\theta\phi \\
&\quad - \frac{1}{2}\left(\sqrt{kGA}\phi w_x - \sqrt{kGA}\phi_x w + \sqrt{EI}\varphi\theta_x - \sqrt{EI}\varphi_x\theta\right) \\
&= \frac{1}{2}\left(\varphi^2 + \phi^2 - u^2 - v^2\right) + qw + m\theta + \sqrt{kGA}\theta\phi \\
&\quad - \frac{1}{2}\left(\phi^2 + \sqrt{kGA}\theta\phi - \sqrt{kGA}\phi_x w + \varphi^2 - \sqrt{EI}\varphi_x\theta\right) \\
&= \frac{1}{2}\left(-u^2 - v^2 + \sqrt{kGA}\theta\phi + \sqrt{kGA}\phi_x w + \sqrt{EI}\varphi_x\theta\right) + qw + m\theta \\
F\left(\boldsymbol{z}\right) &= \frac{1}{2}\boldsymbol{z}^{\mathrm{T}}\boldsymbol{K}\partial_t \boldsymbol{z} = \frac{1}{2}\left(\sqrt{kGA}\phi w_t - \sqrt{kGA}\phi_t w + \sqrt{EI}\varphi\theta_t - \sqrt{EI}\varphi_t\theta\right)
\end{aligned} \tag{2.465}$$

(3) **局部动量守恒律**

$$\partial_t H\left(\boldsymbol{z}\right) + \partial_x G\left(\boldsymbol{z}\right) = 0 \tag{2.466}$$

其中

$$\begin{aligned}
H\left(\boldsymbol{z}\right) &= \frac{1}{2}\boldsymbol{z}^{\mathrm{T}}\boldsymbol{M}\partial_x \boldsymbol{z} = \frac{1}{2}\left(\sqrt{\rho A}wu_x - \sqrt{\rho A}uw_x + \sqrt{\rho I}\theta v_x - \sqrt{\rho I}v\theta_x\right) \\
G\left(\boldsymbol{z}\right) &= S\left(\boldsymbol{z}\right) - \frac{1}{2}\boldsymbol{z}^{\mathrm{T}}\boldsymbol{M}\partial_t \boldsymbol{z} \\
&= \frac{1}{2}\left(\varphi^2 + \phi^2 - u^2 - v^2\right) + qw + m\theta + \sqrt{kGA}\theta\phi \\
&\quad - \frac{1}{2}\left(\sqrt{\rho A}wu_t - \sqrt{\rho A}uw_t + \sqrt{\rho I}\theta v_t - \sqrt{\rho I}v\theta_t\right)
\end{aligned}$$

$$
\begin{aligned}
&= \frac{1}{2}\left(\varphi^2+\phi^2-u^2-v^2\right)+qw+m\theta+\sqrt{kGA}\theta\phi \\
&\quad -\frac{1}{2}\left(\sqrt{\rho A}wu_t-u^2+\sqrt{\rho I}\theta v_t-v^2\right) \\
&= \frac{1}{2}\left(\varphi^2+\phi^2-\sqrt{\rho A}wu_t-\sqrt{\rho I}\theta v_t\right)+qw+m\theta+\sqrt{kGA}\theta\phi
\end{aligned} \tag{2.467}
$$

2.3.3.12　矩形薄板自由振动微分方程

考虑矩形薄板自由振动微分方程

$$
\frac{\partial^2 w}{\partial t^2}+a^2\left(\frac{\partial^4 w}{\partial x^4}+2\frac{\partial^4 w}{\partial x^2\partial y^2}+\frac{\partial^4 w}{\partial y^4}\right)=0 \tag{2.468}
$$

其中 $a^2=\dfrac{D}{\rho h}$，$\rho$ 和 $h$ 分别是薄板的密度和厚度，$D$ 是抗弯刚度，表示为

$$
D=\frac{Eh^3}{12\left(1-\nu^2\right)} \tag{2.469}
$$

式中 $E$ 是弹性模量，$\mu$ 是泊松比。

引入正则动量 $u=w_x, v=w_y, p_x=w_t, r_x=p, s=q_y, s_y=m_x, q_x=w_y$，将式 (2.468) 写为一阶形式

$$
\begin{cases}
r_t+a^2u_x+2a^2v_y+a^2m_y=0\\
-a^2w_x=-a^2u\\
-2a^2w_y=-2a^2v\\
-w_t+p_x=0\\
-r_x=-p\\
-a^2q_y=-a^2s\\
-a^2m_x+a^2s_y=0\\
a^2q_x-a^2w_y=0
\end{cases} \tag{2.470}
$$

令状态变量 $\boldsymbol{z}=(w,u,v,r,p,s,q,m)^{\mathrm{T}}$，于是方程组 (2.470) 可以写为多辛形式

$$
\boldsymbol{M}\partial_t\boldsymbol{z}+\boldsymbol{K}_1\partial_x\boldsymbol{z}+\boldsymbol{K}_2\partial_y\boldsymbol{z}=\nabla_{\boldsymbol{z}}S\left(\boldsymbol{z}\right) \tag{2.471}
$$

其中

$$
\boldsymbol{M}=\begin{pmatrix}
0&0&0&1&0&0&0&0\\
0&0&0&0&0&0&0&0\\
0&0&0&0&0&0&0&0\\
-1&0&0&0&0&0&0&0\\
0&0&0&0&0&0&0&0\\
0&0&0&0&0&0&0&0\\
0&0&0&0&0&0&0&0\\
0&0&0&0&0&0&0&0
\end{pmatrix}
$$

$$
\boldsymbol{K}_1=\begin{pmatrix}
0&a^2&0&0&0&0&0&0\\
-a^2&0&0&0&0&0&0&0\\
0&0&0&0&0&0&0&0\\
0&0&0&0&1&0&0&0\\
0&0&0&-1&0&0&0&0\\
0&0&0&0&0&0&0&0\\
0&0&0&0&0&0&0&-a^2\\
0&0&0&0&0&0&a^2&0
\end{pmatrix}
$$

$$
\boldsymbol{K}_2=\begin{pmatrix}
0&0&2a^2&0&0&0&0&a^2\\
0&0&0&0&0&0&0&0\\
-2a^2&0&0&0&0&0&0&0\\
0&0&0&0&0&0&0&0\\
0&0&0&0&0&0&0&0\\
0&0&0&0&0&0&-a^2&0\\
0&0&0&0&0&a^2&0&0\\
-a^2&0&0&0&0&0&0&0
\end{pmatrix}
$$

$$
S(\boldsymbol{z})=-\frac{1}{2}\left(a^2u^2+2a^2v^2+p^2+a^2s^2\right) \tag{2.472}
$$

矩形薄板自由振动方程的多辛哈密顿方程 (2.471) 具有如下守恒律:

(1) **多辛守恒律**

$$
\begin{aligned}
&\partial_t(\mathrm{d}r\wedge\mathrm{d}w)+\partial_x\left(a^2\mathrm{d}u\wedge\mathrm{d}w+\mathrm{d}p\wedge\mathrm{d}r+a^2\mathrm{d}q\wedge\mathrm{d}m\right)\\
&+\partial_y\left(2a^2\mathrm{d}v\wedge\mathrm{d}w+a^2\mathrm{d}m\wedge\mathrm{d}w+a^2\mathrm{d}s\wedge\mathrm{d}q\right)=0
\end{aligned} \tag{2.473}
$$

(2) **局部能量守恒律**

$$
\partial_tE(\boldsymbol{z})+\partial_xF_1(\boldsymbol{z})+\partial_yF_2(\boldsymbol{z})=0 \tag{2.474}
$$

其中

$$
\begin{aligned}
E(\boldsymbol{z}) &= S(\boldsymbol{z}) - \frac{1}{2}\boldsymbol{z}^{\mathrm{T}}\left(\boldsymbol{K}_1\partial_x\boldsymbol{z} + \boldsymbol{K}_2\partial_y\boldsymbol{z}\right) \\
&= -\frac{1}{2}\left(a^2wu_x + rp_x + 2a^2wv_y + a^2wm_y\right) \\
F_1(\boldsymbol{z}) &= \frac{1}{2}\boldsymbol{z}^{\mathrm{T}}\boldsymbol{K}_1\partial_x\boldsymbol{z} = \frac{1}{2}\left(-a^2uw_t + a^2wu_t - pr_t + rp_t + a^2mq_t - a^2qm_t\right) \\
F_2(\boldsymbol{z}) &= \frac{1}{2}\boldsymbol{z}^{\mathrm{T}}\boldsymbol{K}_2\partial_y\boldsymbol{z} = \frac{a^2}{2}\left(-2vw_t - mw_t + 2wv_t + qs_t - sq_t + wm_t\right)
\end{aligned} \tag{2.475}
$$

即

$$
\begin{aligned}
&-\partial_t(a^2wu_x + rp_x + 2a^2wv_y + a^2wm_y) \\
&+\partial_x(-a^2uw_t + a^2wu_t - pr_t + rp_t + a^2mq_t - a^2qm_t) \\
&+a^2\partial_y(-2vw_t - mw_t + 2wv_t + qs_t - sq_t + wm_t) = 0
\end{aligned} \tag{2.476}
$$

(3) **局部动量守恒律**

$$
\partial_t H_1(\boldsymbol{z}) + \partial_t H_2(\boldsymbol{z}) + \partial_x G(\boldsymbol{z}) + \partial_y G(\boldsymbol{z}) = 0 \tag{2.477}
$$

其中

$$
\begin{aligned}
H_1(\boldsymbol{z}) &= \frac{1}{2}\boldsymbol{z}^{\mathrm{T}}\boldsymbol{M}\partial_x\boldsymbol{z} = \frac{1}{2}(-ru + wp), \quad H_2(\boldsymbol{z}) = \frac{1}{2}\boldsymbol{z}^{\mathrm{T}}\boldsymbol{M}\partial_y\boldsymbol{z} = \frac{1}{2}(-rv + wr_y) \\
G(\boldsymbol{z}) &= S(\boldsymbol{z}) - \frac{1}{2}\boldsymbol{z}^{\mathrm{T}}\boldsymbol{M}\partial_t\boldsymbol{z} \\
&= -\frac{1}{2}\left(a^2u^2 + 2a^2v^2 + p^2 + a^2s^2 - rw_t + wr_t\right)
\end{aligned} \tag{2.478}
$$

即

$$
\begin{aligned}
&\partial_t(-ru + wp - rv + wr_y) - \partial_x\left(a^2u^2 + 2a^2v^2 + p^2 + a^2s^2 - rw_t + wr_t\right) \\
&-\partial_y\left(a^2u^2 + 2a^2v^2 + p^2 + a^2s^2 - rw_t + wr_t\right) = 0
\end{aligned} \tag{2.479}
$$

# 第 3 章 广义哈密顿系统及其保辛算法

## 3.1 广义哈密顿系统

哈密顿系统是定义在偶数维相空间上的，否则不能保证辛结构 (或相应 Poisson 括号) 的非退化性 [16]。这种结构虽然具有很好的性质，便于对此结构下的系统进行分析，但同时也限制了其应用范围。实际理论和应用研究中，不可避免地要研究相空间非偶数维的动力系统，典型例子是自由刚体绕定点转动 Euler 方程，其相空间是由三个角动量轴构成的三维空间 [19]。为使经典哈密顿系统理论能够得到更广泛的应用，需要对哈密顿系统的概念进行推广，从而引入广义哈密顿系统的定义及其相关理论。

### 3.1.1 广义哈密顿方程

广义哈密顿系统是通过广义 Poisson 括号定义的，广义 Poisson 括号的详细介绍请见 1.2.2 节，广义 Poisson 括号实际上定义了函数空间 $C^{\infty}(M)$ 上的一个导数运算。

**定义 3.1** 设 $(M,\{\cdot,\cdot\})$ 是一个 Poisson 流形，$H: M \to R$ 是 $M$ 上的一个光滑函数，其中 $H$ 也可以是时间 $t$ 的函数，那么 $M$ 上由 $H$ 确定的**广义哈密顿向量场**$\xi_H$ 定义为：对一切 $F \in C^{\infty}(M)$，有 [16]

$$\xi_H F = \{F, H\} \tag{3.1}$$

函数 $H$ 称为该向量场的**哈密顿函数**。

按照定义 3.1，广义 Poisson 括号 $\{F, H\}$ 就是函数 $F$ 沿着向量场 $\xi_H$ 的方向导数，于是可以将 $\xi_H$ 按时间参数 $t$ 在局部坐标下表示为

$$\frac{\mathrm{d}x_i}{\mathrm{d}t} = \{x_i, H\} = \sum_{j=1}^{m} K_{ij}(\boldsymbol{x}) \frac{\partial H}{\partial x_j}(\boldsymbol{x}), \quad i = 1, 2, \cdots, m \tag{3.2}$$

式 (3.2) 为广义哈密顿向量场 $\xi_H$ 确定的流对应的运动方程，被称为**广义哈密顿方程**。

Poisson 流形 $M$ 上的一切广义哈密顿向量场组成一个 Lie 代数，它是 $M$ 上全体向量场组成的 Lie 代数的一个子代数 [16]。

**例 3.1** 考虑 $\mathbb{R}^m\,(m=2n+l)$ 上的广义正则括号

$$\{p_i,p_j\}=0,\quad \{q_i,q_j\}=0,\quad \{p_i,q_j\}=\delta_{ij} \tag{3.3}$$

和

$$\{p_i,x_k\}=\{q_i,x_k\}=\{x_r,x_k\}=0 \tag{3.4}$$

其中，$i,j=1,2,\cdots,n$，$r,k=1,2,\cdots,l$，$\delta_{ij}$ 是 Kronecker 符号，即 $\delta_{ii}=1$，$\delta_{ij}=0\ (i\neq j)$。

对应于函数 $H(\boldsymbol{p},\boldsymbol{q},\boldsymbol{x})$ 的广义哈密顿向量场 $\xi_H$ 为

$$\xi_H=\sum_{i=1}^{n}\left(\frac{\partial H}{\partial p_i}\frac{\partial}{\partial q_i}-\frac{\partial H}{\partial q_i}\frac{\partial}{\partial p_i}\right) \tag{3.5}$$

其相流满足的广义哈密顿方程为

$$\frac{\mathrm{d}q_i}{\mathrm{d}t}=\frac{\partial H}{\partial p_i},\quad \frac{\mathrm{d}p_i}{\mathrm{d}t}=-\frac{\partial H}{\partial q_i},\quad i=1,2,\cdots,m \tag{3.6}$$

和

$$\frac{\mathrm{d}x_j}{\mathrm{d}t}=0,\quad j=1,2,\cdots,l \tag{3.7}$$

当 $l=0$ 时，即非退化情况下，式 (3.7) 不存在，因此式 (3.6) 就是经典力学中常见的哈密顿正则方程。

广义哈密顿方程也可按形如哈密顿方程的形式表示如下：

**定义 3.2** 广义哈密顿系统的微分方程为 [96,97]

$$\frac{\mathrm{d}\boldsymbol{x}}{\mathrm{d}t}=\boldsymbol{K}H_{\boldsymbol{x}} \tag{3.8}$$

或

$$\frac{\mathrm{d}x_i}{\mathrm{d}t}=K_{ij}\frac{\partial H}{\partial x_j},\quad i,j=1,2,\cdots,m \tag{3.9}$$

其中重复指标表示求和，$H=H(\boldsymbol{x})$ 为哈密顿函数，$K_{ij}$ 满足

$$K_{ij}=-K_{ji},\quad K_{il}\frac{\partial K_{jk}}{\partial x_l}+K_{jl}\frac{\partial K_{ki}}{\partial x_l}+K_{kl}\frac{\partial K_{ij}}{\partial x_l}=0 \tag{3.10}$$

广义哈密顿方程的维数可以是奇数，如刚体绕定点运动、三种群 Volterra 方程、Lorenz 方程的 Robbins 模型等，都是三维广义哈密顿系统 [98]。

广义哈密顿方程 (3.8) 的相流用 $g(\boldsymbol{x}) = g^t(\boldsymbol{x}, t) = g_H(\boldsymbol{x}, t)$ 表示，至少在 $(\boldsymbol{x}, t)$ 局部是一个单参数的微分同胚群，满足

$$g^0 = \mathrm{id}, \quad g^{t_1+t_2} = g^{t_1} \circ g^{t_2} \tag{3.11}$$

**定理 3.1** 广义哈密顿系统 (3.8) 的相流 $g_H(\boldsymbol{x}, t)$ 是一个 **Poisson 映射群**，即 [2]

$$\{F \circ g(\boldsymbol{x}, t), G \circ g(\boldsymbol{x}, t)\} = \{F, G\} \circ g(\boldsymbol{x}, t) \tag{3.12}$$

**定义 3.3** 光滑函数 $C(\boldsymbol{x})$ 称为 **Casimir 函数**，如果 [18]

$$\{C(\boldsymbol{x}), F(\boldsymbol{x})\} = 0, \quad \forall F \in C^\infty(M) \tag{3.13}$$

**定义 3.4** $F(\boldsymbol{x}) \in C^\infty(M)$ 是广义哈密顿系统的**首次积分**，当且仅当 $\{F, H\} = 0$，因此每一个 Casimir 函数都是首次积分 [2]。

Casimir 函数的存在性是 Poisson 流形和辛流形之间的根本区别之一，它源于广义 Poisson 的退化 [15]。

### 3.1.2 线性广义哈密顿系统与无穷小 Poisson 矩阵

**定义 3.5** 广义哈密顿系统 (3.8) 称为**线性**的，如果哈密顿函数 $H(\boldsymbol{x})$ 是 $\boldsymbol{x}$ 的二次型

$$H(\boldsymbol{x}) = \frac{1}{2}\boldsymbol{x}^{\mathrm{T}}\boldsymbol{S}\boldsymbol{x}, \quad \boldsymbol{S}^{\mathrm{T}} = \boldsymbol{S} \tag{3.14}$$

其中 $\boldsymbol{S}$ 是常数矩阵。

于是系统 (3.8) 变为

$$\frac{\mathrm{d}\boldsymbol{x}}{\mathrm{d}t} = \boldsymbol{B}\boldsymbol{x}, \quad \boldsymbol{B} = \boldsymbol{K}\boldsymbol{S} \tag{3.15}$$

**定义 3.6** 矩阵 $\boldsymbol{B}$ 称为**无穷小 Poisson 矩阵**，满足 [99]

$$\boldsymbol{B}\boldsymbol{K} + \boldsymbol{K}\boldsymbol{B}^{\mathrm{T}} = \boldsymbol{0} \tag{3.16}$$

**证明** 将式 (2.61) 中的第 2 式代入式 (1.85)，得到

$$\boldsymbol{B}\boldsymbol{K} + \boldsymbol{K}\boldsymbol{B}^{\mathrm{T}} = \boldsymbol{K}\boldsymbol{S}\boldsymbol{K} + \boldsymbol{K}\boldsymbol{S}^{\mathrm{T}}\boldsymbol{K}^{\mathrm{T}} \tag{3.17}$$

由于 $\boldsymbol{S}$ 是对称矩阵，$\boldsymbol{K}$ 是反对称矩阵，式 (3.17) 进一步写为

$$\boldsymbol{B}\boldsymbol{K} + \boldsymbol{K}\boldsymbol{B}^{\mathrm{T}} = \boldsymbol{K}\boldsymbol{S}\boldsymbol{K} + \boldsymbol{K}\boldsymbol{S}^{\mathrm{T}}\boldsymbol{K}^{\mathrm{T}} = \boldsymbol{K}\boldsymbol{S}\boldsymbol{K} - \boldsymbol{K}\boldsymbol{S}\boldsymbol{K} = \boldsymbol{0} \tag{3.18}$$

得证。

**命题 3.1** 无穷小 Poisson 矩阵 $\boldsymbol{B}$ 满足

$$\boldsymbol{B}^{2m}\boldsymbol{K}=\boldsymbol{K}\left(\boldsymbol{B}^{2m}\right)^{\mathrm{T}},\quad m\in\mathbb{Z}^{+} \tag{3.19}$$

**证明** 由于 $\boldsymbol{B}$ 是无穷小 Poisson 矩阵，有

$$\boldsymbol{BK}=-\boldsymbol{KB}^{\mathrm{T}} \tag{3.20}$$

那么 $\boldsymbol{B}^{2m}\boldsymbol{K}$ 可以表示为

$$\boldsymbol{B}^{2m}\boldsymbol{K}=\boldsymbol{B}^{2m-1}(\boldsymbol{BK})=-\boldsymbol{B}^{2m-1}\boldsymbol{KB}^{\mathrm{T}}=\cdots=(-1)^{2m}\boldsymbol{K}\left(\boldsymbol{B}^{2m}\right)^{\mathrm{T}}=\boldsymbol{K}\left(\boldsymbol{B}^{2m}\right)^{\mathrm{T}} \tag{3.21}$$

得证。

**命题 3.2** 无穷小 Poisson 矩阵 $\boldsymbol{B}$ 满足

$$\boldsymbol{B}^{2m+1}\boldsymbol{K}=-\boldsymbol{K}\left(\boldsymbol{B}^{2m+1}\right)^{\mathrm{T}},\quad m\in\mathbb{Z}^{+} \tag{3.22}$$

**证明** 由于 $\boldsymbol{B}$ 是无穷小 Poisson 矩阵，有

$$\boldsymbol{BK}=-\boldsymbol{KB}^{\mathrm{T}} \tag{3.23}$$

那么 $\boldsymbol{B}^{2m+1}\boldsymbol{K}$ 可以表示为

$$\begin{aligned}\boldsymbol{B}^{2m+1}\boldsymbol{K}&=\boldsymbol{B}^{2m}(\boldsymbol{BK})=-\boldsymbol{B}^{2m}\boldsymbol{KB}^{\mathrm{T}}=\cdots=(-1)^{2m+1}\boldsymbol{K}\left(\boldsymbol{B}^{2m+1}\right)^{\mathrm{T}}\\&=-\boldsymbol{K}\left(\boldsymbol{B}^{2m+1}\right)^{\mathrm{T}}\end{aligned} \tag{3.24}$$

得证。

**命题 3.3** 若 $f(x)$ 是偶次多项式，且 $\boldsymbol{B}$ 是无穷小 Poisson 矩阵，则

$$f(\boldsymbol{B})\boldsymbol{K}=\boldsymbol{K}f\left(\boldsymbol{B}^{\mathrm{T}}\right) \tag{3.25}$$

**命题 3.4** 若 $g(x)$ 是奇次多项式，且 $\boldsymbol{B}$ 是无穷小 Poisson 矩阵，则

$$g(\boldsymbol{B})\boldsymbol{K}+\boldsymbol{K}g\left(\boldsymbol{B}^{\mathrm{T}}\right)=\boldsymbol{0} \tag{3.26}$$

**命题 3.5** 对于多项式 $f(x)$ 和 $g(x)$，有

$$[f(\boldsymbol{B})-g(\boldsymbol{B})][f(\boldsymbol{B})+g(\boldsymbol{B})]\boldsymbol{K}=[f(\boldsymbol{B})+g(\boldsymbol{B})][f(\boldsymbol{B})-g(\boldsymbol{B})]\boldsymbol{K} \tag{3.27}$$

# 3.2 广义哈密顿方程的对称性与守恒量

对称性与守恒量在数学和力学中具有重要意义，指的是物理规律在某种变化的不变性。建立并求解能够反映物理现象的方程，应用对称性探索其背后的规律或守恒量，是人们不懈的追求。本节首先研究广义哈密顿系统第一积分与不变量之间的关系，之后研究广义哈密顿系统的 Lie 对称性、Mei 对称性和 Lie 对称性摄动及其得到的守恒量。

## 3.2.1 积分理论

本小节首先给出了广义哈密顿系统的变分方程，之后研究了广义哈密顿系统第一积分和积分不变量的关系，给出了已知第一积分构造一类积分不变量的定理与逆定理。

### 3.2.1.1 广义哈密顿系统变分方程

用 $x_i+\delta x_i$ 代替方程 (3.9) 中的 $x_i$，并且等式右边在 $x_i$ 点 Taylor 展开，可得

$$\begin{aligned}\frac{\mathrm{d}}{\mathrm{d}t}\left(x_i+\delta x_i\right)&=K_{ij}\left(x_i+\delta x_i\right)\frac{\partial H}{\partial\left(x_j+\delta x_j\right)}\\&=\left[K_{ij}\left(x_i\right)+\frac{\partial K_{ij}}{\partial x_\rho}\delta x_\rho+\cdots\right]\left(\frac{\partial H}{\partial x_j}+\frac{\partial^2 H}{\partial x_j\partial x_\rho}\delta x_\rho+\cdots\right)\\&=K_{ij}\left(x_i\right)\frac{\partial H}{\partial x_j}+\left[K_{ij}\left(x_i\right)\frac{\partial^2 H}{\partial x_j\partial x_\rho}+\frac{\partial H}{\partial x_j}\frac{\partial K_{ij}}{\partial x_\rho}\right]\delta x_\rho+\cdots\end{aligned}\tag{3.28}$$

利用方程 (3.9)，并忽略 $\delta x_i$ 的二阶及以上小量，可以得到

$$\frac{\mathrm{d}}{\mathrm{d}t}\delta x_i=\left(K_{ij}\frac{\partial^2 H}{\partial x_j\partial x_\rho}+\frac{\partial H}{\partial x_j}\frac{\partial K_{ij}}{\partial x_\rho}\right)\delta x_\rho\tag{3.29}$$

式 (3.29) 称为广义哈密顿系统 (3.9) 的**变分方程** [100]。

### 3.2.1.2 已知第一积分构造一类积分不变量

下面研究广义哈密顿系统的第一积分与积分不变量之间的关系。首先给出广义哈密顿系统的已知第一积分构造一类积分不变量的一个定理，然后给出定理的证明，最后讨论逆定理。

**定理 3.2** 如果广义哈密顿系统 (3.9) 有积分 $\Phi\left(t,x_i\right)=\mathrm{const.}$，那么表达式

$$\int\frac{\partial\Phi}{\partial x_i}\delta x_i\tag{3.30}$$

是系统的一个积分不变量 [100]。

**证明**　利用变分方程 (3.29) 及方程 (3.9)，有

$$\begin{aligned}\frac{\mathrm{d}}{\mathrm{d}t}\left(\frac{\partial\Phi}{\partial x_i}\delta x_i\right) &= \frac{\partial\Phi}{\partial x_i}\frac{\mathrm{d}}{\mathrm{d}t}\delta x_i + \left(\frac{\partial^2\Phi}{\partial x_i\partial t} + \frac{\partial^2\Phi}{\partial x_i\partial x_\rho}\dot{x}_\rho\right)\delta x_i \\ &= \frac{\partial\Phi}{\partial x_i}\left(K_{ij}\frac{\partial^2 H}{\partial x_j\partial x_\rho} + \frac{\partial H}{\partial x_j}\frac{\partial K_{ij}}{\partial x_\rho}\right)\delta x_\rho \\ &\quad + \left(\frac{\partial^2\Phi}{\partial x_i\partial t} + \frac{\partial^2\Phi}{\partial x_i\partial x_\rho}K_{\rho j}\frac{\partial H}{\partial x_j}\right)\delta x_i \end{aligned} \tag{3.31}$$

因为 $\Phi$ 是系统 (3.9) 的积分，所以有

$$\frac{\partial\Phi}{\partial t} + \frac{\partial\Phi}{\partial x_i}\dot{x}_i = \frac{\partial\Phi}{\partial t} + \frac{\partial\Phi}{\partial x_i}K_{ij}\frac{\partial H}{\partial x_j} = 0 \tag{3.32}$$

式 (3.32) 两边对 $x_\rho$ 求偏导，得

$$\frac{\partial^2\Phi}{\partial x_\rho\partial t} + \frac{\partial^2\Phi}{\partial x_i\partial x_\rho}K_{ij}\frac{\partial H}{\partial x_j} + \frac{\partial\Phi}{\partial x_i}\left(\frac{\partial K_{ij}}{\partial x_\rho}\frac{\partial H}{\partial x_j} + K_{ij}\frac{\partial^2 H}{\partial x_j\partial x_\rho}\right) = 0 \tag{3.33}$$

将式 (3.33) 代入式 (3.31)，有

$$\begin{aligned}&\frac{\mathrm{d}}{\mathrm{d}t}\left(\frac{\partial\Phi}{\partial x_i}\delta x_i\right) \\ &= \frac{\partial\Phi}{\partial x_i}\left(K_{ij}\frac{\partial^2 H}{\partial x_j\partial x_\rho} + \frac{\partial H}{\partial x_j}\frac{\partial K_{ij}}{\partial x_\rho}\right)\delta x_\rho + \left(\frac{\partial^2\Phi}{\partial x_i\partial t} + \frac{\partial^2\Phi}{\partial x_i\partial x_\rho}K_{\rho j}\frac{\partial H}{\partial x_j}\right)\delta x_i \\ &= -\left(\frac{\partial^2\Phi}{\partial x_\rho\partial t} + \frac{\partial^2\Phi}{\partial x_i\partial x_\rho}K_{ij}\frac{\partial H}{\partial x_j}\right)\delta x_\rho + \left(\frac{\partial^2\Phi}{\partial x_i\partial t} + \frac{\partial^2\Phi}{\partial x_i\partial x_\rho}K_{\rho j}\frac{\partial H}{\partial x_j}\right)\delta x_i \\ &= 0 \end{aligned} \tag{3.34}$$

得证。

容易证明，定理 3.2 的逆定理也成立：如果系统 (3.9) 有形如

$$\int\frac{\partial\Phi}{\partial x_i}\delta x_i \tag{3.35}$$

的一个积分不变量，那么一定有一个第一积分

$$\Phi - \int\frac{\partial\Phi}{\partial x_i}\mathrm{d}t = \mathrm{const.} \tag{3.36}$$

**例 3.2** 刚体绕定点转动运动的 Euler 方程为 [98]

$$\begin{aligned}\dot{m}_1 &= \frac{I_2 - I_3}{I_2 I_3} m_2 m_3 \\ \dot{m}_2 &= \frac{I_3 - I_1}{I_3 I_1} m_3 m_1 \\ \dot{m}_3 &= \frac{I_1 - I_2}{I_1 I_2} m_1 m_2\end{aligned} \tag{3.37}$$

其中 $m_1, m_2, m_3$ 为刚体相对于固定在质心上的直角坐标系的角动量，$I_1, I_2, I_3$ 为刚体的主惯性矩。

方程 (3.37) 可以广义哈密顿化，哈密顿函数 $H$ 和反对称矩阵 $\boldsymbol{K}$ 分别为

$$H = \frac{1}{2I_1} m_1^2 + \frac{1}{2I_2} m_2^2 + \frac{1}{2I_3} m_3^2 \tag{3.38}$$

$$\boldsymbol{K} = \begin{pmatrix} 0 & -m_3 & m_2 \\ m_3 & 0 & -m_1 \\ -m_2 & m_1 & 0 \end{pmatrix} \tag{3.39}$$

利用能量-Casimir 函数法，可知系统 (3.37) 第一积分

$$\Phi = m_1^2 + m_2^2 + m_3^2 = \text{const.} \tag{3.40}$$

根据定理 3.2，系统 (3.37) 存在积分不变量

$$\int (2m_1 \delta m_1 + 2m_2 \delta m_2 + 2m_3 \delta m_3) \tag{3.41}$$

### 3.2.2 对称性直接得到的守恒量

本小节研究在 Lie 群的一般无穷小变换下，广义哈密顿系统的 Lie 对称性和 Mei 对称性直接得到的守恒量，以及 Lie 对称性摄动直接得到的守恒量。

引入 Lie 群的一般无穷小变换

$$t' = t + \varepsilon \tau (t, \boldsymbol{x}), \quad x_i' = x_i + \varepsilon \xi_i (t, \boldsymbol{x}) \tag{3.42}$$

其中 $\varepsilon$ 为无穷小参数。

无穷小生成元及一次延拓分别为

$$\begin{aligned}X^{(0)} &= \tau \frac{\partial}{\partial t} + \xi_i \frac{\partial}{\partial x_i} \\ X^{(1)} &= X^{(0)} + \left(\dot{\xi}_i - x_i \dot{\tau}\right) \frac{\partial}{\partial \dot{x}_i}\end{aligned} \tag{3.43}$$

3.2.2.1　Lie 对称性直接得到的广义 Hojman 型守恒量

本小节主要研究在 Lie 群的一般无穷小变换下，广义哈密顿系统的 Lie 对称性直接得到的广义 Hojman 型守恒量。

**定义 3.7**　如果

$$X^{(1)}\left(\dot{x}_i-K_{ij}\frac{\partial H}{\partial x_j}\right)=0 \tag{3.44}$$

则方程 (3.9) 在无穷小变换 (3.42) 下具有不变性，称为广义哈密顿系统的 **Lie 对称性** [100]。

结合式 (3.43)、(3.44)，有

$$\left[X^{(0)}+\left(\dot{\xi}_i-x_i\dot{\tau}\right)\frac{\partial}{\partial \dot{x}_i}\right]\left(\dot{x}_i-K_{ij}\frac{\partial H}{\partial x_j}\right)=0 \tag{3.45}$$

取 $\dot{x}_i=K_{ij}\dfrac{\partial H}{\partial x_j}=a_i$，简化后得

$$\mathrm{D}_t\left(\xi_i\right)-a_i\mathrm{D}_t\left(\tau\right)=X^{(0)}\left(a_i\right) \tag{3.46}$$

其中 $\mathrm{D}_t$ 表示对 $t$ 的全微分算子

$$\mathrm{D}_t=\frac{\partial}{\partial t}+a_i\frac{\partial}{\partial x_i}+\cdots \tag{3.47}$$

方程 (3.46) 称为广义哈密顿系统 (3.9) 的 Lie 对称性的**决定方程** [96]。

对于广义哈密顿系统，Lie 对称性可以直接导出一类非 Noether 守恒量，即广义 Hojman 型守恒量。

**定理 3.3**　对于广义哈密顿系统 (3.9)，如果无穷小变换 (3.42) 中的 $\tau,\xi_i$ 满足 Lie 对称性的决定方程 (3.46)，并且存在规范函数 $\lambda_0=\lambda_0\left(t,\boldsymbol{x}\right)$ 满足条件

$$\frac{\partial a_i}{\partial x_i}+\mathrm{D}_t\left(\ln\lambda_0\right)=0 \tag{3.48}$$

则广义哈密顿系统 (3.9) 有广义 Hojman 型守恒量 [96]

$$I_0=\frac{1}{\lambda_0}\frac{\partial}{\partial t}\left(\lambda_0\tau\right)+\frac{1}{\lambda_0}\frac{\partial}{\partial x_i}\left(\lambda_0\zeta_i\right)-\mathrm{D}_t\left(\tau\right)=\mathrm{const.} \tag{3.49}$$

**证明**　对式 (3.49) 求关于 $t$ 的全微分，并利用式 (3.43)、(3.46) 和条件 (3.48)，有

$$\mathrm{D}_t\left(I_0\right)=\mathrm{D}_t\left[\frac{1}{\lambda_0}\frac{\partial}{\partial t}\left(\lambda_0\tau\right)+\frac{1}{\lambda_0}\frac{\partial}{\partial x_i}\left(\lambda_0\zeta_i\right)-\mathrm{D}_t\left(\tau\right)\right]$$

$$
\begin{aligned}
&= \mathrm{D}_t\left[\frac{\partial \tau}{\partial t}+\frac{\tau}{\lambda_0}\frac{\partial \lambda_0}{\partial t}+\frac{\partial \zeta_i}{\partial x_i}+\frac{\zeta_i}{\lambda_0}\frac{\partial \lambda_0}{\partial x_i}-\mathrm{D}_t(\tau)\right]\\
&= \mathrm{D}_t\left(-a_i\frac{\partial \tau}{\partial x_i}+\frac{\partial \zeta_i}{\partial x_i}+\frac{\tau}{\lambda_0}\frac{\partial \lambda_0}{\partial t}+\frac{\zeta_i}{\lambda_0}\frac{\partial \lambda_0}{\partial x_i}\right)\\
&= \mathrm{D}_t\left[-a_i\frac{\partial \tau}{\partial x_i}+\frac{\partial \zeta_i}{\partial x_i}+\frac{1}{\lambda_0}X^0(\lambda_0)\right]\\
&= \mathrm{D}_t\left[-a_i\frac{\partial \tau}{\partial x_i}+\frac{\partial \zeta_i}{\partial x_i}+X^0(\ln\lambda_0)\right]\\
&= \mathrm{D}_t\left(\frac{\partial \zeta_i}{\partial x_i}\right)-\mathrm{D}_t\left(a_i\frac{\partial \tau}{\partial x_i}\right)+\mathrm{D}_t\left[X^0(\ln\lambda_0)\right]\\
&= \frac{\partial}{\partial x_i}\left[\mathrm{D}_t(\zeta_i)-a_i\mathrm{D}_t(\tau)-X^0(a_i)\right]+X^0\left[\frac{\partial a_i}{\partial x_i}+\mathrm{D}_t(\ln\lambda_0)\right]\\
&\quad+\left[\frac{\partial a_i}{\partial x_i}+\mathrm{D}_t(\ln\lambda_0)\right]\mathrm{D}_t(\tau)\\
&= 0
\end{aligned}
\tag{3.50}
$$

因此 $I_0$ 是广义哈密顿系统 (3.9) 的一个守恒量。

**例 3.3** 考虑运动微分方程

$$
\begin{aligned}
\dot{x}_1 &= t + x_2\\
\dot{x}_2 &= -t - x_1\\
\dot{x}_3 &= -2t - x_1 - x_2
\end{aligned}
\tag{3.51}
$$

方程 (3.51) 化为广义哈密顿方程形式为

$$
\frac{\mathrm{d}}{\mathrm{d}t}\begin{pmatrix} x_1\\ x_2\\ x_3\end{pmatrix}=\begin{pmatrix} 0 & 1 & 1\\ -1 & 0 & 1\\ -1 & -1 & 0\end{pmatrix}\begin{pmatrix} x_1+t\\ x_2+t\\ 0\end{pmatrix}=\boldsymbol{K}\begin{pmatrix} \partial H/\partial x_1\\ \partial H/\partial x_2\\ \partial H/\partial x_3\end{pmatrix}
\tag{3.52}
$$

其中哈密顿函数

$$
H=\frac{1}{2}(x_1+t)^2+\frac{1}{2}(x_2+t)^2
\tag{3.53}
$$

由决定方程 (3.46) 得

$$
\begin{aligned}
&\mathrm{D}_t(\xi_1)-(t+x_2)\mathrm{D}_t(\tau)=\tau+\xi_2\\
&\mathrm{D}_t(\xi_2)+(t+x_1)\mathrm{D}_t(\tau)=-\tau-\xi_1\\
&\mathrm{D}_t(\xi_3)+(2t+x_1+x_2)\mathrm{D}_t(\tau)=-2\tau-\xi_1-\xi_2
\end{aligned}
\tag{3.54}
$$

方程 (3.54) 有解

$$\tau=1,\quad \xi_1=\xi_2=-1,\quad \xi_3=\frac{1}{2}\left(x_1-x_2+x_3\right)^2 \tag{3.55}$$

由式 (3.48) 可得

$$\lambda_0=1 \tag{3.56}$$

根据定理 3.3，可以得到广义 Hojman 型守恒量

$$I_H=x_1-x_2+x_3=\text{const.} \tag{3.57}$$

3.2.2.2　Mei 对称性直接得到的 Mei 守恒量

本小节主要研究广义哈密顿系统的 Mei 对称性直接得到的 Mei 守恒量。

**定义 3.8**　对于广义哈密顿系统 (3.9)，如果动力学函数 $H=H\left(t,\boldsymbol{x}\right)$ 在一般无穷小变换 (3.42) 下成为

$$H\left(t',\boldsymbol{x}'\right)=H+\varepsilon X^{(0)}\left(H\right)+O\left(\varepsilon^2\right) \tag{3.58}$$

并使得广义哈密顿系统 (3.9) 保持其形式不变

$$\dot{x}_i=K_{ij}\frac{\partial H'}{\partial x_j} \tag{3.59}$$

则这种不变性称为广义哈密顿系统的 **Mei 对称性** [101]。

根据式 (3.58)、(3.9)，可以直接得到 Mei 对称性满足的方程为

$$K_{ij}\frac{\partial X^{(0)}\left(H\right)}{\partial x_j}=0 \tag{3.60}$$

式 (3.60) 称为广义哈密顿系统 (3.9) 的 Mei 对称性的**决定方程** [101]。

**定理 3.4**　对于广义哈密顿系统 (3.9)，如果动力学函数 $H$ 在无穷小变换 (3.42) 下的生成元满足 Mei 对称性的决定方程 (3.60)，并且存在某函数 $\mu=\mu\left(t,\boldsymbol{x}\right)$ 满足条件

$$\frac{\partial X^{(0)}\left(H\right)}{\partial x_j}\left(\xi_j-a_j\tau\right)-X^{(0)}\left(H\right)\mathrm{D}_t\left(\tau\right)-X^{(0)}\left[X^{(0)}\left(H\right)\right]+\mathrm{D}_t\left(\mu\right)=0 \tag{3.61}$$

那么广义哈密顿系统存在，并直接导出守恒量 [101]

$$I_M=-X^{(0)}\left(H\right)\tau+\mu=\text{const.} \tag{3.62}$$

**证明** 对式 (3.62) 求时间的全微分，并利用决定方程 (3.60) 及条件 (3.61)，得

$$\begin{aligned}
\mathrm{D}_t\left(I_M\right) &= -\mathrm{D}_t\left[X^{(0)}\left(H\right)\tau\right]+\mathrm{D}_t\left(\mu\right)\\
&= -\mathrm{D}_t\left[X^{(0)}\left(H\right)\right]\tau - X^{(0)}\left(H\right)\mathrm{D}_t\left(\tau\right)+\mathrm{D}_t\left(\mu\right)\\
&= -\mathrm{D}_t\left[X^{(0)}\left(H\right)\right]\tau - X^{(0)}\left(H\right)\mathrm{D}_t\left(\tau\right)+X^{(0)}\left(H\right)\mathrm{D}_t\left(\tau\right)\\
&\quad + X^{(0)}\left[X^{(0)}\left(H\right)\right]-\frac{\partial X^{(0)}\left(H\right)}{\partial x_j}\left(\xi_j-a_j\tau\right)\\
&= -\left[\frac{\partial X^{(0)}\left(H\right)}{\partial t}+a_j\frac{\partial X^{(0)}\left(H\right)}{\partial x_j}\right]\tau+\frac{\partial X^{(0)}\left(H\right)}{\partial t}\tau\\
&\quad +\xi_i\frac{\partial X^{(0)}\left(H\right)}{\partial x_i}-\frac{\partial X^{(0)}\left(H\right)}{\partial x_j}\left(\xi_j-a_j\tau\right)\\
&= \frac{\partial X^{(0)}\left(H\right)}{\partial x_i}\left[\left(\xi_j-a_j\tau\right)-\left(\xi_j-a_j\tau\right)\right]\\
&= 0
\end{aligned} \tag{3.63}$$

式 (3.62) 称为广义哈密顿系统 (3.9) 的 **Mei 守恒量**。

**例 3.4** 构造一类含时间变量 $t$ 的三维广义哈密顿系统，其运动微分方程为

$$\begin{aligned}
\dot{x}_1 &= t+x_2\\
\dot{x}_2 &= -t-x_1\\
\dot{x}_3 &= -2t\left(x_1+x_2\right)-4x_1x_2
\end{aligned} \tag{3.64}$$

其中哈密顿函数 $H$ 和反对称矩阵 $\boldsymbol{K}$ 分别为

$$H=\left(x_1+x_2\right)t+\frac{1}{2}\left(x_1^2+x_2^2\right) \tag{3.65}$$

$$\boldsymbol{K}=\begin{pmatrix} 0 & 1 & 2x_2\\ -1 & 0 & 2x_1\\ -2x_2 & -2x_1 & 0 \end{pmatrix} \tag{3.66}$$

对于系统 (3.64)，由 Mei 对称性决定方程 (3.60) 可得

$$\tau+\xi_1=0, \quad \tau+\xi_2=0 \tag{3.67}$$

式 (3.67) 有解

$$\tau=1, \quad \xi_1=\xi_2=-1 \tag{3.68}$$

将式 (3.68) 代入 Mei 守恒量存在条件 (3.61)，得

$$\mu = -2t + x_1^2 - x_2^2 + x_3 \tag{3.69}$$

根据式 (3.62) 得广义哈密顿系统 Mei 对称性直接得到的 Mei 守恒量

$$I_M = x_1^2 - x_2^2 + x_3 = \text{const.} \tag{3.70}$$

#### 3.2.2.3 Lie 对称性摄动直接得到的广义 Hojman 型绝热不变量

本小节在 Lie 群的一般无穷小变换下，研究广义哈密顿系统的 Lie 对称性摄动直接得到的广义 Hojman 型绝热不变量。

**定义 3.9**　设广义哈密顿系统受小扰动力 $\varepsilon Q_i$ 作用，扰动运动微分方程为

$$\dot{x}_i = K_{ij}\frac{\partial H}{\partial x_j} + \varepsilon Q_i = a_i + \varepsilon Q_i \tag{3.71}$$

方程 (3.71) 称为**扰动广义哈密顿系统**的运动微分方程。

**定义 3.10**　若 $I_z = I_z(t, \boldsymbol{x}, \varepsilon)$ 是广义哈密顿系统的一个含小参数 $\varepsilon$ 的最高次幂为 $z$ 的物理量，并且它与一阶导数正比于 $\varepsilon^{z+1}$，则称为广义哈密顿系统的 $z$ 阶**绝热不变量** [100]。

无穷小变换及算子见式 (3.42)、(3.43)，在小扰动力 $\varepsilon Q_i$ 作用下，广义哈密顿系统原有对称性和守恒量发生变化。假设扰动后的无穷小变换 (3.42) 中的 $\tau, \xi_i$ 是系统无扰动状态基础上发生的小摄动，即

$$\begin{aligned} \tau &= \tau^0 + \varepsilon\tau^1 + \varepsilon^2\tau^2 + \cdots \\ \xi_i &= \xi_i^0 + \varepsilon\xi_i^1 + \varepsilon^2\xi_i^2 + \cdots \end{aligned} \tag{3.72}$$

把式 (3.72) 代入算子 (3.43)，得到

$$X^{(0)} = \varepsilon^m X_m^{(0)}, \quad m = 0, 1, 2, \cdots \tag{3.73}$$

其中重复指标表示求和，且

$$X_m^{(0)} = \tau^m \frac{\partial}{\partial t} + \xi_j^m \frac{\partial}{\partial x_j} \tag{3.74}$$

由扰动方程 (3.71) 在无穷小变换 (3.42) 下的不变性，得到

$$\mathrm{D}_t(\xi_i) - a_i \mathrm{D}_t(\tau) - \varepsilon Q_i \mathrm{D}_t(\tau) = X^{(0)}(a_i) + \varepsilon X^{(0)}(Q_i) \tag{3.75}$$

其中

$$\mathrm{D}_t=\frac{\partial}{\partial t}+\dot{x}_i\frac{\partial}{\partial x_i}=\frac{\partial}{\partial t}+(a_i+\varepsilon Q_i)\frac{\partial}{\partial x_i} \tag{3.76}$$

将式 (3.72) 代入式 (3.75)，令方程两边 $\varepsilon^m$ 的系数相等，得

$$\mathrm{D}_t(\xi_i^m)-a_i\mathrm{D}_t(\tau^m)-Q_i\mathrm{D}_t\left(\tau^{m-1}\right)=X_m^{(0)}(a_i)+X_{m-1}^{(0)}(Q_i) \tag{3.77}$$

其中当 $m=0$ 时，约定 $\tau^{-1}=0,\xi_i^{-1}=0$。

方程 (3.77) 称为扰动广义哈密顿系统 (3.71) 的 Lie 对称性摄动的**决定方程**。

(1) **扰动广义哈密顿系统 Lie 对称性摄动直接得到的广义 Hojman 型绝热不变量**。

**定理 3.5** 对于受到小扰动力 $\varepsilon Q_i$ 作用的广义哈密顿系统 (3.71)，如果无穷小变换 (3.42) 中的 $\tau^m,\xi_i^m$ 满足 Lie 对称性摄动的决定方程 (3.77)，且存在函数 $\lambda=\lambda(t,\boldsymbol{x})$，满足

$$\frac{\partial a_i}{\partial x_i}+\varepsilon\frac{\partial Q_i}{\partial x_i}+\mathrm{D}_t(\ln\lambda)=0 \tag{3.78}$$

则扰动广义哈密顿系统 (3.71) 有 $z$ 阶广义 Hojman 型绝热不变量 [100]

$$I_z=\sum_{m=0}^{z}\varepsilon^m\left[\frac{1}{\lambda}\frac{\partial}{\partial t}(\lambda\tau^m)+\frac{1}{\lambda}\frac{\partial}{\partial x_i}(\lambda\zeta_i^m)-\mathrm{D}_t(\tau^m)\right] \tag{3.79}$$

其中当 $m=0$ 时, 约定 $\lambda=\lambda_0$。

**证明** 对 $I_z$ 求导，并利用式 (3.72)、(3.73) 以及 Lie 对称性摄动的决定方程 (3.77) 和条件 (3.78)，有

$$\begin{aligned}
&\mathrm{D}_t(I_z)\\
&=\sum_{m=0}^{z}\varepsilon^m\mathrm{D}_t\left[\frac{1}{\lambda}\frac{\partial}{\partial t}(\lambda\tau^m)+\frac{1}{\lambda}\frac{\partial}{\partial x_i}(\lambda\zeta_i^m)-\mathrm{D}_t(\tau^m)\right]\\
&=\sum_{m=0}^{z}\varepsilon^m\mathrm{D}_t\left[\frac{\partial\tau^m}{\partial t}+\frac{\tau^m}{\lambda}\frac{\partial\lambda}{\partial t}+\frac{\partial\zeta_i^m}{\partial x_i}+\frac{\zeta_i^m}{\lambda}\frac{\partial\lambda}{\partial x_i}-\mathrm{D}_t(\tau^m)\right]\\
&=\sum_{m=0}^{z}\varepsilon^m\mathrm{D}_t\left[\frac{\partial\tau^m}{\partial t}+\frac{\partial\zeta_i^m}{\partial x_i}-\mathrm{D}_t(\tau^m)+X_m^{(0)}(\ln\lambda)\right]\\
&=\sum_{m=0}^{z}\varepsilon^m\left[\mathrm{D}_t\frac{\partial\tau^m}{\partial t}+\mathrm{D}_t\frac{\partial\zeta_i^m}{\partial x_i}-\mathrm{D}_t\mathrm{D}_t(\tau^m)+\mathrm{D}_tX_m^{(0)}(\ln\lambda)\right]
\end{aligned}$$

$$
\begin{aligned}
&= \sum_{m=0}^{z} \varepsilon^{m} \left\{ \frac{\partial}{\partial x_i} \left[ \mathrm{D}_t\left(\zeta_i^m\right) - a_i \mathrm{D}_t\left(\tau^m\right) + Q_i \mathrm{D}_t\left(\tau^{m-1}\right) - X^{(0)}\left(a_i\right) + X_{m-1}^{(0)}\left(Q_i\right) \right] \right. \\
&\quad + \frac{\partial a_i}{\partial x_i} \mathrm{D}_t\left(\tau^m\right) + \frac{\partial Q_i}{\partial x_i} \mathrm{D}_t\left(\tau^{m-1}\right) + X_m^{(0)}\left(\frac{\partial a_i}{\partial x_i}\right) + X_{m-1}^{(0)}\left(\frac{\partial Q_i}{\partial x_i}\right) \\
&\quad \left. + X_m^{(0)} \mathrm{D}_t(\ln \lambda) + \mathrm{D}_t\left(\tau^m\right) \mathrm{D}_t(\ln \lambda) \right\} \\
&= \sum_{m=0}^{z} \varepsilon^{m} \left[ X_{m-1}^{(0)}\left(\frac{\partial Q_i}{\partial x_i}\right) - \varepsilon X_m^{(0)}\left(\frac{\partial Q_i}{\partial x_i}\right) + \frac{\partial Q_i}{\partial x_i} \mathrm{D}_t\left(\tau^{m-1}\right) - \varepsilon \frac{\partial Q_i}{\partial x_i} \mathrm{D}_t\left(\tau^m\right) \right] \\
&= -\varepsilon^{z+1} \left[ X_m^{(0)}\left(\frac{\partial Q_i}{\partial x_i}\right) + \frac{\partial Q_i}{\partial x_i} \mathrm{D}_t\left(\tau^m\right) \right]
\end{aligned} \tag{3.80}
$$

因此 $I_z$ 为扰动广义哈密顿系统 (3.71) 的 $z$ 阶绝热不变量。

(2) **特殊无穷小变换下扰动广义哈密顿系统 Lie 对称性摄动直接得到的 Hojman 型绝热不变量。**

考虑 Lie 群的特殊无穷小变换

$$
t' = t, \quad x_i' = x_i + \varepsilon \xi_i(t, \boldsymbol{x}) \tag{3.81}
$$

对于扰动广义哈密顿系统 (3.71)，在无穷小变换 (3.81) 下，Lie 对称性决定方程和 Lie 对称性摄动的决定方程分别为

$$
\mathrm{D}_t\left(\xi_i\right) = X^{(0)}\left(a_i\right) + \varepsilon X^{(0)}\left(Q_i\right) \tag{3.82}
$$

$$
\mathrm{D}_t\left(\xi_i^m\right) = \xi_i^m \frac{\partial a_i}{\partial x_i} + \xi_i^{m-1} \frac{\partial Q_i}{\partial x_i}, \quad m = 0, 1, \cdots \tag{3.83}
$$

结合定理 3.5，有以下推论：

**推论 3.1**　对于受到小扰动力 $\varepsilon Q_i$ 作用的广义哈密顿系统 (3.71)，如果无穷小变换 (3.81) 中 $\xi_i^m$ 满足 Lie 对称性摄动的决定方程 (3.83)，且存在函数 $\lambda = \lambda(t, \boldsymbol{x})$，满足

$$
\frac{\partial a_i}{\partial x_i} + \varepsilon \frac{\partial Q_i}{\partial x_i} + \mathrm{D}_t(\ln \lambda) = 0 \tag{3.84}
$$

则扰动广义哈密顿系统 (3.71) 有 $z$ 阶广义 Hojman 型绝热不变量 [100]

$$
I_z = \sum_{m=0}^{z} \varepsilon^m \frac{1}{\lambda} \frac{\partial}{\partial x_i}\left(\lambda \zeta_i^m\right) \tag{3.85}
$$

其中当 $m = 0$ 时, 约定 $\lambda = \lambda_0$。

**例 3.5** 考虑扰动广义哈密顿系统

$$
\begin{aligned}
\dot{x}_1 &= t + x_2 + \varepsilon (x_1 + 1) \\
\dot{x}_2 &= -t - x_1 + \varepsilon x_2 \\
\dot{x}_3 &= -2t - x_1 - x_2 + \varepsilon (1 - x_3)
\end{aligned}
\tag{3.86}
$$

当 $\varepsilon = 0$ 时，系统 (3.86) 退化为广义哈密顿系统

$$
\begin{aligned}
\dot{x}_1 &= t + x_2 \\
\dot{x}_2 &= -t - x_1 \\
\dot{x}_3 &= -2t - x_1 - x_2
\end{aligned}
\tag{3.87}
$$

即

$$
\frac{\mathrm{d}}{\mathrm{d}t}\begin{pmatrix} x_1 \\ x_2 \\ x_3 \end{pmatrix} = \begin{pmatrix} 0 & 1 & 1 \\ -1 & 0 & 1 \\ -1 & -1 & 0 \end{pmatrix} \begin{pmatrix} x_1 + t \\ x_2 + t \\ 0 \end{pmatrix} = \boldsymbol{K} \begin{pmatrix} \partial H/\partial x_1 \\ \partial H/\partial x_2 \\ \partial H/\partial x_3 \end{pmatrix}
\tag{3.88}
$$

其中哈密顿函数 $H$ 和反对称矩阵 $\boldsymbol{K}$ 分别为

$$
H = \frac{1}{2}(x_1 + t)^2 + \frac{1}{2}(x_2 + t)^2
\tag{3.89}
$$

$$
\boldsymbol{K} = \begin{pmatrix} 0 & 1 & 1 \\ -1 & 0 & 1 \\ -1 & -1 & 0 \end{pmatrix}
\tag{3.90}
$$

由决定方程 (3.46) 得

$$
\begin{aligned}
&\mathrm{D}_t(\xi_1) - (t + x_2)\mathrm{D}_t(\tau) = \tau + \xi_2 \\
&\mathrm{D}_t(\xi_2) + (t + x_1)\mathrm{D}_t(\tau) = -\tau - \xi_1 \\
&\mathrm{D}_t(\xi_3) + (2t + x_1 + x_2)\mathrm{D}_t(\tau) = -2\tau - \xi_1 - \xi_2
\end{aligned}
\tag{3.91}
$$

方程 (3.91) 有解

$$
\tau = 1, \quad \xi_1 = \xi_2 = -1, \quad \xi_3 = \frac{1}{2}(x_1 - x_2 + x_3)^2
\tag{3.92}
$$

由式 (3.48) 得

$$
\lambda_0 = 1
\tag{3.93}
$$

根据定理 3.3，有 Hojman 型守恒量

$$I_H = x_1 - x_2 + x_3 = \text{const.} \tag{3.94}$$

Lie 对称性摄动的决定方程 (3.83) 给出

$$\begin{aligned}
&\mathrm{D}_t\left(\xi_1^1\right) - (t + x_2)\,\mathrm{D}_t\left(\tau^1\right) - (x_1 + 1)\,\mathrm{D}_t\left(\tau^0\right) = \tau^1 + \xi_2^1 + \xi_1^0 \\
&\mathrm{D}_t\left(\xi_2^1\right) + (t + x_1)\,\mathrm{D}_t\left(\tau^1\right) - x_2\mathrm{D}_t\left(\tau^0\right) = -\tau^1 - \xi_1^1 + \xi_2^0 \\
&\mathrm{D}_t\left(\xi_3^1\right) + (2t + x_1 + x_2)\,\mathrm{D}_t\left(\tau^1\right) + x_3\mathrm{D}_t\left(\tau^0\right) = -2\tau^1 - \xi_1^1 - \xi_2^1 - \xi_3^0
\end{aligned} \tag{3.95}$$

方程 (3.95) 有解

$$\tau^1 = 1, \quad \xi_1^1 = -2, \quad \xi_2^1 = -0, \quad \xi_3^1 = -\frac{1}{2}\int (x_1 - x_2 + x_3)^2 \tag{3.96}$$

由式 (3.84) 求得

$$\lambda = \mathrm{e}^{-\varepsilon t} \tag{3.97}$$

利用定理 3.5，得到绝热不变量

$$I_H = x_1 - x_2 + x_3 + \varepsilon\left[(x_1 - x_2 + x_3)^2 - \varepsilon\right] \tag{3.98}$$

## 3.3　广义哈密顿系统的数值方法

本节详细介绍求解广义哈密顿系统的数值方法，包括基于 Padé 逼近的 Poisson 格式、Poisson Runge-Kutta 格式以及数值迭代算法。

### 3.3.1　基于 Padé 逼近的线性广义哈密顿系统的 Poisson 格式

线性广义哈密顿系统 (2.61) 的相流可以表示为

$$g^t = \exp(t\boldsymbol{B}) \tag{3.99}$$

是 Poisson 图册的单参数群 [99]。

逼近 $\exp(t\boldsymbol{B})$ 的最简单的办法就是利用 Padé 逼近。与 2.1.3.2 节线性哈密顿系统 Padé 逼近类似，首先考虑对 $\exp(x)$ 的有理逼近

$$\exp(x) \sim \frac{n_{lm}(x)}{d_{lm}(x)} = g_{lm}(x) \tag{3.100}$$

其中

$$n_{lm}(x) = \sum_{k=0}^{m} \frac{(l+m-k)!m!}{(l+m)!k!(m-k)!}x^k, \quad d_{lm}(x) = \sum_{k=0}^{m} \frac{(l+m-k)!l!}{(l+m)!k!(l-k)!}(-x)^k \tag{3.101}$$

对每一对非负整数 $(l,m)$，$\dfrac{n_{lm}(x)}{d_{lm}(x)}$ 关于原点的 Taylor 级数展开为

$$\exp(x)-\frac{n_{lm}(x)}{d_{lm}(x)}=o\left(|x|^{m+l+1}\right),\quad |x|\to 0 \tag{3.102}$$

称 $g_{lm}$ 为 $\exp(x)$ 的 $l+m$ 阶 **Padé 逼近**。当 $l=m$ 时，称 $g_{ll}$ 为 **Padé 对角逼近**。

**定理 3.6** 设 $\boldsymbol{B}$ 为无穷小 Poisson 矩阵，$g_{ll}(t\boldsymbol{B})$ 是 Poisson 图册的单参数群 [99]。

**定义 3.11** 若一个数值格式的步进映射 $\boldsymbol{F}_\tau:\boldsymbol{z}^k\mapsto\boldsymbol{z}^{k+1}$ 是 Poisson，称格式是 Poisson。即格式的 Jacobi 矩阵是 Poisson，称为 Poisson 格式 [99]。

由定理 3.6，可以得到一系列基于 $(k,k)$ 阶 Padé 逼近的 Poisson 格式：

由 $(1,1)$ 逼近可以得到一步格式

$$\boldsymbol{z}^{k+1}=\boldsymbol{z}^k+\frac{\tau\boldsymbol{B}}{2}\left(\boldsymbol{z}^k+\boldsymbol{z}^{k+1}\right),\quad \boldsymbol{F}_\tau^{(1,1)}=\phi^{(1,1)}(\tau\boldsymbol{B}),\quad \phi^{(1,1)}(\lambda)=\frac{1+\dfrac{\lambda}{2}}{1-\dfrac{\lambda}{2}} \tag{3.103}$$

此格式具有 2 阶精度。

由 $(2,2)$ 逼近得到

$$\begin{aligned}&\boldsymbol{z}^{k+1}=\boldsymbol{z}^k+\frac{\tau\boldsymbol{B}}{2}\left(\boldsymbol{z}^k+\boldsymbol{z}^{k+1}\right)+\frac{\tau^2\boldsymbol{B}^2}{12}\left(\boldsymbol{z}^k-\boldsymbol{z}^{k+1}\right)\\&\boldsymbol{F}_\tau^{(2,2)}=\phi^{(2,2)}(\tau\boldsymbol{B}),\quad \phi^{(2,2)}(\lambda)=\frac{1+\dfrac{\lambda}{2}+\dfrac{\lambda^2}{12}}{1-\dfrac{\lambda}{2}+\dfrac{\lambda^2}{12}}\end{aligned} \tag{3.104}$$

此格式具有 4 阶精度。

由 $(3,3)$ 逼近得到

$$\begin{aligned}&\boldsymbol{z}^{k+1}=\boldsymbol{z}^k+\frac{\tau\boldsymbol{B}}{2}\left(\boldsymbol{z}^k+\boldsymbol{z}^{k+1}\right)+\frac{\tau^2\boldsymbol{B}^2}{10}\left(\boldsymbol{z}^k-\boldsymbol{z}^{k+1}\right)+\frac{\tau^3\boldsymbol{B}^3}{120}\left(\boldsymbol{z}^k+\boldsymbol{z}^{k+1}\right)\\&\boldsymbol{F}_\tau^{(3,3)}=\phi^{(3,3)}(\tau\boldsymbol{B}),\quad \phi^{(3,3)}(\lambda)=\frac{1+\dfrac{\lambda}{2}+\dfrac{\lambda^2}{10}+\dfrac{\lambda^3}{120}}{1-\dfrac{\lambda}{2}+\dfrac{\lambda^2}{10}-\dfrac{\lambda^3}{120}}\end{aligned} \tag{3.105}$$

此格式具有 6 阶精度。

由 (4, 4) 逼近得到

$$
\begin{aligned}
\boldsymbol{z}^{k+1}=\boldsymbol{z}^{k}&+\frac{\tau\boldsymbol{B}}{2}\left(\boldsymbol{z}^{k}+\boldsymbol{z}^{k+1}\right)+\frac{3\tau^{2}\boldsymbol{B}^{2}}{28}\left(\boldsymbol{z}^{k}-\boldsymbol{z}^{k+1}\right)+\frac{\tau^{3}\boldsymbol{B}^{3}}{84}\left(\boldsymbol{z}^{k}+\boldsymbol{z}^{k+1}\right)\\
&+\frac{\tau^{4}\boldsymbol{B}^{4}}{1680}\left(\boldsymbol{z}^{k}-\boldsymbol{z}^{k+1}\right)\\
\boldsymbol{F}_{\tau}^{(4,4)}&=\phi^{(4,4)}\left(\tau\boldsymbol{B}\right),\quad \phi^{(4,4)}\left(\lambda\right)=\frac{1+\dfrac{\lambda}{2}+\dfrac{3\lambda^{2}}{28}+\dfrac{\lambda^{3}}{84}+\dfrac{\lambda^{4}}{1680}}{1-\dfrac{\lambda}{2}+\dfrac{3\lambda^{2}}{28}-\dfrac{\lambda^{3}}{84}+\dfrac{\lambda^{4}}{1680}}
\end{aligned}
\tag{3.106}
$$

此格式具有 8 阶精度。

**定理 3.7**　广义线性哈密顿系统 (2.61) 的差分格式

$$
\boldsymbol{z}^{k+1}=g_{ll}\left(\tau\boldsymbol{B}\right)\boldsymbol{z}^{k},\quad l=1,2,\cdots \tag{3.107}
$$

是 $2l$ 阶精度的 Poisson 格式。

### 3.3.2 Poisson Runge-Kutta 格式及其守恒律

#### 3.3.2.1 Poisson Runge-Kutta 格式

将广义哈密顿系统 (3.9) 写为

$$
\frac{\mathrm{d}\boldsymbol{z}}{\mathrm{d}t}=\boldsymbol{K}H_{\boldsymbol{z}}=\boldsymbol{f}\left(\boldsymbol{z}\right) \tag{3.108}
$$

方程 (3.108) 的单步 $s$ 级 Runge-Kutta 格式可以表示为

$$
\begin{aligned}
\boldsymbol{z}^{k+1}&=\boldsymbol{z}^{k}+\tau\sum_{i=1}^{s}b_{i}\boldsymbol{f}\left(\boldsymbol{Y}_{i}\right)\\
\boldsymbol{Y}_{i}&=\boldsymbol{z}^{k}+\tau\sum_{j=1}^{s}a_{ij}\boldsymbol{f}\left(\boldsymbol{Y}_{j}\right),\quad i=1,\cdots,s
\end{aligned}
\tag{3.109}
$$

其中 $\tau=t_{k+1}-t_{k}\,(k=0,1,\cdots)$，$\boldsymbol{b}=(b_{i})\,(i=1,2,\cdots,s)$ 称为权系数，$\boldsymbol{A}=(a_{ij})\,(i,j=1,2,\cdots,s)$ 为系数矩阵。

记对角矩阵 $\mathrm{diag}\,(b_{1},b_{2},\cdots,b_{s})$ 为 $\boldsymbol{B}$，且

$$
\mathrm{D}_{i}=\mathrm{D}f\left(\boldsymbol{Y}_{i}\right),\quad \frac{\partial\boldsymbol{Y}_{i}}{\partial\boldsymbol{z}^{k}}=\boldsymbol{X}_{i},\quad \boldsymbol{M}=\boldsymbol{BA}+\boldsymbol{A}^{\mathrm{T}}\boldsymbol{B}-\boldsymbol{b}\boldsymbol{b}^{\mathrm{T}},\quad i=1,\cdots,s \tag{3.110}
$$

**定理 3.8**　如果 $\boldsymbol{M}=\mathbf{0}$ 且 $\boldsymbol{X}_{i}\boldsymbol{K}\boldsymbol{X}_{i}^{\mathrm{T}}\mathrm{D}_{i}^{\mathrm{T}}+\mathrm{D}_{i}\boldsymbol{X}_{i}\boldsymbol{K}\boldsymbol{X}_{i}^{\mathrm{T}}=\mathbf{0}\,(i=1,\cdots,s)$，则格式 (3.109) 是 Poisson 格式 [99]。

**证明** 由格式 (3.109) 可得

$$\frac{\partial \boldsymbol{z}^{k+1}}{\partial \boldsymbol{z}^{k}}=\boldsymbol{I}+\tau \sum_{i=1}^{s} b_{i} \mathrm{D} \boldsymbol{f}\left(\boldsymbol{Y}_{i}\right) \frac{\partial \boldsymbol{Y}_{i}}{\partial \boldsymbol{z}^{k}} \tag{3.111}$$

$$\frac{\partial \boldsymbol{Y}_{i}}{\partial \boldsymbol{z}^{k}}=\boldsymbol{I}+\tau \sum_{j=1}^{s} a_{i j} \mathrm{D} \boldsymbol{f}\left(\boldsymbol{Y}_{j}\right) \frac{\partial \boldsymbol{Y}_{j}}{\partial \boldsymbol{z}^{k}}, \quad 1 \leqslant i \leqslant s \tag{3.112}$$

其中 $\mathrm{D}\boldsymbol{f}$ 是函数 $\boldsymbol{f}$ 的导数。

对于 $\mathrm{D}_i$，有

$$\mathrm{D}_{i}=\mathrm{D} \boldsymbol{f}\left(\boldsymbol{Y}_{i}\right)=\mathrm{D}\left(\boldsymbol{K} H_{\boldsymbol{Y}_{i}}\right)=\boldsymbol{K} \mathrm{D}\left(H_{\boldsymbol{Y}_{i}}\right) \tag{3.113}$$

其中

$$H_{\boldsymbol{Y}_{i}}=\left(\frac{\partial H}{\partial Y_{i 1}}, \cdots, \frac{\partial H}{\partial Y_{i 2 n}}\right)^{\mathrm{T}} \tag{3.114}$$

$$\mathrm{D}\left(H_{\boldsymbol{Y}_{i}}\right)=\begin{pmatrix}\dfrac{\partial^{2} H}{\partial Y_{i 1}^{2}} & \dfrac{\partial^{2} H}{\partial Y_{i 1} \partial Y_{i 2}} & \cdots & \dfrac{\partial^{2} H}{\partial Y_{i 1} \partial Y_{i 2 n}} \\ \dfrac{\partial^{2} H}{\partial Y_{i 2} \partial Y_{i 1}} & \dfrac{\partial^{2} H}{\partial Y_{i 2}^{2}} & \cdots & \dfrac{\partial^{2} H}{\partial Y_{i 2} \partial Y_{i 2 n}} \\ \vdots & \vdots & & \vdots \\ \dfrac{\partial^{2} H}{\partial Y_{i 2 n} \partial Y_{i 1}} & \dfrac{\partial^{2} H}{\partial Y_{i 2 n} \partial Y_{i 2}} & \cdots & \dfrac{\partial^{2} H}{\partial Y_{i 2 n}^{2}}\end{pmatrix}=\left[\mathrm{D}\left(H_{\boldsymbol{Y}_{i}}\right)\right]^{\mathrm{T}} \tag{3.115}$$

那么有

$$\begin{aligned}\boldsymbol{K} \mathrm{D}_{i}^{\mathrm{T}}+\mathrm{D}_{i} \boldsymbol{K} &=\boldsymbol{K}\left[\boldsymbol{K} \mathrm{D}\left(H_{\boldsymbol{Y}_{i}}\right)\right]^{\mathrm{T}}+\boldsymbol{K} \mathrm{D}\left(H_{\boldsymbol{Y}_{i}}\right) \boldsymbol{K} \\ &=\boldsymbol{K}\left[\mathrm{D}\left(H_{\boldsymbol{Y}_{i}}\right)\right]^{\mathrm{T}} \boldsymbol{K}^{\mathrm{T}}+\boldsymbol{K} \mathrm{D}\left(H_{\boldsymbol{Y}_{i}}\right) \boldsymbol{K} \\ &=-\boldsymbol{K} \mathrm{D}\left(H_{\boldsymbol{Y}_{i}}\right) \boldsymbol{K}+\boldsymbol{K} \mathrm{D}\left(H_{\boldsymbol{Y}_{i}}\right) \boldsymbol{K} \\ &=\mathbf{0}\end{aligned} \tag{3.116}$$

进而得到

$$\begin{aligned}&\frac{\partial \boldsymbol{z}^{k+1}}{\partial \boldsymbol{z}^{k}} \boldsymbol{K}\left(\frac{\partial \boldsymbol{z}^{k+1}}{\partial \boldsymbol{z}^{k}}\right)^{\mathrm{T}} \\ =&\left(\boldsymbol{I}+\tau \sum_{i=1}^{s} b_{i} \mathrm{D}_{i} \boldsymbol{X}_{i}\right) \boldsymbol{K}\left(\boldsymbol{I}+\tau \sum_{i=1}^{s} b_{i} \mathrm{D}_{i} \boldsymbol{X}_{i}\right)^{\mathrm{T}}\end{aligned}$$

$$
\begin{aligned}
&= \boldsymbol{K} + \tau \left( \sum_{i=1}^{s} b_i \mathrm{D}_i \boldsymbol{X}_i \right) \boldsymbol{K} + \tau \boldsymbol{K} \left( \sum_{i=1}^{s} b_i \mathrm{D}_i \boldsymbol{X}_i \right)^{\mathrm{T}} \\
&\quad + \tau^2 \left( \sum_{i=1}^{s} b_i \mathrm{D}_i \boldsymbol{X}_i \right) \boldsymbol{K} \left( \sum_{i=1}^{s} b_i \mathrm{D}_i \boldsymbol{X}_i \right)^{\mathrm{T}} \\
&= \boldsymbol{K} + \tau \sum_{i=1}^{s} b_i \left[ (\mathrm{D}_i \boldsymbol{X}_i) \boldsymbol{K} + \boldsymbol{K} (\mathrm{D}_i \boldsymbol{X}_i)^{\mathrm{T}} \right] \\
&\quad + \tau^2 \left( \sum_{i=1}^{s} b_i \mathrm{D}_i \boldsymbol{X}_i \right) \boldsymbol{K} \left( \sum_{i=1}^{s} b_i \mathrm{D}_i \boldsymbol{X}_i \right)^{\mathrm{T}}
\end{aligned} \tag{3.117}
$$

将方程 (3.112) 两边同时右乘 $\boldsymbol{K} (\mathrm{D}_i \boldsymbol{X}_i)^{\mathrm{T}}$，得

$$
\boldsymbol{X}_i \boldsymbol{K} (\mathrm{D}_i \boldsymbol{X}_i)^{\mathrm{T}} = \boldsymbol{K} (\mathrm{D}_i \boldsymbol{X}_i)^{\mathrm{T}} + \tau \sum_{j=1}^{s} a_{ij} \mathrm{D}_j \boldsymbol{X}_j \boldsymbol{K} (\mathrm{D}_i \boldsymbol{X}_i)^{\mathrm{T}} \tag{3.118}
$$

将方程 (3.112) 两边转置后同时左乘 $(\mathrm{D}_i \boldsymbol{X}_i) \boldsymbol{K}$，得

$$
(\mathrm{D}_i \boldsymbol{X}_i) \boldsymbol{K} (\boldsymbol{X}_i)^{\mathrm{T}} = (\mathrm{D}_i \boldsymbol{X}_i) \boldsymbol{K} + \tau \sum_{j=1}^{s} a_{ij} (\mathrm{D}_i \boldsymbol{X}_i) \boldsymbol{K} (\mathrm{D}_j \boldsymbol{X}_j)^{\mathrm{T}} \tag{3.119}
$$

方程 (3.112) 可转化为

$$
\begin{aligned}
&\frac{\partial \boldsymbol{z}^{k+1}}{\partial \boldsymbol{z}^k} \boldsymbol{K} \left( \frac{\partial \boldsymbol{z}^{k+1}}{\partial \boldsymbol{z}^k} \right)^{\mathrm{T}} \\
&= \boldsymbol{K} + \tau \sum_{i=1}^{s} b_i \left[ (\mathrm{D}_i \boldsymbol{X}_i) \boldsymbol{K} + \boldsymbol{K} (\mathrm{D}_i \boldsymbol{X}_i)^{\mathrm{T}} \right] + \tau^2 \left( \sum_{i=1}^{s} b_i \mathrm{D}_i \boldsymbol{X}_i \right) \boldsymbol{K} \left( \sum_{i=1}^{s} b_i \mathrm{D}_i \boldsymbol{X}_i \right)^{\mathrm{T}} \\
&= \boldsymbol{K} + \tau^2 \left( \sum_{i=1}^{s} b_i \mathrm{D}_i \boldsymbol{X}_i \right) \boldsymbol{K} \left( \sum_{i=1}^{s} b_i \mathrm{D}_i \boldsymbol{X}_i \right)^{\mathrm{T}} + \tau \sum_{i=1}^{s} b_i \Big[ (\mathrm{D}_i \boldsymbol{X}_i) \boldsymbol{K} (\boldsymbol{X}_i)^{\mathrm{T}} \\
&\quad - \tau \sum_{j=1}^{s} a_{ij} (\mathrm{D}_i \boldsymbol{X}_i) \boldsymbol{K} (\mathrm{D}_j \boldsymbol{X}_j)^{\mathrm{T}} + \boldsymbol{X}_i \boldsymbol{K} (\mathrm{D}_i \boldsymbol{X}_i)^{\mathrm{T}} - \tau \sum_{j=1}^{s} a_{ij} \mathrm{D}_j \boldsymbol{X}_j \boldsymbol{K} (\mathrm{D}_i \boldsymbol{X}_i)^{\mathrm{T}} \Big] \\
&= \boldsymbol{K} + \tau^2 \left( \sum_{i=1}^{s} b_i \mathrm{D}_i \boldsymbol{X}_i \right) \boldsymbol{K} \left( \sum_{i=1}^{s} b_i \mathrm{D}_i \boldsymbol{X}_i \right)^{\mathrm{T}} \\
&\quad + \tau \sum_{i=1}^{s} b_i \left[ (\mathrm{D}_i \boldsymbol{X}_i) \boldsymbol{K} (\boldsymbol{X}_i)^{\mathrm{T}} + \boldsymbol{X}_i \boldsymbol{K} (\mathrm{D}_i \boldsymbol{X}_i)^{\mathrm{T}} \right]
\end{aligned}
$$

$$-\tau\sum_{i=1}^{s}b_i\left[\tau\sum_{j=1}^{s}a_{ij}\left(\mathrm{D}_i\boldsymbol{X}_i\right)\boldsymbol{K}\left(\mathrm{D}_j\boldsymbol{X}_j\right)^{\mathrm{T}}+\tau\sum_{j=1}^{s}a_{ij}\mathrm{D}_j\boldsymbol{X}_j\boldsymbol{K}\left(\mathrm{D}_i\boldsymbol{X}_i\right)^{\mathrm{T}}\right] \tag{3.120}$$

因此，式 (3.120) 可以进一步写为

$$\begin{aligned}
&\frac{\partial \boldsymbol{z}^{k+1}}{\partial \boldsymbol{z}^k}\boldsymbol{K}\left(\frac{\partial \boldsymbol{z}^{k+1}}{\partial \boldsymbol{z}^k}\right)^{\mathrm{T}}\\
=&\boldsymbol{K}+\tau\sum_{i=1}^{s}b_i\left(\mathrm{D}_i\boldsymbol{X}_i\boldsymbol{K}\boldsymbol{X}_i^{\mathrm{T}}+\boldsymbol{X}_i\boldsymbol{K}\boldsymbol{X}_i^{\mathrm{T}}\mathrm{D}_i^{\mathrm{T}}\right)\\
&+\tau^2\left(\sum_{i=1}^{s}b_i\mathrm{D}_i\boldsymbol{X}_i\right)\boldsymbol{K}\left(\sum_{i=1}^{s}b_i\mathrm{D}_i\boldsymbol{X}_i\right)^{\mathrm{T}}\\
&-\tau\sum_{i=1}^{s}b_i\left[\tau\sum_{j=1}^{s}a_{ij}\left(\mathrm{D}_i\boldsymbol{X}_i\right)\boldsymbol{K}\left(\mathrm{D}_j\boldsymbol{X}_j\right)^{\mathrm{T}}+\tau\sum_{j=1}^{s}a_{ij}\mathrm{D}_j\boldsymbol{X}_j\boldsymbol{K}\left(\mathrm{D}_i\boldsymbol{X}_i\right)^{\mathrm{T}}\right]\\
=&\boldsymbol{K}+\tau\sum_{i=1}^{s}b_i\left(\mathrm{D}_i\boldsymbol{X}_i\boldsymbol{K}\boldsymbol{X}_i^{\mathrm{T}}+\boldsymbol{X}_i\boldsymbol{K}\boldsymbol{X}_i^{\mathrm{T}}\mathrm{D}_i^{\mathrm{T}}\right)+\tau^2\sum_{i=1}^{s}\sum_{j=1}^{s}b_ib_j\mathrm{D}_j\boldsymbol{X}_j\boldsymbol{K}\left(\mathrm{D}_i\boldsymbol{X}_i\right)^{\mathrm{T}}\\
&-\tau^2\sum_{i=1}^{s}\sum_{j=1}^{s}b_ia_{ij}\left(\mathrm{D}_i\boldsymbol{X}_i\right)\boldsymbol{K}\left(\mathrm{D}_j\boldsymbol{X}_j\right)^{\mathrm{T}}-\tau^2\sum_{j=1}^{s}\sum_{i=1}^{s}b_ja_{ji}\mathrm{D}_j\boldsymbol{X}_j\boldsymbol{K}\left(\mathrm{D}_i\boldsymbol{X}_i\right)^{\mathrm{T}}\\
=&\boldsymbol{K}+\tau\sum_{i=1}^{s}b_i\left(\mathrm{D}_i\boldsymbol{X}_i\boldsymbol{K}\boldsymbol{X}_i^{\mathrm{T}}+\boldsymbol{X}_i\boldsymbol{K}\boldsymbol{X}_i^{\mathrm{T}}\mathrm{D}_i^{\mathrm{T}}\right)\\
&+\tau^2\sum_{i=1}^{s}\sum_{j=1}^{s}\left(b_ib_j-b_ia_{ij}-b_ja_{ji}\right)\mathrm{D}_j\boldsymbol{X}_j\boldsymbol{K}\left(\mathrm{D}_i\boldsymbol{X}_i\right)^{\mathrm{T}}
\end{aligned} \tag{3.121}$$

要使 $\frac{\partial \boldsymbol{z}^{k+1}}{\partial \boldsymbol{z}^k}\boldsymbol{K}\left(\frac{\partial \boldsymbol{z}^{k+1}}{\partial \boldsymbol{z}^k}\right)^{\mathrm{T}}=\boldsymbol{K}$，则应有

$$\boldsymbol{M}=\boldsymbol{B}\boldsymbol{A}+\boldsymbol{A}^{\mathrm{T}}\boldsymbol{B}-\boldsymbol{b}\boldsymbol{b}^{\mathrm{T}}=\boldsymbol{0},\quad \boldsymbol{X}_i\boldsymbol{K}\boldsymbol{X}_i^{\mathrm{T}}\mathrm{D}_i^{\mathrm{T}}+\mathrm{D}_i\boldsymbol{X}_i\boldsymbol{K}\boldsymbol{X}_i^{\mathrm{T}}=\boldsymbol{0} \tag{3.122}$$

得证。

式 (3.122) 中第 1 个条件即为辛条件，而第 2 个条件实际上较难满足。对于 Euler 中点格式，由于

$$\boldsymbol{Y}_1=\boldsymbol{z}^k+\frac{1}{2}\tau\boldsymbol{f}\left(\frac{\boldsymbol{z}^k+\boldsymbol{z}^{k+1}}{2}\right) \tag{3.123}$$

可以验证 $\boldsymbol{X}_1\boldsymbol{K}\boldsymbol{X}_1^{\mathrm{T}}=\boldsymbol{K}$，第 2 个条件可以满足。类似地，辛对角隐式格式在每一步都满足 $\boldsymbol{X}_i\boldsymbol{K}\boldsymbol{X}_i^{\mathrm{T}}=\boldsymbol{K}$，所以它们是 Poisson[99]。

**定理 3.9**　辛对角隐式 Runge-Kutta 格式是 Poisson。

然而，对于一般 Runge-Kutta 格式，第 2 个条件一般无法满足。

#### 3.3.2.2　Poisson Runge-Kutta 格式的守恒性质

**定理 3.10**　满足 $\boldsymbol{M}=\boldsymbol{0}$ 的广义哈密顿系统 (3.108) 的 Runge-Kutta 格式能够保持原系统 (3.108) 的首次积分 [99]。

**证明**　令

$$F(\boldsymbol{z})=\frac{1}{2}\boldsymbol{z}^{\mathrm{T}}\boldsymbol{S}\boldsymbol{z},\quad \boldsymbol{S}^{\mathrm{T}}=\boldsymbol{S} \tag{3.124}$$

是原系统 (3.108) 的首次积分，则有

$$\{F,H\}=F_{\boldsymbol{z}}^{\mathrm{T}}\boldsymbol{K}H_{\boldsymbol{z}}=\boldsymbol{z}^{\mathrm{T}}\boldsymbol{S}^{\mathrm{T}}\boldsymbol{K}H_{\boldsymbol{z}}=\boldsymbol{z}^{\mathrm{T}}\boldsymbol{S}\boldsymbol{K}H_{\boldsymbol{z}}=0 \tag{3.125}$$

对系统 (3.108) 应用 $s$ 级隐式 Runge-Kutta 格式，则有

$$\frac{1}{2}\left(\boldsymbol{z}^{k+1}\right)^{\mathrm{T}}\boldsymbol{S}\boldsymbol{z}^{k+1}=\frac{1}{2}\left(\boldsymbol{z}^{k}\right)^{\mathrm{T}}\boldsymbol{S}\boldsymbol{z}^{k}+\sum_{i=1}^{s}b_i\left(\boldsymbol{z}^{k}\right)^{\mathrm{T}}\boldsymbol{S}\boldsymbol{f}_i+\frac{1}{2}\sum_{i,j=1}^{s}b_ib_j\boldsymbol{f}_i^{\mathrm{T}}\boldsymbol{S}\boldsymbol{f}_j \tag{3.126}$$

其中 $\boldsymbol{f}_j=\tau\boldsymbol{f}\left(\boldsymbol{Y}_j\right)$。

式 (3.126) 中 $\left(\boldsymbol{z}^{k}\right)^{\mathrm{T}}\boldsymbol{S}\boldsymbol{f}_i$ 可以表示为

$$\left(\boldsymbol{z}^{k}\right)^{\mathrm{T}}\boldsymbol{S}\boldsymbol{f}_i=\boldsymbol{Y}_i^{\mathrm{T}}\boldsymbol{S}\boldsymbol{f}_i-\sum_{j=1}^{s}a_{ji}\boldsymbol{f}_i^{\mathrm{T}}\boldsymbol{S}\boldsymbol{f}_j \tag{3.127}$$

将式 (3.127) 代入式 (3.126)，得到

$$\begin{aligned}\frac{1}{2}\left(\boldsymbol{z}^{k+1}\right)^{\mathrm{T}}\boldsymbol{S}\boldsymbol{z}^{k+1}&=\frac{1}{2}\left(\boldsymbol{z}^{k}\right)^{\mathrm{T}}\boldsymbol{S}\boldsymbol{z}^{k}+\sum_{i=1}^{s}b_i\left(\boldsymbol{Y}_i^{\mathrm{T}}\boldsymbol{S}\boldsymbol{f}_i-\sum_{j=1}^{s}a_{ji}\boldsymbol{f}_i^{\mathrm{T}}\boldsymbol{S}\boldsymbol{f}_j\right)\\&\quad+\frac{1}{2}\sum_{i,j=1}^{s}b_ib_j\boldsymbol{f}_i^{\mathrm{T}}\boldsymbol{S}\boldsymbol{f}_j\\&=\frac{1}{2}\left(\boldsymbol{z}^{k}\right)^{\mathrm{T}}\boldsymbol{S}\boldsymbol{z}^{k}+\sum_{i=1}^{s}b_i\boldsymbol{Y}_i^{\mathrm{T}}\boldsymbol{S}\boldsymbol{f}_i-\boldsymbol{Q}\end{aligned} \tag{3.128}$$

其中

$$\boldsymbol{Q}=\frac{1}{2}\sum_{i,j=1}^{s}m_{ij}\boldsymbol{f}_i^{\mathrm{T}}\boldsymbol{S}\boldsymbol{f}_j \tag{3.129}$$

而式 (3.128) 中 $\boldsymbol{Y}_i^{\mathrm{T}}\boldsymbol{S}\boldsymbol{f}_i$ 满足

$$\boldsymbol{Y}_i^{\mathrm{T}}\boldsymbol{S}\boldsymbol{f}_i = \tau\boldsymbol{Y}_i^{\mathrm{T}}\boldsymbol{S}\boldsymbol{K}\left(\boldsymbol{Y}_i\right)H_{\boldsymbol{z}}\left(\boldsymbol{Y}_i\right) = 0 \tag{3.130}$$

因此，当 Runge-Kutta 格式是辛的，即 $\boldsymbol{M}=\boldsymbol{0}$，有

$$\frac{1}{2}\left(\boldsymbol{z}^{k+1}\right)^{\mathrm{T}}\boldsymbol{S}\boldsymbol{z}^{k+1} = \frac{1}{2}\left(\boldsymbol{z}^{k}\right)^{\mathrm{T}}\boldsymbol{S}\boldsymbol{z}^{k} \tag{3.131}$$

得证。

由定理 3.10，对角隐式 Runge-Kutta 格式能够保持原系统的首次积分。

### 3.3.3 数值迭代算法

设

$$x_i\left(t\right) = \psi_i\left(\boldsymbol{x}_0, t\right), \quad \psi_i\left(\boldsymbol{x}_0, 0\right) = x_0^{(i)}, \quad i = 1, 2, \cdots, n \tag{3.132}$$

是广义哈密顿方程在 $t=0$ 时过 $\boldsymbol{x}_0 = \left(x_0^{(1)}, x_0^{(2)}, \cdots, x_0^{(n)}\right)$ 的解，那么对解的存在域中的任意 $t$，式 (3.132) 确定了 $\boldsymbol{M}$ 的一个变换

$$\boldsymbol{\psi}: \boldsymbol{x}_0 \to \boldsymbol{\psi}\left(\boldsymbol{x}_0, t\right) \equiv \boldsymbol{x} \tag{3.133}$$

可以证明变换 (3.133) 是一个广义正则变换，即

$$\sum_{i,j=1}^{n} K_{ij}\left(\boldsymbol{x}_0\right)\frac{\partial\psi_\rho\left(\boldsymbol{x}_0, t\right)}{\partial x_0^{(i)}}\frac{\partial\psi_\sigma\left(\boldsymbol{x}_0, t\right)}{\partial x_0^{(j)}} = K_{\rho\sigma}\left(\boldsymbol{x}\right) \tag{3.134}$$

对于自治广义哈密顿系统，正则变换 (3.133) 可以显式表示为 [16]

$$\psi_i\left(\boldsymbol{x}_0, t\right) = \sum_{n=0}^{\infty}\frac{t^n}{n!}A_n^i\left(\boldsymbol{x}_0\right), \quad i = 1, 2, \cdots, n \tag{3.135}$$

其中

$$A_0^i\left(\boldsymbol{x}_0\right) = x_0^{(i)}, \quad A_{n+1}^i\left(\boldsymbol{x}_0\right) = \left\{A_n^i\left(\boldsymbol{x}_0\right), H\left(\boldsymbol{x}_0\right)\right\} \tag{3.136}$$

定义算子

$$\boldsymbol{L}\left(\boldsymbol{x}_0\right) = -\sum_{i,j=1}^{n} K_{ij}\left(\boldsymbol{x}_0\right)\frac{\partial H}{\partial x_0^{(i)}}\frac{\partial}{\partial x_0^{(j)}} \tag{3.137}$$

那么可以将 $\boldsymbol{\psi}$ 写为紧凑形式 [102]

$$\psi_i\left(\boldsymbol{x}_0, t\right) = \mathrm{e}^{t\boldsymbol{L}\left(\boldsymbol{x}_0\right)}x_0^i, \quad i = 1, 2, \cdots, n \tag{3.138}$$

根据式 (3.138) 构造数值迭代算法。

记

$$\begin{aligned}\boldsymbol{L}\left(\boldsymbol{x}_0\right)&=-\sum_{i,j=1}^{n}K_{ij}\left(\boldsymbol{x}_0\right)\frac{\partial H}{\partial x_0^{(i)}}\frac{\partial}{\partial x_0^{(j)}}\\&=f_1\left(\boldsymbol{x}_0\right)\frac{\partial}{\partial x_0^{(1)}}+f_2\left(\boldsymbol{x}_0\right)\frac{\partial}{\partial x_0^{(2)}}+\cdots+f_n\left(\boldsymbol{x}_0\right)\frac{\partial}{\partial x_0^{(n)}}\end{aligned}\tag{3.139}$$

那么有

$$\boldsymbol{L}\left(\boldsymbol{x}_0\right)x_0^{(i)}=f_i\left(\boldsymbol{x}_0\right),\quad i=1,2,\cdots,n\tag{3.140}$$

简记

$$L_i^1=L_i^1\left(\boldsymbol{x}_0\right)=\boldsymbol{L}\left(\boldsymbol{x}_0\right)x_0^{(i)},\quad L_i^k=L_i^k\left(\boldsymbol{x}_0\right)=\boldsymbol{L}^k\left(\boldsymbol{x}_0\right)x_0^{(i)},\quad k=1,2,\cdots\tag{3.141}$$

那么有 [20]

$$L_i^1=\boldsymbol{L}x_0^{(i)}=(f_1,f_2,\cdots,f_n)\left(\frac{\partial x_0^{(i)}}{\partial x_0^{(1)}},\cdots,\frac{\partial x_0^{(i)}}{\partial x_0^{(i)}},\cdots,\frac{\partial x_0^{(i)}}{\partial x_0^{(n)}}\right)^{\mathrm{T}}=f_i$$

$$L_i^2=\boldsymbol{L}^2x_0^{(i)}=\boldsymbol{L}f_1=(f_1,f_2,\cdots,f_n)\left(\frac{\partial f_i}{\partial x_0^{(1)}},\frac{\partial f_i}{\partial x_0^{(2)}},\cdots,\frac{\partial f_i}{\partial x_0^{(n)}}\right)^{\mathrm{T}}$$

$$\begin{aligned}L_i^m&=\boldsymbol{L}^mx_0^{(i)}=\boldsymbol{L}^{m-1}f_i\\&=\mathrm{C}_{m-2}^{0}\left(L_1^{m-1},L_2^{m-1},\cdots,L_n^{m-1}\right)\cdot\left(\frac{\partial f_i}{\partial x_0^{(1)}},\frac{\partial f_i}{\partial x_0^{(2)}},\cdots,\frac{\partial f_i}{\partial x_0^{(n)}}\right)^{\mathrm{T}}\\&\quad+\mathrm{C}_{m-2}^{1}\left(L_1^{m-2},L_2^{m-2},\cdots,L_n^{m-2}\right)\left(\boldsymbol{L}\frac{\partial f_i}{\partial x_0^{(1)}},\boldsymbol{L}\frac{\partial f_i}{\partial x_0^{(2)}},\cdots,\boldsymbol{L}\frac{\partial f_i}{\partial x_0^{(n)}}\right)^{\mathrm{T}}\\&\quad+\cdots\\&\quad+\mathrm{C}_{m-2}^{m-2}(f_1,f_2,\cdots,f_n)\left(\boldsymbol{L}^{m-2}\frac{\partial f_i}{\partial x_0^{(1)}},\boldsymbol{L}^{m-2}\frac{\partial f_i}{\partial x_0^{(2)}},\cdots,\boldsymbol{L}^{m-2}\frac{\partial f_i}{\partial x_0^{(n)}}\right)^{\mathrm{T}}\end{aligned}\tag{3.142}$$

其中 $i=1,2,\cdots,n$，$m=3,4,5,\cdots$。

由此可见，要计算 $L_i^m$，只需在 $L_i^{m-1}$ 及 $\boldsymbol{L}^{m-3}\dfrac{\partial f_i}{\partial x_j}$ $(m=3,4,5,\cdots)$ 的基础上，其中 $\boldsymbol{L}^0\dfrac{\partial f_i}{\partial x_j}=\dfrac{\partial f_i}{\partial x_j}$，进一步计算 $\boldsymbol{L}^{m-2}\dfrac{\partial f_i}{\partial x_j}$ $(i,j=1,2,\cdots,n)$。

如此，可以构造 $m\,(m \geqslant 1)$ 阶迭代格式。设步长为 $h$，$x_k^{(i)}$ 为 $\boldsymbol{x}$ 的第 $i$ 个分量的第 $k$ 次迭代值，那么

$$x_1^{(i)} = \Psi_i\left(\boldsymbol{x}_0, h\right) = x_0^{(i)} + hL_i^1\left(\boldsymbol{x}_0\right) + \cdots + \frac{h^m}{m!}L_i^m\left(\boldsymbol{x}_0\right), \quad i = 1, 2, \cdots, n \tag{3.143}$$

是第一次迭代值，得到 $\boldsymbol{x}_1 = \left(x_1^{(1)}, x_1^{(2)}, \cdots, x_1^{(n)}\right)^{\mathrm{T}}$，第 $k$ 次迭代值为 $\boldsymbol{x}_k = \left(x_k^{(1)}, x_k^{(2)}, \cdots, x_k^{(n)}\right)^{\mathrm{T}}$，其中 $x_k^{(i)} = \psi_i\left(\boldsymbol{x}_{k-1}, h\right)$，迭代格式如下 [102]

$$\begin{aligned} &x_k^{(i)} = \psi_i\left(\boldsymbol{x}_{k-1}, h\right) = x_{k-1}^{(i)} + hL_i^1\left(\boldsymbol{x}_{k-1}\right) + \cdots + \frac{h^m}{m!}L_i^m\left(\boldsymbol{x}_{k-1}\right), \\ &\quad i = 1, 2, \cdots, n, \quad k = 1, 2, \cdots \end{aligned} \tag{3.144}$$

如此可得 $m$ 阶精度的数值解。

对于非自治广义哈密顿系统 $\dot{\boldsymbol{x}} = \{\boldsymbol{x}, H\left(\boldsymbol{x}, t\right)\}$，根据文献 [103] 的方法可以做如下处理

$$\left\{\begin{array}{l} \mathrm{d}\boldsymbol{x}/\mathrm{d}\tau = \{\boldsymbol{x}, H\left(\boldsymbol{x}, t\right) + p_t\} \\ \mathrm{d}t/\mathrm{d}\tau = \{t, H + p_t\} = 1 \\ \mathrm{d}p_t/\mathrm{d}\tau = \{p_t, H + p_t\} = -\partial H/\partial t \end{array}\right. \tag{3.145}$$

相空间变量拓展到 $\boldsymbol{w} = \left(\boldsymbol{x}, t, p_t\right)^{\mathrm{T}}$，这时新的时间变量为 $\tau$。

本小节讨论自治广义哈密顿系统的数值计算方法，在其解析解的理论基础上给出了构造任意高阶显式积分格式的方法，该方法保持了原系统解正则性的本质属性，因而是稳定的。

# 第 4 章 Birkhoff 系统及其保辛算法

## 4.1 Birkhoff 系统

虽然哈密顿系统具有辛结构，但是它只能涵盖正规保守的动力学系统，对于大多数的非保守系统，哈密顿系统无法将其纳入自身框架下。在实际工程问题中，涉及的动力学系统大都是含非保守外力与耗散效应的非保守系统，这使得哈密顿系统在工程应用方面存在着较大局限性。Birkhoff 系统是哈密顿系统的一般化自然推广，考虑了系统的耗散项与非保守力外力作用，可以涵盖更多的实际力学系统。在系统保守的情况下，Birkhoff 系统将退化为广义哈密顿系统，并且能够与哈密顿系统相互转换。

本节首先介绍 Birkhoff 系统的基本概念，随后介绍 Birkhoff 方程的构造方法与性质，最后给出 Birkhoff 方程的保辛算法。

### 4.1.1 Birkhoff 方程与 Pfaff-Birkhoff 原理

Birkhoff 方程具有如下形式 [104]

$$\left(\frac{\partial F_j}{\partial z_i}-\frac{\partial F_i}{\partial z_j}\right)\dot{z}_j-\frac{\partial B}{\partial z_i}-\frac{\partial F_i}{\partial t}=0,\quad i,\ j=1,2,\cdots,2n \tag{4.1}$$

其中函数 $B=B(\boldsymbol{z},t)$ 称为 **Birkhoff 函数**，而 $2n$ 个函数 $F_i=F_i(\boldsymbol{z},t)$ 称为 **Birkhoff 函数组**。当取

$$\begin{aligned}
&z_i=\begin{cases} q_i, & i=1,2,\cdots,n\\ p_{i-n}, & i=n+1,n+2,\cdots,2n\end{cases}\\
&F_i=\begin{cases} p_i, & i=1,2,\cdots,n\\ 0, & i=n+1,n+2,\cdots,2n\end{cases}\\
&B=H
\end{aligned} \tag{4.2}$$

Birkhoff 方程将退化为哈密顿方程。

哈密顿系统的正则方程可由哈密顿变分原理推导，而 Birkhoff 方程则对应着 Pfaff-Birkhoff 变分原理，将如下积分

$$A=\int_{t_0}^{t_1}(F_i\dot{z}_i-B)\mathrm{d}t \tag{4.3}$$

称为 **Pfaff 作用量**，有变分原理

$$\delta A = 0 \tag{4.4}$$

带有交换关系

$$\mathrm{d}\delta z_i = \delta \mathrm{d} z_i \tag{4.5}$$

和端点条件

$$\delta z_i\,|_{t=t_0} = \delta z_i\,|_{t=t_1} = 0 \tag{4.6}$$

展开式 (4.4)，得到

$$\delta A = \int_{t_0}^{t_1} \left( \frac{\partial F_i}{\partial z_j} \dot{z}_i \delta z_j + F_i \delta \dot{z}_i - \frac{\partial B}{\partial z_j} \delta z_j \right) \mathrm{d}t \tag{4.7}$$

利用交换关系有

$$F_i \delta \dot{z}_i = F_i \frac{\mathrm{d}}{\mathrm{d}t} (\delta z_i) = F_i \delta z_i - \left( \frac{\partial F_i}{\partial z_j} \dot{z}_j + \frac{\partial F_i}{\partial t} \right) \delta z_i \tag{4.8}$$

将式 (4.8) 代入式 (4.7)，注意到端点条件 (4.6)，有

$$\begin{aligned} \delta A &= \int_{t_0}^{t_1} \left( \frac{\partial F_i}{\partial z_j} \dot{z}_i \delta z_j - \frac{\partial F_i}{\partial z_j} \dot{z}_j \delta z_i - \frac{\partial F_i}{\partial t} \delta z_i - \frac{\partial B}{\partial z_j} \delta z_j \right) \mathrm{d}t \\ &= \int_{t_0}^{t_1} \left( \frac{\partial F_j}{\partial z_i} \dot{z}_j \delta z_i - \frac{\partial F_i}{\partial z_j} \dot{z}_j \delta z_i - \frac{\partial F_i}{\partial t} \delta z_i - \frac{\partial B}{\partial z_i} \delta z_i \right) \mathrm{d}t \\ &= \int_{t_0}^{t_1} \left[ \left( \frac{\partial F_j}{\partial z_i} - \frac{\partial F_i}{\partial z_j} \right) \dot{z}_j - \frac{\partial B}{\partial z_i} - \frac{\partial F_i}{\partial t} \right] \delta z_i \mathrm{d}t \end{aligned} \tag{4.9}$$

由此可利用 $\delta z_i$ 的独立性质和积分区间 $[t_0, t_1]$ 的任意性，导出 Birkhoff 方程。

### 4.1.2 Birkhoff 方程的构造方法

如前所述，Birkhoff 系统可以涵盖更多的实际力学系统，然而目前的结构动力学建模一般是基于牛顿力学和拉格朗日力学体系，因此如果要使用 Birkhoff 力学体系对动力学问题进行分析，就需要将其进行 Birkhoff 化，即构造 Birkhoff 方程。除了依靠技巧的试凑法外，本小节对较为通用的几种构造方法进行介绍 [105]。

#### 4.1.2.1 Santilli 第一方法

取系统总能量为 Birkhoff 函数 $B$，并求解对 Birkhoff 函数组 $F_i$ 的 Cauchy-Kovalevskaya 方程。系统方程组可表示为标准一阶形式

$$\dot{z}_i - \sigma_i (\boldsymbol{z}, t) = 0, \quad i = 1, 2, \cdots, 2n \tag{4.10}$$

欲使式 (4.10) 有 Birkhoff 形式，即

$$\dot{z}_i - \sigma_i(\boldsymbol{z}, t) = \left(\frac{\partial F_j}{\partial z_i} - \frac{\partial F_i}{\partial z_j}\right)\sigma_j - \frac{\partial B}{\partial z_i} - \frac{\partial F_i}{\partial t} = 0, \quad i, j = 1, 2, \cdots, 2n \tag{4.11}$$

对于给定的函数 $B$，有 Cauchy-Kovalevskaya 方程

$$\frac{\partial F_i}{\partial t} = \left(\frac{\partial F_j}{\partial z_i} - \frac{\partial F_i}{\partial z_j}\right)\sigma_j - \frac{\partial B}{\partial z_i}, \quad i, j = 1, 2, \cdots, 2n \tag{4.12}$$

如果已知系统总能量，通过求解关于 $F_i$ 的方程即可确定 Birkhoff 函数组，该方法对所有变量和函数具有直接的物理意义，主要困难在于求解 Cauchy-Kovalevskaya 方程。

#### 4.1.2.2 Santilli 第二方法

针对系统 (4.10) 可以构造出自伴随协变一般形式

$$[\Omega_{ij}(\boldsymbol{z}, t)\dot{z}_j + \Gamma_i(\boldsymbol{z}, t)]_{\mathrm{SA}} = 0, \quad i, j = 1, 2, \cdots, 2n \tag{4.13}$$

其中下标 SA 表示自伴随，Birkhoff 函数组 $F_i$ 与 Birkhoff 函数 $B$ 可由下式确定

$$\begin{aligned} F_i(\boldsymbol{z}, t) &= \int_0^1 [\mathrm{d}\tau\tau\Omega_{ij}(\tau\boldsymbol{z}, t)] z_j \\ B(\boldsymbol{z}, t) &= -\left[\int_0^1 \mathrm{d}\tau\left(\Gamma_i + \frac{\partial F_i}{\partial t}\right)(\tau\boldsymbol{z}, t)\right] z_i \end{aligned} \tag{4.14}$$

其中参数 $\tau$ 满足 $0 \leqslant \tau \leqslant 1$，其作用是保证积分区域为星形可缩区域。

此法相比 Santilli 第一方法更为简单，无需求解复杂的 Cauchy-Kovalevskaya 方程，但困难在于如何将系统方程组表示为自伴随形式。其中自伴随条件为

$$\begin{aligned} &\Omega_{ij} + \Omega_{ji} = 0 \\ &\frac{\partial \Omega_{ij}}{\partial z_k} + \frac{\partial \Omega_{jk}}{\partial z_i} + \frac{\partial \Omega_{ki}}{\partial z_j} = 0 \\ &\frac{\partial \Omega_{ij}}{\partial t} = \frac{\partial \Gamma_i}{\partial z_j} - \frac{\partial \Gamma_j}{\partial z_i}, \quad i, j, k = 1, 2, \cdots, 2n \end{aligned} \tag{4.15}$$

#### 4.1.2.3 Hojman 方法

基于系统方程的 $2n$ 个独立的第一积分 $I_i(\boldsymbol{z}, t)\,(i=1, 2, \cdots, 2n)$，那么 Birkhoff 函数组与 Birkhoff 函数可由下式确定

$$\begin{aligned} F_i(\boldsymbol{z}, t) &= G_j \frac{\partial I_j}{\partial z_i} \\ B(\boldsymbol{z}, t) &= -G_j \frac{\partial I_j}{\partial t} \end{aligned} \tag{4.16}$$

其中 $2n$ 个函数 $G_j$ 应满足条件

$$\det\left(\frac{\partial G_i}{\partial I_j}-\frac{\partial G_j}{\partial I_i}\right)\neq 0 \tag{4.17}$$

Hojman 方法的关键是要已知方程的全部独立的第一积分。

### 4.1.3 Birkhoff 方程的性质

#### 4.1.3.1 Birkhoff 方程的分类

**定义 4.1** 当 Birkhoff 函数 $F_i$ 和 $B$ 中都不显含时间变量 $t$ 时，称 Birkhoff 方程是**自治**的，此时自治 Birkhoff 方程具有如下形式 [3]

$$K_{ij}(\boldsymbol{z})\dot{z}_j-\frac{\partial B(\boldsymbol{z})}{\partial z_i}=0,\quad i,\ j=1,2,\cdots,2n \tag{4.18}$$

当 Birkhoff 函数 $F_i$ 不显含时间变量 $t$ 而 $B$ 显含 $t$ 时，称 Birkhoff 方程是**半自治**的，此时方程具有如下形式

$$K_{ij}(\boldsymbol{z})\dot{z}_j-\frac{\partial B(\boldsymbol{z},t)}{\partial z_i}=0,\quad i,\ j=1,2,\cdots,2n \tag{4.19}$$

当 Birkhoff 函数 $F_i$ 和 $B$ 都显含时间 $t$ 时，称 Birkhoff 方程为**非自治**的，也就是最一般的形式

$$K_{ij}(\boldsymbol{z},t)\dot{z}_j-\frac{\partial B(\boldsymbol{z},t)}{\partial z_i}-\frac{\partial F_i(\boldsymbol{z},t)}{\partial t}=0,\quad i,\ j=1,2,\cdots,2n \tag{4.20}$$

这里无论是自治、半自治或非自治的情形，都有

$$K_{ij}=\frac{\partial F_j}{\partial z_i}-\frac{\partial F_i}{\partial z_j} \tag{4.21}$$

若 $\boldsymbol{K}=(K_{ij})$ 的行列式在某区域 $\tilde{\mathfrak{R}}$ 上不等于零，即

$$\det(\boldsymbol{K})\left(\tilde{\mathfrak{R}}\right)\neq 0 \tag{4.22}$$

则称其在该区域是**非退化**的。

#### 4.1.3.2 Birkhoff 方程的 Birkhoff 辛结构

Birkhoff 方程仍然存在明显的辛结构，只是这时的辛结构不再对应哈密顿系

统中由单位辛矩阵定义的典范辛结构，而是对应更一般的非典范辛结构 [3]，由 $K_{ij}=K_{ij}(\boldsymbol{z})$ 定义一个 2-形式，用局部坐标将 **Birkhoff 辛结构**定义为

$$
\begin{aligned}
&\Omega=\sum_{i,j=1}^{2n}K_{ij}(\boldsymbol{z})\,\mathrm{d}z_i\wedge\mathrm{d}z_j\\
&K_{ij}=-K_{ji},\quad i,j=1,2,\cdots,2n
\end{aligned}
\tag{4.23}
$$

闭 2-形式 (4.23) 包括了自治和半自治的 Birkhoff 系统的几何结构。对于非自治 Birkhoff 系统，辛结构 (4.23) 是显含时间变量 $t$ 的，对于增广空间上的 Birkhoff 方程，其局部坐标为 $(\tilde{z}_0,\tilde{z}_1,\cdots,\tilde{z}_{2n})=(t,z_1,\cdots,z_{2n})$，存在 **Birkhoff 结构**

$$
\begin{aligned}
&\tilde{\Omega}=\sum_{i,j=1}^{2n}\hat{K}_{ij}\mathrm{d}\tilde{z}_i\wedge\mathrm{d}\tilde{z}_j=\Omega+2D_i\mathrm{d}z_i\wedge\mathrm{d}t\\
&D_i=-\frac{\partial B(\boldsymbol{z},t)}{\partial z_i}-\frac{\partial F_i(\boldsymbol{z},t)}{\partial t}
\end{aligned}
\tag{4.24}
$$

**定义 4.2** $\Omega$ 称为 **Birkhoff 辛结构**，$\tilde{\Omega}$ 称为 **Birkhoff 结构**。

**定理 4.1** Birkhoff 方程 (4.20) 是对称的，当且仅当满足条件

$$
\begin{aligned}
&K_{ij}+K_{ji}=0\\
&\frac{\partial K_{ij}}{\partial z_k}+\frac{\partial K_{jk}}{\partial z_i}+\frac{\partial K_{ki}}{\partial z_j}=0\\
&\frac{\partial K_{ij}}{\partial t}=\frac{\partial D_i}{\partial z_j}-\frac{\partial D_j}{\partial z_i},\quad i,j,k=1,2,\cdots,2n
\end{aligned}
\tag{4.25}
$$

条件 (4.25) 称为方程 (4.20) 的**变分对称条件**，其中

$$
D_i(\boldsymbol{z},t)=-\frac{\partial B(\boldsymbol{z},t)}{\partial z_i}-\frac{\partial F_i(\boldsymbol{z},t)}{\partial t}\tag{4.26}
$$

哈密顿方程满足变分对称条件 (4.25) 的特殊情形，即满足

$$
\frac{\partial D_i}{\partial z_j}=\frac{\partial D_j}{\partial z_i}\tag{4.27}
$$

与哈密顿系统类似，Birkhoff 辛结构及其相空间面积存在守恒律。

**证明** 首先证明 Birkhoff 辛结构的守恒律。令

$$
z_{i,t}=\frac{\mathrm{d}z_i}{\mathrm{d}t}\tag{4.28}
$$

辛结构 (4.23) 的微分形式为

$$\begin{aligned}\frac{\mathrm{d}\Omega}{\mathrm{d}t} &= \frac{\mathrm{d}}{\mathrm{d}t}\left(K_{ij}\mathrm{d}z_i \wedge \mathrm{d}z_j\right) \\ &= K_{ij}\mathrm{d}z_{i,t} \wedge \mathrm{d}z_j + K_{ij}\mathrm{d}z_i \wedge \mathrm{d}z_{j,t} + \frac{\partial K_{ij}}{\partial z_k} z_{k,t}\mathrm{d}z_i \wedge \mathrm{d}z_j + \frac{\partial K_{ij}}{\partial t}\mathrm{d}z_i \wedge \mathrm{d}z_j\end{aligned} \tag{4.29}$$

式 (4.29) 中每一项分别根据对称条件 (4.25) 进行变换

$$\begin{aligned}K_{ij}\mathrm{d}z_{i,t} \wedge \mathrm{d}z_j + K_{ij}\mathrm{d}z_i \wedge \mathrm{d}z_{j,t} &= K_{ji}\mathrm{d}z_{j,t} \wedge \mathrm{d}z_i - K_{ij}\mathrm{d}z_{j,t} \wedge \mathrm{d}z_i \\ &= -K_{ij}\mathrm{d}z_{j,t} \wedge \mathrm{d}z_i - K_{ij}\mathrm{d}z_{j,t} \wedge \mathrm{d}z_i \\ &= -2K_{ij}\mathrm{d}z_{j,t} \wedge \mathrm{d}z_i\end{aligned} \tag{4.30}$$

$$\begin{aligned}\frac{\partial K_{ij}}{\partial z_k} z_{k,t}\mathrm{d}z_i \wedge \mathrm{d}z_j &= -\left(\frac{\partial K_{jk}}{\partial z_i} + \frac{\partial K_{ki}}{\partial z_j}\right) z_{k,t}\mathrm{d}z_i \wedge \mathrm{d}z_j \\ &= -\frac{\partial K_{ij}}{\partial z_k} z_{j,t}\mathrm{d}z_k \wedge \mathrm{d}z_i - \frac{\partial K_{ji}}{\partial z_k} z_{j,t}\mathrm{d}z_i \wedge \mathrm{d}z_k \\ &= -\frac{\partial K_{ij}}{\partial z_k} z_{j,t}\mathrm{d}z_k \wedge \mathrm{d}z_i - \frac{\partial K_{ij}}{\partial z_k} z_{j,t}\mathrm{d}z_k \wedge \mathrm{d}z_i \\ &= -2\frac{\partial K_{ij}}{\partial z_k} z_{j,t}\mathrm{d}z_k \wedge \mathrm{d}z_i\end{aligned} \tag{4.31}$$

$$\begin{aligned}\frac{\partial K_{ij}}{\partial t}\mathrm{d}z_i \wedge \mathrm{d}z_j &= \left(\frac{\partial D_i}{\partial z_j} - \frac{\partial D_j}{\partial z_i}\right)\mathrm{d}z_i \wedge \mathrm{d}z_j \\ &= \frac{\partial D_i}{\partial z_j}\mathrm{d}z_i \wedge \mathrm{d}z_j - \frac{\partial D_i}{\partial z_j}\mathrm{d}z_j \wedge \mathrm{d}z_i \\ &= -\frac{\partial D_i}{\partial z_j}\mathrm{d}z_j \wedge \mathrm{d}z_i - \frac{\partial D_i}{\partial z_j}\mathrm{d}z_j \wedge \mathrm{d}z_i \\ &= -2\frac{\partial D_i}{\partial z_j}\mathrm{d}z_j \wedge \mathrm{d}z_i\end{aligned} \tag{4.32}$$

式 (4.30)~(4.32) 相加得

$$\frac{\mathrm{d}\Omega}{\mathrm{d}t} = -2\left(K_{ij}\mathrm{d}z_{j,t} \wedge \mathrm{d}z_i + \frac{\partial K_{ij}}{\partial z_k} z_{j,t}\mathrm{d}z_k \wedge \mathrm{d}z_i + \frac{\partial D_i}{\partial z_j}\mathrm{d}z_j \wedge \mathrm{d}z_i\right) \tag{4.33}$$

方程 (4.20) 的微分形式为

$$\mathrm{d}\left(K_{ij}\left(\boldsymbol{z},t\right)z_{j,t}\right)+\mathrm{d}D_i\left(\boldsymbol{z},t\right)=0 \tag{4.34}$$

整理得

$$K_{ij}\mathrm{d}z_{j,t}+\frac{\partial K_{ij}}{\partial z_k}z_{j,t}\mathrm{d}z_k+\frac{\partial D_i}{\partial z_j}\mathrm{d}z_j=0 \tag{4.35}$$

式 (4.35) 外积 $\mathrm{d}z_i$ 得

$$K_{ij}\mathrm{d}z_{j,t}\wedge\mathrm{d}z_i+\frac{\partial K_{ij}}{\partial z_k}z_{j,t}\mathrm{d}z_k\wedge\mathrm{d}z_i+\frac{\partial D_i}{\partial z_j}\mathrm{d}z_j\wedge\mathrm{d}z_i=0 \tag{4.36}$$

由式 (4.33) 和 (4.36) 可得守恒律

$$\frac{\mathrm{d}\Omega}{\mathrm{d}t}=0 \tag{4.37}$$

下面证明相空间面积和超体积守恒律，假设 Birkhoff 系统的相流为 $\hat{\boldsymbol{z}}=g^t\left(\boldsymbol{z},t_0\right)$，则 $g^t$ 保持 $\boldsymbol{K}\left(\boldsymbol{z},t\right)$ 辛结构，即

$$\left[\frac{\partial \boldsymbol{g}^t\left(\boldsymbol{z},t_0\right)}{\partial \boldsymbol{z}}\right]^{\mathrm{T}}\boldsymbol{K}\left[g^t\left(\boldsymbol{z},t_0\right),t\right]\frac{\partial g^t\left(\boldsymbol{z},t_0\right)}{\partial \boldsymbol{z}}=\boldsymbol{K}\left(\boldsymbol{z},t_0\right) \tag{4.38}$$

Birkhoff 系统相流可以表示为

$$g^t\left(\boldsymbol{z},t_0\right)=g\left(\boldsymbol{z},t,t_0\right) \tag{4.39}$$

相流 $g^t\left(\boldsymbol{z},t_0\right)$ 是 $\boldsymbol{K}\left(\boldsymbol{z},t\right)$ 辛映射在局部空间 $\{(\boldsymbol{z},t)\}$ 上的一个单参数群，即

$$g^{t_0}=\mathrm{id},\quad g^{t_1+t_2}=g^{t_1}\cdot g^{t_2} \tag{4.40}$$

这里认为 $\boldsymbol{z}$ 是 $\hat{\boldsymbol{z}}$ 在 $t=t_0$ 时的初值，而 $\hat{\boldsymbol{z}}\left(\boldsymbol{z},t,t_0\right)=g^t\left(\boldsymbol{z},t_0\right)\triangleq g\left(t;\boldsymbol{z},t_0\right)$ 是 Birkhoff 系统在这个初始条件下的解。

与哈密顿系统类似，同样对一切 $t$, $g^t$ 是一个正则变换，即

$$\left(g^t\right)^*\Omega=\Omega \tag{4.41}$$

其中 $\left(g^t\right)^*\Omega$ 表示 $\Omega$ 的拉回映射。

由式 (4.41) 可得相空间面积守恒律

$$\int_{\boldsymbol{g}^t\sigma^2}\Omega=\int_{\sigma^2}\Omega \tag{4.42}$$

利用拉回映射的外积交换性

$$\left(g^{t}\right)^{*}(\Omega \wedge \cdots \wedge \Omega)=\left(g^{t}\right)^{*} \Omega \wedge \cdots \wedge\left(g^{t}\right)^{*} \Omega \tag{4.43}$$

并将式 (4.41) 代入，则有

$$\left(g^{t}\right)^{*}(\Omega \wedge \cdots \wedge \Omega)=\Omega \wedge \cdots \wedge \Omega \tag{4.44}$$

从而可得相空间超体积守恒律

$$\int_{g^{t} \sigma^{2 n}} \Omega \wedge \cdots \wedge \Omega=\int_{\sigma^{2 n}} \Omega \wedge \cdots \wedge \Omega \tag{4.45}$$

### 4.1.4 Birkhoff 方程的保辛算法

#### 4.1.4.1 Birkhoff 保辛算法的定义与常用方法

保辛算法的提出有效解决了久悬未决的动力学长期预测计算问题，并因其所具有的高精度、长时间稳定、保守恒量等特性，在科学和工程的很多领域得到了成功应用。将动力学问题转化为 Birkhoff 方程的主要目的之一是可以采用保辛算法对其进行高精度数值分析。

**定义 4.3** 设 $g: \boldsymbol{z} \mapsto \hat{\boldsymbol{z}}=g\left(\boldsymbol{z}, t, t_{0}\right)$ 是一个带参数的可微映射，当满足

$$\left(\frac{\partial g}{\partial \boldsymbol{z}}\right)^{\mathrm{T}} \boldsymbol{K}\left[g\left(\boldsymbol{z}, t, t_{0}\right), t\right] \frac{\partial g}{\partial \boldsymbol{z}}=\boldsymbol{K}\left(\boldsymbol{z}, t_{0}\right) \tag{4.46}$$

称该映射是 **Birkhoff 辛映射**。进而假设一个离散的相流

$$\boldsymbol{z}^{k+1}=\boldsymbol{\Phi}\left(\boldsymbol{z}^{k}, t_{k}\right) \tag{4.47}$$

那么 Birkhoff 辛映射的定义变为

$$\left(\frac{\partial \boldsymbol{\Phi}}{\partial \boldsymbol{z}^{k}}\right)^{\mathrm{T}} \boldsymbol{K}\left(\boldsymbol{z}^{k+1}, t_{k+1}\right) \frac{\partial \boldsymbol{\Phi}}{\partial \boldsymbol{z}^{k}}=\boldsymbol{K}\left(\boldsymbol{z}^{k}, t_{k}\right) \tag{4.48}$$

满足上述定义的离散格式也称为 **Birkhoff 辛格式**，即 Birkhoff 方程的保辛算法 [3]。

作为哈密顿系统的自然推广，Birkhoff 系统的保辛算法最初是在哈密顿系统保辛算法的基础上发展而来的。

对于线性自治 Birkhoff 系统，即当 Birkhoff 函数 $B$ 是 $\boldsymbol{z}$ 的二次型时，Birkhoff 方程能够表示为

$$\boldsymbol{K} \frac{\mathrm{d} \boldsymbol{z}}{\mathrm{d} t}=\frac{\partial B}{\partial \boldsymbol{z}}=\boldsymbol{G} \boldsymbol{z} \tag{4.49}$$

$$\dot{\boldsymbol{z}} = \boldsymbol{K}^{-1}\boldsymbol{G}\boldsymbol{z} = \hat{\boldsymbol{B}}\boldsymbol{z} \tag{4.50}$$

式 (4.50) 的 Euler 中点格式为

$$\boldsymbol{z}^{k+1} - \boldsymbol{z}^{k} = \frac{1}{2}\tau\hat{\boldsymbol{B}}\left(\boldsymbol{z}^{k+1} + \boldsymbol{z}^{k}\right) \tag{4.51}$$

其步进映射为

$$\frac{\partial \boldsymbol{z}^{k+1}}{\partial \boldsymbol{z}^{k}} = \left(1 + \frac{\tau}{2}\hat{\boldsymbol{B}}\right)\left(1 - \frac{\tau}{2}\hat{\boldsymbol{B}}\right)^{-1} \tag{4.52}$$

能够证明 [106]，$\dfrac{\partial \boldsymbol{z}^{k+1}}{\partial \boldsymbol{z}^{k}}$ 是无穷小 Birkhoff 辛阵 $-\dfrac{\tau}{2}\hat{\boldsymbol{B}}$ 的 Cayley 变换，因此 $\dfrac{\partial \boldsymbol{z}^{k+1}}{\partial \boldsymbol{z}^{k}}$ 是 Birkhoff 辛矩阵，差分格式 (4.51) 是保辛的。

对于非自治 Birkhoff 方程，目前较为成熟的保辛算法是**生成函数法** [107]。记

$$p = \begin{pmatrix} \hat{\boldsymbol{z}} \\ \boldsymbol{z} \end{pmatrix} \in \mathbb{R}^{4n} \Big| \boldsymbol{z} = \boldsymbol{z}(t_0), \quad \hat{\boldsymbol{z}} = \hat{\boldsymbol{z}}(t) \tag{4.53}$$

假设 $\mathbb{R}^{4n}$ 上存在到它自身的可逆映射，这个映射带有参数 $t$ 和 $t_0$，如

$$\begin{aligned} \boldsymbol{\alpha}(t, t_0) &: \begin{pmatrix} \hat{\boldsymbol{z}} \\ \boldsymbol{z} \end{pmatrix} \mapsto \begin{pmatrix} \hat{\boldsymbol{w}} \\ \boldsymbol{w} \end{pmatrix} = \begin{pmatrix} \boldsymbol{\alpha}_1(\hat{\boldsymbol{z}}, \boldsymbol{z}, t, t_0) \\ \boldsymbol{\alpha}_2(\hat{\boldsymbol{z}}, \boldsymbol{z}, t, t_0) \end{pmatrix} \\ \boldsymbol{\alpha}^{-1}(t, t_0) &: \begin{pmatrix} \hat{\boldsymbol{w}} \\ \boldsymbol{w} \end{pmatrix} \mapsto \begin{pmatrix} \hat{\boldsymbol{z}} \\ \boldsymbol{z} \end{pmatrix} = \begin{pmatrix} \boldsymbol{\alpha}^1(\hat{\boldsymbol{w}}, \boldsymbol{w}, t, t_0) \\ \boldsymbol{\alpha}^2(\hat{\boldsymbol{w}}, \boldsymbol{w}, t, t_0) \end{pmatrix} \end{aligned} \tag{4.54}$$

映射 $\boldsymbol{\alpha}$ 与 $\boldsymbol{\alpha}^{-1}$ 的 Jacobi 矩阵 (映射矩阵) 分别为

$$\boldsymbol{\alpha}_*(\hat{\boldsymbol{z}}, \boldsymbol{z}, t, t_0) = \begin{pmatrix} \boldsymbol{A}_{\alpha} & \boldsymbol{B}_{\alpha} \\ \boldsymbol{C}_{\alpha} & \boldsymbol{D}_{\alpha} \end{pmatrix}, \quad \boldsymbol{\alpha}_*^{-1}(\hat{\boldsymbol{w}}, \boldsymbol{w}, t, t_0) = \begin{pmatrix} \boldsymbol{A}^{\alpha} & \boldsymbol{B}^{\alpha} \\ \boldsymbol{C}^{\alpha} & \boldsymbol{D}^{\alpha} \end{pmatrix} \tag{4.55}$$

**定理 4.2**　对于上述映射 $\boldsymbol{\alpha}$，映射 $\boldsymbol{z} \mapsto \hat{\boldsymbol{z}} = \boldsymbol{g}(t; \boldsymbol{z}, t_0)$ 是 Birkhoff 系统 (4.1) 的相流，$\boldsymbol{M}(t; \boldsymbol{z}, t_0) = g_{\boldsymbol{z}}(t; \boldsymbol{z}, t_0)$ 是其 Jacobi 矩阵。如果在初值 $t = t_0, \hat{\boldsymbol{z}} = \boldsymbol{z}$ 处，有

$$\left|\boldsymbol{C}_{\alpha}(\boldsymbol{z}, \boldsymbol{z}, t_0, t_0) + \boldsymbol{D}_{\alpha}(\boldsymbol{z}, \boldsymbol{z}, t_0, t_0)\right| \neq 0 \tag{4.56}$$

那么当 $|t - t_0|$ 足够小时，在初值 $\boldsymbol{z}$ 的邻域内存在梯度映射 $\boldsymbol{w} \mapsto \hat{\boldsymbol{w}} = \boldsymbol{f}(\boldsymbol{w}, t, t_0)$，它的 Jacobi 矩阵 $\boldsymbol{f}_{\boldsymbol{w}}(\boldsymbol{w}, t, t_0) = \boldsymbol{N}(\boldsymbol{w}, t, t_0)$ 是对称的，还存在生成函数 $\phi_{\boldsymbol{w}}(\boldsymbol{w}, t,$

$t_0$)，使得

$$\begin{aligned}
&\boldsymbol{f}(\boldsymbol{w},t,t_0)=\phi_{\boldsymbol{w}}(\boldsymbol{w},t,t_0)\\
&\frac{\partial}{\partial t}\phi_{\boldsymbol{w}}(\boldsymbol{w},t,t_0)=\mathcal{A}\left[\phi_{\boldsymbol{w}}(\boldsymbol{w},t,t_0),\boldsymbol{w},\phi_{\boldsymbol{ww}}(\boldsymbol{w},t,t_0),t,t_0\right]\\
&\mathcal{A}\left(\hat{\boldsymbol{w}},\boldsymbol{w},\frac{\partial\hat{\boldsymbol{w}}}{\partial\boldsymbol{w}},t,t_0\right)=\bar{\mathcal{A}}\left[\hat{\boldsymbol{z}}(\hat{\boldsymbol{w}},\boldsymbol{w},t,t_0),\boldsymbol{z}(\hat{\boldsymbol{w}},\boldsymbol{w},t,t_0),\frac{\partial\hat{\boldsymbol{w}}}{\partial\boldsymbol{w}},t,t_0\right]\\
&\bar{\mathcal{A}}\left(\hat{\boldsymbol{z}},\boldsymbol{z},\frac{\partial\hat{\boldsymbol{w}}}{\partial\boldsymbol{w}},t,t_0\right)=\frac{\mathrm{d}}{\mathrm{d}t}\hat{\boldsymbol{w}}(\hat{\boldsymbol{z}},\boldsymbol{z},t,t_0)-\frac{\partial\hat{\boldsymbol{w}}}{\partial\boldsymbol{w}}\frac{\mathrm{d}}{\mathrm{d}t}\boldsymbol{w}(\hat{\boldsymbol{z}},\boldsymbol{z},t,t_0)\\
&\qquad\qquad\qquad\qquad\quad=\left(\boldsymbol{A}_{\boldsymbol{\alpha}}-\frac{\partial\hat{\boldsymbol{w}}}{\partial\boldsymbol{w}}\boldsymbol{C}_{\boldsymbol{\alpha}}\right)\boldsymbol{K}^{-1}\boldsymbol{D}(\hat{\boldsymbol{z}},t)+\frac{\partial\boldsymbol{\alpha}_1}{\partial t}-\frac{\partial\hat{\boldsymbol{w}}}{\partial\boldsymbol{w}}\frac{\partial\boldsymbol{\alpha}_2}{\partial t}\\
&\boldsymbol{\alpha}_1\left[g(t;\boldsymbol{z},t_0),\boldsymbol{z},t,t_0\right]=\boldsymbol{f}\left\{\boldsymbol{\alpha}_2\left[g(t;\boldsymbol{z},t_0),\boldsymbol{z},t,t_0\right],t,t_0\right\}\\
&\qquad\qquad\qquad\qquad\quad=\phi_{\boldsymbol{w}}\left\{\boldsymbol{\alpha}_2\left(g(t;\boldsymbol{z},t_0),\boldsymbol{z},t,t_0\right),t,t_0\right\}
\end{aligned}\tag{4.57}$$

$\boldsymbol{\alpha}_1$ 关于 $(\boldsymbol{z},t_0)$ 唯一确定，且

$$\begin{aligned}
\boldsymbol{N}&=\boldsymbol{\sigma}_{\boldsymbol{\alpha}}(\boldsymbol{M})=(\boldsymbol{A}_{\boldsymbol{\alpha}}\boldsymbol{M}+\boldsymbol{B}_{\boldsymbol{\alpha}})(\boldsymbol{C}_{\boldsymbol{\alpha}}\boldsymbol{M}+\boldsymbol{D}_{\boldsymbol{\alpha}})^{-1}\\
\boldsymbol{M}&=\boldsymbol{\sigma}_{\boldsymbol{\alpha}^{-1}}(\boldsymbol{N})=(\boldsymbol{A}^{\boldsymbol{\alpha}}\boldsymbol{N}+\boldsymbol{B}^{\boldsymbol{\alpha}})(\boldsymbol{C}^{\boldsymbol{\alpha}}\boldsymbol{N}+\boldsymbol{D}^{\boldsymbol{\alpha}})^{-1}
\end{aligned}\tag{4.58}$$

**定理 4.3** 假设 $\mathcal{A}$ 与 $\boldsymbol{\alpha}$ 是解析的，当 $|t-t_0|$ 足够小时，生成函数 $\phi_{\boldsymbol{w}}(\boldsymbol{w},t,t_0)$ 可以对 $t$ 展开成级数

$$\phi_{\boldsymbol{w}}(\boldsymbol{w},t,t_0)=\sum_{k=0}^{\infty}(t-t_0)^k\,\phi_{\boldsymbol{w}}^{(k)}(\boldsymbol{w},t_0)\tag{4.59}$$

并且是收敛的。对于任意的 $k\geqslant 0$，$\phi_{\boldsymbol{w}}^{(k)}$ 可以由如下式子递推决定

$$\begin{aligned}
&\phi_{\boldsymbol{w}}^{(0)}(\boldsymbol{w},t_0)=\boldsymbol{f}(\boldsymbol{w},t_0,t_0)\\
&\phi_{\boldsymbol{w}}^{(1)}(\boldsymbol{w},t_0)=\mathcal{A}\left(\phi_{\boldsymbol{w}}^{(0)},\boldsymbol{w},\phi_{\boldsymbol{ww}}^{(0)},t_0,t_0\right)\\
&\phi_{\boldsymbol{w}}^{(k+1)}(\boldsymbol{w},t_0)=\frac{1}{(k+1)!}\mathrm{D}_t^k\mathcal{A}\left(\phi_{\boldsymbol{w}}^{(0)},\boldsymbol{w},\phi_{\boldsymbol{ww}}^{(0)},t_0,t_0\right)
\end{aligned}\tag{4.60}$$

**定理 4.4** 当步长 $\tau>0$ 足够小时，取

$$\psi_{\boldsymbol{w}}^{(m)}(\boldsymbol{w},t_0+\tau,t_0)=\sum_{i=0}^{m}\tau^i\phi_{\boldsymbol{w}}^{(i)}(\boldsymbol{w},t_0),\quad m=1,2,\cdots\tag{4.61}$$

那么 $\psi_{\boldsymbol{w}}^{(m)}(\boldsymbol{w},t_0+\tau,t_0)$ 就定义了一个 $m$ 阶精度的 $\boldsymbol{K}(\boldsymbol{z},t)$-辛格式，使得 $\boldsymbol{z}=\boldsymbol{z}^k\mapsto\boldsymbol{z}^{k+1}=\hat{\boldsymbol{z}}$，且

$$\boldsymbol{\alpha}_1\boldsymbol{z}^{k+1},\boldsymbol{z}^k,t_{k+1},t_k=\psi_{\boldsymbol{w}}^{(m)}\left[\boldsymbol{\alpha}_2\boldsymbol{z}^{k+1},\boldsymbol{z}^k,t_{k+1},t_k,t_{k+1},t_k\right]\tag{4.62}$$

即得到具有 $m$ 阶精度的 Birkhoff 辛格式。

#### 4.1.4.2 基于 Birkhoff 保辛算法的线性衰减振子方程求解

这一小节将通过一个具有代表性的例子 [108] 展示 Birkhoff 系统的保辛算法在模拟动力学系统时所具有的明显优势。

考虑线性衰减振子方程

$$\ddot{x}+\gamma\dot{x}+x=0 \tag{4.63}$$

这是一个二阶常微分方程，为给出方程的 Birkhoff 表示，需要将其降阶。令 $a_1=x$，$a_2=\dot{x}$，则方程 (4.63) 化为一阶常微分方程组

$$\begin{cases}\dot{a}_1=a_2\\ \dot{a}_2=-\gamma a_2-a_1\end{cases} \tag{4.64}$$

进而定义如下 Birkhoff 函数和 Birkhoff 函数组

$$\begin{aligned}B&=\frac{1}{2}\mathrm{e}^{\gamma t}\left(a_1^2+a_2^2+\gamma a_1a_2\right)\\ R&=\left\{\frac{1}{2}\mathrm{e}^{\gamma t}a_2,-\frac{1}{2}\mathrm{e}^{\gamma t}a_1\right\}\end{aligned} \tag{4.65}$$

新定义的变量 $a_1$ 和 $a_2$ 分别对应原始系统的空间和速度变量，并没有失去实际的物理意义，从而可构造其如下一阶精度保辛格式 [109]

$$\begin{aligned}&-\frac{1}{2}\mathrm{e}^{\gamma t^k}\left(a_2^{k+1}-a_2^k\right)-\frac{1}{2}\mathrm{e}^{\gamma t^k}\left(2a_1^k+\gamma a_2^k\right)\tau-\frac{1}{2}\mathrm{e}^{\gamma t^k}a_2^k+\frac{1}{2}\mathrm{e}^{\gamma t^{k-1}}a_2^{k-1}=0\\ &\frac{1}{2}\mathrm{e}^{\gamma t^k}\left(a_1^{k+1}-a_1^k\right)-\frac{1}{2}\mathrm{e}^{\gamma t^k}\left(2a_2^k+\gamma a_1^k\right)\tau+\frac{1}{2}\mathrm{e}^{\gamma t^k}a_1^k-\frac{1}{2}\mathrm{e}^{\gamma t^{k-1}}a_1^{k-1}=0\end{aligned} \tag{4.66}$$

由该格式算得的系统的解曲线如图 4.1 所示，其中 $\tau=0.1,\gamma=0.005$。从图 4.1 中可以看到，尽管只具有一阶精度，该差分格式所衍生的数值解却很好地逼近了系统的真实解。

Birkhoff 函数是系统的一个守恒量，下面考察保辛算法与非辛中点格式在数值模拟系统的守恒量时所呈现出的不同行为，同样 $\tau=0.1,\gamma=0.005$。从图 4.2 可以清晰地看到，由保辛算法所算得的数值 Birkhoff 函数曲线尽管出现了小幅的波动，但呈现出很好的守恒特性；相比而言，非辛格式在计算系统守恒量时就出现了明显的发散现象。

显然，保辛算法的误差更小、精度更高，保辛差分格式在模拟系统动力学行为时的有效性以及与传统数值差分格式相比在保持系统守恒量方面具有明显优势 [110,111]。关于 Birkhoff 系统及其保辛算法的应用可见文献 [110-114]。

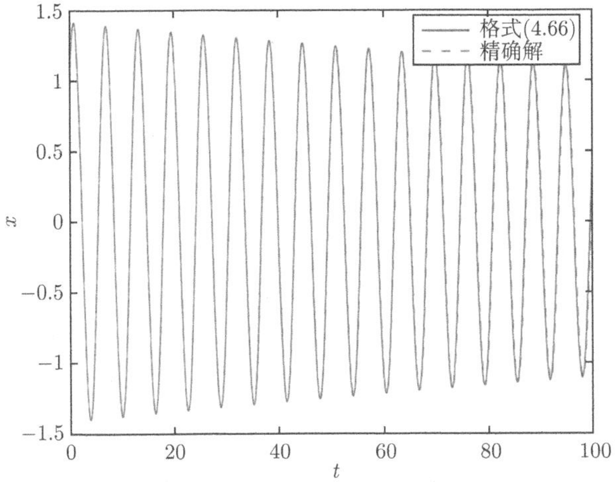


图 4.1 线性衰减振子系统的精确解轨迹以及由保辛算法算得的数值解轨迹

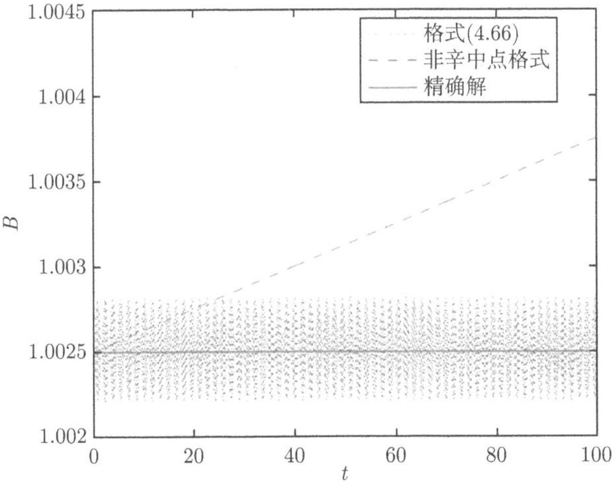


图 4.2 数值 Birkhoff 函数曲线

## 4.2 多辛 Birkhoff 系统

2.3 节介绍了多辛哈密顿系统，对于多辛哈密顿方程，都是从二阶或二阶以上通常意义的对称系统即拉格朗日方程出发讨论的，因为对于单个方程，如果最高阶导数是奇数阶，那么它们必然不对称，所以一阶方程不在讨论范围内 [3]。但是，一阶方程组中，除了多辛哈密顿方程以外，还有一类带有耗散项的方程组也是对称的。这类系统就是本节要介绍的多辛 Birkhoff 系统。

本节结合多辛哈密顿方程和 Birkhoff 常微分方程，讨论多辛 Birkhoff 偏微分方程，研究其对称性和多辛守恒律，进而介绍其多辛算法。为了叙述简便，除非特别说明，只考虑 1+1 维的偏微分方程。

### 4.2.1 多辛哈密顿方程的推广

首先回顾多辛哈密顿方程。

**定义 4.4** 令 $\boldsymbol{M}$ 和 $\boldsymbol{K}$ 是 $\mathbb{R}^n$ $(n \geqslant 3)$ 上的任意反对称矩阵，$S$ 是 $\mathbb{R}^n$ 到 $\mathbb{R}$ 上的任意光滑函数，一个方程若是能表示成下面的形式 [80]

$$\boldsymbol{M}\partial_t \boldsymbol{z} + \boldsymbol{K}\partial_x \boldsymbol{z} = \nabla_{\boldsymbol{z}} S(\boldsymbol{z}, x, t), \quad \boldsymbol{z} \in \mathbb{R}^n \tag{4.67}$$

则称该方程是多辛哈密顿形式下的**多辛哈密顿方程**。

矩阵 $\boldsymbol{M}$ 和 $\boldsymbol{K}$ 可以定义两个预辛形式 $\omega, \kappa$，满足**多辛守恒律**

$$\partial_t \omega + \partial_x \kappa = 0 \tag{4.68}$$

系统 (4.67) 的一个**多辛格式**就是对它自身的一个数值逼近，例如

$$\boldsymbol{M}\partial_t^{i,j} \boldsymbol{z}_{i,j} + \boldsymbol{K}\partial_x^{i,j} \boldsymbol{z}_{i,j} = \left(\nabla_{\boldsymbol{z}} S(\boldsymbol{z}_{i,j}, x_i, t_j)\right)_{i,j}, \quad \boldsymbol{z}_{i,j} = \boldsymbol{z}(x_i, t_j) \tag{4.69}$$

其中 $\partial t^{i,j}$ 和 $\partial x^{i,j}$ 分别表示 $\partial/\partial t$ 和 $\partial/\partial x$ 在 $(x_i, t_j)$ 处的离散近似。

这个数值逼近保持离散的多辛守恒律

$$\partial_t^{i,j} \omega_{i,j} + \partial_x^{i,j} \kappa_{i,j} = 0 \tag{4.70}$$

假如函数 $S$ 不显含时间 $t$ 和空间变量 $x$，系统 (4.67) 就是**自治**的多辛哈密顿系统，除了有多辛守恒律之外，还有**形式能量**和**动量守恒律**

$$\partial_t \mathcal{E}(\boldsymbol{z}) + \partial_x \mathcal{F}(\boldsymbol{z}) = 0, \quad \partial_t \mathcal{I}(\boldsymbol{z}) + \partial_x \mathcal{G}(\boldsymbol{z}) = 0 \tag{4.71}$$

其中

$$\begin{aligned} &\mathcal{E}(\boldsymbol{z}) = S(\boldsymbol{z}) - \frac{1}{2}\boldsymbol{z}^{\mathrm{T}}\boldsymbol{K}\partial_x \boldsymbol{z}, \quad \mathcal{F}(\boldsymbol{z}) = \frac{1}{2}\boldsymbol{z}^{\mathrm{T}}\boldsymbol{K}\partial_t \boldsymbol{z} \\ &\mathcal{G}(\boldsymbol{z}) = S(\boldsymbol{z}) - \frac{1}{2}\partial_t \boldsymbol{z}^{\mathrm{T}}\boldsymbol{M}\boldsymbol{z}, \quad \mathcal{I}(\boldsymbol{z}) = \frac{1}{2}\partial_x \boldsymbol{z}^{\mathrm{T}}\boldsymbol{M}\boldsymbol{z} \end{aligned} \tag{4.72}$$

系统 (4.67) 的多辛格式同样保持离散的形式能量和动量守恒。

**非自治**的多辛哈密顿系统，也就是势函数 $S$ 显含自变量 $(x, t)$ 时，不存在明显的能量和动量守恒律。不过即使作为能量耗散系统，有些系统的能量耗散也有一定的规律。

如果在构形空间上考虑，把自变量和因变量等价地看待，可以很自然地把多辛哈密顿系统推广到更一般的形式。令 $\boldsymbol{M}(\boldsymbol{z},x,t)$ 和 $\boldsymbol{K}(\boldsymbol{z},x,t)$ 也是 $\mathbb{R}^n\ (n\geqslant 3)$ 上的反对称矩阵，$B$ 是从 $\mathbb{R}^n$ 到 $\mathbb{R}$ 上的光滑函数，那么一般的多辛哈密顿系统可以推广为

$$\boldsymbol{M}(\boldsymbol{z},x,t)\,\partial_t\boldsymbol{z}+\boldsymbol{K}(\boldsymbol{z},x,t)\,\partial_x\boldsymbol{z}=\nabla_{\boldsymbol{z}}B(\boldsymbol{z},x,t)+\frac{\partial\boldsymbol{F}(\boldsymbol{z},x,t)}{\partial t}+\frac{\partial\boldsymbol{G}(\boldsymbol{z},x,t)}{\partial x} \tag{4.73}$$

其中 $\boldsymbol{F}=\boldsymbol{F}(\boldsymbol{z},x,t)$ 和 $\boldsymbol{G}=\boldsymbol{G}(\boldsymbol{z},x,t)$ 是两个向量函数。

系统 (4.73) 有讨论意义，在于两个方面：第一，从形式上它是多辛哈密顿系统 (4.67) 的自然推广，也是从常微分方程的 Birkhoff 表示到偏微分方程的推广；第二，这个形式可以研究受外力作用的不守恒系统的几何结构。

下面，通过一个不守恒系统的例子，对系统 (4.73) 进行说明。

**例 4.1** 考虑描述空气中带摩擦的线性弦振动方程

$$u_{tt}-u_{xx}+u+\alpha u_t+\beta u_x=0 \tag{4.74}$$

其中耗散项是 $u_t$ 和 $u_x$。

引进新变量 $p=u_t$ 和 $q=u_x$，方程 (4.74) 变为一个一阶方程组

$$\begin{aligned}&u_t=p\\&u_x=q\\&p_t-q_x+u+\alpha p+\beta q=0\end{aligned} \tag{4.75}$$

或者令 $\boldsymbol{z}=(u,p,q)^{\mathrm{T}}\in\mathbb{R}^3$，则可以表示为系统 (4.73) 的形式，其中

$$\boldsymbol{M}=\begin{pmatrix}0&\mathrm{e}^{\alpha t-\beta x}&0\\-\mathrm{e}^{\alpha t-\beta x}&0&0\\0&0&0\end{pmatrix},\quad \boldsymbol{K}=\begin{pmatrix}0&0&-\mathrm{e}^{\alpha t-\beta x}\\0&0&0\\\mathrm{e}^{\alpha t-\beta x}&0&0\end{pmatrix} \tag{4.76}$$

势函数为

$$\begin{aligned}&\boldsymbol{M}=\left(-\frac{1}{2}\mathrm{e}^{\alpha t-\beta x}p,\frac{1}{2}\mathrm{e}^{\alpha t-\beta x}u,0\right)^{\mathrm{T}}\\&\boldsymbol{K}=\left(\frac{1}{2}\mathrm{e}^{\alpha t-\beta x}q,0,-\frac{1}{2}\mathrm{e}^{\alpha t-\beta x}u\right)^{\mathrm{T}}\\&B=-\frac{1}{2}\mathrm{e}^{\alpha t-\beta x}\left(u^2+p^2-q^2+\alpha up+\beta uq\right)\end{aligned} \tag{4.77}$$

### 4.2.2 多辛 Birkhoff 系统表示形式

**定义 4.5** 如下形式的方程组称为**多辛 Birkhoff 系统**或 **Birkhoff 形式**

$$\left(\frac{\partial F_\nu(\boldsymbol{z},x,t)}{\partial z^\mu}-\frac{\partial F_\mu(\boldsymbol{z},x,t)}{\partial z^\nu}\right)\frac{\partial z^\nu}{\partial t}+\left(\frac{\partial G_\nu(\boldsymbol{z},x,t)}{\partial z^\mu}-\frac{\partial G_\mu(\boldsymbol{z},x,t)}{\partial z^\nu}\right)\frac{\partial z^\nu}{\partial x}$$

$$-\left(\frac{\partial B(\boldsymbol{z},x,t)}{\partial z^\mu}+\frac{\partial F_\mu(\boldsymbol{z},x,t)}{\partial t}+\frac{\partial G_\mu(\boldsymbol{z},x,t)}{\partial x}\right)=0,\quad \mu,\nu=1,\cdots,n \tag{4.78}$$

其中标量函数 $B(\boldsymbol{z},x,t)$ 及向量函数 $\boldsymbol{F}(\boldsymbol{z},x,t)$ 和 $\boldsymbol{G}(\boldsymbol{z},x,t)$ 统称为 **Birkhoff 函数**，特别 $B$ 称为 **Birkhoff 因子**。

理论上讲，任何一个非奇异的偏微分方程都可以表示成多辛 Birkhoff 形式，但是具体实现比较困难。现在考虑一个一般的一阶牛顿系统

$$N^\mu(\boldsymbol{z})=M_{\mu\nu}(\boldsymbol{z},x,t)\,z_t^\nu+K_{\mu\nu}(\boldsymbol{z},x,t)\,z_x^\nu+D_\mu(\boldsymbol{z},x,t)=0,\quad \mu,\nu=1,\cdots,n \tag{4.79}$$

下面给出它的变分对称性。

**定理 4.5** 协变一阶方程 (4.79) **对称**的充分必要条件是，存在构形空间中点 $(\boldsymbol{z},x,t)$ 的星形区域 $\tilde{\mathfrak{R}}^*$，在这个区域里，下述条件成立 [115]

$$\begin{aligned}
&M_{\mu\nu}+M_{\nu\mu}=0,\\
&K_{\mu\nu}+K_{\nu\mu}=0,\\
&\frac{\partial M_{\mu\nu}}{\partial z^\tau}+\frac{\partial M_{\nu\tau}}{\partial z^\mu}+\frac{\partial M_{\tau\mu}}{\partial z^\nu}=0,\qquad \mu,\nu=1,\cdots,n\\
&\frac{\partial K_{\mu\nu}}{\partial z^\tau}+\frac{\partial K_{\nu\tau}}{\partial z^\mu}+\frac{\partial K_{\tau\mu}}{\partial z^\nu}=0,\\
&\frac{\partial M_{\mu\nu}}{\partial t}+\frac{\partial K_{\mu\nu}}{\partial x}=\frac{\partial D_\mu}{\partial z^\nu}-\frac{\partial D_\nu}{\partial z^\mu},
\end{aligned} \tag{4.80}$$

证明假设 $\boldsymbol{N}$ 存在连续的 Frechét 导数，即

$$N_\nu^{\mu'}\phi=\lim_{\varepsilon\to 0}\frac{N^\mu(z^\nu+\varepsilon\phi)-N^\mu(z^\nu)}{\varepsilon},\quad \mu,\nu=1,\cdots,n \tag{4.81}$$

这里 $\phi$ 是从 $\mathbb{R}^2$ 到 $\mathbb{R}$ 的任意函数，那么方程组 (4.79) 是对称的，当且仅当 $\boldsymbol{N}$ 的 Frechét 导算子 $N_\nu^{\mu'}$ 是自共轭算子，即

$$N_\nu^{\mu'}=N_\mu^{\nu'} \tag{4.82}$$

等式 (4.82) 等价于条件 (4.80)。

讨论协变一阶方程的原因在于：首先，协变的一阶方程组假如是对称的，那么它一定是多辛哈密顿系统，无需再特别讨论；其次，协变一阶方程组可以从一个最一般的一阶泛函变分导出。这个泛函就是 Pfaff 作用泛函

$$\mathcal{L}(\boldsymbol{z},x,t)=\iint_{(x,t)}\left[F_{\nu}(\boldsymbol{z},x,t)\,z_t^{\nu}+G_{\nu}(\boldsymbol{z},x,t)\,z_x^{\nu}-B(\boldsymbol{z},x,t)\right]\mathrm{d}t\mathrm{d}x \tag{4.83}$$

定义泛函 (4.83) 中的被积函数 $L=F_{\nu}(\boldsymbol{z},x,t)\,z_t^{\nu}+G_{\nu}(\boldsymbol{z},x,t)\,z_x^{\nu}-B(\boldsymbol{z},x,t)$ 为拉格朗日函数。一阶的方程组不存在共轭 Legendre 变换，所以一个对称方程组要么本身就是多辛哈密顿方程，要么是多辛 Birkhoff 方程。

**定理 4.6(Birkhoff 系统的对称性)** 协变一阶系统 (4.79) 对称的充分必要条件是，在空间 $\mathbb{R}^n\times\mathbb{R}^2$ 的星形区域 $\tilde{\mathfrak{R}}^*$ 里，它可以表示成 Birkhoff 形式 (4.78)，即 [115]

$$\begin{aligned}&M_{\mu\nu}(\boldsymbol{z},x,t)\,z_t^{\nu}+K_{\mu\nu}(\boldsymbol{z},x,t)\,z_x^{\nu}+D_{\mu}(\boldsymbol{z},x,t)\\&=\left(\frac{\partial F_{\nu}(\boldsymbol{z},x,t)}{\partial z^{\mu}}-\frac{\partial F_{\mu}(\boldsymbol{z},x,t)}{\partial z^{\nu}}\right)\frac{\partial z^{\nu}}{\partial t}+\left(\frac{\partial G_{\nu}(\boldsymbol{z},x,t)}{\partial z^{\mu}}-\frac{\partial G_{\mu}(\boldsymbol{z},x,t)}{\partial z^{\nu}}\right)\frac{\partial z^{\nu}}{\partial x}\\&\quad-\left(\frac{\partial B(\boldsymbol{z},x,t)}{\partial z^{\mu}}+\frac{\partial F_{\mu}(\boldsymbol{z},x,t)}{\partial t}+\frac{\partial G_{\mu}(\boldsymbol{z},x,t)}{\partial x}\right)=0,\quad \mu,\nu=1,\cdots,n\end{aligned} \tag{4.84}$$

其中

$$\begin{aligned}M_{\mu\nu}(\boldsymbol{z},x,t)&=\frac{\partial F_{\nu}(\boldsymbol{z},x,t)}{\partial z^{\mu}}-\frac{\partial F_{\mu}(\boldsymbol{z},x,t)}{\partial z^{\nu}},\\K_{\mu\nu}(\boldsymbol{z},x,t)&=\frac{\partial G_{\nu}(\boldsymbol{z},x,t)}{\partial z^{\mu}}-\frac{\partial G_{\mu}(\boldsymbol{z},x,t)}{\partial z^{\nu}},\qquad \mu,\nu=1,\cdots,n\\D_{\mu}(\boldsymbol{z},x,t)&=-\left(\frac{\partial B(\boldsymbol{z},x,t)}{\partial z^{\mu}}+\frac{\partial F_{\mu}(\boldsymbol{z},x,t)}{\partial t}+\frac{\partial G_{\mu}(\boldsymbol{z},x,t)}{\partial x}\right),\end{aligned} \tag{4.85}$$

**证明** 定义一个 3-形式

$$\Omega=M_{\mu\nu}\mathrm{d}z^{\mu}\wedge\mathrm{d}z^{\nu}\wedge\mathrm{d}x-K_{\mu\nu}\mathrm{d}z^{\mu}\wedge\mathrm{d}z^{\nu}\wedge\mathrm{d}t+2D_{\mu}\mathrm{d}z^{\mu}\wedge\mathrm{d}t\wedge\mathrm{d}x \tag{4.86}$$

**充分性** 如果协变一阶系统可以表示成 Birkhoff 形式，那么意味着以上 3-形式是一个闭形式，即

$$\mathrm{d}\Omega=0 \tag{4.87}$$

$\Omega$ 为闭形式的可积条件就是对称条件 (4.80)。

证明 3-形式 $\Omega$ 中第一项的微分形式为

$$
\begin{aligned}
&\mathrm{d}\left(M_{\mu\nu}\mathrm{d}z^{\mu}\wedge\mathrm{d}z^{\nu}\wedge\mathrm{d}x\right)\\
=&\frac{\partial M_{\mu\nu}}{\partial z^{\beta}}\frac{\partial z^{\beta}}{\partial x}\mathrm{d}x\wedge\mathrm{d}z^{\mu}\wedge\mathrm{d}z^{\nu}\wedge\mathrm{d}x+\frac{\partial M_{\mu\nu}}{\partial z^{\beta}}\frac{\partial z^{\beta}}{\partial t}\mathrm{d}t\wedge\mathrm{d}z^{\mu}\wedge\mathrm{d}z^{\nu}\wedge\mathrm{d}x\\
&+\frac{\partial M_{\mu\nu}}{\partial z^{\beta}}\mathrm{d}z^{\beta}\wedge\mathrm{d}z^{\mu}\wedge\mathrm{d}z^{\nu}\wedge\mathrm{d}x+\frac{\partial M_{\mu\nu}}{\partial x}\mathrm{d}x\wedge\mathrm{d}z^{\mu}\wedge\mathrm{d}z^{\nu}\wedge\mathrm{d}x\\
&+\frac{\partial M_{\mu\nu}}{\partial t}\mathrm{d}t\wedge\mathrm{d}z^{\mu}\wedge\mathrm{d}z^{\nu}\wedge\mathrm{d}x
\end{aligned}\tag{4.88}
$$

根据外积的性质和对称性，式 (4.88) 可以化简为

$$
\mathrm{d}\left(M_{\mu\nu}\mathrm{d}z^{\mu}\wedge\mathrm{d}z^{\nu}\wedge\mathrm{d}x\right)=\frac{\partial M_{\mu\nu}}{\partial t}\mathrm{d}t\wedge\mathrm{d}z^{\mu}\wedge\mathrm{d}z^{\nu}\wedge\mathrm{d}x\tag{4.89}
$$

同理，对 3-形式 $\Omega$ 中后两项的微分形式，可以分别得到

$$
\begin{aligned}
&\mathrm{d}\left(K_{\mu\nu}\mathrm{d}z^{\mu}\wedge\mathrm{d}z^{\nu}\wedge\mathrm{d}t\right)\\
=&\frac{\partial K_{\mu\nu}}{\partial z^{\beta}}\frac{\partial z^{\beta}}{\partial x}\mathrm{d}x\wedge\mathrm{d}z^{\mu}\wedge\mathrm{d}z^{\nu}\wedge\mathrm{d}t+\frac{\partial K_{\mu\nu}}{\partial z^{\beta}}\frac{\partial z^{\beta}}{\partial t}\mathrm{d}t\wedge\mathrm{d}z^{\mu}\wedge\mathrm{d}z^{\nu}\wedge\mathrm{d}t\\
&+\frac{\partial K_{\mu\nu}}{\partial z^{\beta}}\mathrm{d}z^{\beta}\wedge\mathrm{d}z^{\mu}\wedge\mathrm{d}z^{\nu}\wedge\mathrm{d}t+\frac{\partial K_{\mu\nu}}{\partial x}\mathrm{d}x\wedge\mathrm{d}z^{\mu}\wedge\mathrm{d}z^{\nu}\wedge\mathrm{d}t\\
&+\frac{\partial K_{\mu\nu}}{\partial t}\mathrm{d}t\wedge\mathrm{d}z^{\mu}\wedge\mathrm{d}z^{\nu}\wedge\mathrm{d}t\\
=&\frac{\partial K_{\mu\nu}}{\partial x}\mathrm{d}x\wedge\mathrm{d}z^{\mu}\wedge\mathrm{d}z^{\nu}\wedge\mathrm{d}t
\end{aligned}\tag{4.90}
$$

和

$$
\begin{aligned}
&\mathrm{d}\left(2D_{\mu}\mathrm{d}z^{\mu}\wedge\mathrm{d}t\wedge\mathrm{d}x\right)\\
=&2\left(\frac{\partial D_{\mu}}{\partial z^{\nu}}\frac{\partial z^{\nu}}{\partial x}\mathrm{d}x\wedge\mathrm{d}z^{\mu}\wedge\mathrm{d}t\wedge\mathrm{d}x+\frac{\partial D_{\mu}}{\partial z^{\nu}}\frac{\partial z^{\nu}}{\partial t}\mathrm{d}t\wedge\mathrm{d}z^{\mu}\wedge\mathrm{d}t\wedge\mathrm{d}x\right.\\
&+\frac{\partial D_{\mu}}{\partial z^{\nu}}\mathrm{d}z^{\nu}\wedge\mathrm{d}z^{\mu}\wedge\mathrm{d}t\wedge\mathrm{d}x+\frac{\partial D_{\mu}}{\partial x}\mathrm{d}x\wedge\mathrm{d}z^{\mu}\wedge\mathrm{d}t\wedge\mathrm{d}x\\
&\left.+\frac{\partial D_{\mu}}{\partial t}\mathrm{d}t\wedge\mathrm{d}z^{\mu}\wedge\mathrm{d}t\wedge\mathrm{d}x\right)\\
=&2\frac{\partial D_{\mu}}{\partial z^{\nu}}\mathrm{d}z^{\nu}\wedge\mathrm{d}z^{\mu}\wedge\mathrm{d}t\wedge\mathrm{d}x\\
=&\frac{\partial D_{\mu}}{\partial z^{\nu}}\mathrm{d}z^{\nu}\wedge\mathrm{d}z^{\mu}\wedge\mathrm{d}t\wedge\mathrm{d}x+\frac{\partial D_{\nu}}{\partial z^{\mu}}\mathrm{d}z^{\mu}\wedge\mathrm{d}z^{\nu}\wedge\mathrm{d}t\wedge\mathrm{d}x
\end{aligned}
$$

$$
\begin{aligned}
&= \frac{\partial D_\mu}{\partial z^\nu} \mathrm{d}z^\nu \wedge \mathrm{d}z^\mu \wedge \mathrm{d}t \wedge \mathrm{d}x - \frac{\partial D_\nu}{\partial z^\mu} \mathrm{d}z^\nu \wedge \mathrm{d}z^\mu \wedge \mathrm{d}t \wedge \mathrm{d}x \\
&= \left( \frac{\partial D_\mu}{\partial z^\nu} - \frac{\partial D_\nu}{\partial z^\mu} \right) \mathrm{d}z^\nu \wedge \mathrm{d}z^\mu \wedge \mathrm{d}t \wedge \mathrm{d}x \qquad (4.91)
\end{aligned}
$$

利用对称条件 (4.80) 中最后一式，即可得到式 (4.87)。

**必要性** 若协变一阶系统 (4.79) 对称，则对称条件 (4.80) 成立，从而 $\Omega$ 为闭的。那么，根据 Poincaré 引理的逆命题知道，形式 $\Omega$ 在星形区域 $\tilde{\mathfrak{R}}^*$ 上是确切的，也就是存在一个 2-形式 $\Theta$，使得

$$
\Omega = \mathrm{d}\Theta \qquad (4.92)
$$

也即存在 Birkhoff 函数 $\boldsymbol{F}(\boldsymbol{z}, x, t)$、$\boldsymbol{G}(\boldsymbol{z}, x, t)$ 和 $B(\boldsymbol{z}, x, t)$，使得

$$
\Theta = F_\mu \mathrm{d}z^\mu \wedge \mathrm{d}x - G_\mu \mathrm{d}z^\mu \wedge \mathrm{d}t - B \mathrm{d}t \wedge \mathrm{d}x \qquad (4.93)
$$

根据式 (4.92)，方程 (4.79) 一定具有形式 (4.84)。

证明 2-形式 $\Theta$ 中第一项的微分形式为

$$
\begin{aligned}
&\mathrm{d}\left(F_\mu \mathrm{d}z^\mu \wedge \mathrm{d}x\right) \\
&= \frac{\partial F_\mu}{\partial z^\nu} \frac{\partial z^\nu}{\partial x} \mathrm{d}x \wedge \mathrm{d}z^\mu \wedge \mathrm{d}x + \frac{\partial F_\mu}{\partial z^\nu} \frac{\partial z^\nu}{\partial t} \mathrm{d}t \wedge \mathrm{d}z^\mu \wedge \mathrm{d}x \\
&\quad + \frac{\partial F_\mu}{\partial z^\nu} \mathrm{d}z^\nu \wedge \mathrm{d}z^\mu \wedge \mathrm{d}x + \frac{\partial F_\mu}{\partial x} \mathrm{d}x \wedge \mathrm{d}z^\mu \wedge \mathrm{d}x + \frac{\partial F_\mu}{\partial t} \mathrm{d}t \wedge \mathrm{d}z^\mu \wedge \mathrm{d}x \\
&= \frac{\partial F_\mu}{\partial z^\nu} z_t^\nu \mathrm{d}t \wedge \mathrm{d}z^\mu \wedge \mathrm{d}x + \frac{\partial F_\mu}{\partial z^\nu} \mathrm{d}z^\nu \wedge \mathrm{d}z^\mu \wedge \mathrm{d}x + \frac{\partial F_\mu}{\partial t} \mathrm{d}t \wedge \mathrm{d}z^\mu \wedge \mathrm{d}x \qquad (4.94)
\end{aligned}
$$

利用

$$
\frac{\partial F_\mu}{\partial z^\nu} \mathrm{d}z^\nu \wedge \mathrm{d}z^\mu \wedge \mathrm{d}x = \frac{\partial F_\nu}{\partial z^\mu} \mathrm{d}z^\mu \wedge \mathrm{d}z^\nu \wedge \mathrm{d}x = -\frac{\partial F_\nu}{\partial z^\mu} \mathrm{d}z^\nu \wedge \mathrm{d}z^\mu \wedge \mathrm{d}x \qquad (4.95)
$$

因此，式 (4.94) 可以进一步写为

$$
\begin{aligned}
&\mathrm{d}\left(F_\mu \mathrm{d}z^\mu \wedge \mathrm{d}x\right) \\
&= \frac{\partial F_\mu}{\partial z^\nu} z_t^\nu \mathrm{d}t \wedge \mathrm{d}z^\mu \wedge \mathrm{d}x - \frac{\partial F_\nu}{\partial z^\mu} \mathrm{d}z^\nu \wedge \mathrm{d}z^\mu \wedge \mathrm{d}x + \frac{\partial F_\mu}{\partial t} \mathrm{d}t \wedge \mathrm{d}z^\mu \wedge \mathrm{d}x \\
&= \frac{\partial F_\mu}{\partial z^\nu} z_t^\nu \mathrm{d}t \wedge \mathrm{d}z^\mu \wedge \mathrm{d}x - \frac{\partial F_\nu}{\partial z^\mu} z_t^\nu \mathrm{d}t \wedge \mathrm{d}z^\mu \wedge \mathrm{d}x + \frac{\partial F_\mu}{\partial t} \mathrm{d}t \wedge \mathrm{d}z^\mu \wedge \mathrm{d}x \qquad (4.96)
\end{aligned}
$$

同理，对 2-形式 $\Theta$ 中后两项的微分形式，可以分别得到

$$
\mathrm{d}\left(G_\mu \mathrm{d}z^\mu \wedge \mathrm{d}t\right)
$$

$$
\begin{aligned}
&= \frac{\partial G_\mu}{\partial z^\nu}\frac{\partial z^\nu}{\partial x}\mathrm{d}x \wedge \mathrm{d}z^\mu \wedge \mathrm{d}t + \frac{\partial G_\mu}{\partial z^\nu}\frac{\partial z^\nu}{\partial t}\mathrm{d}t \wedge \mathrm{d}z^\mu \wedge \mathrm{d}t \\
&\quad + \frac{\partial G_\mu}{\partial z^\nu}\mathrm{d}z^\nu \wedge \mathrm{d}z^\mu \wedge \mathrm{d}t + \frac{\partial G_\mu}{\partial x}\mathrm{d}x \wedge \mathrm{d}z^\mu \wedge \mathrm{d}t + \frac{\partial G_\mu}{\partial t}\mathrm{d}t \wedge \mathrm{d}z^\mu \wedge \mathrm{d}t \\
&= \frac{\partial G_\mu}{\partial z^\nu} z_x^\nu \mathrm{d}x \wedge \mathrm{d}z^\mu \wedge \mathrm{d}t + \frac{\partial G_\mu}{\partial z^\nu}\mathrm{d}z^\nu \wedge \mathrm{d}z^\mu \wedge \mathrm{d}t + \frac{\partial G_\mu}{\partial x}\mathrm{d}x \wedge \mathrm{d}z^\mu \wedge \mathrm{d}t \\
&= \frac{\partial G_\mu}{\partial z^\nu} z_x^\nu \mathrm{d}x \wedge \mathrm{d}z^\mu \wedge \mathrm{d}t - \frac{\partial G_\nu}{\partial z^\mu}\frac{\partial z^\nu}{\partial x}\mathrm{d}x \wedge \mathrm{d}z^\mu \wedge \mathrm{d}t + \frac{\partial G_\mu}{\partial x}\mathrm{d}x \wedge \mathrm{d}z^\mu \wedge \mathrm{d}t \\
&= \frac{\partial G_\mu}{\partial z^\nu} z_x^\nu \mathrm{d}x \wedge \mathrm{d}z^\mu \wedge \mathrm{d}t - \frac{\partial G_\nu}{\partial z^\mu} z_x^\nu \mathrm{d}x \wedge \mathrm{d}z^\mu \wedge \mathrm{d}t + \frac{\partial G_\mu}{\partial x}\mathrm{d}x \wedge \mathrm{d}z^\mu \wedge \mathrm{d}t \\
&= -\frac{\partial G_\mu}{\partial z^\nu} z_x^\nu \mathrm{d}t \wedge \mathrm{d}z^\mu \wedge \mathrm{d}x + \frac{\partial G_\nu}{\partial z^\mu} z_x^\nu \mathrm{d}t \wedge \mathrm{d}z^\mu \wedge \mathrm{d}x - \frac{\partial G_\mu}{\partial x}\mathrm{d}t \wedge \mathrm{d}z^\mu \wedge \mathrm{d}x
\end{aligned} \tag{4.97}
$$

和

$$
\begin{aligned}
&\mathrm{d}(B\mathrm{d}t \wedge \mathrm{d}x) \\
&= \frac{\partial B}{\partial z^\nu}\frac{\partial z^\nu}{\partial x}\mathrm{d}x \wedge \mathrm{d}t \wedge \mathrm{d}x + \frac{\partial B}{\partial z^\nu}\frac{\partial z^\nu}{\partial t}\mathrm{d}t \wedge \mathrm{d}t \wedge \mathrm{d}x \\
&\quad + \frac{\partial B}{\partial z^\nu}\mathrm{d}z^\nu \wedge \mathrm{d}t \wedge \mathrm{d}x + \frac{\partial B}{\partial x}\mathrm{d}x \wedge \mathrm{d}t \wedge \mathrm{d}x + \frac{\partial B}{\partial t}\mathrm{d}t \wedge \mathrm{d}t \wedge \mathrm{d}x \\
&= \frac{\partial B}{\partial z^\nu}\mathrm{d}z^\nu \wedge \mathrm{d}t \wedge \mathrm{d}x \\
&= -\frac{\partial B}{\partial z^\mu}\mathrm{d}t \wedge \mathrm{d}z^\mu \wedge \mathrm{d}x
\end{aligned} \tag{4.98}
$$

从而，根据式 (4.92)，有

$$
\begin{aligned}
\Omega &= \mathrm{d}\Theta \\
&= \left(\frac{\partial F_\mu}{\partial z^\nu} z_t^\nu - \frac{\partial F_\nu}{\partial z^\mu} z_t^\nu + \frac{\partial F_\mu}{\partial t} + \frac{\partial G_\mu}{\partial z^\nu} z_x^\nu - \frac{\partial G_\nu}{\partial z^\mu} z_x^\nu + \frac{\partial G_\mu}{\partial x} + \frac{\partial B}{\partial z^\mu}\right)\mathrm{d}t \wedge \mathrm{d}z^\mu \wedge \mathrm{d}x
\end{aligned} \tag{4.99}
$$

可以得到，方程 (4.79) 具有形式 (4.84)。

定义 4.5、定理 4.5 和定理 4.6 可以推广至 1+$m$ 维的偏微分方程，多辛 Birkhoff 系统为

$$
\left(\frac{\partial F_\nu(\boldsymbol{z},\boldsymbol{x},t)}{\partial z^\mu} - \frac{\partial F_\mu(\boldsymbol{z},\boldsymbol{x},t)}{\partial z^\nu}\right)\frac{\partial z^\nu}{\partial t} + \sum_{i=1}^{m}\left(\frac{\partial G_\nu(\boldsymbol{z},\boldsymbol{x},t)}{\partial z^\mu} - \frac{\partial G_\mu(\boldsymbol{z},\boldsymbol{x},t)}{\partial z^\nu}\right)\frac{\partial z^\nu}{\partial x_i}
$$

$$-\left(\frac{\partial B\left(\boldsymbol{z},\boldsymbol{x},t\right)}{\partial z^{\mu}}+\frac{\partial F_{\mu}\left(\boldsymbol{z},\boldsymbol{x},t\right)}{\partial t}+\sum_{i=1}^{m}\frac{\partial G_{\mu}\left(\boldsymbol{z},\boldsymbol{x},t\right)}{\partial x_{i}}\right)=0,\quad \mu,\nu=1,\cdots,n \tag{4.100}$$

对于协变一阶系统

$$N^{\mu}\left(\boldsymbol{z}\right)=M_{\mu\nu}\left(\boldsymbol{z},\boldsymbol{x},t\right)z_{t}^{\nu}+\sum_{i=1}^{m}K_{\mu\nu}\left(\boldsymbol{z},\boldsymbol{x},t\right)z_{x_{i}}^{\nu}+D_{\mu}\left(\boldsymbol{z},\boldsymbol{x},t\right)=0,\quad \mu=1,\cdots,n \tag{4.101}$$

对称的充分必要条件是满足条件

$$\begin{aligned}
&M_{\mu\nu}+M_{\nu\mu}=0,\\
&K_{\mu\nu}+K_{\nu\mu}=0,\\
&\frac{\partial M_{\mu\nu}}{\partial z^{\tau}}+\frac{\partial M_{\nu\tau}}{\partial z^{\mu}}+\frac{\partial M_{\tau\mu}}{\partial z^{\nu}}=0,\\
&\frac{\partial K_{\mu\nu}}{\partial z^{\tau}}+\frac{\partial K_{\nu\tau}}{\partial z^{\mu}}+\frac{\partial K_{\tau\mu}}{\partial z^{\nu}}=0,\qquad \mu,\nu=1,\cdots,n\\
&\frac{\partial M_{\mu\nu}}{\partial t}+\sum_{i=1}^{m}\frac{\partial K_{\mu\nu}}{\partial x_{i}}=\frac{\partial D_{\mu}}{\partial z^{\nu}}-\frac{\partial D_{\nu}}{\partial z^{\mu}},
\end{aligned} \tag{4.102}$$

表示为 Birkhoff 形式为

$$\begin{aligned}
&M_{\mu\nu}\left(\boldsymbol{z},\boldsymbol{x},t\right)z_{t}^{\nu}+\sum_{i=1}^{m}K_{\mu\nu}\left(\boldsymbol{z},\boldsymbol{x},t\right)z_{x_{i}}^{\nu}+D_{\mu}\left(\boldsymbol{z},\boldsymbol{x},t\right)\\
&=\left(\frac{\partial F_{\nu}\left(\boldsymbol{z},\boldsymbol{x},t\right)}{\partial z^{\mu}}-\frac{\partial F_{\mu}\left(\boldsymbol{z},\boldsymbol{x},t\right)}{\partial z^{\nu}}\right)\frac{\partial z^{\nu}}{\partial t}+\sum_{i=1}^{m}\left(\frac{\partial G_{\nu}\left(\boldsymbol{z},\boldsymbol{x},t\right)}{\partial z^{\mu}}-\frac{\partial G_{\mu}\left(\boldsymbol{z},\boldsymbol{x},t\right)}{\partial z^{\nu}}\right)\frac{\partial z^{\nu}}{\partial x}\\
&\quad-\left(\frac{\partial B\left(\boldsymbol{z},\boldsymbol{x},t\right)}{\partial z^{\mu}}+\frac{\partial F_{\mu}\left(\boldsymbol{z},\boldsymbol{x},t\right)}{\partial t}+\sum_{i=1}^{m}\frac{\partial G_{\mu}\left(\boldsymbol{z},\boldsymbol{x},t\right)}{\partial x_{i}}\right)=0,\quad \mu,\nu=1,\cdots,n
\end{aligned} \tag{4.103}$$

其中

$$M_{\mu\nu}\left(\boldsymbol{z},\boldsymbol{x},t\right)=\frac{\partial F_{\nu}\left(\boldsymbol{z},\boldsymbol{x},t\right)}{\partial z^{\mu}}-\frac{\partial F_{\mu}\left(\boldsymbol{z},\boldsymbol{x},t\right)}{\partial z^{\nu}},$$

$$K_{\mu\nu}\left(\boldsymbol{z},\boldsymbol{x},t\right)=\frac{\partial G_{\nu}\left(\boldsymbol{z},\boldsymbol{x},t\right)}{\partial z^{\mu}}-\frac{\partial G_{\mu}\left(\boldsymbol{z},\boldsymbol{x},t\right)}{\partial z^{\nu}},$$

$$D_\mu(\boldsymbol{z},\boldsymbol{x},t) = -\left(\frac{\partial B(\boldsymbol{z},\boldsymbol{x},t)}{\partial z^\mu} + \frac{\partial F_\mu(\boldsymbol{z},\boldsymbol{x},t)}{\partial t} + \sum_{i=1}^{m}\frac{\partial G_\mu(\boldsymbol{z},\boldsymbol{x},t)}{\partial x_i}\right), \quad \mu,\nu = 1,\cdots,n \tag{4.104}$$

### 4.2.3 Birkhoff 多辛守恒律和多辛格式

#### 4.2.3.1 多辛守恒律

多辛 Birkhoff 系统 (4.84) 也定义了两个 2-形式

$$\omega = \boldsymbol{M}(\boldsymbol{z},x,t)\,\mathrm{d}\boldsymbol{z}\wedge\mathrm{d}\boldsymbol{z}, \quad \kappa = \boldsymbol{K}(\boldsymbol{z},x,t)\,\mathrm{d}\boldsymbol{z}\wedge\mathrm{d}\boldsymbol{z} \tag{4.105}$$

**Birkhoff 多辛守恒律为**

$$\frac{\mathrm{d}\omega}{\mathrm{d}t} + \frac{\mathrm{d}\kappa}{\mathrm{d}x} = 0 \tag{4.106}$$

**证明** 对方程 (4.79) 两边作外微分，再外积 $\mathrm{d}\boldsymbol{z}$，可以得到

$$\begin{aligned}
0 &= \mathrm{d}(M_{\mu\nu}z_t^\nu)\wedge\mathrm{d}\boldsymbol{z} + \mathrm{d}(K_{\mu\nu}z_x^\nu)\wedge\mathrm{d}\boldsymbol{z} + \mathrm{d}(D_\mu)\wedge\mathrm{d}\boldsymbol{z}\\
&= M_{\mu\nu}\mathrm{d}z_t^\nu\wedge\mathrm{d}z^\mu + \frac{\partial M_{\mu\nu}}{\partial z^\beta}z_t^\nu\mathrm{d}z^\beta\wedge\mathrm{d}z^\mu + K_{\mu\nu}\mathrm{d}z_x^\nu\wedge\mathrm{d}z^\mu + \frac{\partial K_{\mu\nu}}{\partial z^\beta}z_x^\nu\mathrm{d}z^\beta\wedge\mathrm{d}z^\mu\\
&\quad + \frac{\partial D_\mu}{\partial z^\beta}\mathrm{d}z^\beta\wedge\mathrm{d}z^\mu\\
&= M_{\mu\nu}\mathrm{d}z_t^\nu\wedge\mathrm{d}z^\mu + K_{\mu\nu}\mathrm{d}z_x^\nu\wedge\mathrm{d}z^\mu + \left(\frac{\partial M_{\mu\nu}}{\partial z^\beta}z_t^\nu + \frac{\partial K_{\mu\nu}}{\partial z^\beta}z_x^\nu\right)\mathrm{d}z^\beta\wedge\mathrm{d}z^\mu\\
&\quad + \frac{\partial D_\mu}{\partial z^\beta}\mathrm{d}z^\beta\wedge\mathrm{d}z^\mu
\end{aligned} \tag{4.107}$$

将式 (4.84) 中 $D_\mu$ 的表达式代入式 (4.107)，得

$$\begin{aligned}
0 &= \mathrm{d}(M_{\mu\nu}z_t^\nu)\wedge\mathrm{d}\boldsymbol{z} + \mathrm{d}(K_{\mu\nu}z_x^\nu)\wedge\mathrm{d}\boldsymbol{z} + \mathrm{d}(D_\mu)\wedge\mathrm{d}\boldsymbol{z}\\
&= M_{\mu\nu}\mathrm{d}z_t^\nu\wedge\mathrm{d}z^\mu + K_{\mu\nu}\mathrm{d}z_x^\nu\wedge\mathrm{d}z^\mu + \left(\frac{\partial M_{\mu\nu}}{\partial z^\beta}z_t^\nu + \frac{\partial K_{\mu\nu}}{\partial z^\beta}z_x^\nu\right)\mathrm{d}z^\beta\wedge\mathrm{d}z^\mu\\
&\quad - \left(\frac{\partial^2 B}{\partial z^\mu\partial z^\beta} + \frac{\partial^2 F_\mu}{\partial t\partial z^\beta} + \frac{\partial^2 G_\mu}{\partial x\partial z^\beta}\right)\mathrm{d}z^\beta\wedge\mathrm{d}z^\mu
\end{aligned} \tag{4.108}$$

由式 (4.105)，得到

$$\frac{\mathrm{d}\omega}{\mathrm{d}t} + \frac{\mathrm{d}\kappa}{\mathrm{d}x}$$

$$
\begin{aligned}
&=\frac{\mathrm{d}}{\mathrm{d}t}(\boldsymbol{M}\mathrm{d}\boldsymbol{z}\wedge\mathrm{d}\boldsymbol{z})+\frac{\mathrm{d}}{\mathrm{d}x}(\boldsymbol{K}\mathrm{d}\boldsymbol{z}\wedge\mathrm{d}\boldsymbol{z})\\
&=\frac{\mathrm{d}}{\mathrm{d}t}(M_{\mu\nu}\mathrm{d}z^{\nu}\wedge\mathrm{d}z^{\mu})+\frac{\mathrm{d}}{\mathrm{d}x}(K_{\mu\nu}\mathrm{d}z^{\nu}\wedge\mathrm{d}z^{\mu})\\
&=(M_{\mu\nu}\mathrm{d}z_t^{\nu}\wedge\mathrm{d}z^{\mu}+M_{\mu\nu}\mathrm{d}z^{\nu}\wedge\mathrm{d}z_t^{\mu})+(K_{\mu\nu}\mathrm{d}z_x^{\nu}\wedge\mathrm{d}z^{\mu}+K_{\mu\nu}\mathrm{d}z^{\nu}\wedge\mathrm{d}z_x^{\mu})\\
&\quad+\left(\frac{\partial M_{\mu\nu}}{\partial z^{\beta}}z_t^{\beta}+\frac{\partial K_{\mu\nu}}{\partial z^{\beta}}z_x^{\beta}\right)\mathrm{d}z^{\nu}\wedge\mathrm{d}z^{\mu}+\left(\frac{\partial M_{\mu\nu}}{\partial t}+\frac{\partial K_{\mu\nu}}{\partial x}\right)\mathrm{d}z^{\nu}\wedge\mathrm{d}z^{\mu}
\end{aligned}\tag{4.109}
$$

式 (4.109) 中每一项分别根据条件 (4.80) 进行变换，有

$$
\begin{aligned}
&M_{\mu\nu}\mathrm{d}z_t^{\nu}\wedge\mathrm{d}z^{\mu}+M_{\mu\nu}\mathrm{d}z^{\nu}\wedge\mathrm{d}z_t^{\mu}\\
&=M_{\mu\nu}\mathrm{d}z_t^{\nu}\wedge\mathrm{d}z^{\mu}+M_{\nu\mu}\mathrm{d}z^{\mu}\wedge\mathrm{d}z_t^{\nu}\\
&=M_{\mu\nu}\mathrm{d}z_t^{\nu}\wedge\mathrm{d}z^{\mu}-M_{\nu\mu}\mathrm{d}z_t^{\nu}\wedge\mathrm{d}z^{\mu}\\
&=2M_{\mu\nu}\mathrm{d}z_t^{\nu}\wedge\mathrm{d}z^{\mu}
\end{aligned}\tag{4.110}
$$

$$
\begin{aligned}
&K_{\mu\nu}\mathrm{d}z_x^{\nu}\wedge\mathrm{d}z^{\mu}+K_{\mu\nu}\mathrm{d}z^{\nu}\wedge\mathrm{d}z_x^{\mu}\\
&=K_{\mu\nu}\mathrm{d}z_x^{\nu}\wedge\mathrm{d}z^{\mu}+K_{\nu\mu}\mathrm{d}z^{\mu}\wedge\mathrm{d}z_x^{\nu}\\
&=K_{\mu\nu}\mathrm{d}z_x^{\nu}\wedge\mathrm{d}z^{\mu}-K_{\nu\mu}\mathrm{d}z_x^{\nu}\wedge\mathrm{d}z^{\mu}\\
&=2K_{\mu\nu}\mathrm{d}z_x^{\nu}\wedge\mathrm{d}z^{\mu}
\end{aligned}\tag{4.111}
$$

$$
\begin{aligned}
&\left(\frac{\partial M_{\mu\nu}}{\partial z^{\beta}}z_t^{\beta}+\frac{\partial K_{\mu\nu}}{\partial z^{\beta}}z_x^{\beta}\right)\mathrm{d}z^{\nu}\wedge\mathrm{d}z^{\mu}\\
&=-\left(\frac{\partial M_{\nu\beta}}{\partial z^{\mu}}z_t^{\beta}+\frac{\partial M_{\beta\mu}}{\partial z^{\nu}}z_t^{\beta}+\frac{\partial K_{\nu\beta}}{\partial z^{\mu}}z_x^{\beta}+\frac{\partial K_{\beta\mu}}{\partial z^{\nu}}z_x^{\beta}\right)\mathrm{d}z^{\nu}\wedge\mathrm{d}z^{\mu}\\
&=-\left(\frac{\partial M_{\mu\nu}}{\partial z^{\beta}}z_t^{\nu}+\frac{\partial K_{\mu\nu}}{\partial z^{\beta}}z_x^{\nu}\right)\mathrm{d}z^{\mu}\wedge\mathrm{d}z^{\beta}-\left(\frac{\partial M_{\mu\nu}}{\partial z^{\beta}}z_t^{\mu}+\frac{\partial K_{\mu\nu}}{\partial z^{\beta}}z_x^{\mu}\right)\mathrm{d}z^{\beta}\wedge\mathrm{d}z^{\nu}\\
&=\left(\frac{\partial M_{\mu\nu}}{\partial z^{\beta}}z_t^{\nu}+\frac{\partial K_{\mu\nu}}{\partial z^{\beta}}z_x^{\nu}\right)\mathrm{d}z^{\beta}\wedge\mathrm{d}z^{\mu}-\left(\frac{\partial M_{\nu\mu}}{\partial z^{\beta}}z_t^{\nu}+\frac{\partial K_{\nu\mu}}{\partial z^{\beta}}z_x^{\nu}\right)\mathrm{d}z^{\beta}\wedge\mathrm{d}z^{\mu}\\
&=2\left(\frac{\partial M_{\mu\nu}}{\partial z^{\beta}}z_t^{\nu}+\frac{\partial K_{\mu\nu}}{\partial z^{\beta}}z_x^{\nu}\right)\mathrm{d}z^{\beta}\wedge\mathrm{d}z^{\mu}
\end{aligned}\tag{4.112}
$$

$$
\left(\frac{\partial M_{\mu\nu}}{\partial t}+\frac{\partial K_{\mu\nu}}{\partial x}\right)\mathrm{d}z^{\nu}\wedge\mathrm{d}z^{\mu}
$$

$$
\begin{aligned}
&= \left(\frac{\partial D_\mu}{\partial z^\nu} - \frac{\partial D_\nu}{\partial z^\mu}\right) \mathrm{d}z^\nu \wedge \mathrm{d}z^\mu \\
&= \frac{\partial D_\mu}{\partial z^\nu}\mathrm{d}z^\nu \wedge \mathrm{d}z^\mu - \frac{\partial D_\mu}{\partial z^\nu}\mathrm{d}z^\mu \wedge \mathrm{d}z^\nu \\
&= 2\frac{\partial D_\mu}{\partial z^\nu}\mathrm{d}z^\nu \wedge \mathrm{d}z^\mu
\end{aligned} \tag{4.113}
$$

式 (4.110)～(4.113) 相加即得 Birkhoff 多辛守恒律

$$
\frac{\mathrm{d}\omega}{\mathrm{d}t} + \frac{\mathrm{d}\kappa}{\mathrm{d}x} = 2\left(\mathrm{d}\left(M_{\mu\nu} z_t^\nu\right) \wedge \mathrm{d}z + \mathrm{d}\left(K_{\mu\nu} z_x^\nu\right) \wedge \mathrm{d}z + \mathrm{d}\left(D_\mu\right) \wedge \mathrm{d}z\right) = 0 \tag{4.114}
$$

Birkhoff 多辛守恒律看起来和哈密顿多辛守恒律完全一样，但是由于系数矩阵 $\boldsymbol{M}_t \neq \mathbf{0}$ 和 $\boldsymbol{K}_x \neq \mathbf{0}$，所以两者不完全一样，后者实质上更像是一种耗散规律。另外，虽然多辛守恒和形式能量或动量守恒不一样，但是在 Bridges 的理论框架中，他导出形式能量和动量守恒律的路径与导出多辛守恒律的路径是一样的，只是两者考虑的几何空间有差异。所以，假如在完全一样的空间上考虑，多辛守恒与形式能量和动量守恒是等价的。但 Birkhoff 系统不能像自治的哈密顿系统一样具有能量和动量守恒律，从这一点也说明了式 (4.106) 只是形式上的守恒律，事实上它反映的是系统的耗散规律 [3]。

#### 4.2.3.2　形式能量和动量守恒律

下面研究反映 Birkhoff 系统耗散规律的形式能量和动量守恒律。首先讨论一般多辛结构下自治的哈密顿系统的形式能量和动量守恒律。一个形如

$$
\boldsymbol{M}(\boldsymbol{z})\partial_t \boldsymbol{z} + \boldsymbol{K}(\boldsymbol{z})\partial_x \boldsymbol{z} = \nabla_{\boldsymbol{z}} S(\boldsymbol{z}) \tag{4.115}
$$

的对称系统就是一般的多辛哈密顿系统。因为它是对称的，所以显然其中的系数矩阵 $\boldsymbol{M}$ 和 $\boldsymbol{K}$ 定义的 2-形式在某个星形区域上也是闭的，即存在向量函数 $\boldsymbol{F}(\boldsymbol{z})$ 和 $\boldsymbol{G}(\boldsymbol{z})$，使得

$$
M_{\mu\nu} = \frac{\partial F_\nu}{\partial z^\mu} - \frac{\partial F_\mu}{\partial z^\nu}, \quad K_{\mu\nu} = \frac{\partial G_\nu}{\partial z^\mu} - \frac{\partial G_\mu}{\partial z^\nu}, \quad \mu,\nu = 1,\cdots,n \tag{4.116}
$$

那么，由原方程可以定义形式能量和动量守恒律，例如

$$
\partial_t \mathcal{E}(\boldsymbol{z}) + \partial_x \mathcal{F}(\boldsymbol{z}) = 0, \quad \partial_x \mathcal{I}(\boldsymbol{z}) + \partial_t \mathcal{G}(\boldsymbol{z}) = 0 \tag{4.117}
$$

其中

$$
\begin{aligned}
&\mathcal{E}(\boldsymbol{z}) = S(\boldsymbol{z}) - \frac{1}{2}F_\mu z_x^\mu, \quad \mathcal{F}(\boldsymbol{z}) = \frac{1}{2}F_\mu z_t^\mu \\
&\mathcal{I}(\boldsymbol{z}) = S(\boldsymbol{z}) - \frac{1}{2}G_\mu z_t^\mu, \quad \mathcal{G}(\boldsymbol{z}) = \frac{1}{2}G_\mu z_x^\mu
\end{aligned} \tag{4.118}
$$

这样的局部的形式能量和动量守恒加上适当的边界条件可以导出整体的形式能量和动量守恒。

现在再讨论 Birkhoff 系统 (4.78)，如果引进新的变量 $s_1, s_2$ 和 $t_1 = t, x_1 = x$，那么 Birkhoff 系统 (4.78) 可以被一个新的系统所包含，这个新系统是一般辛结构下非自治的哈密顿系统，表示为

$$\begin{pmatrix} 0 & 0 & 1 & 0 & \mathbf{0} \\ 0 & 0 & 0 & 0 & \mathbf{0} \\ -1 & 0 & 0 & 0 & \Delta_1^{\mathrm{T}} \\ 0 & 0 & 0 & 0 & \mathbf{0} \\ \mathbf{0} & \mathbf{0} & -\Delta_1 & \mathbf{0} & \boldsymbol{M} \end{pmatrix} \partial_t \begin{pmatrix} s_1 \\ s_2 \\ t_1 \\ x_1 \\ \boldsymbol{z} \end{pmatrix} + \begin{pmatrix} 0 & 0 & 0 & 0 & \mathbf{0} \\ 0 & 0 & 0 & 1 & \mathbf{0} \\ 0 & 0 & 0 & 0 & \mathbf{0} \\ 0 & -1 & 0 & 0 & \Delta_2^{\mathrm{T}} \\ \mathbf{0} & \mathbf{0} & \mathbf{0} & -\Delta_2 & \boldsymbol{K} \end{pmatrix} \partial_x$$

$$\begin{pmatrix} s_1 \\ s_2 \\ t_1 \\ x_1 \\ \boldsymbol{z} \end{pmatrix} = \begin{pmatrix} 1 \\ 1 \\ 0 \\ 0 \\ -\boldsymbol{D}(\boldsymbol{z}, t, x) - \boldsymbol{F}_t(\boldsymbol{z}, x, t) - \boldsymbol{G}_x(\boldsymbol{z}, x, t) \end{pmatrix} \tag{4.119}$$

这里 $\Delta_1 = \dfrac{\partial \boldsymbol{F}(\boldsymbol{z}, t_1, x_1)}{\partial t_1}, \Delta_2 = \dfrac{\partial \boldsymbol{G}(\boldsymbol{z}, t_1, x_1)}{\partial x_1}$。这相当于在方程组 (4.119) 的左边把原来函数中的自变量 $x$ 和 $t$ 都替换为因变量 $x_1$ 和 $t_1$，而在右边函数中的自变量不替换，那么很显然它的右边是一个梯度函数。把这个新系统简化表示为

$$\tilde{\boldsymbol{M}}(\tilde{\boldsymbol{z}}) \partial_t \tilde{\boldsymbol{z}} + \tilde{\boldsymbol{K}}(\tilde{\boldsymbol{z}}) \partial_x \tilde{\boldsymbol{z}} = \nabla_{\tilde{\boldsymbol{z}}} \tilde{S}(\tilde{\boldsymbol{z}}, x, t) \tag{4.120}$$

其中 $\tilde{\boldsymbol{z}} = \left(s_1, s_2, t_1, x_1, \boldsymbol{z}^{\mathrm{T}}\right)^{\mathrm{T}}, \tilde{S} = s_1 + s_2 + B(\boldsymbol{z}, x, t)$。

对非自治的多辛哈密顿系统 (4.120) 引进四个新变量 $s_3, s_4$ 和 $t_2 = t, x_2 = x$，那么它可以被一个自治的哈密顿系统所包含，这个自治的哈密顿系统表示为

$$\bar{\boldsymbol{M}}(\bar{\boldsymbol{z}}) \partial_t \bar{\boldsymbol{z}} + \bar{\boldsymbol{K}}(\bar{\boldsymbol{z}}) \partial_x \bar{\boldsymbol{z}} = \nabla_{\bar{\boldsymbol{z}}} \bar{S}(\bar{\boldsymbol{z}}) \tag{4.121}$$

其中

$$\bar{\boldsymbol{M}}(\bar{\boldsymbol{z}}) = \begin{pmatrix} 0 & 0 & 1 & 0 & \mathbf{0} \\ 0 & 0 & 0 & 0 & \mathbf{0} \\ -1 & 0 & 0 & 0 & \mathbf{0} \\ 0 & 0 & 0 & 0 & \mathbf{0} \\ \mathbf{0} & \mathbf{0} & \mathbf{0} & \mathbf{0} & \tilde{\boldsymbol{M}} \end{pmatrix}, \quad \bar{\boldsymbol{K}}(\bar{\boldsymbol{z}}) = \begin{pmatrix} 0 & 0 & 0 & 0 & \mathbf{0} \\ 0 & 0 & 0 & 1 & \mathbf{0} \\ 0 & 0 & 0 & 0 & \mathbf{0} \\ 0 & -1 & 0 & 0 & \mathbf{0} \\ \mathbf{0} & \mathbf{0} & \mathbf{0} & \mathbf{0} & \tilde{\boldsymbol{K}} \end{pmatrix} \tag{4.122}$$

$$\nabla_{\bar{z}}\bar{S}=\left(1,1,\frac{\partial}{\partial t_2}B\left(\boldsymbol{z},t_2,x_2\right),\frac{\partial}{\partial x_2}B\left(\boldsymbol{z},t_2,x_2\right),1,1,0,0,\frac{\partial}{\partial \boldsymbol{z}}B\left(\boldsymbol{z},t_2,x_2\right)\right)^{\mathrm{T}}$$

$$\bar{\boldsymbol{z}}=\left(s_3,s_4,t_2,x_2,s_1,s_2,t_1,x_1,\boldsymbol{z}^{\mathrm{T}}\right)^{\mathrm{T}},\quad \bar{S}\left(\bar{\boldsymbol{z}}\right)=B\left(\boldsymbol{z},x_2,t_2\right)+s_1+s_2+s_3+s_4 \tag{4.123}$$

这样利用一般辛结构下的哈密顿能量和动量守恒律 (4.117) 和 (4.118)，就得到了 Birkhoff 系统的形式能量和动量守恒律。

#### 4.2.3.3 多辛格式

在数值计算方面，也希望逼近 Birkhoff 系统 (4.78) 的数值格式能够保持它的相应离散的 Birkhoff 多辛守恒律。假设已知系统 (4.78) 的一个离散形式

$$\begin{aligned}&\boldsymbol{M}_{i,j}\partial_t^{i,j}\boldsymbol{z}_{i,j}+\boldsymbol{K}_{i,j}\partial_x^{i,j}\boldsymbol{z}_{i,j}=\left(\nabla_{\boldsymbol{z}}B\left(\boldsymbol{z}_{i,j},x_i,t_j\right)\right)_{i,j}+\left(\partial_t\boldsymbol{F}\left(\boldsymbol{z}_{i,j},x_i,t_j\right)\right)_{i,j}\\&+\left(\partial_x\boldsymbol{G}\left(\boldsymbol{z}_{i,j},x_i,t_j\right)\right)_{i,j},\quad \boldsymbol{z}_{i,j}=\boldsymbol{z}\left(x_i,t_j\right)\end{aligned} \tag{4.124}$$

对应的离散多辛守恒律为

$$\partial_t^{i,j}\omega_{i,j}+\partial_x^{i,j}\kappa_{i,j}=0 \tag{4.125}$$

**定义 4.6** 如果离散方程 (4.124) 有形如式 (4.125) 的 Birkhoff 多辛守恒律，那么它决定的离散格式称为系统 (4.78) 的一个 **Birkhoff 多辛格式** [115]。

### 4.2.4 线性阻尼振动方程的 Birkhoff 形式

不管有没有受到外力作用或者说有没有耗散项，多辛哈密顿系统和多辛 Birkhoff 系统的本质区别在于它们的多辛结构。不依赖于任何变量的多辛结构下的哈密顿系统的多辛几何算法已经发展得很完善了，而依赖于函数变量的一般哈密顿多辛结构，包含了系统较复杂的能量或者其他信息，因此其相应的多辛几何算法研究较复杂。Birkhoff 系统多辛结构较一般哈密顿多辛结构更复杂，它除了依赖于函数变量还依赖于自变量，依赖于自变量使得它还包含了对系统作用的外力信息，从而使得构造 Birkhoff 多辛格式要比构造哈密顿多辛格式复杂得多。下面以弦振动方程为例，构造一个 Birkhoff 多辛格式。

考虑弦振动方程

$$u_{tt}-u_{xx}+u+2u_t=0 \tag{4.126}$$

其中耗散项 $2u_t$ 代表了不对称的外力。引进两个势函数 $p$ 和 $q$，使得 $u_t=p, u_x=q$，则上面的方程就等价于下面的方程组

$$\begin{aligned}&u_t=p\\&u_x=q\\&p_t-q_x+u+2p=0\end{aligned} \tag{4.127}$$

在方程组 (4.127) 各方程的两边同时乘以 $e^{2t}$，就可以得到原来方程的 Birkhoff 表示

$$
\begin{aligned}
&e^{2t}u_t = e^{2t}p \\
&e^{2t}u_x = e^{2t}q \\
&e^{2t}p_t - e^{2t}q_x + e^{2t}u + 2e^{2t}p = 0
\end{aligned}
\tag{4.128}
$$

方程组 (4.128) 显然满足对称条件。它有一个依赖于时间变量 $t$ 的多辛 Birkhoff 形式

$$
\begin{pmatrix} 0 & e^{2t} & 0 \\ -e^{2t} & 0 & 0 \\ 0 & 0 & 0 \end{pmatrix}\begin{pmatrix} u_t \\ p_t \\ q_t \end{pmatrix} + \begin{pmatrix} 0 & 0 & -e^{2t} \\ 0 & 0 & 0 \\ e^{2t} & 0 & 0 \end{pmatrix}\begin{pmatrix} u_x \\ p_x \\ q_x \end{pmatrix} = \begin{pmatrix} -e^{2t}u - 2e^{2t}p \\ -e^{2t}p \\ e^{2t}q \end{pmatrix}
\tag{4.129}
$$

相应的 Birkhoff 函数是

$$
\begin{aligned}
&\boldsymbol{F} = \left(-\frac{1}{2}e^{2t}p, \frac{1}{2}e^{2t}u, 0\right)^{\mathrm{T}}, \quad \boldsymbol{G} = \left(\frac{1}{2}e^{2t}q, 0, -\frac{1}{2}e^{2t}u\right)^{\mathrm{T}} \\
&B = -\frac{1}{2}e^{2t}\left(u^2 + p^2 - q^2 + 2up\right)
\end{aligned}
\tag{4.130}
$$

从多辛 Birkhoff 形式 (4.129) 直接推导，得到它的 Birkhoff 多辛守恒律

$$
\frac{\mathrm{d}}{\mathrm{d}t}\left(e^{2t}\mathrm{d}p \wedge \mathrm{d}u\right) - \frac{\mathrm{d}}{\mathrm{d}x}\left(e^{2t}\mathrm{d}q \wedge \mathrm{d}u\right) = 0
\tag{4.131}
$$

如果消去它的耗散因子 $e^{2t}$(也是系统多辛结构的关键元素)，上面的守恒律就不再守恒了，变成如下形式

$$
\frac{\mathrm{d}}{\mathrm{d}t}(\mathrm{d}p \wedge \mathrm{d}u) - \frac{\mathrm{d}}{\mathrm{d}x}(\mathrm{d}q \wedge \mathrm{d}u) = -2\mathrm{d}p \wedge \mathrm{d}u
\tag{4.132}
$$

如果对原来的振动方程引进变量 $P$ 和 $Q$，使得 $P = e^{2t}u_t, Q = e^{2t}u_x$，那么原方程等价于多辛哈密顿形式

$$
\begin{pmatrix} 0 & 1 & 0 \\ -1 & 0 & 0 \\ 0 & 0 & 0 \end{pmatrix}\partial_t\begin{pmatrix} u \\ P \\ Q \end{pmatrix} + \begin{pmatrix} 0 & 0 & -1 \\ 0 & 0 & 0 \\ 1 & 0 & 0 \end{pmatrix}\partial_x\begin{pmatrix} u \\ P \\ Q \end{pmatrix} = \begin{pmatrix} -e^{2t}u \\ -e^{-2t}P \\ e^{-2t}Q \end{pmatrix}
\tag{4.133}
$$

其哈密顿函数为

$$
H = -\frac{1}{2}e^{2t}u^2 + \frac{1}{2}e^{-2t}\left(Q^2 - P^2\right)
\tag{4.134}
$$

上面的形式有哈密顿多辛守恒律

$$\frac{\mathrm{d}}{\mathrm{d}t}\left(\mathrm{d}P\wedge\mathrm{d}u\right)+\frac{\mathrm{d}}{\mathrm{d}x}\left(\mathrm{d}u\wedge\mathrm{d}Q\right)=0 \tag{4.135}$$

还可以对原来的振动方程引进不同表示的变量，得到更多不同的多辛形式。比如有一个多辛 Birkhoff 形式如下

$$\begin{pmatrix} 0 & \mathrm{e}^{-2t} & 0 \\ -\mathrm{e}^{-2t} & 0 & 0 \\ 0 & 0 & 0 \end{pmatrix}\partial_t\begin{pmatrix} u \\ P \\ Q \end{pmatrix}+\begin{pmatrix} 0 & 0 & -1 \\ 0 & 0 & 0 \\ 1 & 0 & 0 \end{pmatrix}\partial_x\begin{pmatrix} u \\ P \\ Q \end{pmatrix}=\begin{pmatrix} -u \\ -\mathrm{e}^{-4t}P \\ Q \end{pmatrix} \tag{4.136}$$

将多辛 Birkhoff 形式 (4.129) 和多辛哈密顿形式 (4.133) 进行比较。后者是很严格简洁的表示，在数值计算方面已经存在现成的多辛逼近。然而后者的缺点是：系统的变量并非实际期望值或观测值，不一定有实际的物理意义。本例中 $P$ 和 $Q$ 已经不是习惯的能量和动量的期望值或观测值。Birkhoff 多辛表示对解决这个问题也许会有所帮助。首先多辛 Birkhoff 形式 (4.129) 的未知函数为 $\boldsymbol{z}=(u,p,q)$，其中 $u$ 代表系统 (4.129) 的观测值，$p$ 是它的线性动量。其次 Birkhoff 形式在 $t$ 方向的辛张量

$$\boldsymbol{M}\left(\boldsymbol{z},t,x\right)=\begin{pmatrix} 0 & \mathrm{e}^{-2t} & 0 \\ -\mathrm{e}^{-2t} & 0 & 0 \\ 0 & 0 & 0 \end{pmatrix} \tag{4.137}$$

代表了不守恒、不对称的外力 $f=-2u_t$。还有 Birkhoff 多辛守恒律 (4.131) 带有系统因为外力而产生的耗散因子 $\mathrm{e}^{2t}$，它在变换

$$P=\mathrm{e}^{2t}p,\quad Q=\mathrm{e}^{2t}q \tag{4.138}$$

下，和哈密顿多辛守恒律 (4.135) 是等价的，但它本身不能算是纯粹的守恒律，所以说它所在的 Birkhoff 框架也更能代表耗散系统。很自然地，认为由此框架出发构造的数值格式能更好地保持原系统的几何结构。

下面对 Birkhoff 方程 (4.78) 进行离散，得到

$$\begin{aligned}&\frac{\mathrm{e}^{\delta t}p_{i+1/2,j+1}-\mathrm{e}^{-\delta t}p_{i+1/2,j}}{\delta t}+\frac{q_{i+1,j+1/2}-q_{i,j+1/2}}{\delta x}=-u_{i+1/2,j+1/2}\\&\frac{u_{i+1/2,j+1}-u_{i+1/2,j}}{\delta t}=p_{i+1/2,j+1/2},\quad\frac{u_{i+1,j+1/2}-u_{i,j+1/2}}{\delta x}=q_{i+1/2,j+1/2}\end{aligned} \tag{4.139}$$

因为系统的 Birkhoff 多辛结构只依赖于时间变量 $t$，而不依赖于空间变量 $x$，所以 $\partial_x$ 的离散形式一律采用中点离散，而 $\partial_t$ 的离散就稍有不同，在离散点 $(x_{i+1/2}, t_{j+1/2})$ 处分别是

$$
\begin{aligned}
\mathrm{e}^{2t}u_t(i+1/2, j+1/2) &= \frac{\mathrm{e}^{2t_{j+1/2}}u_{i+1/2,j+1} - \mathrm{e}^{2t_{j+1/2}}u_{i+1/2,j}}{\delta t} \\
\mathrm{e}^{2t}q_t(i+1/2, j+1/2) &= \frac{\mathrm{e}^{2t_{j+1/2}}q_{i+1/2,j+1} - \mathrm{e}^{2t_{j+1/2}}q_{i+1/2,j}}{\delta t} \\
\mathrm{e}^{2t}p_t(i+1/2, j+1/2) &= \frac{\mathrm{e}^{2t_{j+1}}p_{i+1/2,j+1} - \mathrm{e}^{2t_j}p_{i+1/2,j}}{\delta t}
\end{aligned}
\tag{4.140}
$$

另外，它们的中点分解成

$$
\begin{aligned}
p_{i+1/2,j+1/2} &= \frac{1}{4}\mathrm{e}^{\delta t}(p_{i+1,j+1} + p_{i,j+1}) + \frac{1}{4}\mathrm{e}^{-\delta t}(p_{i+1,j} + p_{i,j}) \\
u_{i+1/2,j+1/2} &= \frac{1}{4}(u_{i+1,j+1} + u_{i,j+1} + u_{i+1,j} + u_{i,j}) \\
q_{i+1/2,j+1/2} &= \frac{1}{4}(q_{i+1,j+1} + q_{i,j+1} + q_{i+1,j} + q_{i,j})
\end{aligned}
\tag{4.141}
$$

用同样的格式离散 Birkhoff 多辛守恒律 (4.131)，得到一个离散空间上的多辛守恒律

$$
\begin{aligned}
&\frac{\mathrm{e}^{\delta t}\mathrm{d}p_{i+1/2,j+1} \wedge \mathrm{d}u_{i+1/2,j+1} - \mathrm{e}^{-\delta t}\mathrm{d}p_{i+1/2,j} \wedge \mathrm{d}u_{i+1/2,j}}{\delta t} \\
&- \frac{\mathrm{d}q_{i+1,j+1/2} \wedge \mathrm{d}u_{i+1,j+1/2} - \mathrm{d}q_{i,j+1/2} \wedge \mathrm{d}u_{i,j+1/2}}{\delta x} = 0
\end{aligned}
\tag{4.142}
$$

对离散方程 (4.139) 也作外微分，再外乘离散空间上的 1-形式可以得到它的一个多辛守恒律，这个守恒律和 Birkhoff 多辛守恒律 (4.131) 的离散形式 (4.142) 一致。所以由离散等式 (4.140) 和 (4.141) 确定的格式是多辛 Birkhoff 系统 (4.126) 的一个多辛积分子。下面进行数值实验。

在区间 $-\pi \leqslant x \leqslant \pi$ 上及 $t \geqslant 0$ 时考虑方程 (4.126) 的初、边值解。假如方程满足初值 $u(x,0) = \sin x$ 及周期边界条件，则此方程有解析解

$$
u(x,t) = \mathrm{e}^{-t}\sin(x+t) \tag{4.143}
$$

且它有衰减的能量

$$
\int_{-\pi}^{\pi}\left[(u_t+u)^2 + u_x^2\right]\mathrm{d}x = \pi\mathrm{e}^{2t} \tag{4.144}
$$

分别用多辛格式 (4.139)~(4.141) 和下列中心格式数值模拟弦振动方程 (4.126)

$$\frac{u_{i,j+1}-2u_{i,j}+u_{i,j-1}}{(\delta t)^2}-\frac{u_{i+1,j}-2u_{i,j}+u_{i-1,j}}{(\delta x)^2}+u_{i,j}+2\frac{u_{i,j+1}-u_{i,j-1}}{2\delta t}=0 \tag{4.145}$$

数值结果如图 4.3 和图 4.4 所示。

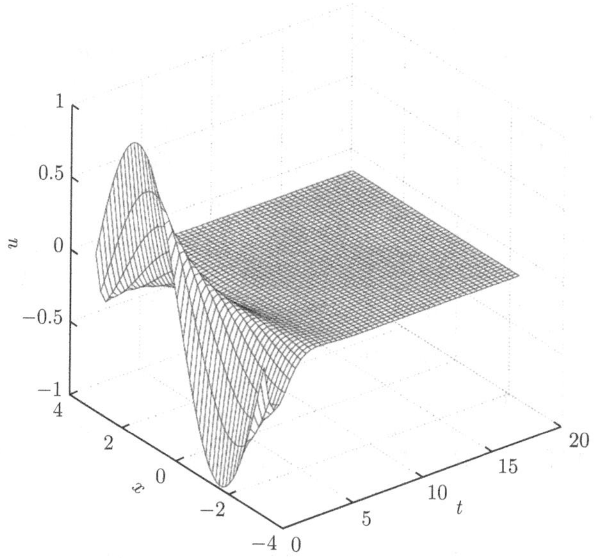


图 4.3　Birkhoff 多辛格式 (4.139)~(4.141) 的计算结果

图 4.3 表示多辛格式 (4.139)~(4.141) 在 $0 \leqslant t \leqslant 18$，时间步长 $\delta t = 0.0311$，空间步长 $\delta x = 0.0222$ 时的计算结果。

在时间 $t = j\delta t$ 处的误差定义为

$$\text{error} = \max_i |u_{i,j} - u(i\delta x, j\delta t)| \tag{4.146}$$

图 4.4 给出了 Birkhoff 多辛格式 (4.139)~(4.141) 和中心格式 (4.145) 从 $t = 0$ 到 $t = 0.0311 \times 1000$ 的误差。前者明显优于后者。

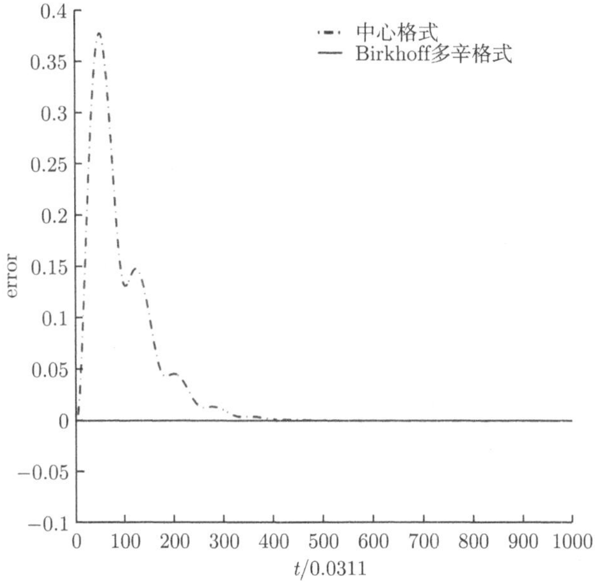


图 4.4 Birkhoff 多辛格式 (4.139)~(4.141) 和中心格式 (4.145) 的数值误差

# 第 5 章　等谱流及其求解方法

## 5.1　等谱流的概念及其分类

等谱流是一类矩阵上的微分方程 [116]，它所代表的动力系统具有等谱的特性。这种等谱性质的数学表现就是方程的解的特征值不随时间的变化而改变 [117]。因此，等谱形式本质上也是一种保结构性质。从而，在本书理论部分介绍的最后，介绍等谱流及其求解方法，本节介绍等谱流的概念及其分类。

### 5.1.1　等谱流的概念

等谱流的一般形式为矩阵微分方程

$$\boldsymbol{L}' = [\boldsymbol{B}(\boldsymbol{L}), \boldsymbol{L}] = \boldsymbol{B}(\boldsymbol{L})\boldsymbol{L} - \boldsymbol{L}\boldsymbol{B}(\boldsymbol{L}), \quad \boldsymbol{L}(0) = \boldsymbol{L}_0 \tag{5.1}$$

其中 $\boldsymbol{L}_0$ 是给定对称矩阵，$[\boldsymbol{B}(\boldsymbol{L}), \boldsymbol{L}]$ 是 $\boldsymbol{B}(\boldsymbol{L})$ 和 $\boldsymbol{L}$ 的交换子。

Flaschka 已经证明问题 (5.1) 等价于求解

$$\boldsymbol{U}' = \boldsymbol{B}(\boldsymbol{L}(t))\boldsymbol{U}, \quad \boldsymbol{U}(0) = \boldsymbol{I} \tag{5.2}$$

其中 $\boldsymbol{I}$ 为单位矩阵。同时有

$$\boldsymbol{L}(t) = \boldsymbol{U}(t)\boldsymbol{L}_0[\boldsymbol{U}(t)]^{-1} \tag{5.3}$$

特殊地，当 $\boldsymbol{B}(\boldsymbol{L})$ 为反对称矩阵时，式 (5.2) 的解是一个正交矩阵，那么式 (5.3) 可以改写为如下形式

$$\boldsymbol{L}(t) = \boldsymbol{U}(t)\boldsymbol{L}_0\boldsymbol{U}^{\mathrm{T}}(t) \tag{5.4}$$

下文中，除非特殊说明，都认为 $\boldsymbol{B}(\boldsymbol{L})$ 是反对称的。

### 5.1.2　等谱流问题的分类

Calvo、Iserles 和 Zanna 在他们的论文中给出了不同种类等谱流的定义，包括 QR 流、Toda 流、双括号流以及 Kac-von Moerbeke 流 [118]。它们是等谱流问题中最重要特殊的情况。它们的主要区别在于等谱流方程中 $\boldsymbol{B}(\boldsymbol{L})$ 与 $\boldsymbol{L}(t)$ 的形式不同。

#### 5.1.2.1 QR 流和 Toda 流

**定义 5.1** 给定一个任意的实函数 $f$，$f$ 定义在一个对称矩阵 $\boldsymbol{L}_0$ 的特征值上，当

$$\boldsymbol{B}(\boldsymbol{L}) = f(\boldsymbol{L})_+ - f(\boldsymbol{L})_- \tag{5.5}$$

其中角标 "±" 分别代表矩阵 $f(\boldsymbol{L})$ 的上三角和下三角矩阵，称式 (5.5) 为一个 **QR 流**。

QR 流的名称来源于：对于对称和正定矩阵 $\boldsymbol{L}_0$ 和 $f(x) = \log x$ 在整数时间步长处，该流在求解特征值时产生了与 QR 方法相似的迭代过程。改变式 (5.5) 的顺序等同于改变在时间上积分的顺序。当 $t \to \infty$ 时，$\boldsymbol{L}(t)$ 趋向于一个对角矩阵，主对角元素为 $\boldsymbol{L}(t)$ 的特征值。而 Deift、Nanda 和 Tomei 证明渐近平衡点的收敛是指数的 [119]。当 $t \to \infty$ 时，式 (5.5) 对应的等谱流的解特征值从大到小排列，当改变时间积分顺序时则相反。这种等谱流还保留了初始矩阵 $\boldsymbol{L}_0$ 的带宽。

特殊地，当 $f(x) = x$ 时，对应的等谱流称为 **Toda 流**。Toda 流是可积哈密顿系统的一个例子，来源于两个一维粒子指数型相互作用。不管是在理论还是应用的角度，它都有很重要的地位。

#### 5.1.2.2 双括号流

**定义 5.2** 将以下方程称为**双括号流**

$$\boldsymbol{L}' = [\boldsymbol{L}, [\boldsymbol{L}, \boldsymbol{N}]] \tag{5.6}$$

其中 $\boldsymbol{N}$ 是一个 $d \times d$ 的对称矩阵。

不失一般性，可知

$$[\boldsymbol{L}, [\boldsymbol{L}, \boldsymbol{N}]] = [[\boldsymbol{N}, \boldsymbol{L}], \boldsymbol{L}] \tag{5.7}$$

则式 (5.6) 可以改写成式 (5.1) 的形式，且

$$\boldsymbol{B}(\boldsymbol{L}) = [\boldsymbol{N}, \boldsymbol{L}] = \boldsymbol{NL} - \boldsymbol{LN} \tag{5.8}$$

双括号流可以表述为在黎曼流形中推出的梯度流动 [120]。双括号流一般不能保持初始矩阵 $\boldsymbol{L}_0$ 的带宽。而当 $\boldsymbol{N}$ 为对角矩阵时，可保持 $\boldsymbol{L}_0$ 的带宽。而且当 $t \to \infty$ 时，$\boldsymbol{L}(t)$ 趋近于对角矩阵，特征值根据 $\boldsymbol{N}$ 的对角元素排序。但当 $\boldsymbol{N}$ 或 $\boldsymbol{L}_0$ 含有重特征值时，$\boldsymbol{L}(t)$ 则不能指数收敛。

#### 5.1.2.3 Kac-von Moerbeke 流

**定义 5.3** 对式 (5.1) 给定

$$
\boldsymbol{L}(t)=\begin{pmatrix}
0 & \alpha_1 & 0 & \cdots & 0 & 0\\
\alpha_1 & 0 & \alpha_2 & \cdots & 0 & 0\\
0 & \alpha_2 & 0 & \cdots & 0 & 0\\
\vdots & \vdots & \vdots & & \vdots & \vdots\\
0 & 0 & 0 & \cdots & 0 & \alpha_{d-1}\\
0 & 0 & 0 & \cdots & \alpha_{d-1} & 0
\end{pmatrix}
$$

$$
\boldsymbol{B}(\boldsymbol{L})=\begin{pmatrix}
0 & 0 & \alpha_1\alpha_2 & 0 & \cdots & 0 & 0 & 0\\
0 & 0 & 0 & \alpha_2\alpha_3 & \cdots & 0 & 0 & 0\\
-\alpha_1\alpha_2 & 0 & 0 & 0 & \cdots & 0 & 0 & 0\\
0 & -\alpha_2\alpha_3 & 0 & 0 & \cdots & 0 & 0 & 0\\
\vdots & \vdots & \vdots & \vdots & & \vdots & \vdots & \vdots\\
0 & 0 & 0 & 0 & \cdots & 0 & 0 & \alpha_{d-2}\alpha_{d-1}\\
0 & 0 & 0 & 0 & \cdots & 0 & 0 & 0\\
0 & 0 & 0 & 0 & \cdots & -\alpha_{d-2}\alpha_{d-1} & 0 & 0
\end{pmatrix}
\tag{5.9}
$$

对应的等谱流称为 **KvM 流**。

KvM 流能够保持次对角线上的元素恒定，而主对角线上的元素为 0。

## 5.2 等谱流方法

本节详细介绍求解等谱流方程的几类常用数值方法，包括修正的 Gauss-Legendre Runge-Kutta 方法、半显式等谱 Taylor 方法、Runge-Kutta-Munthe-Kaas 方法、Cayley 变换下的 RKMK 方法、基于 Magnus 展开的双括号流等谱方法和基于一般线性逼近的有限积分法的等谱流法。

### 5.2.1 修正的 Gauss-Legendre Runge-Kutta(MGLRK) 方法

一般地，等谱流问题的解可表示为式 (5.3) 的形式，其中矩阵 $\boldsymbol{U}$ 是式 (5.2) 的理论解。如果 $0 \equiv t < t_1 < t_2 < \cdots < t_n$，则 $\boldsymbol{L}$ 的理论解可以表示为

$$
\boldsymbol{L}(t_{n+1})=\boldsymbol{U}(t_{n+1})\boldsymbol{L}(t_n)\left[\boldsymbol{U}(t_{n+1})\right]^{-1},\quad n=0,1,\cdots \tag{5.10}
$$

其中 $\boldsymbol{U}$ 是如下方程的解

$$
\boldsymbol{U}'=\boldsymbol{B}(\boldsymbol{L}(t))\boldsymbol{U},\quad \boldsymbol{U}(t_n)=\boldsymbol{I},\quad t_n\leqslant t\leqslant t_{n+1} \tag{5.11}
$$

现在不加证明地给出一个引理。

**引理 5.1** 如果 $\boldsymbol{A}(\boldsymbol{Y})$ 对所有的 $\boldsymbol{Y}$ 都是反对称的，即 $\boldsymbol{A}^{\mathrm{T}}=-\boldsymbol{A}$，则二次函数 $\boldsymbol{I}(\boldsymbol{Y})=\boldsymbol{Y}^{\mathrm{T}}\boldsymbol{Y}$ 是一个不变量；特别地，如果初值 $\boldsymbol{Y}_0$ 有正交列，即 $\boldsymbol{Y}_0^{\mathrm{T}}\boldsymbol{Y}_0=\boldsymbol{I}$，则解 $\boldsymbol{Y}(t)$ 的列对所有的 $t$ 保持正交。

特殊情况下，若 $\boldsymbol{B}(\boldsymbol{L})$ 对所有的 $\boldsymbol{L}$ 都是反对称的，即 $\boldsymbol{B}^{\mathrm{T}}=-\boldsymbol{B}$，且 $\boldsymbol{U}_0^{\mathrm{T}}\boldsymbol{U}_0=\boldsymbol{I}$，那么由引理 5.1 可得 $\boldsymbol{U}^{\mathrm{T}}\boldsymbol{U}=\boldsymbol{I}$，因此有

$$\boldsymbol{L}(t_{n+1})=\boldsymbol{U}(t_{n+1})\boldsymbol{L}(t_n)\boldsymbol{U}^{\mathrm{T}}(t_{n+1}) \tag{5.12}$$

并且如果 $\boldsymbol{L}_0$ 对称，解 $\boldsymbol{L}(t)$ 对所有 $t\geqslant 0$ 都对称。

数值求解式 (5.11)，其中 $\boldsymbol{B}(\boldsymbol{L})$ 是反对称矩阵，且有式 (5.12)，记数值解

$$\boldsymbol{L}_n\approx\boldsymbol{L}(t_n),\quad \boldsymbol{U}_{n+1}\approx\boldsymbol{U}(t_{n+1}),\quad \boldsymbol{L}_{n+1}\approx\boldsymbol{L}(t_{n+1}) \tag{5.13}$$

为了保持 $t_n\leqslant t\leqslant t_{n+1}$ 上 $\boldsymbol{U}$ 的正交性，可采用两种方法：第一种方法是结构正交积分，第二种是投影正交法。第二种方法首先是通过生成所需的近似点，然后投影到所需的水平集合上，这种方法在想要保持某种特定结构时应用广泛，但却破坏了本来保持的其他结构。因此实际中第一种方法更为常用，比如 Gauss-Legendre Runge-Kutta(GLRK) 方法。该方法为隐 Runge-Kutta(RK) 方法，是以 Gauss-Legendre 积分节点为基础的配置方法。

对于式 (5.11)，因为当 $t>t_n$ 时，$\boldsymbol{L}(t)$ 是未知的，并且需要计算 $\boldsymbol{B}(\boldsymbol{L}(t))$ 在 Gauss-Legendre 积分节点 $t_n+c_lh\,(l=1,\cdots,s)$ 处的值，因此用多项式 $\tilde{\boldsymbol{L}}(t)$ 代替 $\boldsymbol{L}(t)$，$\tilde{\boldsymbol{L}}(t)$ 是 $\boldsymbol{L}(t)$ 在 $t_n$ 与 $t_{n+1}$ 处的插值多项式，首先介绍经典的 $2s$ 阶 GLRK 方法。

令

$$\tilde{\boldsymbol{L}}^{(j)}(t_{n+i})=\boldsymbol{L}^{(j)}(t_{n+i}),\quad i=0,1,\quad j=0,1,\cdots,s-1 \tag{5.14}$$

作为 $\boldsymbol{L}(t)$ 在 $t_n$ 与 $t_{n+1}$ 处的 $2s-1$ 级 Hermite 插值函数，$\tilde{\boldsymbol{L}}(t)$ 即为 $\boldsymbol{L}(t)$ 的插值多项式，用 $\tilde{\boldsymbol{L}}(t)$ 代替 $\boldsymbol{L}(t)$，误差至多为 $O\left(h^{2s+1}\right)$，归入到 $2s$ 阶数值方法误差，将经典 GLRK 方法应用到

$$\boldsymbol{U}'=\boldsymbol{B}\left(\tilde{\boldsymbol{L}}(t)\right)\boldsymbol{U},\quad \boldsymbol{U}(t_n)=\boldsymbol{I} \tag{5.15}$$

从而得到 $2s$ 阶的 MGLRK 方法。

因为方程是隐式的，因此要用迭代方法求解。牛顿迭代法一般不能生成正交近似解，于是采用 Pcard 迭代，令初始值

$$\left[\boldsymbol{L}_{n+1}^{(j)}\right]^{[0]}=\boldsymbol{L}_n^{(j)},\quad j=0,1,\cdots,s-1 \tag{5.16}$$

对 $k=0,1,\cdots$，利用 $\boldsymbol{L}_n^{(j)}$ 与 $\left[\boldsymbol{L}_{n+1}^{(j)}\right]^{[k]}$ 表示 $\left[\tilde{\boldsymbol{L}}(t)\right]^{[k]}$，求解

$$\left[\boldsymbol{U}^{[k]}\right]'=\boldsymbol{B}\left(\left[\tilde{\boldsymbol{L}}(t)\right]^{[k]}\right)\boldsymbol{U}^{[k]},\quad \boldsymbol{U}^{[k]}(t_n)=\boldsymbol{I} \tag{5.17}$$

最后求出 $\boldsymbol{L}(t)$ 的数值近似解

$$\boldsymbol{L}_{n+1}^{[k+1]}=\boldsymbol{U}_{n+1}^{[k]}\boldsymbol{L}_n\left[\boldsymbol{U}_{n+1}^{[k]}\right]^{\mathrm{T}} \tag{5.18}$$

下面举例说明这种方法。

当 $s=1$ 时，得到 2 阶 MGLRK 方法，令

$$\tilde{\boldsymbol{L}}(t_{n+i})=\boldsymbol{L}(t_{n+i}),\quad i=0,1 \tag{5.19}$$

可得

$$\tilde{\boldsymbol{L}}(t)=\frac{1}{t_{n+1}-t_n}\left[(t_{n+1}-t)\boldsymbol{L}_n+(t-t_n)\boldsymbol{L}_{n+1}\right] \tag{5.20}$$

将式 (5.20) 代入式 (5.15)，利用隐式 Euler 中点格式

$$\begin{aligned}\boldsymbol{U}_{n+1}&=\boldsymbol{U}_n+\frac{1}{2}h\boldsymbol{B}_{n+1/2}(\boldsymbol{U}_n+\boldsymbol{U}_{n+1})\\&=\left(\boldsymbol{I}+\frac{1}{2}h\boldsymbol{B}_{n+1/2}\right)\boldsymbol{U}_n+\frac{1}{2}h\boldsymbol{B}_{n+1/2}\boldsymbol{U}_{n+1}\end{aligned} \tag{5.21}$$

整理得

$$\boldsymbol{U}_{n+1}=\left(\boldsymbol{I}-\frac{1}{2}h\boldsymbol{B}_{n+1/2}\right)^{-1}\boldsymbol{U}_n\left(\boldsymbol{I}+\frac{1}{2}h\boldsymbol{B}_{n+1/2}\right) \tag{5.22}$$

记

$$\boldsymbol{B}\left(\tilde{\boldsymbol{L}}(t)\right)=\boldsymbol{B}_{n+1/2}=\boldsymbol{B}\left(\frac{1}{2}(\boldsymbol{L}_n+\boldsymbol{L}_{n+1})\right) \tag{5.23}$$

显然有 $\boldsymbol{U}_{n+1}^{\mathrm{T}}\boldsymbol{U}_{n+1}=\boldsymbol{I}$，将式 (5.22) 代入

$$\boldsymbol{L}_{n+1}=\boldsymbol{U}_{n+1}\boldsymbol{L}_n\boldsymbol{U}_{n+1}^{\mathrm{T}} \tag{5.24}$$

可保持 $\boldsymbol{L}_{n+1}$ 的特征值不变，满足等谱性，于是将式 (5.22)~(5.24) 称为隐式中点格式的 2 阶等谱修正。

将式 (5.22) 代入式 (5.24) 可得

$$\boldsymbol{L}_{n+1}=\left(\boldsymbol{I}-\frac{1}{2}h\boldsymbol{B}_{n+1/2}\right)^{-1}\left(\boldsymbol{I}+\frac{1}{2}h\boldsymbol{B}_{n+1/2}\right)\boldsymbol{L}_n$$

$$\cdot\left(\boldsymbol{I}+\frac{1}{2}h\boldsymbol{B}_{n+1/2}\right)\left(\boldsymbol{I}-\frac{1}{2}h\boldsymbol{B}_{n+1/2}\right)^{-1} \tag{5.25}$$

利用 $[\boldsymbol{B},\boldsymbol{L}]=\boldsymbol{BL}-\boldsymbol{LB}$，化简可得

$$\boldsymbol{L}_{n+1}=\boldsymbol{L}_n+h\left[\boldsymbol{B}_{n+1/2},\frac{1}{2}\left(\boldsymbol{L}_n+\boldsymbol{L}_{n+1}\right)\right]+\frac{1}{4}h^2\boldsymbol{B}_{n+1/2}\left(\boldsymbol{L}_{n+1}-\boldsymbol{L}_n\right)\boldsymbol{B}_{n+1/2} \tag{5.26}$$

式 (5.26) 即为迭代格式。

### 5.2.2 半显式等谱 Taylor 方法

利用 5.2.1 节的 MGLRK 方法能够保持 $\boldsymbol{U}$ 的正交性，从而保持等谱性。但当求解式 (5.11) 的方法不是正交的，则无法在求解式 (5.12) 时保持等谱性 [118]。因此，若要用非正交方法求解式 (5.11)，用式 (5.10) 代替式 (5.12)，利用本小节的半显式等谱 Taylor 方法可以得到等谱近似解。而这种方法的不足之处是在一般情况下，数值近似解不能保持精确解的对称性。

利用 $p$ 阶的 Taylor 方法得到式 (5.2) 的近似解 $\boldsymbol{U}_{n+1}$

$$\boldsymbol{U}_{n+1}=\boldsymbol{U}_n+h\boldsymbol{U}'_n+\frac{h^2}{2}\boldsymbol{U}''_n+\cdots+\frac{h^p}{p!}\boldsymbol{U}_n^{(p)},\quad \boldsymbol{U}_n^{(i)}=\boldsymbol{U}^{(i)}(t)\Big|_{t=t_n},\quad i=1,2,\cdots,p \tag{5.27}$$

由

$$\boldsymbol{U}'=\boldsymbol{BU} \tag{5.28}$$

可得

$$\begin{aligned}\boldsymbol{U}''&=(\boldsymbol{U}')'=(\boldsymbol{BU})'=\boldsymbol{B}'\boldsymbol{U}+\boldsymbol{B}\boldsymbol{U}'\\&=\boldsymbol{B}'\boldsymbol{U}+\boldsymbol{B}^2\boldsymbol{U}=\left(\boldsymbol{B}'+\boldsymbol{B}^2\right)\boldsymbol{U}\\\boldsymbol{U}^{(3)}&=\left(\boldsymbol{B}''+2\boldsymbol{B}\boldsymbol{B}'\right)\boldsymbol{U}+\left(\boldsymbol{B}'+\boldsymbol{B}^2\right)\boldsymbol{U}'\\&=\left(\boldsymbol{B}''+2\boldsymbol{B}\boldsymbol{B}'\right)\boldsymbol{U}+\left(\boldsymbol{B}'+\boldsymbol{B}^2\right)\boldsymbol{BU}\\&=\left(\boldsymbol{B}''+2\boldsymbol{B}\boldsymbol{B}'+\boldsymbol{B}'\boldsymbol{B}+\boldsymbol{B}^3\right)\boldsymbol{U}\end{aligned} \tag{5.29}$$

以此类推，可得 $\boldsymbol{U}^{(i)}\,(i=1,2,\cdots)$ 有形式

$$\boldsymbol{U}^{(i)}=\boldsymbol{F}_i\boldsymbol{U} \tag{5.30}$$

其中 $\boldsymbol{F}_i$ 满足

$$\boldsymbol{F}_{i+1}=\boldsymbol{F}'_i+\boldsymbol{F}_i\boldsymbol{B},\quad \boldsymbol{F}_0=\boldsymbol{I} \tag{5.31}$$

如果 $\boldsymbol{U}_n=\boldsymbol{U}(t_n)$，则有

$$\boldsymbol{U}_{n+1}-\boldsymbol{U}(t_{n+1})=-\frac{h^{p+1}}{(p+1)!}\boldsymbol{U}^{(p+1)}(t_n)+O\left(h^{p+1}\right) \tag{5.32}$$

只有当 $p=\infty$ 时，$\boldsymbol{U}_{n+1}^{\mathrm{T}}\boldsymbol{U}_{n+1}=\boldsymbol{I}$，才能保证 $\boldsymbol{U}_{n+1}$ 的正交性；当 $p\neq\infty$ 时，$\boldsymbol{U}_{n+1}$ 不是正交的 [121]。因此，Taylor 方法应用到式 (5.2) 不能保持等谱性。实际上，因为它们不能保持正交性，也就无法保持二次不变量，而这又恰恰是等谱性的必要条件。

为了得到式 (5.2) 的等谱数值近似解，而 $\boldsymbol{U}_{n+1}$ 不是正交的，在利用 Taylor 方法时，只有用

$$\boldsymbol{L}_{n+1}=\boldsymbol{U}_{n+1}\boldsymbol{L}_n\boldsymbol{U}_{n+1}^{-1} \tag{5.33}$$

求解 $\boldsymbol{L}(t)$ 的近似解。

最简单的例子即当 $p=1$ 时，$\boldsymbol{U}(t_n)=\boldsymbol{I}$，利用向前 Euler 法可得

$$\boldsymbol{U}_{n+1}=\boldsymbol{U}_n+h\boldsymbol{U}'_n=\boldsymbol{I}+h\boldsymbol{B}_n\boldsymbol{U}_n=\boldsymbol{I}+h\boldsymbol{B}_n \tag{5.34}$$

其中 $\boldsymbol{B}_n=\boldsymbol{B}_n(\boldsymbol{L}_n)$。

将式 (5.34) 代入式 (5.33)，得

$$\boldsymbol{L}_{n+1}=(\boldsymbol{I}+h\boldsymbol{B}_n)\boldsymbol{L}_n(\boldsymbol{I}+h\boldsymbol{B}_n)^{-1} \tag{5.35}$$

展开整理可得

$$\boldsymbol{L}_{n+1}=\boldsymbol{L}_n+h(\boldsymbol{B}_n\boldsymbol{L}_n-\boldsymbol{L}_{n+1}\boldsymbol{B}_n) \tag{5.36}$$

然而，当直接对式 (5.1) 用标准向前 Euler 法得到的是

$$\boldsymbol{L}_{n+1}=\boldsymbol{L}_n+h(\boldsymbol{B}_n\boldsymbol{L}_n-\boldsymbol{L}_n\boldsymbol{B}_n) \tag{5.37}$$

对式 (5.37) 进行修正后得到的同样是式 (5.36)，称为 $p=1$ 时的半显式等谱 Taylor 方法。

尽管 $\boldsymbol{B}_n$ 仅依赖于 $\boldsymbol{L}_n$，与 $\boldsymbol{L}_{n+1}$ 无关，但为了求 $\boldsymbol{L}_{n+1}$，在式 (5.11) 中需要求矩阵 $\boldsymbol{B}(\boldsymbol{L}_n)$ 的逆，如果想要避免矩阵求逆，可以对半显式格式 (5.36) 应用 Picard 迭代，可得

$$\boldsymbol{L}_{n+1}^{[0]}=\boldsymbol{L}_n,\quad \boldsymbol{L}_{n+1}^{[k]}=\boldsymbol{L}_n+h\left(\boldsymbol{B}_n\boldsymbol{L}_n-\boldsymbol{L}_{n+1}^{[k]}\boldsymbol{B}_n\right),\quad k=0,1,\cdots \tag{5.38}$$

$\left\{\boldsymbol{L}_{n+1}^{[k+1]}\right\}_{k=0}^{\infty}$ 必须收敛，才能保证 $\boldsymbol{L}_{n+1}$ 的等谱性，且步长 $h$ 的选择也很重要。

同样地，当 $p\geqslant 2$ 时，可得高阶 Taylor 方法，因为

$$\boldsymbol{L}_{n+1}\boldsymbol{U}_{n+1}=\left(\boldsymbol{U}_{n+1}\boldsymbol{L}_n\boldsymbol{U}_{n+1}^{-1}\right)\boldsymbol{U}_{n+1}=\boldsymbol{U}_{n+1}\boldsymbol{L}_n \tag{5.39}$$

$\boldsymbol{U}_{n+1}$ 由下式给出

$$\boldsymbol{U}_{n+1}=\boldsymbol{U}_n+h\boldsymbol{U}'_n+\frac{h^2}{2}\boldsymbol{U}''_n+\cdots+\frac{h^p}{p!}\boldsymbol{U}_n^{(p)}$$

$$
\begin{aligned}
&= \boldsymbol{U}_n \left( \boldsymbol{I} + h\boldsymbol{B}_n + \frac{h^2}{2}\left(\boldsymbol{B}' + \boldsymbol{B}^2\right)\right) + \cdots + \frac{h^p}{p!}\boldsymbol{F}_{p,n} \\
&= \boldsymbol{I} + h\boldsymbol{B}_n + \frac{h^2}{2}\left(\boldsymbol{B}'_n + \boldsymbol{B}_n^2\right) + \cdots + \frac{h^p}{p!}\boldsymbol{F}_{p,n}
\end{aligned} \tag{5.40}
$$

其中 $\boldsymbol{F}_{p,n} = \boldsymbol{F}_p(t_n)$。

因此，由式 (5.39) 可得

$$
\begin{aligned}
&\boldsymbol{L}_{n+1}\left(\boldsymbol{I} + h\boldsymbol{B}_n + \frac{h^2}{2}\left(\boldsymbol{B}'_n + \boldsymbol{B}_n^2\right) + \cdots + \frac{h^p}{p!}\boldsymbol{F}_{p,n}\right) \\
&= \left(\boldsymbol{I} + h\boldsymbol{B}_n + \frac{h^2}{2}\left(\boldsymbol{B}'_n + \boldsymbol{B}_n^2\right) + \cdots + \frac{h^p}{p!}\boldsymbol{F}_{p,n}\right)\boldsymbol{L}_n
\end{aligned} \tag{5.41}
$$

移项整理得

$$
\begin{aligned}
\boldsymbol{L}_{n+1} =& \boldsymbol{L}_n + h\left(\boldsymbol{B}_n\boldsymbol{L}_n - \boldsymbol{L}_{n+1}\boldsymbol{B}_n\right) + \frac{h^2}{2}\left[\left(\boldsymbol{B}'_n + \boldsymbol{B}_n^2\right)\boldsymbol{L}_n - \boldsymbol{L}_{n+1}\left(\boldsymbol{B}'_n + \boldsymbol{B}_n^2\right)\right] \\
&+ \cdots + \frac{h^p}{p!}\left(\boldsymbol{F}_{p,n}\boldsymbol{L}_n - \boldsymbol{L}_{n+1}\boldsymbol{F}_{p,n}\right)
\end{aligned} \tag{5.42}
$$

这是高阶半显式等谱 Taylor 方法。

利用不动点迭代来避免矩阵求逆，且 $\left\{\boldsymbol{L}_{n+1}^{[k+1]}\right\}_{k=0}^{\infty}$ 收敛时，才能保持等谱性，具体算法为

$$
\begin{aligned}
&\boldsymbol{L}_{n+1}^{[0]} = \boldsymbol{L}_n \\
&\boldsymbol{L}_{n+1}^{[k+1]} = \boldsymbol{L}_n + h\left(\boldsymbol{B}_n\boldsymbol{L}_n - \boldsymbol{L}_{n+1}^{[k]}\boldsymbol{B}_n\right) + \frac{h^2}{2}\left[\left(\boldsymbol{B}'_n + \boldsymbol{B}_n^2\right)\boldsymbol{L}_n - \boldsymbol{L}_{n+1}^{[k]}\left(\boldsymbol{B}'_n + \boldsymbol{B}_n^2\right)\right] \\
&\qquad + \cdots + \frac{h^p}{p!}\left(\boldsymbol{F}_{p,n}\boldsymbol{L}_n - \boldsymbol{L}_{n+1}^{[k]}\boldsymbol{F}_{p,n}\right), \quad k = 0, 1, \cdots
\end{aligned} \tag{5.43}
$$

这种格式一般是非对称的，在保持等谱性的同时，需要减小 $\boldsymbol{L}_n$ 的对称误差 [121]。

### 5.2.3 Runge-Kutta-Munthe-Kaas(RKMK) 方法

Runge-Kutta-Munthe-Kaas(RKMK) 方法首先由 Munthe-Kaas 提出 [122]，它是经典 RK 方法的自然推广，在 Lie 群算法中的作用相当于 RK 方法在经典常微分方程数值方法中的作用。RKMK 方法的基本思想是将 Lie 群 $G$ 上的方程转化为求解相应的 Lie 代数 $g$ 上的方程，然后利用 RK 方法求此 Lie 代数方程的数值解，最后通过拉回作用，将 Lie 代数方程的数值解拉回到原 Lie 群方程的数值解。

对于 Lie 群 $O(n)$ 上的微分方程

$$\dot{\boldsymbol{Y}} = \boldsymbol{A}(\boldsymbol{Y})\boldsymbol{Y}, \quad \boldsymbol{Y}(0) = \boldsymbol{I}, \quad t \geqslant 0 \tag{5.44}$$

其中 $\boldsymbol{Y}(t) \in O(n)$，$\boldsymbol{A}(t,\boldsymbol{Y})^{\mathrm{T}} = -\boldsymbol{A}(t,\boldsymbol{Y})$。

Munthe-Kaas 将解表示成

$$\boldsymbol{Y}(t) = \exp(\boldsymbol{\Omega}(t))\boldsymbol{Y}_0 \tag{5.45}$$

其中 $\boldsymbol{\Omega}(t)$ 满足 Lie 代数上的方程

$$\dot{\boldsymbol{\Omega}} = \mathrm{dexp}_{\boldsymbol{\Omega}}^{-1}(\boldsymbol{A}(\boldsymbol{Y}(t))), \quad \boldsymbol{\Omega}(0) = \boldsymbol{0} \tag{5.46}$$

其中 $\mathrm{dexp}_{\boldsymbol{\Omega}}^{-1}$ 表示对 $\boldsymbol{\Omega}$ 求导数的逆。

由于 Lie 群上的非线性不变量 $g(\boldsymbol{Y}) = \det \boldsymbol{Y}$ 没有合适的 RK 方法保持多项式不变量，但是对于 Lie 代数上的线性不变量 $g'(\boldsymbol{I})(\boldsymbol{\Omega}) = 0$，所有的数值方法都可以自动保持其不变性。方程 (5.46) 的 $q$ 阶 RKMK 方法的基本步骤为：

(1) 由

$$\mathrm{dexp}^{-1}(\boldsymbol{\Omega},\boldsymbol{v}) = \boldsymbol{v} - \frac{1}{2}[\boldsymbol{\Omega},\boldsymbol{v}] + \sum_{k=2}^{q-1}\frac{B_k}{k!}ad_{\boldsymbol{\Omega}}^{k}(\boldsymbol{v}) \tag{5.47}$$

得到 $\mathrm{dexp}_{\boldsymbol{\Omega}}^{-1}$ 的 $q$ 阶近似，其中

$$ad_{\boldsymbol{\Omega}}^{0}(\boldsymbol{v}) = \boldsymbol{v}, \quad ad_{\boldsymbol{\Omega}}^{m}(\boldsymbol{v}) = \left[\boldsymbol{\Omega}, ad_{\boldsymbol{\Omega}}^{m-1}(\boldsymbol{v})\right] \tag{5.48}$$

(2) 对近似方程

$$\dot{\boldsymbol{\Omega}} = \mathrm{dexp}^{-1}(\boldsymbol{\Omega},\boldsymbol{A}(\boldsymbol{Y}(t))), \quad \boldsymbol{\Omega}(0) = \boldsymbol{0} \tag{5.49}$$

应用 $s$ 级 $q$ 阶 RK 方法，可以得到

$$\begin{aligned} \boldsymbol{\phi}_i &= h\sum_{j=1}^{s} a_{ij}\mathrm{dexp}^{-1}\left(\boldsymbol{\phi}_j, \boldsymbol{A}\left(\mathrm{expm}\left(\boldsymbol{\phi}_j\right)\boldsymbol{Y}_0\right)\right) \\ \boldsymbol{\Omega}_1 &= h\sum_{i=1}^{s} b_i\mathrm{dexp}^{-1}(\boldsymbol{\phi}_i, \boldsymbol{A}(\mathrm{expm}(\boldsymbol{\phi}_i)\boldsymbol{Y}_0)) \end{aligned} \tag{5.50}$$

其中 $h$ 是时间步长，$\boldsymbol{\Omega}_1 \approx \boldsymbol{\Omega}(h)$；expm 表示矩阵的 e 指数，与 exp 的不同在于，exp 是矩阵中每一个元素求 e 指数，而 expm 是对矩阵整体求 e 指数。

如果采用显式 RK 方法，由于所有运算都是 Lie 代数中的加法、数乘和 Lie 括号运算，则 $\boldsymbol{\Omega}_1 \in g$ 成立；如果采用隐式 RK 方法，则必须选择一种适当的迭代方法 (如不动点迭代法、牛顿迭代法) 满足 $\boldsymbol{\Omega}_1 \in g$ 的要求，这样才能保证解 $\boldsymbol{Y}(t) \in O(n)$。

(3) 通过 Lie 代数作用，得到 Lie 群方程 (5.44) 的数值解

$$\begin{aligned}\boldsymbol{Y}_1 &= \lambda(\boldsymbol{\Omega}_1, \boldsymbol{Y}_0) = r(\boldsymbol{\Omega}_1)\boldsymbol{Y}_0 \\ r(\boldsymbol{\Omega}_1) &= \exp(\boldsymbol{\Omega}_1) + O\left(\boldsymbol{\Omega}_1^{q+1}\right)\end{aligned} \tag{5.51}$$

其中 $r(z)$ 是 $\exp(z)$ 的 $q$ 阶近似。

一般地，可以利用 Cayley 变换或者 Padé(1,1) 逼近可得

$$\boldsymbol{Y}_1 = \operatorname{cay}(\boldsymbol{\Omega}_1)\boldsymbol{Y}_0 = \frac{\boldsymbol{I}+\boldsymbol{\Omega}_1/2}{\boldsymbol{I}-\boldsymbol{\Omega}_1/2}\boldsymbol{Y}_0 \tag{5.52}$$

**定理 5.1** 若 RK 方法是 $p$ 阶的，$\mathrm{dexp}^{-1}$ 展开式中取到 $q$ 项，且 $q \neq p-1$，则相应的 RKMK 方法也是 $p$ 阶的。

针对 Toda 流问题，给出一个显式 4 阶精度的 RKMK 方法如下，其中 $\mathrm{dexp}^{-1}$ 展开式只取前 3 项

$$\begin{aligned}
&\boldsymbol{\phi}_1 = \mathbf{0}, \quad \boldsymbol{A}_1 = h\boldsymbol{A}(Y_n), \quad \boldsymbol{K}_1 = \boldsymbol{A}_1 \\
&\boldsymbol{\phi}_2 = \frac{1}{2}\boldsymbol{K}_1, \quad \boldsymbol{A}_2 = h\boldsymbol{A}\left(\mathrm{e}^{\boldsymbol{\phi}_2}Y\right) \\
&\boldsymbol{K}_2 = \boldsymbol{A}_2 - \frac{1}{2}[\boldsymbol{\phi}_2, \boldsymbol{A}_2] + \frac{1}{12}[\boldsymbol{\phi}_2, [\boldsymbol{\phi}_2, \boldsymbol{A}_2]] \\
&\boldsymbol{\phi}_3 = \frac{1}{2}\boldsymbol{K}_2, \quad \boldsymbol{A}_3 = h\boldsymbol{A}\left(\mathrm{e}^{\boldsymbol{\phi}_3}\boldsymbol{Y}_n\right) \\
&\boldsymbol{K}_3 = \boldsymbol{A}_3 - \frac{1}{2}[\boldsymbol{\phi}_3, \boldsymbol{A}_3] + \frac{1}{12}[\boldsymbol{\phi}_3, [\boldsymbol{\phi}_3, \boldsymbol{A}_3]] \\
&\boldsymbol{\phi}_4 = \boldsymbol{K}_3, \quad \boldsymbol{A}_4 = h\boldsymbol{A}\left(\mathrm{e}^{\boldsymbol{\phi}_4}\boldsymbol{Y}_n\right) \\
&\boldsymbol{K}_4 = \boldsymbol{A}_4 - \frac{1}{2}[\boldsymbol{\phi}_4, \boldsymbol{A}_4] + \frac{1}{12}[\boldsymbol{\phi}_4, [\boldsymbol{\phi}_4, \boldsymbol{A}_4]] \\
&\boldsymbol{Y}_{n+1} = \operatorname{expm}\left(\frac{1}{6}\boldsymbol{K}_1 + \frac{1}{3}\boldsymbol{K}_2 + \frac{1}{3}\boldsymbol{K}_3 + \frac{1}{6}\boldsymbol{K}_4\right)\boldsymbol{Y}_n
\end{aligned} \tag{5.53}$$

显式 4 阶 RKMK 方法与经典 4 阶 RK 方法相比，无论是理论还是数值模拟都可以说明 Lie 群算法可以保证方程的解仍在一个流形上，也可以在一个群上，并且具有更好的稳定性。隐式 RK 方法对应的 RKMK 方法则要用到迭代，例如，传统的隐式 Euler 方法，则要利用牛顿迭代 [123]，包括 Lie 群上的迭代和 Lie 代数上的迭代，通过数值实验比较可发现这两种方法在矩阵阶数较大时，时间步长仍可以取较大的值。

### 5.2.4 Cayley 变换下的 RKMK 方法

由于 RKMK 方法中指数函数的计算量较大，可以利用 Cayley 变换对 RKMK 方法进行修正，从而减少 RKMK 方法中指数函数的计算，有效提高计算效率。下

面，利用 Cayley 修正后的 RKMK 方法求解等谱流问题。

正交群 $O(n)=\left\{\boldsymbol{U}\middle|\boldsymbol{U}^{\mathrm{T}}\boldsymbol{U}=\boldsymbol{I}\right\}$ 是一个二次 Lie 群,相应的 Lie 代数为 $so(n)=\left\{\boldsymbol{Y}\middle|\boldsymbol{Y}^{\mathrm{T}}+\boldsymbol{Y}=\boldsymbol{0}\right\}$。

**引理 5.2**　对于二次 Lie 群 $G$，Cayley 变换

$$\mathrm{cay}(\boldsymbol{\Omega})=\left(\boldsymbol{I}-\frac{1}{2}\boldsymbol{\Omega}\right)^{-1}\left(\boldsymbol{I}+\frac{1}{2}\boldsymbol{\Omega}\right),\quad \forall\boldsymbol{\Omega}\in g \tag{5.54}$$

将 Lie 代数 $g$ 中的元素映射到 Lie 群 $G$ 中。

**引理 5.3**　$\mathrm{cay}(\boldsymbol{\Omega})$ 的导数表示为

$$\left(\frac{\mathrm{d}}{\mathrm{d}\boldsymbol{\Omega}}\mathrm{cay}(\boldsymbol{\Omega})\right)\boldsymbol{H}=\left(\mathrm{dcay}_{\boldsymbol{\Omega}}(\boldsymbol{H})\right)\mathrm{cay}(\boldsymbol{\Omega}) \tag{5.55}$$

其中

$$\mathrm{dcay}_{\boldsymbol{\Omega}}(\boldsymbol{H})=\left(\boldsymbol{I}-\frac{1}{2}\boldsymbol{\Omega}\right)^{-1}\boldsymbol{H}\left(\boldsymbol{I}+\frac{1}{2}\boldsymbol{\Omega}\right)^{-1} \tag{5.56}$$

对于 $\mathrm{dcay}_{\boldsymbol{\Omega}}$ 的逆，有

$$\mathrm{dcay}_{\boldsymbol{\Omega}}^{-1}(\boldsymbol{H})=\boldsymbol{H}-\frac{1}{2}[\boldsymbol{\Omega},\boldsymbol{H}]-\frac{1}{4}\boldsymbol{\Omega}\cdot\boldsymbol{H}\cdot\boldsymbol{\Omega} \tag{5.57}$$

$\mathrm{dcay}^{-1}$ 是 $g\to g$ 的一个映射，式 (5.44) 的解可以表示为

$$\boldsymbol{Y}(t)=\mathrm{cay}(\boldsymbol{\Omega}(t))\boldsymbol{Y}_0=\frac{\boldsymbol{I}+\boldsymbol{\Omega}(t)/2}{\boldsymbol{I}-\boldsymbol{\Omega}(t)/2}\boldsymbol{Y}_0 \tag{5.58}$$

且 $\boldsymbol{\Omega}(t)$ 满足

$$\begin{aligned}&\boldsymbol{\Omega}'=\mathrm{dcay}_{\boldsymbol{\Omega}}^{-1}\left(\boldsymbol{A}\left(\mathrm{cay}(\boldsymbol{\Omega})\boldsymbol{Y}_0\right)\right)\\&\boldsymbol{\Omega}(0)=\boldsymbol{0},\quad \boldsymbol{\Omega}(t)\in g,\quad t\geqslant 0\end{aligned} \tag{5.59}$$

因此 $q$ 阶 Cayley 变换下的 RKMK 方法的基本步骤为:

(1) 对方程

$$\boldsymbol{\Omega}'=\mathrm{dcay}_{\boldsymbol{\Omega}}^{-1}\left(\boldsymbol{A}\left(\mathrm{cay}(\boldsymbol{\Omega})\boldsymbol{Y}_0\right)\right),\quad \boldsymbol{\Omega}(0)=\boldsymbol{0} \tag{5.60}$$

应用 $s$ 级 $q$ 阶 RK 方法，可以得到

$$\begin{aligned}&\boldsymbol{\phi}_i=h\sum_{j=1}^{s}a_{ij}\mathrm{dcay}^{-1}\left(\boldsymbol{\phi}_j,\boldsymbol{A}\left(\mathrm{cay}\left(\boldsymbol{\phi}_j\right)\boldsymbol{Y}_0\right)\right)\\&\boldsymbol{\Omega}_1=h\sum_{i=1}^{s}b_i\mathrm{dcay}^{-1}\left(\boldsymbol{\phi}_i,\boldsymbol{A}\left(\mathrm{cay}\left(\boldsymbol{\phi}_i\right)\boldsymbol{Y}_0\right)\right)\end{aligned} \tag{5.61}$$

(2) 通过 Lie 代数作用，精确计算得到原方程的解

$$\boldsymbol{Y}_1 = \mathrm{cay}\left(\boldsymbol{\Omega}_1\right)\boldsymbol{Y}_0 = \frac{\boldsymbol{I} + \boldsymbol{\Omega}_1/2}{\boldsymbol{I} - \boldsymbol{\Omega}_1/2}\boldsymbol{Y}_0 \tag{5.62}$$

同样地，由于所有运算都是 Lie 代数中的加法、数乘和 Lie 括号运算，则 $\boldsymbol{\Omega}_1 \in g$ 成立，所以 $\boldsymbol{Y}_1 = \mathrm{cay}\left(\boldsymbol{\Omega}_1\right)\boldsymbol{Y}_0 \in O\left(n\right)$，即 $\boldsymbol{Y}_1$ 仍可保持正交性，将此方法应用于等谱流问题中，可使等谱性成立。

### 5.2.5 基于 Magnus 展开的双括号等谱流方法

Iserles 提出了利用修正的 Magnus 级数求解线性矩阵微分方程的方法 [124]。对于线性方程

$$\boldsymbol{Y}' = \boldsymbol{A}\left(t\right)\boldsymbol{Y}, \quad \boldsymbol{Y}\left(0\right) = \boldsymbol{Y}_0 \tag{5.63}$$

其解可以用 Magnus 级数表示为

$$\boldsymbol{Y}\left(t\right) = \exp\left(\boldsymbol{\Omega}\left(t\right)\right)\boldsymbol{Y}_0 \tag{5.64}$$

其中 $\boldsymbol{\Omega}$ 展开为无穷个积分式的线性叠加

$$\begin{aligned}\boldsymbol{\Omega}\left(t\right) &= \boldsymbol{\Omega}_1 + \boldsymbol{\Omega}_2 + \boldsymbol{\Omega}_3 + \cdots \\ &= \int_0^t \boldsymbol{A}_1 \mathrm{d}t_1 + \frac{1}{2}\int_0^t \mathrm{d}t_1 \int_0^{t_1} \mathrm{d}t_2 \left[\boldsymbol{A}_1, \boldsymbol{A}_2\right] \\ &\quad + \frac{1}{6}\int_0^t \mathrm{d}t_1 \int_0^{t_1} \mathrm{d}t_2 \int_0^{t_2} \mathrm{d}t_3 \left(\left[\boldsymbol{A}_1, \left[\boldsymbol{A}_2, \boldsymbol{A}_3\right]\right] + \left[\boldsymbol{A}_3, \left[\boldsymbol{A}_2, \boldsymbol{A}_1\right]\right]\right) + \cdots\end{aligned} \tag{5.65}$$

对于双括号流方程

$$\boldsymbol{Y}' = \left[\left[\boldsymbol{Y}, \boldsymbol{N}\right], \boldsymbol{Y}\right] \tag{5.66}$$

其解可以表示为

$$\boldsymbol{Y}\left(t\right) = \exp\left(\boldsymbol{\Omega}\left(t\right)\right)\boldsymbol{Y}_0 \exp\left(-\boldsymbol{\Omega}\left(t\right)\right) = \exp\left(ad_{\boldsymbol{\Omega}}\right)\boldsymbol{Y}_0 \tag{5.67}$$

其中

$$\exp\left(ad_{\boldsymbol{\Omega}}\right) = \sum_{m=0}^{\infty} \frac{1}{m!} ad_{\boldsymbol{\Omega}}^m \tag{5.68}$$

从而只需求得 $\boldsymbol{\Omega}$，即可求得原双括号流问题的解。Casas 在他的论文中给出了 $\boldsymbol{\Omega}$ 满足的方程 [125]

$$\boldsymbol{\Omega}' = \sum_{k=1}^{n-1} \frac{B_k}{k!} ad_{\boldsymbol{\Omega}}^k \left[\exp\left(ad_{\boldsymbol{\Omega}}\right)\boldsymbol{Y}_0, \boldsymbol{N}\right], \quad \boldsymbol{\Omega}(0) = \boldsymbol{0} \tag{5.69}$$

将 $\boldsymbol{\Omega}$ 按 Magnus 级数展开，形式为

$$\boldsymbol{\Omega} = \sum_{n=1}^{\infty} \boldsymbol{\Omega}_n \tag{5.70}$$

其中

$$\begin{aligned}
&\boldsymbol{\Omega}_1(t) = t[\boldsymbol{Y}_0, \boldsymbol{N}] \\
&\boldsymbol{\Omega}_n(t) = \left[\sum_{j=1}^{n-1} \frac{1}{j!} \sum_{\substack{k_1+\cdots+k_j=n-1 \\ k_1 \geqslant 1, \cdots, k_j \geqslant 1}} \int_0^t ad_{\boldsymbol{\Omega}_{k_1}} \cdots ad_{\boldsymbol{\Omega}_{k_j}} \boldsymbol{Y}_0 \mathrm{d}\tau, \boldsymbol{N}\right] \\
&\qquad + \sum_{j=1}^{n-1} \frac{B_j}{j!} \sum_{\substack{k_1+\cdots+k_j=n-1 \\ k_1 \geqslant 1, \cdots, k_j \geqslant 1}} \int_0^t ad_{\boldsymbol{\Omega}_{k_1}} \cdots ad_{\boldsymbol{\Omega}_{k_j}} ([\boldsymbol{Y}_0, \boldsymbol{N}]) \mathrm{d}\tau \\
&\qquad + \sum_{j=2}^{n-1} \int_0^t \mathrm{d}\tau \left(\sum_{l=1}^{j-1} \frac{B_l}{l!} \sum_{\substack{k_1+\cdots+k_l=j-1 \\ k_1 \geqslant 1, \cdots, k_l \geqslant 1}} ad_{\boldsymbol{\Omega}_{k_1}} \cdots ad_{\boldsymbol{\Omega}_{k_l}}\right) \\
&\qquad \times \left(\left[\sum_{p=1}^{n-j} \frac{1}{p!} \sum_{\substack{k_1+k_2+\cdots+k_p=n-j \\ k_1 \geqslant 1, \cdots, k_p \geqslant 1}} ad_{\boldsymbol{\Omega}_{k_1}} \cdots ad_{\boldsymbol{\Omega}_{k_p}} \boldsymbol{Y}_0, \boldsymbol{N}\right]\right), \quad n \geqslant 2
\end{aligned} \tag{5.71}$$

Casas 已经在其论文中证明了该级数的收敛性 [125]。

对于 $m$ 阶的 Casas 方法，即取 $\boldsymbol{\Omega}$ 展开的前 $m$ 项，得到 $\boldsymbol{\Omega}^{[m]}$，代入式 (5.67) 求解即可。

当 $m=4$ 时，步长为 $h$，格式如下：

第 1 阶

$$\boldsymbol{d}_1 = [\boldsymbol{Y}_0, \boldsymbol{N}], \quad \boldsymbol{\Omega}^{[1]}(h) = h\boldsymbol{d}_1 \tag{5.72}$$

第 2 阶

$$\boldsymbol{d}_2 = [\boldsymbol{Y}_0, \boldsymbol{d}_1], \quad \boldsymbol{d}_3 = [\boldsymbol{Y}_0, \boldsymbol{d}_2], \quad \boldsymbol{\Omega}^{[2]}(h) = h\boldsymbol{d}_1 + \frac{1}{2}h^2\boldsymbol{d}_3 \tag{5.73}$$

第 3 阶

$$\begin{aligned}
&\boldsymbol{d}_4 = [\boldsymbol{Y}_0, \boldsymbol{d}_3], \quad \boldsymbol{d}_5 = [\boldsymbol{Y}_0, \boldsymbol{d}_4], \quad \boldsymbol{d}_6 = [\boldsymbol{N}, \boldsymbol{d}_2] \\
&\boldsymbol{\Omega}^{[3]}(h) = h\boldsymbol{d}_1 + \frac{1}{2}h^2\boldsymbol{d}_3 + \frac{1}{6}h^2\left(\boldsymbol{d}_6 - \frac{1}{2}[\boldsymbol{d}_1, \boldsymbol{d}_3]\right)
\end{aligned} \tag{5.74}$$

第 4 阶

$$\boldsymbol{d}_7=[\boldsymbol{Y}_0,\boldsymbol{d}_6],\quad \boldsymbol{d}_8=[\boldsymbol{d}_2,\boldsymbol{d}_3],\quad \boldsymbol{d}_9=[\boldsymbol{d}_1,\boldsymbol{d}_4+\boldsymbol{d}_5]$$

$$\boldsymbol{d}_{10}=[\boldsymbol{N},\boldsymbol{d}_7-2\boldsymbol{d}_8+\boldsymbol{d}_9],\quad \boldsymbol{d}_{11}=\left[\boldsymbol{d}_1,\boldsymbol{d}_3+\frac{1}{2}h\boldsymbol{d}_6\right] \tag{5.75}$$

$$\boldsymbol{\Omega}^{[4]}(h)=h\boldsymbol{d}_1+\frac{1}{2}h^2\boldsymbol{d}_3+\frac{1}{6}h^2\boldsymbol{d}_6+\frac{1}{24}h^4\boldsymbol{d}_{10}-\frac{1}{12}h^3\boldsymbol{d}_{11}$$

最终，解的表达式为

$$\boldsymbol{Y}(t_k+h)=\exp\left(\boldsymbol{\Omega}^{[m]}(h)\right)\boldsymbol{Y}(t_k)\exp\left(-\boldsymbol{\Omega}^{[m]}(h)\right) \tag{5.76}$$

### 5.2.6 基于一般线性逼近的有限积分法的等谱流法

首先考虑一个积分式

$$F(x)=\int_a^x f(t)\,\mathrm{d}t,\quad x\in[a,b] \tag{5.77}$$

对函数 $f(t)$ 进行线性插值，得到

$$F(x)=\int_a^{x_k} f(t)\,\mathrm{d}t=\sum_{i=1}^{k}a_{ki}^{(1)}f(t_i) \tag{5.78}$$

其中 $x_k\,(k=0,1,2,\cdots,N)$ 是在区域 $x\in[a,b]$ 上的点，并且

$$\begin{aligned}&\Delta=(b-a)/N,\quad x_k=a+\Delta k,\quad k=0,1,2,\cdots,N\\&x_0=a,\quad x_N=b\end{aligned} \tag{5.79}$$

元素 $a_{ki}^{(1)}$ 满足

$$a_{0i}^{(1)}=0,\quad a_{ki}^{(1)}=\begin{cases}0.5\Delta, & i=0,\\ \Delta, & i=1,2,\cdots,k-1,\\ 0.5\Delta, & i=k,\\ 0, & i>k,\end{cases}\qquad k=1,2,\cdots,N \tag{5.80}$$

记 $F_k=F(x_k),f_k=f(x_k)\,(k=0,1,2,\cdots,N)$ 分别是每个节点对应的积分值和节点值，令 $\boldsymbol{F}=(F_1,F_2,\cdots,F_N)^{\mathrm{T}},\boldsymbol{f}=(f_1,f_2,\cdots,f_N)^{\mathrm{T}}$，以及

$$\boldsymbol{A}^{(1)}=\Delta\begin{pmatrix}0&0&\cdots&0\\1/2&1/2&\cdots&0\\ \vdots&\vdots&&\vdots\\1/2&1&\cdots&1/2\end{pmatrix} \tag{5.81}$$

积分式 (5.78) 也可被写成简单的矩阵向量乘积的形式

$$\boldsymbol{F}=\boldsymbol{A}^{(1)}\boldsymbol{f} \tag{5.82}$$

因此，同样考虑一个二阶积分

$$F^{(2)}(x)=\int_a^x\int_a^x f(x)\,\mathrm{d}x\mathrm{d}x,\quad x\in[a,b] \tag{5.83}$$

类似地, 对积分函数 $F^{(2)}(x)$ 应用线性插值，从而得到 [126]

$$F^{(2)}(x_k)=\int_a^{x_k}\int_a^{x_k} f(x)\mathrm{d}x\mathrm{d}x=\sum_{i=0}^{k}\sum_{j=0}^{i}a_{ki}^{(1)}a_{ij}^{(1)}f(x_i)=\sum_{i=0}^{k}a_{ki}^{(2)}f(x_i) \tag{5.84}$$

为了方便下面的分析，一阶积分矩阵记为 $\boldsymbol{A}=\boldsymbol{A}^{(1)}$，那么二阶积分矩阵同样可以被写成矩阵形式

$$\boldsymbol{F}^{(2)}=\boldsymbol{A}^{(2)}\boldsymbol{f}=\boldsymbol{A}^2\boldsymbol{f} \tag{5.85}$$

其中

$$\boldsymbol{A}^{(2)}=\left(a_{ki}^{(2)}\right)=\Delta^2\begin{pmatrix}0 & 0 & \cdots & 0\\ 1/4 & 1/4 & \cdots & 0\\ \vdots & \vdots & & \vdots\\ 1+2(N+1) & N-1 & \cdots & 1/4\end{pmatrix} \tag{5.86}$$

二阶积分矩阵 $\boldsymbol{A}^{(2)}$ 中元素 $a_{ki}^{(2)}$ 满足

$$a_{0i}^{(2)}=0,\quad a_{ki}^{(2)}=\begin{cases}[1+2(k-1)]\,\Delta^2/4, & i=0,\\ (k-i)/\Delta^2, & i=1,2,\cdots,k-1,\\ \Delta^2/4, & i=k,\\ 0, & i>k,\end{cases}\qquad k=1,2,\cdots,N \tag{5.87}$$

同理，对于高阶积分矩阵，可有

$$F^{(m)}(x)=\underbrace{\int_a^x\cdots\int_a^x f(x)\,\mathrm{d}x\cdots\mathrm{d}x,}_{m\text{阶}}\quad x\in[a,b] \tag{5.88}$$

类似地，同样线性插值积分函数 $F^{(m)}(x)$，得到

$$F^{(m)}(x_k)=\int_a^{x_k}\cdots\int_a^{x_k} f(x)\,\mathrm{d}x\cdots\mathrm{d}x$$

$$= \sum_{i=0}^{k} \cdots \sum_{j=0}^{i} a_{ki}^{(1)} \cdots a_{ij}^{(1)} f(x_i) = \sum_{i=0}^{k} a_{ki}^{(m)} f(x_i) \tag{5.89}$$

矩阵形式记为

$$\boldsymbol{F}^{(m)} = \boldsymbol{A}^{(m)} \boldsymbol{f} = \boldsymbol{A}^m \boldsymbol{f} \tag{5.90}$$

值得一提的是，任意阶的积分矩阵 $\boldsymbol{A}^{(m)}$ 都是三角阵。

对于等谱流问题的矩阵方程

$$\boldsymbol{L}' = [\boldsymbol{B}, \boldsymbol{L}], \quad \boldsymbol{L}(0) = \boldsymbol{L}_0 \tag{5.91}$$

式中的积分函数 $f(\boldsymbol{L}, t) = \boldsymbol{BL} - \boldsymbol{LB}$ 是未知的，因此需要构造一个插值函数作为 $f(\boldsymbol{L}, t)$ 的近似。在这里利用 Hermite 插值多项式作为插值函数。

假设 $\boldsymbol{L}_m$ 已给定，首先对 $[t_m, t_{m+1}]$ 均分成 $\nu_m$ 等份，也就是有

$$\delta = (t_{m+1} - t_m)/\nu_m, \quad t_m^{(k)} = t_0 + \delta k, \quad k = 0, 1, 2, \cdots, \nu_m \tag{5.92}$$

$t_m^{(k)} = t_0 + \delta k\,(k = 0, 1, 2, \cdots, \nu_m)$ 都是属于区域 $t \in [t_m, t_{m+1}]$ 上的配置点，然后利用直接积分法得

$$\begin{aligned}
\boldsymbol{L}_{m+1}^{(1)} - \boldsymbol{L}_m &= \int_{t_m}^{t_m+\delta} (\boldsymbol{B}_m \boldsymbol{L}_m - \boldsymbol{L}_m \boldsymbol{B}_m)\,\mathrm{d}t \\
\boldsymbol{L}_{m+1}^{(2)} - \boldsymbol{L}_m &= \int_{t_m}^{t_m+2\delta} \left(\boldsymbol{B}_{m+1}^{(1)} \boldsymbol{L}_{m+1}^{(1)} - \boldsymbol{L}_{m+1}^{(1)} \boldsymbol{B}_{m+1}^{(1)}\right) \mathrm{d}t \\
&\vdots \\
\boldsymbol{L}_{m+1}^{(\nu_m)} - \boldsymbol{L}_m &= \int_{t_m}^{t_{m+1}} (\boldsymbol{B}_{m+1}^{(\nu_m-1)} \boldsymbol{L}_{m+1}^{(\nu_m-1)} - \boldsymbol{L}_{m+1}^{(\nu_m-1)} \boldsymbol{B}_{m+1}^{(\nu_m-1)})\mathrm{d}t
\end{aligned} \tag{5.93}$$

这样就可得到 $\nu_m$ 个节点近似值 $\left\{\boldsymbol{L}_{m+1}^{(k)}\right\}_{k=1}^{\nu_m}$ 及它们对应的导数值 $\left\{\boldsymbol{L}'^{(k)}_{m+1}\right\}_{k=1}^{\nu_m}$，导数定义为

$$\boldsymbol{L}'^{(k)}_{m+1} = \boldsymbol{B}_{m+1}^{(k)} \boldsymbol{L}_{m+1}^{(k)} - \boldsymbol{L}_{m+1}^{(k)} \boldsymbol{B}_{m+1}^{(k)} \tag{5.94}$$

那么令

$$\hat{\boldsymbol{L}}_{m+1}(t) = \mathrm{Hermite}\left(\boldsymbol{L}_{m+1}^{(1)}, \boldsymbol{L}_{m+1}^{(2)}, \cdots, \boldsymbol{L}_{m+1}^{(\nu_m)}\right) \tag{5.95}$$

为 $\boldsymbol{L}_{m+1}(t)$ 在 $[t_m, t_{m+1}]$ 上 $2\nu_m - 1$ 次的分段 Hermite 插值多项式。这样，可以得到积分函数 $f(\boldsymbol{L}, t) = \boldsymbol{BL} - \boldsymbol{LB}$ 的近似函数。注意到，用 $\hat{\boldsymbol{L}}(t)$ 代替 $\boldsymbol{L}(t)$ 的误差最多为 $O(\delta^{\nu_m})$，可以归入 $2\nu$ 阶数值方法的误差 [121]。

下面基于一般线性逼近的有限积分法解问题 (5.91)。

为了得到 $\boldsymbol{L}(t_{m+1})$ 更精确的近似解 $\boldsymbol{L}_{m+1}$ 而不是 $\hat{\boldsymbol{L}}_{m+1}$，同样对 $[t_m, t_{m+1}]$ 进行 $N_m$ 等分。设

$$\Delta = (t_{m+1} - t_m)/N_m, \quad t_m^{(k)} = t_0 + \Delta k, \quad k = 0, 1, 2, \cdots, N_m \tag{5.96}$$

$t_m^{(k)}\,(k = 0, 1, 2, \cdots, N_m)$ 是 $t \in [t_m, t_{m+1}]$ 区域里的配置点。

在得到 $N_m + 1$ 个节点值 $\tilde{\boldsymbol{L}}_{m+1}^{(0)}, \tilde{\boldsymbol{L}}_{m+1}^{(1)}, \cdots, \tilde{\boldsymbol{L}}_{m+1}^{(N_m)}$ 后，由式 (5.78)，可以得到一个矩阵序列 $\left\{\tilde{\boldsymbol{L}}_{m+1}^{(k)}\right\}_{k=0}^{N_m}$，满足关系式

$$\left(\tilde{\boldsymbol{L}}_{m+1}^{(0)}, \tilde{\boldsymbol{L}}_{m+1}^{(1)}, \cdots, \tilde{\boldsymbol{L}}_{m+1}^{(N_m)}\right)^{\mathrm{T}} = \boldsymbol{A}\left(\hat{\boldsymbol{L}}_{m+1}^{(0)}, \hat{\boldsymbol{L}}_{m+1}^{(1)}, \cdots, \hat{\boldsymbol{L}}_{m+1}^{(N_m)}\right)^{\mathrm{T}} \tag{5.97}$$

其中 $\tilde{\boldsymbol{L}}_{m+1}^{(0)}=\hat{\boldsymbol{L}}_{m+1}^{(0)}$，且矩阵 $\boldsymbol{A}$ 由式 (5.81) 定义。

最后，记 $\tilde{\boldsymbol{L}}_{m+1}^{(N_m)} = \boldsymbol{L}_{m+1}$，这样可以得到一组关于精确值 $\boldsymbol{L}(t_{m+1})\,(m = 0, 1, 2, \cdots)$ 的近似矩阵序列 $\left\{\tilde{\boldsymbol{L}}_{m+1}^{(k)}\right\}_{k=0}^{N_m}$，这组近似序列是方程 (5.91) 的近似解。

# 第 6 章　力学系统保辛算法的数值算例及其应用

本章通过数值算例，详细说明数值计算中的保辛算法在求解力学系统中的应用，包括哈密顿系统、广义哈密顿系统、Birkhoff 系统等多种力学系统，也考虑不确定性问题、静力问题等多类问题，体现保辛算法在力学系统应用中的优越性。

## 6.1　扰动线性哈密顿系统的保辛摄动级数展开法及其应用

本节针对带有扰动的线性哈密顿系统，提出了一种保辛摄动级数展开法，研究其动力响应。考虑扰动的存在，扰动系统可看作是对标称系统的修正。将摄动级数展开法应用于线性哈密顿系统中，通过引入一个小参数，扰动系统的解可以表示为级数展开的形式，从而得到一系列哈密顿方程。通过利用辛差分格式求解这些一系列哈密顿方程，最终可以成功获得扰动系统的响应。该方法的保辛性在数学上得到了证明，表明该方法可以保持系统特征不变。数值算例对所提方法的性能进行了评估，并与 Runge-Kutta 方法进行了比较。数值算例说明了所提方法用于求解扰动线性哈密顿系统时在精度、稳定性，尤其是保辛性方面的优越性，以及在结构动力响应估计中的适用性。

### 6.1.1　引言

随着科学技术的飞速发展，数值计算越来越受到人们的重视，更高效、更稳定、长期模拟能力更强的数值算法需求迫切。保守牛顿方程可以表示为两种等价的数学形式：拉格朗日变分形式和哈密顿形式。这些等价表示描述同一物理规律，但在解决问题时提供不同的技术，因而可能产生不同的数值结果 [2,127]。因此，从各种等价表示中做出合理的选择至关重要。

数值算法应尽可能保持原问题的本质特征 [128-130]。传统算法除少数例外，都不是辛算法，不可避免地带有人为耗散性等歪曲体系特征的缺陷，可以用于短期仿真，用于长期跟踪则会导致错误的结论。相反，哈密顿系统辛算法可以避免非辛污染，能够保持系统的辛结构，在长期数值模拟中具有显著优势 [131,132]。

实际工程应用中，由于材料分散性和测量偏差，不可避免地存在误差或所谓的扰动 [133,134]。即使很小的扰动也可能显著影响结构性能，甚至导致结构破坏 [135,136]。摄动理论是开展扰动分析以确保结构安全性的一种可行方法 [137,138]。它在数值分析中引入人工小参数，从而得到一系列方程，然后可以求得响应的近似解 [139]。摄动级数解可以看作是对由确定性方法求得的标称解的修正。由于其高效率、高精度的特点，摄动方法已在各个领域广泛应用 [140]。然而，到现在为止，利用摄动方法研究确定性扰动对哈密顿系统动力响应的影响还较为少见。

本节考虑带有扰动的线性哈密顿系统，提出了一种保辛摄动级数展开法。通过引入一个小参数，扰动线性哈密顿系统转化为一系列哈密顿方程，可以利用辛差分格式求解，从而能够成功求得哈密顿系统的响应。所提方法能给出高精度的动态响应评估结果，最重要的是，它在保辛性方面具有独特优势 [141]。

### 6.1.2 扰动线性哈密顿系统的保辛摄动级数展开法

哈密顿系统称为线性的，如果哈密顿函数 $H(\boldsymbol{z})$ 可以表示为 $\boldsymbol{z}$ 的二次型的形式

$$H(\boldsymbol{z})=\frac{1}{2}\boldsymbol{z}^{\mathrm{T}}\boldsymbol{C}\boldsymbol{z} \tag{6.1}$$

其中 $\boldsymbol{C}$ 是对称矩阵。

从而，哈密顿方程可以表示为

$$\frac{\mathrm{d}\boldsymbol{z}}{\mathrm{d}t}=\boldsymbol{B}\boldsymbol{z} \tag{6.2}$$

其中 $\boldsymbol{B}=\boldsymbol{J}^{-1}\boldsymbol{C}$ 是无穷小辛阵。

当线性哈密顿系统存在扰动时，可以应用摄动理论 [137,138] 研究系统在变量发生微小变化时的行为变化，从而得到近似解。通过引入小参数 $\varepsilon$，无穷小辛阵 $\boldsymbol{B}$ 可以表示为标称值与扰动量之和，即

$$\boldsymbol{B}=\boldsymbol{B}_0+\varepsilon\boldsymbol{B}_r \tag{6.3}$$

其中小参数 $\varepsilon$ 是小于单位 1 的小量，$\boldsymbol{B}_0$ 表示 $\boldsymbol{B}$ 的标称值，$\varepsilon\boldsymbol{B}_r$ 表示 $\boldsymbol{B}_0$ 的扰动量，$\boldsymbol{B}_0$ 和 $\varepsilon\boldsymbol{B}_r$ 均是无穷小辛阵。此外，有

$$\boldsymbol{B}\to\boldsymbol{B}_0,\quad \text{s.t.}\quad \varepsilon\boldsymbol{B}_r\to\boldsymbol{0} \tag{6.4}$$

基于摄动理论，$\boldsymbol{z}$ 可以写为 $\varepsilon$ 级数展开的形式

$$\boldsymbol{z}=\boldsymbol{z}_0+\varepsilon\boldsymbol{z}_1+\varepsilon^2\boldsymbol{z}_2+\cdots+\varepsilon^m\boldsymbol{z}_m+\cdots \tag{6.5}$$

其中 $\boldsymbol{z}_0$ 是 $\boldsymbol{z}$ 的标称部分，$m$ 表示正整数，$\boldsymbol{z}_i\,(i=1,2,\cdots,m)$ 是 $\boldsymbol{z}$ 的第 $i$ 阶摄动量。

将式 (6.3) 和 (6.5) 代入式 (6.2)，得

$$\mathrm{d}\left(\boldsymbol{z}_0+\varepsilon\boldsymbol{z}_1+\varepsilon^2\boldsymbol{z}_2+\cdots+\varepsilon^m\boldsymbol{z}_m+\cdots\right)/\mathrm{d}t$$

$$= \left(\boldsymbol{B}_0 + \varepsilon \boldsymbol{B}_1\right)\left(\boldsymbol{z}_0 + \varepsilon \boldsymbol{z}_1 + \varepsilon^2 \boldsymbol{z}_2 + \cdots + \varepsilon^m \boldsymbol{z}_m + \cdots\right) \tag{6.6}$$

将式 (6.6) 展开，比较方程两边 $\varepsilon$ 的同次幂系数，可以得到一系列哈密顿方程

$$\begin{aligned}
&\varepsilon^0: \frac{\mathrm{d}\boldsymbol{z}_0}{\mathrm{d}t} = \boldsymbol{B}_0 \boldsymbol{z}_0 \\
&\varepsilon^1: \frac{\mathrm{d}\boldsymbol{z}_1}{\mathrm{d}t} = \boldsymbol{B}_0 \boldsymbol{z}_1 + \boldsymbol{B}_r \boldsymbol{z}_0 \\
&\varepsilon^2: \frac{\mathrm{d}\boldsymbol{z}_2}{\mathrm{d}t} = \boldsymbol{B}_0 \boldsymbol{z}_2 + \boldsymbol{B}_r \boldsymbol{z}_1 \\
&\vdots \\
&\varepsilon^m: \frac{\mathrm{d}\boldsymbol{z}_m}{\mathrm{d}t} = \boldsymbol{B}_0 \boldsymbol{z}_m + \boldsymbol{B}_r \boldsymbol{z}_{m-1}
\end{aligned} \tag{6.7}$$

这样，哈密顿方程 (6.7) 中的哈密顿函数 $H_i\,(i=0,1,\cdots,m)$ 及其导数 $H_{\boldsymbol{z}_i}\,(i=0,1,\cdots,m)$ 可以分别表示为

$$\begin{aligned}
&H_0\left(\boldsymbol{z}_0\right) = \frac{1}{2}\boldsymbol{z}_0^{\mathrm{T}} \boldsymbol{C}_0 \boldsymbol{z}_0, \quad H_{\boldsymbol{z}_0} = \boldsymbol{C}_0 \boldsymbol{z}_0 \\
&H_1\left(\boldsymbol{z}_1\right) = \frac{1}{2}\boldsymbol{z}_1^{\mathrm{T}} \boldsymbol{C}_0 \boldsymbol{z}_1 + \boldsymbol{z}_1^{\mathrm{T}} \boldsymbol{C}_r \boldsymbol{z}_0, \quad H_{\boldsymbol{z}_1} = \boldsymbol{C}_0 \boldsymbol{z}_1 + \boldsymbol{C}_r \boldsymbol{z}_0 \\
&H_2\left(\boldsymbol{z}_2\right) = \frac{1}{2}\boldsymbol{z}_2^{\mathrm{T}} \boldsymbol{C}_0 \boldsymbol{z}_2 + \boldsymbol{z}_2^{\mathrm{T}} \boldsymbol{C}_r \boldsymbol{z}_1, \quad H_{\boldsymbol{z}_2} = \boldsymbol{C}_0 \boldsymbol{z}_2 + \boldsymbol{C}_r \boldsymbol{z}_1 \\
&\vdots \\
&H_m\left(\boldsymbol{z}_m\right) = \frac{1}{2}\boldsymbol{z}_m^{\mathrm{T}} \boldsymbol{C}_0 \boldsymbol{z}_m + \boldsymbol{z}_m^{\mathrm{T}} \boldsymbol{C}_r \boldsymbol{z}_{m-1}, \quad H_{\boldsymbol{z}_m} = \boldsymbol{C}_0 \boldsymbol{z}_m + \boldsymbol{C}_r \boldsymbol{z}_{m-1}
\end{aligned} \tag{6.8}$$

其中 $\boldsymbol{C}_0 = \boldsymbol{J}\boldsymbol{B}_0, \boldsymbol{C}_r = \boldsymbol{J}\boldsymbol{B}_r$ 为对称矩阵。

求解式 (6.7) 中第 1 式可以得到 $\boldsymbol{z}$ 的标称部分，即 $\boldsymbol{z}_0$。将 $\boldsymbol{z}_0$ 代入式 (6.7) 中第 2 式并求解可以得到 $\boldsymbol{z}$ 的第 1 阶摄动量，即 $\boldsymbol{z}_1$。然后，$\boldsymbol{z}_i\,(i=2,3,\cdots,m)$ 的值可以依次求解得到。从而，$\boldsymbol{z}$ 可以由式 (6.5) 得到，$\boldsymbol{z}$ 的摄动量可以表示为

$$\boldsymbol{z}_r = \varepsilon \boldsymbol{z}_1 + \varepsilon^2 \boldsymbol{z}_2 + \cdots + \varepsilon^m \boldsymbol{z}_m + \cdots \tag{6.9}$$

一系列哈密顿方程 (6.7) 可以利用辛差分格式进行求解，为方便起见，采用 Euler 中点格式。具体而言，式 (6.7) 中第 1 式为线性哈密顿系统，采用线性哈密顿系统的 Euler 中点格式求解；其余式为非线性哈密顿系统，采用非线性哈密顿系统的 Euler 中点格式求解。

### 6.1.3 基于摄动级数展开法的扰动线性哈密顿系统的辛结构

对于哈密顿系统的算法，是否保辛是判断算法优劣的重要标准。因此，本小节从数学上证明扰动线性哈密顿系统的摄动级数展开法的保辛性。

哈密顿系统的辛结构可以表示为

$$\omega=\frac{1}{2}\mathrm{d}\boldsymbol{z}\wedge\boldsymbol{J}\mathrm{d}\boldsymbol{z} \tag{6.10}$$

对于扰动线性哈密顿系统 (6.6) 的辛结构，基于摄动理论，同样展开为级数形式

$$\omega=\omega_0+\varepsilon\omega_1+\varepsilon^2\omega_2+\cdots+\varepsilon^m\omega_m+\cdots \tag{6.11}$$

其中 $\omega_i\,(i=0,1,\cdots,m)$ 分别是式 (6.7) 中一系列哈密顿方程的辛结构。

将式 (6.5) 和 (6.11) 代入式 (6.10)，得

$$\begin{aligned}&\omega_0+\varepsilon\omega_1+\varepsilon^2\omega_2+\cdots+\varepsilon^m\omega_m+\cdots\\&=\frac{1}{2}\mathrm{d}\left(\boldsymbol{z}_0+\varepsilon\boldsymbol{z}_1+\varepsilon^2\boldsymbol{z}_2+\cdots+\varepsilon^m\boldsymbol{z}_m+\cdots\right)\\&\quad\wedge\boldsymbol{J}\mathrm{d}\left(\boldsymbol{z}_0+\varepsilon\boldsymbol{z}_1+\varepsilon^2\boldsymbol{z}_2+\cdots+\varepsilon^m\boldsymbol{z}_m+\cdots\right)\end{aligned} \tag{6.12}$$

比较方程 (6.12) 两边 $\varepsilon$ 的同次幂系数，得到式 (6.7) 中一系列哈密顿方程的辛结构

$$\begin{aligned}&\varepsilon^0:\omega_0=\frac{1}{2}\mathrm{d}\boldsymbol{z}_0\wedge\boldsymbol{J}\mathrm{d}\boldsymbol{z}_0\\&\varepsilon^1:\omega_1=\frac{1}{2}\left(\mathrm{d}\boldsymbol{z}_0\wedge\boldsymbol{J}\mathrm{d}\boldsymbol{z}_1+\mathrm{d}\boldsymbol{z}_1\wedge\boldsymbol{J}\mathrm{d}\boldsymbol{z}_0\right)\\&\varepsilon^2:\omega_2=\frac{1}{2}\left(\mathrm{d}\boldsymbol{z}_0\wedge\boldsymbol{J}\mathrm{d}\boldsymbol{z}_2+\mathrm{d}\boldsymbol{z}_1\wedge\boldsymbol{J}\mathrm{d}\boldsymbol{z}_1+\mathrm{d}\boldsymbol{z}_2\wedge\boldsymbol{J}\mathrm{d}\boldsymbol{z}_0\right)\\&\vdots\\&\varepsilon^m:\omega_m=\frac{1}{2}\sum_{i=0}^{m}\mathrm{d}\boldsymbol{z}_i\wedge\boldsymbol{J}\mathrm{d}\boldsymbol{z}_{m-i}\end{aligned} \tag{6.13}$$

辛结构 $\omega_0,\omega_1,\omega_2,\cdots,\omega_m$ 的微分形式写为

$$\begin{aligned}&\varepsilon^0:\frac{\mathrm{d}\omega_0}{\mathrm{d}t}=\frac{\mathrm{d}}{\mathrm{d}t}\left(\frac{1}{2}\mathrm{d}\boldsymbol{z}_0\wedge\boldsymbol{J}\mathrm{d}\boldsymbol{z}_0\right)\\&\varepsilon^1:\frac{\mathrm{d}\omega_1}{\mathrm{d}t}=\frac{\mathrm{d}}{\mathrm{d}t}\left[\frac{1}{2}\left(\mathrm{d}\boldsymbol{z}_0\wedge\boldsymbol{J}\mathrm{d}\boldsymbol{z}_1+\mathrm{d}\boldsymbol{z}_1\wedge\boldsymbol{J}\mathrm{d}\boldsymbol{z}_0\right)\right]\\&\varepsilon^2:\frac{\mathrm{d}\omega_2}{\mathrm{d}t}=\frac{\mathrm{d}}{\mathrm{d}t}\left[\frac{1}{2}\left(\mathrm{d}\boldsymbol{z}_0\wedge\boldsymbol{J}\mathrm{d}\boldsymbol{z}_2+\mathrm{d}\boldsymbol{z}_1\wedge\boldsymbol{J}\mathrm{d}\boldsymbol{z}_1+\mathrm{d}\boldsymbol{z}_2\wedge\boldsymbol{J}\mathrm{d}\boldsymbol{z}_0\right)\right]\\&\vdots\\&\varepsilon^m:\frac{\mathrm{d}\omega_m}{\mathrm{d}t}=\frac{\mathrm{d}}{\mathrm{d}t}\left[\frac{1}{2}\left(\sum_{i=0}^{m}\mathrm{d}\boldsymbol{z}_i\wedge\boldsymbol{J}\mathrm{d}\boldsymbol{z}_{m-i}\right)\right]\end{aligned} \tag{6.14}$$

对于式 (6.14) 中的第 1 式，可以由线性哈密顿系统保辛性证明过程，容易得到辛结构 $\omega_0$ 是守恒的，即

$$\frac{\mathrm{d}\omega_0}{\mathrm{d}t}=0 \tag{6.15}$$

令

$$\boldsymbol{z}_t^i=\frac{\mathrm{d}\boldsymbol{z}_i}{\mathrm{d}t},\quad i=0,1,\cdots,m \tag{6.16}$$

则式 (6.14) 中第 2 式可以表示为

$$\frac{\mathrm{d}\omega_1}{\mathrm{d}t}=\frac{1}{2}\left(\mathrm{d}\boldsymbol{z}_t^0\wedge\boldsymbol{J}\mathrm{d}\boldsymbol{z}_1+\mathrm{d}\boldsymbol{z}_0\wedge\boldsymbol{J}\mathrm{d}\boldsymbol{z}_t^1+\mathrm{d}\boldsymbol{z}_t^1\wedge\boldsymbol{J}\mathrm{d}\boldsymbol{z}_0+\mathrm{d}\boldsymbol{z}_1\wedge\boldsymbol{J}\mathrm{d}\boldsymbol{z}_t^0\right) \tag{6.17}$$

对于式 (6.17) 中的第 1 项，利用向量外积 $\wedge$ 的性质，有

$$\mathrm{d}\boldsymbol{z}_t^0\wedge\boldsymbol{J}\mathrm{d}\boldsymbol{z}_1=-\boldsymbol{J}\mathrm{d}\boldsymbol{z}_1\wedge\mathrm{d}\boldsymbol{z}_t^0 \tag{6.18}$$

由于 $\boldsymbol{J}$ 是反对称矩阵，式 (6.18) 可以进一步写为

$$\mathrm{d}\boldsymbol{z}_t^0\wedge\boldsymbol{J}\mathrm{d}\boldsymbol{z}_1=-\boldsymbol{J}\mathrm{d}\boldsymbol{z}_1\wedge\mathrm{d}\boldsymbol{z}_t^0=\mathrm{d}\boldsymbol{z}_1\wedge\boldsymbol{J}\mathrm{d}\boldsymbol{z}_t^0 \tag{6.19}$$

同理，式 (6.17) 中的第 3 项可以写为

$$\mathrm{d}\boldsymbol{z}_t^1\wedge\boldsymbol{J}\mathrm{d}\boldsymbol{z}_0=\mathrm{d}\boldsymbol{z}_0\wedge\boldsymbol{J}\mathrm{d}\boldsymbol{z}_t^1 \tag{6.20}$$

因此，考虑式 (6.19) 和 (6.20)，式 (6.17) 可以写为

$$\frac{\mathrm{d}\omega_1}{\mathrm{d}t}=\mathrm{d}\boldsymbol{z}_1\wedge\boldsymbol{J}\mathrm{d}\boldsymbol{z}_t^0+\mathrm{d}\boldsymbol{z}_0\wedge\boldsymbol{J}\mathrm{d}\boldsymbol{z}_t^1 \tag{6.21}$$

式 (6.7) 中前两个方程的微分方程为

$$\boldsymbol{J}\mathrm{d}\boldsymbol{z}_t^0=\boldsymbol{J}\boldsymbol{B}_0\mathrm{d}\boldsymbol{z}_0=\boldsymbol{C}_0\mathrm{d}\boldsymbol{z}_0,\quad \boldsymbol{J}\mathrm{d}\boldsymbol{z}_t^1=\boldsymbol{J}\boldsymbol{B}_0\mathrm{d}\boldsymbol{z}_1+\boldsymbol{J}\boldsymbol{B}_r\mathrm{d}\boldsymbol{z}_0=\boldsymbol{C}_0\mathrm{d}\boldsymbol{z}_1+\boldsymbol{C}_r\mathrm{d}\boldsymbol{z}_0 \tag{6.22}$$

将式 (6.22) 代入式 (6.21)，得

$$\begin{aligned}\frac{\mathrm{d}\omega_1}{\mathrm{d}t}&=\mathrm{d}\boldsymbol{z}_1\wedge\boldsymbol{C}_0\mathrm{d}\boldsymbol{z}_0+\mathrm{d}\boldsymbol{z}_0\wedge(\boldsymbol{C}_0\mathrm{d}\boldsymbol{z}_1+\boldsymbol{C}_r\mathrm{d}\boldsymbol{z}_0)\\&=\mathrm{d}\boldsymbol{z}_1\wedge\boldsymbol{C}_0\mathrm{d}\boldsymbol{z}_0+\mathrm{d}\boldsymbol{z}_0\wedge\boldsymbol{C}_0\mathrm{d}\boldsymbol{z}_1+\mathrm{d}\boldsymbol{z}_0\wedge\boldsymbol{C}_r\mathrm{d}\boldsymbol{z}_0\end{aligned} \tag{6.23}$$

由于 $\boldsymbol{C}_0,\boldsymbol{C}_r$ 是对称矩阵，则有

$$\mathrm{d}\boldsymbol{z}_1\wedge\boldsymbol{C}_0\mathrm{d}\boldsymbol{z}_0=-\boldsymbol{C}_0\mathrm{d}\boldsymbol{z}_0\wedge\mathrm{d}\boldsymbol{z}_1=-\mathrm{d}\boldsymbol{z}_0\wedge\boldsymbol{C}_0\mathrm{d}\boldsymbol{z}_1,\quad \mathrm{d}\boldsymbol{z}_0\wedge\boldsymbol{C}_r\mathrm{d}\boldsymbol{z}_0=-\boldsymbol{C}_r\mathrm{d}\boldsymbol{z}_0\wedge\mathrm{d}\boldsymbol{z}_0=0 \tag{6.24}$$

将式 (6.24) 代入式 (6.23)，得

$$\begin{aligned}\frac{\mathrm{d}\omega_1}{\mathrm{d}t} &= \mathrm{d}\boldsymbol{z}_1 \wedge \boldsymbol{C}_0 \mathrm{d}\boldsymbol{z}_0 + \mathrm{d}\boldsymbol{z}_0 \wedge \boldsymbol{C}_0 \mathrm{d}\boldsymbol{z}_1 + \mathrm{d}\boldsymbol{z}_0 \wedge \boldsymbol{C}_r \mathrm{d}\boldsymbol{z}_0 \\ &= -\mathrm{d}\boldsymbol{z}_0 \wedge \boldsymbol{C}_0 \mathrm{d}\boldsymbol{z}_1 + \mathrm{d}\boldsymbol{z}_0 \wedge \boldsymbol{C}_0 \mathrm{d}\boldsymbol{z}_1 + 0 = 0\end{aligned} \tag{6.25}$$

用类似的方法，由式 (6.14) 其余式，可得

$$\frac{\mathrm{d}\omega_2}{\mathrm{d}t} = 0, \quad \cdots, \quad \frac{\mathrm{d}\omega_m}{\mathrm{d}t} = 0 \tag{6.26}$$

式 (6.15)、(6.25) 和 (6.26) 表明式 (6.7) 中一系列哈密顿方程的辛结构分别满足守恒律，因此，扰动线性哈密顿系统的摄动级数展开法是保辛的。

### 6.1.4 数值算例

为了验证所提保辛摄动级数展开法的可行性和有效性，本小节提供了两个数值算例，包括一个二阶线性哈密顿系统和一个四边固支复合材料层合板。为了对比，所提方法的计算结果与精确方法和二阶、四阶 Runge-Kutta 方法所得结果进行比较。

#### 6.1.4.1 二阶线性哈密顿系统

首先，考虑一个数学算例，一个二阶线性哈密顿系统

$$\frac{\mathrm{d}}{\mathrm{d}t}\begin{pmatrix} p \\ q \end{pmatrix} = \boldsymbol{B}\begin{pmatrix} p \\ q \end{pmatrix} \tag{6.27}$$

其中 $\boldsymbol{B}$ 是无穷小辛阵。哈密顿系统 (6.27) 的初始条件为 $(p(0), q(0))^{\mathrm{T}} = (1,1)^{\mathrm{T}}$。

标称哈密顿函数 $H_0$ 和相应无穷小辛阵 $\boldsymbol{B}_0$ 为

$$H_0 = -\frac{1}{2}p^2 - \frac{5}{2}q^2 - pq, \quad \boldsymbol{B}_0 = \begin{pmatrix} 1 & 5 \\ -1 & -1 \end{pmatrix} \tag{6.28}$$

标称系统的精确解为

$$\begin{pmatrix} p(t) \\ q(t) \end{pmatrix} = \begin{pmatrix} \cos(2t) + 3\sin(2t) \\ -\sin(2t) + \cos(2t) \end{pmatrix} \tag{6.29}$$

假设无穷小辛阵 $\boldsymbol{B}$ 中有一个小扰动

$$\boldsymbol{B}_r = \begin{pmatrix} 0 & 0.2 \\ 0.1 & 0 \end{pmatrix} \tag{6.30}$$

这样，扰动系统的哈密顿函数 $H$ 就可以写为

$$H = -\frac{0.9}{2}p^2 - \frac{5.2}{2}q^2 - pq \tag{6.31}$$

考虑前两阶保辛摄动级数展开法，时间步长设定为 $\Delta t = 0.05$。标称系统的精确解 $p_0, q_0$ 以及由精确方法、保辛摄动级数展开法和 Runge-Kutta 方法求得的扰动系统 $p, q$ 的数值结果如图 6.1 所示。为了更清晰地研究小扰动对响应的影响，扰动量 $p_r, q_r$ 表示为扰动系统 $p, q$ 相对于标称系统 $p_0, q_0$ 的偏差，如图 6.2 所示。在 $t = 4$ 和 $t = 8$ 时刻的数值结果列于表 6.1 中。

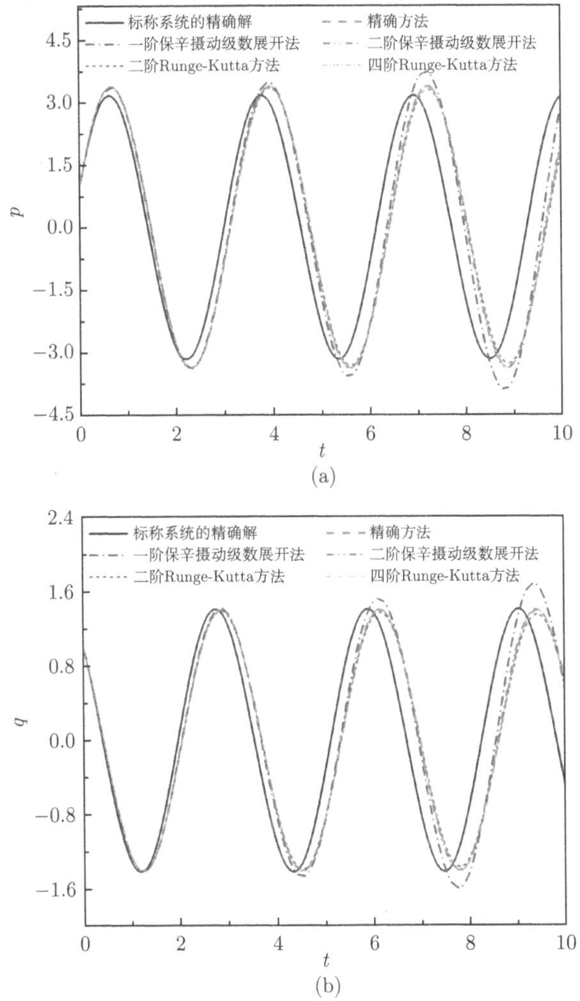


图 6.1 标称系统的精确解 $p_0, q_0$ 以及由精确方法、保辛摄动级数展开法和 Runge-Kutta 方法得到的扰动系统响应 $p, q$

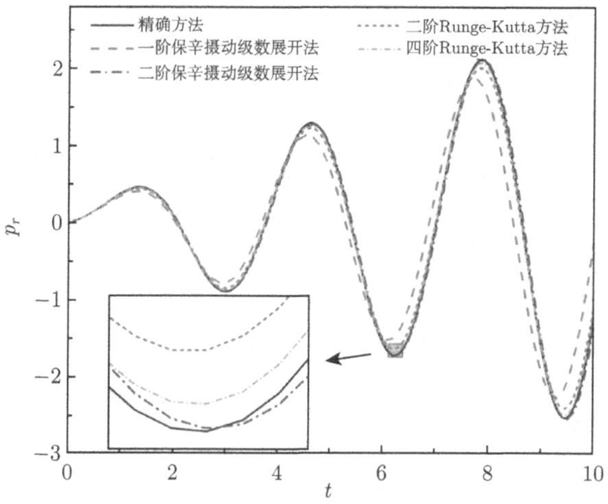


(a) $p_r$

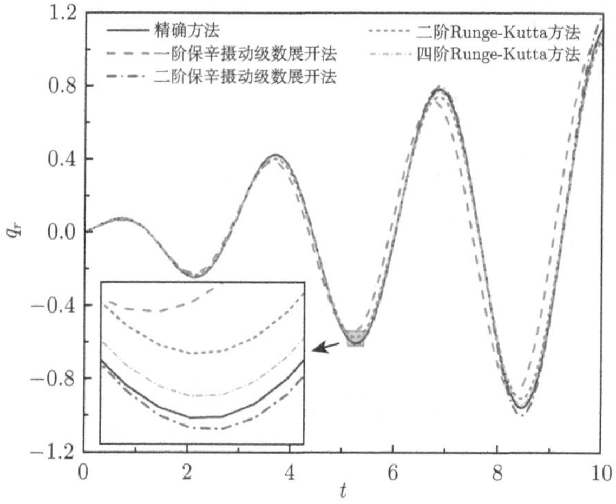


(b) $q_r$

图 6.2　标称系统的精确解 $p_0, q_0$ 以及由精确方法、保辛摄动级数展开法和 Runge-Kutta 方法得到的扰动量 $p_r, q_r$

图 6.1、图 6.2 和表 6.1 显示，尽管 $\boldsymbol{B}$ 中的扰动非常小，但扰动系统的幅值和相位相比于标称系统都会增大。扰动系统和标称系统之间的偏差显示小扰动对于响应有着显著的影响。因此，扰动的存在不能忽视。随着保辛摄动级数展开法的阶数提高，求得的数值结果逐渐接近于精确方法得到的结果，即方法的精度逐步提高。二阶保辛摄动级数展开法能够给出相比于四阶 Runge-Kutta 方法的更高精度结果。

此外，由保辛摄动级数展开法和二阶、四阶 Runge-Kutta 方法得到的扰动系统的哈密顿函数 $H$ 如图 6.3 所示。可以明显地看出保辛摄动级数展开法的数值计算过

**表 6.1 在时间点 $t=4$ 和 $t=8$ 处的标称系统的精确解 $p_0, q_0$ 以及由精确方法、保辛摄动级数展开法和 Runge-Kutta 方法得到的扰动系统响应 $p, q$ 及其扰动量 $p_r, q_r$**

| | 方法 | $t=4$ | $t=8$ | | 方法 | $t=4$ | $t=8$ |
|---|---|---|---|---|---|---|---|
| $p_0$ | 标称系统的精确解 | 2.8320 | −1.7868 | $q_0$ | 标称系统的精确解 | −1.1292 | −0.6863 |
| $p$ | 精确方法 | 3.3614 | 0.2467 | $q$ | 精确方法 | −0.7878 | −1.2922 |
| | 一阶保辛摄动级数展开法 | 3.4279 | −0.2321 | | 一阶保辛摄动级数展开法 | −0.8507 | −1.4077 |
| | 二阶保辛摄动级数展开法 | 3.3569 | 0.2791 | | 二阶保辛摄动级数展开法 | −0.7794 | −1.2839 |
| | 二阶 Runge-Kutta 方法 | 3.3258 | 0.1280 | | 二阶 Runge-Kutta 方法 | −0.8089 | −1.2561 |
| | 四阶 Runge-Kutta 方法 | 3.3590 | 0.2071 | | 四阶 Runge-Kutta 方法 | −0.7947 | −1.2856 |
| $p_r$ | 精确方法 | 0.5294 | 2.0335 | $q_r$ | 精确方法 | 0.3414 | −0.6059 |
| | 一阶保辛摄动级数展开法 | 0.5959 | 1.5547 | | 一阶保辛摄动级数展开法 | 0.2785 | −0.7214 |
| | 二阶保辛摄动级数展开法 | 0.5249 | 2.0659 | | 二阶保辛摄动级数展开法 | 0.3498 | −0.5976 |
| | 二阶 Runge-Kutta 方法 | 0.4938 | 1.9148 | | 二阶 Runge-Kutta 方法 | 0.3203 | −0.5698 |
| | 四阶 Runge-Kutta 方法 | 0.5270 | 1.9939 | | 四阶 Runge-Kutta 方法 | 0.3345 | −0.5993 |

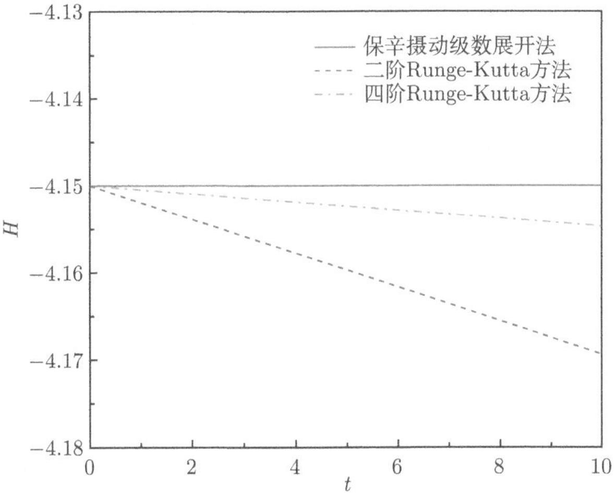


图 6.3 由保辛摄动级数展开法和二阶、四阶 Runge-Kutta 方法得到的扰动系统的哈密顿函数 $H$

程中哈密顿函数保持 $H=-4.15$ 不变。然而，尽管四阶 Runge-Kutta 方法具有高精度，其哈密顿函数 $H$ 一直下降。同时，二阶 Runge-Kutta 方法的哈密顿函数 $H$ 下降得更快。

图 6.4 显示出由保辛摄动级数展开法和二阶、四阶 Runge-Kutta 方法得到的扰动系统的 $(p,q)$ 相图。由保辛摄动级数展开法得到的 $(p,q)$ 相图保持椭圆的形状和面积不变，而由二阶和四阶 Runge-Kutta 方法得到的 $(p,q)$ 相图均有明显的偏移。上述现象说明所提保辛摄动级数展开法的保辛性。

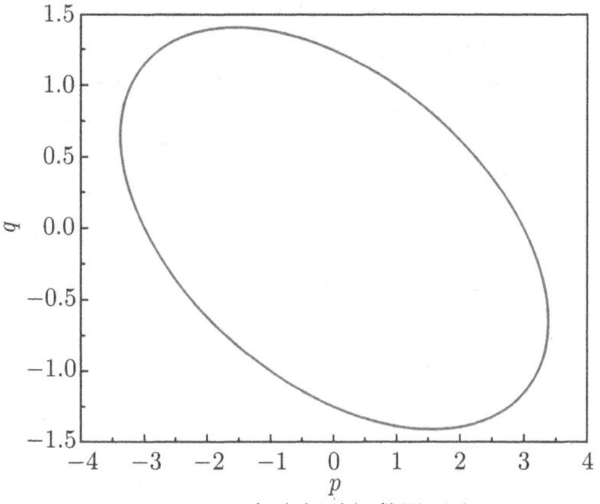


(a) 保辛摄动级数展开法

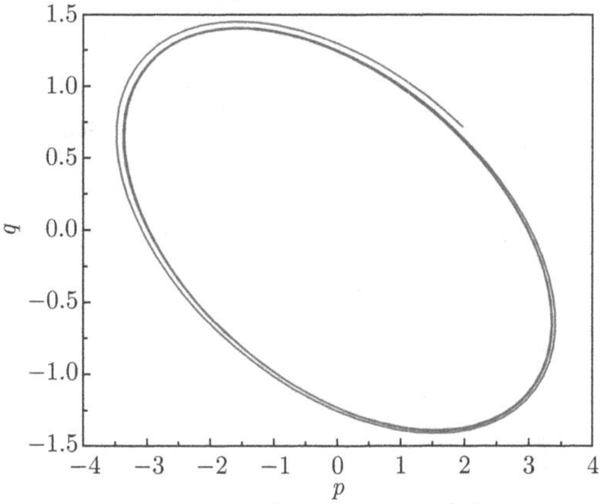


(b) 二阶Runge-Kutta方法

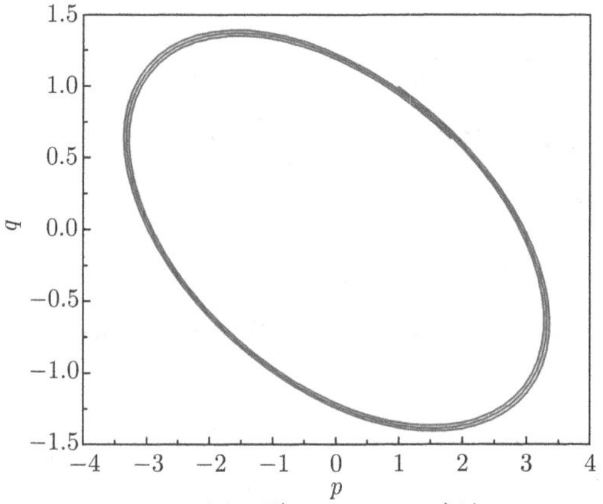


(c) 四阶Runge-Kutta方法

图 6.4　由保辛摄动级数展开法和二阶、四阶 Runge-Kutta 方法得到的扰动系统的 $(p,q)$ 相图

因此，数值算例验证了保辛摄动级数展开法的有效性、精度和保辛性。

#### 6.1.4.2 四边固支复合材料层合板

考虑如图 6.5 所示的边长为 $L=100\text{mm}$ 的四边固支复合材料层合板，其由 5 层正交各向异性材料铺设而成，铺设角度为 $(0^\circ/90^\circ/0^\circ/90^\circ/0^\circ)$，每层厚度为 $h=0.4\text{mm}$，密度为 $\rho=1500\text{kg/m}^3$。

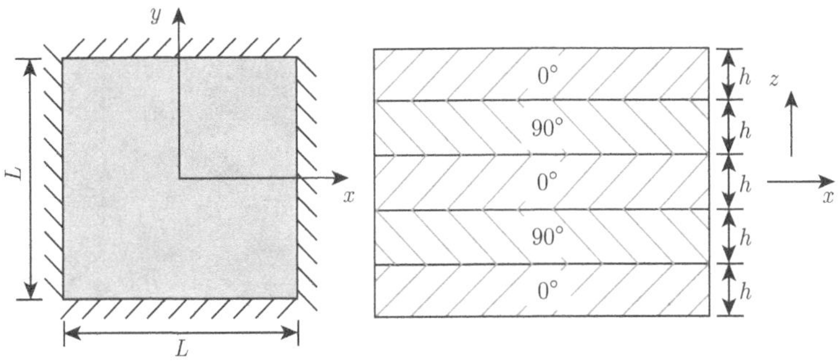


图 6.5 四边固支复合材料层合板

由于材料制备和测量过程产生的误差，材料属性的分散性不可避免。假设材料属性的标称值和扰动量分别为

$$
\begin{aligned}
&E_1=38.6\text{GPa},\quad E_{1r}=5\%\times E_1,\quad E_2=8.27\text{GPa},\quad E_{2r}=5\%\times E_2\\
&\nu_{21}=0.26,\quad \nu_{21r}=10\%\times\nu_{21},\quad G_{12}=4.14\text{GPa},\quad G_{12r}=7\%\times G_{12}
\end{aligned}
\tag{6.32}
$$

将外力 $F=-50\text{N}$ 作用于层合板中心处 $z$ 方向产生的响应作为层合板自由振动的初始条件。采用 4 节点矩形薄板单元，将板划分为相等的 16 个单元。

层合板结构的运动微分方程表示为

$$
\boldsymbol{M}\ddot{\boldsymbol{x}}+\boldsymbol{K}\boldsymbol{x}=\boldsymbol{0} \tag{6.33}
$$

其中 $\boldsymbol{x}$ 表示各节点在 3 个自由度方向的响应向量，$\boldsymbol{M}$ 表示整体质量矩阵，$\boldsymbol{K}$ 表示整体刚度矩阵。

令 $\boldsymbol{y}=\boldsymbol{M}\dot{\boldsymbol{x}}$，则运动微分方程 (6.33) 可以写为矩阵形式

$$
\begin{pmatrix}\dot{\boldsymbol{x}}\\ \dot{\boldsymbol{y}}\end{pmatrix}=\begin{pmatrix}\boldsymbol{0} & \boldsymbol{M}^{-1}\\ -\boldsymbol{K} & \boldsymbol{0}\end{pmatrix}\begin{pmatrix}\boldsymbol{x}\\ \boldsymbol{y}\end{pmatrix} \tag{6.34}
$$

由于矩阵 $\boldsymbol{B}=\begin{pmatrix}\boldsymbol{0} & \boldsymbol{M}^{-1}\\ -\boldsymbol{K} & \boldsymbol{0}\end{pmatrix}$ 满足 $\boldsymbol{J}\boldsymbol{B}+\boldsymbol{B}^{\mathrm{T}}\boldsymbol{J}=\boldsymbol{0}$，因此 $\boldsymbol{B}$ 是无穷小辛阵。式 (6.34) 是层合板结构的哈密顿方程。

采用前两阶保辛摄动级数展开法和二阶、四阶 Runge-Kutta 方法分别计算层合板中心处 $z$ 方向的响应，精确方法和标称系统的精确解也采用进行求解作为参照。标称系统的精确解以及采用精确方法和前两阶保辛摄动级数展开法得到的响应数值结果如图 6.6 所示，其中时间步长为 $\Delta t = 1\times10^{-4}$s。在时间点 $t = 0.010$s 和 $t = 0.018$s 处的响应数值结果及其扰动量如表 6.2 所示。由保辛摄动级数展开法得到的哈密顿函数 $H$ 如图 6.7 所示。

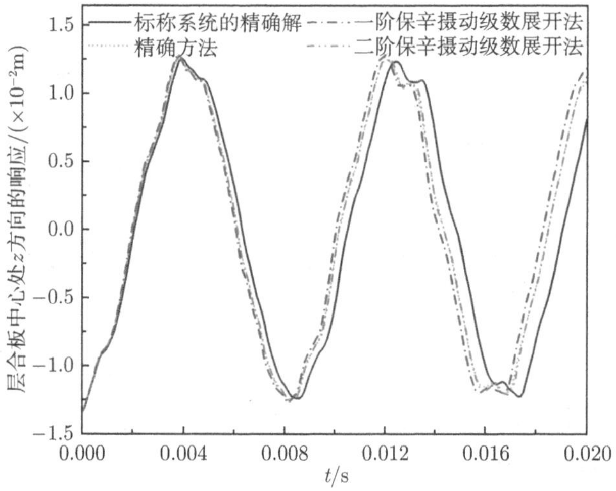


图 6.6　标称系统的精确解以及采用精确方法和前两阶保辛摄动级数展开法得到层合板中心处 $z$ 方向的响应

**表 6.2　在时间点 $t = 0.010$s 和 $t = 0.018$s 处的标称系统的精确解以及由精确方法和前两阶保辛摄动级数展开法得到的层合板中心处 $z$ 方向的响应及其扰动量/($\times10^{-2}$m)**

| | 方法 | $t = 0.010$s | $t = 0.018$s |
|---|---|---|---|
| 响应 | 标称系统的精确解 | −0.5652 | −0.8049 |
| | 精确方法 | −0.1908 | −0.4215 |
| | 一阶保辛摄动级数展开法 | −0.0499 | −0.2400 |
| | 二阶保辛摄动级数展开法 | −0.2008 | −0.4117 |
| 扰动量 | 精确方法 | 0.3744 | 0.3834 |
| | 一阶保辛摄动级数展开法 | 0.5153 | 0.5649 |
| | 二阶保辛摄动级数展开法 | 0.3644 | 0.3932 |

从图 6.6 和表 6.2 可以明显看出，由于材料属性中存在扰动，扰动系统与标称系统之间存在偏差，甚至在一定时间内有很大的不同。因此，必须考虑扰动的影响。对于扰动系统的数值结果，二阶保辛摄动级数展开法得到的结果与精确方法的结果非常吻合，而且保辛摄动级数展开法得到的哈密顿函数 $H$ 保持不变。这种现象说明了保辛摄动级数展开法具有的高精度和保辛性。

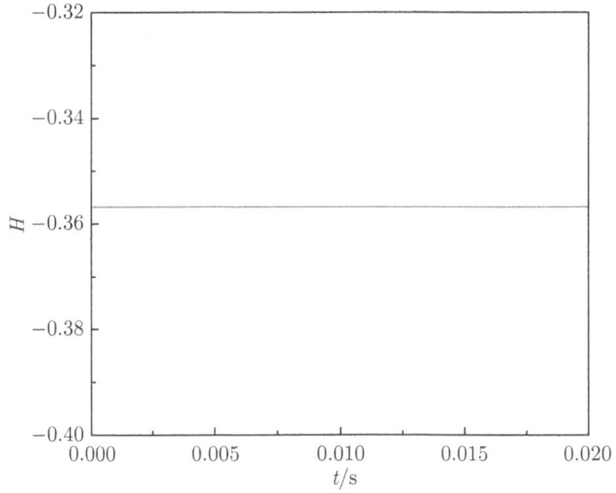


图 6.7 保辛摄动级数展开法得到的哈密顿函数 $H$

对于 Runge-Kutta 方法，二阶和四阶 Runge-Kutta 方法求得的结果在很短时间内 $t \in [0, 0.001]$ s 就发散了，如图 6.8 所示。只有在时间步长非常小的时候，即对于二阶 Runge-Kutta 方法 $\Delta t = 1 \times 10^{-5}$s、四阶 Runge-Kutta 方法 $\Delta t = 4 \times 10^{-5}$s，才能得到在时间 $t \in [0, 0.020]$ s 内的合理结果。由于保辛摄动级数展开法和 Runge-Kutta 方法每个步长的计算时间可能不同，不同时间步长下两种方法的计算用时对比如表 6.3 所示，其中最大相对误差为相比于精确方法结果的最大误差。

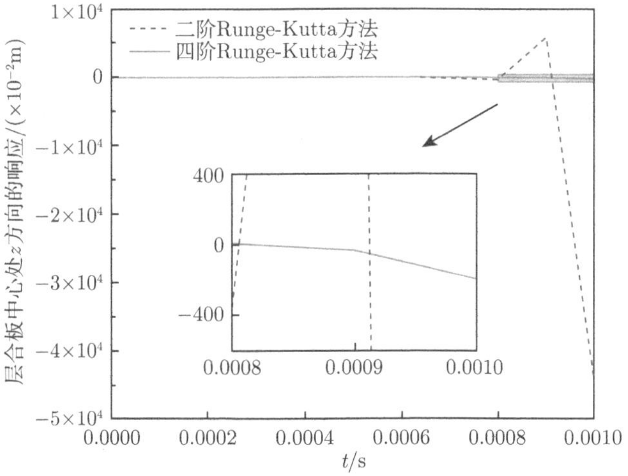


图 6.8 二阶和四阶 Runge-Kutta 方法得到层合板中心处 $z$ 方向的响应

表 6.3 不同时间步长下保辛摄动级数展开法和 Runge-Kutta 方法的计算用时对比

| 方法 | 时间步长/s | 计算用时/s | 最大相对误差/($\times 10^{-4}$m) |
|---|---|---|---|
| 二阶保辛摄动级数展开法 | $1\times 10^{-4}$ | 8.23 | 0.62 |
| 二阶 Runge-Kutta 方法 | $1\times 10^{-5}$ | 10.81 | 1.04 |
| 四阶 Runge-Kutta 方法 | $4\times 10^{-5}$ | 9.48 | 2.25 |

由表 6.3 可知，相比于 Runge-Kutta 方法，保辛摄动级数展开法能够在更大时间步长下得到更高精度结果，从而有效缩短计算时间。

综上，保辛摄动级数展开法在高精度、高效率和强稳定性方面具有独特优越性。

### 6.1.5 本节小结

本节针对带有的扰动线性哈密顿系统，提出了一种有效的保辛数值方法。由于扰动的存在，即使是很小的扰动也会对响应产生显著的影响。在这种情况下，考虑扰动效应，提出了一种摄动级数展开法来预测系统的动态响应。将扰动线性哈密顿系统的解展开为一个小参数的级数形式，可以得到一系列哈密顿方程，采用辛差分格式求解这些哈密顿方程，最终可得到解的近似表达。此外，根据外积的性质从数学上证明了所提方法的保辛性。

数值算例验证了所提保辛摄动级数展开法的有效性、保辛性和工程适用性。与 Runge-Kutta 方法相比，所提方法可以在较大的时间步长下获得高精度的结果，特别是在 Runge-Kutta 方法发散的情况下。然而，只有当时间步长很小时，Runge-Kutta 方法才能得到满意的结果。因此，所提方法可以大大提高计算效率。另外，保辛摄动级数展开法的精度随着阶数的增加而提高，二阶方法可以给出令人满意的精度。此外，保辛摄动级数展开法的数值结果可以保持哈密顿函数不变，说明所提方法具有良好的守恒性。综上，保辛摄动级数展开法求解扰动线性哈密顿系统，在精度、效率和稳定性，特别是保辛性方面表现出了优越性能。因此，保辛摄动级数展开法可以在线性哈密顿系统的动态响应估计中发挥重要作用。

## 6.2 非保守线性哈密顿系统的保辛摄动级数展开法及其应用

本节针对非保守线性哈密顿系统，提出了一种保辛摄动级数展开法。首先，介绍了含有阻尼和外载荷等非保守项的非保守线性非齐次哈密顿系统，通过变量替换可以表示为非保守线性齐次哈密顿系统。将其中的矩阵分解为无穷小辛阵和扰动矩阵，并将其中的扰动矩阵进一步近似表示为一系列无穷小辛阵的和。从而利用摄动理论，将非保守线性哈密顿系统转化为一系列线性哈密顿方程，采用辛差分格式就可以得到动态响应。并且，证明了非保守线性哈密顿系统的摄动级数展开法的保辛性。随后，介绍了将具有阻尼和外载荷的结构动力响应问题转化为非保守线性哈密顿系统的方法。最后，通过两个数值算例验证了所提方法的适用性和有效性。结果表明，与传统 Runge-Kutta 方法相比，所提方法能更好地预测结构的长期动力响应。

### 6.2.1 引言

力学共有三种等价的表示体系，即牛顿力学体系、拉格朗日力学体系和哈密顿系统 [142]。与前两种力学体系不同的是，对于 $n$ 自由度的系统，哈密顿系统由 $n$ 个广义坐标和 $n$ 个广义动量表示，张成 $2n$ 维相空间。哈密顿系统的基本特征之一是辛结构，即对偶变量的面积在相空间中保持不变。这些等价表示描述同一物理规律，但在解决问题时提供不同的技术，因而可能产生不同的数值结果 [2,127]。

冯康等 [2,127] 提出了哈密顿系统的辛算法，具有保持体系结构的优点，在空间结构的对称性和守恒性方面优于传统算法，特别是在稳定性和长期跟踪能力方面 [58,143]。理论分析和大量数值实验表明，辛算法是计算动力学中长期预测的一种有效方法 [144-146]。

然而，哈密顿系统只能涵盖保守系统，对含有阻尼、外载荷等非保守项的动力学系统无法纳入其框架下，无法用哈密顿系统及其辛算法直接求解。

摄动理论是开展近似求解的一种可行有效方法 [129,130]。通过引入小参数，将复杂方程转化为一系列简单易求解方程，然后可以求得响应的近似解 [131]。由于其高效率、高精度的特点，摄动方法已在各个领域广泛应用 [132]。

本节对含非保守项的线性哈密顿系统的求解方法进行了首次探索，提出了一种保辛摄动级数展开法。利用所提保辛摄动级数展开法，非保守线性哈密顿系统可以转化为一系列线性哈密顿系统，从而利用辛差分格式求解，最终近似求得非保守线性哈密顿系统的动态响应。所提方法在精度、稳定性和保辛性方面具有独特优势 [147]。

### 6.2.2 非保守线性非齐次哈密顿系统

线性哈密顿方程为

$$\frac{\mathrm{d}\boldsymbol{z}}{\mathrm{d}t} = \boldsymbol{B}\boldsymbol{z} \tag{6.35}$$

其中 $\boldsymbol{B}$ 是无穷小辛阵。

对于含有阻尼和外载荷等非保守项的结构动力响应，哈密顿方程可表示为

$$\frac{\mathrm{d}\boldsymbol{z}}{\mathrm{d}t} = \boldsymbol{B}\boldsymbol{z} + \boldsymbol{G}(t) \tag{6.36}$$

其中 $\boldsymbol{G}(t)$ 是与时间 $t$ 有关的外载荷。需要注意的是，由于阻尼项的存在，$\boldsymbol{B}$ 不再是无穷小辛阵，这种情况下，传统辛结构不再保持。

方程 (6.36) 称为非保守线性非齐次哈密顿系统。

考虑将 $\boldsymbol{z}$ 分解，令

$$\boldsymbol{z} = \tilde{\boldsymbol{z}} + \boldsymbol{c}(t) \tag{6.37}$$

其中 $\boldsymbol{c}(t)$ 是待定的与时间 $t$ 有关的项。

将式 (6.37) 代入式 (6.36)，得

$$\frac{\mathrm{d}\tilde{\boldsymbol{z}}}{\mathrm{d}t}+\frac{\mathrm{d}\boldsymbol{c}}{\mathrm{d}t}=\boldsymbol{B}\left(\tilde{\boldsymbol{z}}+\boldsymbol{c}\right)+\boldsymbol{G} \tag{6.38}$$

由式 (6.38) 得到

$$\frac{\mathrm{d}\boldsymbol{c}}{\mathrm{d}t}=\boldsymbol{B}\boldsymbol{c}+\boldsymbol{G} \tag{6.39}$$

当 $\boldsymbol{c}(t)$ 满足式 (6.39) 时，由式 (6.36) 和关系 (6.37)，可以得到

$$\frac{\mathrm{d}\tilde{\boldsymbol{z}}}{\mathrm{d}t}=\boldsymbol{B}\tilde{\boldsymbol{z}} \tag{6.40}$$

从而，将非保守线性非齐次哈密顿系统转化为了标准线性哈密顿系统的形式，后续分析主要考虑这种形式的非保守系统。

### 6.2.3　非保守线性哈密顿系统的保辛摄动级数展开法

对于含阻尼的非保守线性哈密顿系统，由于矩阵 $\boldsymbol{B}$ 不再是无穷小辛阵，考虑将 $\boldsymbol{B}$ 分解为无穷小辛阵和扰动矩阵，即

$$\boldsymbol{B}=\tilde{\boldsymbol{B}}_0+\Delta\boldsymbol{B} \tag{6.41}$$

其中 $\tilde{\boldsymbol{B}}_0$ 是无穷小辛阵，而 $\Delta\boldsymbol{B}$ 是扰动矩阵，不是无穷小辛阵。

将扰动矩阵 $\Delta\boldsymbol{B}$ 近似表示为一系列无穷小辛阵的和，即

$$\Delta\boldsymbol{B}\approx\bar{\boldsymbol{B}}_0+\sum_{k=1}^{\infty}\varepsilon^k\boldsymbol{B}_k \tag{6.42}$$

其中 $\bar{\boldsymbol{B}}_0$ 和 $\boldsymbol{B}_k\,(k=1,2,\cdots)$ 是无穷小辛阵。

下面对式 (6.42) 进行证明。

首先，引入一个线性函数

$$f\left(x\right)=\left(\mathrm{e}^{\alpha_1-\varepsilon x}-\beta_1\right)\boldsymbol{B}^*+\left(\mathrm{e}^{\varepsilon x/n-\alpha_2}-\beta_2\right)\Delta\boldsymbol{B} \tag{6.43}$$

其中 $\boldsymbol{B}^*$ 是无穷小辛阵，$\Delta\boldsymbol{B}$ 不是无穷小辛阵，参数 $\alpha_1,\beta_1,\alpha_2,\beta_2$ 满足条件

$$\mathrm{e}^{\alpha_1}-\beta_1=1,\quad \mathrm{e}^{\alpha_1-\varepsilon}-\beta_1=0,\quad \mathrm{e}^{-\alpha_2}-\beta_2=0,\quad \mathrm{e}^{\varepsilon/n-\alpha_2}-\beta_2=1 \tag{6.44}$$

即满足

$$\alpha_1=-\ln\left(1-\mathrm{e}^{-\varepsilon}\right),\quad \beta_1=\mathrm{e}^{-\varepsilon}/\left(1-\mathrm{e}^{-\varepsilon}\right),\quad \alpha_2=\ln\left(\mathrm{e}^{\varepsilon/n}-1\right),\quad \beta_2=1/\left(\mathrm{e}^{\varepsilon/n}-1\right) \tag{6.45}$$

从而，可以得到

$$f(0)=\boldsymbol{B}^*,\quad f(1)=\Delta\boldsymbol{B} \tag{6.46}$$

对 $f(1)$ 进行 Taylor 级数展开，有

$$f(1)=f(0)+f^{(1)}(0)+\frac{1}{2}f^{(2)}(0)+\cdots+\frac{f^{(k)}(0)}{k!}+\cdots \tag{6.47}$$

其中 $f^{(k)}$ 表示函数 $f$ 的 $k$ 阶导数。

计算 $f^{(k)}(0)$ 可得

$$f^{(k)}(0)=(-\varepsilon)^k\mathrm{e}^{\alpha_1}\boldsymbol{B}^*+(\varepsilon/n)^k\mathrm{e}^{-\alpha_2}\Delta\boldsymbol{B}=\varepsilon^k\left[(-1)^k\mathrm{e}^{\alpha_1}\boldsymbol{B}^*+n^{-k}\mathrm{e}^{-\alpha_2}\Delta\boldsymbol{B}\right] \tag{6.48}$$

通过选择一个足够大的参数 $n$，可以得到

$$(-1)^k\mathrm{e}^{\alpha_1}\boldsymbol{B}^*+n^{-k}\mathrm{e}^{-\alpha_2}\Delta\boldsymbol{B}\approx(-1)^k\mathrm{e}^{\alpha_1}\boldsymbol{B}^* \tag{6.49}$$

从而，有

$$f^{(k)}(0)\approx\varepsilon^k(-1)^k\mathrm{e}^{\alpha_1}\boldsymbol{B}^* \tag{6.50}$$

将式 (6.50) 代入式 (6.47)，得

$$f(1)=\Delta\boldsymbol{B}\approx\boldsymbol{B}^*-\varepsilon\mathrm{e}^{\alpha_1}\boldsymbol{B}^*+\frac{\varepsilon^2}{2!}\mathrm{e}^{\alpha_1}\boldsymbol{B}^*+\cdots+\frac{(-\varepsilon)^k}{k!}\mathrm{e}^{\alpha_1}\boldsymbol{B}^*+\cdots \tag{6.51}$$

因此，一个非无穷小辛阵可以近似表示为一系列无穷小辛阵的和。

基于摄动理论，$\tilde{\boldsymbol{z}}$ 展开为级数形式

$$\tilde{\boldsymbol{z}}=\sum_{k=0}^{\infty}\varepsilon^k\boldsymbol{z}_k \tag{6.52}$$

将式 (6.41)、(6.42) 和 (6.52) 代入式 (6.40)，得

$$\frac{\mathrm{d}}{\mathrm{d}t}\left(\sum_{k=0}^{\infty}\varepsilon^k\boldsymbol{z}_k\right)=\left(\sum_{k=0}^{\infty}\varepsilon^k\boldsymbol{B}_k\right)\left(\sum_{k=0}^{\infty}\varepsilon^k\boldsymbol{z}_k\right) \tag{6.53}$$

其中 $\boldsymbol{B}_0=\tilde{\boldsymbol{B}}_0+\bar{\boldsymbol{B}}_0$ 是无穷小辛阵。

展开式 (6.53)，并比较方程两边 $\varepsilon$ 的同次幂系数，可以得到一系列哈密顿方程

$$\begin{aligned}
&\varepsilon^0: \frac{\mathrm{d}\boldsymbol{z}_0}{\mathrm{d}t} = \boldsymbol{B}_0\boldsymbol{z}_0 \\
&\varepsilon^1: \frac{\mathrm{d}\boldsymbol{z}_1}{\mathrm{d}t} = \boldsymbol{B}_0\boldsymbol{z}_1 + \boldsymbol{B}_1\boldsymbol{z}_0 \\
&\varepsilon^2: \frac{\mathrm{d}\boldsymbol{z}_2}{\mathrm{d}t} = \boldsymbol{B}_0\boldsymbol{z}_2 + \boldsymbol{B}_1\boldsymbol{z}_1 + \boldsymbol{B}_2\boldsymbol{z}_0 \\
&\vdots \\
&\varepsilon^n: \frac{\mathrm{d}\boldsymbol{z}_n}{\mathrm{d}t} = \sum_{i=0}^{n}\boldsymbol{B}_i\boldsymbol{z}_{n-i}
\end{aligned} \tag{6.54}$$

$\tilde{\boldsymbol{z}}$ 的标称值 $\boldsymbol{z}_0$ 可以通过求解式 (6.54) 中的第 1 式得到。在此基础上，将 $\boldsymbol{z}_0$ 代入式 (6.54) 中的第 2 式并求解可以得到 $\tilde{\boldsymbol{z}}$ 的第 1 阶摄动量，即 $\boldsymbol{z}_1$。随后，$\boldsymbol{z}_i(i=2,3,\cdots,n)$ 的值可以依次求解得到。从而，$\tilde{\boldsymbol{z}}$ 可以由下式得到

$$\tilde{\boldsymbol{z}} = \boldsymbol{z}_0 + \varepsilon\boldsymbol{z}_1 + \varepsilon^2\boldsymbol{z}_2 + \cdots + \varepsilon^n\boldsymbol{z}_n + \cdots \tag{6.55}$$

一系列哈密顿方程 (6.54) 可以利用辛差分格式进行求解，为方便起见，采用 Euler 中点格式。

### 6.2.4　基于摄动级数展开法的非保守线性哈密顿系统的辛结构

本小节从数学上证明非保守线性哈密顿系统的摄动级数展开法的保辛性。

哈密顿系统的辛结构可以表示为

$$\omega = \frac{1}{2}\mathrm{d}\boldsymbol{z} \wedge \boldsymbol{J}\mathrm{d}\boldsymbol{z} \tag{6.56}$$

对于非保守线性哈密顿系统 (6.40) 的辛结构，基于摄动理论，同样展开为级数形式

$$\omega = \omega_0 + \varepsilon\omega_1 + \varepsilon^2\omega_2 + \cdots + \varepsilon^n\omega_n + \cdots \tag{6.57}$$

其中 $\omega_i\,(i=0,1,\cdots,n)$ 分别是式 (6.54) 中一系列哈密顿方程的辛结构。

将式 (6.55) 和 (6.57) 代入式 (6.56)，得

$$\begin{aligned}
&\omega_0 + \varepsilon\omega_1 + \varepsilon^2\omega_2 + \cdots + \varepsilon^n\omega_n + \cdots \\
&= \frac{1}{2}\mathrm{d}\left(\boldsymbol{z}_0 + \varepsilon\boldsymbol{z}_1 + \varepsilon^2\boldsymbol{z}_2 + \cdots + \varepsilon^n\boldsymbol{z}_n + \cdots\right) \\
&\quad \wedge \boldsymbol{J}\mathrm{d}\left(\boldsymbol{z}_0 + \varepsilon\boldsymbol{z}_1 + \varepsilon^2\boldsymbol{z}_2 + \cdots + \varepsilon^n\boldsymbol{z}_n + \cdots\right)
\end{aligned} \tag{6.58}$$

比较方程 (6.58) 两边 $\varepsilon$ 的同次幂系数，得到

$$\begin{aligned}
&\varepsilon^0 : \omega_0 = \frac{1}{2}\mathrm{d}\boldsymbol{z}_0 \wedge \boldsymbol{J}\mathrm{d}\boldsymbol{z}_0 \\
&\varepsilon^1 : \omega_1 = \frac{1}{2}\left(\mathrm{d}\boldsymbol{z}_0 \wedge \boldsymbol{J}\mathrm{d}\boldsymbol{z}_1 + \mathrm{d}\boldsymbol{z}_1 \wedge \boldsymbol{J}\mathrm{d}\boldsymbol{z}_0\right) \\
&\varepsilon^2 : \omega_2 = \frac{1}{2}\left(\mathrm{d}\boldsymbol{z}_0 \wedge \boldsymbol{J}\mathrm{d}\boldsymbol{z}_2 + \mathrm{d}\boldsymbol{z}_1 \wedge \boldsymbol{J}\mathrm{d}\boldsymbol{z}_1 + \mathrm{d}\boldsymbol{z}_2 \wedge \boldsymbol{J}\mathrm{d}\boldsymbol{z}_0\right) \\
&\vdots \\
&\varepsilon^n : \omega_n = \frac{1}{2}\sum_{i=0}^{n}\mathrm{d}\boldsymbol{z}_i \wedge \boldsymbol{J}\mathrm{d}\boldsymbol{z}_{n-i}
\end{aligned} \tag{6.59}$$

辛结构 $\omega_0, \omega_1, \omega_2, \cdots, \omega_m$ 的微分形式写为

$$\begin{aligned}
&\varepsilon^0 : \frac{\mathrm{d}\omega_0}{\mathrm{d}t} = \frac{\mathrm{d}}{\mathrm{d}t}\left(\frac{1}{2}\mathrm{d}\boldsymbol{z}_0 \wedge \boldsymbol{J}\mathrm{d}\boldsymbol{z}_0\right) \\
&\varepsilon^1 : \frac{\mathrm{d}\omega_1}{\mathrm{d}t} = \frac{\mathrm{d}}{\mathrm{d}t}\left[\frac{1}{2}\left(\mathrm{d}\boldsymbol{z}_0 \wedge \boldsymbol{J}\mathrm{d}\boldsymbol{z}_1 + \mathrm{d}\boldsymbol{z}_1 \wedge \boldsymbol{J}\mathrm{d}\boldsymbol{z}_0\right)\right] \\
&\varepsilon^2 : \frac{\mathrm{d}\omega_2}{\mathrm{d}t} = \frac{\mathrm{d}}{\mathrm{d}t}\left[\frac{1}{2}\left(\mathrm{d}\boldsymbol{z}_0 \wedge \boldsymbol{J}\mathrm{d}\boldsymbol{z}_2 + \mathrm{d}\boldsymbol{z}_1 \wedge \boldsymbol{J}\mathrm{d}\boldsymbol{z}_1 + \mathrm{d}\boldsymbol{z}_2 \wedge \boldsymbol{J}\mathrm{d}\boldsymbol{z}_0\right)\right] \\
&\vdots \\
&\varepsilon^n : \frac{\mathrm{d}\omega_n}{\mathrm{d}t} = \frac{\mathrm{d}}{\mathrm{d}t}\left[\frac{1}{2}\left(\sum_{i=0}^{n}\mathrm{d}\boldsymbol{z}_i \wedge \boldsymbol{J}\mathrm{d}\boldsymbol{z}_{n-i}\right)\right]
\end{aligned} \tag{6.60}$$

对于式 (6.60) 中的第 1 式，可以由线性哈密顿系统保辛性证明过程，容易得到辛结构 $\omega_0$ 是守恒的，即

$$\frac{\mathrm{d}\omega_0}{\mathrm{d}t} = 0 \tag{6.61}$$

令

$$\boldsymbol{z}_t^i = \frac{\mathrm{d}\boldsymbol{z}_i}{\mathrm{d}t}, \quad i = 0, 1, \cdots, m \tag{6.62}$$

则式 (6.60) 中的第 2 式可以表示为

$$\frac{\mathrm{d}\omega_1}{\mathrm{d}t} = \frac{1}{2}\left(\mathrm{d}\boldsymbol{z}_t^0 \wedge \boldsymbol{J}\mathrm{d}\boldsymbol{z}_1 + \mathrm{d}\boldsymbol{z}_0 \wedge \boldsymbol{J}\mathrm{d}\boldsymbol{z}_t^1 + \mathrm{d}\boldsymbol{z}_t^1 \wedge \boldsymbol{J}\mathrm{d}\boldsymbol{z}_0 + \mathrm{d}\boldsymbol{z}_1 \wedge \boldsymbol{J}\mathrm{d}\boldsymbol{z}_t^0\right) \tag{6.63}$$

利用向量外积 $\wedge$ 和反对称矩阵的性质，式 (6.63) 可以进一步写为

$$\frac{\mathrm{d}\omega_1}{\mathrm{d}t} = \mathrm{d}\boldsymbol{z}_1 \wedge \boldsymbol{J}\mathrm{d}\boldsymbol{z}_t^0 + \mathrm{d}\boldsymbol{z}_0 \wedge \boldsymbol{J}\mathrm{d}\boldsymbol{z}_t^1 \tag{6.64}$$

由式 (6.54) 中前两式，得

$$\boldsymbol{J}\mathrm{d}\boldsymbol{z}_t^0=\boldsymbol{J}\boldsymbol{B}_0\mathrm{d}\boldsymbol{z}_0=\boldsymbol{C}_0\mathrm{d}\boldsymbol{z}_0,\quad \boldsymbol{J}\mathrm{d}\boldsymbol{z}_t^1=\boldsymbol{J}\boldsymbol{B}_0\mathrm{d}\boldsymbol{z}_1+\boldsymbol{J}\boldsymbol{B}_1\mathrm{d}\boldsymbol{z}_0=\boldsymbol{C}_0\mathrm{d}\boldsymbol{z}_1+\boldsymbol{C}_1\mathrm{d}\boldsymbol{z}_0 \tag{6.65}$$

由于 $\boldsymbol{B}_0,\boldsymbol{B}_1$ 是无穷小辛阵，则 $\boldsymbol{C}_0=\boldsymbol{J}\boldsymbol{B}_0,\boldsymbol{C}_1=\boldsymbol{J}\boldsymbol{B}_1$ 为对称矩阵。

将式 (6.65) 代入式 (6.64)，得

$$\begin{aligned}\frac{\mathrm{d}\omega_1}{\mathrm{d}t}&=\mathrm{d}\boldsymbol{z}_1\wedge\boldsymbol{C}_0\mathrm{d}\boldsymbol{z}_0+\mathrm{d}\boldsymbol{z}_0\wedge(\boldsymbol{C}_0\mathrm{d}\boldsymbol{z}_1+\boldsymbol{C}_1\mathrm{d}\boldsymbol{z}_0)\\&=\mathrm{d}\boldsymbol{z}_1\wedge\boldsymbol{C}_0\mathrm{d}\boldsymbol{z}_0+\mathrm{d}\boldsymbol{z}_0\wedge\boldsymbol{C}_0\mathrm{d}\boldsymbol{z}_1+\mathrm{d}\boldsymbol{z}_0\wedge\boldsymbol{C}_1\mathrm{d}\boldsymbol{z}_0\end{aligned} \tag{6.66}$$

由于 $\boldsymbol{C}_0,\boldsymbol{C}_1$ 是对称矩阵，则有

$$\mathrm{d}\boldsymbol{z}_1\wedge\boldsymbol{C}_0\mathrm{d}\boldsymbol{z}_0=-\boldsymbol{C}_0\mathrm{d}\boldsymbol{z}_0\wedge\mathrm{d}\boldsymbol{z}_1=-\mathrm{d}\boldsymbol{z}_0\wedge\boldsymbol{C}_0\mathrm{d}\boldsymbol{z}_1,\quad \mathrm{d}\boldsymbol{z}_0\wedge\boldsymbol{C}_1\mathrm{d}\boldsymbol{z}_0=-\boldsymbol{C}_1\mathrm{d}\boldsymbol{z}_0\wedge\mathrm{d}\boldsymbol{z}_0=0 \tag{6.67}$$

将式 (6.67) 代入式 (6.66)，得

$$\begin{aligned}\frac{\mathrm{d}\omega_1}{\mathrm{d}t}&=\mathrm{d}\boldsymbol{z}_1\wedge\boldsymbol{C}_0\mathrm{d}\boldsymbol{z}_0+\mathrm{d}\boldsymbol{z}_0\wedge\boldsymbol{C}_0\mathrm{d}\boldsymbol{z}_1+\mathrm{d}\boldsymbol{z}_0\wedge\boldsymbol{C}_1\mathrm{d}\boldsymbol{z}_0\\&=-\mathrm{d}\boldsymbol{z}_0\wedge\boldsymbol{C}_0\mathrm{d}\boldsymbol{z}_1+\mathrm{d}\boldsymbol{z}_0\wedge\boldsymbol{C}_0\mathrm{d}\boldsymbol{z}_1+0=0\end{aligned} \tag{6.68}$$

类似可以得到

$$\frac{\mathrm{d}\omega_2}{\mathrm{d}t}=0,\quad \cdots,\quad \frac{\mathrm{d}\omega_n}{\mathrm{d}t}=0 \tag{6.69}$$

式 (6.61)、(6.68) 和 (6.69) 表明式 (6.54) 中一系列哈密顿方程的辛结构分别守恒，从而证明了非保守线性哈密顿系统的摄动级数展开法的保辛性。

### 6.2.5　结构动力响应问题的非保守线性哈密顿系统表示

考虑含阻尼和外载荷的 $n$ 维结构动力响应方程

$$\boldsymbol{M}\ddot{\boldsymbol{x}}+\boldsymbol{D}\dot{\boldsymbol{x}}+\boldsymbol{K}\boldsymbol{x}=\boldsymbol{F}(t) \tag{6.70}$$

其中 $\boldsymbol{M}$、$\boldsymbol{D}$ 和 $\boldsymbol{K}$ 分别表示质量、阻尼和刚度矩阵，$\boldsymbol{F}(t)$ 是作用在结构的外载荷。一般情况下，$\boldsymbol{M}$ 和 $\boldsymbol{K}$ 是对称矩阵。

令 $\boldsymbol{y}=\boldsymbol{M}\dot{\boldsymbol{x}}$，则方程 (6.70) 可以写为矩阵形式

$$\begin{pmatrix}\dot{\boldsymbol{x}}\\\dot{\boldsymbol{y}}\end{pmatrix}=\begin{pmatrix}\boldsymbol{0}&\boldsymbol{M}^{-1}\\-\boldsymbol{K}&-\boldsymbol{D}\boldsymbol{M}^{-1}\end{pmatrix}\begin{pmatrix}\boldsymbol{x}\\\boldsymbol{y}\end{pmatrix}+\begin{pmatrix}\boldsymbol{0}\\\boldsymbol{F}(t)\end{pmatrix} \tag{6.71}$$

显然，由于阻尼项 $\boldsymbol{D}$ 的存在，方程 (6.71) 中矩阵不是无穷小辛阵。考虑将其分解为无穷小辛阵和扰动矩阵之和的形式，即

$$\begin{pmatrix} 0 & \boldsymbol{M}^{-1} \\ -\boldsymbol{K} & -\boldsymbol{D}\boldsymbol{M}^{-1} \end{pmatrix} = \begin{pmatrix} 0 & \boldsymbol{M}^{-1} \\ -\boldsymbol{K} & 0 \end{pmatrix} + \begin{pmatrix} 0 & 0 \\ 0 & -\boldsymbol{D}\boldsymbol{M}^{-1} \end{pmatrix} \tag{6.72}$$

令

$$\boldsymbol{z} = \begin{pmatrix} \boldsymbol{x} \\ \boldsymbol{y} \end{pmatrix}, \quad \tilde{\boldsymbol{B}}_0 = \begin{pmatrix} 0 & \boldsymbol{M}^{-1} \\ -\boldsymbol{K} & 0 \end{pmatrix}$$

$$\Delta \boldsymbol{B} = \begin{pmatrix} 0 & 0 \\ 0 & -\boldsymbol{D}\boldsymbol{M}^{-1} \end{pmatrix}, \quad \boldsymbol{G}(t) = \begin{pmatrix} 0 \\ \boldsymbol{F}(t) \end{pmatrix} \tag{6.73}$$

则 $\boldsymbol{B}$ 是无穷小辛阵，从而方程 (6.71) 表示为非保守线性哈密顿系统的形式

$$\frac{\mathrm{d}\boldsymbol{z}}{\mathrm{d}t} = \left(\tilde{\boldsymbol{B}}_0 + \Delta \boldsymbol{B}\right)\boldsymbol{z} + \boldsymbol{G}(t) \tag{6.74}$$

其标称方程组是标准的线性哈密顿系统，表示为

$$\frac{\mathrm{d}\boldsymbol{z}}{\mathrm{d}t} = \tilde{\boldsymbol{B}}_0 \boldsymbol{z} \tag{6.75}$$

从而，含阻尼和外载荷的结构动力响应问题就转化为了非保守线性哈密顿系统形式，从而可以利用前述提出的保辛摄动级数展开法进行求解。

### 6.2.6 数值算例

为了验证所提保辛摄动级数展开法的有效性，本小节提供了两个数值算例，包括一个悬臂工字梁的受迫振动和一个刚性机翼系统的振动。为了对比，所提方法的计算结果与 Runge-Kutta 方法所得结果进行比较。

#### 6.2.6.1 悬臂工字梁的受迫振动

考虑如图 6.9 所示的悬臂工字梁，梁上承受向下的载荷 $F = 100\mathrm{N}$。工字梁长 9m，横截面尺寸 $a = 0.05\mathrm{m}, b = 0.04\mathrm{m}$，厚度 0.005m。梁分为 15 个单元。梁的密度为 $7.85\times10^3\mathrm{kg/m^3}$，弹性模量为 200GPa。

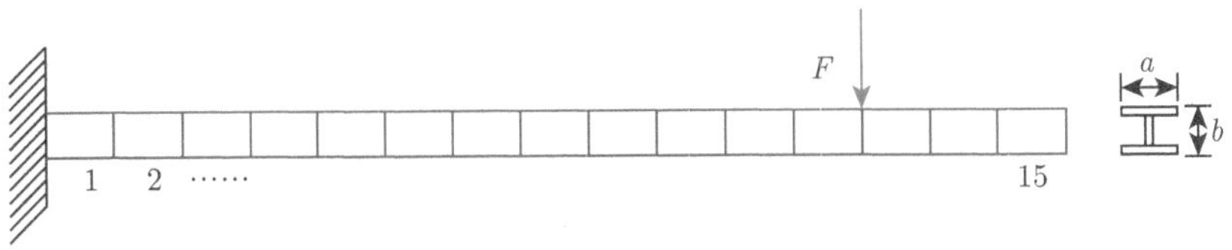


图 6.9 悬臂工字梁

将所提保辛摄动级数展开法应用于求解单元 15 右节点的竖向位移，并与二阶和四阶 Runge-Kutta 方法进行比较。时间步长设定为 $\Delta t = 0.05\text{s}$。保辛摄动级数展开法与二阶和四阶 Runge-Kutta 方法计算得到的竖向位移分别如图 6.10 和图 6.11 所示。

由图 6.10 和图 6.11 可知，所提保辛摄动级数展开法能够得到合理的竖向位移计算结果，而二阶和四阶 Runge-Kutta 方法则会在短时间内迅速发散，体现了所提保辛摄动级数展开法的良好的精度和稳定性。

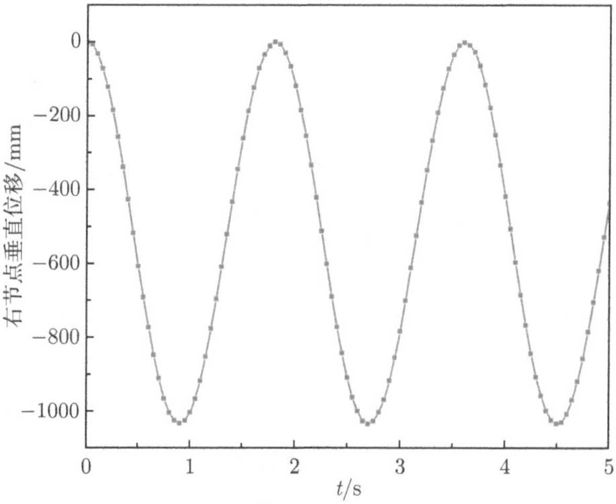


图 6.10　所提保辛摄动级数展开法计算得到的悬臂工字梁右节点竖向位移

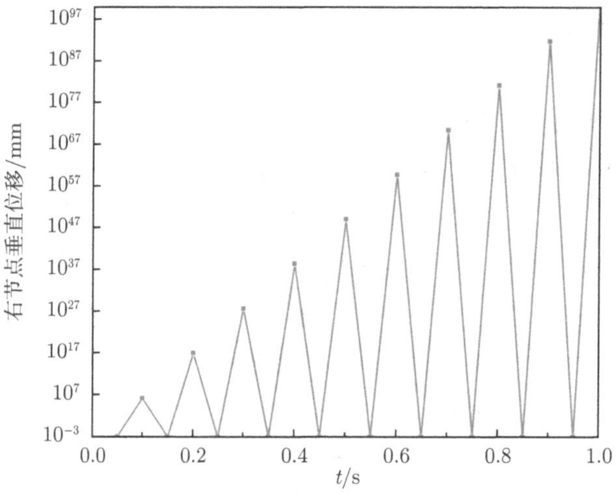


(a) 二阶Runge-Kutta方法

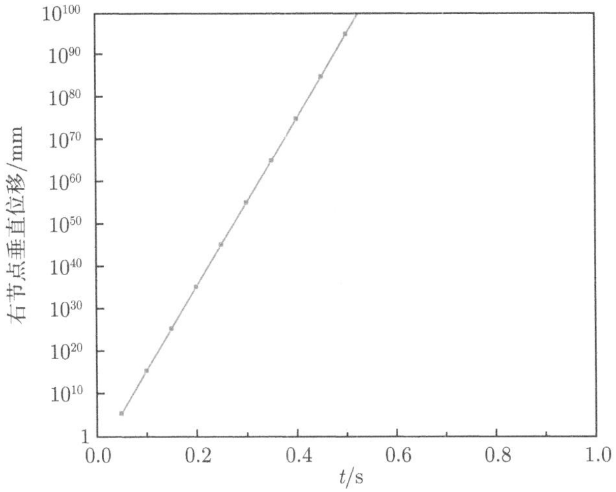


(b) 四阶Runge-Kutta方法

图 6.11 Runge-Kutta 方法计算得到的悬臂工字梁右节点竖向位移

此外，由所提保辛摄动级数展开法和二阶、四阶 Runge-Kutta 方法得到的哈密顿函数 $H$ 如图 6.12 所示。可以明显地看出，所提保辛摄动级数展开法在数值计算过程中哈密顿函数保持不变，而二阶和四阶 Runge-Kutta 方法同样迅速发散。

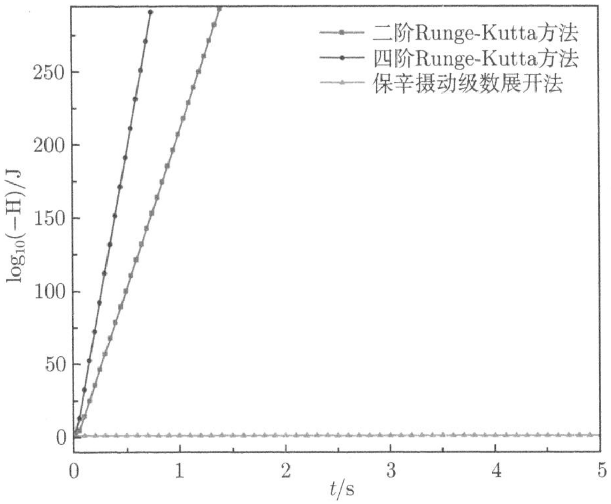


图 6.12 由保辛摄动级数展开法和 Runge-Kutta 方法得到的哈密顿函数 $H$

因此，数值算例验证了所提保辛摄动级数展开法与 Runge-Kutta 方法相比在精度、稳定性和保辛性方面的优越性。

6.2.6.2　刚性机翼系统的振动

考虑如图 6.13 所示的刚性机翼系统的振动。刚性机翼由钢丝弹簧 $K_h = 1000\text{N}\cdot\text{m}$ 和扭转弹簧 $K_a = 100\text{N}$ 支撑。机翼受到重力的影响，开始振动。翼段前缘到弯曲中心 $B$ 的距离为 $l_1 = 0.2\text{m}$，弯曲中心 $B$ 到后缘的距离为 $l_2 = 0.3\text{m}$。弯曲中心 $B$ 和质心位置 $O$ 之间的距离为 $\delta = 0.08\text{m}$。刚性机翼的质量为 $m = 8\text{kg}$，围绕重心的惯性矩为 $I_0 = 0.18\text{kg}\cdot\text{m}^2$。为了描述刚性机翼的运动，选择机翼弯曲中心距静平衡位置的距离 $h$ 和机翼绕弯曲中心的夹角 $\alpha$ 作为广义坐标。

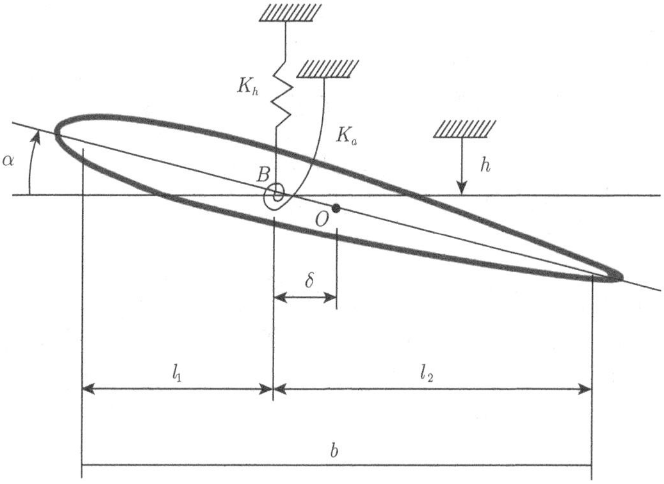


图 6.13　刚性机翼系统

采用时间步长为 $\Delta t = 0.01\text{s}$ 的所提保辛摄动级数展开法计算系统动态响应 $h$ 和 $\alpha$，并与不同时间步长 $\Delta t = 0.01\text{s}$ 和 $\Delta t = 0.002\text{s}$ 的一阶 Runge-Kutta 方法进行比较。将时间步长 $\Delta t = 0.0001\text{s}$ 的四阶 Runge-Kutta 方法计算结果作为精确解。所提保辛摄动级数展开法和 Runge-Kutta 方法计算得到的动态响应 $h$ 和 $\alpha$，以及哈密顿函数 $H$ 分别如图 6.14～ 图 6.16 所示。

尽管所提保辛摄动级数展开法和一阶 Runge-Kutta 计算结果开始时相差很小，但随着时间的推移，二者相差越来越大，其中时间步长为 $\Delta t = 0.01\text{s}$ 的一阶 Runge-Kutta 方法计算结果变化尤为明显。而所提保辛摄动级数展开法与四阶 Runge-Kutta 方法计算结果吻合，表明所提方法的高精度及其相对于一阶 Runge-Kutta 方法的优越性。此外，对于哈密顿函数 $H$，所提保辛摄动级数展开法得到的哈密顿函数 $H$ 值在计算过程中保持不变，体现了所提方法的保辛性。

综上，所提保辛摄动级数展开法在高精度、强稳定性和保辛性方面具有独特优越性。

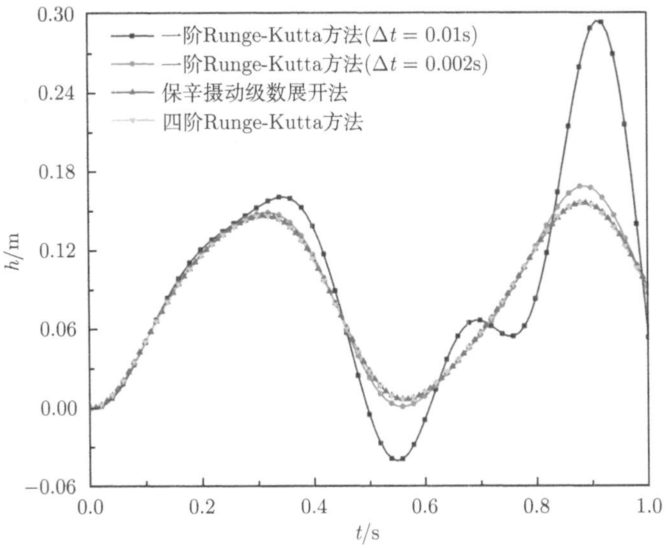


图 6.14 所提保辛摄动级数展开法和 Runge-Kutta 方法计算得到的动态响应 $h$

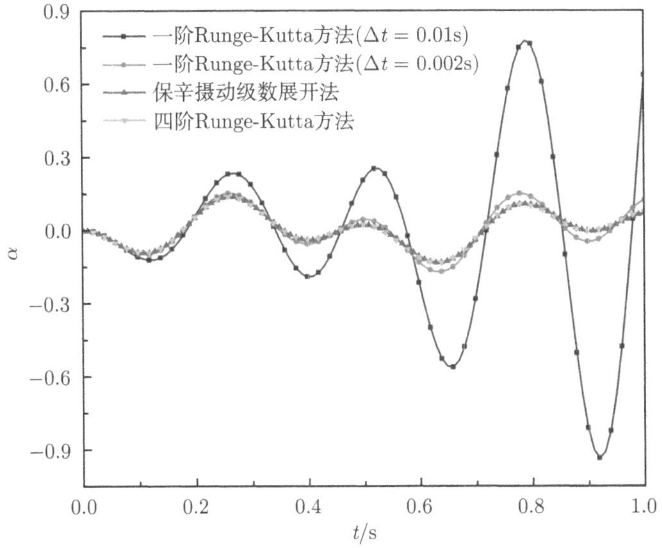


图 6.15 所提保辛摄动级数展开法和 Runge-Kutta 方法计算得到的动态响应 $\alpha$

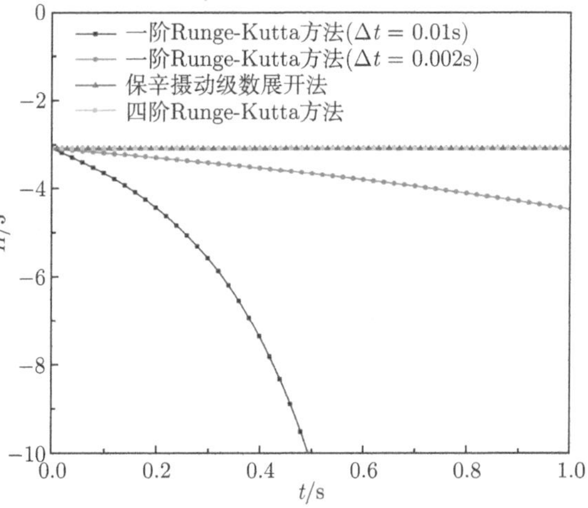


图 6.16　所提保辛摄动级数展开法和 Runge-Kutta 方法计算得到的哈密顿函数 $H$

### 6.2.7　本节小结

本节提出了一类非保守线性哈密顿系统的保辛摄动级数展开法，用于求解带阻尼和外载荷的结构动力响应问题。考虑含有阻尼和外载荷等非保守项，哈密顿方程为非保守线性非齐次哈密顿系统。通过变量替换的方法，非保守线性非齐次哈密顿系统可以表示为标准线性哈密顿系统的形式，不同的是其中矩阵不再是无穷小辛阵。对于非保守线性哈密顿系统，将其中矩阵表示为一个无穷小辛阵和扰动矩阵之和的形式，其中的扰动矩阵还可进一步近似表示为一系列无穷小辛阵的和，并进行了证明。基于摄动级数展开法，非保守线性哈密顿系统可以转化为一系列线性哈密顿方程，从而可以利用辛差分格式进行求解。此外，非保守线性哈密顿系统的摄动级数展开法的保辛性在数学上进行了证明。本节还介绍了将具有阻尼和外载荷的结构动力响应问题转化为非保守线性哈密顿系统的方法。

数值算例验证了所提保辛摄动级数展开法的有效性、保辛性和工程适用性。与 Runge-Kutta 方法相比，所提方法具有更好的结构动力响应预测性能，具体表现在高精度、强稳定性和保辛性方面。保辛摄动级数展开法可以成为结构动力响应预测的有力工具。

## 6.3　随机和区间非齐次线性哈密顿系统的保辛参数摄动法及其应用

本节考虑随机和区间参数不确定性，对两种不确定性非齐次线性哈密顿系统分析计算结果进行比较研究，从而突破了传统哈密顿系统的局限性，并应用于结构动力响应评估中。首先，针对确定性非齐次线性哈密顿系统，提出考虑确定性扰动的参数摄动法。在此基础上，分别提出随机、区间非齐次线性哈密顿系统的参数摄动法，得到了它们响应界限的数学表达。随后，用数学理论推导得到了区间响应范围包含随机响应范围的相容性结论。最后，数值算例在较小时间步长下验证了所提方法在结构动力响应中的可行性和有效性，体现了随机、区间哈密顿系统响应结果之间的包络关系，并在较大时间步长下与传统方法相比较凸显了辛算法的数值计算优势、与蒙特卡罗模拟方法相比较验证了所提方法的精度。

### 6.3.1 引言

随着计算机技术的飞速发展，研究人员越来越追求更高效、更稳定和长时间模拟能力更强的数值算法 [148]。传统算法除少数例外，都不是辛算法，不可避免地带有人为耗散性等歪曲体系特征的缺陷，用于短期模拟尚可，用于长期跟踪则会导致结果严重失真 [2,127]。而哈密顿系统辛算法却有保持体系结构的优点，在结构对称性和守恒性方面优于传统算法，特别在稳定性和长期跟踪能力上具有独特优越性 [2,127,148-150]。

然而，动力系统中不可避免地存在大量的、不同程度的不确定性 [151-153]。这些不确定性将引起动力响应变化，响应不确定量有时甚至能达到参数不确定量的数倍 [136,154]。此外，不确定性的存在还会使系统的性质发生改变，保守系统若存在不确定性则不再保守。因此，需要在哈密顿系统中考虑随机和区间不确定性的影响，以确保动力学分析计算的合理有效性。当前，对不确定性哈密顿系统的研究主要针对随机哈密顿系统，聚焦随机白噪声激励作用，但没有考虑系统本身的参数随机性，并且考虑区间不确定性的哈密顿系统也少有人研究。

本节针对随机和区间不确定性，对含参数不确定性的非齐次线性哈密顿系统的动力响应分析进行了首次尝试，提出了两种不确定性哈密顿系统的参数摄动法，突破了传统哈密顿系统只适用于保守系统的局限性，并开展了两种哈密顿系统不确定性响应的相容性研究，为结构动力响应评估提供更加有效稳定的数值计算方法 [146]。

### 6.3.2 含扰动非齐次线性哈密顿系统的保辛参数摄动法

非齐次线性哈密顿系统是在线性哈密顿系统基础上增加了非齐次项

$$\frac{\mathrm{d}\boldsymbol{z}}{\mathrm{d}t} = \boldsymbol{B}\boldsymbol{z} + \boldsymbol{F}(t) \tag{6.76}$$

其中 $\boldsymbol{B}$ 是无穷小辛阵，即满足 $\boldsymbol{J}\boldsymbol{B} + \boldsymbol{B}^{\mathrm{T}}\boldsymbol{J} = \boldsymbol{0}$；$\boldsymbol{F}(t)$ 是与时间 $t$ 有关的向量。

假设非齐次线性哈密顿系统 (6.2) 中的矩阵 $\boldsymbol{B}$ 和向量 $\boldsymbol{F}(t)$ 中元素与系统参数 $\boldsymbol{b} = (b_1, b_2, \cdots, b_m)^{\mathrm{T}}$ 有关，此时，哈密顿系统 (6.2) 可以写为

$$\frac{\mathrm{d}\boldsymbol{z}}{\mathrm{d}t} = \boldsymbol{B}(\boldsymbol{b})\boldsymbol{z} + \boldsymbol{F}(\boldsymbol{b}) \tag{6.77}$$

当系统参数 $\boldsymbol{b}=(b_1,b_2,\cdots,b_m)^{\mathrm{T}}$ 存在扰动时，矩阵 $\boldsymbol{B}(\boldsymbol{b})$ 和向量 $\boldsymbol{F}(\boldsymbol{b})$ 由标称值变化到扰动系统，分析扰动对哈密顿系统响应 $\boldsymbol{z}$ 的影响。

根据摄动理论 [137,138]，引入小参数 $\varepsilon$，参数 $\boldsymbol{b}$、矩阵 $\boldsymbol{B}$、向量 $\boldsymbol{F}$ 和哈密顿系统的解 $\boldsymbol{z}$ 可以分别写为摄动级数展开形式

$$\begin{aligned}
\boldsymbol{b}&=\boldsymbol{b}_0+\varepsilon\boldsymbol{b}_1+\varepsilon^2\boldsymbol{b}_2+\cdots+\varepsilon^p\boldsymbol{b}_p+\cdots\\
\boldsymbol{B}&=\boldsymbol{B}_0+\varepsilon\boldsymbol{B}_1+\varepsilon^2\boldsymbol{B}_2+\cdots+\varepsilon^p\boldsymbol{B}_p+\cdots\\
\boldsymbol{F}&=\boldsymbol{F}_0+\varepsilon\boldsymbol{F}_1+\varepsilon^2\boldsymbol{F}_2+\cdots+\varepsilon^p\boldsymbol{F}_p+\cdots\\
\boldsymbol{z}&=\boldsymbol{z}_0+\varepsilon\boldsymbol{z}_1+\varepsilon^2\boldsymbol{z}_2+\cdots+\varepsilon^p\boldsymbol{z}_p+\cdots
\end{aligned}\tag{6.78}$$

其中小参数 $\varepsilon$ 是小于单位 1 的小量，$\boldsymbol{b}_0$、$\boldsymbol{B}_0$、$\boldsymbol{F}_0$ 和 $\boldsymbol{z}_0$ 分别是 $\boldsymbol{b}$、$\boldsymbol{B}$、$\boldsymbol{F}$ 和 $\boldsymbol{z}$ 的标称值，$\boldsymbol{b}_i$、$\boldsymbol{B}_i$、$\boldsymbol{F}_i$ 和 $\boldsymbol{z}_i\,(i=1,2,\cdots,p)$ 分别是其第 $i$ 阶摄动量。含 $\varepsilon$ 的项表示其与标称值相比是一个很小的量，在这种情况下，哈密顿系统的解 $\boldsymbol{z}$ 只有小变化。选择使 $|\varepsilon|$ 足够小的参数可以使级数收敛。

将式 (6.3) 代入式 (6.77)，得

$$\begin{aligned}
&\mathrm{d}\left(\boldsymbol{z}_0+\varepsilon\boldsymbol{z}_1+\varepsilon^2\boldsymbol{z}_2+\cdots+\varepsilon^p\boldsymbol{z}_p+\cdots\right)/\mathrm{d}t\\
&=\left(\boldsymbol{B}_0+\varepsilon\boldsymbol{B}_1+\varepsilon^2\boldsymbol{B}_2+\cdots+\varepsilon^p\boldsymbol{B}_p+\cdots\right)\left(\boldsymbol{z}_0+\varepsilon\boldsymbol{z}_1+\varepsilon^2\boldsymbol{z}_2+\cdots+\varepsilon^p\boldsymbol{z}_p+\cdots\right)\\
&\quad+\left(\boldsymbol{F}_0+\varepsilon\boldsymbol{F}_1+\varepsilon^2\boldsymbol{F}_2+\cdots+\varepsilon^p\boldsymbol{F}_p+\cdots\right)
\end{aligned}\tag{6.79}$$

将式 (6.79) 展开，比较 $\varepsilon$ 的同次幂系数，可得

$$\begin{aligned}
&\varepsilon^0:\frac{\mathrm{d}\boldsymbol{z}_0}{\mathrm{d}t}=\boldsymbol{B}_0\boldsymbol{z}_0+\boldsymbol{F}_0\\
&\varepsilon^1:\frac{\mathrm{d}\boldsymbol{z}_1}{\mathrm{d}t}=\boldsymbol{B}_0\boldsymbol{z}_1+\boldsymbol{B}_1\boldsymbol{z}_0+\boldsymbol{F}_1\\
&\varepsilon^2:\frac{\mathrm{d}\boldsymbol{z}_2}{\mathrm{d}t}=\boldsymbol{B}_0\boldsymbol{z}_2+\boldsymbol{B}_1\boldsymbol{z}_1+\boldsymbol{B}_2\boldsymbol{z}_0+\boldsymbol{F}_2\\
&\vdots\\
&\varepsilon^p:\frac{\mathrm{d}\boldsymbol{z}_p}{\mathrm{d}t}=\boldsymbol{B}_0\boldsymbol{z}_p+\boldsymbol{B}_1\boldsymbol{z}_{p-1}+\cdots+\boldsymbol{B}_{p-1}\boldsymbol{z}_1+\boldsymbol{B}_p\boldsymbol{z}_0+\boldsymbol{F}_p
\end{aligned}\tag{6.80}$$

运用辛算法求解式 (6.7) 可以得到 $\boldsymbol{z}$ 的标称部分，即 $\boldsymbol{z}_0$。本节中采用的辛算法均为 Euler 中点格式。对于式 (6.7) 中的 $\boldsymbol{B}_i$ 和 $\boldsymbol{F}_i\,(i=1,2,\cdots,p)$，可以通过 Taylor 展开获得，即将 $\boldsymbol{B}$ 和 $\boldsymbol{F}$ 在 $\boldsymbol{b}=\boldsymbol{b}_0$ 处分别进行 Taylor 展开，得到

$$\boldsymbol{B}(\boldsymbol{b})=\boldsymbol{B}\left(\boldsymbol{b}_0+\varepsilon\boldsymbol{b}_1+\varepsilon^2\boldsymbol{b}_2+\cdots+\varepsilon^p\boldsymbol{b}_p+\cdots\right)$$

$$
\begin{aligned}
&= \boldsymbol{B}(\boldsymbol{b}_0) + \varepsilon \sum_{j=1}^{m} \frac{\partial \boldsymbol{B}(\boldsymbol{b}_0)}{\partial b_j} b_{1j} + \varepsilon^2 \sum_{j=1}^{m} \frac{\partial \boldsymbol{B}(\boldsymbol{b}_0)}{\partial b_j} b_{2j} \\
&\quad + \cdots + \varepsilon^p \sum_{j=1}^{m} \frac{\partial \boldsymbol{B}(\boldsymbol{b}_0)}{\partial b_j} b_{pj} + \cdots \\
&= \boldsymbol{B}_0 + \varepsilon \sum_{j=1}^{m} \frac{\partial \boldsymbol{B}_0}{\partial b_j} b_{1j} + \varepsilon^2 \sum_{j=1}^{m} \frac{\partial \boldsymbol{B}_0}{\partial b_j} b_{2j} + \cdots + \varepsilon^p \sum_{j=1}^{m} \frac{\partial \boldsymbol{B}_0}{\partial b_j} b_{pj} + \cdots
\end{aligned}
$$

$$
\begin{aligned}
\boldsymbol{F}(\boldsymbol{b}) &= \boldsymbol{F}\left(\boldsymbol{b}_0 + \varepsilon \boldsymbol{b}_1 + \varepsilon^2 \boldsymbol{b}_2 + \cdots + \varepsilon^p \boldsymbol{b}_p + \cdots\right) \\
&= \boldsymbol{F}(\boldsymbol{b}_0) + \varepsilon \sum_{j=1}^{m} \frac{\partial \boldsymbol{F}(\boldsymbol{b}_0)}{\partial b_j} b_{1j} + \varepsilon^2 \sum_{j=1}^{m} \frac{\partial \boldsymbol{F}(\boldsymbol{b}_0)}{\partial b_j} b_{2j} \\
&\quad + \cdots + \varepsilon^p \sum_{j=1}^{m} \frac{\partial \boldsymbol{F}(\boldsymbol{b}_0)}{\partial b_j} b_{pj} + \cdots \\
&= \boldsymbol{F}_0 + \varepsilon \sum_{j=1}^{m} \frac{\partial \boldsymbol{F}_0}{\partial b_j} b_{1j} + \varepsilon^2 \sum_{j=1}^{m} \frac{\partial \boldsymbol{F}_0}{\partial b_j} b_{2j} + \cdots + \varepsilon^p \sum_{j=1}^{m} \frac{\partial \boldsymbol{F}_0}{\partial b_j} b_{pj} + \cdots
\end{aligned} \tag{6.81}
$$

其中 $b_{ij}\,(i=1,2,\cdots,p, j=1,2,\cdots,m)$ 是 $\boldsymbol{b}_i$ 的分量。

由式 (6.3) 和式 (6.81)，可知

$$
\boldsymbol{B}_i = \sum_{j=1}^{m} \frac{\partial \boldsymbol{B}_0}{\partial b_j} b_{ij}, \quad \boldsymbol{F}_i = \sum_{j=1}^{m} \frac{\partial \boldsymbol{F}_0}{\partial b_j} b_{ij}, \quad i=1,2,\cdots,p \tag{6.82}
$$

将式 (6.7) 中第 1 式求得的 $\boldsymbol{z}_0$ 和式 (6.82) 求得的 $\boldsymbol{B}_1, \boldsymbol{F}_1$ 代入式 (6.7) 中的第 2 式并利用辛算法求解，可以求得 $\boldsymbol{z}$ 的第 1 阶摄动量 $\boldsymbol{z}_1$；进而可以通过依次求解式 (6.7) 其余式得到 $\boldsymbol{z}_i\,(i=2,\cdots,p)$ 的值。从而，$\boldsymbol{z}$ 就可以按式 (6.3) 求得。在每一步都采用辛算法求解保证计算结果能够保持体系结构特征，避免传统算法带有的人为耗散性等歪曲体系特征的缺陷。在实际计算中，为了方便求解，常常展开到第 1 阶摄动。

当参数 $\boldsymbol{b}$ 存在的扰动为随机或区间不确定性时，上述参数摄动法可以推广至求解随机或区间非齐次线性哈密顿系统，详细过程如下面 6.3.3 节、6.3.4 节所述。

### 6.3.3 随机非齐次线性哈密顿系统的保辛参数摄动法

当系统参数 $\boldsymbol{b}=(b_1,b_2,\cdots,b_m)^{\mathrm{T}}$ 是随机变量时，矩阵 $\boldsymbol{B}$、向量 $\boldsymbol{F}$ 和哈密顿系统的解 $\boldsymbol{z}$ 也是随机的，它们可以分别看作围绕确定性部分即均值，有一个随机小扰动。因此，基于前述摄动理论，同样引入小参数 $\varepsilon$，将 $\boldsymbol{b}$、$\boldsymbol{B}$、$\boldsymbol{F}$ 和 $\boldsymbol{z}$ 分别表示为

$$\boldsymbol{b}=\boldsymbol{b}_{\mathrm{d}}+\varepsilon\boldsymbol{b}_{\mathrm{s}},\quad \boldsymbol{B}=\boldsymbol{B}_{\mathrm{d}}+\varepsilon\boldsymbol{B}_{\mathrm{s}},\quad \boldsymbol{F}=\boldsymbol{F}_{\mathrm{d}}+\varepsilon\boldsymbol{F}_{\mathrm{s}},\quad \boldsymbol{z}=\boldsymbol{z}_{\mathrm{d}}+\varepsilon\boldsymbol{z}_{\mathrm{s}} \tag{6.83}$$

其中 $\boldsymbol{b}_{\mathrm{d}}$、$\boldsymbol{B}_{\mathrm{d}}$、$\boldsymbol{F}_{\mathrm{d}}$ 和 $\boldsymbol{z}_{\mathrm{d}}$ 分别是 $\boldsymbol{b}$、$\boldsymbol{B}$、$\boldsymbol{F}$ 和 $\boldsymbol{z}$ 的确定性部分；$\boldsymbol{b}_{\mathrm{s}}$、$\boldsymbol{B}_{\mathrm{s}}$、$\boldsymbol{F}_{\mathrm{s}}$ 和 $\boldsymbol{z}_{\mathrm{s}}$ 分别是其随机部分，且它们的均值均为 0。

将式 (6.83) 代入式 (6.77)，得

$$\frac{\mathrm{d}\left(\boldsymbol{z}_{\mathrm{d}}+\varepsilon\boldsymbol{z}_{\mathrm{s}}\right)}{\mathrm{d}t}=\left(\boldsymbol{B}_{\mathrm{d}}+\varepsilon\boldsymbol{B}_{\mathrm{s}}\right)\left(\boldsymbol{z}_{\mathrm{d}}+\varepsilon\boldsymbol{z}_{\mathrm{s}}\right)+\left(\boldsymbol{F}_{\mathrm{d}}+\varepsilon\boldsymbol{F}_{\mathrm{s}}\right) \tag{6.84}$$

将式 (6.84) 展开，忽略 $O\left(\varepsilon^2\right)$ 高阶项，并比较 $\varepsilon$ 的同次幂系数，可得

$$\begin{aligned}
&\varepsilon^0:\frac{\mathrm{d}\boldsymbol{z}_{\mathrm{d}}}{\mathrm{d}t}=\boldsymbol{B}_{\mathrm{d}}\boldsymbol{z}_{\mathrm{d}}+\boldsymbol{F}_{\mathrm{d}}\\
&\varepsilon^1:\frac{\mathrm{d}\boldsymbol{z}_{\mathrm{s}}}{\mathrm{d}t}=\boldsymbol{B}_{\mathrm{d}}\boldsymbol{z}_{\mathrm{s}}+\boldsymbol{B}_{\mathrm{s}}\boldsymbol{z}_{\mathrm{d}}+\boldsymbol{F}_{\mathrm{s}}
\end{aligned} \tag{6.85}$$

利用辛算法求解式 (6.85) 中的第 1 式可以求得 $\boldsymbol{z}$ 的确定性部分 $\boldsymbol{z}_{\mathrm{d}}$，即为 $\boldsymbol{z}$ 的均值。但无法由式 (6.85) 中的第 2 式直接确定 $\boldsymbol{z}$ 的随机部分 $\boldsymbol{z}_{\mathrm{s}}$，需要进行变换后加以求解。

对式 (6.83) 求取数学期望，有

$$\begin{aligned}
&E[\boldsymbol{b}]=E[\boldsymbol{b}_{\mathrm{d}}]+E[\varepsilon\boldsymbol{b}_{\mathrm{s}}]=\boldsymbol{b}_{\mathrm{d}},\quad E[\boldsymbol{B}]=E[\boldsymbol{B}_{\mathrm{d}}]+E[\varepsilon\boldsymbol{B}_{\mathrm{s}}]=\boldsymbol{B}_{\mathrm{d}}\\
&E[\boldsymbol{F}]=E[\boldsymbol{F}_{\mathrm{d}}]+E[\varepsilon\boldsymbol{F}_{\mathrm{s}}]=\boldsymbol{F}_{\mathrm{d}},\quad E[\boldsymbol{z}]=E[\boldsymbol{z}_{\mathrm{d}}]+E[\varepsilon\boldsymbol{z}_{\mathrm{s}}]=\boldsymbol{z}_{\mathrm{d}}
\end{aligned} \tag{6.86}$$

由于 $\boldsymbol{z}_{\mathrm{d}}$ 是一个确定性的向量，所以 $\boldsymbol{z}_{\mathrm{d}}$ 与 $\boldsymbol{z}$、$\boldsymbol{z}_{\mathrm{d}}$ 与 $\boldsymbol{z}_{\mathrm{s}}$ 均相互独立，从而可得

$$\begin{aligned}
&E\left[\boldsymbol{z}\boldsymbol{z}_{\mathrm{d}}^{\mathrm{T}}\right]=E[\boldsymbol{z}]\,\boldsymbol{z}_{\mathrm{d}}^{\mathrm{T}}=\boldsymbol{z}_{\mathrm{d}}\boldsymbol{z}_{\mathrm{d}}^{\mathrm{T}},\quad E\left[\boldsymbol{z}_{\mathrm{d}}\boldsymbol{z}^{\mathrm{T}}\right]=\boldsymbol{z}_{\mathrm{d}}E[\boldsymbol{z}]^{\mathrm{T}}=\boldsymbol{z}_{\mathrm{d}}\boldsymbol{z}_{\mathrm{d}}^{\mathrm{T}}\\
&E\left[\boldsymbol{z}_{\mathrm{d}}\boldsymbol{z}_{\mathrm{s}}^{\mathrm{T}}\right]=\boldsymbol{z}_{\mathrm{d}}E[\boldsymbol{z}_{\mathrm{s}}]^{\mathrm{T}}=\boldsymbol{0},\quad E\left[\boldsymbol{z}_{\mathrm{s}}\boldsymbol{z}_{\mathrm{d}}^{\mathrm{T}}\right]=E[\boldsymbol{z}_{\mathrm{s}}]\,\boldsymbol{z}_{\mathrm{d}}^{\mathrm{T}}=\boldsymbol{0}
\end{aligned} \tag{6.87}$$

因此，$\boldsymbol{z}$ 的协方差矩阵可以写为

$$\begin{aligned}
\mathrm{Cov}\left[\boldsymbol{z},\boldsymbol{z}^{\mathrm{T}}\right]&=E\left[\left(\boldsymbol{z}-E[\boldsymbol{z}]\right)\left(\boldsymbol{z}-E[\boldsymbol{z}]\right)^{\mathrm{T}}\right]\\
&=E\left[\boldsymbol{z}\boldsymbol{z}^{\mathrm{T}}-\boldsymbol{z}E[\boldsymbol{z}]^{\mathrm{T}}-E[\boldsymbol{z}]\,\boldsymbol{z}^{\mathrm{T}}+E[\boldsymbol{z}]\,E[\boldsymbol{z}]^{\mathrm{T}}\right]\\
&=E\left[\boldsymbol{z}\boldsymbol{z}^{\mathrm{T}}-\boldsymbol{z}\boldsymbol{z}_{\mathrm{d}}^{\mathrm{T}}-\boldsymbol{z}_{\mathrm{d}}\boldsymbol{z}^{\mathrm{T}}+\boldsymbol{z}_{\mathrm{d}}\boldsymbol{z}_{\mathrm{d}}^{\mathrm{T}}\right]\\
&=E\left[\boldsymbol{z}\boldsymbol{z}^{\mathrm{T}}\right]-E\left[\boldsymbol{z}\boldsymbol{z}_{\mathrm{d}}^{\mathrm{T}}\right]-E\left[\boldsymbol{z}_{\mathrm{d}}\boldsymbol{z}\right]^{\mathrm{T}}+E\left[\boldsymbol{z}_{\mathrm{d}}\boldsymbol{z}_{\mathrm{d}}^{\mathrm{T}}\right]\\
&=E\left[\boldsymbol{z}\boldsymbol{z}^{\mathrm{T}}\right]-\boldsymbol{z}_{\mathrm{d}}\boldsymbol{z}_{\mathrm{d}}^{\mathrm{T}}
\end{aligned} \tag{6.88}$$

式 (6.88) 中的 $E\left[\boldsymbol{z}\boldsymbol{z}^{\mathrm{T}}\right]$ 可以写为

$$\begin{aligned}E\left[\boldsymbol{z}\boldsymbol{z}^{\mathrm{T}}\right]&=E\left[\left(\boldsymbol{z}_{\mathrm{d}}+\varepsilon\boldsymbol{z}_{\mathrm{s}}\right)\left(\boldsymbol{z}_{\mathrm{d}}+\varepsilon\boldsymbol{z}_{\mathrm{s}}\right)^{\mathrm{T}}\right]\\&=E\left[\boldsymbol{z}_{\mathrm{d}}\boldsymbol{z}_{\mathrm{d}}^{\mathrm{T}}+\varepsilon\boldsymbol{z}_{\mathrm{d}}\boldsymbol{z}_{\mathrm{s}}^{\mathrm{T}}+\varepsilon\boldsymbol{z}_{\mathrm{s}}\boldsymbol{z}_{\mathrm{d}}^{\mathrm{T}}+\varepsilon^{2}\boldsymbol{z}_{\mathrm{s}}\boldsymbol{z}_{\mathrm{s}}^{\mathrm{T}}\right]\\&=E\left[\boldsymbol{z}_{\mathrm{d}}\boldsymbol{z}_{\mathrm{d}}^{\mathrm{T}}\right]+\varepsilon E\left[\boldsymbol{z}_{\mathrm{d}}\boldsymbol{z}_{\mathrm{s}}^{\mathrm{T}}\right]+\varepsilon E\left[\boldsymbol{z}_{\mathrm{s}}\boldsymbol{z}_{\mathrm{d}}^{\mathrm{T}}\right]+\varepsilon^{2}E\left[\boldsymbol{z}_{\mathrm{s}}\boldsymbol{z}_{\mathrm{s}}^{\mathrm{T}}\right]\\&=\boldsymbol{z}_{\mathrm{d}}\boldsymbol{z}_{\mathrm{d}}^{\mathrm{T}}+\varepsilon^{2}E\left[\boldsymbol{z}_{\mathrm{s}}\boldsymbol{z}_{\mathrm{s}}^{\mathrm{T}}\right]\end{aligned}\tag{6.89}$$

将式 (6.89) 代入式 (6.88)，可得协方差矩阵为

$$\operatorname{Cov}\left[\boldsymbol{z},\boldsymbol{z}^{\mathrm{T}}\right]=\varepsilon^{2}E\left[\boldsymbol{z}_{\mathrm{s}}\boldsymbol{z}_{\mathrm{s}}^{\mathrm{T}}\right]\tag{6.90}$$

该协方差矩阵的对角元素表示各点的方差，其他非对角元素表示各点间的协方差。因此，$\boldsymbol{z}$ 的各分量 $z_i\,(i=1,2,\cdots,2n)$ 的方差为

$$D\left[z_i\right]=\varepsilon^{2}E\left[\left(z_{\mathrm{s}i}\right)^{2}\right]\tag{6.91}$$

同理，$\boldsymbol{b}$ 的各分量 $b_j\,(j=1,2,\cdots,m)$ 的方差为

$$D\left[b_j\right]=\varepsilon^{2}E\left[\left(b_{\mathrm{s}j}\right)^{2}\right]\tag{6.92}$$

将 $\boldsymbol{z}$ 在 $\boldsymbol{z}=\boldsymbol{z}_{\mathrm{d}}$ 处进行一阶 Taylor 展开得到

$$\boldsymbol{z}(\boldsymbol{b})=\boldsymbol{z}\left(\boldsymbol{b}_{\mathrm{d}}+\varepsilon\boldsymbol{b}_{\mathrm{s}}\right)=\boldsymbol{z}\left(\boldsymbol{b}_{\mathrm{d}}\right)+\varepsilon\sum_{j=1}^{m}\frac{\partial\boldsymbol{z}\left(\boldsymbol{b}_{\mathrm{d}}\right)}{\partial b_j}b_{\mathrm{s}j}=\boldsymbol{z}_{\mathrm{d}}+\varepsilon\sum_{j=1}^{m}\frac{\partial\boldsymbol{z}_{\mathrm{d}}}{\partial b_j}b_{\mathrm{s}j}\tag{6.93}$$

其中 $b_{\mathrm{s}j}\,(j=1,2,\cdots,m)$ 是 $\boldsymbol{b}_{\mathrm{s}}$ 的分量。

从而，$\boldsymbol{z}$ 的随机部分 $\boldsymbol{z}_{\mathrm{s}}$ 可以表示为

$$\boldsymbol{z}_{\mathrm{s}}=\sum_{j=1}^{m}\frac{\partial\boldsymbol{z}_{\mathrm{d}}}{\partial b_j}b_{\mathrm{s}j}\tag{6.94}$$

同理，$\boldsymbol{B}_{\mathrm{s}}$ 和 $\boldsymbol{F}_{\mathrm{s}}$ 可以表示为

$$\boldsymbol{B}_{\mathrm{s}}=\sum_{j=1}^{m}\frac{\partial\boldsymbol{B}_{\mathrm{d}}}{\partial b_j}b_{\mathrm{s}j},\quad\boldsymbol{F}_{\mathrm{s}}=\sum_{j=1}^{m}\frac{\partial\boldsymbol{F}_{\mathrm{d}}}{\partial b_j}b_{\mathrm{s}j}\tag{6.95}$$

将式 (6.94)、(6.95) 代入式 (6.85) 中的第 2 式，得

$$\frac{\mathrm{d}}{\mathrm{d}t}\left(\sum_{j=1}^{m}\frac{\partial\boldsymbol{z}_{\mathrm{d}}}{\partial b_j}b_{\mathrm{s}j}\right)=\boldsymbol{B}_{\mathrm{d}}\left(\sum_{j=1}^{m}\frac{\partial\boldsymbol{z}_{\mathrm{d}}}{\partial b_j}b_{\mathrm{s}j}\right)+\left(\sum_{j=1}^{m}\frac{\partial\boldsymbol{B}_{\mathrm{d}}}{\partial b_j}b_{\mathrm{s}j}\right)\boldsymbol{z}_{\mathrm{d}}+\sum_{j=1}^{m}\frac{\partial\boldsymbol{F}_{\mathrm{d}}}{\partial b_j}b_{\mathrm{s}j}\tag{6.96}$$

运用辛算法求解式 (6.96) 可以得到 $\left(\sum_{j=1}^{m}\frac{\partial \boldsymbol{z}_{\mathrm{d}}}{\partial b_j}b_{\mathrm{s}j}\right)$ 的值，即为 $\boldsymbol{z}_{\mathrm{s}}$，将其分量 $z_{\mathrm{s}i}=\sum_{j=1}^{m}\frac{\partial z_{\mathrm{d}i}}{\partial b_j}b_{\mathrm{s}j}$ 代入式 (6.92)，可以得到

$$
\begin{aligned}
D[z_i] &= \varepsilon^2 E\left[(z_{\mathrm{s}i})^2\right]=\varepsilon^2 E\left[\left(\sum_{j=1}^{m}\frac{\partial z_{\mathrm{d}i}}{\partial b_j}b_{\mathrm{s}j}\right)^2\right] \\
&= \varepsilon^2\sum_{j=1}^{m}\left(\frac{\partial z_{\mathrm{d}i}}{\partial b_j}\right)^2 E\left[(b_{\mathrm{s}j})^2\right]+\varepsilon^2\sum_{k=1}^{m}\sum_{l=1}^{m}\frac{\partial z_{\mathrm{d}i}}{\partial b_k}\frac{\partial z_{\mathrm{d}i}}{\partial b_l}\mathrm{Cov}(b_k,b_l)
\end{aligned} \tag{6.97}
$$

其中 $\mathrm{Cov}(b_k,b_l)$ 表示 $b_k$ 和 $b_l$ 的协方差。

当参数 $b_j$ 是相互独立的，$\mathrm{Cov}(b_k,b_l)$ 为 0，则式 (6.97) 可以简化为

$$
D[z_i]=\varepsilon^2\sum_{j=1}^{m}\left(\frac{\partial z_{\mathrm{d}i}}{\partial b_j}\right)^2 E\left[(b_{\mathrm{s}j})^2\right] \tag{6.98}
$$

将式 (6.91) 代入式 (6.98)，就可以得到 $\boldsymbol{z}$ 的各分量 $z_i\,(i=1,2,\cdots,2n)$ 的方差

$$
D[z_i]=\sum_{j=1}^{m}\left(\frac{\partial z_{\mathrm{d}i}}{\partial b_j}\right)^2 D[b_j] \tag{6.99}
$$

因此，$z_i\,(i=1,2,\cdots,2n)$ 的标准差为

$$
\sigma[z_i]=\sqrt{D[z_i]}=\sqrt{\sum_{j=1}^{m}\left(\frac{\partial z_{\mathrm{d}i}}{\partial b_j}\right)^2 D[b_j]}=\sqrt{\sum_{j=1}^{m}\left(\frac{\partial z_{\mathrm{d}i}}{\partial b_j}\sigma[b_j]\right)^2} \tag{6.100}
$$

其中 $\sigma[b_j]$ 是 $b_j\,(j=1,2,\cdots,m)$ 的标准差。

在计算求解过程中，求解式 (6.85) 中第 1 式求得 $\boldsymbol{z}$ 的均值 $\boldsymbol{z}_{\mathrm{d}}$ 和求解式 (6.96) 求得 $\boldsymbol{z}$ 的随机部分 $\boldsymbol{z}_{\mathrm{s}}$ 都采用了辛算法，确保计算结果能够保持体系结构特征。

### 6.3.4 区间非齐次线性哈密顿系统的保辛参数摄动法

当系统参数 $\boldsymbol{b}=(b_1,b_2,\cdots,b_m)^{\mathrm{T}}$ 是区间变量时，即参数 $\boldsymbol{b}$ 在一个区间向量内取值，矩阵 $\boldsymbol{B}$、向量 $\boldsymbol{F}$ 和哈密顿系统的解 $\boldsymbol{z}$ 也分别在一个区间范围内取值，即

$$
\boldsymbol{b}\in\boldsymbol{b}^{\mathrm{I}}=\left[\underline{\boldsymbol{b}},\bar{\boldsymbol{b}}\right],\quad \boldsymbol{B}\in\boldsymbol{B}^{\mathrm{I}}=\left[\underline{\boldsymbol{B}},\bar{\boldsymbol{B}}\right],\quad \boldsymbol{F}\in\boldsymbol{F}^{\mathrm{I}}=\left[\underline{\boldsymbol{F}},\bar{\boldsymbol{F}}\right],\quad \boldsymbol{z}\in\boldsymbol{z}^{\mathrm{I}}=\left[\underline{\boldsymbol{z}},\bar{\boldsymbol{z}}\right] \tag{6.101}
$$

其中 $\boldsymbol{b}^{\mathrm{I}}$、$\boldsymbol{F}^{\mathrm{I}}$ 和 $\boldsymbol{z}^{\mathrm{I}}$ 是区间向量，$\boldsymbol{B}^{\mathrm{I}}$ 是区间矩阵，$\underline{\boldsymbol{b}}$、$\underline{\boldsymbol{B}}$、$\underline{\boldsymbol{F}}$ 和 $\underline{\boldsymbol{z}}$ 分别是 $\boldsymbol{b}$、$\boldsymbol{B}$、$\boldsymbol{F}$ 和 $\boldsymbol{z}$ 的下界，$\bar{\boldsymbol{b}}$、$\bar{\boldsymbol{B}}$、$\bar{\boldsymbol{F}}$ 和 $\bar{\boldsymbol{z}}$ 分别是其上界。

此时，哈密顿方程 (6.77) 可写为

$$\frac{\mathrm{d}\boldsymbol{z}^{\mathrm{I}}\left(\boldsymbol{b}^{\mathrm{I}}\right)}{\mathrm{d}t}=\boldsymbol{B}^{\mathrm{I}}\left(\boldsymbol{b}^{\mathrm{I}}\right)\boldsymbol{z}^{\mathrm{I}}\left(\boldsymbol{b}^{\mathrm{I}}\right)+\boldsymbol{F}^{\mathrm{I}}\left(\boldsymbol{b}^{\mathrm{I}}\right) \tag{6.102}$$

式 (6.102) 是区间非齐次线性哈密顿方程。

$\boldsymbol{b}^{\mathrm{I}}$、$\boldsymbol{B}^{\mathrm{I}}$、$\boldsymbol{F}^{\mathrm{I}}$ 和 $\boldsymbol{z}^{\mathrm{I}}$ 的中值和半径分别为

$$\begin{aligned}&\boldsymbol{b}^{\mathrm{c}}=\left(\bar{\boldsymbol{b}}+\underline{\boldsymbol{b}}\right)/2,\quad \boldsymbol{B}^{\mathrm{c}}=\left(\bar{\boldsymbol{B}}+\underline{\boldsymbol{B}}\right)/2,\quad \boldsymbol{F}^{\mathrm{c}}=\left(\bar{\boldsymbol{F}}+\underline{\boldsymbol{F}}\right)/2,\quad \boldsymbol{z}^{\mathrm{c}}=\left(\bar{\boldsymbol{z}}+\underline{\boldsymbol{z}}\right)/2\\&\Delta\boldsymbol{b}=\left(\bar{\boldsymbol{b}}-\underline{\boldsymbol{b}}\right)/2,\quad \Delta\boldsymbol{B}=\left(\bar{\boldsymbol{B}}-\underline{\boldsymbol{B}}\right)/2,\quad \Delta\boldsymbol{F}=\left(\bar{\boldsymbol{F}}-\underline{\boldsymbol{F}}\right)/2,\quad \Delta\boldsymbol{z}=\left(\bar{\boldsymbol{z}}-\underline{\boldsymbol{z}}\right)/2\end{aligned} \tag{6.103}$$

利用区间中心表示法，$\boldsymbol{b}^{\mathrm{I}}$、$\boldsymbol{B}^{\mathrm{I}}$、$\boldsymbol{F}^{\mathrm{I}}$ 和 $\boldsymbol{z}^{\mathrm{I}}$ 可以分别表示为

$$\boldsymbol{b}^{\mathrm{I}}=\boldsymbol{b}^{\mathrm{c}}+\Delta\boldsymbol{b}^{\mathrm{I}},\quad \boldsymbol{B}^{\mathrm{I}}=\boldsymbol{B}^{\mathrm{c}}+\Delta\boldsymbol{B}^{\mathrm{I}},\quad \boldsymbol{F}^{\mathrm{I}}=\boldsymbol{F}^{\mathrm{c}}+\Delta\boldsymbol{F}^{\mathrm{I}},\quad \boldsymbol{z}^{\mathrm{I}}=\boldsymbol{z}^{\mathrm{c}}+\Delta\boldsymbol{z}^{\mathrm{I}} \tag{6.104}$$

其中

$$\begin{aligned}&\Delta\boldsymbol{b}^{\mathrm{I}}=\left[-\Delta\boldsymbol{b},\Delta\boldsymbol{b}\right],\quad \Delta\boldsymbol{B}^{\mathrm{I}}=\left[-\Delta\boldsymbol{B},\Delta\boldsymbol{B}\right]\\&\Delta\boldsymbol{F}^{\mathrm{I}}=\left[-\Delta\boldsymbol{F},\Delta\boldsymbol{F}\right],\quad \Delta\boldsymbol{z}^{\mathrm{I}}=\left[-\Delta\boldsymbol{z},\Delta\boldsymbol{z}\right]\end{aligned} \tag{6.105}$$

把式 (6.104) 代入式 (6.102)，得

$$\frac{\mathrm{d}}{\mathrm{d}t}\left(\boldsymbol{z}^{\mathrm{c}}+\Delta\boldsymbol{z}^{\mathrm{I}}\right)=\left(\boldsymbol{B}^{\mathrm{c}}+\Delta\boldsymbol{B}^{\mathrm{I}}\right)\left(\boldsymbol{z}^{\mathrm{c}}+\Delta\boldsymbol{z}^{\mathrm{I}}\right)+\left(\boldsymbol{F}^{\mathrm{c}}+\Delta\boldsymbol{F}^{\mathrm{I}}\right) \tag{6.106}$$

如果将 $\Delta\boldsymbol{b}^{\mathrm{I}}$、$\Delta\boldsymbol{B}^{\mathrm{I}}$、$\Delta\boldsymbol{F}^{\mathrm{I}}$ 和 $\Delta\boldsymbol{z}^{\mathrm{I}}$ 分别看作围绕 $\boldsymbol{b}^{\mathrm{c}}$、$\boldsymbol{B}^{\mathrm{c}}$、$\boldsymbol{F}^{\mathrm{c}}$ 和 $\boldsymbol{z}^{\mathrm{c}}$ 的扰动，则可以采用 6.3.2 节所述参数摄动法求解区间哈密顿方程 (6.106)。

按照区间的含义，引入小参数 $\varepsilon$，式 (6.106) 可以表示为：由于参数 $\boldsymbol{b}$ 存在小扰动 $\delta\boldsymbol{b}$，导致 $\boldsymbol{B}$、$\boldsymbol{F}$ 和 $\boldsymbol{z}$ 产生小扰动 $\delta\boldsymbol{B}$、$\delta\boldsymbol{F}$ 和 $\delta\boldsymbol{z}$，且满足

$$-\Delta\boldsymbol{b}\leqslant\delta\boldsymbol{b}\leqslant\Delta\boldsymbol{b},\quad -\Delta\boldsymbol{B}\leqslant\delta\boldsymbol{B}\leqslant\Delta\boldsymbol{B},\quad -\Delta\boldsymbol{F}\leqslant\delta\boldsymbol{F}\leqslant\Delta\boldsymbol{F},\quad -\Delta\boldsymbol{z}\leqslant\delta\boldsymbol{z}\leqslant\Delta\boldsymbol{z} \tag{6.107}$$

条件下的扰动方程的形式

$$\frac{\mathrm{d}}{\mathrm{d}t}\left(\boldsymbol{z}^{\mathrm{c}}+\varepsilon\delta\boldsymbol{z}\right)=\left(\boldsymbol{B}^{\mathrm{c}}+\varepsilon\delta\boldsymbol{B}\right)\left(\boldsymbol{z}^{\mathrm{c}}+\varepsilon\delta\boldsymbol{z}\right)+\left(\boldsymbol{F}^{\mathrm{c}}+\varepsilon\delta\boldsymbol{F}\right) \tag{6.108}$$

式 (6.107)、(6.108) 所表示的问题可以理解为：在参数中值 $\boldsymbol{b}^{\mathrm{c}}$ 已知，从而能够确定中值 $\boldsymbol{B}^{\mathrm{c}}$ 和 $\boldsymbol{F}^{\mathrm{c}}$，而小扰动 $\delta\boldsymbol{b}$ 的具体取值未知但其取值范围 (6.107) 已知，小

扰动 $\delta\boldsymbol{B}$ 和 $\delta\boldsymbol{F}$ 的具体取值也未知但其取值范围 (6.107) 可以确定的情况下，确定哈密顿系统的解 $\boldsymbol{z}$ 的界限。

展开式 (6.108) 并比较 $\varepsilon$ 的同次幂系数，可得

$$\begin{aligned}
&\varepsilon^0: \frac{\mathrm{d}\boldsymbol{z}^{\mathrm{c}}}{\mathrm{d}t}=\boldsymbol{B}^{\mathrm{c}}\boldsymbol{z}^{\mathrm{c}}+\boldsymbol{F}^{\mathrm{c}}\\
&\varepsilon^1: \frac{\mathrm{d}\delta\boldsymbol{z}}{\mathrm{d}t}=\boldsymbol{B}^{\mathrm{c}}\delta\boldsymbol{z}+\delta\boldsymbol{B}\boldsymbol{z}^{\mathrm{c}}+\delta\boldsymbol{F}
\end{aligned} \tag{6.109}$$

运用辛算法求解式 (6.109) 中的第 1 式可以求得 $\boldsymbol{z}$ 的中值 $\boldsymbol{z}^{\mathrm{c}}$。由区间扩张，式 (6.109) 中的第 2 式可写为

$$\frac{\mathrm{d}\Delta\boldsymbol{z}}{\mathrm{d}t}=\boldsymbol{B}^{\mathrm{c}}\Delta\boldsymbol{z}+\Delta\boldsymbol{B}\boldsymbol{z}^{\mathrm{c}}+\Delta\boldsymbol{F} \tag{6.110}$$

将 $\boldsymbol{z}$ 在 $\boldsymbol{z}=\boldsymbol{z}^{\mathrm{c}}$ 处进行一阶 Taylor 展开得到

$$\boldsymbol{z}(\boldsymbol{b})=\boldsymbol{z}(\boldsymbol{b}^{\mathrm{c}}+\varepsilon\delta\boldsymbol{b})=\boldsymbol{z}(\boldsymbol{b}^{\mathrm{c}})+\varepsilon\sum_{j=1}^{m}\frac{\partial\boldsymbol{z}(\boldsymbol{b}^{\mathrm{c}})}{\partial b_j}\delta b_j=\boldsymbol{z}_{\mathrm{d}}+\varepsilon\sum_{j=1}^{m}\frac{\partial\boldsymbol{z}^{\mathrm{c}}}{\partial b_j}\delta b_j \tag{6.111}$$

其中 $\delta b_j\,(j=1,2,\cdots,m)$ 是 $\delta\boldsymbol{b}$ 的分量。

从而可得 $\delta\boldsymbol{z}$ 的表达式为

$$\delta\boldsymbol{z}=\sum_{j=1}^{m}\frac{\partial\boldsymbol{z}^{\mathrm{c}}}{\partial b_j}\delta b_j \tag{6.112}$$

同理可得

$$\delta\boldsymbol{B}=\sum_{j=1}^{m}\frac{\partial\boldsymbol{B}^{\mathrm{c}}}{\partial b_j}\delta b_j,\quad \delta\boldsymbol{F}=\sum_{j=1}^{m}\frac{\partial\boldsymbol{F}^{\mathrm{c}}}{\partial b_j}\delta b_j \tag{6.113}$$

式 (6.112)、(6.113) 的区间扩张形式为

$$\Delta\boldsymbol{z}=\sum_{j=1}^{m}\left|\frac{\partial\boldsymbol{z}^{\mathrm{c}}}{\partial b_j}\right|\Delta b_j,\quad \Delta\boldsymbol{B}=\sum_{j=1}^{m}\left|\frac{\partial\boldsymbol{B}^{\mathrm{c}}}{\partial b_j}\right|\Delta b_j,\quad \Delta\boldsymbol{F}=\sum_{j=1}^{m}\left|\frac{\partial\boldsymbol{F}^{\mathrm{c}}}{\partial b_j}\right|\Delta b_j \tag{6.114}$$

其中 $\Delta b_j\,(j=1,2,\cdots,m)$ 是 $\Delta\boldsymbol{b}$ 的分量。

将式 (6.114) 代入式 (6.110)，得

$$\frac{\mathrm{d}}{\mathrm{d}t}\left(\sum_{j=1}^{m}\left|\frac{\partial\boldsymbol{z}^{\mathrm{c}}}{\partial b_j}\right|\Delta b_j\right)=\boldsymbol{B}^{\mathrm{c}}\left(\sum_{j=1}^{m}\left|\frac{\partial\boldsymbol{z}^{\mathrm{c}}}{\partial b_j}\right|\Delta b_j\right)+\left(\sum_{j=1}^{m}\left|\frac{\partial\boldsymbol{B}^{\mathrm{c}}}{\partial b_j}\right|\Delta b_j\right)\boldsymbol{z}^{\mathrm{c}}+\sum_{j=1}^{m}\left|\frac{\partial\boldsymbol{F}^{\mathrm{c}}}{\partial b_j}\right|\Delta b_j \tag{6.115}$$

利用辛算法求解式 (6.115) 可以得到 $\sum_{j=1}^{m}\left|\frac{\partial \boldsymbol{z}^{\mathrm{c}}}{\partial b_j}\right|\Delta b_j$ 的值，即为 $\Delta\boldsymbol{z}$，从而得到

$$\boldsymbol{z}^{\mathrm{I}}=[\underline{\boldsymbol{z}},\bar{\boldsymbol{z}}]=\boldsymbol{z}^{\mathrm{c}}+\Delta\boldsymbol{z}^{\mathrm{I}}=\boldsymbol{z}^{\mathrm{c}}+[-\Delta\boldsymbol{z},\Delta\boldsymbol{z}] \tag{6.116}$$

其中

$$\Delta\boldsymbol{z}^{\mathrm{I}}=[-\Delta\boldsymbol{z},\Delta\boldsymbol{z}]=\left[-\sum_{j=1}^{m}\left|\frac{\partial \boldsymbol{z}^{\mathrm{c}}}{\partial b_j}\right|\Delta b_j,\sum_{j=1}^{m}\left|\frac{\partial \boldsymbol{z}^{\mathrm{c}}}{\partial b_j}\right|\Delta b_j\right] \tag{6.117}$$

在计算求解过程中，求解式 (6.109) 中的第 1 式求得 $\boldsymbol{z}$ 的中值 $\boldsymbol{z}^{\mathrm{c}}$ 和求解式 (6.115) 求得 $\boldsymbol{z}$ 的半径 $\Delta\boldsymbol{z}$ 都采用了辛算法，同样确保计算结果能够保持体系结构特征。

由区间相等的定义可得 $\boldsymbol{z}$ 的上界和下界分别为

$$\bar{\boldsymbol{z}}=\boldsymbol{z}^{\mathrm{c}}+\Delta\boldsymbol{z}=\boldsymbol{z}^{\mathrm{c}}+\sum_{j=1}^{m}\left|\frac{\partial \boldsymbol{z}^{\mathrm{c}}}{\partial b_j}\right|\Delta b_j,\quad \underline{\boldsymbol{z}}=\boldsymbol{z}^{\mathrm{c}}-\Delta\boldsymbol{z}=\boldsymbol{z}^{\mathrm{c}}-\sum_{j=1}^{m}\left|\frac{\partial \boldsymbol{z}^{\mathrm{c}}}{\partial b_j}\right|\Delta b_j \tag{6.118}$$

$\boldsymbol{z}$ 的分量形式 $z_i\,(i=1,2,\cdots,2n)$ 的上界和下界分别为

$$\bar{z}_i=z_i^{\mathrm{c}}+\Delta z_i=z_i^{\mathrm{c}}+\sum_{j=1}^{m}\left|\frac{\partial z_i^{\mathrm{c}}}{\partial b_j}\right|\Delta b_j,\quad \underline{z}_i=z_i^{\mathrm{c}}-\Delta z_i=z_i^{\mathrm{c}}-\sum_{j=1}^{m}\left|\frac{\partial z_i^{\mathrm{c}}}{\partial b_j}\right|\Delta b_j \tag{6.119}$$

### 6.3.5 随机和区间非齐次线性哈密顿系统结果比较

不确定性是客观存在的，无论是随机方法还是区间方法，只是描述不确定性的形式不同，不能从本质上改变参数不确定性对于响应的影响规律，利用两种方法得到的不确定性响应结果也理应具有相容性 [155]。因此，本小节对随机和区间非齐次线性哈密顿系统的分析结果进行比较，探究两者响应界限的包含关系。

假定参数 $\boldsymbol{b}$ 的区间范围由概率统计信息获取，即可以表示为距其均值的距离为 $k$ 倍标准差的形式，即

$$\boldsymbol{b}^{\mathrm{I}}=[\underline{\boldsymbol{b}},\bar{\boldsymbol{b}}]=[\boldsymbol{b}_{\mathrm{d}}-k\sigma[\boldsymbol{b}],\boldsymbol{b}_{\mathrm{d}}+k\sigma[\boldsymbol{b}]] \tag{6.120}$$

其中 $k$ 为正整数，$\sigma[\boldsymbol{b}]$ 是 $\boldsymbol{b}$ 的标准差，$\boldsymbol{b}$ 的上界和下界分别为

$$\bar{\boldsymbol{b}}=\boldsymbol{b}_{\mathrm{d}}+k\sigma[\boldsymbol{b}],\quad \underline{\boldsymbol{b}}=\boldsymbol{b}_{\mathrm{d}}-k\sigma[\boldsymbol{b}] \tag{6.121}$$

式 (6.120) 的分量形式 $b_j^{\mathrm{I}}(j=1,2,\cdots,m)$ 为

$$b_j^{\mathrm{I}}=[\underline{b}_j,\bar{b}_j]=[b_{\mathrm{d}j}-k\sigma[b_j],b_{\mathrm{d}j}+k\sigma[b_j]] \tag{6.122}$$

由式 (6.121)、(6.122)，可以得到参数 $\boldsymbol{b}$ 的区间中值与随机均值、区间半径与随机标准差之间存在关系

$$\boldsymbol{b}^{\mathrm{c}}=\boldsymbol{b}_{\mathrm{d}},\quad b_j^{\mathrm{c}}=b_{\mathrm{d}j} \tag{6.123}$$

$$\Delta\boldsymbol{b}=k\sigma\left[\boldsymbol{b}\right],\quad \Delta b_j=k\sigma\left[b_j\right] \tag{6.124}$$

根据 Chebyshev 不等式定理，具有有限方差的随机响应落在距离为均值 $k$ 倍标准差范围内的概率至少为 $1-1/k^2$，其中 $k$ 为正整数，即对正整数 $k$ 有 [155]

$$P\left\{\left|\boldsymbol{z}-\boldsymbol{z}_{\mathrm{d}}\right|<k\sigma\left(\boldsymbol{z}\right)\right\}\geqslant 1-\frac{1}{k^2} \tag{6.125}$$

即响应 $\boldsymbol{z}$ 落在区间 $\left[\boldsymbol{z}_{\mathrm{d}}-k\sigma\left(\boldsymbol{z}\right),\boldsymbol{z}_{\mathrm{d}}+k\sigma\left(\boldsymbol{z}\right)\right]$ 内的概率不小于 $1-1/k^2$。根据不等式 (6.125)，给定 $k$ 值，便可将随机响应结果与区间响应结果进行关联。对 $z_i(i=1,2,\cdots,2n)$，其随机响应结果上界和下界分别为

$$\begin{aligned}\bar{v}_i&=z_{\mathrm{d}i}+k\sigma\left[z_i\right]=z_{\mathrm{d}i}+k\sqrt{\sum_{j=1}^{m}\left(\frac{\partial z_{\mathrm{d}i}}{\partial b_j}\sigma\left[b_j\right]\right)^2}\\ \underline{v}_i&=z_{\mathrm{d}i}-k\sigma\left[z_i\right]=z_{\mathrm{d}i}-k\sqrt{\sum_{j=1}^{m}\left(\frac{\partial z_{\mathrm{d}i}}{\partial b_j}\sigma\left[b_j\right]\right)^2}\end{aligned} \tag{6.126}$$

因此，哈密顿系统的解 $\boldsymbol{z}$ 的随机确定性部分与区间中值存在关系

$$\boldsymbol{z}^{\mathrm{c}}=\boldsymbol{z}\left(\boldsymbol{b}^{\mathrm{c}}\right)=\boldsymbol{z}\left(\boldsymbol{b}_{\mathrm{d}}\right)=\boldsymbol{z}_{\mathrm{d}},\quad z_i^{\mathrm{c}}=z_i\left(b_j^{\mathrm{c}}\right)=z_i\left(b_{\mathrm{d}j}\right)=z_{\mathrm{d}i},\quad i=1,2,\cdots,2n \tag{6.127}$$

将式 (6.123)、(6.124) 的分量形式代入式 (6.119)，得到 $z_i\left(i=1,2,\cdots,2n\right)$ 的区间响应结果的上界和下界

$$\bar{z}_i=z_{\mathrm{d}i}+\sum_{j=1}^{m}\left|\frac{\partial z_{\mathrm{d}i}}{\partial b_j}\right|k\sigma\left[b_j\right],\quad \underline{z}_i=z_{\mathrm{d}i}-\sum_{j=1}^{m}\left|\frac{\partial z_{\mathrm{d}i}}{\partial b_j}\right|k\sigma\left[b_j\right] \tag{6.128}$$

对于参数 $b_j$，有不等式成立

$$\sum_{j=1}^{m}b_j\geqslant\sqrt{\sum_{j=1}^{m}b_j^2} \tag{6.129}$$

基于不等式 (6.129)，对于表达式 $\left|\dfrac{\partial z_{\mathrm{d}i}}{\partial b_j}\right|k\sigma\left[b_j\right]$，有

$$\sum_{j=1}^{m}\left|\frac{\partial z_{\mathrm{d}i}}{\partial b_j}\right|k\sigma\left[b_j\right]\geqslant\sqrt{\sum_{j=1}^{m}\left(\left|\frac{\partial z_{\mathrm{d}i}}{\partial b_j}\right|k\sigma\left[b_j\right]\right)^2}=k\sqrt{\sum_{j=1}^{m}\left(\frac{\partial z_{\mathrm{d}i}}{\partial b_j}\sigma\left[b_j\right]\right)^2} \tag{6.130}$$

由不等式 (6.130)，可以得到由随机方法确定的上下界 (6.126) 和由区间方法确定的上下界 (6.128) 存在关系

$$\underline{z}_i \leqslant \underline{v}_i \leqslant \bar{v}_i \leqslant \bar{z}_i, \quad i = 1, 2, \cdots, 2n \tag{6.131}$$

式 (6.131) 表示，在由概率统计信息确定不确定性参数的区间范围的情况下，对于不确定性线性哈密顿系统，由区间方法获得的哈密顿系统的解的范围比由随机方法获得的范围大，即区间方法得到的上界比随机方法得到的上界大，而区间方法得到的下界比随机方法得到的下界小。

### 6.3.6 数值算例

为了验证所提方法在结构动力响应中的可行性和有效性，本小节以悬臂梁为数值算例，将本节所提随机、区间方法计算结果与传统随机、区间方法计算结果相比较。

考虑如图 6.17 所示 11 节点、10 单元悬臂梁在正弦激励作用下的动力响应。梁长为 $L = 1\text{m}$，横截面积为 $A = 2.0 \times 10^{-4}\text{m}^2$，横截面的惯性矩为 $I_z = 2.0 \times 10^{-8}\text{m}^4$，材料泊松比为 $\nu = 0.3$。正弦激励 $P(t) = -p\sin(1600\pi t)\,\text{N}$ 作用在节点 3 的竖直方向，初始条件为 $\dot{\boldsymbol{x}}(0) = \boldsymbol{0}, \boldsymbol{x}(0) = \boldsymbol{0}$。

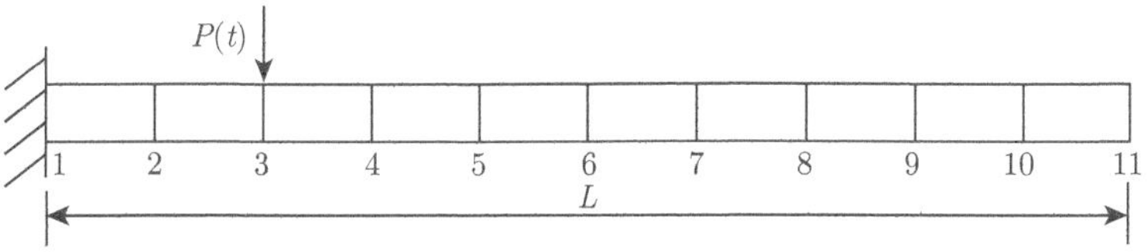


图 6.17 11 节点、10 单元悬臂梁

由于材料中不可避免的分散性及测量误差，材料的弹性模量、密度和正弦激励幅值均具有不确定性，假设它们所在区间范围如表 6.4 所示；同时假设它们在区间范围内服从正态分布，均值和标准差也如表 6.4 所示。由于正态分布的参数值基本都在距离均值为 3 倍标准差的范围内，此处将区间半径设定为 3 倍标准差。

**表 6.4 材料弹性模量、密度和正弦激励幅值的不确定性**

| 参数 | 区间范围 | 均值 | 标准差 |
|---|---|---|---|
| $E/(10^9\text{N}\cdot\text{m}^{-2})$ | [194,206] | 200 | 2 |
| $\rho/(\text{kg}\cdot\text{m}^{-3})$ | [7566,8034] | 7800 | 78 |
| $p/\text{N}$ | [97,103] | 100 | 1 |

悬臂梁整体运动微分方程为

$$\boldsymbol{M}\ddot{\boldsymbol{x}} + \boldsymbol{K}\boldsymbol{x} = \boldsymbol{F}(t) \tag{6.132}$$

其中 $\boldsymbol{M}$ 是悬臂梁整体质量矩阵，与材料密度 $\rho$ 有关；$\boldsymbol{K}$ 是整体刚度矩阵，与材料弹性模量 $E$ 有关；$\boldsymbol{F}(t)$ 是整体载荷向量，与正弦激励 $P(t)$ 有关。

令 $\boldsymbol{y}=\boldsymbol{M}\dot{\boldsymbol{x}}$，则整体运动方程 (6.132) 可以表示为

$$\begin{pmatrix} \dot{\boldsymbol{x}} \\ \dot{\boldsymbol{y}} \end{pmatrix} = \begin{pmatrix} \mathbf{0} & \boldsymbol{M}^{-1} \\ -\boldsymbol{K} & \mathbf{0} \end{pmatrix} \begin{pmatrix} \boldsymbol{x} \\ \boldsymbol{y} \end{pmatrix} + \begin{pmatrix} \mathbf{0} \\ \boldsymbol{F}(t) \end{pmatrix} \tag{6.133}$$

由于 $\boldsymbol{B}=\begin{pmatrix} \mathbf{0} & \boldsymbol{M}^{-1} \\ -\boldsymbol{K} & \mathbf{0} \end{pmatrix}$ 满足 $\boldsymbol{JB}+\boldsymbol{B}^{\mathrm{T}}\boldsymbol{J}=\mathbf{0}$，$\boldsymbol{B}$ 即为无穷小辛阵，式 (6.133) 所表示系统为非齐次线性哈密顿系统。

首先考察在时间步长 $\Delta t = 4\times10^{-5}\mathrm{s}$ 下利用保辛参数摄动法求解哈密顿系统 (6.133) 和直接求解方程 (6.132) 方法计算节点 11 的响应标称值。利用保辛参数摄动法求解哈密顿系统 (6.133) 计算得到的 $t\in[0,0.1]\,\mathrm{s}$ 内的响应标称值曲线如图 6.18(a) 所示，整体呈周期性变化，但直接求解方程 (6.132) 得到的响应标称值很短时间内即发散，如图 6.18 (b) 所示，只有当时间步长足够小，如 $\Delta t = 2\times10^{-6}\mathrm{s}$ 时，直接求解方程 (6.132) 才能得到和利用保辛参数摄动法求解哈密顿系统 (6.133) 相同的结果。这一稳定性差异反映了保辛参数摄动法能够保持体系结构特征，体现出利用保辛参数摄动法求解微分方程的优越性。

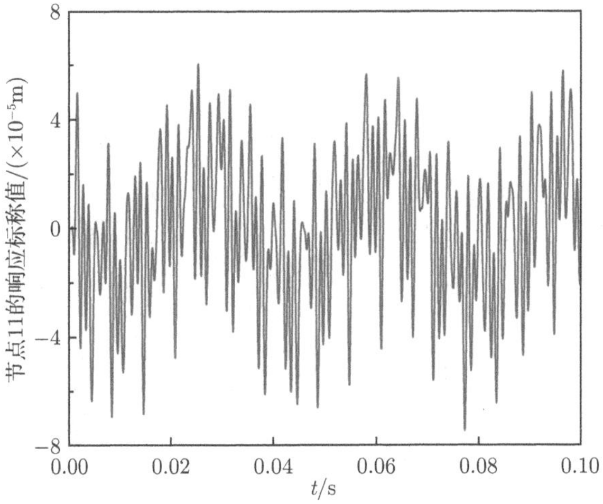


(a) 哈密顿系统辛算法

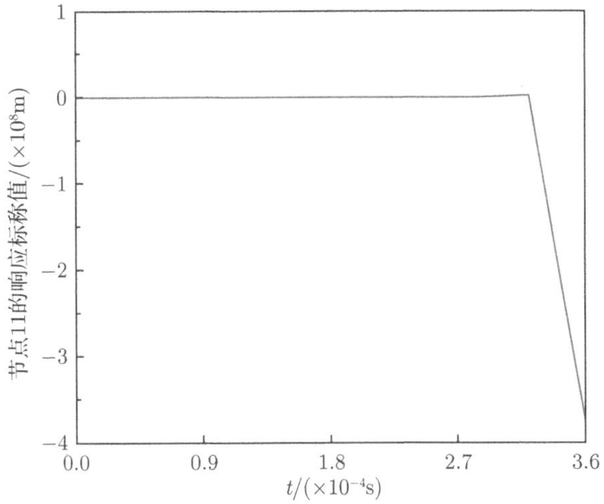


(b) 直接求解运动微分方程方法

图 6.18 时间步长 $\Delta t = 4 \times 10^{-5}$s 下利用不同算法计算得到的节点 11 的响应标称值

在同一时间步长 $\Delta t = 2 \times 10^{-6}$s 下本节所提随机、区间非齐次线性哈密顿系统的参数摄动法和直接求解方程的传统随机、区间方法计算得到的节点 11 在 $t \in [0, 5.0 \times 10^{-3}]$ s 内的响应曲线如图 6.19 所示，其中图 6.19 (a)、(b) 分别为两种随机、区间方法得到的响应曲线，图 6.19 (c) 为本节所提随机、区间方法计算得到的响应曲线，响应标称值也绘制于图 6.19 中。本节所提随机、区间方法和传统随机、区间方法计算得到的节点 11 在 $t = 3.5 \times 10^{-3}$s 时刻的位移上、下界如表 6.5 所示。

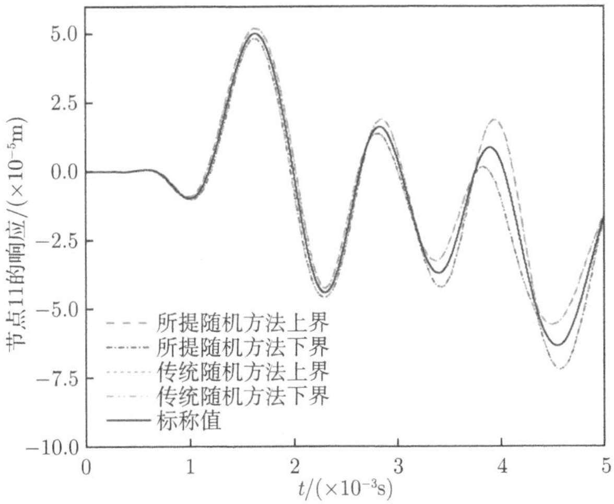


(a) 本节所提随机方法和传统随机方法

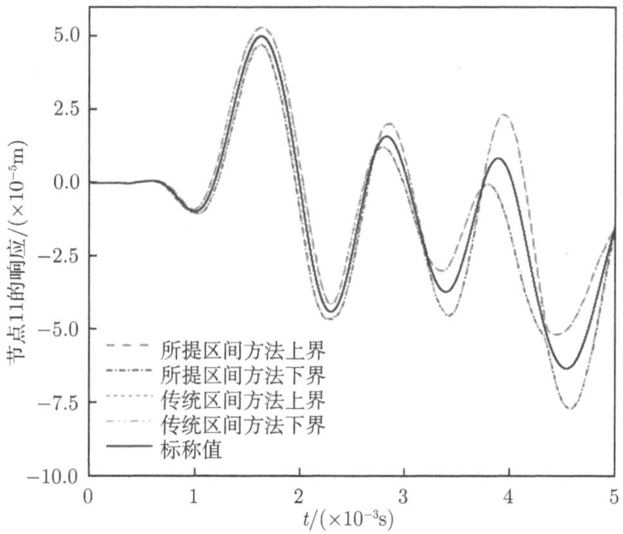


(b) 本节所提区间方法和传统区间方法

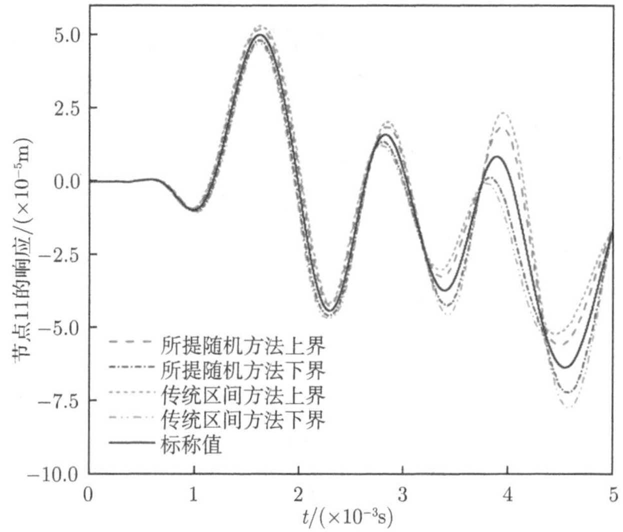


(c) 本节所提随机方法和区间方法

图 6.19　本节所提方法和传统方法计算得到的节点 11 的响应曲线

**表 6.5　本节所提随机、区间方法和传统随机、区间方法计算得到的节点 11 在 $t = 3.5 \times 10^{-3}$s 时刻的位移上、下界/($\times 10^{-5}$m)**

| | | 上界 | 下界 | | | 上界 | 下界 |
|---|---|---|---|---|---|---|---|
| 本节所提方法 | 随机 | −2.6028 | −3.9096 | 传统方法 | 随机 | −2.5922 | −3.9015 |
| | 区间 | −2.2501 | −4.2623 | | 区间 | −2.2413 | −4.2544 |

由图 6.19 和表 6.5 可知，本节所提随机、区间方法得到的响应上下界曲线分别与传统随机、区间方法所得响应上下界曲线均几乎完全重合，结果非常相近，验证了所提随机、区间方法的准确性和有效性。此外，本节所提区间方法得到的响应区间范围包含本节所提随机方法得到的响应区间范围，即区间方法所得响应上界大于随机方法所得响应上界，而区间方法下界小于随机方法下界，这一相容性现象与前述理论推导相符。

前述内容验证了在较大时间步长 $\Delta t = 4 \times 10^{-5}$s 下本节所提方法相较于直接求解运动微分方程方法计算响应标称值的有效性和优越性，也验证了在较小时间步长 $\Delta t = 2 \times 10^{-6}$s 下本节所提随机、区间方法所得响应区间范围的准确性。为了进一步检验本节所提随机、区间方法在较大时间步长下所得响应区间范围也能保持较高精度，下面将本节所提随机、区间方法在时间步长 $\Delta t = 4 \times 10^{-5}$s 下得到的响应区间范围与蒙特卡罗模拟方法得到的响应区间范围进行比较。其中，蒙特卡罗模拟在较小时间步长 $\Delta t = 2 \times 10^{-6}$s 下进行，样本点数目设置为 $10^5$，对于每一样本点都采用辛算法求解，从而可将蒙特卡罗模拟结果视为精确值。本节所提随机、区间方法和蒙特卡罗模拟方法计算得到的节点 11 在 $t \in \left[0, 5.0 \times 10^{-3}\right]$ s 内的响应曲线如图 6.20 所示。

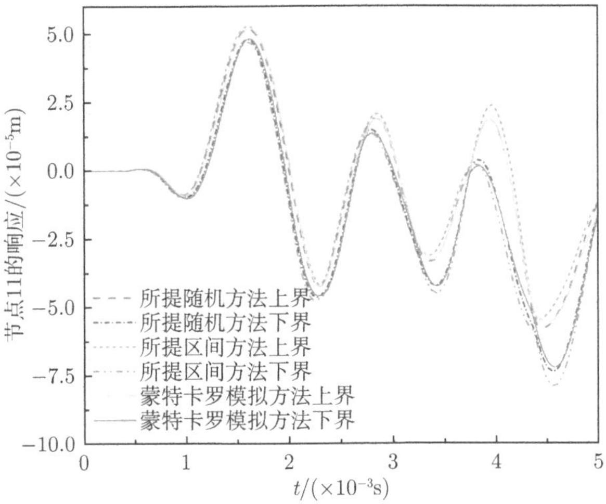


图 6.20 本节所提随机、区间方法和蒙特卡罗模拟方法计算得到的节点 11 的响应曲线

由图 6.20 所示，本节所提随机方法与蒙特卡罗模拟方法得到的响应上下界曲线差别微小，尽管由于较大时间步长原因导致精度有一定下降，但仍得到了较为满意的结果。这一现象体现出本节所提方法在较大时间步长下也能得到具有较高精度的结果，再次验证了本节所提方法的优势。而对于本节所提区间方法，由于区间扩张效

应，得到的响应区间范围包含本节所提随机方法和蒙特卡罗模拟方法得到的响应区间范围，与前述理论推导相一致。

### 6.3.7 本节小结

本节考虑非齐次线性哈密顿系统，基于摄动理论发展了含小参数扰动的哈密顿系统的参数摄动法，以此为基础分别将小扰动看作随机、区间扰动，提出了分别针对随机、区间不确定性哈密顿系统的参数摄动法，突破了传统哈密顿系统的限制，并由 Chebyshev 不等式证明了两者响应分析结果的相容性关系。

两个综合考虑外载荷和不确定性的结构动力响应数值算例显示，在同一较大时间步长下，由直接求解运动微分方程的方法得到的响应标称值很可能会发散，而将运动微分方程引入到哈密顿系统后再利用所提方法计算仍然可以得到令人满意的结果，体现了本节所提方法具有很好的稳定性，保持体系结构特征的优势明显，在数值仿真模拟方面的显著优越性。在同一较小时间步长下，本节所提随机方法得到的响应上下界分别与传统随机方法所得响应上下界结果近乎完全一致，差别微小，本节所提区间方法得到的响应上下界也分别与传统区间方法所得响应上下界极为相近，验证了所提方法的有效性。本节所提随机方法在较大时间步长下得到的响应上下界与蒙特卡罗模拟方法在较小时间步长下得到的响应上下界基本吻合，说明本节所提方法在较大时间步长下也能得到具有较高精度的结果，再次验证了本节所提方法的优越性。当参数的区间范围由概率统计信息确定，即区间半径表示为距其均值距离为标准差的整数倍时，本节所提区间方法计算得到的响应区间范围包含本节所提随机方法计算得到的响应区间范围，即区间响应上界大于随机响应上界、区间响应下界小于随机响应下界。综上所述，本节为不确定性非齐次线性哈密顿系统的保辛数值求解分别提供了有效的随机与区间方法，并且证明了两种方法计算结果之间的相容性。

## 6.4 随机和区间哈密顿系统的保辛同伦摄动法及其应用

本节针对含有不确定性的哈密顿系统，提出了保辛同伦摄动法。不确定性哈密顿系统的辛算法相关研究基础尚很薄弱，并且含有不确定性的非线性动力学系统远比确定性线性系统复杂得多。本节考虑两种不确定性，基于同伦摄动法分别研究了随机和区间哈密顿系统，尤其是不确定性非线性哈密顿系统的动力响应。通过引进嵌入参数，可以推导得到一系列同伦摄动方程，随后随机和区间哈密顿系统动力响应的不确定性数学特征能够利用辛算法分别求解得到。对随机和区间哈密顿系统的保辛同伦摄动法计算结果进行了比较研究，并讨论了相容性关系。数值算例验证了所提方法的有效性和工程适用性。数值结果显示，所提方法在精度、稳定性和保辛性方面相比于非辛 Runge-Kutta 方法具有显著优越性。

### 6.4.1 引言

结构动力学数值计算可以分别在三种力学系统下开展，即牛顿力学、拉格朗日力学和哈密顿系统。其中，哈密顿系统通过将物理空间中的二阶微分方程转化为相空间中的一组一阶正则方程，具有对称且简洁的形式 [2,156]。数值算法应该尽可能保持原问题的本质属性 [129,130]。由于哈密顿系统辛结构的守恒性，辛算法能够避免人为耗散性的缺陷，是高保真算法 [131]。

现有辛算法研究主要聚焦于确定性系统。然而，在实际工程结构中，不确定性不可避免地存在于材料属性、几何尺寸和载荷条件等系统参数中 [157,158]。在高性能设计要求下，考虑不确定性并综合开展动力学和不确定性分析具有重要意义。

对于一般形式哈密顿系统，尤其是非线性哈密顿系统，由于非线性因素的复杂性，与线性哈密顿系统相比求解难度增加。这种情况下许多数值算法不再适用。同伦摄动法通过构造原复杂问题与简单子问题之间的同伦简化求解过程，为求解非线性问题提供了可行的工具 [159,160]。

此外，含有不确定性的非线性动力学系统比确定性线性系统要复杂得多。非线性与不确定性之间的耦合效应将会加大动力响应的预测误差，可能导向完全不同的结果 [161]。因此，研究含有不确定性的非线性哈密顿系统的动力响应是一个具有挑战性的研究课题。

本节采用同伦摄动法分别对含有随机和区间不确定性的一般形式哈密顿系统，特别是非线性哈密顿系统的动力响应分析开展初步尝试。通过引进嵌入参数，不确定性哈密顿系统可以转化为一系列同伦摄动方程，从而可以采用辛算法求解。随后，可以分别求得随机哈密顿系统响应的均值和标准差，以及区间哈密顿系统响应的中值和区间半径。所提方法与非辛方法相比在稳定性和保辛性方面具有优越性。

### 6.4.2 含扰动确定性哈密顿系统的保辛同伦摄动法

对一般形式哈密顿方程引入一个向量函数 $\boldsymbol{F}(\dot{\boldsymbol{z}},\boldsymbol{z})$，表示为

$$\boldsymbol{F}(\dot{\boldsymbol{z}},\boldsymbol{z})=\dot{\boldsymbol{z}}-\boldsymbol{J}^{-1}\frac{\partial H}{\partial \boldsymbol{z}}=\boldsymbol{0} \tag{6.134}$$

假定式 (6.134) 中的哈密顿函数 $H$ 是系统参数 $\boldsymbol{b}=(b_1,b_2,\cdots,b_m)^{\mathrm{T}}$ 的函数，式 (6.134) 可以表示为

$$\boldsymbol{F}(\dot{\boldsymbol{z}},\boldsymbol{z},\boldsymbol{b})=\dot{\boldsymbol{z}}-\boldsymbol{J}^{-1}\frac{\partial H(\boldsymbol{b})}{\partial \boldsymbol{z}}=\boldsymbol{0} \tag{6.135}$$

系统参数 $\boldsymbol{b}$ 在大多数分析中通常是给定的确切值。然而，由于参数的分散性和误差，$\boldsymbol{b}$ 中的扰动不可避免。

当系统参数 $\boldsymbol{b}$ 中存在一个小的确定性扰动时，引进一个小参数 $p$，$\boldsymbol{b}$ 能够表示为标称值和扰动量之和的形式，即

$$\boldsymbol{b}(p)=\boldsymbol{b}_0+p\boldsymbol{b}_{\mathrm{r}} \tag{6.136}$$

其中 $p\in[0,1]$ 被称为嵌入参数，$\boldsymbol{b}_0$ 表示 $\boldsymbol{b}$ 的标称值，$\boldsymbol{b}_{\mathrm{r}}$ 表示其扰动量。显然，当 $p=0$ 时，$\boldsymbol{b}$ 与标称值 $\boldsymbol{b}_0$ 相等；当 $p=1$ 时，$\boldsymbol{b}$ 即为扰动值 $\boldsymbol{b}_0+\boldsymbol{b}_{\mathrm{r}}$。

当嵌入参数 $p$ 从 0 增大到 1，系统参数 $\boldsymbol{b}$ 从标称值 $\boldsymbol{b}_0$ 变化到扰动值 $\boldsymbol{b}_0+\boldsymbol{b}_{\mathrm{r}}$。哈密顿函数 $H$ 同样由其标称值变化到扰动值。基于同伦摄动法，构造一个同伦

$$H_*(\dot{\boldsymbol{z}},\boldsymbol{z},\boldsymbol{b},p)=p\boldsymbol{F}(\dot{\boldsymbol{z}},\boldsymbol{z},\boldsymbol{b})+(1-p)\left[\boldsymbol{F}(\dot{\boldsymbol{z}},\boldsymbol{z},\boldsymbol{b})-\boldsymbol{F}(\dot{\boldsymbol{z}}_0,\boldsymbol{z}_0,\boldsymbol{b}_0)\right]=\boldsymbol{0} \tag{6.137}$$

其中 $\boldsymbol{z}_0$ 和 $\dot{\boldsymbol{z}}_0$ 分别是当系统参数 $\boldsymbol{b}$ 等于其标称值 $\boldsymbol{b}_0$ 时 $\boldsymbol{z}$ 和 $\dot{\boldsymbol{z}}$ 的值。也就是说，$\boldsymbol{z}_0$ 和 $\dot{\boldsymbol{z}}_0$ 满足

$$\boldsymbol{F}(\dot{\boldsymbol{z}}_0,\boldsymbol{z}_0,\boldsymbol{b}_0)=\boldsymbol{0},\quad \boldsymbol{z}_0=\boldsymbol{z}|_{\boldsymbol{b}=\boldsymbol{b}_0},\quad \dot{\boldsymbol{z}}_0=\dot{\boldsymbol{z}}|_{\boldsymbol{b}=\boldsymbol{b}_0} \tag{6.138}$$

当 $p=0$ 时，式 (6.137) 为

$$H_*(\dot{\boldsymbol{z}},\boldsymbol{z},\boldsymbol{b},0)=\boldsymbol{F}(\dot{\boldsymbol{z}},\boldsymbol{z},\boldsymbol{b})|_{p=0}-\boldsymbol{F}(\dot{\boldsymbol{z}}_0,\boldsymbol{z}_0,\boldsymbol{b}_0) \tag{6.139}$$

即为式 (6.138) 的解。

当 $p=1$ 时，式 (6.137) 为

$$H_*(\dot{\boldsymbol{z}},\boldsymbol{z},\boldsymbol{b},1)=\boldsymbol{F}(\dot{\boldsymbol{z}},\boldsymbol{z},\boldsymbol{b})|_{p=1}=\boldsymbol{0} \tag{6.140}$$

即为式 (6.135)。

因此，$p$ 从 0 到 1 的变化过程即为 $H_*(\dot{\boldsymbol{z}},\boldsymbol{z},\boldsymbol{b},p)$ 从 $\boldsymbol{F}(\dot{\boldsymbol{z}},\boldsymbol{z},\boldsymbol{b})|_{p=0}-\boldsymbol{F}(\dot{\boldsymbol{z}}_0,\boldsymbol{z}_0,\boldsymbol{b}_0)$ 变化到 $\boldsymbol{F}(\dot{\boldsymbol{z}},\boldsymbol{z},\boldsymbol{b})|_{p=1}$ 的过程。

根据摄动理论，式 (6.137) 的解，即 $\boldsymbol{z}$ 和 $\dot{\boldsymbol{z}}$ 可以表示为 $p$ 级数的形式，即

$$\boldsymbol{z}=\boldsymbol{z}_0+p\boldsymbol{z}_1+p^2\boldsymbol{z}_2+\cdots,\quad \dot{\boldsymbol{z}}=\dot{\boldsymbol{z}}_0+p\dot{\boldsymbol{z}}_1+p^2\dot{\boldsymbol{z}}_2+\cdots \tag{6.141}$$

将 $\boldsymbol{F}(\dot{\boldsymbol{z}},\boldsymbol{z},\boldsymbol{b})$ 在 $\boldsymbol{z}=\boldsymbol{z}_0$、$\dot{\boldsymbol{z}}=\dot{\boldsymbol{z}}_0$ 和 $\boldsymbol{b}=\boldsymbol{b}_0$ 处进行 Taylor 展开，得到

$$\begin{aligned}\boldsymbol{F}(\dot{\boldsymbol{z}},\boldsymbol{z},\boldsymbol{b})=&\boldsymbol{F}(\dot{\boldsymbol{z}}_0,\boldsymbol{z}_0,\boldsymbol{b}_0)+\left.\frac{\partial\boldsymbol{F}}{\partial\dot{\boldsymbol{z}}^{\mathrm{T}}}\right|_{\dot{\boldsymbol{z}}=\dot{\boldsymbol{z}}_0}(p\dot{\boldsymbol{z}}_1+p^2\dot{\boldsymbol{z}}_2+\cdots)\\&+\left.\frac{\partial\boldsymbol{F}}{\partial\boldsymbol{z}^{\mathrm{T}}}\right|_{\boldsymbol{z}=\boldsymbol{z}_0}(p\boldsymbol{z}_1+p^2\boldsymbol{z}_2+\cdots)+\left.\frac{\partial\boldsymbol{F}}{\partial\boldsymbol{b}^{\mathrm{T}}}\right|_{\boldsymbol{b}=\boldsymbol{b}_0}p\boldsymbol{b}_{\mathrm{r}}+\cdots\end{aligned} \tag{6.142}$$

将式 (6.142) 代入式 (6.137)，令 $p$ 的同次幂系数相等，有

$$\begin{aligned}
&p^0: \quad \boldsymbol{F}(\dot{\boldsymbol{z}}_0, \boldsymbol{z}_0, \boldsymbol{b}_0) - \boldsymbol{F}(\dot{\boldsymbol{z}}_0, \boldsymbol{z}_0, \boldsymbol{b}_0) = \mathbf{0} \\
&p^1: \quad \boldsymbol{F}(\dot{\boldsymbol{z}}_0, \boldsymbol{z}_0, \boldsymbol{b}_0) + \left.\frac{\partial \boldsymbol{F}}{\partial \dot{\boldsymbol{z}}^{\mathrm{T}}}\right|_{\dot{\boldsymbol{z}}=\dot{\boldsymbol{z}}_0} \dot{\boldsymbol{z}}_1 + \left.\frac{\partial \boldsymbol{F}}{\partial \boldsymbol{z}^{\mathrm{T}}}\right|_{\boldsymbol{z}=\boldsymbol{z}_0} \boldsymbol{z}_1 + \left.\frac{\partial \boldsymbol{F}}{\partial \boldsymbol{b}^{\mathrm{T}}}\right|_{\boldsymbol{b}=\boldsymbol{b}_0} \boldsymbol{b}_{\mathrm{r}} = \mathbf{0} \\
&\vdots
\end{aligned} \tag{6.143}$$

事实上，通过比较 $p$ 的同次幂系数，可以得到一系列同伦摄动方程。在实际计算中，为了简洁方便起见，通常采用一阶同伦摄动方程求解。

对于一阶同伦摄动方程，即式 (6.143) 中的第 2 式，由于 $\boldsymbol{F}(\dot{\boldsymbol{z}}_0, \boldsymbol{z}_0, \boldsymbol{b}_0) = \mathbf{0}$，有

$$\left.\frac{\partial \boldsymbol{F}}{\partial \dot{\boldsymbol{z}}^{\mathrm{T}}}\right|_{\dot{\boldsymbol{z}}=\dot{\boldsymbol{z}}_0} \dot{\boldsymbol{z}}_1 + \left.\frac{\partial \boldsymbol{F}}{\partial \boldsymbol{z}^{\mathrm{T}}}\right|_{\boldsymbol{z}=\boldsymbol{z}_0} \boldsymbol{z}_1 + \left.\frac{\partial \boldsymbol{F}}{\partial \boldsymbol{b}^{\mathrm{T}}}\right|_{\boldsymbol{b}=\boldsymbol{b}_0} \boldsymbol{b}_{\mathrm{r}} = \mathbf{0} \tag{6.144}$$

将 $\boldsymbol{F}(\dot{\boldsymbol{z}}, \boldsymbol{z}, \boldsymbol{b})$ 的表达式 (6.135) 代入式 (6.144) 得

$$\dot{\boldsymbol{z}}_1 - \boldsymbol{J}^{-1} \frac{\partial^2 H(\boldsymbol{b}_0)}{\partial \boldsymbol{z} \partial \boldsymbol{z}^{\mathrm{T}}} \boldsymbol{z}_1 - \boldsymbol{J}^{-1} \frac{\partial^2 H(\boldsymbol{b}_0)}{\partial \boldsymbol{z} \partial \boldsymbol{b}^{\mathrm{T}}} \boldsymbol{b}_{\mathrm{r}} = \mathbf{0} \tag{6.145}$$

利用辛算法求解式 (6.138) 可以得到 $\boldsymbol{z}$ 的标称值 $\boldsymbol{z}_0$，$\partial^2 H(\boldsymbol{b}_0)/\partial \boldsymbol{z} \partial \boldsymbol{z}^{\mathrm{T}}$ 和 $\partial^2 H(\boldsymbol{b}_0)/\partial \boldsymbol{z} \partial \boldsymbol{b}^{\mathrm{T}}$ 也就可以计算得到。将其代入式 (6.145) 并用辛算法求解，可以求得 $\boldsymbol{z}_1$。因此，原方程 (6.135) 的解 $\boldsymbol{z}$ 可以近似表示为 $\boldsymbol{z} = \boldsymbol{z}_0 + \boldsymbol{z}_1$。需要强调的是，式 (6.138) 和 (6.145) 均采用辛算法求解，从而可以确保所提同伦摄动法是保辛的。

需要注意的是，这里系统参数 $\boldsymbol{b}$ 中的扰动量 $\boldsymbol{b}_{\mathrm{r}}$ 被认为是确定性的。如果系统参数 $\boldsymbol{b}$ 中的扰动是随机的或区间的，上述保辛同伦摄动法就可以扩展求解随机或区间哈密顿系统。详细求解过程请见 6.4.3 节和 6.4.4 节。

### 6.4.3 随机哈密顿系统的保辛同伦摄动法

考虑系统参数 $\boldsymbol{b} = (b_1, b_2, \cdots, b_m)^{\mathrm{T}}$ 是随机变量，可以看作是围绕确定性部分即均值，有一个均值为 0 的随机小扰动。基于上述保辛同伦摄动法，通过引进嵌入参数 $p$，$\boldsymbol{b}$ 可以表示为

$$\boldsymbol{b}(p) = \boldsymbol{b}_{\mathrm{d}} + p\boldsymbol{b}_{\mathrm{s}} \tag{6.146}$$

其中 $\boldsymbol{b}_{\mathrm{d}}$ 表示 $\boldsymbol{b}$ 的确定性部分，即均值；$\boldsymbol{b}_{\mathrm{s}}$ 表示均值为 0 的随机部分。因此，有数学期望

$$E[\boldsymbol{b}_{\mathrm{s}}] = \mathbf{0}, \quad E[\boldsymbol{b}] = \boldsymbol{b}_{\mathrm{d}} \tag{6.147}$$

$p=0$ 条件代表确定性情形，这时有 $\boldsymbol{b}=\boldsymbol{b}_{\mathrm{d}}$；$p=1$ 条件代表随机性情形，$\boldsymbol{b}=\boldsymbol{b}_{\mathrm{d}}+\boldsymbol{b}_{\mathrm{s}}$ 成立。

将 $\boldsymbol{z}$ 在 $\boldsymbol{z}=\boldsymbol{z}_{\mathrm{d}}$ 处作关于 $b_j$ 的一阶 Taylor 展开，得到

$$\boldsymbol{z}=\boldsymbol{z}_{\mathrm{d}}+\boldsymbol{z}_{\mathrm{s}}\approx\boldsymbol{z}_{\mathrm{d}}+\sum_{j=1}^{m}\frac{\partial\boldsymbol{z}_{\mathrm{d}}}{\partial b_j}b_{\mathrm{s}j}\tag{6.148}$$

其中 $b_{\mathrm{s}j}\,(j=1,2,\cdots,m)$ 是 $\boldsymbol{b}_{\mathrm{s}}$ 的分量。

从而，$\boldsymbol{z}$ 的随机部分 $\boldsymbol{z}_{\mathrm{s}}$ 可以表示为

$$\boldsymbol{z}_{\mathrm{s}}=\sum_{j=1}^{m}\frac{\partial\boldsymbol{z}_{\mathrm{d}}}{\partial b_j}b_{\mathrm{s}j}\tag{6.149}$$

其分量为

$$z_{\mathrm{s}i}=\sum_{j=1}^{m}\frac{\partial z_{\mathrm{d}i}}{\partial b_j}b_{\mathrm{s}j},\quad i=1,2,\cdots,2n\tag{6.150}$$

对式 (6.148) 两边同时求取数学期望得到

$$E\left[\boldsymbol{z}\right]=E\left[\boldsymbol{z}_{\mathrm{d}}\right]+E\left[\sum_{j=1}^{m}\frac{\partial\boldsymbol{z}_{\mathrm{d}}}{\partial b_j}b_{\mathrm{s}j}\right]=\boldsymbol{z}_{\mathrm{d}}+\boldsymbol{0}=\boldsymbol{z}_{\mathrm{d}}\tag{6.151}$$

因此，均值 $\boldsymbol{b}_{\mathrm{d}}$ 满足

$$\boldsymbol{F}\left(\dot{\boldsymbol{z}}_{\mathrm{d}},\boldsymbol{z}_{\mathrm{d}},\boldsymbol{b}_{\mathrm{d}}\right)=\dot{\boldsymbol{z}}_{\mathrm{d}}-\boldsymbol{J}^{-1}\left.\frac{\partial H\left(\boldsymbol{b}_{\mathrm{d}}\right)}{\partial\boldsymbol{z}}\right|_{\boldsymbol{z}=\boldsymbol{z}_{\mathrm{d}}}=\boldsymbol{0}\tag{6.152}$$

利用辛算法求解式 (6.152)，可以得到 $\boldsymbol{z}$ 的确定性部分 $\boldsymbol{z}_{\mathrm{d}}$，即为均值。

将式 (6.149) 代替一阶同伦摄动方程 (6.145) 中的 $\boldsymbol{z}_1$，得到

$$\sum_{j=1}^{m}\frac{\partial\dot{\boldsymbol{z}}_{\mathrm{d}}}{\partial b_j}b_{\mathrm{s}j}-\boldsymbol{J}^{-1}\frac{\partial^2H\left(\boldsymbol{b}_0\right)}{\partial\boldsymbol{z}\partial\boldsymbol{z}^{\mathrm{T}}}\sum_{j=1}^{m}\frac{\partial\boldsymbol{z}_{\mathrm{d}}}{\partial b_j}b_{\mathrm{s}j}-\boldsymbol{J}^{-1}\sum_{j=1}^{m}\frac{\partial^2H\left(\boldsymbol{b}_0\right)}{\partial\boldsymbol{z}\partial b_j}b_{\mathrm{s}j}=\boldsymbol{0}\tag{6.153}$$

由式 (6.153)，对于每一个分量 $b_{\mathrm{s}j}\,(j=1,2,\cdots,m)$，满足方程

$$\frac{\partial\dot{\boldsymbol{z}}_{\mathrm{d}}}{\partial b_j}-\boldsymbol{J}^{-1}\frac{\partial^2H\left(\boldsymbol{b}_0\right)}{\partial\boldsymbol{z}\partial\boldsymbol{z}^{\mathrm{T}}}\frac{\partial\boldsymbol{z}_{\mathrm{d}}}{\partial b_j}-\boldsymbol{J}^{-1}\frac{\partial^2H\left(\boldsymbol{b}_0\right)}{\partial\boldsymbol{z}\partial b_j}=\boldsymbol{0}\tag{6.154}$$

$\partial\boldsymbol{z}_{\mathrm{d}}/\partial b_j$ 的值可以利用辛算法求解式 (6.154) 得到。

$\boldsymbol{z}$ 的协方差矩阵可以写为

$$\begin{aligned}\mathrm{Cov}\left[\boldsymbol{z},\boldsymbol{z}^{\mathrm{T}}\right] &= E\left[\left(\boldsymbol{z}-E\left[\boldsymbol{z}\right]\right)\left(\boldsymbol{z}-E\left[\boldsymbol{z}\right]\right)^{\mathrm{T}}\right] \\ &= E\left[\boldsymbol{z}\boldsymbol{z}^{\mathrm{T}}\right]-\boldsymbol{z}_{\mathrm{d}}\boldsymbol{z}_{\mathrm{d}}^{\mathrm{T}} \\ &= E\left[\left(\boldsymbol{z}_{\mathrm{d}}+\boldsymbol{z}_{\mathrm{s}}\right)\left(\boldsymbol{z}_{\mathrm{d}}+\boldsymbol{z}_{\mathrm{s}}\right)^{\mathrm{T}}\right]-\boldsymbol{z}_{\mathrm{d}}\boldsymbol{z}_{\mathrm{d}}^{\mathrm{T}} \\ &= E\left[\boldsymbol{z}_{\mathrm{d}}\boldsymbol{z}_{\mathrm{d}}^{\mathrm{T}}\right]+E\left[\boldsymbol{z}_{\mathrm{d}}\boldsymbol{z}_{\mathrm{s}}^{\mathrm{T}}\right]+E\left[\boldsymbol{z}_{\mathrm{s}}\boldsymbol{z}_{\mathrm{d}}^{\mathrm{T}}\right]+E\left[\boldsymbol{z}_{\mathrm{s}}\boldsymbol{z}_{\mathrm{s}}^{\mathrm{T}}\right]-\boldsymbol{z}_{\mathrm{d}}\boldsymbol{z}_{\mathrm{d}}^{\mathrm{T}} \\ &= E\left[\boldsymbol{z}_{\mathrm{s}}\boldsymbol{z}_{\mathrm{s}}^{\mathrm{T}}\right]\end{aligned} \tag{6.155}$$

因此，$\boldsymbol{z}$ 的各分量 $z_i\,(i=1,2,\cdots,2n)$ 的方差为

$$D\left[z_i\right]=E\left[\left(z_{\mathrm{s}i}\right)^2\right] \tag{6.156}$$

同理，$\boldsymbol{b}$ 的各分量 $b_j\,(j=1,2,\cdots,m)$ 的方差为

$$D\left[b_j\right]=E\left[\left(b_{\mathrm{s}j}\right)^2\right] \tag{6.157}$$

将式 (6.150) 代入式 (6.156)，得

$$\begin{aligned}D\left[z_i\right] &= E\left[\left(\sum_{j=1}^{m}\frac{\partial z_{\mathrm{d}i}}{\partial b_j}b_{\mathrm{s}j}\right)^2\right] \\ &= \sum_{j=1}^{m}\left(\frac{\partial z_{\mathrm{d}i}}{\partial b_j}\right)^2 E\left[\left(b_{\mathrm{s}j}\right)^2\right]+\sum_{k=1}^{m}\sum_{l=1}^{m}\frac{\partial z_{\mathrm{d}i}}{\partial b_k}\frac{\partial z_{\mathrm{d}i}}{\partial b_l}\mathrm{Cov}\left(b_k,b_l\right)\end{aligned} \tag{6.158}$$

其中 $\mathrm{Cov}\left(b_k,b_l\right)$ 表示 $b_k$ 和 $b_l$ 的协方差。

假设 $\boldsymbol{b}$ 的分量之间是相互独立的，则有 $\mathrm{Cov}\left(b_k,b_l\right)$ 为 0。从而，式 (6.158) 可以简化为

$$D\left[z_i\right]=\sum_{j=1}^{m}\left(\frac{\partial z_{\mathrm{d}i}}{\partial b_j}\right)^2 E\left[\left(b_{\mathrm{s}j}\right)^2\right] \tag{6.159}$$

将式 (6.157) 代入式 (6.159)，就可以得到 $\boldsymbol{z}$ 的各分量 $z_i\,(i=1,2,\cdots,2n)$ 的方差

$$D\left[z_i\right]=\sum_{j=1}^{m}\left(\frac{\partial z_{\mathrm{d}i}}{\partial b_j}\right)^2 D\left[b_j\right] \tag{6.160}$$

因此，$z_i\,(i=1,2,\cdots,2n)$ 的标准差为

$$\sigma[z_i]=\sqrt{D[z_i]}=\sqrt{\sum_{j=1}^{m}\left(\frac{\partial z_{\mathrm{d}i}}{\partial b_j}\right)^2 D[b_j]}=\sqrt{\sum_{j=1}^{m}\left(\frac{\partial z_{\mathrm{d}i}}{\partial b_j}\sigma[b_j]\right)^2} \tag{6.161}$$

其中 $\sigma[b_j]$ 是 $b_j\,(j=1,2,\cdots,m)$ 的标准差。

在求解随机哈密顿系统的过程中，利用辛算法求解式 (6.152) 得到 $\boldsymbol{z}$ 的均值 $\boldsymbol{z}_{\mathrm{d}}$、求解式 (6.154) 得到 $\partial\boldsymbol{z}_{\mathrm{d}}/\partial b_j$，确保了计算结果能够保持系统特性。

### 6.4.4　区间哈密顿系统的保辛同伦摄动法

考虑系统参数 $\boldsymbol{b}=(b_1,b_2,\cdots,b_m)^{\mathrm{T}}$ 是一个区间变量，在一个区间向量范围内取值，即

$$\boldsymbol{b}\in\boldsymbol{b}^{\mathrm{I}}=\left[\underline{\boldsymbol{b}},\overline{\boldsymbol{b}}\right] \tag{6.162}$$

其中 $\boldsymbol{b}^{\mathrm{I}}$ 是区间向量，$\overline{\boldsymbol{b}}$ 和 $\underline{\boldsymbol{b}}$ 分别是 $\boldsymbol{b}$ 的上界和下界。

$\boldsymbol{b}^{\mathrm{I}}$ 的中值和区间半径分别为

$$\boldsymbol{b}^{\mathrm{c}}=\left(\overline{\boldsymbol{b}}+\underline{\boldsymbol{b}}\right)/2,\quad \Delta\boldsymbol{b}=\left(\overline{\boldsymbol{b}}-\underline{\boldsymbol{b}}\right)/2 \tag{6.163}$$

对于 $\boldsymbol{b}^{\mathrm{I}}$ 中的任意参数向量 $\boldsymbol{b}$，可以看作是围绕中值 $\boldsymbol{b}^{\mathrm{c}}$ 有一个小扰动 $\delta\boldsymbol{b}$，其中 $-\Delta\boldsymbol{b}\leqslant\delta\boldsymbol{b}\leqslant\Delta\boldsymbol{b}$。基于前述同伦摄动法，通过引进嵌入参数 $p$，$\boldsymbol{b}$ 可以表示为

$$\boldsymbol{b}(p)=\boldsymbol{b}^{\mathrm{c}}+p\delta\boldsymbol{b} \tag{6.164}$$

$p=0$ 条件代表确定性情形，有 $\boldsymbol{b}=\boldsymbol{b}^{\mathrm{c}}$；$p=1$ 条件代表不确定性情形，$\boldsymbol{b}=\boldsymbol{b}^{\mathrm{c}}+\delta\boldsymbol{b}$ 成立。

$\boldsymbol{b}$ 中的扰动 $\delta\boldsymbol{b}$ 会引发 $\boldsymbol{z}$ 中产生扰动 $\delta\boldsymbol{z}$。将 $\boldsymbol{z}$ 在 $\boldsymbol{z}=\boldsymbol{z}^{\mathrm{c}}$ 处作关于 $b_j$ 的一阶 Taylor 展开，得到

$$\boldsymbol{z}=\boldsymbol{z}^{\mathrm{c}}+\delta\boldsymbol{z}\approx\boldsymbol{z}^{\mathrm{c}}+\sum_{j=1}^{m}\frac{\partial\boldsymbol{z}^{\mathrm{c}}}{\partial b_j}\delta b_j \tag{6.165}$$

其中 $\delta b_j\,(j=1,2,\cdots,m)$ 是 $\delta\boldsymbol{b}$ 的分量。

从而，$\delta\boldsymbol{z}$ 可以写为

$$\delta\boldsymbol{z}=\sum_{j=1}^{m}\frac{\partial\boldsymbol{z}^{\mathrm{c}}}{\partial b_j}\delta b_j \tag{6.166}$$

应用区间数学中的区间扩张理论，式 (6.166) 的区间扩张形式为

$$\Delta\boldsymbol{z}=\sum_{j=1}^{m}\left|\frac{\partial\boldsymbol{z}^{\mathrm{c}}}{\partial b_j}\right|\Delta b_j \tag{6.167}$$

中值 $\boldsymbol{b}^{\mathrm{c}}$ 满足

$$\boldsymbol{F}\left(\dot{\boldsymbol{z}}^{\mathrm{c}}, \boldsymbol{z}^{\mathrm{c}}, \boldsymbol{b}^{\mathrm{c}}\right)=\dot{\boldsymbol{z}}^{\mathrm{c}}-\boldsymbol{J}^{-1} \left.\frac{\partial H\left(\boldsymbol{b}^{\mathrm{c}}\right)}{\partial \boldsymbol{z}}\right|_{\boldsymbol{z}=\boldsymbol{z}^{\mathrm{c}}}=\mathbf{0} \tag{6.168}$$

$\boldsymbol{z}$ 的中值，即 $\boldsymbol{z}^{\mathrm{c}}$，能够利用辛算法求解式 (6.168) 得到。

将 $\delta \boldsymbol{z}$ 和 $\delta \boldsymbol{b}$ 分别代替一阶同伦摄动方程 (6.145) 中的 $\boldsymbol{z}_1$ 和 $\boldsymbol{b}_{\mathrm{r}}$，得到

$$\delta \dot{\boldsymbol{z}}-\boldsymbol{J}^{-1} \frac{\partial^2 H\left(\boldsymbol{b}_0\right)}{\partial \boldsymbol{z} \partial \boldsymbol{z}^{\mathrm{T}}} \delta \boldsymbol{z}-\boldsymbol{J}^{-1} \frac{\partial^2 H\left(\boldsymbol{b}_0\right)}{\partial \boldsymbol{z} \partial \boldsymbol{b}^{\mathrm{T}}} \delta \boldsymbol{b}=\mathbf{0} \tag{6.169}$$

考虑式 (6.167)，式 (6.169) 的区间扩张形式为

$$\sum_{j=1}^m\left|\frac{\partial \dot{\boldsymbol{z}}^{\mathrm{c}}}{\partial b_j}\right| \Delta b_j-\boldsymbol{J}^{-1} \frac{\partial^2 H\left(\boldsymbol{b}_0\right)}{\partial \boldsymbol{z} \partial \boldsymbol{z}^{\mathrm{T}}} \sum_{j=1}^m\left|\frac{\partial \boldsymbol{z}^{\mathrm{c}}}{\partial b_j}\right| \Delta b_j-\boldsymbol{J}^{-1} \sum_{j=1}^m \frac{\partial}{\partial \boldsymbol{z}}\left|\frac{\partial H\left(\boldsymbol{b}_0\right)}{\partial b_j}\right| \Delta b_j=\mathbf{0} \tag{6.170}$$

利用辛算法求解式 (6.170)，可以得到 $\sum\limits_{j=1}^m\left|\partial \boldsymbol{z}^{\mathrm{c}} / \partial b_j\right| \Delta b_j$ 的值，即区间半径 $\Delta \boldsymbol{z}$。从而，有

$$\boldsymbol{z}^{\mathrm{I}}=[\underline{\boldsymbol{z}}, \overline{\boldsymbol{z}}]=\boldsymbol{z}^{\mathrm{c}}+\Delta \boldsymbol{z}^{\mathrm{I}}=\boldsymbol{z}^{\mathrm{c}}+[-\Delta \boldsymbol{z}, \Delta \boldsymbol{z}] \tag{6.171}$$

其中

$$\Delta \boldsymbol{z}^{\mathrm{I}}=[-\Delta \boldsymbol{z}, \Delta \boldsymbol{z}]=\left[-\sum_{j=1}^m\left|\frac{\partial \boldsymbol{z}^{\mathrm{c}}}{\partial b_j}\right| \Delta b_j, \sum_{j=1}^m\left|\frac{\partial \boldsymbol{z}^{\mathrm{c}}}{\partial b_j}\right| \Delta b_j\right] \tag{6.172}$$

根据区间的定义，可以得到 $\boldsymbol{z}$ 的上界和下界分别为

$$\overline{\boldsymbol{z}}=\boldsymbol{z}^{\mathrm{c}}+\Delta \boldsymbol{z}=\boldsymbol{z}^{\mathrm{c}}+\sum_{j=1}^m\left|\frac{\partial \boldsymbol{z}^{\mathrm{c}}}{\partial b_j}\right| \Delta b_j, \quad \underline{\boldsymbol{z}}=\boldsymbol{z}^{\mathrm{c}}-\Delta \boldsymbol{z}=\boldsymbol{z}^{\mathrm{c}}-\sum_{j=1}^m\left|\frac{\partial \boldsymbol{z}^{\mathrm{c}}}{\partial b_j}\right| \Delta b_j \tag{6.173}$$

$\boldsymbol{z}$ 的分量 $z_i\,(i=1,2,\cdots,2n)$ 的上界和下界分别为

$$\overline{z}_i=z_i^{\mathrm{c}}+\Delta z_i=z_i^{\mathrm{c}}+\sum_{j=1}^m\left|\frac{\partial z_i^{\mathrm{c}}}{\partial b_j}\right| \Delta b_j, \quad \underline{z}_i=z_i^{\mathrm{c}}-\Delta z_i=z_i^{\mathrm{c}}-\sum_{j=1}^m\left|\frac{\partial z_i^{\mathrm{c}}}{\partial b_j}\right| \Delta b_j \tag{6.174}$$

在求解区间哈密顿系统的过程中，利用辛算法求解式 (6.168) 得到 $\boldsymbol{z}$ 的中值 $\boldsymbol{z}^{\mathrm{c}}$、求解式 (6.170) 得到区间半径 $\Delta \boldsymbol{z}$，同样确保了计算结果能够保持系统特性。

### 6.4.5 随机和区间哈密顿系统计算结果比较

与 6.3.5 节分析过程相同，可以推导得到分别由随机和区间哈密顿系统保辛同伦摄动法确定的界限之间的关系

$$\underline{z}_i \leqslant v_i \leqslant \overline{v}_i \leqslant \overline{z}_i, \quad i = 1, 2, \cdots, 2n \tag{6.175}$$

其中 $\overline{v}_i$ 和 $\underline{v}_i$ 是由保辛同伦摄动法确定的随机哈密顿系统的动力响应的上界和下界

$$\begin{aligned} \overline{v}_i &= z_{\mathrm{d}i} + k\sigma\left[z_i\right] = z_{\mathrm{d}i} + k\sqrt{\sum_{j=1}^{m}\left(\frac{\partial z_{\mathrm{d}i}}{\partial b_j}\sigma\left[b_j\right]\right)^2} \\ \underline{v}_i &= z_{\mathrm{d}i} - k\sigma\left[z_i\right] = z_{\mathrm{d}i} - k\sqrt{\sum_{j=1}^{m}\left(\frac{\partial z_{\mathrm{d}i}}{\partial b_j}\sigma\left[b_j\right]\right)^2} \end{aligned} \tag{6.176}$$

$\overline{z}_i$ 和 $\underline{z}_i$ 是由保辛同伦摄动法确定的区间哈密顿系统的动力响应的上界和下界

$$\overline{z}_i = z_{\mathrm{d}i} + \sum_{j=1}^{m}\left|\frac{\partial z_{\mathrm{d}i}}{\partial b_j}\right| k\sigma\left[b_j\right], \quad \underline{z}_i = z_{\mathrm{d}i} - \sum_{j=1}^{m}\left|\frac{\partial z_{\mathrm{d}i}}{\partial b_j}\right| k\sigma\left[b_j\right] \tag{6.177}$$

不等式 (6.175) 表明，在不确定性参数的区间向量由概率信息确定的条件下，区间哈密顿系统保辛同伦摄动法得到的界限范围包含随机哈密顿系统保辛同伦摄动法得到的界限范围。也就是说，区间哈密顿系统的下界小于随机哈密顿系统的下界，区间哈密顿系统的上界大于随机哈密顿系统的上界。

### 6.4.6 数值算例

为了说明所提保辛同伦摄动法的有效性和适用性，本小节提供了两个数值算例，包括一个二阶非线性哈密顿系统和一个二自由度弹簧摆。这里，采用 Euler 中点格式作为求解方程的辛算法，为了对比，将得到的数值结果与二阶 Runge-Kutta 方法所得结果进行比较。

#### 6.4.6.1 二阶非线性哈密顿系统

考虑一个简单数学算例，一个二阶非线性哈密顿系统表示为

$$\dot{p} = 2aq - 4bq^3, \quad \dot{q} = 2ap \tag{6.178}$$

其初始条件为 $(p(0), q(0))^{\mathrm{T}} = (1, 0)^{\mathrm{T}}$。

哈密顿系统 (6.178) 的哈密顿函数 $H$ 写为

$$H = ap^2 - aq^2 + bq^4 \tag{6.179}$$

假设参数 $a$ 和 $b$ 均为不确定性参数，其区间范围列于表 6.6。同样假设参数均在其区间范围中服从正态分布，均值和标准差也列于表 6.6。

**表 6.6 参数 $a$ 和 $b$ 的不确定性特征**

| 参数 | 区间范围 | 均值 | 标准差 |
| --- | --- | --- | --- |
| $a$ | [6.65,7.35] | 7 | 0.117 |
| $b$ | [0.95,1.05] | 1 | 0.017 |

首先利用所提保辛同伦摄动法和二阶 Runge-Kutta 方法求解哈密顿系统 (6.178) 的响应标称值。由两种方法在时间步长 $\Delta t = 0.005$ 条件下得到的时间范围 $t \in [0,3]$ 内的标称值 $p_0$ 和 $q_0$ 如图 6.21 所示。此外，从保持系统特性的角度，由两种方法得到的哈密顿函数 $H$ 如图 6.22 所示，图 6.23 显示由两种方法得到的哈密顿系统的相图 $(p_0, q_0)$。

由图 6.21 和图 6.22 可知，尽管由两种方法得到的响应标称值结果吻合程度很高，但二阶 Runge-Kutta 方法得到的哈密顿函数 $H$ 螺旋式增大，而所提保辛同伦摄动法得到的哈密顿函数 $H$ 近似保持 $H = 7$ 不变，仅有微小振荡，说明所提方法近似保持能量守恒。此外，由图 6.23 可知，由所提方法得到的相图 $(p_0, q_0)$ 保持形状和面积不变，而二阶 Runge-Kutta 方法由于其耗散性得到的相图 $(p_0, q_0)$ 则存在明显的波动偏差，体现所提方法能够保辛而二阶 Runge-Kutta 方法不具有保辛性。上述现象表明所提方法能够在保辛的前提下高精度保持能量守恒，与二阶 Runge-Kutta 方法相比具有优越性。

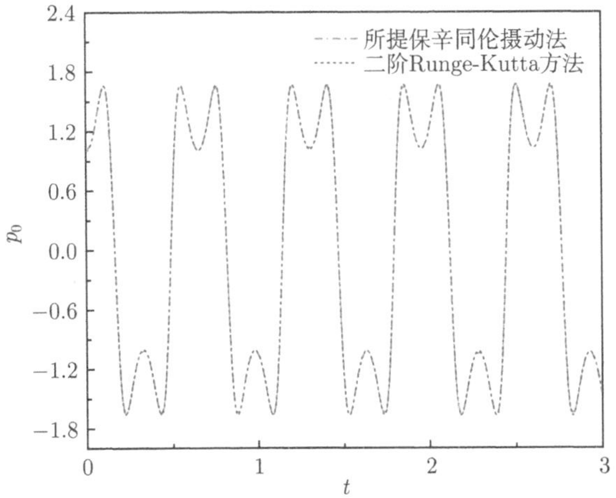


(a) $p_0$

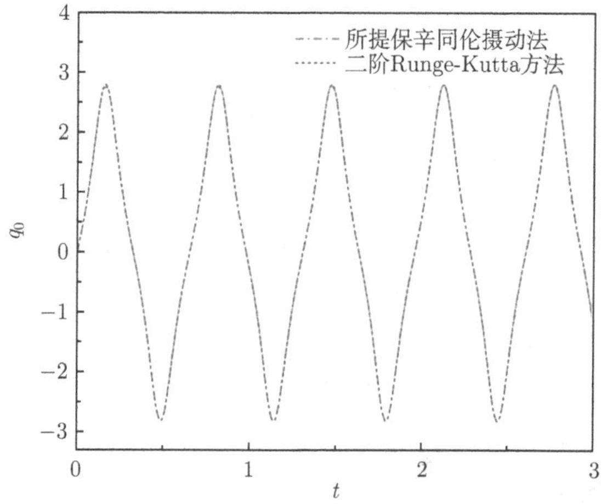


(b) $q_0$

图 6.21　所提保辛同伦摄动法和二阶 Runge-Kutta 方法所得哈密顿系统的标称值 $p_0$ 和 $q_0$

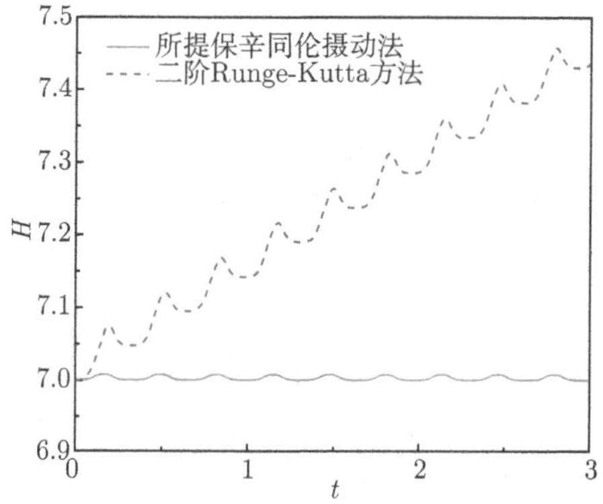


图 6.22　所提保辛同伦摄动法和二阶 Runge-Kutta 方法所得哈密顿系统的哈密顿函数 $H$

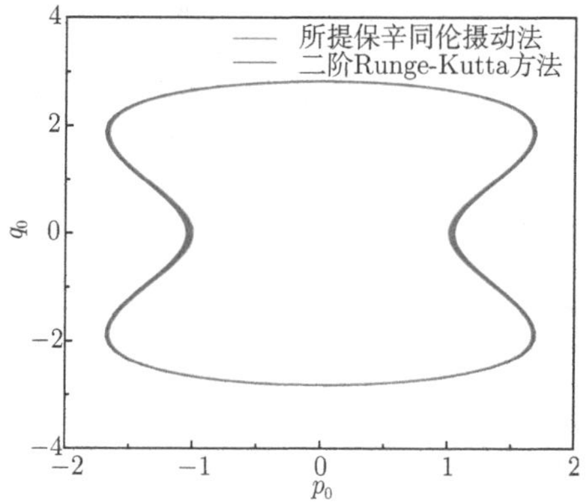


图 6.23　所提保辛同伦摄动法和二阶 Runge-Kutta 方法所得哈密顿系统的相图 $(p_0, q_0)$
(扫描彩图见封底二维码)

下面采用所提保辛同伦摄动法和二阶 Runge-Kutta 方法计算含有不确定性的哈密顿系统 (6.178) 的响应界限。为了确保二阶 Runge-Kutta 方法作为参照结果的高精度，时间步长设定较小，为 $\Delta t = 5\times 10^{-4}$。由两种方法得到的时间范围 $t\in[0,1]$ 内的响应 $p$ 和 $q$ 的界限分别如图 6.24 和图 6.25 所示。

由图 6.24 和图 6.25 可以看到，由于不确定性的存在，响应 $p$ 和 $q$ 与其标称值相比均存在明显的偏差。由所提保辛同伦摄动法得到的随机和区间哈密顿系统的响应 $p$ 和 $q$ 的界限曲线都和二阶 Runge-Kutta 方法得到的曲线高度一致，说明所提方法的高精度。此外，由所提方法得到的区间哈密顿系统的界限宽度大于随机哈密顿系统的界限宽度。换句话说，利用所提方法求解区间哈密顿系统与随

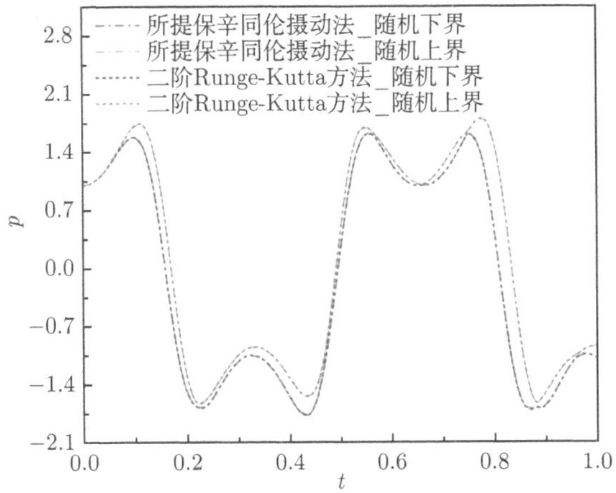


(a) 所提保辛同伦摄动法和二阶Runge-Kutta方法求解随机哈密顿系统所得结果

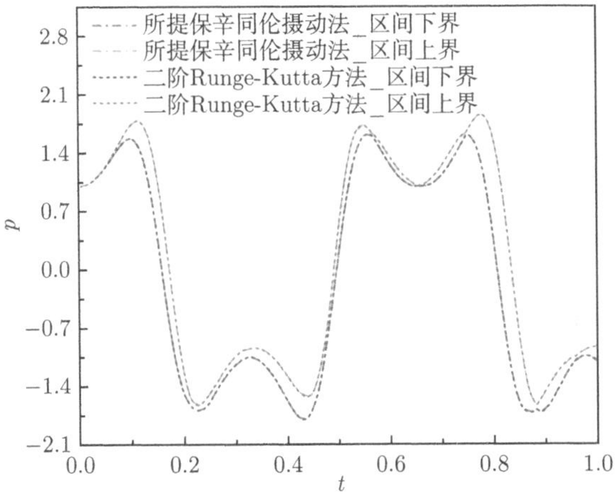


(b) 所提保辛同伦摄动法和二阶Runge-Kutta方法求解区间哈密顿系统所得结果

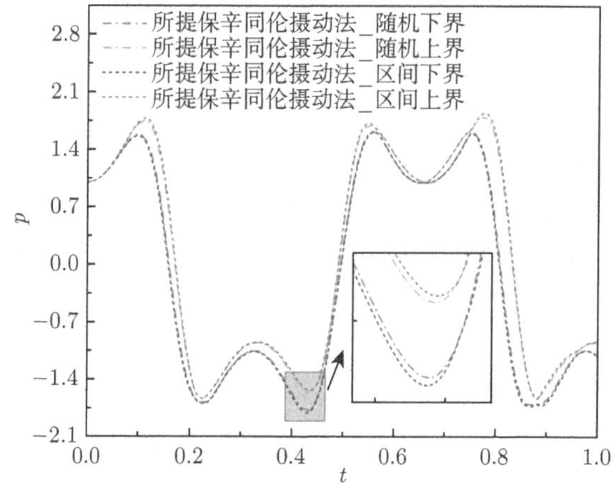


(c) 所提保辛同伦摄动法求解随机和区间哈密顿系统所得结果

图 6.24 所提保辛同伦摄动法和二阶 Runge-Kutta 方法所得含有不确定性的哈密顿系统的响应 $p$ 的界限 (扫描彩图见封底二维码)

机哈密顿系统得到的响应界限相比，将会得到更小的下界和更大的上界。上述由所提方法求得的随机和区间哈密顿系统数值结果之间的关系与 6.4.5 节中的关系 (6.175) 相一致。

因此，该数学算例验证了所提保辛同伦摄动法的有效性、精度和保辛性。

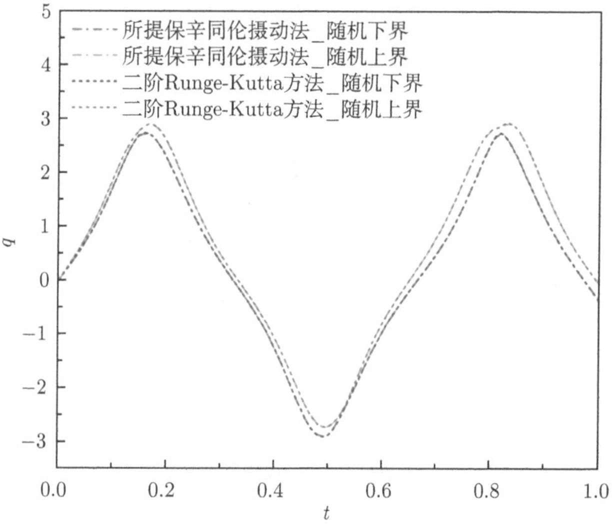


(a) 所提保辛同伦摄动法和二阶Runge-Kutta方法求解随机哈密顿系统所得结果

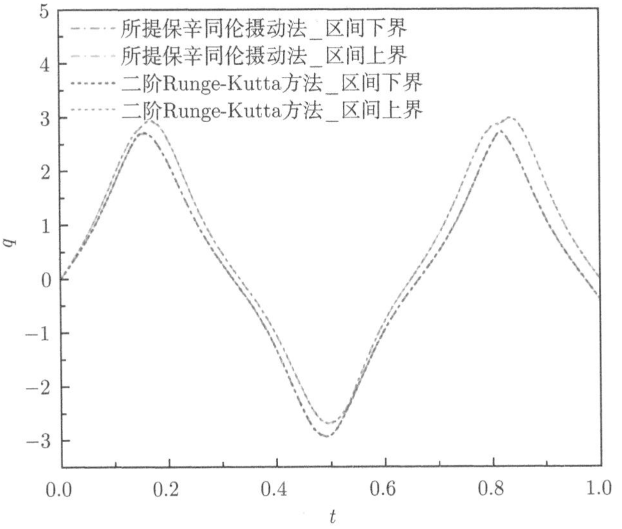


(b) 所提保辛同伦摄动法和二阶Runge-Kutta方法求解区间哈密顿系统所得结果

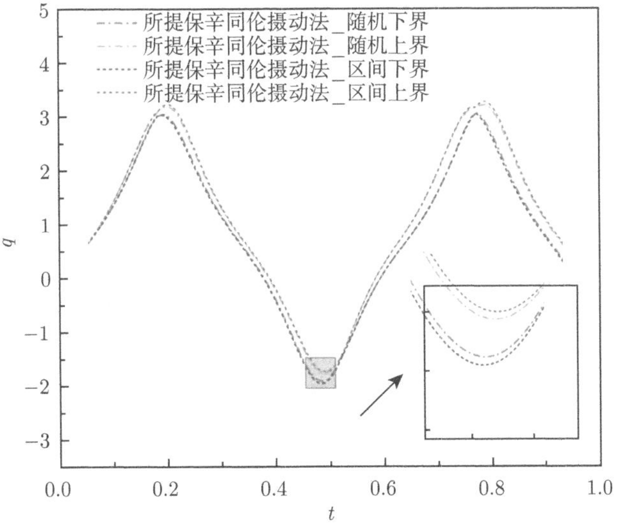


(c) 所提保辛同伦摄动法求解随机和区间哈密顿系统所得结果

图 6.25 所提保辛同伦摄动法和二阶 Runge-Kutta 方法所得含有不确定性的哈密顿系统的响应 $q$ 的界限 (扫描彩图见封底二维码)

#### 6.4.6.2 二自由度弹簧摆

考虑一个典型非线性结构振动系统，如图 6.26 所示的二自由度弹簧摆，以证明所提保辛同伦摄动法应用于结构动力学系统的有效性。

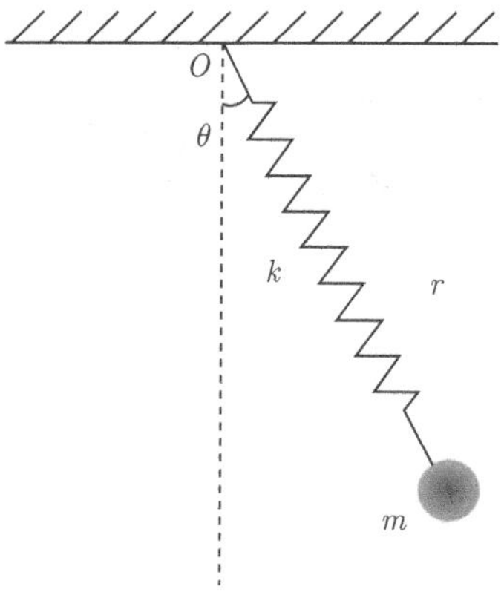


图 6.26　二自由度弹簧摆

质量为 $m$ 的质点悬挂在刚度常数为 $k$、原长为 $l$ 的无质量线性弹簧的自由端，弹簧的另一端固定在 $O$ 点。变量 $r$ 和 $\theta$ 分别描述弹簧拉伸和角度变化运动。

弹簧摆的运动微分方程写为

$$\begin{aligned} & m\ddot{r} - mr\dot{\theta}^2 - mg\cos\theta + k(r-l) = 0 \\ & r\ddot{\theta} + 2\dot{r}\dot{\theta} + g\sin\theta = 0 \end{aligned} \tag{6.180}$$

其中 $g$ 是重力加速度。

令

$$\boldsymbol{q} = (q_1, q_2)^{\mathrm{T}} = (r, \theta)^{\mathrm{T}}, \quad \boldsymbol{p} = (p_1, p_2)^{\mathrm{T}} = \left(m\dot{q}_1, mq_1^2\dot{q}_2\right)^{\mathrm{T}} = \left(m\dot{r}, mr^2\dot{\theta}\right)^{\mathrm{T}} \tag{6.181}$$

则微分方程 (6.180) 可写为哈密顿方程的形式，哈密顿函数 $H$ 为

$$H(\boldsymbol{p}, \boldsymbol{q}) = \frac{1}{2}\left(\frac{p_1^2}{m} + \frac{p_2^2}{mq_1^2}\right) - mgq_1\cos q_2 + \frac{1}{2}k(q_1 - l)^2 \tag{6.182}$$

由于加工和测量过程中不可避免的误差，质量 $m$、刚度 $k$ 和长度 $l$ 都为不确定性参数。假定参数 $m$、$k$ 和 $l$ 都在区间范围内服从正态分布。区间范围以及正态分布的均值和标准差如表 6.7 所示。

**表 6.7　参数 $m$、$k$ 和 $l$ 的不确定性特征**

| 参数 | 区间范围 | 均值 | 标准差 |
|---|---|---|---|
| $m$ | [0.97,1.03] | 1 | 0.01 |
| $k$ | [78,82] | 80 | 0.667 |
| $l$ | [0.98,1.02] | 1 | 0.007 |

所提保辛同伦摄动法和二阶 Runge-Kutta 方法用于预测含有不确定性的弹簧摆 (6.180) 的响应界限。在时间步长 $\Delta t = 0.01$ 下由两种方法得到的时间范围 $t \in [0,3]$ 内的响应 $r$ 和 $\theta$ 的界限分别如图 6.27 和图 6.28 所示。

图 6.27 和图 6.28 显示，尽管参数 $m$、$k$ 和 $l$ 中的不确定性很小，但它们对响应有着显著影响，尤其是对响应 $r$。由所提保辛同伦摄动法求解得到的含有随机和区间不确定性的弹簧摆的响应 $r$ 和 $\theta$ 的界限与二阶 Runge-Kutta 方法得到的响应界限分别高度一致，再次表明所提方法具有高精度。此外，由所提方法得到的含有区间不确定性的弹簧摆的响应界限比含有随机不确定性的弹簧摆的界限大，即与含有随机不确定性的弹簧摆的响应界限相比，含有区间不确定性的弹簧

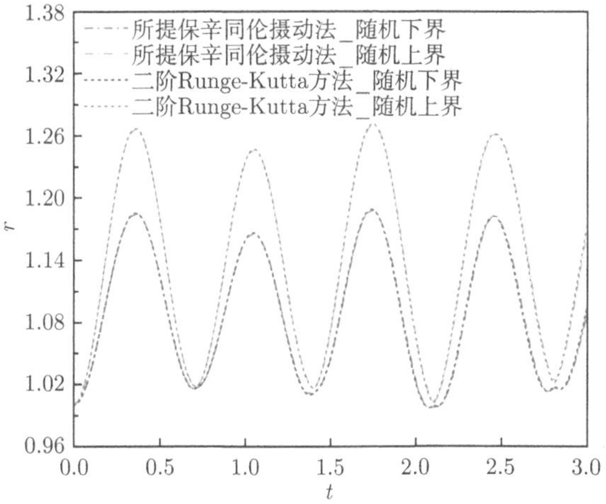


(a) 所提保辛同伦摄动法和二阶Runge-Kutta方法求解含有随机不确定性的弹簧摆所得结果

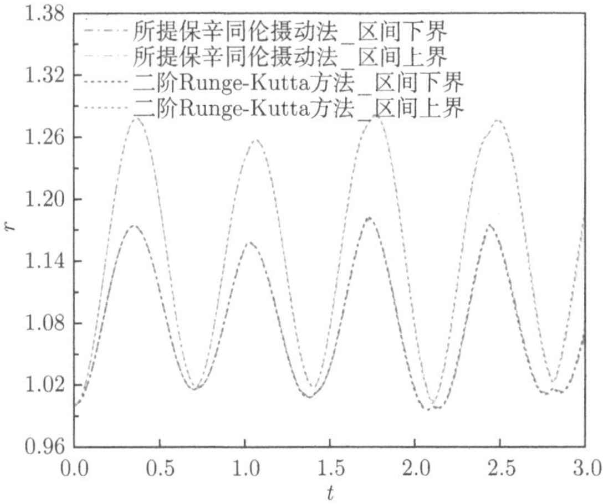


(b) 所提保辛同伦摄动法和二阶Runge-Kutta方法求解含有区间不确定性的弹簧摆所得结果

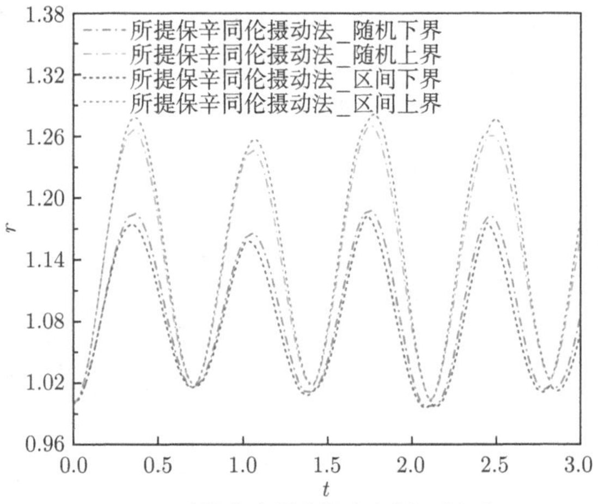


(c) 所提保辛同伦摄动法求解随机和
区间不确定性的弹簧摆所得结果

图 6.27　所提保辛同伦摄动法和二阶 Runge-Kutta 方法所得含有不确定性的弹簧摆的响应 $r$ 的界限 (扫描彩图见封底二维码)

摆的响应下界更小，而响应上界更大。这种现象规律与前述相容性关系 (6.175) 相一致。

为了研究所提保辛同伦摄动法和二阶 Runge-Kutta 方法得到的弹簧摆 (6.180) 的响应标称值 $r_0$ 和 $\theta_0$，在时间范围 $t \in [0, 10]$ 内分别在不同时间步长 $\Delta t = 0.01$ 和 $\Delta t = 0.05$ 下进行计算，分别如图 6.29 和图 6.30 所示。此外，由两种方法得到的不同步长下的哈密顿函数也分别在图 6.29 和图 6.30 给出。

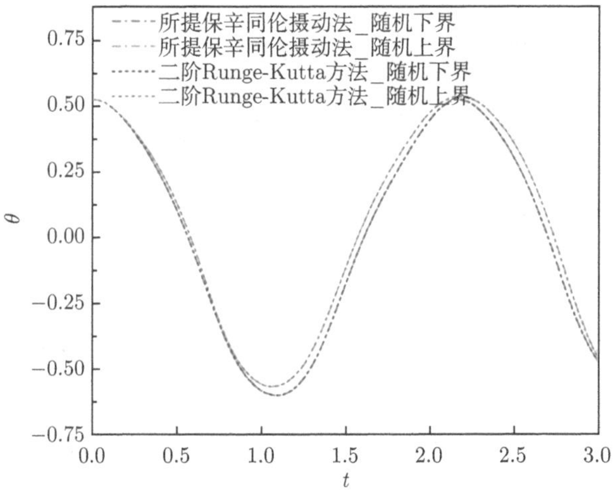


(a) 所提保辛同伦摄动法和二阶Runge-Kutta方法
求解含有随机不确定性的弹簧摆所得结果

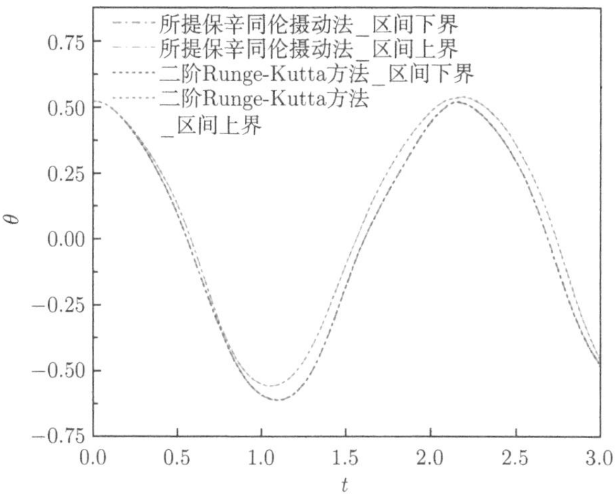


(b) 所提保辛同伦摄动法和二阶Runge-Kutta方法求解含有区间不确定性的弹簧摆所得结果

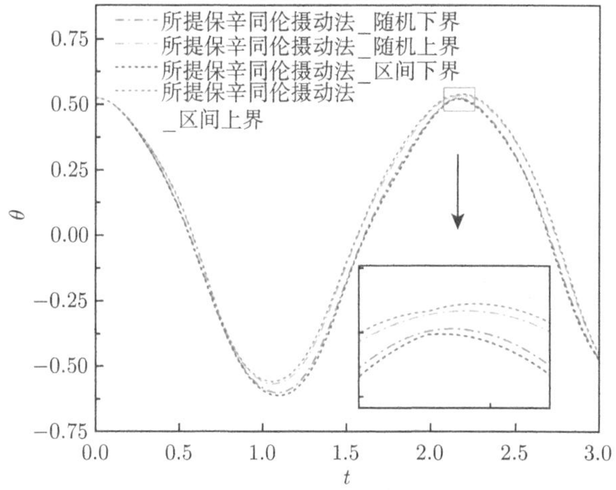


(c) 所提保辛同伦摄动法求解随机和区间不确定性的弹簧摆所得结果

图 6.28 所提保辛同伦摄动法和二阶 Runge-Kutta 方法所得含有不确定性的弹簧摆的响应 $\theta$ 的界限 (扫描彩图见封底二维码)

从图 6.29 和图 6.30 可以明显看出，在较小时间步长 $\Delta t = 0.01$ 下，两种方法均可以得到标称值 $r_0$ 和 $\theta_0$ 的满意结果。由两种方法得到的哈密顿函数 $H$ 都有近似周期性振荡，所提方法得到的哈密顿函数的振幅比二阶 Runge-Kutta 方法得到的振幅要小。然而，在较大时间步长 $\Delta t = 0.05$ 下，二阶 Runge-Kutta 方法得到的标称值 $r_0$ 是发散的，标称值 $\theta_0$ 和哈密顿函数 $H$ 随着数值计算过程逐渐增大。相反，所提方法仍然能够得到合理的标称值 $r_0$ 和 $\theta_0$，哈密顿函数 $H$ 也伴随着小振荡而近似保持不变，显示出所提方法与二阶 Runge-Kutta 方法相比在稳定性和保辛性方面的优越性能。

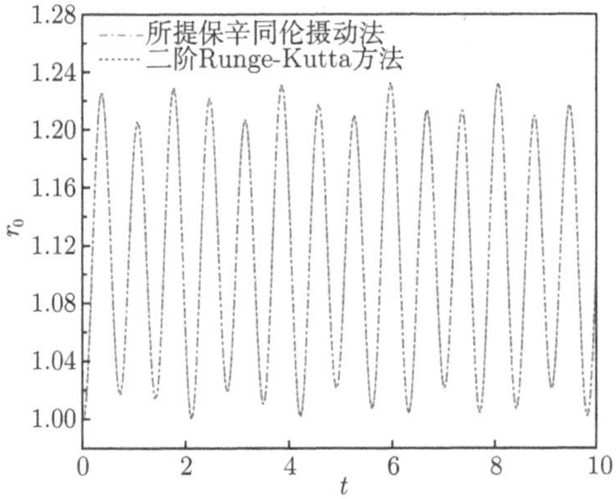


(a) 标称值$r_0$

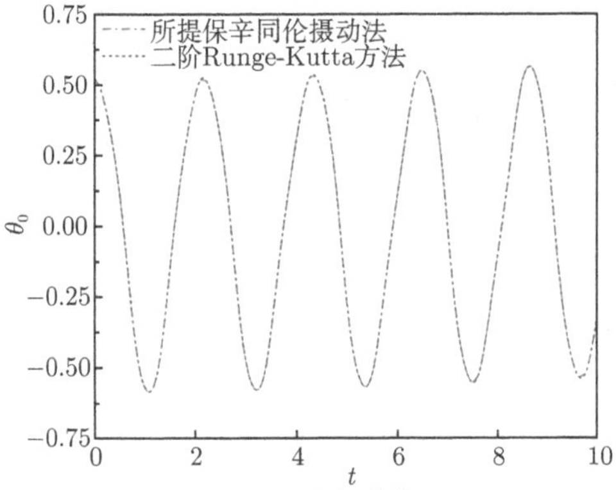


(b) 标称值$\theta_0$

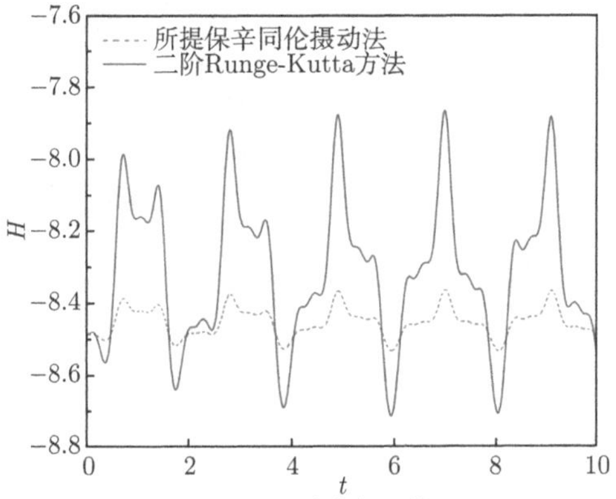


(c) 哈密顿函数$H$

图 6.29　所提保辛同伦摄动法和二阶 Runge-Kutta 方法在时间步长 $\Delta t = 0.01$ 下所得弹簧摆的响应标称值 $r_0$ 和 $\theta_0$ 以及哈密顿函数 $H$

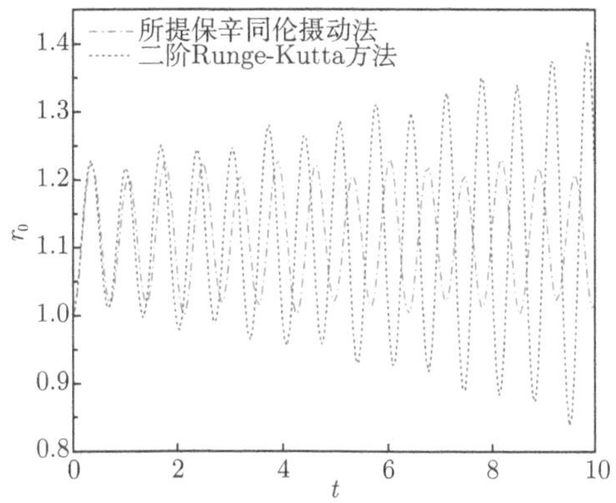


(a) 标称值$r_0$

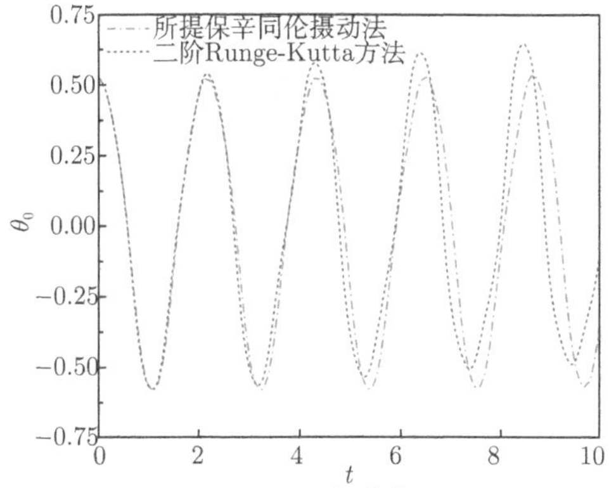


(b) 标称值$\theta_0$

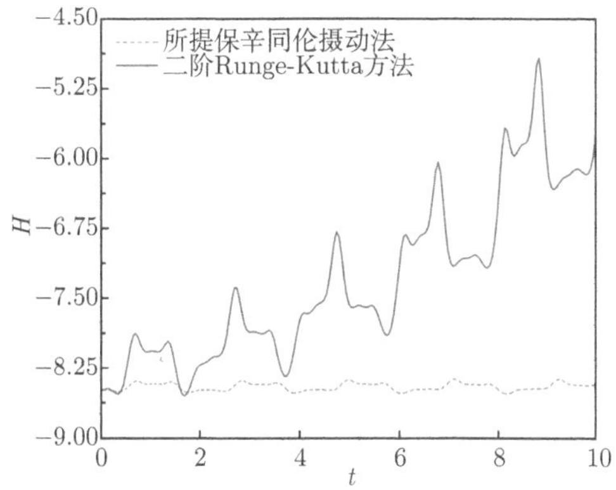


(c) 哈密顿函数$H$

图 6.30 所提保辛同伦摄动法和二阶 Runge-Kutta 方法在时间步长 $\Delta t = 0.05$ 下所得弹簧摆的响应标称值 $r_0$ 和 $\theta_0$ 以及哈密顿函数 $H$

总之，所提保辛同伦摄动法在高精度、高稳定性和良好保辛性方面都具有明显优势。

### 6.4.7 本节小结

本节聚焦含有不确定性的哈密顿系统的动力响应，尤其是含有不确定性的非线性哈密顿系统，提出保辛同伦摄动法以预测随机和区间哈密顿系统的响应界限。通过引进一个嵌入参数，首先推导得到的含有扰动的确定性哈密顿系统的一系列同伦摄动方程。随后，所提方法扩展到求解随机和区间哈密顿系统。随机哈密顿系统的均值和标准差及区间哈密顿系统的中值和区间半径可以利用辛算法分别求得。此外，还开展了在不确定性参数的区间向量由概率信息确定的条件下，所提方法求解随机和区间哈密顿系统所得计算结果的相容性研究。

利用数值算例验证了所提方法的有效性和适用性。在较小时间步长条件下，所提方法和二阶 Runge-Kutta 方法得到的随机和区间哈密顿系统的响应界限分别高度吻合，在较大时间步长下，所提结果仍然能够得到满意结果，尤其是当 Runge-Kutta 方法失效的时候。所提方法得到的区间哈密顿系统的响应界限范围比随机哈密顿系统的界限范围要宽。所提方法得到的标称值能够保持相图形状和面积不变，线性系统完全保持而非线性系统高精度近似保持哈密顿函数不变，表明所提方法具有保辛性。总之，所提保辛同伦摄动法与非辛 Runge-Kutta 相比，在求解含有不确定性的哈密顿系统时在精度、稳定性和保辛性方面具有优越性能。此外，所提方法在实际工程问题中取得了初步应用，对含有不确定性的哈密顿系统的研究和应用具有重要意义。

## 6.5 线性 Birkhoff 方程的不确定性保辛参数摄动法及其应用

本节讨论了具有不确定性参数的线性 Birkhoff 方程的随机与区间不确定性保辛算法以及两种方法计算结果之间的相容性。基于参数摄动理论，建立了线性 Birkhoff 方程的不确定性参数摄动方程，给出了线性 Birkhoff 系统不确定性响应数字特征的计算式。结合 Birkhoff 保辛算法，分别提出了线性 Birkhoff 系统不确定性响应数值计算的随机与区间保辛摄动方法。通过算例验证了 Birkhoff 保辛方法在不确定性动力学响应计算方面的有效性，以及相比于传统非保辛数值方法的优越性。基于 Chebyshev 不等式定义了不确定性响应的概率边界，通过数学证明和算例验证说明了分别采用随机与区间不确定性保辛方法时数值结果之间的相容性。

### 6.5.1 引言

随着航空、航天、航海、土木等工程技术领域的发展，实际结构的服役条件和性能要求日趋严苛，时变动载荷是结构在服役过程中的一种常见工况，结构产生的振动会增大按静力计算的内力，严重时将引起结构破坏，因此结构动力学响应的有效预测是结构分析的一项重要内容。正如之前的章节所述，Birkhoff 系统是哈密顿系统的自然推广，考虑了系统的耗散项与非保守外力作用，一般的力学系统理论上都可转化为 Birkhoff 系统 [162]。更为重要的是，Birkhoff 系统并没有失去辛几何结构，仍然可以通过 Birkhoff 保辛算法进行高性能求解 [107]。

对于实际的动力学系统，将不可避免地存在多种不确定性。以飞行器结构为例，其在制造、装配及服役过程中存在着多源不确定性：因加工工艺等引起的材料属性分散性、由于制造及安装误差导致的几何尺寸不确定性以及由于外界扰动引起的载荷不确定性等 [152,163]。这些不确定性相互作用会引起结构系统性能的巨大变化。

本节在 Birkhoff 系统构建以及保辛求解的过程中考虑了不确定性的影响，以提高动力学系统在不确定性条件下的可靠性。考虑参数的随机与区间不确定性，针对线性 Birkhoff 系统的不确定性响应求解问题，基于参数摄动理论，分别提出了不确定性线性 Birkhoff 系统的随机保辛摄动方法与区间保辛摄动方法 [111]，能够实现响应不确定性数字特征 (随机均值、标准差和区间中值、半径) 的保辛求解，进一步通过 Chebyshev 不等式讨论了两种不确定性分析方法数值结果之间的相容性，最后通过算例验证了所提方法的有效性以及相容性。

### 6.5.2 扰动线性 Birkhoff 方程的保辛参数摄动法

对于 Birkhoff 方程，如果 Birkhoff 函数与 Birkhoff 函数组同时满足

$$B=\frac{1}{2}\boldsymbol{z}^{\mathrm{T}}\boldsymbol{L}\boldsymbol{z}+\boldsymbol{z}^{\mathrm{T}}\boldsymbol{\varphi},\quad \frac{\partial B}{\partial \boldsymbol{z}}=\frac{1}{2}\left(\boldsymbol{L}+\boldsymbol{L}^{\mathrm{T}}\right)\boldsymbol{z}+\boldsymbol{\varphi},\quad \frac{\partial \boldsymbol{R}}{\partial t}=\boldsymbol{S}\boldsymbol{z}+\boldsymbol{\xi} \tag{6.183}$$

可将 Birkhoff 方程写作如下形式

$$\tilde{\boldsymbol{K}}\dot{\boldsymbol{z}}=\boldsymbol{P}\boldsymbol{z}+\hat{\boldsymbol{f}} \tag{6.184}$$

将满足条件 (6.183) 的方程 (6.184) 称作线性 Birkhoff 方程,其中将 $\boldsymbol{P}=\left(\boldsymbol{L}^{\mathrm{T}}+\boldsymbol{L}\right)/2+\boldsymbol{S}$ 称作线性 Birkhoff 方程的特征控制矩阵，$\hat{\boldsymbol{f}}=\boldsymbol{\xi}+\boldsymbol{\varphi}$ 为线性 Birkhoff 方程的非齐次项。

引入一个扰动小参数 $\varepsilon$，基于参数摄动理论 [164]，含扰动的各项可以展开为

$$\begin{aligned}&\tilde{\boldsymbol{K}}=\tilde{\boldsymbol{K}}_0+\varepsilon\tilde{\boldsymbol{K}}_1+\varepsilon^2\tilde{\boldsymbol{K}}_2+\cdots,\quad \boldsymbol{P}=\boldsymbol{P}_0+\varepsilon\boldsymbol{P}_1+\varepsilon^2\boldsymbol{P}_2+\cdots\\&\hat{\boldsymbol{f}}=\hat{\boldsymbol{f}}_0+\varepsilon\hat{\boldsymbol{f}}_1+\varepsilon^2\hat{\boldsymbol{f}}_2+\cdots,\quad \boldsymbol{z}=\boldsymbol{z}_0+\varepsilon\boldsymbol{z}_1+\varepsilon^2\boldsymbol{z}_2+\cdots\end{aligned} \tag{6.185}$$

其中 $\tilde{\boldsymbol{K}}_0$、$\boldsymbol{P}_0$、$\hat{\boldsymbol{f}}_0$ 和 $\boldsymbol{z}_0$ 是各项不含扰动时的标称值。

将式 (6.185) 代入方程 (6.184) 中，将 $\varepsilon$ 各阶项进行合并同类项且令其为 0，得到

$$\varepsilon^0:\tilde{\boldsymbol{K}}_0\dot{\boldsymbol{z}}_0=\tilde{\boldsymbol{K}}_0\boldsymbol{z}_0+\hat{\boldsymbol{f}}_0$$

$$
\begin{aligned}
&\boldsymbol{\varepsilon}^1: \tilde{\boldsymbol{K}}_0\dot{\boldsymbol{z}}_1+\tilde{\boldsymbol{K}}_1\dot{\boldsymbol{z}}_0=\boldsymbol{P}_0\boldsymbol{z}_1+\boldsymbol{P}_1\boldsymbol{z}_0+\hat{\boldsymbol{f}}_1\\
&\boldsymbol{\varepsilon}^2: \tilde{\boldsymbol{K}}_0\dot{\boldsymbol{z}}_2+\tilde{\boldsymbol{K}}_1\dot{\boldsymbol{z}}_1+\tilde{\boldsymbol{K}}_2\dot{\boldsymbol{z}}_0=\boldsymbol{P}_0\boldsymbol{z}_2+\boldsymbol{P}_1\boldsymbol{z}_1+\boldsymbol{P}_2\boldsymbol{z}_0+\hat{\boldsymbol{f}}_2\\
&\boldsymbol{\varepsilon}^3: \tilde{\boldsymbol{K}}_0\dot{\boldsymbol{z}}_3+\tilde{\boldsymbol{K}}_1\dot{\boldsymbol{z}}_2+\tilde{\boldsymbol{K}}_2\dot{\boldsymbol{z}}_2+\tilde{\boldsymbol{K}}_3\dot{\boldsymbol{z}}_0=\boldsymbol{P}_0\boldsymbol{z}_3+\boldsymbol{P}_1\boldsymbol{z}_2+\boldsymbol{P}_2\boldsymbol{z}_2+\boldsymbol{P}_3\boldsymbol{z}_0+\hat{\boldsymbol{f}}_3\\
&\vdots\\
&\boldsymbol{\varepsilon}^n: \tilde{\boldsymbol{K}}_0\dot{\boldsymbol{z}}_n+\tilde{\boldsymbol{K}}_1\dot{\boldsymbol{z}}_{n-1}+\cdots+\tilde{\boldsymbol{K}}_{n-1}\dot{\boldsymbol{z}}_1+\tilde{\boldsymbol{K}}_n\dot{\boldsymbol{z}}_0=\boldsymbol{P}_0\boldsymbol{z}_n+\boldsymbol{P}_1\boldsymbol{z}_{n-1}+\cdots\\
&\qquad+\boldsymbol{P}_{n-1}\boldsymbol{z}_1+\boldsymbol{P}_n\boldsymbol{z}_0+\hat{\boldsymbol{f}}_n
\end{aligned}
\tag{6.186}
$$

在求解组式 (6.186) 时，应从 $\boldsymbol{\varepsilon}^0$ 式开始依次求解。一般来说，可忽略高阶项，即取至 $\boldsymbol{\varepsilon}^1$，从而得到扰动线性 Birkhoff 方程的摄动方程，进一步可通过保辛算法对相关方程进行数值求解，除了确定性扰动外，该方法还能够推广至考虑随机不确定性与区间不确定性的情况，具体流程方法将在后续部分进行详述。

### 6.5.3　随机线性 Birkhoff 方程的保辛参数摄动法

考虑 $s$ 维基本随机变量 $\boldsymbol{x}^{\mathrm{R}}$，其中包括随机结构参数和随机载荷参数，这些随机参数的概率统计特性是已知的，由于 $\tilde{\boldsymbol{K}}$、$\boldsymbol{P}$、$\hat{\boldsymbol{f}}$ 和 $\boldsymbol{z}$ 可以分别用 $\tilde{\boldsymbol{K}}\left(\boldsymbol{x}^{\mathrm{R}}\right)$、$\boldsymbol{P}\left(\boldsymbol{x}^{\mathrm{R}}\right)$、$\hat{\boldsymbol{f}}\left(\boldsymbol{x}^{\mathrm{R}}\right)$ 和 $\boldsymbol{z}\left(\boldsymbol{x}^{\mathrm{R}}\right)$ 来描述，因此它们同样具有随机不确定性。下面给出随机参数摄动方法求解 Birkhoff 系统动力响应的均值与标准差。

首先将 $\boldsymbol{x}^{\mathrm{R}}$ 表示为随机变量 [165]

$$
\boldsymbol{x}^{\mathrm{R}}=\boldsymbol{x}_{\mathrm{d}}+\boldsymbol{\varepsilon}\boldsymbol{x}_{\mathrm{r}} \tag{6.187}
$$

进而将随机的 Birkhoff 矩阵 $\boldsymbol{K}$、特征控制矩阵 $\boldsymbol{P}$、载荷向量 $\hat{\boldsymbol{f}}$ 和位移向量 $\boldsymbol{z}$ 写作

$$
\begin{aligned}
&\tilde{\boldsymbol{K}}=\tilde{\boldsymbol{K}}_{\mathrm{d}}+\boldsymbol{\varepsilon}\tilde{\boldsymbol{K}}_{\mathrm{r}},\quad \hat{\boldsymbol{f}}=\hat{\boldsymbol{f}}_{\mathrm{d}}+\boldsymbol{\varepsilon}\hat{\boldsymbol{f}}_{\mathrm{r}}\\
&\boldsymbol{P}=\boldsymbol{P}_{\mathrm{d}}+\boldsymbol{\varepsilon}\boldsymbol{P}_{\mathrm{r}},\quad \boldsymbol{z}=\boldsymbol{z}_{\mathrm{d}}+\boldsymbol{\varepsilon}\boldsymbol{z}_{\mathrm{r}}
\end{aligned}
\tag{6.188}
$$

其中 $\boldsymbol{\varepsilon}$ 是一个小参数；下标为 d 的部分表示随机变量中的确定性部分，即均值；下标为 r 的部分表示随机变量中的随机摄动部分，且具有零均值。由于小参数假设，这里要求随机部分需要比确定性部分小得多。

式 (6.187)、(6.188) 即为 $\boldsymbol{x}^{\mathrm{R}}$、$\tilde{\boldsymbol{K}}$、$\boldsymbol{P}$、$\hat{\boldsymbol{f}}$ 与响应 $\boldsymbol{z}$ 的随机摄动形式，与式 (6.186) 比较可知，将随机摄动形式取至一阶摄动项。对 $\boldsymbol{x}^{\mathrm{R}}$、$\tilde{\boldsymbol{K}}$、$\boldsymbol{P}$、$\hat{\boldsymbol{f}}$ 与响应 $\boldsymbol{z}$ 两侧取数学期望，可以得到

$$
\begin{aligned}
&E\left[\boldsymbol{x}^{\mathrm{R}}\right]=E\left[\boldsymbol{x}_{\mathrm{d}}\right]+\boldsymbol{\varepsilon}E\left[\boldsymbol{x}_{\mathrm{r}}\right]=\boldsymbol{x}_{\mathrm{d}}=\mu\left(\boldsymbol{x}^{\mathrm{R}}\right)\\
&E\left[\boldsymbol{z}\right]=E\left[\boldsymbol{z}_{\mathrm{d}}\right]+\boldsymbol{\varepsilon}E\left[\boldsymbol{z}_{\mathrm{r}}\right]=\boldsymbol{z}_{\mathrm{d}}=\boldsymbol{z}\left(\boldsymbol{x}_{\mathrm{d}}\right)
\end{aligned}
$$

$$E\left[\tilde{\boldsymbol{K}}\right]=E\left[\tilde{\boldsymbol{K}}_{\rm d}\right]+\boldsymbol{\varepsilon}E\left[\tilde{\boldsymbol{K}}_{\rm r}\right]=\tilde{\boldsymbol{K}}_{\rm d}=\tilde{\boldsymbol{K}}\left(\boldsymbol{x}_{\rm d}\right) \tag{6.189}$$

$$E\left[\boldsymbol{P}\right]=E\left[\boldsymbol{P}_{\rm d}\right]+\boldsymbol{\varepsilon}E\left[\boldsymbol{P}_{\rm r}\right]=\boldsymbol{P}_{\rm d}=\boldsymbol{P}\left(\boldsymbol{x}_{\rm d}\right)$$

$$E\left[\hat{\boldsymbol{f}}\right]=E\left[\hat{\boldsymbol{f}}_{\rm d}\right]+\boldsymbol{\varepsilon}E\left[\hat{\boldsymbol{f}}_{\rm r}\right]=\hat{\boldsymbol{f}}_{\rm d}=\hat{\boldsymbol{f}}\left(\boldsymbol{x}_{\rm d}\right)$$

同理，对随机参数 $\boldsymbol{x}^{\rm R}$ 与响应 $\boldsymbol{z}$ 两侧取方差，根据 Kronecker 代数以及相应的随机分析理论，得到

$$\operatorname{Var}\left(\boldsymbol{x}^{\rm R}\right)=E\left[\left(\boldsymbol{x}^{\rm R}-E\left(\boldsymbol{x}^{\rm R}\right)\right)^{[2]}\right]=\boldsymbol{\varepsilon}^2E\left[\boldsymbol{x}_{\rm r}^{[2]}\right] \tag{6.190}$$

$$\operatorname{Var}\left(\boldsymbol{z}\right)=E\left[\left(\boldsymbol{z}-E\left(\boldsymbol{z}\right)\right)^{[2]}\right]=\boldsymbol{\varepsilon}^2E\left[\boldsymbol{z}_{\rm r}^{[2]}\right] \tag{6.191}$$

其中 $(\cdot)^{[2]}=(\cdot)\otimes(\cdot)$ 为 Kronecker 幂，符号 $\otimes$ 为 Kronecker 积，如果 $\boldsymbol{A}=(a_{ij})_{m\times n}$，$\boldsymbol{B}=(b_{ij})_{p\times q}$，那么

$$\boldsymbol{A}\otimes\boldsymbol{B}=\begin{pmatrix} a_{11}\boldsymbol{B} & a_{12}\boldsymbol{B} & \cdots & a_{1n}\boldsymbol{B} \\ a_{21}\boldsymbol{B} & a_{22}\boldsymbol{B} & \cdots & a_{2n}\boldsymbol{B} \\ \cdots & \cdots & & \cdots \\ a_{m1}\boldsymbol{B} & a_{m2}\boldsymbol{B} & \cdots & a_{mn}\boldsymbol{B} \end{pmatrix}_{mp\times nq} \tag{6.192}$$

因此，$\operatorname{Var}(\cdot)$ 的形式和维数与 $(\cdot)^{[2]}$ 一致，其中同时包含方差与协方差。

将摄动展开列式 (6.186) 取至一阶展开并将式 (6.187)、(6.188) 代入，得到

$$\boldsymbol{\varepsilon}^0:\tilde{\boldsymbol{K}}_{\rm d}\dot{\boldsymbol{z}}_{\rm d}=\boldsymbol{P}_{\rm d}\boldsymbol{z}_{\rm d}+\hat{\boldsymbol{f}}_{\rm d} \tag{6.193}$$

$$\boldsymbol{\varepsilon}^1:\tilde{\boldsymbol{K}}_{\rm d}\dot{\boldsymbol{z}}_{\rm r}+\tilde{\boldsymbol{K}}_{\rm r}\dot{\boldsymbol{z}}_{\rm d}=\boldsymbol{P}_{\rm d}\boldsymbol{z}_{\rm r}+\boldsymbol{P}_{\rm r}\boldsymbol{z}_{\rm d}+\hat{\boldsymbol{f}}_{\rm r} \tag{6.194}$$

$\boldsymbol{\varepsilon}^0$ 部分即为确定性情形下的 Birkhoff 方程，可以通过相应的 Birkhoff 保辛算法求解得到响应的均值。$\boldsymbol{\varepsilon}^1$ 阶方程中包含了响应随机不确定性部分，然而仅通过已知随机参数的前两阶矩，即均值与方差，无法对该方程进行求解，也就无法得到响应的二阶矩部分，需要将方程形式加以变换。

将 $\tilde{\boldsymbol{K}}\left(\boldsymbol{x}^{\rm R}\right)$、$\boldsymbol{P}\left(\boldsymbol{x}^{\rm R}\right)$、$\hat{\boldsymbol{f}}\left(\boldsymbol{x}^{\rm R}\right)$ 和 $\boldsymbol{z}\left(\boldsymbol{x}^{\rm R}\right)$ 在 $\boldsymbol{x}_{\rm d}$ 处进行 Taylor 级数一阶展开，得到

$$\begin{aligned} &\tilde{\boldsymbol{K}}=\tilde{\boldsymbol{K}}_{\rm d}+\boldsymbol{\varepsilon}\sum_{i=1}^{s}\left(\frac{\partial\tilde{\boldsymbol{K}}}{\partial x_i}x_{\rm r}^{(i)}\right),\quad \hat{\boldsymbol{f}}=\hat{\boldsymbol{f}}_{\rm d}+\boldsymbol{\varepsilon}\sum_{i=1}^{s}\left(\frac{\partial\hat{\boldsymbol{f}}}{\partial x_i}x_{\rm r}^{(i)}\right) \\ &\boldsymbol{P}=\boldsymbol{P}_{\rm d}+\boldsymbol{\varepsilon}\sum_{i=1}^{s}\left(\frac{\partial\boldsymbol{P}}{\partial x_i}x_{\rm r}^{(i)}\right),\quad \boldsymbol{z}=\boldsymbol{z}_{\rm d}+\boldsymbol{\varepsilon}\sum_{i=1}^{s}\left(\frac{\partial\boldsymbol{z}}{\partial x_i}x_{\rm r}^{(i)}\right) \end{aligned} \tag{6.195}$$

将式 (6.195) 代回式 (6.191)，得到

$$\mathrm{Var}\left(\boldsymbol{z}\right)=\boldsymbol{\varepsilon}^2E\left[\left(\frac{\partial\boldsymbol{z}}{\partial\boldsymbol{x}^{\mathrm{T}}}\mid_{\boldsymbol{x}=\boldsymbol{x}_{\mathrm{d}}}\right)^{[2]}\boldsymbol{x}_{\mathrm{r}}^{[2]}\right]\boldsymbol{z}_{\mathrm{r}}=\left(\frac{\partial\boldsymbol{z}}{\partial\boldsymbol{x}^{\mathrm{T}}}\mid_{\boldsymbol{x}=\boldsymbol{x}_{\mathrm{d}}}\right)^{[2]}\mathrm{Var}\left(\boldsymbol{x}\right) \tag{6.196}$$

当不考虑随机变量之间的相关性时，协方差 $\mathrm{Cov}\left(x_i,x_i'\right)=0\ \left(i\neq i'\right)$，此时用于计算方差的式 (6.196) 可进一步简化为

$$\sigma^2\left(z_p\right)=\sum_i^s\left[\left(\frac{\partial\boldsymbol{z}}{\partial x_i}\mid_{\boldsymbol{x}=\boldsymbol{x}_{\mathrm{d}}}\right)^2\sigma^2\left(x_i\right)\right],\quad p=1,2,\cdots,2n \tag{6.197}$$

为此，需要响应关于各随机变量的灵敏度信息，将式 (6.195) 代回式 (6.194)，按 $x_{\mathrm{r}}^{(i)}\ (i=1,2,\cdots,s)$ 合并同类项可得如下随机参数摄动方程

$$\tilde{\boldsymbol{K}}_{\mathrm{d}}\frac{\partial\boldsymbol{z}_{x_i}'}{\partial t}=\boldsymbol{P}_{\mathrm{d}}\boldsymbol{z}_{x_i}'+\boldsymbol{P}_{x_i}'\boldsymbol{z}_{\mathrm{d}}+\hat{\boldsymbol{f}}_{x_i}'-\tilde{\boldsymbol{K}}_{x_i}'\dot{\boldsymbol{z}}_{\mathrm{d}},\quad i=1,2,\cdots,s \tag{6.198}$$

其中 $\boldsymbol{z}_{x_i}'=\partial\boldsymbol{z}/\partial x_i$，$\tilde{\boldsymbol{K}}'{}_{x_i}=\partial\tilde{\boldsymbol{K}}\left(x_{\mathrm{d}}\right)/\partial x_i$，$\boldsymbol{P}_{x_i}'=\partial\boldsymbol{P}\left(\boldsymbol{x}_{\mathrm{d}}\right)/\partial x_i$，$\hat{\boldsymbol{f}}_{x_i}'=\partial\hat{\boldsymbol{f}}\left(\boldsymbol{x}_{\mathrm{d}}\right)$ $/\partial x_i$，利用式 (6.198) 可以求得

$$\frac{\partial\boldsymbol{z}}{\partial\boldsymbol{x}^{\mathrm{T}}}\mid_{\boldsymbol{x}=\boldsymbol{x}_{\mathrm{d}}}=\left[\frac{\partial\boldsymbol{z}}{\partial x_1},\frac{\partial\boldsymbol{z}}{\partial x_2},\cdots,\frac{\partial\boldsymbol{z}}{\partial x_s}\right]\mid_{\boldsymbol{x}=\boldsymbol{x}_{\mathrm{d}}} \tag{6.199}$$

进而根据式 (6.193)、(6.197) 求得响应 $\boldsymbol{z}$ 的均值和方差。

观察方程 (6.198)，它在形式上与线性 Birkhoff 方程 (6.193) 相似，仅变量与非齐次项不同，因此只需将式 (6.184) 中 Birkhoff 函数与 Birkhoff 函数组中的变量类型与非齐次项 $\boldsymbol{\varphi}$(或 $\boldsymbol{\xi}$) 做出相应调整，即可构造出与随机参数摄动方程 (6.198) 对应的 Birkhoff 函数与 Birkhoff 函数组，即

$$\begin{aligned}&B_{\mathrm{new}}=B-\boldsymbol{z}^{\mathrm{T}}\boldsymbol{\varphi}+\boldsymbol{z}^{\mathrm{T}}\left(\boldsymbol{P}_{x_i}'\boldsymbol{z}_{\mathrm{d}}+\hat{\boldsymbol{f}}_{x_i}'-\tilde{\boldsymbol{K}}'{}_{x_i}\dot{\boldsymbol{z}}_{\mathrm{d}}\right)\\&\boldsymbol{R}_{\mathrm{new}}=\boldsymbol{R}-t\boldsymbol{\xi}\end{aligned} \tag{6.200}$$

方程 (6.198) 也属于线性 Birkhoff 方程，因此可以利用 Birkhoff 保辛算法分别对上述零阶随机摄动方程以及一阶随机参数摄动方程进行高精度数值求解，进而获得响应均值和标准差。

### 6.5.4 区间线性 Birkhoff 方程的保辛参数摄动法

当样本数量不足以推测不确定性参数的概率分布特征时，需要将这些不确定性参数考虑为非概率区间参数 [166]。假设不确定性 Birkhoff 系统中存在区间参数

$\boldsymbol{x}^{\mathrm{I}}=[\underline{\boldsymbol{x}},\overline{\boldsymbol{x}}]$，因此 $\tilde{\boldsymbol{K}},\boldsymbol{P},\hat{\boldsymbol{f}},\boldsymbol{z}$ 也具有区间不确定性，应当使用区间载荷或区间向量 $\tilde{\boldsymbol{K}}^{\mathrm{I}},\boldsymbol{P}^{\mathrm{I}},\hat{\boldsymbol{f}}^{\mathrm{I}},\boldsymbol{z}^{\mathrm{I}}$ 进行定量化描述。

将区间参数 $\boldsymbol{x}^{\mathrm{I}}$ 用以下形式表示

$$\boldsymbol{x}^{\mathrm{I}}=\boldsymbol{x}^{\mathrm{c}}+\delta\boldsymbol{x}^{\mathrm{I}}=\boldsymbol{x}^{\mathrm{c}}+\boldsymbol{\varepsilon}^{\mathrm{I}}\Delta\boldsymbol{x} \tag{6.201}$$

$$x_i^{\mathrm{I}}=x_i^{\mathrm{c}}+\delta x_i^{\mathrm{I}}=x_i^{\mathrm{c}}+\boldsymbol{\varepsilon}_i^{\mathrm{I}}\Delta x_i,\quad i=1,2,\cdots,s \tag{6.202}$$

其中 $x_i^{\mathrm{c}}=m\left(x_i^{\mathrm{c}}\right)=(\overline{x}_i+\underline{x}_i)/2$ 为区间中值，$\Delta x=\operatorname{rad}\left(x_i^{\mathrm{I}}\right)=(\overline{x}_i-\underline{x}_i)/2$ 为区间半径，$\boldsymbol{\varepsilon}_i^{\mathrm{I}}=[-1,1]$ 为单位区间。

设 $\boldsymbol{\varepsilon}_i\in\boldsymbol{\varepsilon}_i^{\mathrm{I}}$，则 Birkhoff 矩阵 $\tilde{\boldsymbol{K}}$、特征控制矩阵 $\boldsymbol{P}$ 载荷向量 $\hat{\boldsymbol{f}}$ 和位移向量 $\boldsymbol{z}$ 可以写作

$$\begin{aligned}
&\tilde{\boldsymbol{K}}\left(x_i\right)=\tilde{\boldsymbol{K}}\left(\varepsilon_i\right)=\tilde{\boldsymbol{K}}_0+\boldsymbol{\varepsilon}_i^1\tilde{\boldsymbol{K}}_1+\boldsymbol{\varepsilon}_i^2\tilde{\boldsymbol{K}}_2+\cdots\\
&\boldsymbol{P}\left(x_i\right)=\boldsymbol{P}\left(\varepsilon_i\right)=\boldsymbol{P}_0+\boldsymbol{\varepsilon}_i^1\boldsymbol{P}_1+\boldsymbol{\varepsilon}_i^2\boldsymbol{P}_2+\cdots\\
&\hat{\boldsymbol{f}}\left(x_i\right)=\hat{\boldsymbol{f}}\left(\varepsilon_i\right)=\hat{\boldsymbol{f}}_0+\boldsymbol{\varepsilon}_i^1\hat{\boldsymbol{f}}_1+\boldsymbol{\varepsilon}_i^2\hat{\boldsymbol{f}}_2+\cdots\\
&\boldsymbol{z}\left(x_i\right)=\boldsymbol{z}\left(\varepsilon_i\right)=\boldsymbol{z}_0+\boldsymbol{\varepsilon}_i^1\boldsymbol{z}_1+\boldsymbol{\varepsilon}_i^2\boldsymbol{z}_2+\cdots,\quad i=1,2,\cdots,s
\end{aligned} \tag{6.203}$$

对于任一 $\boldsymbol{\varepsilon}_i$，将式 (6.203) 代入式 (6.186)，取至一阶摄动

$$\begin{aligned}
&\boldsymbol{\varepsilon}_i^0:\tilde{\boldsymbol{K}}_0\dot{\boldsymbol{z}}_0=\boldsymbol{P}_0\boldsymbol{z}_0+\hat{\boldsymbol{f}}_0\\
&\boldsymbol{\varepsilon}_i^1:\tilde{\boldsymbol{K}}_0\dot{\boldsymbol{z}}_1+\tilde{\boldsymbol{K}}_1\dot{\boldsymbol{z}}_0=\boldsymbol{P}_0\boldsymbol{z}_1+\boldsymbol{P}_1\boldsymbol{z}_0+\hat{\boldsymbol{f}}_1
\end{aligned} \tag{6.204}$$

方程组 (6.204) 为 $\boldsymbol{z}$ 的一阶摄动递推公式，这里的一阶是指式 (6.203) 中各项矩阵或向量展开至一阶。至于 $\tilde{\boldsymbol{K}}_0,\boldsymbol{P}_0,\hat{\boldsymbol{f}}_0,\boldsymbol{z}_0$ 和 $\tilde{\boldsymbol{K}}_1,\boldsymbol{P}_1,\hat{\boldsymbol{f}}_1,\boldsymbol{z}_1$ 的确定，则通过 Taylor 级数展开来获得。分别将 $\tilde{\boldsymbol{K}}\left(x_i\right),\boldsymbol{P}\left(x_i\right),\hat{\boldsymbol{f}}\left(x_i\right),\boldsymbol{z}\left(x_i\right)$ 在中值 $x_i^{\mathrm{c}}$ 处一阶 Taylor 展开

$$\begin{aligned}
&\tilde{\boldsymbol{K}}\left(x_i\right)=\tilde{\boldsymbol{K}}\left(x_i^{\mathrm{c}}\right)+\tilde{\boldsymbol{K}}_{x_i}'\varepsilon_i\Delta x_i,\quad \hat{\boldsymbol{f}}\left(x_i\right)=\hat{\boldsymbol{f}}\left(x_i^{\mathrm{c}}\right)+\hat{\boldsymbol{f}}_{x_i}'\varepsilon_i\Delta x_i\\
&\boldsymbol{P}\left(x_i\right)=\boldsymbol{P}\left(x_i^{\mathrm{c}}\right)+P_{x_i}'\varepsilon_i\Delta x_i,\quad \boldsymbol{z}\left(x_i\right)=\boldsymbol{z}\left(x_i^{\mathrm{c}}\right)+\boldsymbol{z}_{x_i}'\varepsilon_i\Delta x_i
\end{aligned} \tag{6.205}$$

由此可获取摄动方程中各项的信息，可建立区间 Birkhoff 方程的区间参数摄动方程

$$\tilde{\boldsymbol{K}}\left(x_i^{\mathrm{c}}\right)\dot{\boldsymbol{z}}\left(x_i^{\mathrm{c}}\right)=\boldsymbol{P}\left(x_i^{\mathrm{c}}\right)\boldsymbol{z}\left(x_i^{\mathrm{c}}\right)+\hat{\boldsymbol{f}}\left(x_i^{\mathrm{c}}\right) \tag{6.206}$$

$$\tilde{\boldsymbol{K}}\frac{\partial\boldsymbol{z}_{x_i}'}{\partial t}=\boldsymbol{P}\boldsymbol{z}_{x_i}'+\boldsymbol{P}_{x_i}'\boldsymbol{z}+\hat{\boldsymbol{f}}_{x_i}'-\tilde{\boldsymbol{K}}_{x_i}'\dot{\boldsymbol{z}},\quad i=1,2,\cdots,s \tag{6.207}$$

正如 6.5.3 节所述，方程 (6.206)、(6.207) 能够通过 Birkhoff 系统保辛算法进行数值求解，利用方程 (6.207) 能够对每一个区间参数 $x_i$ 所对应的 $\boldsymbol{z}_{x_i}'$ 进行求

解，从而根据式 (6.203) 写出 $\boldsymbol{z}$ 关于第 $i$ 个区间参数 $x_i$ 的界值

$$\begin{aligned}\overline{\boldsymbol{z}}\left(x_i\right) &= \max\left\{\boldsymbol{z}\left(x_i^{\mathrm{c}}\right) + \boldsymbol{\varepsilon}_i \Delta x_i \boldsymbol{z}_{x_i}'\left(x_i^{\mathrm{c}}\right),\ \boldsymbol{\varepsilon}_i \in [-1,1]\right\} \\ \underline{\boldsymbol{z}}\left(x_i\right) &= \min\left\{\boldsymbol{z}\left(x_i^{\mathrm{c}}\right) + \boldsymbol{\varepsilon}_i \Delta x_i \boldsymbol{z}_{x_i}'\left(x_i^{\mathrm{c}}\right),\ \boldsymbol{\varepsilon}_i \in [-1,1]\right\}\end{aligned} \tag{6.208}$$

在区间参数摄动法中，$\boldsymbol{z}\left(x_i\right)$ 是关于 $\boldsymbol{\varepsilon}_i$ 的线性函数，因此能够通过区间扩张方法得到 $\boldsymbol{z}\left(x_i^{\mathrm{I}}\right)$ 的上下界，即

$$\begin{aligned}\overline{\boldsymbol{z}}\left(x_i^{\mathrm{I}}\right) &= \boldsymbol{z}\left(x_i^{\mathrm{c}}\right) + \left|\boldsymbol{z}_{x_i}'\left(x_i^{\mathrm{c}}\right)\right| \Delta x_i \\ \underline{\boldsymbol{z}}\left(x_i^{\mathrm{I}}\right) &= \boldsymbol{z}\left(x_i^{\mathrm{c}}\right) - \left|\boldsymbol{z}_{x_i}'\left(x_i^{\mathrm{c}}\right)\right| \Delta x_i\end{aligned} \tag{6.209}$$

需要注意的是，考虑参数 $x_i$ 的摄动时，$\boldsymbol{x}$ 中包含的其他参数在上述计算中的取值应为区间中值。式 (6.209) 为 Birkhoff 系统在单一区间不确定性参数影响下，响应 $\boldsymbol{z}$ 的界限计算公式，当系统中存在 $s$ 个区间不确定性参数时，基于多元函数 Taylor 级数展开的一阶形式

$$\boldsymbol{z}\left(\boldsymbol{x}^{\mathrm{I}}\right) = \boldsymbol{z}\left(\boldsymbol{x}^{\mathrm{c}}\right) + \sum_{i}^{s} \left.\frac{\partial \boldsymbol{z}}{\partial x_i}\right|_{\boldsymbol{x}=\boldsymbol{x}^{\mathrm{c}}} \boldsymbol{\varepsilon}_i \Delta x_i + O\left(\boldsymbol{\varepsilon}_i^2 \Delta x_i^2\right) \tag{6.210}$$

利用区间扩张方法，响应 $\boldsymbol{z}\left(\boldsymbol{x}^{\mathrm{I}}\right) = \boldsymbol{z}\left(x_1^{\mathrm{I}}, x_2^{\mathrm{I}}, \cdots, x_{\mathrm{s}}^{\mathrm{I}}\right)$ 上下界为

$$\begin{aligned}\overline{\boldsymbol{z}}\left(\boldsymbol{x}^{\mathrm{I}}\right) &= \boldsymbol{z}\left(\boldsymbol{x}^{\mathrm{c}}\right) + \sum_{i=1}^{s} \left|\boldsymbol{z}_{x_i}'\left(\boldsymbol{x}^{\mathrm{c}}\right)\right| \Delta x_i \\ \underline{\boldsymbol{z}}\left(\boldsymbol{x}^{\mathrm{I}}\right) &= \boldsymbol{z}\left(\boldsymbol{x}^{\mathrm{c}}\right) - \sum_{i=1}^{s} \left|\boldsymbol{z}_{x_i}'\left(\boldsymbol{x}^{\mathrm{c}}\right)\right| \Delta x_i\end{aligned} \tag{6.211}$$

综上，通过 Birkhoff 保辛算法求解零阶摄动方程 (6.206) 和一阶摄动方程 (6.207)，可以分别得到响应的区间中值和灵敏度信息 $\boldsymbol{z}_{x_i}'$，然后由式 (6.211) 可求得响应的区间半径。

### 6.5.5　随机方法与区间方法的对比

根据式 (6.193)、(6.197) 和式 (6.211)，在分别考虑随机与区间不确定性参数的情况下，能够求解 Birkhoff 系统响应的统计矩 (均值和方差) 与界值 (区间上下界) 信息。虽然能够选择利用概率论、区间数学等不同方法对 Birkhoff 系统中的不确定性参数进行数值化处理，但由于系统内的不确定性是客观存在的，因此针对同一不确定性 Birkhoff 系统，利用随机方法与区间方法求解的不确定性响应数值结果之间理应具有相容性。本小节将不确定性 Birkhoff 系统中的不确定性参数分别表示为随机变量与区间数，基于 Chebyshev 不等式，定义响应概率边界，通

过比较随机摄动法与区间摄动法计算得到的不确定性响应边界，讨论了二者之间的相容性 [155]。

由式 (6.189)、(6.197) 可以写出随机不确定性 Birkhoff 系统的响应 $\boldsymbol{z}$ 的均值与方差为

$$\mu(\boldsymbol{z})=\boldsymbol{z}_{\mathrm{d}}=\boldsymbol{z}(\boldsymbol{x}_{\mathrm{d}}) \tag{6.212}$$

$$\sigma^2(\boldsymbol{z})=\sum_{i=1}^{s}\left(\boldsymbol{z}'_{x_i}(\boldsymbol{x}^{\mathrm{c}})\right)^2\sigma^2(x_i) \tag{6.213}$$

其中平方运算定义为：如果 $\boldsymbol{A}=(a_{ij})_{m\times n}$，则 $\boldsymbol{A}^2=\left(a_{ij}^2\right)_{m\times n}$。由 Chebyshev 不等式 [155]，对正整数 $k$ 有

$$P\{|\boldsymbol{z}-\mu(\boldsymbol{z})|<k\sigma(\boldsymbol{z})\}\geqslant 1-\frac{1}{k^2} \tag{6.214}$$

即响应 $\boldsymbol{z}\left(\boldsymbol{x}^{\mathrm{R}}\right)$ 落在区间 $[\mu(\boldsymbol{z})-k\sigma(\boldsymbol{z}),\mu(\boldsymbol{z})+k\sigma(\boldsymbol{z})]$ 内的概率不少于 $1-1/k^2$。

根据不等式 (6.214)，给定 $k$ 值，便可将区间不确定性参数与随机不确定性参数进行关联，即将随机变量根据其概率分布特征，转化为如下区间变量

$$\boldsymbol{x}^{\mathrm{c}}=m\left(\boldsymbol{x}^{\mathrm{I}}\right)=\mu\left(\boldsymbol{x}^{\mathrm{R}}\right),\quad \boldsymbol{x}_i^{\mathrm{c}}=m\left(\boldsymbol{x}_i^{\mathrm{I}}\right)=\mu\left(\boldsymbol{x}_i^{\mathrm{R}}\right),\quad i=1,2,\cdots,s \tag{6.215}$$

$$\Delta x=\mathrm{rad}\left(\boldsymbol{x}^{\mathrm{I}}\right)=k\sigma\left(\boldsymbol{x}^{\mathrm{R}}\right),\quad \Delta\boldsymbol{x}_i=\mathrm{rad}\left(x_i^{\mathrm{I}}\right)=k\sigma\left(x_i^{\mathrm{R}}\right),\quad i=1,2,\cdots,s \tag{6.216}$$

其中 $\boldsymbol{x}^{\mathrm{R}}=\left(x_i^{\mathrm{R}}\right)$ 表示随机不确定性参数。上述过程针对不确定性 Birkhoff 系统中的相同不确定性参数，分别以随机变量与区间变量的方式对其进行了定量化描述，其中区间变量由随机变量的概率信息获取。

将随机变量作为随机摄动法输入、区间变量作为区间摄动法输入，开展不确定性响应的数值计算。为了将两种方法的计算结果进行比较，针对随机摄动法的计算结果，利用式 (6.212)、(6.213) 推导了响应概率边界

$$\begin{aligned}\underline{\boldsymbol{z}}^{\mathrm{R}}&=\mu(\boldsymbol{z})-k\sigma(\boldsymbol{z})=\boldsymbol{z}(\boldsymbol{x}_{\mathrm{d}})-k\sqrt{\sum_{i=1}^{s}\left(\boldsymbol{z}'_{x_i}(\boldsymbol{x}^{\mathrm{c}})\sigma(x_i)\right)^2}\\ \overline{\boldsymbol{z}}^{\mathrm{R}}&=\mu(\boldsymbol{z})+k\sigma(\boldsymbol{z})=\boldsymbol{z}(\boldsymbol{x}_{\mathrm{d}})+k\sqrt{\sum_{i=1}^{s}\left(\boldsymbol{z}'_{x_i}(\boldsymbol{x}^{\mathrm{c}})\sigma(x_i)\right)^2}\end{aligned} \tag{6.217}$$

其中平方根运算定义为：如果 $\boldsymbol{A}=(a_{ij})_{m\times n}$，则 $\sqrt{\boldsymbol{A}}=\left(\sqrt{a_{ij}}\right)_{m\times n}$。需要说明的是，概率边界是基于随机摄动法计算结果中的均值和方差信息进行定义的，而区

间边界则通过区间摄动法计算结果中的区间中值和半径信息进行定义。基于由概率信息定义的区间输入变量，利用式 (6.211) 计算可得响应的区间上下界

$$
\begin{aligned}
\underline{\boldsymbol{z}}^{\mathrm{I}} &= \boldsymbol{z}^{\mathrm{c}} - \sum_{i=1}^{s} \left|\boldsymbol{z}'_{x_i}\left(\boldsymbol{x}^{\mathrm{c}}\right)\right| \Delta \boldsymbol{x}_i = \boldsymbol{z}\left(\boldsymbol{x}^{\mathrm{c}}\right) - \sum_{i=1}^{s} \left|\boldsymbol{z}'_{x_i}\left(\boldsymbol{x}^{\mathrm{c}}\right)\right| k\sigma\left(x_i\right) \\
\overline{\boldsymbol{z}}^{\mathrm{I}} &= \boldsymbol{z}^{\mathrm{c}} + \sum_{i=1}^{s} \left|\boldsymbol{z}'_{x_i}\left(\boldsymbol{x}^{\mathrm{c}}\right)\right| \Delta \boldsymbol{x}_i = \boldsymbol{z}\left(\boldsymbol{x}^{\mathrm{c}}\right) + \sum_{i=1}^{s} \left|\boldsymbol{z}'_{x_i}\left(\boldsymbol{x}^{\mathrm{c}}\right)\right| k\sigma\left(x_i\right)
\end{aligned} \tag{6.218}
$$

至此便将随机和区间摄动法的响应计算结果通过相同的 $k$ 值进行了关联。为了进一步分析式 (6.217)、(6.218) 中两类不确定性响应边界计算结果的相容性，现证明如下不等式：

对于任意 $a_i \geqslant 0(i=1,2,\cdots,s)$，满足

$$
\sum_{i=1}^{s} a_i \geqslant \sqrt{\sum_{i=1}^{s} a_i^2} \tag{6.219}
$$

**证明**　由于 $a_i \geqslant 0(i=1,2,\cdots,s)$，下列不等式成立

$$
\sum_{\substack{i,j=1 \\ i \neq j}}^{s} a_i a_j \geqslant 0 \tag{6.220}
$$

在式 (6.220) 两侧同时加 $\sum\limits_{i=1}^{s} a_i$，得

$$
\sum_{i=1}^{s} a_i^2 + \sum_{\substack{i,j=1 \\ i \neq j}}^{s} a_i a_j \geqslant \sum_{i=1}^{s} a_i^2 \tag{6.221}
$$

式 (6.221) 简化为

$$
\left(\sum_{i=1}^{s} a_i\right)^2 \geqslant \sum_{i=1}^{s} a_i^2 \tag{6.222}
$$

对不等式 (6.222) 两侧进行平方根运算，能够得到不等式 (6.219)，结论得证。

由式 (6.217)~(6.219)，推导出关系

$$
\sum_{i=1}^{s} \left|\boldsymbol{z}'_{x_i}\left(\boldsymbol{x}^{\mathrm{c}}\right)\right| k\sigma\left(x_i\right) \geqslant \sqrt{\sum_{i=1}^{s} \left(\left|\boldsymbol{z}'_{x_i}\left(\boldsymbol{x}^{\mathrm{c}}\right)\right| k\sigma\left(x_i\right)\right)^2} \tag{6.223}
$$

进而能够得到响应的概率上下界与区间上下界之间的关系

$$\underline{\boldsymbol{z}}^{\mathrm{I}} \leqslant \underline{\boldsymbol{z}}^{\mathrm{R}} \leqslant \overline{\boldsymbol{z}}^{\mathrm{R}} \leqslant \overline{\boldsymbol{z}}^{\mathrm{I}} \tag{6.224}$$

式 (6.224) 说明，对于 Birkhoff 系统中的同一个不确定性参数，分别利用随机和区间方法进行定量描述与数值计算时，由区间摄动法计算得到的响应界限宽度都会大于随机摄动法结果，即区间下界小于概率下界，区间上界大于概率上界。这也是期望得到的结论，因为在随机方法中充分利用了不确定性参数 $\boldsymbol{x}$ 的概率分布特征，不确定性信息更加完整，故计算结果自然更为精细，而区间方法仅仅利用了不确定性参数的上下界信息，其计算结果难免更为保守与粗糙，并且两种方法所得结果之间应当是兼容的。因此，相比于区间方法，由随机方法计算的不确定性响应域 $\Omega^{\mathrm{R}}$ 应更加“狭窄”，并包含于由区间方法计算的响应域 $\Omega^{\mathrm{I}}$，即 $\Omega^{\mathrm{R}} \subseteq \Omega^{\mathrm{I}}$。

### 6.5.6 数值算例

Birkhoff 系统区别于哈密顿系统的重要特点之一是它能够描述含阻尼的耗散系统，具备应用于实际工程结构响应数值计算的潜力。

为了验证本节方法在不确定性结构含阻尼受迫振动的响应数值计算方面的有效性，本例以工程中常见的悬臂梁结构为研究对象，并同时考虑阻尼与外部激励，其中长度 $L=10\mathrm{m}$、弯曲刚度 $EI=4060\mathrm{N}\cdot\mathrm{m}^2$、单位长度质量 $\overline{m}=0.02\mathrm{kg}$、阻尼系数 $\nu=0.02$、承受载荷 $f(t)=p_0\sin(1600\pi t)\,\mathrm{N}$(载荷系数 $p=1$)，挠度为 $w(\ell,t)$。其中 $EI$、$\overline{m}$ 和 $p_0$ 均为不确定性参数，当假设它们为随机变量时，其均值和标准差如表 6.8 所示，当假设为区间变量时，区间范围也列于表 6.8 中。

表 6.8 参数 $EI$、$\overline{m}$ 和 $p_0$ 的不确定性特征

| 参数 | 区间范围 | 均值 | 标准差 |
|---|---|---|---|
| $EI/(\mathrm{N}\cdot\mathrm{m}^2)$ | [3857,4263] | 4060 | 203 |
| $\overline{m}/\mathrm{kg}$ | [0.019,0.021] | 0.02 | 0.001 |
| $p_0$ | [0.95,1.05] | 1 | 0.05 |

由于含阻尼的高维动力学系统的 Birkhoff 方程构造难度较大，因此为了方便 Birkhoff 方程的构造，将悬臂梁看作具有分布柔性的单自由度体系，自由端 ($\ell=L$ 处) 挠度作为广义坐标 $Z(t)$。假设在自由振动时它的挠曲形状函数为

$$\psi(\ell)=1-\cos\frac{\pi\ell}{2L} \tag{6.225}$$

满足 $w(\ell,t)=\psi(\ell)\,\mathrm{Z}(t)$。

根据虚功原理 [109] 建立广义单自由度体系的运动方程

$$\tilde{m}\ddot{Z}(t)+\tilde{\nu}\dot{Z}(t)+\tilde{k}Z(t)=\tilde{f}(t) \tag{6.226}$$

其中

$$
\begin{aligned}
&\tilde{m}=\int_0^L \bar{m}\psi(\ell)^2\mathrm{d}\ell,\quad \tilde{k}=\int_0^L EI\bar{m}\psi''(\ell)^2\ \mathrm{d}\ell\\
&\tilde{\nu}=\nu\int_0^L EI\bar{m}\psi''(\ell)^2\mathrm{d}\ell,\quad \tilde{f}(t)=f\int_0^L \delta(\ell-L)\psi(\ell)\mathrm{d}\ell
\end{aligned}
\tag{6.227}
$$

令 $\boldsymbol{z}=\left(Z,\dot{Z}\right)^{\mathrm{T}}$，利用 Santilli 第一方法 [105] 将其转化为 Birkhoff 形式，其中 Birkhoff 函数组 $\boldsymbol{R}$ 与 Birkhoff 函数 $B$ 分别为

$$
\begin{aligned}
\boldsymbol{R}&=\left[\mathrm{e}^{\frac{\tilde{\nu}}{\tilde{m}}t}\left(\frac{\tilde{k}}{\tilde{\nu}}z_1+z_2\right)-\tilde{k}z_1t,\ \frac{\tilde{m}}{\tilde{\nu}}\mathrm{e}^{\frac{\tilde{\nu}}{\tilde{m}}t}z_2-\tilde{m}z_2t\right]^{\mathrm{T}}\\
&=\mathrm{e}^{\frac{\tilde{\nu}}{\tilde{m}}t}\begin{pmatrix}\tilde{k}/\tilde{\nu} & 1\\ 0 & \tilde{m}/\tilde{\nu}\end{pmatrix}\boldsymbol{z}-\begin{pmatrix}\tilde{k} & 0\\ 0 & \tilde{m}\end{pmatrix}\boldsymbol{z}t
\end{aligned}
\tag{6.228}
$$

$$
B=\frac{1}{2}\left(\tilde{k}z_1^2+\tilde{m}z_2^2\right)-\frac{1}{\tilde{m}}\mathrm{e}^{\frac{\tilde{\nu}}{\tilde{m}}t}z_1\tilde{f}=\frac{1}{2}\boldsymbol{z}^{\mathrm{T}}\begin{pmatrix}\tilde{k} & 0\\ 0 & \tilde{m}\end{pmatrix}\boldsymbol{z}+\boldsymbol{z}^{\mathrm{T}}\mathrm{e}^{\frac{\tilde{\nu}}{\tilde{m}}t}\begin{pmatrix}-\tilde{f}/\tilde{m}\\ 0\end{pmatrix}
\tag{6.229}
$$

于是有式 (6.226) 的线性 Birkhoff 方程形式为

$$
\begin{pmatrix}0 & -\mathrm{e}^{\frac{\tilde{\nu}}{\tilde{m}}t}\\ \mathrm{e}^{\frac{\tilde{\nu}}{\tilde{m}}t} & 0\end{pmatrix}\dot{\boldsymbol{z}}=\mathrm{e}^{\frac{\tilde{\nu}}{\tilde{m}}t}\begin{pmatrix}\dfrac{\tilde{k}}{\tilde{m}} & \dfrac{\tilde{\nu}}{\tilde{m}}\\ 0 & 1\end{pmatrix}\boldsymbol{z}+\mathrm{e}^{\frac{\tilde{\nu}}{\tilde{m}}t}\begin{pmatrix}-\dfrac{\tilde{f}(t)}{\tilde{m}}\\ 0\end{pmatrix}
\tag{6.230}
$$

其中

$$
\tilde{\boldsymbol{K}}=\begin{pmatrix}0 & -\mathrm{e}^{\frac{\tilde{\nu}}{\tilde{m}}t}\\ \mathrm{e}^{\frac{\tilde{\nu}}{\tilde{m}}t} & 0\end{pmatrix},\quad \boldsymbol{P}=\mathrm{e}^{\frac{\tilde{\nu}}{\tilde{m}}t}\begin{pmatrix}\dfrac{\tilde{k}}{\tilde{m}} & \dfrac{\tilde{\nu}}{\tilde{m}}\\ 0 & 1\end{pmatrix},\quad \hat{\boldsymbol{f}}=\mathrm{e}^{\frac{\tilde{\nu}}{\tilde{m}}t}\begin{pmatrix}-\dfrac{\tilde{f}(t)}{\tilde{m}}\\ 0\end{pmatrix}
$$

式 (6.230) 及其摄动方程均属于线性非自治 Birkhoff 方程。本例使用非自治 Birkhoff 保辛差分格式 [109]

$$
\begin{aligned}
&\frac{1}{2}\frac{\partial\boldsymbol{R}^{\mathrm{T}}\left(t^{i-\frac{1}{2}},\boldsymbol{z}^{i-\frac{1}{2}}\right)}{\partial\boldsymbol{z}}\left(\boldsymbol{z}^i-\boldsymbol{z}^{i-1}\right)+\boldsymbol{R}\left(t^{i-\frac{1}{2}},\boldsymbol{z}^{i-\frac{1}{2}}\right)-\frac{\tau}{2}\frac{\partial B\left(t^{i-\frac{1}{2}},\boldsymbol{z}^{i-\frac{1}{2}}\right)}{\partial\boldsymbol{z}}\\
&+\frac{1}{2}\frac{\partial\boldsymbol{R}^{\mathrm{T}}\left(t^{i+\frac{1}{2}},\boldsymbol{z}^{i+\frac{1}{2}}\right)}{\partial\boldsymbol{z}}\left(\boldsymbol{z}^{i+1}-\boldsymbol{z}^i\right)-\boldsymbol{R}\left(t^{i+\frac{1}{2}},\boldsymbol{z}^{i+\frac{1}{2}}\right)-\frac{\tau}{2}\frac{\partial B\left(t^{i+\frac{1}{2}},\boldsymbol{z}^{i+\frac{1}{2}}\right)}{\partial\boldsymbol{z}}=0
\end{aligned}
\tag{6.231}
$$

本例中涉及的线性 Birkhoff 方程都是非自治情形的，即线性 Birkhoff 方程中 Birkhoff 函数 $B$ 以及函数组 $\boldsymbol{R}$ 中显含时间项 $t$，所以通过本例可以验证本节所提随机与区间方法对于含参数不确定性的线性非自治 Birkhoff 方程的不确定性响应预测问题的有效性。此外，由于实际工程系统大多对应着非自治 Birkhoff 系统，因此通过本例也间接说明了该方法具有一定的工程实用价值。

首先对所提 Birkhoff 方法的数值计算精度进行验证，分别利用保辛格式 (6.231) 与同样具有二阶精度但非保辛的传统 Euler 格式对响应的标称值历程进行确定性数值计算。分别取步长 $\tau$ 为 0.05s、0.02s 与 0.01s。将以上两种方法的数值计算结果与式 (6.226) 的精确解进行对比。提取 $t \in [0, 1.5]$ s 的响应，将比较结果分别绘制于图 6.31。

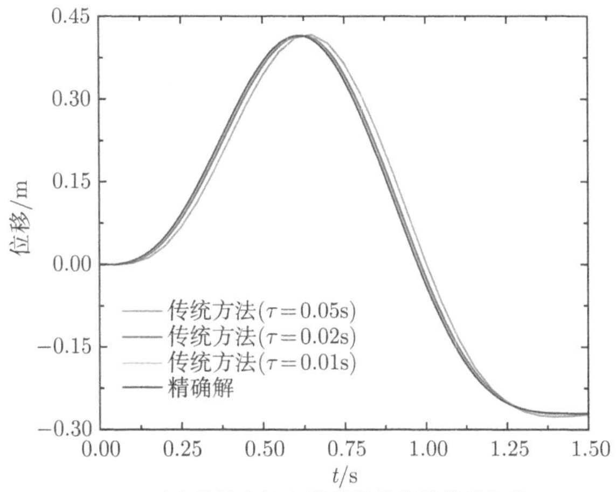


(a) 传统方法与精确解的位移结果比较

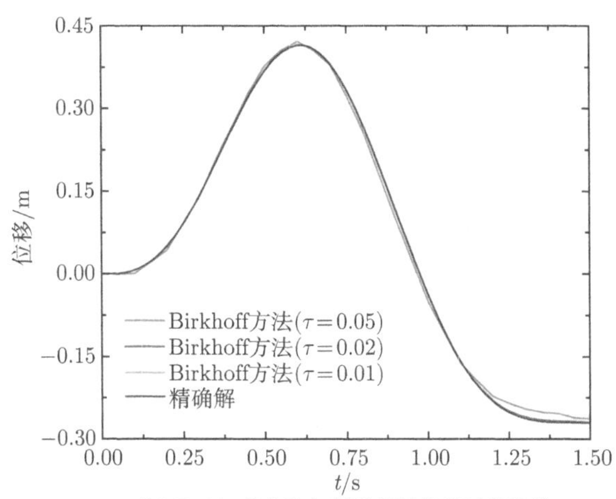


(b) Birkhoff 方法与精确解的位移结果比较

图 6.31　不同方法在不同步长下的位移标称值数值解比较 (扫描彩图见封底二维码)

如图 6.31 所示，显然在相同步长下，所提 Birkhoff 方法与精确解的吻合程度更高，步长取至 0.02s 时即可保证满意的计算精度。而对于非保辛传统方法，虽然随着步长的增加，其数值解逐渐向精确解靠拢，但是仍然表现出相位滞后的特征，在实际工程中可能使得动力响应的极值出现时间预测的不准确，从而导致设计缺陷并危及结构安全。接下来分别使用 Birkhoff 方法与传统方法对结构响应的不确定性边界进行数值预测。考虑到基于非保辛体系的传统算法在计算精度方面的缺陷，将计算步长缩小 ($\tau = 0.005$s) 以达到计算精度要求，并作为参考解以验证本节所提 Birkhoff 方法在解决非自治不确定性问题时的有效性。

如图 6.32～图 6.34 所示，由 Birkhoff 方法计算的不确定性响应边界与传统方法基本一致，并且随机方法与区间方法的计算结果之间存在相容性关系。

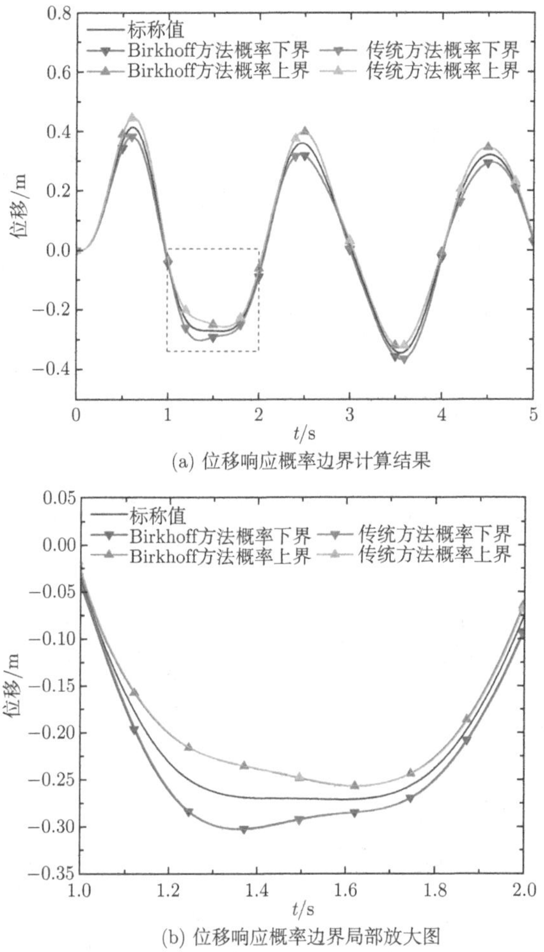

(a) 位移响应概率边界计算结果


(b) 位移响应概率边界局部放大图

图 6.32　本节所提随机方法与传统随机方法得到的位移响应概率边界 (扫描彩图见封底二维码)

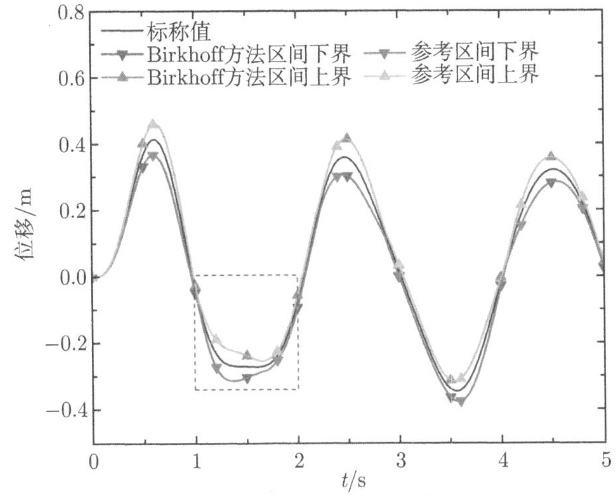


(a) 位移响应区间边界计算结果

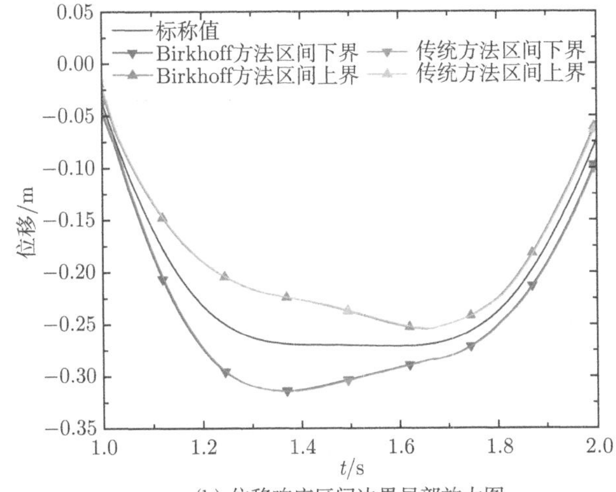


(b) 位移响应区间边界局部放大图

图 6.33 本节所提区间方法与传统区间方法得到的位移响应区间边界 (扫描彩图见封底二维码)

表 6.9 中列举了 $t=1.5\text{s}$ 时刻的计算结果，包括 Birkhoff 方法和传统方法所得不确定性响应边界以及两种方法计算结果之间的相对偏差，最大偏差仅 0.261%，说明了利用本节所提 Birkhoff 方法计算的不确定性响应界限值是合理的。

**表 6.9 $t=1.5\text{s}$ 时刻计算结果对比**

| | 区间下界 | 区间上界 | 概率下界 | 概率上界 |
|---|---|---|---|---|
| Birkhoff 方法/m | −0.30239 | −0.23771 | −0.29139 | −0.24871 |
| 传统方法/m | −0.30316 | −0.23709 | −0.29201 | −0.24823 |
| 相对偏差 | 0.254% | 0.261% | 0.212% | 0.193% |

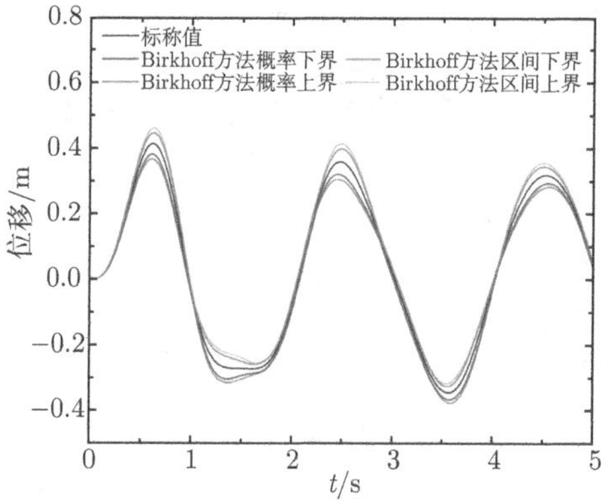


图 6.34　位移的随机和区间响应边界计算结果比较 (扫描彩图见封底二维码)

为了更直观地展示本节所提方法在计算精度方面的优势，分别取步长 $\tau = 0.01\text{s}$ 和 $\tau = 0.02\text{s}$，将计算结果与上述 $\tau = 0.005\text{s}$ 的不确定性响应界限对比，二者偏差值如图 6.35 所示。

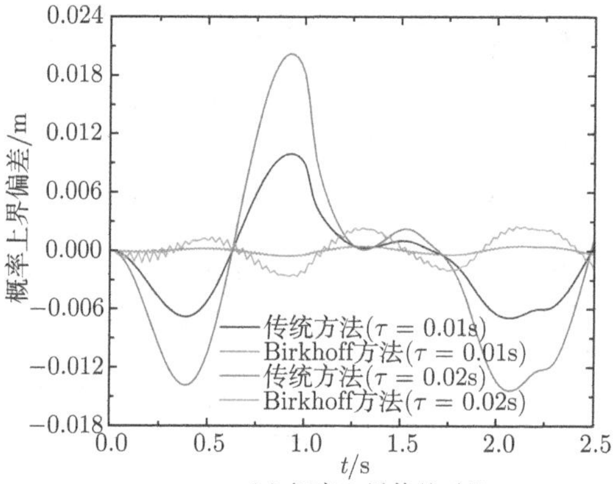


(a) 概率上界偏差对比

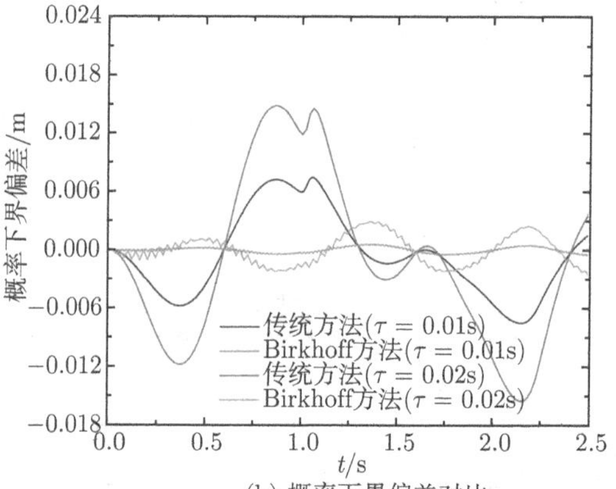


(b) 概率下界偏差对比

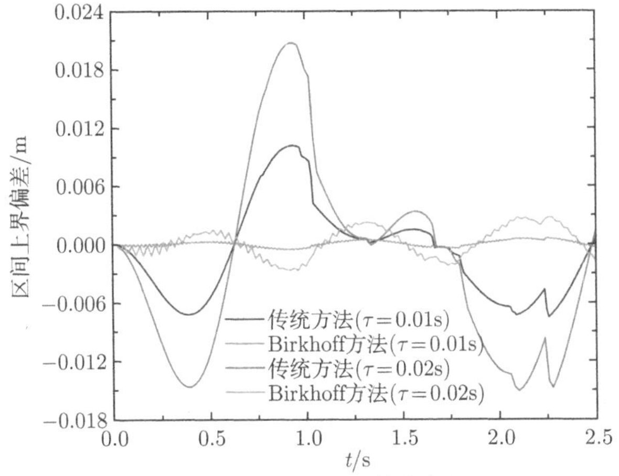


(c) 区间上界偏差对比

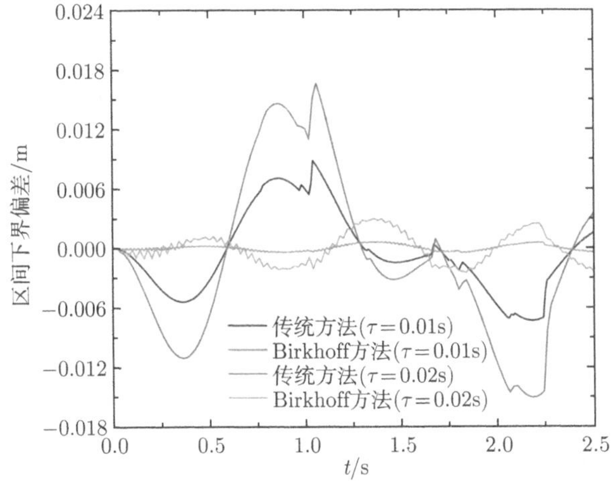


(d) 区间下界偏差对比

图 6.35 本节所提方法与传统方法的计算精度比较 (扫描彩图见封底二维码)

由图 6.35 可见，所提 Birkhoff 方法的计算精度显然优于传统方法，并且对计算步长的敏感度较低，相比之下，传统方法则需要设置较小的计算步长才能保证满意的精度。步长 $\tau = 0.02$s 时 Birkhoff 方法的精度已经高于步长 $\tau = 0.01$s 时传统方法的计算结果，在计算量方面，在相同的计算时间跨度与精度要求下，采用 Birkhoff 方法能够节省 1 倍以上的计算次数，从而降低计算量，增加计算效率。对于高维系统而言，虽然 Birkhoff 方法中矩阵维度显著增高，但考虑到计算机的运算能力，单次计算耗时与传统方法相近，再结合 Birkhoff 方法在计算次数方面的明显优势，因此 Birkhoff 方法在总耗时方面将依然能够提高计算效率。

该算例通过将计算结果和参考解以及传统方法对比，验证了本节给出的不确定性线性 Birkhoff 方程的随机与区间保辛摄动方法的有效性与优越性，并适用于含阻尼项的非自治线性 Birkhoff 方程。通过将随机方法计算的概率边界与区间方法计算的区间边界进行对比，从数值的角度验证了随机方法与区间方法计算结果之间的相容性。此外，通过观察不确定性响应可发现，越靠近极值处，响应的不确定性效应越明显，而结构动力学响应的极值恰恰是重要设计指标之一，由此可知，不确定性对于结构的影响不可忽略，有必要在结构的设计优化环节考虑不确定性。

### 6.5.7 本节小结

本节针对线性 Birkhoff 方程，首先建立了含扰动参数的线性 Birkhoff 方程的摄动方程，基于此，考虑参数不确定性，分别建立了随机与区间不确定性线性 Birkhoff 方程的一阶摄动方程，并证明了摄动方程同样为 Birkhoff 方程，利用 Birkhoff 保辛算法实现响应标称值及其关于不确定性参数灵敏度的保辛数值计算。根据不确定性类型，基于概率理论与区间数学方法分别推导了响应的随机均值和方差以及区间中值和半径的表达式，基于上述过程提出了针对不确定性线性 Birkhoff 方程求解的随机和区间保辛摄动方法。其次，基于 Chebyshev 不等式定义了随机响应的概率边界，将描述不确定性参数的随机、区间变量进行了关联表征，进而将利用随机和区间方法计算的概率边界和区间边界进行了对比，从数学角度证明：针对不确定性客观存在的 Birkhoff 系统，分别使用随机与区间方法对不确定性响应进行数值计算，得到的概率边界与区间边界存在相容关系，即概率上界小于区间上界、概率下界大于区间下界。

利用数值算例，通过与传统方法对比，验证了基于 Birkhoff 系统的保辛算法在计算精度方面的优越性以及所提方法在不确定性响应分析方面的有效性，并适用于实际工程中更为常见的非自治情形，计算得到的概率上界小于区间上界，概率下界大于区间下界，由此验证了所提随机与区间方法的数值结果之间的相容性。综上所述，本节为不确定性线性 Birkhoff 方程的保辛数值求解分别提供了有效的随机与区间方法，并且证明了两种方法计算结果之间的相容性。

## 6.6 基于生成函数法的结构动力响应问题的保辛算法

本节借鉴构建有限维 Birkhoff 系统保辛算法的生成函数法，提出了一种求解结构动力响应问题有限元方程的保辛算法。对于结构动力响应问题，在利用有限元相关理论进行离散后，根据微分形式的动力学方程得到了有限元形式的动力学方程。通过引入对偶变量，根据有限元方程构建了有限维 Birkhoff 系统，其维数是有限元方程的两倍。基于生成函数法提出了求解该 Birkhoff 系统的保辛算法，在得到生成函数的具体形式后，通过对未知变量的展开式进行截断，得到了不同阶精度的保辛格式，进而对结构的动力响应进行了精确的数值预测。通过数值算例对该方法进行了验证，和传统数值算法相比，所提出方法在计算精度方面具有明显优势。

### 6.6.1 引言

在工程实际问题中，结构动力响应的计算十分常见，也十分重要。例如，在飞行器结构强度设计中，往往需要预测机翼或控制面等结构在飞行过程中的动态响应。这时，人们经常会使用数值算法求解结构动力学方程来得到结构的动力响应 [167]。在计算结构的长期动力学响应时，基于拉格朗日力学的数值算法面临着一个不可忽视的问题：数值误差随时间步逐渐累积，最终导致计算结果精度不足，甚至可能严重失真 [168]。而基于 Birkhoff 系统构建的保辛算法由于其保结构的特性可以较为准确地计算结构的长期动力学响应 [169]。因此，有必要发展适用于复杂工程问题的 Birkhoff 系统及其保辛算法的构建方法。

生成函数法广泛应用于 Birkhoff 系统保辛算法的构建中 [170,171]。这种方法的主要思想是通过对 Birkhoff 系统进行变换，将它们加以哈密顿系统化，进而借鉴哈密顿系统保辛格式构建方法来构建 Birkhoff 系统的保辛格式。根据以往研究，基于哈密顿系统的生成函数法构建非自治 Birkhoff 系统的保辛算法是可行的 [107,172,173]。然而这些研究仅针对简单的有限维 Birkhoff 系统开展，难以应用于工程实际问题。之后又有研究将生成函数法的应用拓展到无穷维的 Birkhoff 系统，可以用于解决连续体问题 [174]。然而，这个方法对结构几何特征的描述存在一定的局限性，因此难以适用于复杂结构。

本节尝试将生成函数法与工程中广泛应用的有限元方法结合，提出适用于复杂工程结构动力学问题求解的保辛数值格式的构建方法。

### 6.6.2 基于结构动力学方程构建 Birkhoff 系统

一个承受外载荷的含阻尼典型结构动力学方程可以写成如下形式

$$\boldsymbol{M}\ddot{\boldsymbol{x}} + \boldsymbol{C}\dot{\boldsymbol{x}} + \boldsymbol{K}\boldsymbol{x} = \boldsymbol{F}(t) \tag{6.232}$$

其中，$\boldsymbol{M}$、$\boldsymbol{C}$ 和 $\boldsymbol{K}$ 分别为质量矩阵、阻尼矩阵和刚度矩阵，均为 $n \times n$ 维的矩阵；$\boldsymbol{F}(t)$ 为外载荷，在很多情况下可以通过仪器测量得到；$\boldsymbol{x}$ 代表结构位移，可以通过求解结构动力学方程得到。

定义广义变量

$$\boldsymbol{p} = \boldsymbol{M}\dot{\boldsymbol{x}} \tag{6.233}$$

由于质量矩阵可逆，式 (6.233) 等价为

$$\dot{\boldsymbol{x}} = \boldsymbol{M}^{-1}\boldsymbol{p} \tag{6.234}$$

将式 (6.234) 代入结构动力学方程 (6.232) 得到

$$\boldsymbol{M}\left(\boldsymbol{M}^{-1}\dot{\boldsymbol{p}}\right) + \boldsymbol{C}\left(\boldsymbol{M}^{-1}\boldsymbol{p}\right) + \boldsymbol{K}\boldsymbol{x} = \boldsymbol{F}(t) \tag{6.235}$$

整理得

$$\dot{\boldsymbol{p}} = -\boldsymbol{C}\boldsymbol{M}^{-1}\boldsymbol{p} - \boldsymbol{K}\boldsymbol{x} + \boldsymbol{F}(t) \tag{6.236}$$

定义另一个广义变量

$$\boldsymbol{q} = \boldsymbol{x} \tag{6.237}$$

联立式 (6.236) 和 (6.237)，形成方程组

$$\begin{pmatrix} \boldsymbol{0} & -\boldsymbol{I}_n \\ \boldsymbol{I}_n & \boldsymbol{0} \end{pmatrix}\begin{pmatrix} \dot{\boldsymbol{q}} \\ \dot{\boldsymbol{p}} \end{pmatrix} = \begin{pmatrix} \boldsymbol{C}\boldsymbol{M}^{-1}\boldsymbol{p} + \boldsymbol{K}\boldsymbol{q} - \boldsymbol{F}(t) \\ \boldsymbol{M}^{-1}\boldsymbol{p} \end{pmatrix} \tag{6.238}$$

其中 $\boldsymbol{I}_n$ 代表 $n$ 维单位矩阵。

方程组 (6.238) 可以写为自治 Birkhoff 方程形式

$$\left(\frac{\partial \boldsymbol{F}_j}{\partial \boldsymbol{z}_i} - \frac{\partial \boldsymbol{F}_i}{\partial \boldsymbol{z}_j}\right)\frac{\mathrm{d}\boldsymbol{z}_j}{\mathrm{d}t} = \frac{\partial B}{\partial \boldsymbol{z}_i} \tag{6.239}$$

其中，对偶变量和 Birkhoff 函数分别为

$$\boldsymbol{z} = \begin{pmatrix} \boldsymbol{q} \\ \boldsymbol{p} \end{pmatrix} \tag{6.240}$$

$$B = \frac{1}{2}\boldsymbol{q}^{\mathrm{T}}\boldsymbol{K}\boldsymbol{q} + \frac{1}{2}\boldsymbol{p}^{\mathrm{T}}\boldsymbol{M}^{-1}\boldsymbol{p}, \quad \boldsymbol{F}_1 = \int \left[\boldsymbol{C}\boldsymbol{M}^{-1}\boldsymbol{p} - \boldsymbol{F}(t)\right]\mathrm{d}t, \quad \boldsymbol{F}_2 = \boldsymbol{0} \tag{6.241}$$

### 6.6.3 结构动力学方程的生成函数法

定义变量

$$\begin{pmatrix} \hat{\boldsymbol{z}} \\ \boldsymbol{z} \end{pmatrix} = \begin{pmatrix} \hat{\boldsymbol{q}} \\ \hat{\boldsymbol{p}} \\ \boldsymbol{q} \\ \boldsymbol{p} \end{pmatrix}, \quad \begin{pmatrix} \hat{\boldsymbol{w}} \\ \boldsymbol{w} \end{pmatrix} = \begin{pmatrix} \hat{\boldsymbol{Q}} \\ \hat{\boldsymbol{P}} \\ \boldsymbol{Q} \\ \boldsymbol{P} \end{pmatrix} \tag{6.242}$$

其中变量 $\hat{\boldsymbol{q}}$ 和 $\hat{\boldsymbol{p}}$ 满足关系

$$\hat{\boldsymbol{q}}(t)=\boldsymbol{q}(t+\tau),\quad \hat{\boldsymbol{p}}(t)=\boldsymbol{p}(t+\tau) \tag{6.243}$$

式中参数 $\tau$ 代表一小段时间。

引入一个简单的 $\boldsymbol{\alpha}$ 变换

$$\begin{aligned}&\hat{\boldsymbol{Q}}=\hat{\boldsymbol{p}}-\boldsymbol{p},\quad \hat{\boldsymbol{P}}=\hat{\boldsymbol{q}}-\boldsymbol{q},\\&\boldsymbol{Q}=\frac{1}{2}(\hat{\boldsymbol{q}}+\boldsymbol{q}),\quad \boldsymbol{P}=-\frac{1}{2}(\hat{\boldsymbol{p}}+\boldsymbol{p})\end{aligned} \tag{6.244}$$

其 Jacobi 矩阵为

$$\alpha_*=\begin{pmatrix}\boldsymbol{0} & \boldsymbol{I}_n & \boldsymbol{0} & -\boldsymbol{I}_n\\ \boldsymbol{I}_n & \boldsymbol{0} & -\boldsymbol{I}_n & 0\\ \frac{1}{2}\boldsymbol{I}_n & \boldsymbol{0} & \frac{1}{2}\boldsymbol{I}_n & \boldsymbol{0}\\ \boldsymbol{0} & -\frac{1}{2}\boldsymbol{I}_n & \boldsymbol{0} & -\frac{1}{2}\boldsymbol{I}_n\end{pmatrix} \tag{6.245}$$

$\boldsymbol{\alpha}$ 变换的逆变换为

$$\begin{aligned}&\hat{\boldsymbol{q}}=\frac{1}{2}\hat{\boldsymbol{P}}+\boldsymbol{Q},\quad \hat{\boldsymbol{p}}=\frac{1}{2}\hat{\boldsymbol{Q}}-\boldsymbol{P}\\&\boldsymbol{q}=-\frac{1}{2}\hat{\boldsymbol{P}}+\boldsymbol{Q},\quad \boldsymbol{p}=-\frac{1}{2}\hat{\boldsymbol{Q}}-\boldsymbol{P}\end{aligned} \tag{6.246}$$

相应 Jacobi 矩阵是

$$\boldsymbol{\alpha}_*^{-1}=\begin{pmatrix}\boldsymbol{0} & \frac{1}{2}\boldsymbol{I}_n & \boldsymbol{I}_n & \boldsymbol{0}\\ \frac{1}{2}\boldsymbol{I}_n & \boldsymbol{0} & \boldsymbol{0} & -\boldsymbol{I}_n\\ \boldsymbol{0} & -\frac{1}{2}\boldsymbol{I}_n & \boldsymbol{I}_n & \boldsymbol{0}\\ -\frac{1}{2}\boldsymbol{I}_n & \boldsymbol{0} & \boldsymbol{0} & -\boldsymbol{I}_n\end{pmatrix} \tag{6.247}$$

基于上述 $\boldsymbol{\alpha}$ 变换及其逆变换，可以得到关系

$$\begin{aligned}\frac{\mathrm{d}\hat{\boldsymbol{w}}}{\mathrm{d}t}&=\begin{pmatrix}\dot{\hat{\boldsymbol{p}}}\\ \dot{\hat{\boldsymbol{q}}}\end{pmatrix}=\begin{pmatrix}-\boldsymbol{C}\boldsymbol{M}^{-1}\hat{\boldsymbol{p}}-\boldsymbol{K}\hat{\boldsymbol{q}}+\boldsymbol{F}(t)\\ \boldsymbol{M}^{-1}\hat{\boldsymbol{p}}\end{pmatrix}\\&=\begin{pmatrix}-\frac{1}{2}\boldsymbol{C}\boldsymbol{M}^{-1}\hat{\boldsymbol{Q}}-\frac{1}{2}\boldsymbol{K}\hat{\boldsymbol{P}}+\boldsymbol{C}\boldsymbol{M}^{-1}\boldsymbol{P}-\boldsymbol{K}\boldsymbol{Q}+\boldsymbol{F}(t)\\ \frac{1}{2}\boldsymbol{M}^{-1}\hat{\boldsymbol{Q}}-\boldsymbol{M}^{-1}\boldsymbol{P}\end{pmatrix}\end{aligned} \tag{6.248}$$

$$\frac{\mathrm{d}\boldsymbol{w}}{\mathrm{d}t}=\begin{pmatrix}\frac{1}{4}\boldsymbol{M}^{-1}\hat{\boldsymbol{Q}}-\frac{1}{2}\boldsymbol{M}^{-1}\boldsymbol{P}\\ \frac{1}{4}\boldsymbol{C}\boldsymbol{M}^{-1}\hat{\boldsymbol{Q}}+\frac{1}{4}\boldsymbol{K}\hat{\boldsymbol{P}}-\frac{1}{2}\boldsymbol{C}\boldsymbol{M}^{-1}\boldsymbol{P}+\frac{1}{2}\boldsymbol{K}\boldsymbol{Q}-\frac{1}{2}\boldsymbol{F}(t)\end{pmatrix}$$

生成函数的具体形式可以由第 4 章中定理 4.2 和定理 4.3 得到

$$\begin{aligned}\boldsymbol{\varPhi}_{\boldsymbol{w}}^{(0)}&=\begin{pmatrix}\hat{\boldsymbol{Q}}\\ \hat{\boldsymbol{P}}\end{pmatrix}\Bigg|_{t=t_0}=\begin{pmatrix}\boldsymbol{0}\\ \boldsymbol{0}\end{pmatrix}\\ \boldsymbol{\varPhi}_{\boldsymbol{w}}^{(1)}&=\frac{\mathrm{d}\hat{\boldsymbol{w}}}{\mathrm{d}t}\bigg|_{t=t_0}-\boldsymbol{\varPhi}_{\boldsymbol{ww}}^{(0)}\frac{\mathrm{d}\boldsymbol{w}}{\mathrm{d}t}\bigg|_{t=t_0}=\begin{pmatrix}\boldsymbol{C}\boldsymbol{M}^{-1}\boldsymbol{P}-\boldsymbol{K}\boldsymbol{Q}+\boldsymbol{F}\\ -\boldsymbol{M}^{-1}\boldsymbol{P}\end{pmatrix}\end{aligned}\tag{6.249}$$

对 $\hat{\boldsymbol{w}}$ 的展开级数进行一阶截断，得到

$$\hat{\boldsymbol{w}}=\boldsymbol{\varPhi}_{\boldsymbol{w}}^{(0)}+\boldsymbol{\varPhi}_{\boldsymbol{w}}^{(1)}\tau\tag{6.250}$$

将式 (6.242)、(6.244) 和 (6.249) 代入方程 (6.250)，下面将变量 $\boldsymbol{q}$ 和 $\boldsymbol{p}$ 替换为第 $k$ 个时间步的对偶变量 $\boldsymbol{q}_k$ 和 $\boldsymbol{p}_k$，并将变量 $\hat{\boldsymbol{q}}$ 和 $\hat{\boldsymbol{p}}$ 替换为第 $k+1$ 个时间步的对偶变量 $\boldsymbol{q}_{k+1}$ 和 $\boldsymbol{p}_{k+1}$，那么就可以得到具有一阶精度的 Birkhoff 系统保辛格式

$$\begin{aligned}\boldsymbol{q}_{k+1}&=\boldsymbol{q}_k+\boldsymbol{M}^{-1}\frac{1}{2}(\boldsymbol{p}_{k+1}+\boldsymbol{p}_k)\tau\\ \boldsymbol{p}_{k+1}&=\frac{1}{1-a}\left[(1+a)\boldsymbol{p}_k-\boldsymbol{K}\boldsymbol{q}_k\tau+\boldsymbol{F}(t_k)\right]\end{aligned}\tag{6.251}$$

其中

$$a=\frac{1}{2}\boldsymbol{C}\boldsymbol{M}^{-1}\tau+\frac{1}{4}\boldsymbol{K}\boldsymbol{M}^{-1}\tau^2\tag{6.252}$$

利用迭代公式，得到

$$\boldsymbol{\varPhi}_{\boldsymbol{w}}^{(2)}=\begin{pmatrix}-\left(\boldsymbol{C}\boldsymbol{M}^{-1}\right)^2\boldsymbol{P}+\boldsymbol{C}\boldsymbol{M}^{-1}\boldsymbol{K}\boldsymbol{Q}+\boldsymbol{K}\boldsymbol{M}^{-1}\boldsymbol{P}+\dot{\boldsymbol{F}}-\boldsymbol{C}\boldsymbol{M}^{-1}\boldsymbol{F}\\ \boldsymbol{M}^{-1}\boldsymbol{C}\boldsymbol{M}^{-1}\boldsymbol{P}-\boldsymbol{M}^{-1}\boldsymbol{K}\boldsymbol{Q}+\boldsymbol{F}\end{pmatrix}\tag{6.253}$$

如果进行二阶截断，得到

$$\hat{\boldsymbol{w}}=\boldsymbol{\varPhi}_{\boldsymbol{w}}^{(0)}+\boldsymbol{\varPhi}_{\boldsymbol{w}}^{(1)}\tau+\boldsymbol{\varPhi}_{\boldsymbol{w}}^{(2)}\tau^2\tag{6.254}$$

将式 (6.242)、(6.244)、(6.249) 和 (6.253) 代入方程 (6.254) 就可以得到具有二阶精度的 Birkhoff 系统保辛格式。类似地，可以得到更高阶精度的保辛格式。

### 6.6.4 数值算例

考虑如图 6.36 所示悬臂梁，长 50cm，横截面为矩形，宽 1cm、高 2cm。悬臂梁材料密度为 $0.008\text{kg/cm}^3$，弹性模量为 $1.5\times10^7\text{N/cm}^3$。悬臂梁左端固支，右端承受瞬态载荷 $F(t)=10\text{N/cm}$。

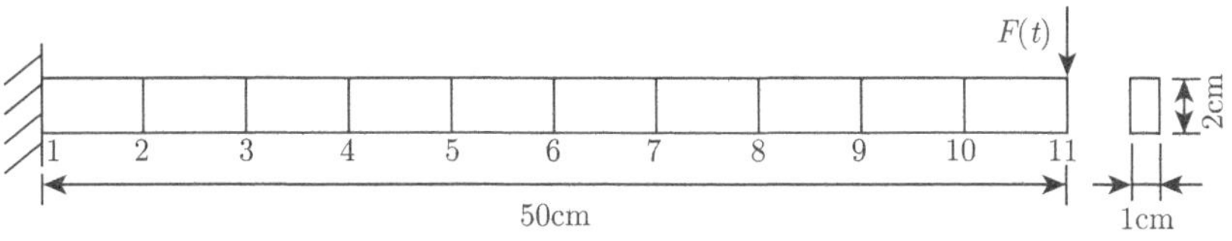


图 6.36 悬臂梁

将该悬臂梁均匀划分为 10 个梁单元，并利用本节所提保辛算法求解其动力响应有限元方程。图 6.37 给出了不同时间步下 $(\tau=0.01\text{s},0.001\text{s},0.0001\text{s})$ 悬臂梁右端位移响应计算结果，并与通过模态叠加法计算得到的解析解进行对比。可以看出，时间步长越短，保辛算法结果越接近解析解，即精度越高。

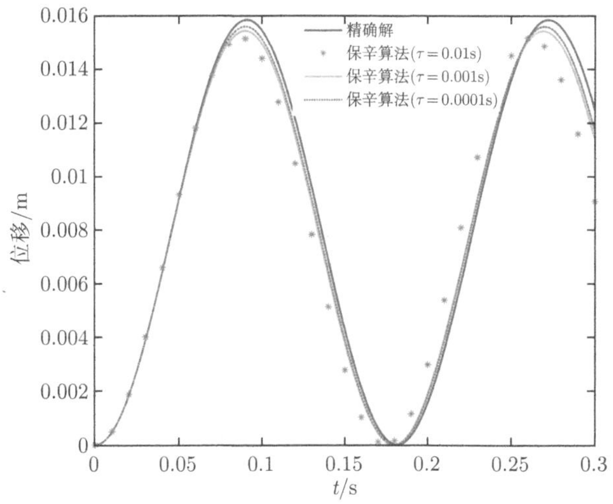


图 6.37 不同时间步下由保辛算法计算得到的悬臂梁右端位移响应 (扫描彩图见封底二维码)

图 6.38 给出了 $\tau=0.001\text{s}$ 时间步长下由保辛算法、Euler 算法和模态叠加法计算得到的悬臂梁右端位移响应对比结果。三种方法计算得到的悬臂梁右端简谐振动的幅值和周期对比如表 6.10 所示。

由图 6.38 和表 6.10 可知，与模态叠加法得到的解析解相比，保辛算法计算得到的振动的幅值和周期相对误差都很小，能够得到满意的结果，而 Euler 算法计算结果相对误差很大，结果不准确。因此，本节所提保辛算法与 Euler 算法相比在精度方面具有显著优越性。

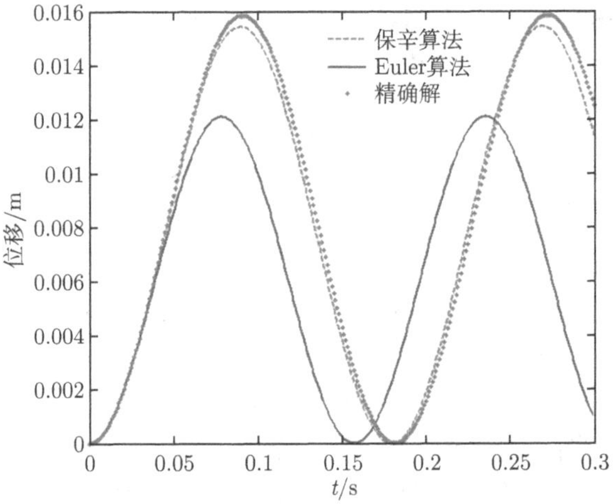


图 6.38　由保辛算法、Euler 算法和模态叠加法计算得到的悬臂梁右端位移响应对比结果

**表 6.10　由保辛算法、Euler 算法和模态叠加法计算得到的悬臂梁右端简谐振动的幅值和周期对比**

| | 保辛算法 | Euler 算法 | 模态叠加法 |
|---|---|---|---|
| 幅值/mm | 7.71 | 6.18 | 7.92 |
| 相对误差 | −2.65% | −21.97% | — |
| 周期/s | 0.180 | 0.156 | 0.182 |
| 相对误差 | −1.10% | −14.29% | — |

### 6.6.5　本节小结

本节针对结构动力响应问题，将有限元方法与 Birkhoff 系统的生成函数法相结合，提出了一种求解结构动力学方程的保辛数值算法。结构动力学响应的数值计算在工程中至关重要，但是传统数值计算方法的误差随时间步逐渐累积，可能导致计算结果失真。充分利用 Birkhoff 系统保持辛结构的特性可以实现结构动力响应的长期跟踪求解，再结合有限元方法对复杂结构的较强适用性，则可以解决工程结构的动力响应预测问题。考虑到有限元方法在复杂结构力学问题中的广泛应用，参照 Birkhoff 系统中的对偶变量，通过定义两个与结构位移相关的广义变量，将有限元离散后的结构动力学方程扩维并等效转化为自治的 Birkhoff 系统。借鉴常用于构建有限维 Birkhoff 系统保辛格式的生成函数法，通过一系列变换将有限元 Birkhoff 方程哈密顿系统化，构建未知变量的展开式以逼近 Birkhoff 相流的生成函数，通过对展开式进行不同阶次的截断可得到各阶精度的保辛格式。求

解 Birkhoff 系统后得到广义变量随时间的变化历程，进而可得到原结构动力学方程中结构位移随时间的变化历程。

数值算例验证了所提出保辛数值方法的有效性、精度和收敛性。通过不同步长下的计算结果证明了所提出保辛算法的收敛性，通过与 Euler 算法的计算结果对比，验证了所提出保辛算法的计算精度。

## 6.7 结构静力问题的增减维保辛摄动级数方法

本节针对结构静力问题的有限元方程，提出了一种增减维保辛摄动级数方法。结构静力问题的控制方程经离散化处理后得到一个线性方程组，结构静力问题的数值求解本质上即为线性方程组的求解。针对偶数维的线性方程组，利用传统迭代格式的构建思路，结合保辛算法的优势与特点，构建了具有保辛性质的迭代格式。对于奇数维的线性方程组，提出了增减维保辛摄动级数方法，能够增加或减少线性方程组的一个维度，从而将奇数维的线性方程组转化为偶数维线性方程组，利用保辛迭代格式求解增维或减维后的线性方程组后，反推出了原奇数维方程组的解，进而得到了结构静力响应问题的解。通过数值算例验证了所提出保辛迭代格式的有效性和计算效率。

### 6.7.1 引言

当人们研究工程问题时，通常使用数学模型来准确描述它们。例如，对于一个结构静力响应问题，通常根据线弹性力学理论建立一个带边界条件的偏微分方程来描述。随着计算机科学和数值计算理论的发展，数值计算方法在学术研究和工程中得到了越来越多的应用 [175,176]。在数值方法中，偏微分方程需要被离散处理 [177]。在偏微分方程的数值求解中，求解域被划分成网格，并且有限差分被用来近似表征方程中的微分，进而得到一系列关于网格节点上未知函数值的线性代数方程 [178,179]。因此，用数值方法求解偏微分方程的本质就是计算线性方程组的解。在处理包括结构静力响应问题在内的许多工程问题时，求解线性方程组是不可或缺的一部分 [180,181]。

求解线性方程组通常有两种方法：直接求解法和迭代法。直接求解方法利用有限步骤的算术运算来得到方程解，通常用于求解稀疏线性方程组。工程实际问题得到的方程维数通常很大，利用直接求解法得到方程解比较困难。这时可以通过迭代法利用极限的思想来得到线性方程组的近似解。Jacobi 迭代、Gauss-Seidel 迭代和逐次超松弛迭代是其中最出名的三种迭代方法。相对于直接求解方法，迭代法在求解大规模线性方程组的时候在计算效率方面表现出十分明显的优势。由于迭代法占用内存少和易于编程的特点，它已成为线性计算科学的研究热点之一 [182,183]。

然而，对某些线性方程组而言传统迭代方法可能不收敛。迭代算法的收敛性可根据系数矩阵的谱半径判断，而其谱半径在很多工程问题中难以确定。也就是说判断传统迭代算法收敛与否在工程实际中可能会存在困难。许多研究人员开展了相关研究，并提出了不少改善迭代方法收敛性的措施 [184,185]。

本节尝试利用保辛算法的保辛性质构建具有良好收敛性的迭代算法，用于求解结构静力问题。

### 6.7.2　结构静力问题迭代格式的一般构建方法

结构静力问题的控制方程经有限元离散后转化为一个线性方程组，其形式为

$$\boldsymbol{A}\boldsymbol{x} = \boldsymbol{b} \tag{6.255}$$

如果系数矩阵 $\boldsymbol{A}$ 非奇异且 $\boldsymbol{b} \neq \boldsymbol{0}$，那么这个线性方程组有唯一非零解。如果该线性方程组的系数矩阵为大型稀疏矩阵，那么直接求解得到其确切解存在一定难度。但是可以通过迭代法得到线性方程组的近似解。例如，系数矩阵若可以分解为两个矩阵之和

$$\boldsymbol{A} = \boldsymbol{E} - \boldsymbol{F} \tag{6.256}$$

其中 $\boldsymbol{E}$ 是一个非奇异矩阵。那么线性方程组 (6.255) 可以转化为如下等价形式

$$\boldsymbol{x} = \boldsymbol{E}^{-1}\boldsymbol{F}\boldsymbol{x} + \boldsymbol{E}^{-1}\boldsymbol{b} \tag{6.257}$$

式 (6.257) 可以简单表示为

$$\boldsymbol{x} = \boldsymbol{B}\boldsymbol{x} + \boldsymbol{f} \tag{6.258}$$

其中

$$\boldsymbol{B} = \boldsymbol{E}^{-1}\boldsymbol{F}, \quad \boldsymbol{f} = \boldsymbol{E}^{-1}\boldsymbol{b} \tag{6.259}$$

基于式 (6.258) 可以构建迭代格式

$$\boldsymbol{x}_{k+1} = \boldsymbol{B}\boldsymbol{x}_k + \boldsymbol{f} \tag{6.260}$$

这里的系数矩阵 $\boldsymbol{B}$ 不唯一，因为在分解系数矩阵 $\boldsymbol{A}$ 时可以选择不同的矩阵 $\boldsymbol{E}$。因此，对于式 (6.255) 所示的线性方程组有着许多不同的迭代格式，其中 Jacobi 迭代和 Gauss-Seidel 迭代是最常用的两种迭代格式。

### 6.7.3　结构静力问题保辛迭代格式的构建方法

存在辛结构的系统必然是偶数维的，但是对工程问题进行数学建模时，奇数维和偶数维的线性方程组都存在。因此，保辛迭代算法的构建方法针对如下几种情况分别进行讨论。

#### 6.7.3.1 系数矩阵为偶数维非对称矩阵

当系数矩阵 $\boldsymbol{A}$ 是偶数维且非对称时，它可以表示成一个对称矩阵和一个反对称矩阵之和

$$\boldsymbol{A}=\boldsymbol{A}_{\text{sym}}+\boldsymbol{A}_{\text{antisym}} \tag{6.261}$$

其中，$\boldsymbol{A}_{\text{sym}}$ 是对称矩阵，$\boldsymbol{A}_{\text{antisym}}$ 是反对称矩阵。

将式 (6.261) 代入线性方程组 (6.255) 中得到

$$\left(\boldsymbol{A}_{\text{sym}}+\boldsymbol{A}_{\text{antisym}}\right)\boldsymbol{x}=\boldsymbol{b} \tag{6.262}$$

即

$$\boldsymbol{A}_{\text{antisym}}\boldsymbol{x}=-\boldsymbol{A}_{\text{sym}}\boldsymbol{x}+\boldsymbol{b} \tag{6.263}$$

方程 (6.263) 等价为

$$\boldsymbol{x}=\boldsymbol{A}_{\text{antisym}}^{-1}\left(-\boldsymbol{A}_{\text{sym}}\boldsymbol{x}+\boldsymbol{b}\right)=-\boldsymbol{A}_{\text{antisym}}^{-1}\boldsymbol{A}_{\text{sym}}\boldsymbol{x}+\boldsymbol{A}_{\text{antisym}}^{-1}\boldsymbol{b} \tag{6.264}$$

从而有迭代格式

$$\boldsymbol{x}_{k+1}=-\boldsymbol{A}_{\text{antisym}}^{-1}\boldsymbol{A}_{\text{sym}}\boldsymbol{x}_k+\boldsymbol{A}_{\text{antisym}}^{-1}\boldsymbol{b} \tag{6.265}$$

可以证明迭代格式 (6.265) 的系数矩阵 $\boldsymbol{A}_{\text{antisym}}^{-1}\boldsymbol{A}_{\text{sym}}$ 是无穷小辛阵，所以该迭代格式是保辛的。

#### 6.7.3.2 系数矩阵为奇数维非对称矩阵

当系数矩阵 $\boldsymbol{A}$ 为奇数维且非对称时，它可以表示成如下形式

$$\boldsymbol{A}=\begin{pmatrix} A_{11} & \cdots & A_{1,2k} & A_{1,2k+1} \\ \vdots & & \vdots & \vdots \\ A_{2k,1} & \cdots & A_{2k,2k} & A_{2k,2k+1} \\ A_{2k+1,1} & \cdots & A_{2k+1,2k} & A_{2k+1,2k+1} \end{pmatrix} \tag{6.266}$$

其中 $A_{ij}\,(i=1,2,\cdots,2k+1,j=1,2,\cdots,2k+1)$ 代表矩阵 $\boldsymbol{A}$ 中的各元素。

为了构建一个偶数维的系数矩阵，将这个奇数维的系数矩阵展开成摄动级数形式以增加或减小线性方程组的维度。

1. 增维方法

将系数矩阵 $\boldsymbol{A}$ 展开成为摄动级数形式

$$\boldsymbol{A}=\boldsymbol{A}^{(0)}-\varepsilon\boldsymbol{A}^{(1)} \tag{6.267}$$

其中 $\boldsymbol{\varepsilon}$ 为一个很小的正参数，

$$\boldsymbol{A}^{(0)} = \begin{pmatrix} A_{11} & \cdots & A_{1,2k+1} & A_{1,2k+2} \\ \vdots & & \vdots & \vdots \\ A_{2k+1,1} & \cdots & A_{2k+1,2k+1} & A_{2k+1,2k+2} \\ A_{2k+2,1} & \cdots & A_{2k+2,2k+1} & A_{2k+2,2k+2} \end{pmatrix}$$
$$\boldsymbol{A}^{(1)} = \begin{pmatrix} \mathbf{0} & \cdots & \mathbf{0} & A_{1,2k+2} \\ \vdots & & \vdots & \vdots \\ \mathbf{0} & \cdots & \mathbf{0} & A_{2k+1,2k+2} \\ A_{2k+2,1} & \cdots & A_{2k+2,2k+1} & A_{2k+2,2k+2} \end{pmatrix} \tag{6.268}$$

同样地，将向量 $\boldsymbol{b}$ 也展开成摄动级数形式

$$\boldsymbol{b} = \boldsymbol{b}^{(0)} - \boldsymbol{\varepsilon}\boldsymbol{b}^{(1)} \tag{6.269}$$

其中

$$\boldsymbol{b}^{(0)} = (b_1, b_2, \cdots, b_{2k+1}, b_{2k+2})^{\mathrm{T}}, \quad \boldsymbol{b}^{(1)} = (0, 0, \cdots, 0, b_{2k+2})^{\mathrm{T}} \tag{6.270}$$

这里 $b_i\,(i = 1, 2, \cdots, 2k+1)$ 表示向量 $\boldsymbol{b}$ 中的元素。

未知量 $\boldsymbol{x}$ 展开成的摄动级数为

$$\boldsymbol{x} = \boldsymbol{x}^{(0)} + \boldsymbol{\varepsilon}\boldsymbol{x}^{(1)} + \boldsymbol{\varepsilon}^2\boldsymbol{x}^{(2)} + \cdots = \sum_{i=0}^{\infty} \boldsymbol{\varepsilon}^i \boldsymbol{x}^{(i)} \tag{6.271}$$

将式 (6.267)、(6.269) 和 (6.271) 代入线性方程组 (6.255) 中得到

$$\left(\boldsymbol{A}^{(0)} - \boldsymbol{\varepsilon}\boldsymbol{A}^{(1)}\right)\left(\sum_{i=0}^{\infty} \boldsymbol{\varepsilon}^i \boldsymbol{x}^{(i)}\right) = \boldsymbol{b}^{(0)} - \boldsymbol{\varepsilon}\boldsymbol{b}^{(1)} \tag{6.272}$$

考虑式 (6.272) 两边含同阶次 $\boldsymbol{\varepsilon}$ 的项相等，可以得到一系列递推方程

$$\begin{aligned} &\boldsymbol{\varepsilon}^0 : \boldsymbol{A}^{(0)}\boldsymbol{x}^{(0)} = \boldsymbol{b}^{(0)} \\ &\boldsymbol{\varepsilon}^1 : \boldsymbol{A}^{(0)}\boldsymbol{x}^{(1)} - \boldsymbol{A}^{(1)}\boldsymbol{x}^{(0)} = -\boldsymbol{b}^{(1)} \\ &\vdots \\ &\boldsymbol{\varepsilon}^n : \boldsymbol{A}^{(0)}\boldsymbol{x}^{(n)} - \boldsymbol{A}^{(1)}\boldsymbol{x}^{(n-1)} = \mathbf{0} \end{aligned} \tag{6.273}$$

式 (6.273) 中第 1 式的系数矩阵 $\boldsymbol{A}^{(0)}$ 为偶数维的非对称矩阵，可以根据 6.7.3.1 节所述方法构建保辛迭代算法。在 $\boldsymbol{x}^{(0)}$ 已知的情况下，可以根据式 (6.273) 中其他式依次得到 $\boldsymbol{x}^{(1)}, \boldsymbol{x}^{(2)}, \cdots, \boldsymbol{x}^{(n)}$。

在实际使用中，出于对计算量的考虑，可以对式 (6.271) 进行有限项截断，即

$$\boldsymbol{x}=\boldsymbol{x}^{(0)}+\varepsilon\boldsymbol{x}^{(1)}+\varepsilon^2\boldsymbol{x}^{(2)}+\cdots+\varepsilon^{N_1}\boldsymbol{x}^{(N_1)}=\sum_{i=0}^{N_1}\varepsilon^i\boldsymbol{x}^{(i)} \tag{6.274}$$

从而得到原奇数维线性方程组的近似解,其中截断项数 $N_1$ 根据如下收敛准则得到

$$\left\|\varepsilon^{N_1}\boldsymbol{x}^{(N_1)}\right\|\leqslant\beta_1 \tag{6.275}$$

式中 $\beta_1$ 是收敛阈值。

2. 减维方法

将系数矩阵 $\boldsymbol{A}$ 展开成为摄动级数形式

$$\boldsymbol{A}=\boldsymbol{A}^{(0)}+\varepsilon\boldsymbol{A}^{(1)} \tag{6.276}$$

其中

$$\boldsymbol{A}^{(0)}=\begin{pmatrix}A_{11}&\cdots&A_{1,2k}&0\\ \vdots&&\vdots&\vdots\\ A_{2k,1}&\cdots&A_{2k,2k}&0\\ 0&\cdots&0&0\end{pmatrix},\quad \boldsymbol{A}^{(1)}=\begin{pmatrix}0&\cdots&0&A_{1,2k+1}\\ \vdots&&\vdots&\vdots\\ 0&\cdots&0&A_{2k,2k+1}\\ A_{2k+1,1}&\cdots&A_{2k+1,2k}&A_{2k+1,2k+1}\end{pmatrix} \tag{6.277}$$

同样地，将向量 $\boldsymbol{b}$ 也展开成摄动级数形式

$$\boldsymbol{b}=\boldsymbol{b}^{(0)}+\varepsilon\boldsymbol{b}^{(1)} \tag{6.278}$$

其中

$$\boldsymbol{b}^{(0)}=(b_1,b_2,\cdots,b_{2k},0)^{\mathrm{T}},\quad \boldsymbol{b}^{(1)}=(0,0,\cdots,0,b_{2k+1})^{\mathrm{T}} \tag{6.279}$$

未知量 $\boldsymbol{x}$ 的摄动级数形式为

$$\boldsymbol{x}=\boldsymbol{x}^{(0)}+\varepsilon\boldsymbol{x}^{(1)}+\varepsilon^2\boldsymbol{x}^{(2)}+\cdots=\sum_{i=0}^{\infty}\varepsilon^i\boldsymbol{x}^{(i)} \tag{6.280}$$

将式 (6.276)、(6.278) 和 (6.280) 代入线性方程组 (6.255) 中得到

$$\left(\boldsymbol{A}^{(0)}+\varepsilon\boldsymbol{A}^{(1)}\right)\left(\sum_{i=0}^{\infty}\varepsilon^i\boldsymbol{x}^{(i)}\right)=\boldsymbol{b}^{(0)}+\varepsilon\boldsymbol{b}^{(1)} \tag{6.281}$$

考虑式 (6.281) 两边含同阶次 $\boldsymbol{\varepsilon}$ 的项相等，得到一系列递推方程

$$\begin{aligned}&\boldsymbol{\varepsilon}^0 : \boldsymbol{A}^{(0)}\boldsymbol{x}^{(0)} = \boldsymbol{b}^{(0)}\\&\boldsymbol{\varepsilon}^1 : \boldsymbol{A}^{(0)}\boldsymbol{x}^{(1)} + \boldsymbol{A}^{(1)}\boldsymbol{x}^{(0)} = \boldsymbol{b}^{(1)}\\&\vdots\\&\boldsymbol{\varepsilon}^n : \boldsymbol{A}^{(0)}\boldsymbol{x}^{(n)} + \boldsymbol{A}^{(1)}\boldsymbol{x}^{(n-1)} = \boldsymbol{0}\end{aligned} \tag{6.282}$$

式 (6.282) 中第 1 式的系数矩阵 $\boldsymbol{A}^{(0)}$ 为偶数维的非对称矩阵，可以根据 6.7.3.1 节所述方法得到其保辛迭代格式。当 $\boldsymbol{x}^{(0)}$ 已知时，根据式 (6.282) 中其他式可以依次求解得到 $\boldsymbol{x}^{(1)}, \boldsymbol{x}^{(2)}, \cdots, \boldsymbol{x}^{(n)}$。

对式 (6.280) 进行有限项截断

$$\boldsymbol{x} = \boldsymbol{x}^{(0)} + \boldsymbol{\varepsilon}\boldsymbol{x}^{(1)} + \boldsymbol{\varepsilon}^2\boldsymbol{x}^{(2)} + \cdots + \boldsymbol{\varepsilon}^{N_2}\boldsymbol{x}^{(N_2)} = \sum_{i=0}^{N_2} \boldsymbol{\varepsilon}^i\boldsymbol{x}^{(i)} \tag{6.283}$$

其中截断项数 $N_2$ 取决于如下收敛准则

$$\left\|\boldsymbol{\varepsilon}^{N_2}\boldsymbol{x}^{(N_2)}\right\| \leqslant \beta_2 \tag{6.284}$$

式中 $\beta_2$ 为收敛阈值。

#### 6.7.3.3　系数矩阵为偶数维对称矩阵

当系数矩阵 $\boldsymbol{A}$ 为偶数维且对称时，根据矩阵摄动理论将其展开成如下形式

$$\boldsymbol{A} = \boldsymbol{A}_0 + \boldsymbol{\varepsilon}\boldsymbol{A}_1 + \boldsymbol{\varepsilon}^2\boldsymbol{A}_2 + \boldsymbol{\varepsilon}^3\boldsymbol{A}_3 + \cdots = \sum_{i=0}^{\infty} \boldsymbol{\varepsilon}^i\boldsymbol{A}_i \tag{6.285}$$

其中 $\boldsymbol{A}_0$ 是非对称的。

同样地，将未知量 $\boldsymbol{x}$ 展开成

$$\boldsymbol{x} = \boldsymbol{x}_0 + \boldsymbol{\varepsilon}\boldsymbol{x}_1 + \boldsymbol{\varepsilon}^2\boldsymbol{x}_2 + \boldsymbol{\varepsilon}^3\boldsymbol{x}_3 + \cdots = \sum_{i=0}^{\infty} \boldsymbol{\varepsilon}^i\boldsymbol{x}_i \tag{6.286}$$

将式 (6.285) 和 (6.286) 代入线性方程组 (6.255) 中得到

$$\left(\sum_{i=0}^{\infty} \boldsymbol{\varepsilon}^i\boldsymbol{A}_i\right)\left(\sum_{i=0}^{\infty} \boldsymbol{\varepsilon}^i\boldsymbol{x}_i\right) = \boldsymbol{b} \tag{6.287}$$

对比式 (6.287) 两边含同阶次 $\boldsymbol{\varepsilon}$ 的项，得到一系列线性方程组

$$\begin{aligned}
&\boldsymbol{\varepsilon}^1 : \boldsymbol{A}_0\boldsymbol{x}_0 = \boldsymbol{b} \\
&\boldsymbol{\varepsilon}^1 : \boldsymbol{A}_0\boldsymbol{x}_1 = -\boldsymbol{A}_1\boldsymbol{x}_0 \\
&\vdots \\
&\boldsymbol{\varepsilon}^n : \boldsymbol{A}_0\boldsymbol{x}_n = -\sum_{i=0}^{n-1}\boldsymbol{A}_{n-i}\boldsymbol{x}_i
\end{aligned} \tag{6.288}$$

由于 $\boldsymbol{A}_0$ 是非对称的，可以利用 6.7.3.1 节所述方法构建保辛迭代算法。

对未知量 $\boldsymbol{x}$ 进行有限项截断

$$\boldsymbol{x} = \sum_{i=0}^{M_1}\boldsymbol{\varepsilon}^i\boldsymbol{x}_i \tag{6.289}$$

其中截断项数 $M_1$ 由如下收敛准则决定

$$\left\|\boldsymbol{\varepsilon}^{M_1}\boldsymbol{x}_{M_1}\right\| \leqslant \alpha_1 \tag{6.290}$$

其中 $\alpha_1$ 为收敛阈值。

#### 6.7.3.4 系数矩阵为奇数维对称矩阵

在这种情况下，在构建保辛迭代算法之前先对系数矩阵 $\boldsymbol{A}$ 进行增减维处理。

1. 增维方法

将系数矩阵 $\boldsymbol{A}$、向量 $\boldsymbol{b}$ 和未知量 $\boldsymbol{x}$ 分别展开为摄动级数形式 (6.267)、(6.269) 和 (6.271)，得到一系列递推方程 (6.273)。

由于式 (6.273) 中第 1 式的系数矩阵 $\boldsymbol{A}^{(0)}$ 是对称的，可以采用 6.7.3.3 节所述方法对其进行摄动级数展开，得到

$$\boldsymbol{A}^{(0)} = \boldsymbol{A}_0^{(0)} + \boldsymbol{\varepsilon}\boldsymbol{A}_1^{(0)} + \boldsymbol{\varepsilon}^2\boldsymbol{A}_2^{(0)} + \boldsymbol{\varepsilon}^3\boldsymbol{A}_3^{(0)} + \cdots = \sum_{i=0}^{\infty}\boldsymbol{\varepsilon}^i\boldsymbol{A}_i^{(0)} \tag{6.291}$$

同样地，将未知量 $\boldsymbol{x}^{(0)}$ 展开成

$$\boldsymbol{x}^{(0)} = \boldsymbol{x}_0^{(0)} + \boldsymbol{\varepsilon}\boldsymbol{x}_1^{(0)} + \boldsymbol{\varepsilon}^2\boldsymbol{x}_2^{(0)} + \boldsymbol{\varepsilon}^3\boldsymbol{x}_3^{(0)} + \cdots = \sum_{i=0}^{\infty}\boldsymbol{\varepsilon}^i\boldsymbol{x}_i^{(0)} \tag{6.292}$$

将式 (6.291) 和 (6.292) 代入式 (6.273) 中的第 1 式，并比较方程两边含同阶次 $\boldsymbol{\varepsilon}$ 的项，得到

$$
\begin{aligned}
&\boldsymbol{\varepsilon}^0: \boldsymbol{A}_0^{(0)}\boldsymbol{x}_0^{(0)} = \boldsymbol{b}^{(0)} \\
&\boldsymbol{\varepsilon}^1: \boldsymbol{A}_0^{(0)}\boldsymbol{x}_1^{(0)} = -\boldsymbol{A}_1^{(0)}\boldsymbol{x}_0^{(0)} \\
&\boldsymbol{\varepsilon}^2: \boldsymbol{A}_0^{(0)}\boldsymbol{x}_2^{(0)} = -\boldsymbol{A}_2^{(0)}\boldsymbol{x}_0^{(0)} - \boldsymbol{A}_1^{(0)}\boldsymbol{x}_1^{(0)} \\
&\vdots \\
&\boldsymbol{\varepsilon}^n: \boldsymbol{A}_0^{(0)}\boldsymbol{x}_n^{(0)} = -\sum_{i=0}^{n-1}\boldsymbol{A}_{n-i}^{(0)}\boldsymbol{x}_i^{(0)}
\end{aligned}
\tag{6.293}
$$

对 $\boldsymbol{x}^{(0)}$ 进行有限项截断得到原线性方程组的近似解

$$
\boldsymbol{x}^{(0)} = \sum_{i=0}^{M_2}\boldsymbol{\varepsilon}^i\boldsymbol{x}_i^{(0)} \tag{6.294}
$$

其中截断项数 $M_2$ 取决于如下收敛准则

$$
\left\|\boldsymbol{\varepsilon}^{M_2}\boldsymbol{x}_{M_2}^{(0)}\right\| \leqslant \alpha_2 \tag{6.295}
$$

式中 $\alpha_2$ 为收敛阈值。

可以通过同样方式求解得到式 (6.273) 中其他式的解，即 $\boldsymbol{x}^{(1)},\cdots,\boldsymbol{x}^{(n)}$，从而有 $\boldsymbol{x}$ 的近似解

$$
\boldsymbol{x} = \boldsymbol{x}^{(0)} + \boldsymbol{\varepsilon}\boldsymbol{x}^{(1)} + \boldsymbol{\varepsilon}^2\boldsymbol{x}^{(2)} + \cdots + \boldsymbol{\varepsilon}^{N_3}\boldsymbol{x}^{(N_3)} = \sum_{i=0}^{N_3}\boldsymbol{\varepsilon}^i\boldsymbol{x}^{(i)} \tag{6.296}
$$

其中截断项数 $N_3$ 取决于如下收敛准则

$$
\left\|\boldsymbol{\varepsilon}^{N_3}\boldsymbol{x}^{(N_3)}\right\| \leqslant \beta_3 \tag{6.297}
$$

式中 $\beta_3$ 为收敛阈值。

2. 减维方法

将系数矩阵 $\boldsymbol{A}$、向量 $\boldsymbol{b}$ 和未知量 $\boldsymbol{x}$ 分别展开为摄动级数形式 (6.276)、(6.278) 和 (6.280)，得到一系列递推方程 (6.282)。

由于式 (6.282) 中第 1 式的系数矩阵 $\boldsymbol{A}^{(0)}$ 是对称的，可以采用 6.7.3.3 节所述方法对其进行摄动级数展开，得到

$$
\boldsymbol{A}^{(0)} = \boldsymbol{A}_0^{(0)} + \boldsymbol{\varepsilon}\boldsymbol{A}_1^{(0)} + \boldsymbol{\varepsilon}^2\boldsymbol{A}_2^{(0)} + \boldsymbol{\varepsilon}^3\boldsymbol{A}_3^{(0)} + \cdots = \sum_{i=0}^{\infty}\boldsymbol{\varepsilon}^i\boldsymbol{A}_i^{(0)} \tag{6.298}
$$

同样地，将未知量 $\boldsymbol{x}^{(0)}$ 展开成

$$\boldsymbol{x}^{(0)}=\boldsymbol{x}_0^{(0)}+\varepsilon\boldsymbol{x}_1^{(0)}+\varepsilon^2\boldsymbol{x}_2^{(0)}+\varepsilon^3\boldsymbol{x}_3^{(0)}+\cdots=\sum_{i=0}^{\infty}\varepsilon^i\boldsymbol{x}_i^{(0)} \tag{6.299}$$

将式 (6.298) 和 (6.299) 代入式 (6.282) 中的第 1 式，并比较方程两边含同阶次 $\varepsilon$ 的项，得到

$$\begin{aligned}
&\varepsilon^0:\boldsymbol{A}_0^{(0)}\boldsymbol{x}_0^{(0)}=\boldsymbol{b}^{(0)}\\
&\varepsilon^1:\boldsymbol{A}_0^{(0)}\boldsymbol{x}_1^{(0)}=-\boldsymbol{A}_1^{(0)}\boldsymbol{x}_0^{(0)}\\
&\varepsilon^2:\boldsymbol{A}_0^{(0)}\boldsymbol{x}_2^{(0)}=-\boldsymbol{A}_2^{(0)}\boldsymbol{x}_0^{(0)}-\boldsymbol{A}_1^{(0)}\boldsymbol{x}_1^{(0)}\\
&\vdots\\
&\varepsilon^n:\boldsymbol{A}_0^{(0)}\boldsymbol{x}_n^{(0)}=-\sum_{i=0}^{n-1}\boldsymbol{A}_{n-i}^{(0)}\boldsymbol{x}_i^{(0)}
\end{aligned} \tag{6.300}$$

对 $\boldsymbol{x}^{(0)}$ 进行有限项截断得到原线性方程组的近似解

$$\boldsymbol{x}^{(0)}=\sum_{i=0}^{M_3}\varepsilon^i\boldsymbol{x}_i^{(0)} \tag{6.301}$$

其中截断项数 $M_3$ 由如下收敛准则决定

$$\left\|\varepsilon^{M_3}\boldsymbol{x}_{M_3}^{(0)}\right\|\leqslant\alpha_3 \tag{6.302}$$

式中 $\alpha_3$ 为收敛阈值。

通过相同方式求解得到式 (6.282) 中其他式的解，即 $\boldsymbol{x}^{(1)},\cdots,\boldsymbol{x}^{(n)}$，从而有 $\boldsymbol{x}$ 的近似解

$$\boldsymbol{x}=\boldsymbol{x}^{(0)}+\varepsilon\boldsymbol{x}^{(1)}+\varepsilon^2\boldsymbol{x}^{(2)}+\cdots+\varepsilon^{N_4}\boldsymbol{x}^{(N_4)}=\sum_{i=0}^{N_4}\varepsilon^i\boldsymbol{x}^{(i)} \tag{6.303}$$

其中截断项数 $N_4$ 取决于如下收敛准则

$$\left\|\varepsilon^{N_4}\boldsymbol{x}^{(N_4)}\right\|\leqslant\beta_4 \tag{6.304}$$

式中 $\beta_4$ 为收敛阈值。

### 6.7.4 数值算例

为证明所提增减维保辛摄动级数方法的有效性，本小节利用如图 6.39 所示包含 6 个弹簧 3 个节点的弹簧系统进行验证。

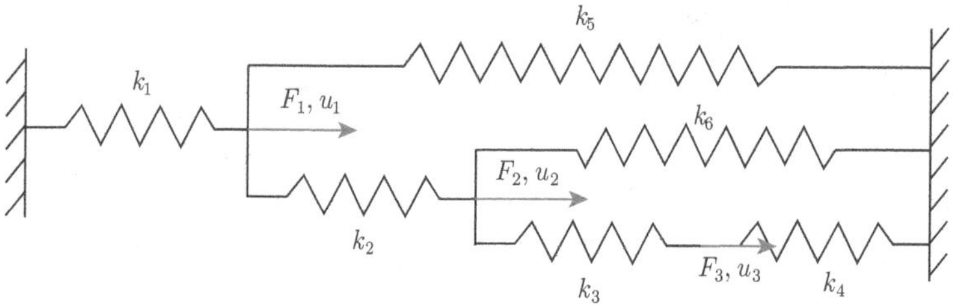


图 6.39　6 个弹簧 3 个节点的弹簧系统

作用在各节点上的力分别为 $F_1, F_2, F_3$，使各节点分别产生位移 $u_1, u_2, u_3$。考虑各节点处的平衡关系，可以得到该弹簧系统的平衡方程

$$\begin{pmatrix} k_1+k_2-k_5 & -k_2 & 0 \\ -k_2 & k_2+k_3-k_6 & -k_3 \\ 0 & -k_3 & k_3+k_4 \end{pmatrix} \begin{pmatrix} u_1 \\ u_2 \\ u_3 \end{pmatrix} = \begin{pmatrix} F_1 \\ F_2 \\ F_3 \end{pmatrix} \tag{6.305}$$

给定弹簧的刚度系数和外载荷的取值分别为

$$k_1 = k_2 = k_3 = k_4 = 1\text{N/cm}, \quad k_5 = k_6 = 3\text{N/cm} \tag{6.306}$$

$$F_1 = -12\text{N}, \quad F_2 = 6\text{N}, \quad F_3 = 11\text{N} \tag{6.307}$$

分别利用 Jacobi 迭代、Gauss-Seidel 迭代和本节所提出保辛迭代算法求解线性方程组 (6.305)。

在利用保辛迭代算法进行求解时，先将系数矩阵增维到 4 维，并且写成摄动级数形式

$$\begin{aligned} \boldsymbol{A} &= \begin{pmatrix} k_1+k_2-k_5 & -k_2 & 0 & 0 \\ -k_2 & k_2+k_3-k_6 & -k_3 & 0 \\ 0 & -k_3 & k_3+k_4 & 0 \\ 0 & 0 & 0 & 0 \end{pmatrix} \\ &= \begin{pmatrix} k_1+k_2-k_5 & -k_2 & 0 & 0 \\ -k_2 & k_2+k_3-k_6 & -k_3 & 0 \\ 0 & -k_3 & k_3+k_4 & 0 \\ 0 & 0 & 0 & 1 \end{pmatrix} - \boldsymbol{\varepsilon} \begin{pmatrix} 0 & 0 & 0 & 0 \\ 0 & 0 & 0 & 0 \\ 0 & 0 & 0 & 0 \\ 0 & 0 & 0 & 1 \end{pmatrix} \end{aligned} \tag{6.308}$$

那么线性方程组 (6.305) 可以写成

$$\begin{pmatrix} k_1+k_2-k_5 & -k_2 & 0 & 0 \\ -k_2 & k_2+k_3-k_6 & -k_3 & 0 \\ 0 & -k_3 & k_3+k_4 & 0 \\ 0 & 0 & 0 & 1 \end{pmatrix} \begin{pmatrix} u_1 \\ u_2 \\ u_3 \\ u_4 \end{pmatrix} = \begin{pmatrix} F_1 \\ F_2 \\ F_3 \\ F_4 \end{pmatrix} \tag{6.309}$$

利用保辛迭代算法求解式 (6.309) 得到的解的迭代历程如图 6.40 所示。利用 Jacobi 迭代、Gauss-Seidel 迭代和保辛迭代算法得到的弹簧系统各节点位移的迭代历程如图 6.41 所示。

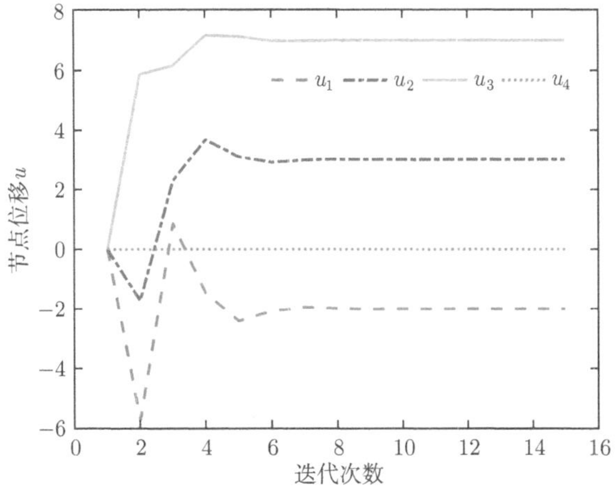


图 6.40 利用保辛迭代算法求解增维线性系统的解的迭代历程

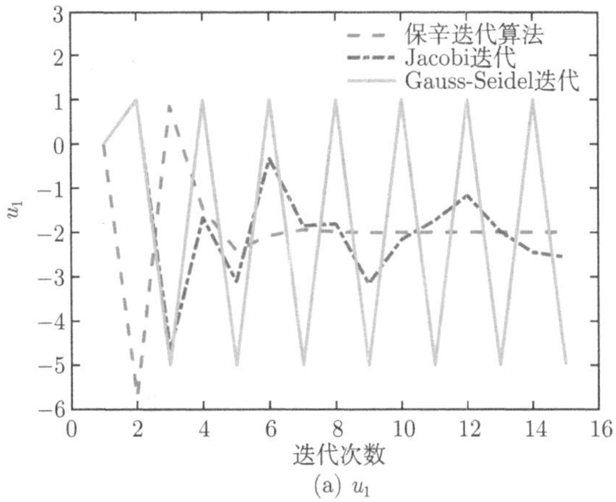


(a) $u_1$

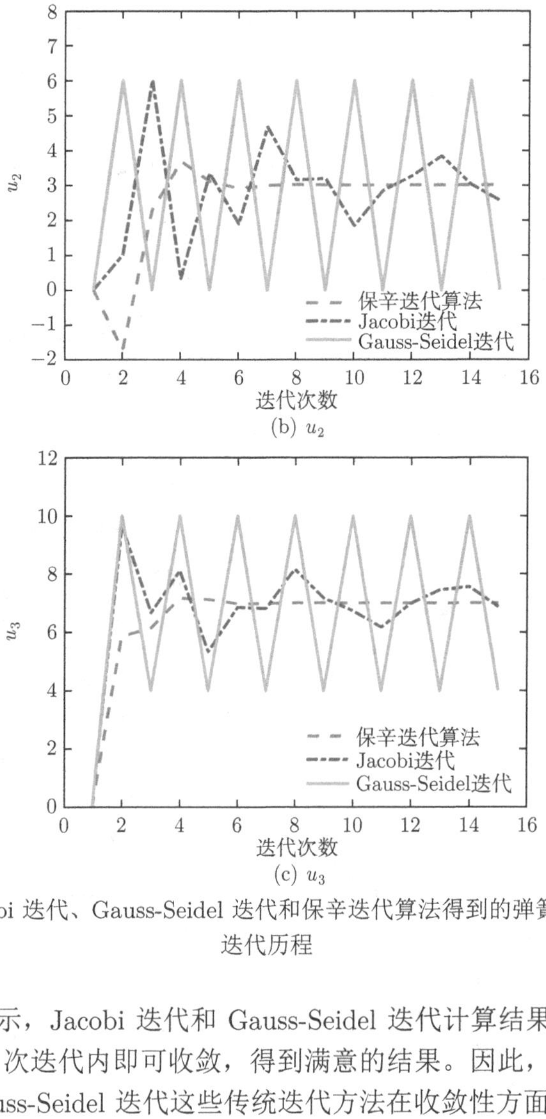


图 6.41　利用 Jacobi 迭代、Gauss-Seidel 迭代和保辛迭代算法得到的弹簧系统各节点位移的迭代历程

如图 6.41 所示，Jacobi 迭代和 Gauss-Seidel 迭代计算结果不收敛，而保辛迭代算法则在 10 次迭代内即可收敛，得到满意的结果。因此，保辛迭代算法比 Jacobi 迭代、Gauss-Seidel 迭代这些传统迭代方法在收敛性方面具有显著优势。

### 6.7.5　本节小结

本节针对结构静力响应问题，首先将偏微分形式的控制方程进行有限元离散，得到一个线性方程组。线性方程组一般利用迭代方法进行数值求解。根据线性方程组系数矩阵的类型，采取不同的方式进行处理。对于系数矩阵为偶数维非对称矩阵的线性方程组，将非对称的系数矩阵分解为对称矩阵和反对称矩阵之和，并借鉴迭代格式的一般构建方法，构建了系数矩阵为辛矩阵的迭代格式；对于系数矩阵为奇数维非对称矩阵的线性方程组，通过摄动级数方法增加或减少一个维度，构建偶数维的线性方程组，进而构建了保辛迭代格式，并根据增维或减维后的线性方程组的解通过摄动方法得到了原奇数维方程的近似解；对于系数矩阵为偶数维对称矩阵的线性方程组，根据矩阵摄动理论将原方程展开并使系数矩阵展开式的零阶项为非对称偶数维矩阵，利用保辛迭代格式求解零阶方程后根据摄动理论得到原方程的近似解；对于系数矩阵为奇数维对称矩阵的线性方程组，先进行增减维处理得到系数矩阵为偶数维对称矩阵的线性方程组，然后利用前述方法进行求解。

数值算例验证了所提出保辛摄动级数方法的有效性、精度和计算效率。通过与 Jacobi 迭代和 Gauss-Seidel 迭代计算结果进行对比，体现出了所提出保辛迭代格式在收敛性和计算效率方面的优势。

## 6.8 微分方程的增减维保辛摄动级数方法及其应用

本节提出了一种求解微分方程的增减维保辛摄动级数方法。对于力学问题中常见的微分方程，通常采用数值方法进行求解。这些微分方程大多可以等价转化为一阶常微分方程。为了克服传统数值算法存在的误差逐渐累积的问题，对于偶数维的一阶常微分方程，将其转化为哈密顿系统，然后利用保辛格式求解得到原微分方程的数值解，实现了对系统输出响应的长时间跟踪。对于无法直接构建哈密顿系统的奇数维一阶常微分方程，利用摄动级数方法使其增加或减少一个维度，构建偶数维一阶常微分方程，进而构建哈密顿系统并利用辛格式进行求解，最终得到奇数维一阶常微分方程的数值解。通过数值算例对所提出方法的有效性、计算精度和效率进行了验证，结果表明，与 Runge-Kutta 方法相比，所提出方法在计算精度方面具有比较明显的优势。

### 6.8.1 引言

微分方程作为描述事物运动和发展规律的最基本工具之一，在工程力学、控制工程、热力学等多个领域都有着十分重要的应用 [186,187]。对于大多数微分方程，尤其是复杂结构的动力学方程，难以获得解析解，因此通常采用数值方法求解得到离散的数值解。在工程问题中，微分方程的数值求解是一个必不可少的过程。然而，利用数值算法求解微分方程会不可避免地引入一定的数值误差，而这种数值误差会随着时间步而逐渐累积。因此，针对微分方程系统开展深入的研究具有重要意义。

冯康院士开创了哈密顿系统的保辛算法，在空间结构对称性和守恒性方面优于传统算法，特别在稳定性和长时间计算准确性上具有独特的优势 [188,189]。由于保辛算法在求解物理问题的长时间响应时表现出的精度优势，利用哈密顿系统的保辛特性构建保辛算法求解是得到微分方程高精度数值解的可行方法。因为哈密顿系统必定是偶数维的，所以要用于直接构建哈密顿系统的物理问题的微分方程也必须是偶数维的。然而，处理物理问题本身特性以及离散方法的限制，这些微分方程并不总是偶数维的。而基于奇数维微分方程构建哈密顿系统的相关研究则罕见 [190,191]。

本节提出了一阶常微分方程，尤其是奇数维一阶常微分方程，转化为哈密顿系统并求解的方法。该方法提供了一种构建保辛算法的新思路，并可用于求解物理问题得到高精度数值。

### 6.8.2 偶数维一阶常微分方程保辛格式的构建方法

针对偶数维一阶常微分方程，考虑线性和非线性两种情况，分别转化为哈密顿系统并构建相应保辛格式。

#### 6.8.2.1 一阶线性常微分方程

考虑如下形式的一阶线性常微分方程

$$\begin{pmatrix} \dot{x}_1 \\ \vdots \\ \dot{x}_n \\ \dot{x}_{n+1} \\ \vdots \\ \dot{x}_{2n} \end{pmatrix} = \begin{pmatrix} c_{11} & \cdots & c_{1n} & c_{1,n+1} & \cdots & c_{1,2n} \\ \vdots & & \vdots & \vdots & & \vdots \\ c_{n1} & \cdots & c_{nn} & c_{n,n+1} & \cdots & c_{n,2n} \\ c_{n+1,1} & \cdots & c_{n+1,n} & c_{n+1,n+1} & \cdots & c_{n+1,2n} \\ \vdots & & \vdots & \vdots & & \vdots \\ c_{2n,1} & \cdots & c_{2n,n} & c_{2n,n+1} & \cdots & c_{2n,2n} \end{pmatrix} \begin{pmatrix} x_{n+1} \\ \vdots \\ x_{2n} \\ -x_1 \\ \vdots \\ -x_n \end{pmatrix} \tag{6.310}$$

定义变量

$$\boldsymbol{z} = (z_1, \cdots, z_n, z_{n+1}, \cdots, z_{2n})^{\mathrm{T}} = (x_{n+1}, \cdots, x_{2n}, -x_1, \cdots, -x_n)^{\mathrm{T}} \tag{6.311}$$

线性常微分方程 (6.310) 可以写为

$$\boldsymbol{J}\dot{\boldsymbol{z}} = \boldsymbol{C}\boldsymbol{z} \tag{6.312}$$

其中 $\boldsymbol{J}$ 是标准反对称矩阵

$$\boldsymbol{J} = \begin{pmatrix} \boldsymbol{0} & \boldsymbol{I}_n \\ -\boldsymbol{I}_n & \boldsymbol{0} \end{pmatrix}, \quad \boldsymbol{J}^{\mathrm{T}} = -\boldsymbol{J} = \boldsymbol{J}^{-1} \tag{6.313}$$

如果系数矩阵 $\boldsymbol{C} = (c_{ij})\,(i, j = 1, 2, \cdots, 2n)$ 是对称矩阵，即 $\boldsymbol{C} = \boldsymbol{C}^{\mathrm{T}}$，则存在哈密顿函数为

$$H = \frac{1}{2}\boldsymbol{z}^{\mathrm{T}}\boldsymbol{C}\boldsymbol{z}, \quad \frac{\partial H}{\partial \boldsymbol{z}} = \boldsymbol{C}\boldsymbol{z} \tag{6.314}$$

方程 (6.312) 可以进一步写为

$$\dot{\boldsymbol{z}} = \boldsymbol{B}\boldsymbol{z} \tag{6.315}$$

其中 $\boldsymbol{B} = \boldsymbol{J}^{-1}\boldsymbol{C}$。

方程 (6.315) 即为线性哈密顿系统。从而，可以利用 2.1.3.1 节中提到的常用线性哈密顿系统的辛格式进行求解。

#### 6.8.2.2 一阶非线性常微分方程

考虑一阶常微分方程的一般形式

$$\begin{pmatrix} \dot{x}_1 \\ \vdots \\ \dot{x}_n \\ \dot{x}_{n+1} \\ \vdots \\ \dot{x}_{2n} \end{pmatrix} = \begin{pmatrix} f_1(x_1, x_2, \cdots, x_{2n}) \\ \vdots \\ f_n(x_1, x_2, \cdots, x_{2n}) \\ f_{n+1}(x_1, x_2, \cdots, x_{2n}) \\ \vdots \\ f_{2n}(x_1, x_2, \cdots, x_{2n}) \end{pmatrix} \tag{6.316}$$

如果满足条件

$$\frac{\partial f_i}{\partial x_i} + \frac{\partial f_{n+i}}{\partial x_{n+i}} = 0, \quad i = 1, 2, \cdots, n \tag{6.317}$$

那么必定存在哈密顿函数

$$\mathrm{d}H = \sum_{i=1}^{n} (f_i \mathrm{d}x_{n+i} - f_{n+i} \mathrm{d}x_i) \tag{6.318}$$

考虑式 (6.318)，方程 (6.316) 可以写为

$$(\dot{x}_1, \cdots, \dot{x}_n, \dot{x}_{n+1}, \cdots, \dot{x}_{2n})^{\mathrm{T}} = \left(\frac{\partial H}{\partial x_{n+1}}, \cdots, \frac{\partial H}{\partial x_{2n}}, -\frac{\partial H}{\partial x_1}, \cdots, -\frac{\partial H}{\partial x_n}\right)^{\mathrm{T}} \tag{6.319}$$

定义变量

$$\boldsymbol{z} = (z_1, \cdots, z_n, z_{n+1}, \cdots, z_{2n})^{\mathrm{T}} = (x_{n+1}, \cdots, x_{2n}, -x_1, \cdots, -x_n)^{\mathrm{T}} \tag{6.320}$$

方程 (6.316) 可以写为

$$\boldsymbol{J}\dot{\boldsymbol{z}} = H_{\boldsymbol{z}} \tag{6.321}$$

此时，哈密顿函数可以写为

$$\mathrm{d}H = \sum_{i=1}^{2n} f_i \mathrm{d}z_i \tag{6.322}$$

方程 (6.321) 即为一般形式的哈密顿系统。可以利用 2.1.3.4 节中提到的非线性哈密顿系统的辛格式进行求解。

### 6.8.3　奇数维一阶常微分方程的增减维摄动级数法

对于无法直接构建哈密顿系统的奇数维一阶常微分方程，利用摄动级数方法使其增加或减少一个维度，构建偶数维一阶常微分方程，进而构建哈密顿系统并利用辛格式进行求解，最终得到奇数维一阶常微分方程的数值解。

#### 6.8.3.1　减维摄动级数方法

考虑一个 $2n+1$ 维的一阶常微分方程

$$\dot{\boldsymbol{x}} = \boldsymbol{f}(\boldsymbol{x}) \tag{6.323}$$

其中

$$\boldsymbol{x} = (x_1, \cdots, x_n, x_{n+1}, \cdots, x_{2n+1})^{\mathrm{T}}, \quad \boldsymbol{f}(\boldsymbol{x}) = \begin{pmatrix} f_1(x_1, x_2, \cdots, x_{2n+1}) \\ \vdots \\ f_n(x_1, x_2, \cdots, x_{2n+1}) \\ f_{n+1}(x_1, x_2, \cdots, x_{2n+1}) \\ \vdots \\ f_{2n+1}(x_1, x_2, \cdots, x_{2n+1}) \end{pmatrix} \tag{6.324}$$

为了使奇数维常微分方程 (6.323) 减少一个维度成为偶数维，将待求未知量展开

$$\boldsymbol{x} = \boldsymbol{x}^{(0)} + \boldsymbol{x}^{(1)} \tag{6.325}$$

其中

$$\boldsymbol{x}^{(0)} = (x_1, \cdots, x_n, x_{n+1}, \cdots, x_{2n}, 0)^{\mathrm{T}}, \quad \boldsymbol{x}^{(1)} = (0, \cdots, 0, 0, \cdots, 0, x_{2n+1})^{\mathrm{T}} \tag{6.326}$$

同样地，函数 $\boldsymbol{f}(\boldsymbol{x})$ 也进行相应展开

$$\boldsymbol{f}(\boldsymbol{x}) = \boldsymbol{f}^{(0)}(\boldsymbol{x}) + \boldsymbol{f}^{(1)}(\boldsymbol{x}) \tag{6.327}$$

其中

$$\boldsymbol{f}^{(0)}(\boldsymbol{x}) = (f_1, \cdots, f_n, f_{n+1}, \cdots, f_{2n}, 0)^{\mathrm{T}}, \quad \boldsymbol{f}^{(1)}(\boldsymbol{x}) = (0, \cdots, 0, 0, \cdots, 0, f_{2n+1})^{\mathrm{T}} \tag{6.328}$$

利用摄动级数方法得到原一阶常微分方程 (6.323) 的解。将未知量 $\boldsymbol{x}$ 和 $\boldsymbol{f}(\boldsymbol{x})$ 写成摄动级数形式

$$\boldsymbol{x}=\boldsymbol{x}^{(0)}+\varepsilon\boldsymbol{x}^{(1)} \tag{6.329}$$

$$\boldsymbol{f}(\boldsymbol{x})=\boldsymbol{f}^{(0)}(\boldsymbol{x})+\varepsilon\boldsymbol{f}^{(1)}(\boldsymbol{x}) \tag{6.330}$$

其中 $\varepsilon$ 代表摄动小参数。

将式 (6.329) 和 (6.330) 代入式 (6.323) 中，得到

$$\dot{\boldsymbol{x}}^{(0)}+\varepsilon\dot{\boldsymbol{x}}^{(1)}=\boldsymbol{f}^{(0)}(\boldsymbol{x})+\varepsilon\boldsymbol{f}^{(1)}(\boldsymbol{x}) \tag{6.331}$$

对比式 (6.331) 两边各项中摄动小参数 $\varepsilon$ 的阶次，可以得到方程

$$\begin{aligned}\varepsilon^0:\dot{\boldsymbol{x}}^{(0)}&=\boldsymbol{f}^{(0)}(\boldsymbol{x})\\ \varepsilon^1:\dot{\boldsymbol{x}}^{(1)}&=\boldsymbol{f}^{(1)}(\boldsymbol{x})\end{aligned} \tag{6.332}$$

显然，式 (6.332) 中第 1 式是偶数维的，因此可以用 6.8.2 节所提出的保辛算法进行求解，得到 $x_1,\cdots,x_{2n}$。求解式 (6.332) 中第 2 式可以直接得到 $x_{2n+1}$。然后，原奇数维一阶常微分方程 (6.323) 的解可以根据关系式 (6.329) 得到。

#### 6.8.3.2 增维摄动级数方法

考虑一个和式 (6.323) 类似的奇数维一阶常微分方程，不过其维数为 $2n-1$ 维，即

$$\dot{\boldsymbol{x}}=\boldsymbol{f}(\boldsymbol{x}) \tag{6.333}$$

其中

$$\boldsymbol{x}=(x_1,\cdots,x_n,x_{n+1},\cdots,x_{2n-1})^{\mathrm{T}},\quad \boldsymbol{f}(\boldsymbol{x})=(f_1,\cdots,f_n,f_{n+1},\cdots,f_{2n-1})^{\mathrm{T}} \tag{6.334}$$

为了使奇数维常微分方程 (6.333) 增加一个维度，定义

$$\tilde{\boldsymbol{x}}=\tilde{\boldsymbol{x}}^{(0)}-\tilde{\boldsymbol{x}}^{(1)} \tag{6.335}$$

其中

$$\begin{aligned}&\tilde{\boldsymbol{x}}=(x_1,\cdots,x_n,x_{n+1},\cdots,x_{2n-1},0)^{\mathrm{T}}\\ &\tilde{\boldsymbol{x}}^{(0)}=(x_1,\cdots,x_n,x_{n+1},\cdots,x_{2n-1},x_{2n})^{\mathrm{T}},\quad \tilde{\boldsymbol{x}}^{(1)}=(0,\cdots,0,0,\cdots,0,x_{2n})^{\mathrm{T}}\end{aligned} \tag{6.336}$$

同样地，定义函数 $\tilde{\boldsymbol{f}}(\tilde{\boldsymbol{x}})$

$$\tilde{\boldsymbol{f}}(\tilde{\boldsymbol{x}})=\tilde{\boldsymbol{f}}^{(0)}(\tilde{\boldsymbol{x}})-\tilde{\boldsymbol{f}}^{(1)}(\tilde{\boldsymbol{x}}) \tag{6.337}$$

其中

$$\tilde{\boldsymbol{f}}\,(\tilde{\boldsymbol{x}}) = (f_1,\cdots,f_n,f_{n+1},\cdots,f_{2n-1},0)^{\mathrm{T}}$$
$$\tilde{\boldsymbol{f}}^{(0)}(\tilde{\boldsymbol{x}}) = (f_1,\cdots,f_n,f_{n+1},\cdots,f_{2n-1},f_{2n})^{\mathrm{T}},\quad \tilde{\boldsymbol{f}}^{(1)}(\tilde{\boldsymbol{x}}) = (0,\cdots,0,0,\cdots,0,f_{2n})^{\mathrm{T}} \tag{6.338}$$

显然，原奇数维常微分方程 (6.333) 可以重新写为

$$\dot{\tilde{\boldsymbol{x}}} = \tilde{\boldsymbol{f}}\,(\tilde{\boldsymbol{x}}) \tag{6.339}$$

利用摄动级数方法得到一阶常微分方程 (6.339) 的解。将未知量 $\tilde{\boldsymbol{x}}$ 和函数 $\tilde{\boldsymbol{f}}\,(\tilde{\boldsymbol{x}})$ 写成摄动级数形式

$$\tilde{\boldsymbol{x}} = \tilde{\boldsymbol{x}}^{(0)} - \boldsymbol{\varepsilon}\tilde{\boldsymbol{x}}^{(1)} \tag{6.340}$$

$$\tilde{\boldsymbol{f}}\,(\tilde{\boldsymbol{x}}) = \tilde{\boldsymbol{f}}^{(0)}\,(\tilde{\boldsymbol{x}}) - \boldsymbol{\varepsilon}\tilde{\boldsymbol{f}}^{(1)}\,(\tilde{\boldsymbol{x}}) \tag{6.341}$$

将式 (6.340) 和 (6.341) 代入式 (6.339) 中，得到

$$\dot{\tilde{\boldsymbol{x}}}^{(0)} - \boldsymbol{\varepsilon}\dot{\tilde{\boldsymbol{x}}}^{(1)} = \tilde{\boldsymbol{f}}^{(0)}\,(\tilde{\boldsymbol{x}}) - \boldsymbol{\varepsilon}\tilde{\boldsymbol{f}}^{(1)}\,(\tilde{\boldsymbol{x}}) \tag{6.342}$$

对比式 (6.342) 两边各项中摄动小参数 $\boldsymbol{\varepsilon}$ 的阶次，可以得到方程

$$\begin{aligned}\boldsymbol{\varepsilon}^0 : \dot{\tilde{\boldsymbol{x}}}^{(0)} &= \tilde{\boldsymbol{f}}^{(0)}\,(\tilde{\boldsymbol{x}})\\ \boldsymbol{\varepsilon}^1 : \dot{\tilde{\boldsymbol{x}}}^{(1)} &= \tilde{\boldsymbol{f}}^{(1)}\,(\tilde{\boldsymbol{x}})\end{aligned} \tag{6.343}$$

显然，式 (6.343) 中第 1 式是偶数维的，因此可以用 6.8.2 节所提出的保辛算法进行求解。然后，原奇数维一阶常微分方程 (6.339) 的解可以根据关系式 (6.340) 得到。

### 6.8.4 数值算例

考虑一个长度为 1 的杆件的热传导问题，以验证所提增减维保辛摄动级数方法的有效性和稳定性。该杆件热传导问题可以用一个带初始条件和边界条件的一维热传导方程来描述

$$\begin{aligned}&\frac{\partial u}{\partial t} = \frac{\partial^2 u}{\partial^2 x}\\ &u\,(x,0) = 100\sin(\pi x),\quad 0 \leqslant x \leqslant 1\\ &u\,(0,t) = u\,(1,t) = 0,\quad t \geqslant 0\end{aligned} \tag{6.344}$$

该问题的解析解为

$$u = 100\mathrm{e}^{-\pi^2 t}\sin(\pi x) \tag{6.345}$$

对该杆件进行空间离散，单元数为 10，如图 6.42 所示，待求节点温度记为 $u_i\,(i=1,2,\cdots,9)$。

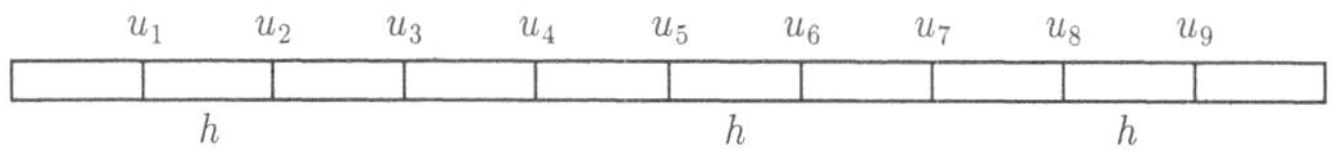


图 6.42 杆件离散示意图

方程 (6.344) 中第 1 式则可以转化成有限元方程

$$\frac{\mathrm{d}u_i\,(t)}{\mathrm{d}t}=\frac{u_{i-1}\,(t)-2u_i\,(t)+u_{i+1}\,(t)}{h^2} \tag{6.346}$$

式 (6.346) 也可以写成矩阵形式

$$\begin{pmatrix} \dfrac{\mathrm{d}u_1}{\mathrm{d}t} \\ \dfrac{\mathrm{d}u_2}{\mathrm{d}t} \\ \vdots \\ \dfrac{\mathrm{d}u_8}{\mathrm{d}t} \\ \dfrac{\mathrm{d}u_9}{\mathrm{d}t} \end{pmatrix}=\frac{1}{h^2}\begin{pmatrix} -2 & 1 & \cdots & 0 & 0 \\ 1 & -2 & \cdots & 0 & 0 \\ \vdots & \vdots & & \vdots & \vdots \\ 0 & 0 & \cdots & -2 & 1 \\ 0 & 0 & \cdots & 1 & -2 \end{pmatrix}\begin{pmatrix} u_1 \\ u_2 \\ \vdots \\ u_8 \\ u_9 \end{pmatrix} \tag{6.347}$$

显然，方程 (6.347) 是奇数维的，不能直接构建哈密顿系统，因此使用增减维摄动级数方法进行处理。

1. 对离散热传导方程进行减维

利用减维摄动级数方法可以将式 (6.347) 转化为一个 8 维的微分方程。首先根据式 (6.325) 将未知变量 $\boldsymbol{u}=(u_1,u_2,\cdots,u_9)^{\mathrm{T}}$ 分解

$$\boldsymbol{u}=\boldsymbol{u}^{(0)}+\boldsymbol{u}^{(1)} \tag{6.348}$$

其中

$$\boldsymbol{u}^{(0)}=(u_1,\cdots,u_8,0)^{\mathrm{T}},\quad \boldsymbol{u}^{(1)}=(0,\cdots,0,u_9)^{\mathrm{T}} \tag{6.349}$$

根据保辛算法可以计算得到 $\boldsymbol{u}^{(0)}$，如图 6.43 所示。

为了验证所提出减维保辛摄动级数方法的有效性，将保辛算法计算得到的 $t=0.5$ 时的温度分布与四阶 Runge-Kutta 方法计算结果和解析解进行对比，如图 6.44 所示。通过三种方法得到的各节点温度的值列在表 6.11 中。从表 6.11 可以看出，本节所提出的保辛算法能够达到比四阶 Runge-Kutta 方法更高的精度。

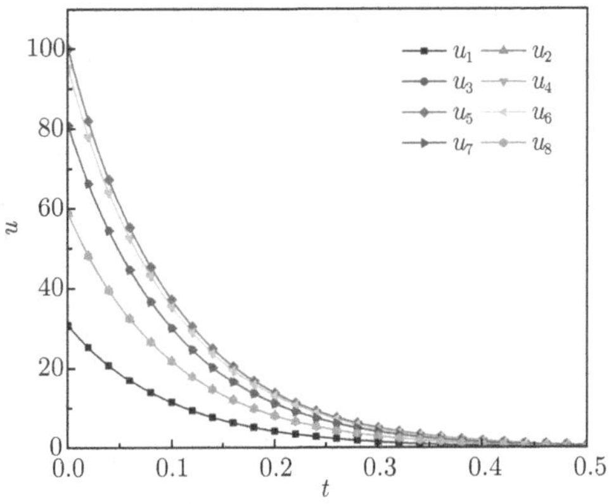


图 6.43　保辛算法求解减维微分方程的计算结果

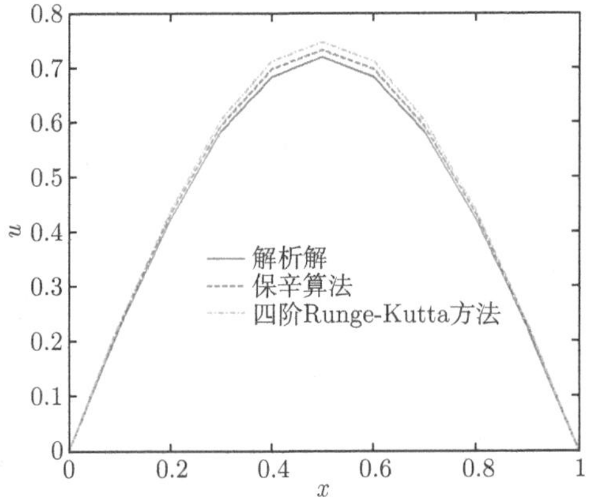


图 6.44　根据解析解、减维保辛摄动级数方法和四阶 Runge-Kutta 方法得到的 $t=0.5$ 时的温度分布

**表 6.11　根据解析解、减维保辛摄动级数方法和四阶 Runge-Kutta 方法得到的 $t=0.5$ 时的各节点温度**

| $x$ | 解析解 | 减维保辛摄动级数方法 | | 四阶 Runge-Kutta 方法 | |
|---|---|---|---|---|---|
| | 温度 | 温度 | 误差 | 温度 | 误差 |
| 0.1 | 0.22240 | 0.22644 | 1.82% | 0.23048 | 3.63% |
| 0.2 | 0.42273 | 0.43122 | 2.01% | 0.43970 | 4.01% |
| 0.3 | 0.58184 | 0.59263 | 1.85% | 0.60341 | 3.71% |
| 0.4 | 0.68399 | 0.69773 | 2.01% | 0.71146 | 4.02% |
| 0.5 | 0.71919 | 0.73252 | 1.85% | 0.74585 | 3.71% |
| 0.6 | 0.68399 | 0.69773 | 2.01% | 0.71146 | 4.02% |
| 0.7 | 0.58184 | 0.59263 | 1.85% | 0.60341 | 3.71% |
| 0.8 | 0.42273 | 0.43122 | 2.01% | 0.43970 | 4.01% |
| 0.9 | 0.22240 | 0.22644 | 1.82% | 0.23048 | 3.63% |

2. 对离散热传导方程进行增维

利用增维摄动级数法可以将式 (6.347) 转化为一个 10 维的微分方程。首先根据式 (6.335) 将未知变量 $\boldsymbol{u}=(u_1,u_2,\cdots,u_9)^{\mathrm{T}}$ 分解

$$\tilde{\boldsymbol{u}}=\tilde{\boldsymbol{u}}^{(0)}-\tilde{\boldsymbol{u}}^{(1)} \tag{6.350}$$

其中

$$\tilde{\boldsymbol{u}}^{(0)}=(u_1,\cdots,u_9,u_{10})^{\mathrm{T}},\quad \tilde{\boldsymbol{u}}^{(1)}=(0,\cdots,0,u_{10})^{\mathrm{T}} \tag{6.351}$$

根据保辛算法可以计算得到 $\tilde{\boldsymbol{u}}^{(0)}$，如图 6.45 所示。

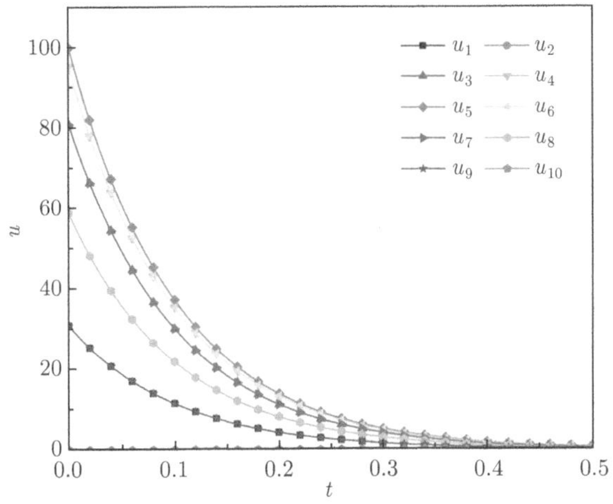


图 6.45　保辛算法求解增维微分方程的计算结果

为了验证所提出增维保辛摄动级数方法的有效性，同样将保辛算法计算得到的 $t=0.5$ 时的温度分布与四阶 Runge-Kutta 方法计算结果和解析解进行对比，如图 6.46 所示。通过三种方法得到的各节点温度的值列在表 6.12 中。从表 6.12 可以看出，本节所提出的保辛算法能够达到比四阶 Runge-Kutta 方法更高的精度。此外，还可以看出增维摄动级数方法和减维摄动级数方法得到的计算结果相同。

### 6.8.5 本节小结

本节针对工程问题中常见的一阶常微分方程，提出了一种构建保辛格式的方法。对于偶数维的一阶常微分方程，根据系数矩阵的对称性证明了哈密顿函数的存在，并构建了哈密顿系统，之后借鉴已有的哈密顿系统保辛算法相关研究，利用保辛格式求解得到原一阶常微分方程的数值解。对于奇数维一阶常微分方程，由于不能直接构建哈密顿系统，因此首先采用摄动级数方法对它进行增维或减维处

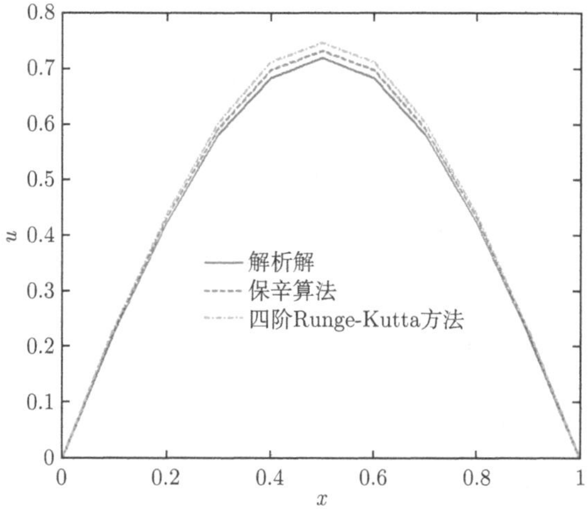


图 6.46　根据解析解、增维保辛摄动级数方法和四阶 Runge-Kutta 方法得到的 $t = 0.5$ 时的温度分布

**表 6.12　根据解析解、增维保辛摄动级数方法和四阶 Runge-Kutta 方法得到的 $t = 0.5$ 时的各节点温度**

| $x$ | 解析解 | 增维保辛摄动级数方法 | | 四阶 Runge-Kutta 方法 | |
|---|---|---|---|---|---|
| | 温度 | 温度 | 误差 | 温度 | 误差 |
| 0.1 | 0.22240 | 0.22645 | 1.82% | 0.23048 | 3.63% |
| 0.2 | 0.42273 | 0.43091 | 1.93% | 0.43970 | 4.01% |
| 0.3 | 0.58184 | 0.59265 | 1.86% | 0.60341 | 3.71% |
| 0.4 | 0.68399 | 0.69722 | 1.93% | 0.71146 | 4.02% |
| 0.5 | 0.71919 | 0.73255 | 1.86% | 0.74585 | 3.71% |
| 0.6 | 0.68399 | 0.69722 | 1.93% | 0.71146 | 4.02% |
| 0.7 | 0.58184 | 0.59265 | 1.86% | 0.60341 | 3.71% |
| 0.8 | 0.42273 | 0.43091 | 1.93% | 0.43970 | 4.01% |
| 0.9 | 0.22240 | 0.22645 | 1.82% | 0.23048 | 3.63% |

理。增维或减维后的一阶常微分方程为偶数维系统，构建了哈密顿函数并利用保辛算法求解了增维或减维后的微分方程，之后通过摄动级数方法得到了原奇数维一阶常微分方程。

利用数值算例对所提出的增减维保辛摄动级数方法的有效性和精度进行了验证。分别针对增维和减维两种情况开展了研究，通过与解析解和四阶 Runge-Kutta 方法计算结果对比，证明所提出的增减维保辛摄动级数方法能够有效地应用于奇数维一阶常微分方程的数值求解，且计算结果的精度高于 Runge-Kutta 方法计算结果的精度。此外，还发现增维和减维两种情况计算得到的结果完全相同，对于同一问题采用增维或减维处理都是可行的。

# 参 考 文 献


[1] 斯特尔伯特. 辛几何讲义 [M]. 李逸, 译. 北京: 清华大学出版社, 2012.

[2] 冯康, 秦孟兆. 哈密尔顿系统的辛几何算法 [M]. 杭州: 浙江科学技术出版社, 2003.

[3] 苏红玲, 秦孟兆. 微分方程的广义辛算法 [M]. 北京: 北京大学出版社, 2015.

[4] 陈维桓. 微分流形初步 [M]. 2 版. 北京: 高等教育出版社, 2002.

[5] 詹汉生. 微分流形导引 [M]. 北京: 北京大学出版社, 1987.

[6] 孙博. 机器学习中的数学 [M]. 北京: 中国水利水电出版社, 2019.

[7] Feng K, Qin M Z. Hamiltonian algorithms for Hamiltonian dynamical systems[J]. Progress in Natural Science, 1991, 2: 105-116.

[8] 丘维声. 高等代数 (下册)[M]. 北京: 清华大学出版社, 2010.

[9] 贺龙光. 辛几何与泊松几何引论 [M]. 北京: 首都师范大学出版社, 2001.

[10] Libermann P, Marle C M. Symplectic Geometry and Analytical Mechanic[M]. Dordrecht, Holland: Reidel Publishing Company, 1987.

[11] 柯歇尔. 辛几何引论 [M]. 邹异明, 译. 北京: 科学出版社, 1986.

[12] 齐民友, 徐超江. 线性偏微分方程引论 (下册)[M]. 北京: 科学出版社, 1992.

[13] 威斯顿霍尔兹. 数学物理中的微分形式 [M]. 叶以同, 译. 北京: 北京大学出版社, 1990.

[14] Feng K, Wu H M, Qin M Z. Symplectic difference schemes for the linear Hamiltonian canonical systems[J].Journal of Computational Mathematics, 1990, 8(4): 371-380.

[15] 任文秀. 非线性发展方程的无穷维 Hamilton 方法 [D]. 呼和浩特: 内蒙古大学, 2007.

[16] 李继彬, 赵晓华, 刘正荣. 广义哈密顿系统理论及其应用 [M]. 2 版. 北京: 科学出版社, 2007.

[17] 黄永义. 量子力学基本概念的发展 [M]. 合肥: 中国科学技术大学出版社, 2018.

[18] 王宝勤, 刘亚军. 有关流形上 Poisson 结构的几点讨论 [J]. 工程数学学报, 2002, 19(3): 140-142, 132.

[19] 骆天舒. 耗散动力学系统的广义哈密顿形式及其应用 [D]. 杭州: 浙江大学, 2011.

[20] 姜晓云. 物理学中广义哈密顿系统的保结构算法 [D]. 太原: 山西大学, 2006.

[21] 李庆扬, 王能超, 易大义. 数值分析 [M]. 5 版. 北京: 清华大学出版社, 2008.

[22] 关治, 陆金甫. 数值分析基础 [M]. 3 版. 北京: 高等教育出版社, 2019.

[23] 王子洁. 基于树理论的随机微分方程数值方法的研究 [D]. 合肥：合肥工业大学, 2012.

[24] Burrage K, Burrage P M. Order conditions of stochastic Runge-Kutta methods by B-series[J]. SIAM Journal on Numerical Analysis, 2000, 38(5): 1626-1646.

[25] Butcher J C. Numerical Methods for Ordinary Differential Equations[M]. 2nd ed. New York: John Wiley and Sons, 2008.

[26] 庞立君. 求解随机微分方程的三级随机 Runge-Kutta 方法 [D]. 南京：河海大学, 2008.

[27] Butcher J C. Implicit Runge-Kutta processes[J]. Mathematics of Computation, 1964, 18(85): 50-64.

[28] 李炜. 几种随机微分方程数值方法与数值模拟 [D]. 武汉：武汉理工大学, 2006.

[29] 孙清华, 孙昊. 随机过程内容、方法与技巧 [M]. 武汉: 华中科技大学出版社, 2004.

[30] 田铮, 秦超英. 随机过程与应用 [M]. 北京: 科学出版社, 2007.

[31] Evans L C. An Introduction to Stochastic Differential Equations[M]. Berkley: American Mathematical Society, 2013.

[32] Gillespie I I, Skorohod A V. Stochastic Differential Equations[M]. Berlin: Springer, 1972.

[33] 胡适耕. 随机微分方程 [M]. 北京: 科学出版社, 2008.

[34] 王彩霞. 两种求解随机微分方程数值方法的稳定性与收敛性 [D]. 西安: 长安大学, 2019.

[35] 钱兴华. 基于 Stratonovich 形式的随机微分方程的数值解法及应用 [D]. 广州: 华南理工大学, 2004.

[36] 叶安. 伊藤随机微分方程的两种数值方法研究 [D]. 哈尔滨: 哈尔滨工业大学, 2014.

[37] Arnold L. Stochastic Differential Equations: Theory and Applications[M]. New York: John Wiley and Sons, 1974.

[38] Platen E, Wagner W. On a Taylor formula for a class of Ito processes[J]. Probability and Mathematical Statistics, 1982, 3: 37-51.

[39] Kloeden P E, Platen E. Numerical Solution of Stochastic Differential Equations[M]. Berlin: Springer Verlag, 1992.

[40] 陈晨, 张引娣, 任丽梅. 几种随机微分方程解的存在性与唯一性 [J]. 应用数学进展, 2015, 4(1): 37-45.

[41] Burrage P M. Runge-Kutta methods for stochastic differential equation[D]. Brisbane: University of Queensland, 1998.

[42] Burrage K, Burrage P M. High strong order explicit Runge-Kutta methods for stochastic ordinary differential equations[J]. Applied Numerical Mathematics, 1996, 22(1-3): 81-101.

[43] 周园美. 随机微分方程的数值方法——随机 PRK 方法与零耗散方法 [D]. 南京：南京农业大学, 2015.

[44] Saito Y, Mitsui T. Stability analysis of numerical schemes for stochastic differential equations[J]. SIAM Journal on Numerical Analysis, 1996, 33(6): 2254-2267.

[45] 袁玲. 随机 (延迟) 微分方程数值方法的研究 [D]. 合肥：合肥工业大学, 2013.

[46] 郑起彪. 近似保二次不变量的随机分块 Runge-Kutta 方法 [D]. 哈尔滨：哈尔滨工业大学, 2017.

[47] 杨明炎, 郭永新, 梅凤翔. 关于力学系统的随机变分计算 [J]. 北京理工大学学报, 1996, 16(6): 585-590.

[48] Song T T. Random Differential Equations in Science and Engineering[M]. New York: Academic Press, 1973.

[49] Gel'fand I M, Vienkin N Y. Generalized Functions[M]. New York: Academic Press, 1964.

[50] 张启仁. 经典力学 [M]. 北京: 科学出版社, 2002.
[51] 陈滨. 分析动力学 [M]. 北京: 北京大学出版社, 1987.
[52] 田杰, 王海波. Hamilton 体系在电磁涡流耗散系统建模中的应用研究 [J]. 机械工程师, 2014, 7: 43-45.
[53] 陈传淼. 科学计算概论 [M]. 北京: 科学出版社, 2007.
[54] Feng K. On difference schemes and symplectic geometry.// Proceedings of the 1984 Beijing Symposium on Differential Geometry and Differential Equations[C]. Beijing: Science Press, 1984: 42-58.
[55] Qin M Z, Zhu W J, Zhang M Q. Construction of a three-stage difference scheme for ordinary differential equations[J]. Journal of Computational Mathematics, 1995, 13: 206-210.
[56] Wang D L, Tam H W. A symplectic structure preserved by the trapezoidal rule[J]. Journal of the Physical Society of Japan, 2003, 72(9): 2193-2197.
[57] Ruth R. A canonical integration technique[J]. IEEE Transactions on Nuclear Science, 1983, 30: 26-69.
[58] Sanz-Serna J M. Runge-Kutta schemes for Hamiltonian systems[J]. BIT Numerical Mathematics, 1988, 28: 877-883.
[59] Cooper G J. Stability of Runge-Kutta methods for trajectory problems[J]. IMA Journal of Numerical Analysis, 1987, 7: 1-13.
[60] 丁培柱. 量子系统的辛算法 [M]. 北京: 科学出版社, 2015.
[61] 朱位秋, 黄志龙, 应祖光. 非线性随机动力学与控制的哈密顿理论框架 [J]. 力学与实践, 2002, 24(3): 1-9, 29.
[62] Tabor M. Chaos and Integrability in Nonlinear Dynamics: An Introduction[M]. New York: Wiley & Sons, 1989.
[63] 朱位秋, 应祖光. 拟哈密顿系统非线性随机最优控制 [J]. 力学进展, 2013, 1: 39-55.
[64] Zhu W Q, Yang Y Q. Exact stationary solutions of stochastically excited and dissipated integrable Hamiltonian systems[J]. Journal of Applied Mechanics, 1996, 63: 493-500.
[65] Zhu W Q, Huang Z L. Exact stationary solutions of stochastically excited and dissipated partially integrable Hamiltonian systems[J]. International Journal of Non-Linear Mechanics, 2001, 36: 39-48.
[66] Zhu W Q, Lei Y. Equivalent nonlinear system method for stochastically excited and dissipated integrable Hamiltonian systems[J]. Journal of Applied Mechanics, 1997, 64: 209-216.
[67] Zhu W Q, Huang Z L, Suzuki Y. Equivalent nonlinear system method for stochastically excited and dissipated partially integrable Hamiltonian systems[J]. International Journal of Non-Linear Mechanics, 2001, 36: 773-786.
[68] 朱位秋. 随机激励的耗散的哈密尔顿系统的平稳解 [J]. 力学学报, 1993, 25(6): 676-684.
[69] 朱位秋. 非线性随机动力学与控制——Hamilton 理论体系框架 [M]. 北京: 科学出版社, 2003.
[70] Zhu W Q, Huang Z L, Suzuki Y. Stochastic averaging and Lyapunov exponent of quasi

partially integrable Hamiltonian systems[J]. International Journal of Non-Linear Mechanics, 2002, 37: 419-437.

[71] Zhu W Q, Yang Y Q. Stochastic averaging of quasi-nonintegrable-Hamiltonian systems[J]. Journal of Applied Mechanics, 1997, 64: 157-164.

[72] Zhu W Q, Huang Z L, Yang Y Q. Stochastic averaging of quasi-integrable-Hamiltonian systems[J]. Journal of Applied Mechanics, 1997, 64: 975-984.

[73] Zhu W Q, Huang Z L. Stochastic stability of quasi-nonintegrable-Hamiltonian systems[J]. Journal of Sound and Vibration, 1998, 218: 769-789.

[74] Zhu W Q, Huang Z L. Lyapunov exponent and stochastic stability of quasi-integrable-Hamiltonian systems[J]. Journal of Applied Mechanics, 1999, 66: 211-217.

[75] Zhu W Q, Huang Z L. Stochastic Hopf bifurcation of quasi-nonintegrable-Hamiltonian systems[J]. International Journal of Non-Linear Mechanics, 1999, 34: 437-447.

[76] 张雷. 多自由度随机振动系统的首次穿越问题 [D]. 上海: 上海交通大学, 2012.

[77] Gan C B, Zhu W Q. First passage failure of quasi-non-integrable-Hamiltonian systems[J]. International Journal of Non-Linear Mechanics, 2001, 36: 209-222.

[78] Bridges T J. A geometric formulation of the conservation of wave action and its implications for signature and the classification of instabilities[J]. Proceedings of the Royal Society of London, Series A: Mathematical, Physical and Engineering Sciences, 1997, 453: 1365-1395.

[79] 孔令华. 一些非线性发展方程 (组) 的辛和多辛算法 [D]. 合肥: 中国科学技术大学, 2007.

[80] Bridges T J. Multi-symplectic structures and wave propagation[J]. Mathematical Proceedings of the Cambridge Philosophical Society, 1997, 121(1): 147-190.

[81] 钱旭. 几类偏微分方程的保结构算法研究 [D]. 长沙: 国防科学技术大学, 2014.

[82] Bridges T J, Reich S. Multi-symplectic integrators: numerical schemes for Hamiltonian PDEs that conserve symplecticity[J]. Physics Letters A, 2001, 284(4-5): 184-193.

[83] Moore B E, Reich S. Multi-symplectic integration methods for Hamiltonian PDEs[J]. Future Generation Computer Systems, 2003, 19(3): 395-402.

[84] 李胜平, 王连堂, 王俊杰. 一类 DGH 方程的多辛 Preissmann 格式 [J]. 四川师范大学学报 (自然科学版), 2016, 39(5): 696-704.

[85] Moore B E, Reich S. Backward error analysis for multi-symplectic integration methods[J]. Numerische Mathematik, 2003, 95(4): 625-652.

[86] 王亚超. 非线性 Dirac 方程的局部保结构算法和 Euler-box 格式 [D]. 南京: 南京师范大学, 2010.

[87] Bridges T J, Reich S, Gu X. Multi-symplectic spectral discretizations for the Zakharov-Kuznetsov and shallow water equations[J]. Physica D: Nonlinear Phenomena, 2001, 152-153(1): 491-504.

[88] 单双荣. 梁振动方程的多辛 Fourier 拟谱算法 [J]. 华侨大学学报 (自然科学版), 2006, 27(3): 234-237.

[89] Islas A L, Schober C M. Multi-symplectic methods for generalized Schrödinger equations[J]. Future Generation Computer Systems, 2003, 19(3): 403-413.

[90] 蒋朝龙, 孙建强, 何逊峰, 等. KdV 方程的高阶保能量算法 [J]. 南京师大学报 (自然科学版), 2017, 4: 16-20.

[91] 胡伟鹏, 邓子辰. 广义 Boussinesq 方程的多辛方法 [J]. 应用数学和力学, 2008, 29(7): 839-845.

[92] 孔令华. 对称正则长波方程的辛算法 [D]. 泉州: 华侨大学, 2004.

[93] 徐芝纶. 弹性力学简明教程 [M]. 北京: 高等教育出版社, 2018.

[94] 杨涛. 梁振动方程的保结构算法 [D]. 南京: 南京师范大学, 2015.

[95] 邢誉峰, 李敏. 计算固体力学原理与方法 [M]. 北京: 北京航空航天大学出版社, 2011.

[96] 梅凤翔. 广义 Hamilton 系统的 Lie 对称性与守恒量 [J]. 物理学报, 2003, 53(5): 2186-2188.

[97] 梅凤翔, 吴惠彬. 广义 Hamilton 系统与梯度系统 [J]. 中国科学: 物理学力学天文学, 2013, 43(4): 538-540.

[98] 梅凤翔. 李群和李代数对约束力学系统的应用 [M]. 北京: 科学出版社, 1999.

[99] Zhu W J, Qin M Z. Poisson schemes for Hamiltonian systems on Poisson manifolds[J]. Computers and Mathematics with Applications, 1994, 27(12): 7-16.

[100] 姜文安. 广义 Hamilton 系统动力学基本理论的研究 [D]. 杭州: 浙江理工大学, 2011.

[101] 姜文安, 罗绍凯. 广义 Hamilton 系统的 Mei 对称性导致的 Mei 守恒量 [J]. 物理学报, 2001, 60(6): 060201.

[102] 张素英, 邓子辰. 广义 Hamilton 的保结构算法 [J]. 计算力学学报, 2005, 22(1): 47-50.

[103] Stuart A M. Numerical analysis of dynamical systems[J]. Acta Numerica, 1994, 3: 1-108.

[104] 梅凤翔, 史荣昌, 张永发, 等. Birkhoff 系统动力学 [M]. 北京: 北京理工大学出版社, 1996.

[105] 梅凤翔. 广义 Birkhoff 系统动力学 [M]. 北京: 科学出版社, 2013.

[106] Zhang X W, Wu J K, Zhu H P, et al. Generalized canonical transformation and symplectic algorithm of the autonomous Birkhoffian systems[J]. Applied Mathematics and Mechanics, 2002, 23(9): 1029-1034.

[107] Su H L, Qin M Z. Symplectic schemes for Birkhoffian system[J]. Communications in Theoretical Physics, 2004, 41(3): 329-334.

[108] 孔新雷. Birkhoff 系统的保结构算法及离散最优控制 [D]. 北京: 北京理工大学, 2014.

[109] Kong X L, Wu H B, Mei F X. Structure-preserving algorithms for Birkhoffian systems[J]. Journal of Geometry Physics, 2012, 62(5): 1157-1166.

[110] Kong X L, Wu H B, Mei F X. Discrete optimal control for Birkhoffian systems[J]. Nonlinear Dynamics, 2013, 74(3): 711-719.

[111] 邱志平, 祝博. 线性 Birkhoff 方程的随机与区间不确定性保辛算法及其对比研究 [J]. 中国科学: 物理学力学天文学, 2020, 50: 084611.

[112] 梅凤翔, 吴惠彬. 广义 Birkhoff 系统的随机响应 [J]. 北京理工大学学报, 2011, 31(12): 1485-1488.

[113] Jiang W A, Xia Z W, Xia L L. Approximation closure method for Birkhoffian system under random excitations[J]. International Journal of Dynamics and Control, 2018, 6: 398-405.

[114] Jiang W A, Xia L L, Xu Y L. Birkhoffian formulations of Bessel equation[J]. Journal of Beijing Institute of Technology, 2019, 28: 234-237.

[115] Su H L, Qin M Z, Wang Y S, et al. Multi-symplectic Birkhoffian structure for PDEs with dissipation terms[J]. Physics Letters A, 2010, 374: 2410-2416.

[116] 温亚会. 等谱流方法及其应用 [D]. 南京: 南京师范大学, 2015.

[117] Flaschka H. The Toda lattice II: Existence of integrals[J]. Physical Review B, 1974, 9(4): 1924-1925.

[118] Calvo M P, Iserles A, Zanna A. Numerical solution of isospectral flows[J]. Mathematics of Computation, 1997, 66(220): 1461-1486.

[119] Deift P, Nanda T, Tomei C. Ordinary differential equations and the symmetric eigenvalue problem[J]. SIAM Journal on Numerical Analysis, 1983, 20(1): 1-22.

[120] Calvo M P, Iserles A, Zanna A. Conservative methods for the Toda lattice equations[J]. IMA Journal of Numerical Analysis, 1999, 19(4): 509-523.

[121] Calvo M P, Iserles A, Zanna A. Semi-explicit methods for isospectral flows[J]. Advances in Computational Mathematics, 2001, 14(1): 1-24.

[122] Munthe-Kaas H. Runge-Kutta methods on Lie groups[J]. BIT Numerical Mathematics, 1998, 38(1): 92-111.

[123] 田益民, 张永明, 王丹. 解特征值反问题的李群算法 [J]. 北京印刷学院学报, 2006, 14(6): 22-23.

[124] Iserles A, Nørsett S P. On the solution of linear differential equations in Lie groups[J]. Philosophical Transactions of the Royal Society of London. Series A: Mathematical, Physical and Engineering Sciences, 1999, 357(1754): 983-1019.

[125] Casas F. Numerical integration methods for the double-bracket flow[J]. Journal of Computational and Applied Mathematics, 2004, 166(2): 477-495.

[126] 李侃. 等谱流的高精度算法 [D]. 长沙: 长沙理工大学, 2015.

[127] Feng K, Qin M Z. Symplectic Geometric Algorithms for Hamiltonian Systems[M]. Zhejiang: Zhejiang Science and Technology Publishing House, 2010.

[128] 汪佳玲. 几个偏微分方程的保结构算法构造及误差分析 [D]. 南京: 南京师范大学, 2017.

[129] Wang P, Huang C. Structure-preserving numerical methods for the fractional Schrödinger equation[J]. Applied Numerical Mathematics, 2018, 129: 137-158.

[130] Chen C C, Hong J L, Sim C, et al. Energy and quadratic invariants preserving (EQUIP) multi-symplectic methods for Hamiltonian wave equations[J]. Journal of Computational Physics, 2020, 418: 109599.

[131] Anton C. Explicit pseudo-symplectic methods based on generating functions for stochastic Hamiltonian systems[J]. Journal of Computational and Applied Mathematics, 2020, 373: 112433.

[132] Niu X Y, Cui J B, Hong J L, et al. Explicit pseudo-symplectic methods for stochastic Hamiltonian systems[J]. BIT Numerical Mathematics, 2018, 58(1): 163-178.

[133] Wang L, Ma Y J, Yang Y W, et al. Structural design optimization based on hybrid time-variant reliability measure under non-probabilistic convex uncertainties[J]. Applied

Mathematical Modelling, 2019, 69: 330-354.

[134] Wang C, Matthies H G. A comparative study of two interval-random models for hybrid uncertainty propagation analysis[J]. Mechanical Systems and Signal Processing, 2020, 136: 106531.

[135] Liu Y S, Wang X J, Wang L. A dynamic evolution scheme for structures with interval uncertainties by using bidirectional sequential Kriging method[J]. Computer Methods in Applied Mechanics and Engineering, 2019, 348: 712-729.

[136] Qiu Z P, Jiang N. An ellipsoidal Newton's iteration method of nonlinear structural systems with uncertain-but-bounded parameters[J]. Computer Methods in Applied Mechanics and Engineering, 2021, 373: 113501.

[137] Nayfeh A H. Introduction to Perturbation Techniques[M]. New York: John Wiley and Sons, 1993.

[138] Holmes M H. Introduction to Perturbation Methods[M]. New York: Springer Science and Business Media, 1995.

[139] Qiu Z P, Zhang Z S. Crack propagation in structures with uncertain-but-bounded parameters via interval perturbation method[J]. Theoretical and Applied Fracture Mechanics, 2018, 98: 95-103.

[140] Qiu Z P, Zhu J J. The perturbation series method based on the logarithm equation for fatigue crack growth prediction[J]. Theoretical and Applied Fracture Mechanics, 2019, 103: 102239.

[141] Qiu Z P, Jiang N. A symplectic conservative perturbation series expansion method for linear Hamiltonian systems with perturbations and its applications[J]. Advances in Applied Mathematics and Mechanics, 2021, 13(6): 1535-1557.

[142] Arnold V I. Mathematical Methods of Classical Mechanics[M]. New York: Springer-Verlag, 1983.

[143] Feng K, Wu H M, Qin M Z, et al. Construction of canonical difference schemes for Hamiltonian formalism via generating functions[J]. Journal of Computational Mathematics, 1989, 7: 71-96.

[144] Tang Y F. The symplecticity of multi-step methods[J]. Computers and Mathematics with Applications, 1993, 25: 83-90.

[145] Sun Z J, Gao W W. A meshless scheme for Hamiltonian partial differential equations with conservation properties[J]. Applied Numerical Mathematics, 2017, 119: 115-125.

[146] 邱志平, 姜南. 随机和区间非齐次线性哈密顿系统的比较研究及其应用 [J]. 力学学报, 2020, 52(1): 60-72.

[147] Qiu Z P, Xia H J. Symplectic perturbation series methodology for non-conservative linear Hamiltonian system with damping[J]. Acta Mechanica Sinica, 2021, 37(6): 983-996.

[148] 李鸿晶, 梅雨辰, 任永亮. 一种结构动力时程分析的积分求微方法 [J]. 力学学报, 2019, 51(5): 1507-1516.

[149] 郑丹丹, 罗建军, 张仁勇, 等. 基于混合 Lie 算子辛算法的不变流形计算 [J]. 力学学报,

2017, 49(5): 1126-1134.

[150] 张高超. 基于空间滤波技术的高稳定度辛算法研究 [D]. 合肥: 安徽大学, 2017.

[151] 刘海波, 姜潮, 郑静, 等. 含概率与区间混合不确定性的系统可靠性分析方法 [J]. 力学学报, 2017, 49(2): 456-466.

[152] Xiong C, Wang L, Liu G H, et al. An iterative dimension-by-dimension method for structural interval response prediction with multidimensional uncertain variables[J]. Aerospace Science and Technology, 2019, 86: 572-581.

[153] Zheng Y N. Predicting stochastic characteristics of generalized eigenvalues via a novel sensitivity-based probability density evolution method[J]. Applied Mathematical Modelling, 2020, 88: 437-460.

[154] 唐冶, 王涛, 丁千. 主动控制压电旋转悬臂梁的参数振动稳定性分析 [J]. 力学学报, 2019, 51(6): 1872-1881.

[155] Qiu Z P, Wang X J. Comparison of dynamic response of structures with uncertain-but-bounded parameters using non-probabilistic interval analysis method and probabilistic approach[J]. International Journal of Solids and Structures, 2003, 40(20): 5423-5439.

[156] Qing G H, Tian J. Highly accurate symplectic element based on two variational principles[J]. Acta Mechanica Sinica, 2018, 34(1): 151-161.

[157] Wang L, Liu Y R. A novel method of distributed dynamic load identification for aircraft structure considering multi-source uncertainties[J]. Structural and Multidisciplinary Optimization, 2020, 61(5): 1929-1952.

[158] Luo Z X, Wang X J, Liu D L. Prediction on the static response of structures with large-scale uncertain-but-bounded parameters based on the adjoint sensitivity analysis[J]. Structural and Multidisciplinary Optimization, 2020, 61(1): 123-139.

[159] He J H. Newton-like iteration method for solving algebraic equations[J]. Communications in Nonlinear Science and Numerical Simulation, 1998, 3(2): 106-109.

[160] He J H. Homotopy perturbation technique[J]. Computer Methods in Applied Mechanics and Engineering, 1999, 178(3-4): 257-262.

[161] Yang C, Tangaramvong S, Tin-Loi F, et al. Influence of interval uncertainty on the behavior of geometrically nonlinear elastoplastic structures[J]. Journal of Structural Engineering, 2017, 143(1): 04016147.

[162] Birkhoff G D. Dynamic Systems[M]. Providence: AMS College Publisher, 1927.

[163] Zheng Y N, Qiu Z P. An efficient method for flutter stability analysis of aeroelastic systems considering uncertainties in aerodynamic and structural parameters[J]. Mechanical Systems and Signal Processing, 2019, 126: 407-426.

[164] 王冲. 不确定性结构温度场的数值计算及优化设计方法研究 [D]. 北京: 北京航空航天大学, 2015.

[165] 张义民, 刘铁强. 静力分析的一般随机摄动法 [J]. 应用数学和力学, 1995, 16(8): 709-714.

[166] Qiu Z P, Wang L. The need for introduction of non-probabilistic interval conceptions into structural analysis and design[J]. Science China-Physics, Mechanics and Astronomy, 2016, 59(11): 114632.

[167] Clough R W, Penzien J. Dynamics of Structures[M]. Berkeley: Computers and Structures Inc, 2003.

[168] Zhang, S L, Yang Y, Yang H Q. A meshless symplectic algorithm for nonlinear wave equation using highly accurate RBFs quasi-interpolation[J]. Applied Mathematics and Computation, 2017, 314: 110-120.

[169] Xu Z Y, Du L, Wang H P, et al. Particle swarm optimization-based algorithm of a symplectic method for robotic dynamics and control[J]. Applied Mathematics and Mechanics, 2018, 40(1):111-126.

[170] Su H L. Birkhoffian symplectic scheme for a quantum system[J]. Communications in Theoretical Physics, 2010, 53(3): 476-480.

[171] Titze M, Bahrdt J, Wüstefeld G. Symplectic tracking through straight three dimensional fields by a method of generating functions[J]. Physical Review Accelerators and Beams, 2016, 19(1): 014001.

[172] Sun Y J, Zhang Z J. Structure-preserving algorithms for Birkhoffian systems[J]. Physics Letter A, 2005, 336(4-5): 358-369.

[173] Su H L, Sun Y J, Qin M Z, et al. Structure preserving schemes for Birkhoffian systems[J]. International Journal of Pure and Applied Mathematics, 2007, 40(3): 341-366.

[174] Su H L, Li S. Structure-preserving numerical methods for infinite-dimensional Birkhoffian systems[J]. Journal of Scientific Computing, 2015, 65(1): 196-223.

[175] Ayachour E H. A fast implementation for GMRES method[J]. Journal of Computational and Applied Mathematics, 2003, 159(2): 269-283.

[176] Kyanfar F, Moghadam M M, Salemi A. Complete stagnation of GMRES for normal matrices[J]. Journal of Computational and Applied Mathematics, 2014, 263: 417-422.

[177] Smith G D. Numerical Solution of Partial Differential Equations: Finite Difference Methods[M]. 3rd ed. Oxford: Oxford University Press, 1986.

[178] Liang Y, Szularz M, Yang L T. Finite-element-wise domain decomposition iterative solvers with polynomial preconditioning[J]. Mathematical and Computer Modelling, 2013, 58(1-2): 421-437.

[179] Evans L C. Partial Differential Equations (Graduate Studies in Mathematics, V.19)[M]. Providence: American Mathematical Society, 1998.

[180] Joubert W. On the convergence behavior of the restarted GMRES algorithm for solving nonsymmetric linear systems[J]. Numerical Linear Algebra with Applications, 1994, 1(5): 427-447.

[181] Gunawardena A D, Jain S K, Snyder L. Modified iterative methods for consistent linear systems[J]. Linear Algebra Applications. 1991, 154-156: 123-143.

[182] Long J R, Wu P C, Zhang Z. On the growth of solutions of second order linear differential equations with extremal coefficients[J]. Acta Mathematica Sinica, 2013, 29(2): 365-372.

[183] Wu S J. Some results on entire functions of finite lower order[J]. Acta Mathematica Sinica, 1994, 10(2): 168-178.

[184] Bai Z Z, Benzi M. Regularized HSS iteration methods for saddle-point linear systems[J].

BIT Numerical Mathematics, 2017, 57(2): 287-311.

[185] Bai Z Z. On SSOR-like preconditioners for non-Hermitian positive definite matrices[J]. Numerical Linear Algebra with Applications, 2016, 23(1): 37-60.

[186] Pnueli A, Sifakis J. Special issue on hybrid systems[J]. Theoretical Computer Science, 1995, 138: 1-2.

[187] Walter W. Ordinary Differential Equations[M]. New York: Springer-Verlag, 1998.

[188] Xu X J, Qin M Z, Mei F X. Unified symmetry of Hamilton systems[J]. Communications in Theoretical Physics, 2005, 44(11): 769-772.

[189] Yang D D, Huang J F, Zhao W J. A quasi-dynamic model and a symplectic algorithm of super slender Kirchhoff rod[J]. International Journal of Modeling, Simulation and Scientific Computing, 2017, 8(3): 1750037.

[190] Cai J L. Conformal invariance and conserved quantity of Hamilton system under second-class Mei symmetry[J]. Acta Physica Polonica A, 2010, 117(3): 445-448.

[191] Jin S X, Zhang Y. Noether symmetry and conserved quantity for a Hamilton system with time delay[J]. Chinese Physics B, 2014, 23(5): 339-346.